WERNER ZÜHLSDORFF

FLURNAMENATLAS DES SÜDLICHEN SÜDWESTMECKLENBURG

DEUTSCHE AKADEMIE
DER WISSENSCHAFTEN ZU BERLIN

VERÖFFENTLICHUNGEN DES INSTITUTS
FÜR SLAWISTIK

Herausgegeben von

H. H. BIELFELDT

Nr. 45/I

FLURNAMENATLAS
DES SÜDLICHEN
SÜDWESTMECKLENBURG

von

WERNER ZÜHLSDORFF

Teil I

TEXT

AKADEMIE-VERLAG · BERLIN
1970

Erschienen im Akademie-Verlag GmbH, 108 Berlin, Leipziger Straße 3–4

Lizenznummer: 202 · 100/90/70
Herstellung: IV/2/14 VEB Werkdruck, 445 Gräfenhainichen · 3106
Bestellnummer: 2040/45-I · ES 7D + 7I
120,–

Inhaltsverzeichnis

Vorwort

Gegenstand dieser Arbeit ist das in Flurnamen überlieferte Wortgut einer Landschaft, in der sich nach der sogenannten Kolonisation neben der eingewanderten deutschen Bevölkerung lange Zeit noch slawisches Volkstum – sei es sporadisch oder innerhalb eines größeren Raumes wie der Jabelheide – erhalten konnte. Aus dieser historischen Entwicklung resultiert ein relativ hoher Anteil slawischer Spuren.

Es erübrigt sich, hier des näheren auf den vielseitigen wissenschaftlichen Aussagewert von Flurnamen im allgemeinen einzugehen. Ihre Bedeutung für die Siedlungskunde sowie für die Aufhellung früherer wirtschaftlicher und sozialer Verhältnisse ist ebenso unbestritten wie die besondere Bedeutung ihrer Mundartformen für die Sprachwissenschaft.

Das in unserem vorwiegend agrarisch genutzten Untersuchungsgebiet von der sozialistischen Umgestaltung der Landwirtschaft gefährdete Flurnamenmaterial konnte durch die Initiative und Unterstützung von Akademiemitglied Professor Dr. H. H. Bielfeldt, Direktor des Instituts für Slawistik der Deutschen Akademie der Wissenschaften zu Berlin, in umfassender Weise gesammelt und sichergestellt werden. Ein besonderes Verdienst um diese Arbeit hat sich der Genannte durch die von ihm angeregte und gegen anfängliche Bedenken des Autors durchgesetzte kartographische Präsentierung von über 6000 Flurnamen auf den 37 Blättern des Kartenteiles erworben. Dafür sowie für die stete Förderung und Geduld während der langwierigen, fast ausschließlich auf dem Studium schwer zugänglicher handschriftlicher Quellen beruhenden Arbeit bin ich Herrn Professor Bielfeldt zu außerordentlichem Dank verpflichtet.

Weiter habe ich Herrn Dr. H. Schall vom Institut für Slawistik für seine vielfältigen Ratschläge bei der Anlage des Manuskripts, für große Hilfe bei der Korrekturlesung eines Teiles der Karten sowie für seine Bemühungen um die Entwicklung einer der südwestmecklenburgischen Mundart angepaßten Lautschrift zu danken. Daneben bin ich den Herren Dr. T. Witkowski und Dr. E. Schmidt † vom selben Institut für ihre Mitwirkung an den Abschlußarbeiten sowie Herrn Dr. W. Neumann (Karstädt) für die Durchsicht der Mundartformen aufrichtig dankbar.

Bei der Erfassung der Flurnamen waren mir zahlreiche, aus alteingesessenen Familien des Untersuchungsgebietes stammende Gewährsleute behilflich, auf deren Beiträgen und Angaben letztlich dieses Werk aufgebaut ist. Ihnen allen sei an dieser Stelle herzlich gedankt.

Schließlich habe ich für freundliche Auskünfte und Hinweise sowie Unterstützung mancherlei Art zu danken: Frau Dr. Chr. Cordshagen vom Staatsarchiv Schwerin, den Herren Dr. F. Engel† vom Niedersächsischen Staatsarchiv Hannover, A. Hollnagel vom Museum für Ur- und Frühgeschichte Schwerin, K. Schmieter vom Kreisarchiv Ludwigslust, K. Schack in Techentin und H. Brüning in Grabow.

Werner Zühlsdorff

Einleitung

Das Untersuchungsgebiet des Flurnamenatlasses erstreckt sich von der mittleren Sude im Westen bis zu den Ruhner Bergen im Osten, von der ehemaligen mecklenburgischen Landesgrenze gegen Teile von Hannover und der Prignitz im Süden bis zu einer nördlichen Linie, die von Kuhstorf über Picher, Wöbbelin, Blievenstorf, Granzin und Stresendorf nach Meierstorf führt. Es umfaßt die einstigen slawischen Terrae Waninge, Jabele sowie Grabow ganz und greift auf die anliegenden Länder Brenz und Marnitz über.

Boden und Landschaft dieses Raumes wurden vom Diluvium geformt. Während die Höhen des Ruhner Berges und des Wanzberges sowie das Plateau der nördlichen Jabelheide aus älteren Stadien dieser erdgeschichtlichen Periode herrühren, füllten die Schmelzwasser der letzten Vereisung – deren Verlauf von Zarrentin über Schwerin nach Plau, also hart nördlich des Untersuchungsgebietes, angenommen wird – später die großräumigen Senken zwischen jenen Altmoränenkuppen mit dem aus der Grundmoräne ausgewaschenen Kies und Sand. In dieser zum Urstromtal der Elbe gleichmäßig abfallenden Sandebene gruben die aus den Gletschertoren austretenden Wasser breite Abflußrinnen (Sude, Rögnitz, Elde, Löcknitz), daneben entstanden die vermutlich von größeren Toteisschollen gebildeten Sumpfbecken des Hornwaldes sowie der Weselheide. Die sich langsam vollziehende Befestigung der weiten Sandflächen – von der schütteren, baumlosen Vegetation der Froststeppe bis hin zur Bildung einer schützenden Walddecke – währte etliche Jahrtausende. Durch menschliche Einwirkung wurde dieser natürliche Prozeß im ausgehenden Mittelalter empfindlich gestört. Rücksichtslose Abholzung und weitgehende Verhinderung des Jungwuchses durch die Waldweide der Viehherden führte zur Entblößung der sandigen Böden. Der Wind erfaßte den feinen Sand, häufte ihn besonders im südlichen Teil des Untersuchungsgebietes zu zahlreichen Binnendünen und überzog die Fluren der Ortschaften mit einer dicken Flugsandschicht. Mancherorts nahm die Verwehung ein derartiges Ausmaß an, daß ganze Dörfer (Ramm, Quast) von den Bauern aufgegeben werden mußten.

Wenngleich zu vermuten ist, daß das im Jungpaläolithikum eisfreie südwestliche Mecklenburg damals bereits von Menschen bewohnt war, so kann doch ein gültiger Nachweis der Besiedlung erst für die mittlere Steinzeit (10000–3000 v. u. Z.) erbracht werden. Seit dem Beginn der Bronzezeit (1600 v. u. Z.) nimmt die Bevölkerung Anteil an der archäologischen Kultur, die den Raum rings um die westliche Ostsee umfaßte. Um den Beginn unserer Zeitrechnung stoßen aus diesem Gebiet Völkerschaften nach Süden und Westen vor, die von römischen Geschichtsschreibern erstmals als Germanen bezeichnet werden. Kurz nach der Zeitwende zog sich vermutlich quer durch das Untersuchungsgebiet ein Teil der Grenze (Elde-Linie?) zwischen den westgermanischen Stämmen der Langobarden und den zum Verband der Sueben gehörenden Semnonen.

In die durch die Völkerwanderung bis auf kleine Gruppen von den Germanen verlassenen Landstriche wanderten seit etwa 600 u. Z. Slawen ein, deren Herrschaft in Mecklenburg bis ins ausgehende 12. Jahrhundert dauerte. In slawischer Zeit siedelten an der unteren Elde und im Löcknitzgebiet bis Putlitz die Linonen. Wie die zahlreichen archäologischen Funde, vor allem eine Reihe von Burgwällen, ausweisen, lag das Hauptsiedlungsgebiet der Linonen östlich der unteren Elde. Das hier behandelte Gebiet liegt im wesentlichen westlich der unteren Elde; es war daher zu einem erheblichen Teil möglicherweise Grenzzone zwischen Polaben und Linonen.

Seit der Mitte des 12. Jahrhunderts betrieben der Sachsenherzog Heinrich der Löwe sowie der Markgraf von Brandenburg, Albrecht der Bär, die „Kolonisierung“ und Christianisierung Mecklenburgs, deren erster Abschnitt mit dem Tode des Obodritenfürsten Niklot vor dessen Burg Werle (1160) und der Einrichtung deutscher Grafschaften durch den Herzog einen gewissen Abschluß fand. Die Terrae Wehningen und Jabel wurden zur Zehntbarmachung den Grafen von Dannenberg überlassen, die diese Aufgabe jedoch nur zum Teil zu lösen vermochten. So gelangten sie im Land Jabel niemals zur Ausübung irgendwelcher Hoheitsrechte. Den östlich der unteren Elde gelegenen slawischen Siedlungsraum hatte der brandenburgische Markgraf in Besitz genommen, doch gingen nach dem Aussterben der Askanier größere Teile dieser Erwerbung an Mecklenburg verloren. Nachdem in der ersten Hälfte des 14. Jahrhunderts die Grafschaften Dannenberg (1307) und Schwerin (1349) erloschen waren, befand sich das Untersuchungsgebiet wie das gesamte Land in der Hand des mecklenburgischen Fürstenhauses, das im Mannesstamm auf Niklot, den Anführer der Obodriten im Kampf um ihre Freiheit, zurückgeht. Aus den Nachkommen eines slawischen Fürsten waren deutsche Herzöge geworden, der Kreis einer zweihundertjährigen Entwicklung hatte sich geschlossen.

Die aus alten Siedlungskammern in slawischer Zeit entstandenen räumlichen Bezirke der Terrae wurden in ihren Grenzen von den Deutschen anfangs unverändert beibehalten. An die Stelle der von einem slawischen Stammesfürsten mit der Verwaltung betrauten Kastellans trat in deutscher Zeit ein vom Landesfürsten eingesetzter Vogt, nach dem diese Gebiete nachmals „Vogtei“ genannt wurden, eine Bezeichnung, die sich in der zweiten Hälfte des 14. Jahrhunderts allgemein durchzusetzen begann. Mit der um 1500 einsetzenden Straffung und dem Ausbau der herzoglichen Administration wurden die Vogteien zu „Ämtern“ umgewandelt, die sich zumindest dem Namen nach bis in dieses Jahrhundert (ca. 1920) erhielten. Danach entstanden die sogenannten Kreise, die durch die Verwaltungsreform vom Jahre 1952 (sie führte auch zur Auflösung der Länder und Bildung der Bezirke) zum Teil erhebliche und später noch vereinzelte Änderungen hinsichtlich ihres Verwaltungsbereiches erfuhren. Zu unserem Untersuchungsgebiet gehören Orte der heutigen Kreise Hagenow, Ludwigslust, Parchim und Perleberg des Bezirkes Schwerin.

Anlage des Flurnamenbuches

Das Flurnamen-Buch unterteilt sich nach der Zahl der bearbeiteten Gemarkungen in 107 Abschnitte. Als selbständige Gemarkungen gelten hierbei alle jene Feldmarken, die um die Wende des 17. Jahrhunderts bereits als solche bestanden. Die 14 Wüstungen des Untersuchungsgebietes sowie die zumeist im Zuge der inneren Kolonisation des 18. und 19. Jahrhunderts entstandenen Fluren der 24 Tochterortschaften werden folglich in ihrem historischen Rahmen belassen und behandelt. Am Kopf jedes der 107 Abschnitte steht hinter der laufenden Nummer der Ortsname in der gültigen, amtlichen Schreibung und darunter dessen älteste urkundliche Formen mit Quellennachweis und Jahreszahl. Es folgt eine ortsgeschichtliche Einführung (I–VI) mit stichwortartigen Angaben über vor- und frühgeschichtliche Funde (I), zu den grundherrschaftlichen Verhältnissen (II), der Hufenzahl sowie den Steuer- und Pachtsätzen je Hufe (III), der Dorfform (nach Engel) und der Ortslage innerhalb der Gemarkung (IV), der Flurform (nach Benthien) und dem Feldsystem (V) sowie abschließend nach Möglichkeit je eine Einwohnerliste aus dem 16., 17. und 18. Jahrhundert (VI). Der eigentlichen Arbeitsaufgabe, den FlN der einzelnen Gemarkungen sind die beiden nächsten Absätze (VII und VIII) gewidmet; unter VII erscheinen nach ihrem örtlichen Zusammenhang geordnet alle lokalisierbaren, auf den Atlaskarten eingezeichneten FlN einer Feldmark unter Hinzufügung von archivalischen Belegen. Die Wiedergabe der noch gebräuchlichen Namen erfolgt in der von der eingesessenen Bevölkerung gesprochenen niederdeutschen Mundartform, die der an den geklammerten Begangnummern kenntlichen, abgegangenen Flurnamen zumeist in der letztvorkommenden Schreibweise. Auf den früheren und jetzigen Kulturzustand der einzelnen Geländestücke wird durch Kürzel an der Randleiste hingewiesen. Alle anderen für die betreffende Gemarkung nachweisbaren, jedoch als solche wie auch hinsichtlich ihres Geltungsbereichs nicht mehr bekannten FlN bilden in alphabetischer Reihenfolge den Schluß (VIII) eines Abschnitts.

Erklärung einiger Ausdrücke

Allod, Allodialgut, Allodium = Freigut (Gut, das nicht mit landesherrlichen Auflagen belastet war)
Bede = mittelalterliche Grundsteuer in Mecklenburg
Kommunion (-dorf o. ä.) = mit ständisch geteilter Grundherrschaft im gleichen Ort (z. B. zwischen Ritterschaft und Herzog, Kirche und Stadt u. ä.)
Permutation = Austausch von liegendem Besitz

Zur Lautschrift

Die Schreibweise der Mundartformen basiert im wesentlichen auf der üblichen Lautschrift der Zeitschrift „Teuthonista". Darüber hinaus sei auf folgendes hingewiesen: Murmelvokal wird durch ə wiedergegeben. Hochgestellte Buchstaben stehen für überkurze, nur leicht angedeutete bzw. schwach hörbare Laute. Offener Vokal wird wie in der „Teuthonista" durch daruntergesetzten Haken (ǫ, ǫ̈ usw.) gekennzeichnet, doch steht *ä* für offenes *e*. Bei Diphthongen steht *ai* für schriftsprachlich *ai, ei; oi* für *eu, äu; au* für *au*. Dementsprechend drückt *ei* den in der Schriftsprache unbekannten, aus *e* und *i* (genauer: ę) bestehenden Diphthong aus. Die Mundart kennt drei *ö*-Laute. Hier drückt *ö* den geschlossenen und ǫ̈ den offenen *ö*-Laut aus, während *œ* für offenes *ö* mit velarem Beiklang steht. *y* bezeichnet einen zwischen *ö* und *ü* liegenden Vokal mit velarem Beiklang. Bei den Konsonanten steht *ł* für dunkles, velares *l* (nicht jedoch für bilabiales *u* wie im Polnischen!), *ŋ* für velaren Nasal (Aussprache etwa wie *n* in französ. *bon*), *x* für velares *ch*, („Ach-Laut"), *x́* für palatales *ch* („Ich-Laut"). Inlautendes *n* und *l* (*ł*) zwischen Konsonanten geben ebenso wie *n*, *l* (*ł*) im Auslaut nach Konsonanten silbische Laute wieder. Die Betonung wird durch ' (Hauptton) und (Nebenton) vor der betreffenden Silbe angegeben. Liegt der Hauptton auf der ersten Silbe, wird er nicht gekennzeichnet.
Vielfach wird der gleiche Name mit verschiedenen Mundartformen wiedergegeben. Neben den Schwankungen in den einzelnen Orten sind die unterschiedlichen Realisierungen der Aussprache durch verschiedene Sprecher der Grund für diese „Inkonsequenz" in der Schreibung. Sie wurde absichtlich beibehalten, um auf die genannten Schwankungen aufmerksam zu machen. Eine Generalisierung erfolgte jedoch bei auslautenden Konsonanten. Sie werden durch das stimmlose Lautschriftzeichen wiedergegeben, da Stimmlosigkeit sich durchsetzt, auch dort, wo durch Abfall des Endungs-*e* Vokaldehnung eingetreten und stimmhafter Konsonant entstanden war (*dat hōx felt*). Ebensowenig sind Mouillierungstendenzen vor *n*-Verbindungen und Dentalen erfaßt (*hi*ⁱ*ndvišn*, *lü*ⁱ*tviš*).

Alphabetisches Ortsnamenverzeichnis

Übersicht der Fluren
in der fortlaufenden Reihenfolge ihrer Behandlung
mit Zahlenangaben zu den ermittelten Flur- und Personennamen

Nr.	Ort	Seite	FlN gesamt	FlN lokalisierte	FlN historische	PN
1	Grabow	3– 21	190	177	13	179
2	Fresenbrügge	21– 26	55	53	2	28
3	Wanzlitz	26– 30	59	58	1	45
4	Beckentin	30– 33	57	24	33	16
5	Semmerin	34– 38	60	49	11	33
6	Kastorf	38– 41	53	34	19	18
7	Gorlosen	41– 46	67	54	13	24
8	Neuhof	46– 48	20	12	8	–
9	Dadow	48– 52	68	49	19	34
10	Krohn	52– 56	72	51	21	18
11	Güritz	57– 61	72	48	24	–
12	Eldena	61– 70	141	91	50	119
13	Boek	70– 77	108	82	26	33
14	Stuck	77– 82	111	43	68	27
15	Strassen	82– 87	75	60	15	31
16	Liepe	87– 90	68	30	38	23
17	Grittel	91– 96	100	53	47	50
18	Verklas	96–100	58	47	11	14
19	Polz	100–107	118	78	40	57
20	Groß Schmölen	107–111	68	35	33	44
21	Klein Schmölen	111–116	99	53	46	32
22	Dömitz	117–124	94	76	18	130
23	Kaliß	124–130	104	58	46	50
24	Malliß	130–133	47	42	5	13
25	Göhren	134–142	123	95	28	68
26	Malk	142–146	73	40	33	33
27	Karenz	146–152	97	71	26	61
28	Conow	152–156	59	37	22	34
29	Probst Woos	156–159	42	23	19	24
30	Niendorf	159–166	143	69	74	42
31	Schlesin	166–170	58	44	14	14
32	Bockup	170–174	57	38	19	31
33	Raddenfort	174–178	65	37	28	20
34	Heidhof	178–180	37	34	3	–
35	Rüterberg	181–187	110	54	56	46

Nr.	Ort	Seite	FlN gesamt	FlN lokalisierte	FlN historische	PN
36	Woosmer	187–195	151	91	60	66
37	Woosmerhof	196–197	19	19	–	3
38	Tews Woos	197–203	112	56	56	65
39	Hohen Woos	203–206	49	35	14	44
40	Laupin	206–212	93	77	16	32
41	Leussow	212–221	142	98	44	78
42	Grebs	221–228	124	108	16	66
43	Bresegard	229–236	127	76	51	69
44	Glaisin	236–247	184	128	56	68
45	Klein Krams	247–253	108	80	28	33
46	Neu Krenzlin	254–257	64	40	24	33
47	Alt Krenzlin	258–265	126	92	34	39
48	Loosen	266–274	159	92	67	63
49	Ramm	274–278	65	38	27	8
50	Quast	278–281	37	37	–	–
51	Alt Jabel	281–287	106	77	29	24
52	Vielank	287–294	106	93	13	57
53	Benz	294–300	82	76	6	38
54	Volzrade	300–303	49	31	18	21
55	Jessenitz	303–307	74	35	39	36
56	Lübtheen	308–318	216	89	127	140
57	Garlitz	318–325	110	79	31	23
58	Trebs	326–329	58	40	18	25
59	Probst Jesar	329–334	97	36	61	31
60	Bandekow	334–336	30	25	5	34
61	Lübbendorf	337–340	88	22	66	36
62	Belsch	340–349	175	89	86	24
63	Groß Krams	349–358	185	78	107	67
64	Redefin	358–368	196	89	107	13
65	Kuhstorf	368–377	162	97	65	85
66	Strohkirchen	378–382	87	50	37	54
67	Bresegard	383–390	152	73	79	89
68	Picher	390–400	178	88	90	132
69	Warlow	400–408	140	95	45	74
70	Kummer	409–419	187	107	80	92
71	Göhlen	420–429	148	116	32	76
72	Hornwald	429–437	116	94	22	–
73	Karstädt	437–446	133	93	40	62
74	Techentin	446–454	123	104	19	58
75	Ludwigslust	454–467	203	161	42	21
76	Niendorf	468–473	108	49	59	10
77	Lüblow	473–482	140	126	14	66
78	Wöbbelin	483–489	101	85	16	48
79	Groß Laasch	489–499	137	127	10	92
80	Klein Laasch	499–503	45	44	1	27

Nr.	Ort	Seite	FlN gesamt	FlN lokalisierte	FlN historische	PN
81	Blievenstorf	503–512	177	95	82	109
82	Wabel	513–515	26	15	11	3
83	Muchow	515–521	104	74	30	132
84	Kolbow	522–524	44	17	27	2
85	Prislich	524–529	74	48	26	46
86	Neese	529–534	68	49	19	36
87	Kremmin	534–539	73	47	26	34
88	Hühnerland	540–541	8	6	2	–
89	Werle	541–546	80	51	29	33
90	Balow	547–552	70	63	7	56
91	Zierzow	552–555	35	31	4	43
92	Repzin	556–558	28	12	16	–
93	Möllenbeck	558–567	130	108	22	68
94	Horst	567–570	50	38	12	–
95	Dambeck	571–580	173	59	114	62
96	Klüß	581–584	67	28	39	45
97	Brunow	585–589	100	25	75	61
98	Platschow	590–591	34	11	23	18
99	Pampin	592–595	56	24	32	13
100	Bauerkuhl	595–598	36	20	16	–
101	Drefahl	598–604	85	55	30	34
102	Meierstorf	604–608	50	46	4	28
103	Ziegendorf	608–616	140	71	69	54
104	Stresendorf	616–619	48	36	12	31
105	Herzfeld	620–624	63	40	23	67
106	Granzin	624–627	60	40	20	–
107	Barkow	628–630	47	30	17	–

Reihenfolge der Kartenblätter im Kartenteil

Der gesperrt gedruckte Ortsname der Einzelkarten bildet jeweils den „Titel" (Überschrift) des betreffenden Kartenblattes

1 Forschungsgebiet (Übersichtskarte).
2 Grabow mit Wüstung Lassahn.
3 Fresenbrügge mit Neu Fresenbrügge, Wanzlitz, Beckentin.
4 Semmerin, Kastorf, Gorlosen, Neuhof, Dadow.
5 Krohn, Güritz mit Bellevue, Eldena mit Wüstung Sluse.
6 Boek mit Altona, Stuck, Strassen, Liepe.
7 Grittel mit Wüstung Plaskow, Verklas, Polz mit Wüstung Nien Primer.
8 Groß Schmölen, Klein Schmölen.
9 Kaliß mit Neu Kaliß, Malliß.
10 Göhren mit Neu Göhren, Malk, Karenz, Conow.
11 Probst Woos, Niendorf mit Wüstung Harmsmoel, Schlesin, Bockup.
12 Raddenfort mit Heiddorf, Heidhof.
13 Woosmer mit Schlonsberge, Woosmerhof, Tews Woos, Hohen Woos.
14 Laupin, Leussow mit Kavelmoor und Wüstung Pahls, Grebs mit Menkendorf.
15 Bresegard, Glaisin.
16 Klein Krams, Neu Krenzlin, Alt Krenzlin mit Krenzliner Hütte, Loosen.
17 Ramm, Quast.
18 Alt Jabel mit Neu Jabel, Vielank.
19 Benz mit Briest, Volzrade, Jessenitz.
20 Lübtheen mit Gudow, Hof und Dorf Garlitz mit Brömsenberg.
21 Trebs, Probst Jesar, Bandekow, Lübbendorf.
22 Belsch, Groß Krams, Hof und Dorf Redefin.
23 Kuhstorf mit Eichhof, Strohkirchen, Hof und Dorf Bresegard.
24 Picher, Warlow mit Wüstung Nien Warlow.
25 Kummer, Göhlen.
26 Hornwald mit Hornkaten, Karstädt mit Neu Karstädt, Techentin.
27 Ludwigslust, Niendorf mit Weselsdorf.
28 Lüblow mit Neu Lüblow und Wüstung Sandfort, Wöbbelin.
29 Groß Laasch, Klein Laasch.
30 Blievenstorf mit Wüstung Dehms, Wabel.
31 Muchow, Kolbow.
32 Prislich, Neese, Kremmin.
33 Hühnerland, Werle, Balow mit Wüstung Vergelatz, Hof und Dorf Zierzow.

34 Repzin, Möllenbeck mit Carlshof und Menzendorf, Horst.
35 Dorf und Hof Dambeck mit Wüstung Rosenwinkel, Klüß, Brunow.
36 Platschow, Pampin, Bauerkuhl, Drefahl mit Neu Drefahl und Wüstung Wendisch Grabow, Ziegendorf mit Löcknitz und Wüstung Neu Bauerkuhl.
37 Stresendorf, Herzfeld, mit Neu Herzfeld, Barkow, Granzin.

Verzeichnis der Abkürzungen

Abkürzungen der Belege

AB	Amtsbuch und Amtsbeschreibung (1)
BK	Beichtkinderverzeichnis (1)
BöK	Karte des Martius Böckel (1)
CDB	Novus Codex diplomaticus Brandenburgensis . . ., bearbeitet von Adolf Friedrich Riedel, Berlin 1838ff.
DVK	Direktorialvermessungskarte (1)
DVR	Direktorialvermessungsregister (1)
FK	Forstkarte (2)
FlK	Flurkarte (1 oder 3)
FR	Feldregister (1)
GA	Gehöftsakten (1)
GB	Grenzbeschreibung (1)
GK	Grenzkarte (1 oder 4)
GP	Grenzbegehungs- und Grenzvermessungsprotokoll (1 und 4)
GSG	Grabower Stadtgerichtsakten (4)
GSK	Grabower Stadtkämmereiakten (4)
GSt	Grenzstreitakten (1 und 4)
KA	Kirchenakten (1)
KL	Kontributionsliste (1)
KP	Kommissionsprotokoll (1 und 4)
KV	Kirchenvisitationsprotokoll (1)
KVz	Kirchenverzeichnis Amt Grabow (1)
LA	Lehnakten (1)
LB	Landbederegister (1)
Lgb	Lagerbuch (5)
LV	Landesvermessung 1701 seq. (1)
MK	Meßkornregister (1)
MUB	Mecklenburgisches Urkundenbuch, Schwerin 1863ff.
OA	Ortsakten (1)
OI	Ortsinventar (1)
PfA	Pfarrakten (1)
PV	Pachtverzeichnis (1)
RA	Regulierungsakten (1)
Reg	Regestensammlung (1)
Sch	Schulakten (1)
SchlR	Schloßregister (1)
StK	Karte des Tileman Stella (1 und 6)
SVB	Stadtverlaßbuch (4)
UK	Umgebungskarte (4)
VA	Vermessungsakten (1 und 4)
VR	Vermessungsregister (1 und 4)
WK	Wiebekingsche Karte (6)

Die Zahlen hinter diesen Abkürzungen bedeuten:

1 = im Staatsarchiv Schwerin lagernd
2 = aus dem 19. oder 20. Jahrhundert, nur für den Dienstgebrauch gedruckt
3 = Katasteramt des jeweiligen Kreises (jüngere Karten)
4 = Stadtarchiv Grabow
5 = Heimatmuseum Dömitz
6 = Staatliches Archivlager Göttingen

Abkürzungen des Kulturzustandes

Früherer Kulturzustand links, jetziger rechts vom Schrägstrich (-/-).

A	Acker
F	Staatsforst
Ft	Furt
Fw	Feldweg
Gh	Gehölz
Gt	Gärten
Gw	fließendes Gewässer (Fluß, Bach)
Ho	Horst
Kw	Kiefernwald
Lw	Laubwald
Ödl	Ödland
Ot	Ortsteil
Pf	stehendes Gewässer (Pfuhl, Teich, Soll)
Stg	Fußsteig
Str	Landstraße, Kommunikationsweg
Su	Sumpf, Moor, Bruch
Wei	Weide
Wi	Wiesenland

Sonstige Abkürzungen

Fl	Gulden
FlN	Flurname
Fm	Feldmark
ha	Hektar
Kr	Kreis
lüb	lübisch
nd	niederdeutsch
ON	Ortsname
Pfg	Pfennig
PN	Personenname
Rthl	Reichstaler
ß	Schilling
w.	wüst
Wwe	Witwe

Die Fluren
und ihre Namen

1

Grabow

grābo^u

mit Wüstung Lassahn

Grabowe 1186, Grabow 1189, Grabowe 1197, Grabow 1259 MUB
Lassan 1293 MUB, Lassan 1656 KV Grabow

I Mittlere Steinzeit: Feuersteinklingen („Swarten Barg"). Jüngere Steinzeit: Feuersteinflachbeil (Innenstadt), Felsgesteinaxt („Winkelmour"). Ältere Bronzezeit: Hügelgräber („Heubarg", „Moelenstücker Dannen", „Witt Mour"). Jüngere Bronzezeit: Urnenfeld („Griemour"). Ältere Eisenzeit: Urnen („Gerichtsstücken"). Jüngere Eisenzeit: Römische Importwaren aus Skelettgrab, Urnen. Slawische Zeit: Wallanlage (Wasserstraßenamt).

II 1190 als „castrum" zur Grafschaft Dannenberg gelegt, 1288 im Besitz der Markgrafschaft Brandenburg, seit 1320 zum Herzogtum Mecklenburg gehörend.

III Die Stadt entrichtete jährlich eine „Orbör" von 50 Mark lüb. (1520 AB Grabow).

IV Ältester Ortsteil ist die auf einer kleinen Eldeinsel und den Trümmern einer slawischen Wallanlage errichtete deutsche Burg, welche – 1725 durch Brand völlig zerstört – Mittelpunkt und Verwaltungssitz des umliegenden Landes (Terra, Vogtei, Amt) war. Von diesem Burgward nur durch einen Wasserarm getrennt entstand auf einer größeren Flußinsel planmäßig und aus frischer Wurzel der 1252 zur Stadt erhobene Ort Grabow, dessen Name von einer vermutlich am linken Unterlauf der „Ro(d)e Bäk" gelegenen einstigen Slawensiedlung entlehnt ist.
Kirchen: Stadtkirche St. Georg, Schloßkirche (1725 abgebrannt), Maria Magdalenen- oder Brinkkirche (Anfang des 18. Jahrhunderts abgebrochen)

V Stadtflur, deren südlicher Teil von der nach 1293 einverleibten Feldmark (1810 VR: 287 198 Quadratruten) des gelegten, zuvor ritterschaftlichen Dorfes Lassahn gebildet wird.

VI 1558 Türkensteuer Grabow: Peter Gynaph, Merten Roleke, Hans Godtschow, Clawes Winterfelt, Achim Capelle, Gorges Cratze, Achim Gade, Hans Kroger, Hans Schroder, Achim Sommer, Jochim Kliuathe, Mattheus Brun, Clawes Imme, Achim Wanckelmodt, Clawes Wake, Mats Sasse, Eggert Dreyer, Lauerentz Sommer, Clawes Hasselman, Mattheus

Kogeler der older, Peter Tyde, Jesper Giße, Jacob Janeke, Jochim Buheman, Hans Torban, Hans Arndt, Cosmus Blomhe, Merten Claweke, Steffen Smedt, Thomas Orthman, Jochim Niebur, Hans Robeler, Heine Mernitze, Pawel Tyleke, Jochim Walschleue, Hans Ronnekendorpfsche, Achim Wolter, Hans Gercke, Merten Wolter, Hans Gronhe, Clawes Gode, Christoffer Gronhe, Achim Poradt, Achim Meineke, Jesper Douell, Hans Matter, Jesper Ebell, Thies Winter, Gercke Tyde, Clawes Heiße, Hinrick Cliuath, Jurgen Gade, de Hunsche, Jochim Hinrick, Peter Janeke, Hans Kramber, Ladewich Krüthman. – Kylian Prentzelow, Hans Imme, Clawes Gode, Tonnies Niebur, Peter Tzincke, Hans Werneke, Hans Hinrick, Hans Schroder, de Merten Schultesche, Jesper Pingesten, Achim Molleman, de Franckesche, Clawes Suhre, Gabriel Sengefladesche, Chim Albrecht, Chim Luthke, Palmhe Gryse, Tidtke Schultesche, Chim Jowerth, Achim Niebur, Hans Luthke, Peter Schulte, Hinrick Lowke, Kersten Luthke, Chim Foileke, Pawel Richert, Thies Gronhewoldt, Asmus Bochin, Drewes Borchert, Kersten Kurrebuck, Bertelt Stenkop, Hans Perseke, Tonnies Frahm, Hans Eggert, Clawes Brandesche, Chim Grunhe, Lauerentz Schulte, Peter Tyde, Merten Grantz, Heine Euerdesche, Achim Detert, Peter Lenthe, Lauerentz Gowhe, Achim Trechow, Asmus Schriuer, Bertelt Mertens, Jurgen Kolbow, Clawes Eggert, Lauerentze Krich. – de Prouesangesche, Drewes Powell, Achim Bruningk, Achim Meineke, Pawel Plochouet, Hans Mansche, Clawes Pisth, Achim Schulte, Peter Willebrandt, Hans Gowhe, Heine Werneke, de Franckesche, Hinrick Dithmar, Clawes Rodatze, Eggert Radtsagk, Peter Vischersche, Clawes Koldenagel, Hans Schulte, Kersten Kolbow, Tidtke Schultesche, Hans Albrecht, Brosius Reckehalsesche, Gorges Cliuath, Pawel Schliman, Lauerentze Bruningk, Hans Trechow, Hans Sliman, Hans Becker, Hinrick Kunnhe, Hans Iseben, Jurgen Reimer, Jochim Bruningk, Jochim Witte, Brandt Slepkow, Brosius Kosteuell. – Clawes Schulte, Mattheus Kogeler der junger, Jochim Godtschow, Mewes Thies, Pawell Hake, Peter Maleke, Mester Jurgenn, Bastian de pöcksmedt, Philip Troßler, Jacob Reinekensche, Fritze Rodatze, Her Frederich Hugk, Peter Reineke, Clawes Wineke, Asmus Dreyer, Mester Syuert, Clawes Fowteke, Chim Vocke, Baltzer Reineke, Peter Willeke, Achim Tzinckesche, Jurgen Wineke, Hans Moller, Hans Hinrich, de Achim Jessesche, Bertelt Lemke, Chim Withkop, Clawes Tzincke, Hans Tzincke, Pawell Tzincke, de Peter Niebursche, Hans Rodatze, Chim Milasse, Hans Francke, Achim Schroder, Jurgen Geuert, Cleman Ludeke, Lucas Moller.

VII

1	Ell	Elda, 786 MUB; Eldia, 946 MUB;	Gw/Gw
	el	Eldena, 1167 MUB; Eldene, 1343 MUB;	
		Elde, 1344 MUB; Eldene, 1370 MUB;	

		Eldena, 1395 MUB; Elde, 1526 LA Werle.	
2	Buerwischen *būəvišn*	Baur wisch, 1580, Bäckeramtsbuch Grabow; burwisch, 1585 Schneideramtsbuch Grabow; Pauwerwische, 1654 AB Grabow; Pauerwischen, 1656 KV Grabow; die Bauer Wiesen, 1727 VA; die Bauerwiesen, 1799 SVB.	Wi/Wi
3	Buerhölten *būəhöltn*	die Baur Höltzen, 1765 GSK; beym Buhrhölten, 1784 GSB; beim Bauerhölten, 1791 FR.	Gh/Gh
4	Häktfort *häktfǫ^{o}t*	tenß dem Hexforde, 1654 AB Grabow; Hechtsfohrt, 1727 VA; am Hechtsfort, 1784 GSB; am Hechtsforth, 1791 FR.	Ft/Wi, Gh
5	Swarten Barg *sva^{a}tn'ba^{a}x*		Ödl/F
6	Rodatz Mour *ro^{u}dats'mu^{o}ə*		Su/F
7	Niekavelwischen *nī'kåvl'višn*	neuwe Kafelwische, 1656 KV Grabow; Neue Cabeln Wiesen, 1727 VA; Neukavel Wiese, 1751 SPB; Neu Kafel Wiesen, 1765 GSK; Neu Kabel Wiese, 1774 SPB; die Neu Kavel Wiesen, 1791 FR.	Wi/Wi
(8)	Priester Wiese	Priester Wiese, 1727 VA.	Wi/Wi
9	Bäckerlaken *bekə'låkn*	die Becker-Laacken, 1727 VA; Beckerlaack Wiese, 1769 SPB; Bäcker-Laack-Wiesen, 1780 FR; Bäckerlack-Wiese, 1799 SVB.	Gw/Wi
(10)	Bißel Wiese	die Bißel Wiese, 1727 VA; Bissel Wiese, 1772 GSK; Bißel Wiese, 1780 FR.	Wi/Wi
11	Parchimer Dannen *'pa^{a}xəmə'dan^{n}*	an den Parchimschen Tannen, 1787 SVB; bey den Parchner Tannen, 1792 SVB.	Kw/F
12	Kohwei(d) *ko^{u}vai*	die raume Heyde, 1765 GSK.	Ödl/Wei, F
13	Knipscheer	Knippscherr, 1617 Horn-KP; die Knip-	Su/Wi, Wei

	knipšīə	scherr, 1654 AB Grabow; die Knipschere, 1727 FlK; Knipscheer Wiese, 1768 SPB; Knipscheer-Wiesen, 1780 FR; Knipscher Wiese, 1800 SVB.	
14	Halwplichter Wischen *halfplix́təvišn̄*	Halbpflichter Wische, 1656 KV Grabow; Halbpflichter Wiesen, 1727 FlK; Halbplichter Wiese, 1765 GSK; Halb-Pflichter-Wiesen, 1780 FR; Halbpflichter Wiese, 1800 SVB.	Wi/Wi
15	Schosterdrei(h) *šo^{u}stədrai*		Gw/Gw
16	Ro(d)e Bäk *'ro^{u}ə'bǟk*	die Bahk, 1656 KV Grabow; Baakmüller Bach, 1727 FlK; der Backmühlenbach, 1798 SVB.	Gw/Gw
17	Dorwisch *dō̆əviš*	Dohr Wiesen, 1611 herzoglich-städtischer Vergleich; Dohr Wiesen, 1656 KV Grabow; die Dohr Wiesen, 1727 FlK; Tohr Wiese, 1765 GSK; Dohrwiese, 1770 SPB; Thor-Wiesen, 1780 FR; Dohrwiese, 1784 SVB; Thorwiese, 1798 SVB.	Wi/Wi
(18)	Hinterlaack	die Hinterlaack, 1790 SVB.	Gw/Wi
19	Herrenwisch *hǟ̆ənviš*	Herren Wiese, 1656 KV Grabow.	Wi/Wi
(20)	dreikantige Orth	der dreikantige Orth, 1677 Kaufvertrag Herzog Friedrich/J. Mann.	Wi/A
(21)	Alter Wall	auf dem Wall vor dem Mühlenthor, 1622 Kaufvertrag Herzogin Anna/ J. Reisner; Alter Wall, 1725 Stadtplan.	Wall/A, Ot
22	Herrenkamp *hǟ̆ənkam^{p}*	Fürstlicher Camp, 1727 FlK; der Herren Kamp, 1759 GSK.	A/Ot
(23)	Priester Kamp	der Priester Camp, 1727 VA; der Priester Kamp, 1799 SVB.	A/Ot
24	Hoppkavel *hopkå̆vl̥*	Hoppekavelen, 1580 Schneideramtsbuch Grabow; hoppenhof in den kavelen, 1587 Schneideramtsbuch Grabow; auf der Hopfekafel, 1656 KV Grabow; die Hopf-Cabeln, 1727 VA; auf der Hopfkavel, 1769 SPB; auf der Hoppkabel, 1780 FR.	A/Ot, A

(25)	Grätberg	am Grätberg, 1795 SVB.	A, Ödl/Ot
(26)	bey der Vogelstange	bey der Vogelstange, 1656 KV Grabow.	Ödl, A/Ot
27	Näser Stieg *nǟzə'stīx́*	am Neesischen Steige, 1757 GSK; am am Neesischen Stiege, 1759 GSK; am Neeschen Steige, 1800 SVB.	Steig/Ot
28	baben Hobenmour *'bǻbm'ho*^{u}*bmmu*^{o}*ə*	baven den Huwenmohr, 1567 Schneideramtsbuch Grabow; oben dem Huefenmohr, 1727 FlK; baven dem Hufen Mohr, 1757 GSK.	A/A
(29)	Kolbowschen Busch	im kolboweschen busche, 1569 Schneideramtsbuch Grabow; Kolboweschen busch, 1587 Bäckeramtsbuch Grabow; bey dem Kolbowischen Busche, 1656 KV Grabow; im Colbowschen Busch, 1765 GSK; im Kolbowschen Busch, 1809 SVB.	Su, A/A, Gh
(30)	an der Backmühle	bey der Backmühle, 1650 Leineweberamtsbuch Grabow; bey der Bahkmühlen, 1656 KV Grabow; bey der Baack Mühlen, 1765 GSK; an der Backmühle, 1809 SVB.	A/A
(31)	langen Kamp(e)	beim langen Kamp(e), 1656 KV Grabow.	A/A, Gh
32	Koppelwischen *koplvišn*	Coppel Wiesen, 1727 VA; auf den Koppel-Wiesen, 1757 GSK; Coppel Wiese, 1770 SPB; die Koppel-Wiesen, 1780 FR; Koppelwiese, 1799 SVB.	Wi/Wi, Wei
(33)	Hohe Mühlen Stücken	Hohe Mühlen Stücken, 1759 GSK; Hohc Mühlen Stücken, 1830 FlK.	A/Kw, A
34	Hobenmour *ho*^{u}*bmmu*^{o}*ə*	Houen mhoer, 1567 Bäckeramtsbuch Grabow; Houenmohr, 1594 Schneideramtsbuch Grabow; im Huefenmohr, 1656 KV Grabow; bey dem Huefen Mohr, 1727 VA; im Hufen Mohr, 1765 GSK; auf dem Huben-Mohr, 1793 SVB.	Su, A/A, Wei
35	Moelenstücker Danen *'mǣl*^{l}*stykə'dan*^{n}	Möhlen Stücken, 1727 FlK; auf den Mühlenstücken, 1757 GSK; die Möllen Stücken, 1767 GSK; die Möllenstücken, 1783 GSK; Mühlen-Stücken-Tannen, 1830 FlK.	A/Gh

36	Rugen Diek *'rūgn'dīk*	der Rauhe Teich, 1727 FlK; beym rauhen Deich, 1757 GSK; der rauhe Teich, 1783 GSK; am rugen Dieck, 1798 SVB.	Su/A
(37)	Gilde Kämpe	die Gilde Kämpe, 1757 GSK; die Gilde Kämpe, 1780 Baugildestatut.	Ödl/A, Wi
38	Diekwischen *dīkvišn*	de Dyke, 1528 LA Werle; im Teich, 1571 GP; der Lassansche Dieck, Ende 16. Jhdt. Stadtskizze; Teichwische, 1656 KV Grabow; Dieck Wiesen, 1727 FlK; in den Deichwiesen, 1757 GSK; Teichwiese, 1800 SVB.	Su, Wi/Wi
39	Unecht fiw Ro(d) *'unäxtfīf'rouə*	tendest den unechten 5 Ruthen, 1757 GSK; Unecht Fünf Ruten, 1830 FlK.	A/A
40	Kronsbarg *krounsbaax*	die Krohns Bergschen Stücke, 1759 GSK; hinter den Kronß Berg, 1759 GSK; auf dem Krons Berge, 1783 SVB; Krohnsberg, 1792 SVB; Kronsberg, 1830 FlK.	A/A
(41)	Niedrige Mühlen Stücken	Niedrige Mühlen Stücken, 1830 FlK.	A/A, Kw
42	Galgenbarg *galgnbaax*	im Galgenberg, 1757 GSK; der Galgenberg, 1776 GSK; Galgenberg, 1788 WK; im Galgenberg, 1799 SVB.	Ödl/F
43	Schee(d)busch *šeibuš*	beym Schied-Busch, 1780 FR; beym Scheide Busch, 1791 FR; Scheide-Busch, 1830 FlK.	A, Su/A, Wi
44	Dörpstell *dǫ̈ǫ̈pstäə*	auf der Dorf Stelle, 1727 FlK; aufm Dorfstädten, 1757 GSK; Dorpstädt, 1783 GSK; Dorf-Stelle, 1830 FlK.	A/A
45	Lassahner Hoben *'lasānə'houbm*	auffem Lassanischem felde, 1390 MUB (Abschrift 16. Jhdt.); Feldtmarke Lassanne, 1571 GP; aufm Stadtfelde Lassann, 1656 KV Grabow.	A, Wi/A, Wi, Kw
46	Binnenbom *binnbōm*	Binnenbohms Stücken, 1727 FlK; die Stücken binnen Bohms, 1757 GSK; die Stücken binnen Bohms, 1783 GSK; Binnenbohms Stücken, 1830 FlK.	A/A

47	Fiw Ro(d) *fīf'ro^{u}ə*	die fünf Ruthen, 1727 VA; auf den fünf Ruthen Stücken, 1780 Baugildestatut; Fünf Rode, 1783 SVB; Fünf Ruten, 1830 FlK.	A/A
48	Nachtkoppel *naxtkopl*	Nacht-Koppel, 1765 GSK; die Nachtkoppel, 1783 GSK; Nacht-Koppel, 1830 FlK.	Su/Wi, Wei
49	Small dree Ro(d) *'smaldrē'ro^{u}ə*	die schmalen drei Ruthen, 1727 VA; tendest den schmahlen 3 Ruthen, 1759 GSK; die schmalen Drei-Ruten, 1782 GSK.	A/A
50	Breet dree Ro(d) *'brēddrē'ro^{u}ə*	die breiten drei Ruthen, 1727 VA; breed drey Rod, 1783 GSK; auf den breiten Dreiruthen, 1803 SVB; Breit Drei Ruten, 1830 FlK.	A/A
51	Butenbom *būtnbōm*	Butenbohms Stücken, 1727 FlK; Buten Bohms, 1757 GSK; die Stücken buten Booms, 1783 GSK; Butenbohms-Stücken, 1830 FlK.	A/A, Kw
52	Knick *knik*	dat Knick, 16. Jh. Stadtskizze; der Knick, 1727 FlK; am Knick, 1757 GSK; der Knick, 1765 GSK; im Knick, 1788 WK.	Su/Wi
53	Bornstücken *bǫ^{ə}nstykn*	die Born Stücken, 1727 FlK; auf den Born-Stücken, 1757 GSK; die Bornstücken, 1783 GSK; Born-Stücken, 1830 FlK.	A/A
(54)	Kulmolen wiske	Kulmolen wiske, 16. Jhdt. Stadtskizze.	Wi/Wi
55	Knöpken *knȫpkən*	in den Knöpken, 1759 GSK; in den Knöbcken, 1775 Baugildeakten; die Knöbcken, 1783 GSK; in den Knöpen (!), 1788 WK.	Su/Wi, A
56	Kluswisch *klūsviš*	Clus Wiese, 1765 GSK; Klus Wiese, 1798 SVB.	Wi/Wi
57	Nedderklus *nädəklūs*	de klus, 1528 LA Werle; Klus Stücken, 1727 FlK; vorm Klus, 1757 GSK; der Klus, 1765 GSK; der Kluus, 1782 GSK; Nieder-Klüß, 1830 FlK.	A/A

58	Hei(d)blenk *haiblänk*	Heidflecken, 1727 FlK; die Heide Bläck/Heyd Blecken, 1757 GSK; die Heyde Blecken, 1765 GSK; die Heydebläcken/Heydeblecken, 1782 GSK; in der Heidbleck, 1808 SVB; Heideblenk, 1830 FlK.	A, Ödl/A, Kw
59	Dehlsstücken *dēlstykn*	Dehls Stücken, 1727 FlK; die Theil Stücken, 1765 GSK; Dehls Stücken, 1776 GSK; die Deels-Stücken, 1782 GSK; Dehls-Stücken, 1830 FlK.	A/Kw
60	bi'n Opfersteen *bīn'opfə'stēn*	de schede sten, 1526 LA Werle.	Findling
61	Babenklus *båbmklus*	de bystrow, 1528 LA Werle; Ober-Klüß, 1830 FlK.	Ödl, Gw/Kw
(62)	uthscote	up den uthscote, 1528 LA Werle.	Su/Wei
(63)	Stadtknechtes wisch	de Stadtknechtes wisch, 1528 LA Werle.	Wi/Wei
64	Wanzlitzer Dannen *'vanslitsə'dan^{n}*	der Schäferkamp, 1768 Ratsprotokolle Grabow; der Schäferkamp, 1787 Ratsprotokolle Grabow; Wanzlitzer Tannen, 1830 FlK.	Ödl/F
65	Strangmour *straŋmu^{o}ə*	vorn Strang Mohr, 1757 GSK; das Strangmohr, 1782 GSK; das Strangmohr, 1808 SVB.	Su/F, Su
66	Eekkoppel *eikkopl*	die Eichkoppel, 1780 FR; Eichkoppel, 1785 Ratsprotokolle Grabow; Eichenzuschlag, 1791 FR.	Ödl/F
67	Strang *straŋ*	die stranck, 1526 LA Werle; im Strange, 1656 KV Grabow; am Strange, 1727 FlK; der Strang, 1759 GSK; im Strange, 1800 SVB.	A, Wi/A, Wi
(68)	Beeren Wiese	die Berwisch, 1526 LA Werle; die Beer Wiese, 1709 GSG; die Bähren Wiese, 1727 FlK; die Baer Wiese, 1780 FR; die Kämpen Wiese, 1791 FR; die Beeren Wiese, 1806 Kämmereiverzeichnis Grabow.	Wi/Wi

69	Bullenwisch *bul^{l}viš*	die Bullen Wiese, 1727 VA; die Bollen-Wiese, 1791 FR.	Wi/Wi
70	Snellümlop *snel'ymlōp*		Gw/Gw
71	Landwehr *lantvē^{ə}*	de Landtwere, 1528 LA Werle; bei der Landwehr, 1603 KVz Amt Grabow; bey der Landewehre, 1656 KV Grabow; in der Landwehre, 1757 GSK; Landwehr, 1830 FlK.	Gh, A/A, Gh
72	Voßbarg *fǫsba^{a}x*	hinter dem Fuchsberg, 1724 SPB; Voß-Berg, 1759 GSK; auf dem Voß Berg, 1780 FR; auf dem Voßberge, 1798 SVB.	A/A
(73)	Wollweber Ort	Wullenweber ohrt, 1656 KV Grabow; der Wollenweber Ohrt, 1727 VA; der Wollen-Webers-Ort, 1780 FR; Woll weber Ort, 1791 FR.	Wi/Wi
74	Finkenbarg *fiŋ^{k}nba^{a}x*	beym Finckenberge, 1656 KV Grabow; der Finkenberg, 1727 FlK; am Fincken-berg, 1751 SPB; am Fincken-Berge, 1780 FR; am Fincken Berg, 1791 FR; Finken-Berge, 1830 FlK.	Gh, Ödl/F
75	Nedderwischen *nedəvišn*	Niederwische, 1654 AB Grabow; Nieder-wischen, 1656 KV Grabow; Nedder-Wiesen, 1727 FlK; Nieder Wiesen, 1765 GSK; Niederwiesen, 1780 FR; Nieder Wiesen, 1791 FR.	Wi/Wi
(76)	Leemkuhlen	Lehmkuhlen, 1727 FlK; Lehm Kuhlen, 1791 FR; Leemkuhlen, 1811 SVB.	Grube/Ot
77	Scherings Koppel *'šēriŋ^{k}s'kopl*	Scherings Koppel, 1787 SVB; Scherings Koppel, 1812 SVB.	A/A
78	an'e Lenzer Chaussee *anə 'lentsəšo'sē*	bey dem Lentzeschen wege, 1528 LA Werle; am Lentzer Wege, 1656 KV Grabow; am Lentzer Wege, 1731 SPB; am Lentzer Wege, 1780 FR; am Lenzner Wege, 1800 SVB.	Str, A/A, Str.
79	Gerichtsstücken *gə'rixts stykn*	das Gerichte, 1727 FlK; beym Gericht, 1757 GSK.	Ödl/A

(80)	Heilig Geist Acker	Heilig Geist Acker, 1656 KV Grabow; bey des Heilig(en) Geist(es) Acker, 1727 VA.	A/A
81	Smuckstücken *smukstykn*	Schmucken Stücken, 1727 FlK; auf den schmucken Stücken, 1757 GSK; auf den Schmuck-Stücken, 1780 FR; auf den Schmuckstücken, 1792 SVB.	A/A
82	Sankt Clasen *zaŋ'klåzn*	St. Nicolaus, 1586 Bäckeramtsbuch Grabow; St. Nicolay, 1656 KV Grabow; bey St. Nicolai, 1727 VA; St. Nicolai, 1765 GSK; auf Sanct Klasen, 1780 FR; auf Sanct-Klasen, 1791 FR.	A/A
83	Ilpohl *īlpōl*	uf die Ilpole, 1592 Schneideramtsbuch Grabow; uf den Ilepfhulen, 1615 Bäckeramtsbuch Grabow; auf der Ihlenpohle, 1656 KV Grabow; auf dem Ihlpohl, 1721 SPB; beim Ihlenpohl, 1727 FlK; am Ihl-Pohl, 1765 GSK; auf dem Ihlpohl, 1791 FR.	A/A
(84)	Schmiedekamp	Schmiede Kamp, 1735 SPB; der Schmiede Kamp, 1785 SVB; auf'n Schmiedekamp, 1809 SVB.	A/A
85	Binnung *binuŋ^{g}*	auf der Binnunge, 1671 GSG; in der Binnung, 1780 FR; in der Binnung, 1791 FR; in der Binnow (!), 1794 SVB; in der Binnung, 1795 SVB.	Wi, A/Ot
(86)	Viertels Wiese	Viertelsherren Wiesen, 1656 KV Grabow; die Viertelswiese, 1727 VA; Vierthels-Wiese, 1780 FR; die Viertels Wiese, 1791 FR.	Wi/Wi
(87)	Dorn Kamp	Dornkamp, 1656 KV Grabow; Dorn Kamp, 1727 VA.	A/Ot
(88)	Kavelenhöfen	de kavelen hofen, 1580 Schneideramtsbuch Grabow; bey den Kafelhofen, 1656 KV Grabow; Kabelhoefen, 1727 VA; im Kavelenhöfen, 1735 SPB.	A/Ot
(89)	Provisor Wiese	die Provisor Wiese, 1727 VA; Provisor-Wiese, 1780 FR; die Provisor Wiese, 1791 FR.	Wi/Wei

90	Bleek *blēk*	die Bleicher-Wiese, 1727 VA; die Bleiche, 1795 GSK; die Bleiche, 1813 Ratsprotokolle Grabow.	Wi/Wi
(91)	Kamphof	Kamphof, 1721 SPB; Kamport, 1791 FR; Kampgarten, 1799 SVB; Kamp Garten/auf dem Kamphof, 1805 SVB; Kamphof, 1814 SVB.	A, Wi/Ot
92	Serrahn *zə'rån*	Serrahn, 1727 FlK; Zerrahn-Brücke, 1798 SVB; die Zerran Brücke, 1803 SVB; der Serrahn, 1810 SVB.	Gw, Ufer/Ot
(93)	Gänse Orth	der Gose ohrt, 1727 VA; Gose Ort, 1765 GSK; aufm Gänse Orth, 1780 FR; auf dem Gänse Orth, 1791 FR.	Wi/Ot
94	Bahldamm *båldam*	am Bohldam, 1732 SPB; am Bohldamm, 1770 SPB; am Bohldamm, 1780 FR; auf'n Bohldamm, 1800 SVB.	Damm/Damm
(95)	Schusterwall	Schusterwall, 1727 FlK.	Insel/Ot
96	Hagenwischen *hågnvišn*	Hagen wisch, 1587 Bäckeramtsbuch Grabow; Hagen wisch, 1590 Schneideramtsbuch Grabow; auf der Hagenwische, 1656 KV Grabow; die Hagen Wiesen, 1727 VA; an der Hagen Wiesen, 1765 GSK; Hagenwiese, 1790 SVB.	Wi/A, Ot
97	Hunn'kamp *hun^{n}kam^{p}*	uf dem Hundekampfe, 1587 Schneideramtsbuch Grabow; bey dem Hundekampe, 1656 KV Grabow; auf dem Hunde Kamp, 1725 SPB; am Hunde Camp, 1765 GSK; auf dem Hunde Kamp, 1791 FR; am Hundekamp, 1798 SVB.	A/A
(98)	Tuchmacher Wall	Tuchmacher Wall, 1727 FlK; Tuchmacher Wall, 1792 Eingabe des Tuchmacheramts.	Insel/Ot
(99)	Kalberstert	dath Kalverstertische verndell, 1558 Türkensteuer Grabow; auf dem Kalverstert, 1654 AB Grabow; auf dem Kalberstert, 1656 KV Grabow.	Wi, Su/Ot, A
100	Grönen Stieg *'grȫn^{n}'stīx́*	bei dem gronen Stiege, 1590 Schneideramtsbuch Grabow; am grühnen Steige,	Steig/Ot

		1656 KV Grabow; am grünen Stieg, 1727 VA; am grünen Stieg, 1765 GSK; am grünen Steig, 1799 SVB.	
101	Steendamm *stēndam*	am Steindamm, 1624 Schneideramtsbuch Grabow; beim Steindamme, 1656 KV Grabow; am Stein Damm, 1720 SPB; am Stein Damm 1765 GSK; am Steindamm, 1799 SVB.	Str/Ot
(102)	Reuterkoppel	die Reuter-Koppel, 1727 FlK; die Reuter Koppel, 1765 GSK; die Reuterkoppel, 1813 Ratsprotokolle Grabow.	Wi/Ot
(103)	Lukas Weinberg	lukas winberg, 1624 Kaufvertrag; im Lucas Weinberg, 1780 FR; Lukas Weinberg, 1809 GSK.	A/Ot
104	Trotzenburg *trotsnbu*^{u}*x*		A, Ödl/Ot
(105)	Thorwischen	die Thorwischen, 1656 KV Grabow.	Wi/Ot
106	Kießerdamm *'kīzə'dam*	bey dem kytzer damme, 1550 Bäckeramtsbuch Grabow; bey dem Kytzer Damme, 1656 KV Grabow; uffn Kitzer Dam, 1659 Bäckeramtsbuch Grabow; Kießer Damm, 1719 SPB; Kietzerdamm, 1727 FlK; am Kietzer-Damm, 1770 SPB; am Kießerdamm, 1800 SVB.	Damm/Ot
(107)	Jackenwiesen	Jackenwiesen, 1656 KV Grabow; Jacken Wiese, 1719 SPB; Jacken Wiesen, 1727 FlK; Jacken-Wiesen, 1791 FR; Jackenwiese, 1808 SVB.	Wi/Ot, A
108	Schützengor(de)n *šytsn'gō*^{əd}*n*	gegen dem Schieß Hause, 1759 SPB; beym Schieß Hofe, 1771 SPB; beim Schießhause, 1799 SVB.	A, Ödl/Gh
109	Bünger *byŋgə*	der Bünger, 1791 FR.	Wi/Wi
110	Bötellak *bōtllåk*		Gw/Gw
110	Kieß *kīs*	up dem kytze, 1528 LA Werle; bey dem kytze, 1570 Schneideramtsbuch	Siedlung/Ot

		Grabow; bei dem kitze, 1593 Schneideramtsbuch Grabow; auf dem Kietze, 1656 KV Grabow; auf dem Kietz, 1727 FlK; am Kietz, 1774 SPB; auf dem Kieß, 1776 SPB; auf'n Kieß, 1800 SVB.	
112	Swiensbarg *svīənsba*^{a}*x*		Ödl/Ot
113	Swienswisch *svīənsviš*	die Schwein Wiese, 1727 VA; die Schwein Wiese, 1780 FR; Schweinwiese, 1813 Ratsprotokolle Grabow.	Wi/Wi
114	Ternosenwischen *tə'no*^{u}*znvišn*	Ternosen wisch, 1562 Schneideramtsbuch Grabow; Ternosen wisch, 1587 Bäckeramtsbuch Grabow; Tornosen Wiesen, 1617 Bäckeramtsbuch Grabow; Ternosenwische, 1656 KV Grabow; Ternosen Wiese, 1718 SPB; Ternosen Wiese, 1765 GSK; Ternosen Wiese, 1800 SVB.	Wi/Wi
115	Tegelschünsche Dannen *'te*^{i}*glšūnšə'dan*^{n}		Kw/F
(116)	Sandlacke	bey der Sand Lahcke, 1727 VA; an der Sand-Lacke, 1795 GSK; die Sandlacke, 1813 Ratsprotokolle Grabow.	Gw/Wi
117	Bullenwisch *bul*^{l}*viš*	die Bollen Wiese, 1727 VA; die Bollen Wiese, 1780 FR; die Bollenwiese, 1810 SVB.	Wi/Wi
118	Slachterkoppel *slaxtəkopl*	Schlachter Koppel, 1727 VA; Schlächter-Koppel, 1830 FlK.	Su, Wei/A
119	Kohhöderwisch *kōhōrəviš*	die Hirten Wiesen, 1727 VA; Hirten Wiese, 1780 FR; Kuhhirten Wiese, 1791 FR.	Wi/Wi
120	Tabackspahl *tåbakspål*	bei dem Tobackspfahl, 1815 SVB.	A/A
121	Ratsherrnwisch *råtshāənviš*	Stouer wisch, 1568 herzoglicher Vergleich; die Stöver Wiese, 1727 VA; Stever Wiese, 1765 GSK; Stöver Wiese, 1780 FR; Stöver Wiesen, 1791 FR.	Wi/Wi
122	Middagstä(d) *midax'stāə*	die Mittags Stelle, 1727 VA; die Mittags Stelle, 1758 GSK; die Mittags-Stelle,	Wei/Wi

		1791 FR; die Mittagsstelle, 1813 Ratsprotokolle Grabow.	
(123)	Kleine Höbbel	Kleine Höbbel, 1780 FR; der Kleine Höbbel, 1791 FR.	Wi/Wi
124	Tegelschün *te*^{i}*glšün*	bey der Ziegelscheunen, 1656 KV Grabow; bey der Ziegelscheune, 1720 SPB; bey der Ziegelscheure, 1765 GSK; bey der Ziegeley, 1780 FR; bei der Ziegelei, 1799 SVB.	Ziegelei, A/ Gehöft, A, Wi
(125)	Lange Haacken	der Lange Hacken, 1795 GSK; der lange Haacken, 1813 Ratsprotokolle Grabow.	Wi/Wi
(126)	Holzvogts Wiese	die Holtzvogts Wiese, 1727 VA; die Holtz Voigts Wiese, 1780 FR; die Holzvogts Wiese, 1791 FR.	Wi/Wi
127	Taterbusch *tåtəbuš*	der Taterbusch, 1765 GSK; im Taterbusch, 1799 SVB; am Taterbusch, 1814 SVB.	A, Gh/Gh
128	Sohren Kamp *'zūən'kam*^{p}	der Sohren Kamp, 1727 FlK; auf dem Sohren Kamp, 1733 SPB; aufm Sohren Kamp, 1780 FR; der Sohren Kamp, 1799 SVB; der Sohre-Kamp, 1830 FlK.	A/A
129	Heubarg *hoiba*^{a}*x*	Heuberg, 1830 FlK.	Ödl/Gh
130	Krams *krams*	bey der Kramptze, 1656 KV Grabow; die Krams, 1830 FlK.	Su, Wi/Wi
131	Kramswischen *kramsvišn*	die Kramptzer Wiese, 1656 KV Grabow; Kramswiese, 1729 SPB; Kramß Wiesen, 1780 FR; Kramps-Wiese, 1793 SVB; Kramswiesen, 1830 FlK.	Wi/Wi
(132)	Weidenhöbbel	der Wieden Höbbel, 1768 Ratsprotokolle Grabow; der Weiden Höbel, 1780 FR; der Weyden-Höbel, 1791 FR; der Weidenhöbbel, 1813 Ratsprotokolle Grabow.	Wi/Wi
(133)	Lange Ort	der Lange Orth, 1780 FR; der Lange Ort, 1791 FR.	Wi/Wi

134	Witt Öwer *vit'ö^{i}və*	das Weiße Ufer, 1727 VA; auf dem weißen Ufer, 1766 Ratsprotokolle Grabow; das weiße Ufer, 1780 FR; das weiße Ufer 1791 FR.	Wi/Wi
135	Sandbarg *zantba^{a}x*	zwischen beyden Sandtbergen, 1656 KV Grabow; zwischen den Sandbergen, 1719 SPB; zwischen dem Sand Berge, 1727 FlK; zwischen den Sandberg, 1780 FR; zwischen den Sandbergen, 1798 SVB; zwischen den Sandbergen, 1830 FlK.	A/A, Gh
136	Aantenmour *åntnmu^{o}ə*	Entenmoor, 1830 FlK.	Su/F, Su
137	Rehbarg *rē^{i}ba^{a}x*	auf dem Reheberge, 1656 KV Grabow; vor den Rehberge, 1727 FlK; auf dem Reeberge, 1768 SPB; auf dem Rehberg, 1780 FR.	A/A
138	Nabers Hei(d) *'nåbəs'haiə*	Nabers Heyde, 1737 Klenower Schäferstreit; Nabers Heide, 1753 GP; Nachbars (!) Haide, 1830 FlK.	Ödl/F
139	Immengrünn' *im^{m}gryn^{n}*	Immen Gründe, 1830 FlK.	Ödl/F
140	Doden Mann *'do^{u}dn'man*	im Todten Mann, 1727 FlK; im Todten Mann, 1765 GSK; im Todten-Mann, 1780 FR; im todten Mann, 1793 SVB; im Todtenmanne, 1810 SVB.	Ödl, A/F
141	Hilgen Kamp *'hilgn'kam^{p}*	Hilgen Camp, 1737 Klenower Schäferstreit; bey dem Heyligen-Kamp, 1753 GP; Heiliger Kamp, 1830 FlK.	Ödl/F
142	Palmmour *palmmu^{o}ə*	bey dem Palm Mohr, 1737 Klenower Schäferstreit; Palm-Mohr, 1753 GP; Palmmoor, 1830 FlK.	Su/F
143	Kalkbarg *kalkba^{a}x*	Kalkberg, 1830 FlK.	Ödl/F
144	Witt Mour *vitmu^{o}ə*	das weiße Moor, 1830 FlK.	Su/Su
145	Bültenmour *byltnmu^{o}ə*	Bülten Moor, 1830 FlK.	Su/Wei, Su

146	Tegelmour *tē̆^{i}glmu^{o}ə*	Ziegel Moor, 1830 FlK.	Su/Gh, Su
147	Winkelmour *viŋklmu^{o}ə*	Winkelmoor, 1830 FlK.	Su/A
148	baben Graben *bå̆bm'grå̆bm*	baven den Graben, 1656 KV Grabow; oben den Graben, 1719 SPB; oben den Graben, 1727 FlK; bawen Graben, 1765 GSK; baven den Graben, 1780 FR; baven den Graben, 1799 SVB; über den Gräben, 1830 FlK.	A/A
149	Hasselsbusch *haslsbuš*	Hasselbusch, 1765 GSK; im Haßelbusch, 1830 FlK.	Su/Gh
150	Kolk *kǫlk*	bey der Bermkuhl, 1791 FR; im Kolk, 1830 FlK.	Pf/Pf
151	Middagstä(d) *midax'stā̆^{ə}*	Mittagsstelle, 1830 FlK.	Ödl/A
152	Murjan *murjān*		Ödl/Ödl
153	Griemour *grīmu^{o}ə*	das Griene mohr, 1702 GP; Griemohr, 1706 KV Gr. Laasch; beym Grienmohr, 1727 Michaelscher Erbvergleich; das kleine Grie Mohr, 1753 GP; beim Grimohr, 1786 SVB; im Grimohr, 1791 FR; Griemoor, 1830 FlK.	Su, A/Gh, F
154	Kiebitzbarg *kivitsba^{a}x*	Kivitzberg, 1668 Kaufvertrag Herzog Friedrich/J. Grantz; auf dem Kievietz Berge, 1721 SPB; auf dem Kiebitz Berge, 1727 FlK; der Kievitz Berg, 1765 GSK; auf dem Kivitzberge, 1799 SVB; auf dem Kiebitzberge, 1830 FlK.	Ödl, A/A
155	Jägersbusch *'jägəs'buš*	bey dem Jegerbusche, 1656 KV Grabow; beym Jägers Busche, 1733 SPB; im Jägers Busch, 1780 FR; am Jägerbusch, 1799 SVB.	Su/A
156	tüschen Graben *tyšn'grå̆bm*	zwischen den Graben, 1656 KV Grabow; zwischen denen Grabens, 1719 SPB; zwischen den Graben, 1727 FlK; zwischen den Graben, 1780 FR; zwischen den Gräben, 1830 FlK.	A/A

157	nedden Graben *näden'gråbm*	nedden den Graben, 1656 KV Grabow; nedden den Graben, 1727 FlK; narren den Graben, 1793 SVB; nedden den Graben, 1799 SVB; unter den Gräben, 1830 FlK.	A/A
158	Honnigstück *hǫnixstyk*	das Honig Stück, 1727 VA; bey dem Honig-Stück, 1778 SPB; aufn Honig-Stücken, 1791 FR; auf'n Honigstücken, 1809 SVB.	A/A
(159)	bei der Kleinen Brücke	bey der Lütchen Brücke, 1721 SPB; bey der Kleinen Brücke, 1727 VA; bey der Lütken Brücke, 1789 SVB; bei der Kleinen Brücke, 1812 SVB.	A/F
160	Kiebitzmour *kīvitsmu*^{o}*ə*	im Kiewitz Mohr, 1759 Wegeprotokoll; am Kievitz Mohr, 1780 FR; Kiebitz-Moor, 1830 FlK.	Su/Gh
161	Lehmkuhl *lē*^{i}*mkūl*	an Lehm Kuhlen, 1791 FR; zwischen den Leemkulen, 1811 SVB.	Grube/Ödl
(162)	auf der Säge	auf der Saege, 1624 Kaufvertrag; an der Sege, 1656 KV Grabow; auf der Zeege, 1727 FlK; bey der Seege, 1765 GSK; auf der Seege, 1791 FR; auf der Säge, 1814 SVB.	Su, A/F
(163)	Heldorfs Hoff	Helldörps Hoff, 1656 KV Grabow; Heltdorfs Hoff, 1702 GP; der Heldorfs Hoff, 1794 SVB.	A/F
164	Kiebitzbarger Dannen *'kīvitsba*^{a}*gə'dan*^{n}	Kiebitzberger Tannen, 1830 FlK.	Kw/F
(165)	Roßtannen	Roßtannen, 1727 VA.	Kw/F
(166)	Immenhof	Immenhof, 1774 GSK; Immenhoff, 1803 SVB; der Immenhof, 1821 Nachlaßakte E. C. Martienßen.	Ödl/F
167	Ellermour *elämu*^{o}*ə*	Ellernbusch, 1727 VA; in dem Ellerholtze, 1728 SPB; Ellernmoor, 1830 FlK.	Su/F, Wei
(168)	die Heide	die Heyde, 1727 FlK; die Heide, 1744 Pfändungsakte.	Ödl/F, A

169	Swart Weg *sva^{a}t'vex́* *svat'vex́*		Fw/Fw
170	Mörderbarg *mø̨^{ø}dəba^{a}x*	Mörder Berge, 1830 FlK.	Kw/F
171	Kattenbarg *katnba^{a}x*		Kw/F
(172)	Heidstücke	heitstück, 1625 Kaufvertrag; Heidtstücken, 1656 KV Grabow; auf denen Heidestücken, 1719 SPB; die Heid Stücken, 1675 GSK; Heyd-Stücken, 1791 FR; Heidstücke, 1830 FlK.	A/F
173	Runn' Deel *run^{n}'dē^{i}l*	das Runde Theil, 1780 FR; das Runde Theil, 1791 FR.	A?/F
174	Holthof *holthǫf*	bey den Holtzhöfen, 1656 KV Grabow; bei den Holzhöfen, 1803 SVB.	A/F
175	Korstäder Dannen *'kōəstădə'dan^{n}*	Caarstedter Tannen, 1727 FlK; Karstaedter Tannen, 1830 FlK.	Kw/F
176	Gürtzer Kirchstieg *'gü^{ə}tsə'ki^{r}x́stīx́*	Güritzer Kirchsteig, 1830 FlK.	Steig/Steig
177	Kirchendannen *ki^{r}x́ndan^{n}*	Heiligen Geistes Dannen, 1672 Briefwechsel Stadt Grabow/Herzog Friedrich; die Heilige Geist-Tannen, 1727 FlK; die Heylig Geist Tannen; 1765 GSK; Kirchentannen, 1830 FlK.	Kw/Kw

VIII

(178) Dieckwische bey der Borch, 1656 KV Grabow, Wi
(179) Ecker-Kampf, 1678 Briefwechsel Stadt Grabow/Herzog Friedrich; der Ecker Kamp, 1727 VA; Eckernkamp, 1768 Ratsprotokolle Grabow; am Äcker Kamp, 1791 FR, A
(180) auf dem fernen Reheberge, 1656 KV Grabow; auf den fernen Rehberg, 1727 VA; auf dem Fern-Rehberg, 1765 GSK; auf'n Fernrehberg, 1800 SVB, A
(181) Freylandt, 1664 Kaufvertrag; in der Freyheit, 1780 FR, Ödl
(182) die Herren Schmiede Wiese, 1732 SPB, Wi
(183) Höpckers Holtzhof, 1783 GSK, A
(184) in den kavelen, 1562 Schneideramtsbuch Grabow; bey den Kafeln, 1727 VA; bey den Kafeln, 1765 GSK, A
(185) hinter den Kitzer Hofen, 1654 AB Grabow, A

(186) am kurtzen Damme, 1656 KV Grabow, A
(187) Menkendämme, 1782 Nachlaßakten Bollbrügge, A
(188) bey dem schielcken Bauwme, 1656 KV Grabow; beym Schelcken Baum, 1721 SPB; bey dem Schieleken Baum, 1727 VA; beym Schelcken Baum, 1730 SPB; beym Schelcken Bohm, 1746 SPB, A
(189) bey der Stege, 1656 KV Grabow; bey der Stege, 1727 VA, A
(190) beym Tannen Mohr, 1727 VA, Su.

2

Fresenbrügge

'frē̄ⁱzn'bryχ́

mit Neu Fresenbrügge

Frysenbrucghe 1285, Frysenbrucgh 1293 MUB, Freßenbrugge 1526 LA Werle

I Jüngere Steinzeit: Felsgesteinaxt. Jüngere Bronzezeit: Brillenfibel.

II 1285 Kirchenbesitz, 1293 Kommuniondorf, 1786 Stadtdorf.

III 10 Hufen (1538 LB Grabow). Pauschalbede von 5 Mark lüb. (1538 LB Grabow), später Individualbede, die Hufe zu 8 ß (1540 LB Grabow). Pauschalpacht von 4 Mark lüb. (1557 KV Grabow), die mit 1 Rthl. 16 ß noch zwei Jahrhunderte später in unveränderter Höhe gezahlt wurde (1756 Kommissionsprotokoll).

IV Sackplatzdorf. Ortslage am Flurrand (Gewässerlage).

Im Jahre 1285 schenkte Graf Volrath von Dannenberg der St. Georgkirche zu Grabow das Dorf Fresenbrügge. Kurze Zeit danach (1293) bezeichnet und bestätigt Markgraf Otto von Brandenburg in Abweichung von den Bestimmungen der Stiftungsurkunde das Dorf als gemeinsames Eigentum von Kirche und Bürgerschaft. An diesem Zustand änderte sich dann durch Jahrhunderte nichts. Pacht und Dienste der Bauern standen der Kirche zu, der Rat aber besaß die uneingeschränkte Gerichtsbarkeit über Fresenbrügge. Die aus einem solchen Besitzverhältnis sich notwendigerweise ergebenden Konflikte führten nach den Vergleichen von 1611 und 1771 schließlich zu dem Vertrag von 1786, demzufolge die Kirche ihre Rechte an dem Dorf gegen eine Abfindung von 2000 Reichstaler an die Stadt abtrat.

Durch die Umsetzung von 9 der insgesamt 10 Bauerngehöfte auf die diesen Höfen bei der Verkoppelung der Feldmark zugefallenen Ackerstreifen entstand in den Jahren 1829/31 der Ort Neu Fresenbrügge. Um den einzigen, im Altdorf verbliebenen Bauernhof wurden unregelmäßig verstreut 6 Büdnerstellen errichtet.

V Langstreifenflur. Keine Ackerschläge (1727 VA).

VI 1558 Türkensteuer Grabow: Merten Luthke, Lauerentze Meineke, Hans Roleke, Jesper Gabbeke, Achim Gabbeke, Brandanius Roleke, Bertelt Schulte, Hans Francke, Thies Luthke, Achim Luthke.

1654/56 Kirchenakten Grabow: Andreas Schultze, Brandanus Röhleke, Hans Schultze, Jochim Schultze, Christian Steinkopf, Max von Fehren, Hans Steinkopf, Jochim Steinkopf und 2 wüste Stellen.

1703 KL: Hanß Möller, Hanß Schultz, Christian Schultze, Andreas Schultze, Jochimb Steinkopf, Christian Steinkopf, Hanß Dähling, Jochimb Lindenschmiedt, Jacob Schultze, Jochim Niscke.

VII

(1)	Heidstücke	auf den Heidtstücken, 1697 GSG; auf den Heyd-Stücken, 1727 VR; die Heide-Stücken, 1768 FlK; Heidstücke, 1798 GSK.	A, Ödl/F
2	de Twälen *de'twäl*^{n}, *de'träl*^{l}	auf den Twehlen, 1727 VR.	A/A
3	Kämpen *kem*^{p}*m*	auf den Heyd-Stücken-Camp, 1727 VR.	A/A
(4)	Kriewes Stücken	Kriewes Stücken, 1727 VR.	A/F, A
(5)	im Hoefen-Stücken	in den Hagen Hoefen, 1702 GSG; in den Hagen Hoefen, 1704 GSG; im Hoefen-Stücken, 1727 VR.	A/A
(6)	in der Seege	in der Seege, 1771 GSG.	Su/A
(7)	in den Möhren	in den Möhren, 1693 GSG; in den Möhren, 1768 FlK; in den Möhren, 1823 GSG.	Su, A/A
(8)	Hornstücke	Hoorn Stücken, 1727 VR; die Hornstücke, 1804 GSG.	A/A

(9)	Mohr-Stücken	die kurtzen Ende, 1693 GSG; die kurtzen Ende, 1699 GSG; die Mohr-Stücken, 1768 VR.	A/A
(10)	Land-Wehr-Stücken	binnen der Landtwehre, 1693 GSG; auf der Landtwehr, 1727 VR; Landtwehr-Stück, 1737 GSG; im Land-Beer, 1768 FlK; Land-Wehr-Stücken, 1772 GSK.	A/A
(11)	Nienland	auf dem Neuen-Lande, 1727 VR; auf dem Nien Lande, 1768 FlK; auf dem Nienland, 1818 GSK.	A/Ot, A
(12)	Repel Berg	auf dem Revel Berg, 1696 GSG; Rewelsberg-Stücken, 1727 VR; Repel Berg, 1768 FlK.	A, Ödl/Kw
13	Tie(de)manns Mour *'timans'mu^{o}ə*	Güritzer Mohr, 1768 FlK.	Su/Su
(14)	Plahn Tannen	Plan Tannen, 1768 VR; Plahn Tannen, 1768 FlK.	Kw/Kw
(15)	Plahn Stücken	auf den Plaan, 1727 VR; Plahn Stücken, 1768 FlK.	A/Ot, A
(16)	Maßiner Mohr	Maßiner Mohr, 1768 FlK.	Su/A
(17)	Maßiner Stücken	Maßien Stücken, 1727 VR; Maßiener Stücken, 1768 VR; der Meßin, 1770 GSG; Maßiner Stücken, 1812 GSK.	A/A
18	Vierbarg *fiəba^{a}x*		Kw/F
(19)	Gründen-Stücken	auf den Gründen-Stücken, 1727 VR.	A/F
(20)	Große Mohr	bey dem groten Mohr, 1703 GSG; Große Mohr, 1768 FlK.	Su/Ot
(21)	Quehr-Enden	die quer Stücke, 1694 GSG; auf den Quehr-Enden, 1727 VR.	A/A
(22)	Aaß-Kuhl	Aaß-Kuhl, 1768 FlK.	A, Ödl/Ot, A
(23)	Baal Damm	Baal Damm, 1690 GSG.	Damm/Wi
24	Nedderwischen *nedəvišn*	Nedder-Wiesen, 1727 VR; Nedder-Wiesen, 1768 FlK.	Wi/Wi

25	Bohland *bo^{u}lant*	im Bohlande, 1700 GSG; vor dem Bohlandt, 1727 VR; Wohlandt, 1769 GSG; im Bohlandt, 1771 GSG.	A/A
26	Hog Koppel *hōx'kopl*	die Hohen stücke, 1697 GSG; auf dem Hohen stück, 1701 GSG.	A/A, Kw
(27)	Aalwehr Busch	Aalwehr Busch, 1768 FlK.	Wi/Ot, A
(28)	Hopfenhöfe	Hopfenhöfe, 1734 GSG.	A/A
(29)	Hof-Wiesen	Hof-Wiesen, 1727 VR.	Wi/A
(30)	Großen Stücken	auf den großen Stücken, 1727 VR; die Großen Stücken, 1768 FlK.	A/Kw, A
(31)	Klüschen Stücken	Klüßen Stücken, 1768 FlK; Klüschen Stücken, 1768 VR.	A/Kw, A
(32)	Vier-Wiesen	auf der Vier-Wiese, 1727 VR; Vier-Wiesen, 1768 FlK.	Wi/A, Wi
33	Kreilaken *krai'låkn*	Kreyenlaacken-Wiesen, 1727 VR; Krey Laacken, 1768 FlK und VR.	Wi/A
(34)	Cabel-Wiesen	die Kavel Wiesen, 1693 GSG; in den Kavel Wiesen, 1695 GSG; die breiten Cabel-Wiesen, 1727 VR; die Cabel-Wiesen, 1731 GSK.	Wi/Wi
35	Breigen *braign*	die Breygen, 1768 FlK.	Wi/Wi, A
(36)	Trien-Wiese	Trien-Wiese, 1727 VR.	Wi/Wi
37	Walsch Mour *'valš'mu^{o}ə*	im Worloß Mohr, 1686 GSG; im Warlowschen Mohr, 1702 GSG; Wals-Mohr-Stücken, 1727 VR.	Su/Kw
38	Heidrögen *hai'drǭgn*		Ödl/Ödl
39	Daschen *dašn*	auf der Taße, 1702 GSG; Daßer Wiesen, 1727 VR; der Daschen, 1747 GSG.	Wi/Wi
(40)	Winckel Wiese	die Winckel-Wiese, 1727 VR; Winckel Wiese, 1768 FlK.	Wi/Wei

(41)	Bauern Winckel Lake	die Paur Winckel Lake, 1689 GSG; die Bauern Winckel Lake, 1729 GSG.	Gw/Wei
42	Nien Wischen *nīən'vīšn*	Neue Wiesen, 1727 VR; die nieen Wiesen, 1737 GSG; die neuen Wiesen, 1768 FlK.	Wi/Wi
43	Bullenwisch *bulˡviš*	Bollen Wisch, 1768 VR.	Wi/Wi
(44)	Kiewelholtz	Kiewelholtz, 1727 VR; im Kiewelholtz, 1768 FlK.	Gh, A/A, Gh
(45)	Winckel Stämme	an den Winckel Stammen, 1700 GSG; Winckelstemmen Wiesen, 1727 VR; Winckelstämmen, 1748 GSG; die Winckel Stämme, 1768 FlK.	Wi/Wi
(46)	Kievel Wiesen	bey der Kievel Wische, 1688 GSG; Kivel Wiese, 1697 GSG; auf den Kievel Wiesen, 1708 GSG; Kiewels Wiesen, 1727 VR; Kiwel Wiesen, 1768 FlK; die Kievel Wiesen, 1769 GSG;	Wi/Wi
47	de Wö(d)e *də'vȫə*		A/A
(48)	oll Elden	vor die alte Elde, 1727 VR; oll Elden, 1768 FlK.	A/A
(49)	Drall Laack	die Drall-Laack, 1778 GSt; die Drall Laack, 1788 GP.	Gw/Wi
(50)	Carstaedter Wiesen	Carstädter Wiesen, 1768 FlK; Carstaedter Wiesen, 1788 GP.	Wi/Wi
(51)	Stallbohmsche Wiese	bey dem Stallbum, 1684 GSG; auf den Stellbäumen, 1688 GSG; auf dem Stallbaum, 1697 GSG; auf den Stelbeumen, 1709 GSG; Stellböhmen Wiesen, 1727 VR; Stelbaums Wiesen, 1768 FlK; Stallbohmsche Wiese, 1772 GSG.	Wi/Wi
(52)	Hinter Wiesen	auf den hintersten Wiesen, 1705 GSG; Hingst-Wiesen (!), 1727 VR; Hinnst-Wiesen, 1768 FlK; Hinter Wiesen, 1773 GSG.	Wi/Wi

(53) Utschäle	Utschälen, 1753 GP; die Utschäle, 1803 GP.	Wi/Wi

VIII

(54) der Prange, 1771 GSG, Wi
(55) im Stüden, 1771 GSG, Ödl?

3

Wanzlitz

'vanslits

Wantzelitze 1526 LA Werle, Wantzelitze 1538, Wantzlytz 1552 LB Gorlosen

I Nicht datierbare vorgeschichtliche Scherben von einem Urnenfeld oder Siedlungsplatz.

II Ritterschaft, 1557 Kommuniondorf.

III 17 Hufen (1552 LB Gorlosen), darunter 3 Freihufen (1557 Hufenverzeichnis Gorlosen). Individualbede, die Hufe zu 8 ß (1538 LB Gorlosen). Naturalpacht je Hufe 12 Scheffel Roggen (1654 AB Grabow).

IV Sackplatzdorf. Ortslage exzentrisch zur Flur.

V Gewannartige Streifenflur. Keine Ackerschläge (1724 LV).

VI 1552 LB Gorlosen: Clawes Sculte, Asm(u)z Otthe, Achim Jastram, Bartolomez Brutzow, Achim Dings, Hans Kunhe, Achim Richerth, Clawes Kunhe, Gercke Rybe, Achim Dings, Hermen Dings, Bartolomez Pandeke, Pawell Scheusch, Clawes Sculte, Hans Jastram.

1654 AB Grabow: Pasche Jastram, Jochim Kramber, Claus Jastram w., Johann Dittel, Marten Otto w., Claus Jastram w., Claus Schult w., Chim Jastram w., Jochim Thoms, Hans Jastram w., Claus Künne w., Jochim Dinnies, Peter Dinnies w., Claus Dinnies w., Jochim Pancke w. Kätner: Chim Otto w., Peter Jastram.

1703 KL: Jochim Kätelhöhn, Jochim Stallbohm, Hinrich Biel, Maria Schulten, Jochim Schnelle, Martin Lüdemann, Jochim Buchholtz,

Wilhelm Mäden, Hanß Stallbohm, Jochim Tieß, Hinrich Rammin und 4 noch wüste Hufen. Kossaten: Hinrich Scharrenhop, Peter Köhne.

VII

1	Sprüng' *spryŋ*	die Sprünge, 1866 FlK.	Wi/Wi
2	Hindelsten Wischen *'hinlstn'višn*	Hintersten Wiesen, 1766 DVK; die hintersten Wiesen, 1866 FlK.	Wi/Wi
(3)	Birkhölzer	Barck Hölter, 1766 DVK; Birkhölzer, 1866 FlK.	Wi/Wi, Gh
4	Landwisch *lantviš*	die Land Wiesen, 1766 DVK; Landwiese, 1866 FlK.	Wi/Wi, A
5	Otterkuhlen *otəkūl*	die Otter Kuhlen, 1766 DVK; die Otterkuhlen, 1866 FlK.	Wi/Wi
6	Kronstücken *kro^{u}nstykn*	de Cron Stücken, 1766 DVK; Kranichstücken, 1866 FlK.	A/A, Gh
(7)	Kleine Stücken	Kleine Stücken, 1866 FlK.	A/A
(8)	Hühnerkamp	Hüner Camp, 1766 DVK; Hühnerkamp, 1866 FlK.	Ödl/A
(9)	Tannenkamp	Tannen Horst, 1766 DVK; Tannenkamp, 1866 FlK.	Kw/A
10	Sibirien *zī'bīriən*	Streit Ohrt, 1766 DVK.	Su/A
(11)	der Sand Furth	der Sand Furth, 1766 DVK.	Weg/Weg, A
12	Lang Uhr *laŋ'u^{o}ə*	der Lange Ohr, 1766 DVK; der Lange Ort, 1866 FlK.	Su, Ödl/A
(13)	der Krug Camp	der Krug Camp, 1766 DVK.	A/A
14	Miesen *mīzn*	die Miesen, 1766 DVK; Miesen, 1842 FlK.	A/A
15	Kist *kist*	in dei Kist, 1766 DVK; in die Kiste, 1866 FlK.	A, Ödl/A
16	K(a)nievken *knīfkən*	die Kleiniv Stücken, 1766 DVK; Kleinen Iwck, 1842 FlK.	A/A

17	Grot Wischerhof *'gro^{u}tvišə'hǫf*	das Große Wisch Mohr, 1766 DVK; Gr. Wiesen Moor, 1866 FlK.	Su/Wi, Wei
18	Grot Wisch *gro^{u}t'viš*	die Großen Wiesen, 1766 DVK; Groth-wisch, 1842 FlK.	Wi/Wi
19	Stiertwisch *stē^{e}tviš*	die Stert Wiesen, 1766 DVK; Stert Wisch, 1842 FlK.	Wi/Wi
(20)	Grüttwiese	Grüttwiese, 1766 DVK.	Wi/Wi
(21)	Rundwisch	die Rundwiese, 1766 DVK; Rundwisch, 1842 FlK.	Wi/Wi
22	Lanken *laŋ^{k}n*	die Lancken, 1766 DVK; die Lanken, 1842 FlK.	Wi/Wi, Wei
23	Brinkstücken *briŋkstykn*	Brinck Stücken, 1766 DVK; Brink-stücken, 1842 FlK.	A/A
24	Klockenbarg *kloknba^{a}x*	Klocken Berg, 1766 DVK; Klokenberg, 1842 FlK.	Ödl/Gh
25	Slöhdorn *slödo^{u}ən*	de Schle Dorn, 1766 DVK; Schleedorn, 1842 FlK.	A/A, Ot
(26)	Stein Kopf	Stein Kopf, 1766 DVK.	A/A
27	Smugel *smū^{ə}l*	de Schmucheln, 1766 DVK; Schmu-cheln, 1842 FlK.	A/A
(28)	Jatenieß	der Jatenis, 1766 DVK; Jatenieß, 1842 FlK.	Ödl/A
29	Miesenbarg *mīznba^{a}x*	Miesenbarg, 1842 FlK.	Ödl/Kw
30	in de Frieheit *ində'frīhait*		Ödl/A
31	Daun *daun*	upn Daun, 1766 DVK; upn Daun, 1842 FlK	A/A, Kw
32	Dörpstücken *dö̜$^{ö̜}$pstykn*	de Dörp Stücken, 1766 DVK; Dörp-Stücken, 1842 FlK.	A/A
(33)	Adder Ort	Adder Ort, 1766 DVK.	Ödl/A
34	ünner'n Barg *ynən'ba^{a}x*	Under Bergs Wiesen, 1766 DVK; untern Bargs Wiesen, 1842 FlK.	Wi/Wei, Wi

(35)	in der Maukuhl	in der Maukuhl, 1842 FlK.	Wi/Wei, Wi
36	Stauwisch *stauviš*	Stauwisch, 1842 FlK.	Wi/Wi
37	Fleitbusch *fleitbuš*	Hirten Wiese, 1766 DVK.	Wi/Wei, A
(38)	Streus-Mohr	Streus-Mohr, 1753 GP.	Su/A, Kw
39	Nieland *nīlant*	aufn neuen Lande, 1753 GP.	A/A, Kw, Ödl
40	Stü(d)e *stüə*	up de Stüde, 1766 DVK; up de Stüde, 1842 FlK.	Ödl, A/A Kw
41	Middelfeld *midlfelt*	upn Middel Felde, 1766 DVK; Mittelfeld, 1842 FlK.	A/A, Kw
42	Mourenn' *mo^{u}əän^{n}*	die Mohr Enden, 1766 DVK.	A/A, Kw
43	Mourhoew *mo^{u}əhœ̄f*	Moordamm, 1939 FlK.	Su/A
44	Grot Mour *gro^{u}t'mo^{u}ə*	das Große Mohr, 1766 DVK; Große Moor, 1842 FlK.	Su/A
45	Masch *maš*	die Masch, 1766 DVK.	Ödl/A, Kw
(46)	Krievse Tannen	Krievse Tannen, 1766 DVK.	Kw/Kw
47	Hei(d)stücken *haistykn*		Ödl/A
48	Rehhagen *rēhågn*	der Rehagen, 1766 DVK; Rehhagen, 1842 FlK.	A/F, Kw
(49)	die Lange Stücken	die Lange Stücken, 1766 DVK.	A, Kw/Kw, F
50	Holtbarg *holtba^{a}x*	der Holtz Berg, 1766 DVK; Holzberge, 1842 FlK.	Kw/Kw, F
51	Spring *spriŋ*	der Sprinck Bruch, 1766 DVK; im Springk, 1842 FlK.	Su/A
52	Witti(n)g *vitiŋ*	de Haßel Sprinck, 1766 DVK.	Ödl/Kw, F

53	Düwelstü(d)e *düvl̥'stüə*	upn Düwel Stüd, 1766 DVK; Düvel-Stüd, 1842 FlK.	Kw/Kw, F
54	Krievßen *krīᵛsn*	ub de Krievßen, 1766 DVK; Krievßen, 1842 FlK.	A/A
55	Dorßen *dǫˀsn*	ub de Dorsen, 1766 DVK; Dorsen, 1842 FlK.	A/A, Kw
56	Finkenhagen *fiŋᵏnhågn*	upn Finckenhagen, 1766 DVK; Finkenhagen, 1842 FlK.	A/A, Kw
(57)	upn Plahn	upn Plahn, 1766 DVK.	Kw/Kw
58	Klus *klūs*	ub de Klus, 1766 DVK; im Klus, 1842 FlK.	A, Su/A, Kw

VIII

(59) in die Heytgrunt, 1526 LA Werle, Ödl.

4

Beckentin

bekn'tīn

Bekenthin 1273, Beketin 1295, Beckentyn 1333, Bekentyn 1399 MUB

I Ältere Bronzezeit: Hügelgrab (goldener Armring und Fingerringe).

II Kommuniondorf, 1654 Domanium.

III $14^1/_2$ Hufen, darunter 1 Freihufe und $1^1/_2$ Pfarrhufen (1538 LB Grabow, 1601 LA Beckentin). Individualbede, die Hufe zu 16 ß (1538 LB Grabow). Naturalpacht je Hufe 8 Scheffel Roggen (1336 und 1340 MUB), für einige geistliche Hufen in dieser Höhe unverändert bis 1656 (1656 KV Grabow); 3 fürstliche Stellen zahlen 1520 bereits unterschiedliche Pacht wie 1 Drömpt Roggen, bzw. 1 Drömt Hafer oder 2 Mark lüb. je Hufe (1520 AB Grabow).

IV Einige ledige bäuerliche Stellen in Beckentin gaben dem Amt Grabow Anfang des 17. Jahrhunderts Gelegenheit zur Einrichtung einer kleineren Gutswirtschaft im Dorf. Als im 30jährigen Krieg zahlreiche weitere Hufen des Ortes wüst wurden, legte die herzogliche Verwaltung wenig später das Bauerndorf ganz und wandelte dasselbe in einen Meierhof um. Gleichzeitig wurde die seit 1638 verwaiste Pfarre des bis dahin selbständigen Sprengels Beckentin aufgehoben und die Dörfer der Parochie an die Grabower Stadtkirche St. Georg gewiesen.

Gutshof. Ortslage exzentrisch zur Flur.

V Gutsflur. Dreifelderwirtschaft des neben dem Bauerndorf bestehenden Hofes (um 1628 AB Grabow, 1656 KV Amt Grabow), 4 Ackerschläge des nachmaligen Pachthofs (1725 OA).

VI 1654 KV und AB Grabow: Simon Riechert w., Marten Schröder w., Chim Brüzow w., David Brüningk, Dinnies Schröder w., Claus Krieman w., Hans Otte w., Chim Brüningk w., Hans Paul w., Claus Wiencke w., Drewes Gade, Stoffer Mörder, Jacob Niebuhr w., Simon Mörder w., Hans Brüningk w., Hans Raetsack w.

VII

(1)	Fuchskamp	Fuchskamp, 1937 FK.	Ödl/F
2	Klus *klūs*	Klus-Wiesen, 1753 GP; Kluß Wiesen, 1788 GP; der Kluß Kampf, 1817 OA.	Wi/A
3	Wallachskoppel *valaxskopl*		Wi/Wei
4	Nachtkoppel *naxtkopl*	die Pferdekoppel, 1817 OA.	Su, Wi/Wei
5	Preisterkoppel *praistəkopl*	Priester Wiese, 1725 OA; die Priesterkoppel, 1817 OA.	Wi/A
6	Scheperwisch *šēpəviš*	Schäffer-Wiese, 1725 OAr die Schäfer Wiese, 1817 OA.	Wi/Wei
7	Seepenbarg *zē^i^pnba^a^x*		A/A
8	Ieskuhl *iskūl*		Pf/Pf
9	Moelenbach *mœ̄lnbax*		Gw/Gw

10	Katenkoppel *kåtnkopl*	Kathen Schlag, 1725 OA; die Kathenkoppel, 1817 OA; die Katenkoppel, 1845 VA; Katen Koppel, 1937 FK.	A/A
11	Moelendiek *mœ̄lndīk*		Pf/Pf
(12)	Heid Hörens Wiese	die Heithöfts Wiese, 1817 OA; Heid Hörens Wiese, 1937 FK.	Wi/Wi
13	Torfmour *tǫ^{ǫ}fmo^{u}ə*	Torfmoor, 1845 VA; Torfmoor, 1937 FK.	Su/Wi
14	Barohrsche Eeken *bå'rōəšə' ē^{i}kn*	die Barohr, 1937 FK.	Gh/Gh
(15)	im Baeren Kolk	die Barenkolder Wiese, 1817 OA; im Baeren Kolk, 1937 FK.	Wi, Su/Wi
(16)	Tater Wiese	Tater Kuhl, 1725 OA; Tater Wiese, 1937 FK.	Wi/Wi
17	Meyn *maiən*	ahn der Moyne, 1561 KV Amt Grabow.	Gw/Gw
(18)	Krieg Wiese	Krieg Wiese, 1725 OA; die Krieghorst Wiese, 1817 OA; Krieg Wiese, 1937 FK.	Wi/Wi
19	Rohrdamp *rōə'kam^{p}*	die Breite Rohr, 1817 OA.	A/A
20	de Host *de'hǫst*	uff dem Bekentinischen horst, 1558 Behmsche GB; vor der Horst, 1561 KV Amt Grabow; in der Beckentinischen Horst, 1586 AB Grabow; die Beckentiner Horst, 1937 FK.	Gh/Gh
(21)	Hals Wiese	Schmalen Halswiese, 1817 OA; Hals Wiese, 1937 FK.	Wi/Wi
22	Möhrers Kuhl *'mȫrəs'kūl*	Möhrers Kuhle, 1937 FK.	Wi/Wi, Wei
(23)	Saupark	Saupark, 1937 FK.	Ödl, Su/F
24	Kösterie *köstə'rī*	Kösterey/Küsterey Schlag, 1725 OA; Küsterrieths Koppel, 1817 OA.	A/F

VIII

(25) in dem Barwinkelschen Felde, 1656 KV Amt Grabow, A
(26) die Besenberg Wiese, 1817 OA, Wi
(27) Brünings-Wiese, 1725 OA, Wi
(28) im Burort/Burorter Schlag, 1725 OA; am Buhrohrt, 1794 OA, A
(29) im Eyckholte, 1561 KV Amt Grabow; Eich Holtze, 1603 KVz Amt Grabow; Eichkoppel, 1725 OA, Gh
(30) die Fahren horst, 16. Jahrhundert UK Grabow; Farren Horst, 1567 LA Neese; Fahren Horst, 1603 KVz Amt Grabow, Ödl
(31) der Grabower Kamp, 1845 VA, A
(32) die gröne wech, 1561 KV Amt Grabow, Weg
(33) vor deme groten ende, 1561 KV Amt Grabow, A
(34) im Heidtbergischen Felde, 1656 KV Amt Grabow, A
(35) Hoff-Wiese, 1725 OA, Wi
(36) Holtz Wiese, 1725, OA, Wi
(37) Kälber-Koppel, 1725 OA, Wei
(38) bey Karlins Sale, 1561 KV Amt Grabow, Pf?
(39) die Kirchenkoppel, 1817 OA, A
(40) aufm Knöcken, 1725 OA, A
(41) by deme Kremminschen mhore, 1561 KV Amt Grabow, Su
(42) im Langen Felde, 1656 KV Amt Grabow; auf den langen Stücken, 1725 OA; die langen Stücken, 1817 OA, A
(43) Mittel Schlag, 1725 OA, A
(44) in der neuen Koppel, 1725 OA; die Neukoppel, 1817 OA, A
(45) beym Papen-Mohr, 1654/1671 AB Grabow, Su
(46) Raden Wiese, 1725 OA; in der Rade Wiese, 1817 OA, Wi
(47) auf den Rahlkampf, 1817 OA, A
(48) Rogcken Kamp, 1753 GP; Rocken Kamp, 1788 GP, A
(49) S. Nicolaus Kamp, 1561 KV Amt Grabow, A
(50) beim Scheiter Busch, 1725 OA, A
(51) Scheper-Kamp, 1788 OA; der Schäferkamp, 1817 OA, A
(52) Stämmen Wiese, 1725 OA, Wi
(53) auf dem Steinkampf, 1817 OA, A
(54) in der Sohren Wiese/die Suhrwiesen Koppel, 1817 OA, Wi
(55) by deme Struckmore, 1561 KV Amt Grabow, Su
(56) die Thrien Thüt Wiese, 1817 OA, Wi
(57) auf der Warnowschen Koppel, 1817 OA, A.

5

Semmerin

zəmə'rīn

Semerin 1425 CDB, Semmerin 1526 LA Werle, Semmerin 1540 LB Gorlosen

I Spät-Latène: Urne

II Ritterschaft, 1557 Domanium.

III 18 Hufen (1538 LB Gorlosen), darunter 1 Freihufe (1557 Hufenverzeichnis Gorlosen). Individualbede, die Hufe zu 8 ß (1538 LB Gorlosen). Naturalpacht je Hufe 8 Scheffel Roggen und 4 Scheffel Hafer (1654 AB Grabow).

IV Sackplatzdorf. Ortslage exzentrisch zur Flur.

V Blockgewannflur. Keine Ackerschläge (1724 LV).

VI 1552 LB Gorlosen: Jacob Kroger, Hans Gronewolt, Achim Jastram, Hans Stenbarch, Hans Kroger, Achim Lutke, Hans Pandeke, Clawes Pandeke, Pawell Pandeke.

1654 AB Grabow: David Veje, Peter Sandtberg w., Hans Kröger w., Jürgen Kröger, Marten Scheper w., Chim Pancke w., Jochim Francke w., Jochim Gronewoldt, Jürgen Kröger w. Kossaten: Jochim Brüning, Claus Pancke w., Cheel Kalaß.

1724 LV: Peter Stapelfeldt, Peter Krüger, Claus Becker, Jochim Krüger, Jochim Brüß, Hans Mundt, Hans Hinrich Dreyer, Hans Witt, Martien Scheper w., Jürgen Kröger w., Jochim Franck w., Peter Sandtberg w.

VII

1	Hinnelst Koppel *'hinlst'kopl*	in de Hinwisch, 1776 FR; Hinterkoppel, 1858 FlK.	Wi/A, Wei
2	Meyn *maiən*	die Mohne, 1508 CDB; Mayen Graben/ Mogen Flus, 1788 WK.	Gw/Gw
3	Plachkoppel *plaxkopl*	Cramber Mohr, 1788 WK.	Su/A, Wi
4	Hahnenmour	Hahnmohr Stücken, 1778 FR; Große	Su, A/F

	hān^{n}*mo*^{u}*ə*	Hahn Mohr, 1788 WK; Großes Hahnenmoor, 1937 FK.	
(5)	Kleines Hahnenmoor	Kleines Hahnenmoor, 1937 FK.	Su/F
6	Schei(d)barg *šaiəba*^{a}*x*	Scheid Berg, 1937 FK.	Ödl/F
7	Holtbarg *holtba*^{a}*x*		Kw/F
(8)	Rehhagen	Rehhagen, 1937 FK.	A/F
9	Füchtenkamp *fyx́tnkam*^{p}	Fichtenkamp, 1937 FK.	A/F
10	Runn' Deel *run*^{n}*'dēl*	Rondel, 1937 FK.	Ödl/F
11	Barkenbusch *ba*^{a}*knbuš*	Barken Büschen Stücken, 1778 FR; Barkenbusch, 1937 FK.	A/F
(12)	Blauer Kamp	Blauer Kamp, 1937 FK.	A/F
(13)	die Tater Höres	die Tater Höres, 1788 WK.	Ödl/F
14	Swarten Barg *svatn'ba*^{a}*x*	aufm schwartzen Berg, 1752 GA; Schwartze Berg, 1788 WK; Schwarzer Berg, 1937 FK.	A/F
15	Gastengrund *gastngrunt*	Gastengrund, 1937 FK.	A/F
16	Vierbarg *fiəba*^{a}*x*	beym Vierberg, 1752 GA; Vierberg, 1937 FK.	Ödl/F
(17)	Sandstücken Tannen	Sandstücken Tannen, 1937 FK.	Ödl/F
18	Dannenkavel *dan*^{n}*kåvl*		Ödl/Kw
19	Remel *rēml*	im Rehmel, 1776 FR; Remelstücken, 1778 FR; Remelstücken, 1857 FlK.	A/A
20	Flaßbarg *flasba*^{a}*x*	Flachs Berg, 1776 FR; Flachsberg, 1857 FlK.	A/Kw

21	Worenbarg *vōənbaᵃx*	oben Wahrenberg, 1778 FR; oben Wahrenberg, 1857 FlK.	A/A
22	Ollendeelsland *'olˡdēls'lant*	auf dem Wahrenberg, 1776 FR; Wahrenberg, 1778 FR; Wahrenberg, 1857 FlK.	A/A, Kw
(23)	Trotzenkamp	Trotzenkamp, 1937 FK.	A/F
24	Zollkavel *tsolkåvl*	oben Soll, 1857 FlK.	A, Kw/A, Kw
25	Jägerbarg *jägəbaᵃx*		A/A, Kw
26	Strang *straŋ*	hinterm Strang, 1752 GA; achtern Strange, 1778 FR; am Strange, 1788 GA; achtern Strang, 1857 FlK.	A/A
27	Schultenkamp *šultnkamᵖ*	Schultzen Kamp, 1778 FR; Schulzenkamp, 1857 FlK.	A/A, Kw
28	Dreischemel *draišeⁱml*	Dreischemel, 1857 FlK.	Su, A/A
29	Franken Uhrt *fraŋᵏnūᵊt*		A/Kw
30	Hasenkoppel *håznkopl*		Ödl/A
31	Trinenkoppel *trīnⁿ'kopl*		Ödl/A
32	Meynstücken *mainstykn*	Meuen Stücken, 1778 FR; die Moenstücken, 1857 FlK.	A, Ödl/A
33	Brüggerhof *brygä'hǫf*		Ödl/A
34	Hei(d)koppel *haikopl*	der Meyen Busch, 1788 WK; Moenbusch, 1857 FlK.	Ödl, Su/We
35	Specking *spekiŋ*	die Pferdekoppel, 1857 FlK.	Su/Wei, A
36	Wei(d)koppel *vaikopl*	Bohnen Stücken, 1776 FR; Bohnenstücken/Bohnenwiesen, 1778 FR; Bohm Stücken (!), 1857 FlK.	Wi, Wei

37	Wischenkoppel *višnkopl*	Sprinck Stücke, 1778 FR; im Mohr, 1788 WK; Springstücken, 1857 FlK.	Su, Wi/Wei
38	Uhrt *ūət*	im Ohr, 1776 FR; im Ohrt, 1778 FR; im Ohr, 1857 FlK.	A, Wi/A
(39)	Schulzenkamp	Schulzenkamp, 1857 FlK.	Wi/Wi
40	Huskoppel *hūskopl*	Bercken Stück, 1752 GA; up den Barken Stücken, 1776 FR; Barkenstücken, 1778 FR; Barkenstücken, 1857 FlK.	A/A
41	Zollkoppel *tsolkopl*	in der Krüsheid, 1778 FR; Krusheide, 1857 FlK.	Ödl/A
42	Steenerbarg *stēnä'baᵃx*	aufm Berg, 1752 GA; up den Barg, 1776 FR; auf dem Berg, 1857 FlK.	A/A
43	Koppelbarg *koplbaᵃx*	in der Koppel, 1776 FR; in der Koppel, 1788 GA; die Koppel, 1857 FlK.	A/A
44	Hofwischen *hǫfvišn*	Hofwiesen, 1776 FR; Hofwiesen, 1778 FR; in der Hofwiese, 1788 GA; Hofwiesen, 1857 FlK.	Wi/Wi
45	Häling *häliŋᵏ*	Höllings Wisch, 1776 FR; Hollingswiesen, 1778 FR; die Hollingswiesen, 1857 FlK.	Wi/Wi
46	Vörhoew *fǫ̈ᵒhœ̄f*		Wi/Wi
47	Dämmens *demᵐs*		Su/A
48	Mouschen *moᵘšn*	Mauscke, 1750 GK; die Moos, 1857 FlK.	A/A
49	Bäk *bäk*		Gw/Gw

VIII

(50) Bollen Wiese, 1778 FR, Wi
(51) Heitberg, 1778 FR, A
(52) aufm Kamp, 1752 GA, Wi
(53) Kamphof, 1752 GA, A

(54) in die Krug Heide, 1776 FR, A
(55) bey den krummen Stücken, 1628 Semmeriner Totschlagsprozeß, A
(56) vorn Steegen, 1776 FR; up den Stegen, 1778 FR, A
(57) Strietgrund, 1778 FR, A
(58) in der schwarten Grund, 1778 FR, A
(59) in der Thater Grund, 1778 FR, A
(60) der runde Berg, 1752 GA, A.

6

Kastorf

kasdö̜ᵒ̈p

Kersdorp 1334 MUB, Kerststorpe 1425 CDB, Castorp 1538 LB Gorlosen

I Ältere Eisenzeit: Scherben („Siedelitz"). Spätslawische Zeit: Scherben („Siedelitz"). Nicht datierbare vorgeschichtliche Siedlung auf dem „Hinn'model".

II Ritterschaft, 1557 Domanium.

III 10 Hufen (1538 LB Gorlosen), darunter 1 Freihufe (1557 Hufenverzeichnis Gorlosen). Individualbede, die Hufe zu 8 ß (1558 LB Gorlosen). Naturalpacht je Hufe 20 Scheffel Hafer (1654 AB Grabow).

IV Sackgassendorf. Ortslage am Flurrand.

V Blockgewannflur. Keine Ackerschläge (1711 LV).

VI 1552 LB Gorlosen: Drewes Kalatz, Hans Widow, Marten Scheper, Achim Kußell, Achim Haneke, Jorgen Klutz.
1654 AB Grabow: Steffen Mellman, Balzer Brüning w., Marten Scheper w., Dieterich Kolper, Hans Brüning, Pasche Moller.
1711 LV: Peter Krull, Hans Klüfer, Jochim Riechert, Marten Scheper w., Johan Külper, Jochim Möller,

VII

1	Mouschen *moᵘšn*	achter die Maus, 1711 LV.	Su, A/A
2	Grabowsch Möörken *'gråboᵘš'mō̈əᵏn*	Grabowsch Möörken, 1827 FlK.	Su/Kw

3	Dodenmour *do^{u}dnmo^{u}ə*	das Todten Moor, 1827 FlK.	Su, Ödl/F
4	Möörken *mȫə^{k}n*	auf den Mörcken, 1711 LV.	Su, A/F
(5)	in sieve Wörten	in sieve Wörten, 1752 GA.	Wi/Wei
6	Kartüffelbarg *kə'tyflba^{a}x*	aufn Berge, 1711 LV.	A, Ödl/Kw
(7)	auf der Vorhoeft	auf der Vorhoeft, 1711 LV.	Wi/A
8	Hagen *hågn*	im Hagen, 1754 GA; im Hagen, 1766 GA; im Hagen, 1824 GA.	A/A
(9)	vorn Kölnschen Holtz	vorn Kölnschen Holtz, 1711 LV.	A/A
(10)	aufn Plancken	aufn Plancken, 1711 LV.	Su, A/Wi, A
11	Lütt Wisch *lyt'viš*	aufn lütgen Wiesen, 1711 LV; Lütt Wisch, 1827 FlK.	Wi/Wi
12	Lütt Winkel *lyt'viŋkl*	aufn Vorwinckel, 1711 LV.	A/A
13	in'n Winkel *'in^{n}'viŋkl*	im Winckel, 1711 LV; im Winkel, 1827 FlK.	A, Wi/A
14	Kavelwischen *kåvlvišn*	aufn langen Kaveln, 1711 LV; Kavelwiesen, 1827 FlK.	Wi/Wi
15	Schepers Kamp *šēpəs'kam^{p}*	Schepers Camp, 1711 LV; Schepers Kamp, 1827 FlK.	A/A
16	Kronsholt *kro^{u}ns'holt*	im Krons Ort, 1711 LV; im Kronsholz 1847 GA.	A/Kw
17	Möllers Kamp *möləskam^{p}*	baven den Eschen, 1711 LV.	A/A
(18)	aufn Sandplietsch	aufn Sandplietsch, 1711 LV.	A/A, Kw
19	Kämpen *käm^{p}m*		A, Ödl/Kw
20	Pliezen *plītsn*	aufn Plietsch, 1711 LV; auf der Plitsche, 1736 GA; auf den Plische, 1741 GA; die Plietzen, 1827 FlK.	A/A

21	Pridel *pridl*	aufn Pridel, 1711 LV.	A/A
(22)	untern Sater Bäumen	untern Sater Bäumen, 1711 LV.	A/A
(23)	Siedelitz	im Sietlitz, 1711 LV; auf der Silitze, 1736 GA; Siedelitz, 1741 GA.	A/A
(24)	Schepers Höfe	aufn Schepers Höfen, 1711 LV; Schepers Höfe, 1736 GA.	A/A
25	Babensaten *båb*^{m}*'zåtn*	aufn baven Satgen, 1711 LV; Baben Saaten, 1827 FlK.	A/A
26	Vörsaten *fǫ̈*$^{ǫ̈}$*zåtn*	aufn Vorsatgen, 1711 LV; Vordersten Saaten, 1827 FlK.	A/A
27	Neddersaten *nedə'zåtn*	aufn nedden Satgen, 1711 LV; auf den Nedde Satjen, 1736 GA; auf die neder Saten, 1741 GA; Niedersaaten, 1824 GA.	A/A
28	Hinn'model *hin*^{n}*'mo*^{u}*dl*	auf der Hinnen Motell, 1711 LV; aufn Hin Model, 1752 GA; der Hinter-Model, 1816 GA.	A/A
29	Wei(d)koppel *vaikopl*		Su/Wei
(30)	im Ellerbusch	am Ellerbrock, 1711 LV; im Ellerbusch, 1827 FlK.	Su/Wei
31	Meunwischen *moi*^{ə}*nvišn*	im Möen, 1711 LV.	Su/Wi
32	Heidrögen *haidrög̈n*	Heu Trocknen, 1827 FlK.	Ödl/Kw, Ödl
33	Lanken *laŋ*^{k}*n*	die Lancken, 1711 LV; die Lanken, 1827 FlK.	Su, Wi/Wi, Kw
34	Meunbarg *moi*^{ə}*nba*^{a}*x*	aufn Möenberge, 1711 LV; auf dem Meuenberg, 1827 FlK.	A, Ödl/Kw

VIII

(35) aufn Buhrlandt, 1711 LV, A
(36) aufn Endeken, 1711 LV; in den Endeken, 1816 GA, A
(37) am Glaßwege, 1711 LV, Fw

(38) Heydtgrund, 1711 LV, Ödl
(39) Hintenmohr, 1711 LV, Su
(40) auf der Horst, 1824 GA, Wi
(41) im Kohlhove, 1754 GA, A
(42) Kuelpers Ort, 1802 GA, Wi
(43) Kurtze Kaveln, 1711 LV, Wi
(44) aufn kurtzen Enden, 1711 LV, A
(45) im langen Hof, 1711 LV, A
(46) Melmans Camp, 1711 LV, A
(47) aufn Ohrt, 1711 LV, Wi
(48) aufn Schultzen Camp, 1711 LV; auf dem Schulzenkamp, 1816 GA, A
(49) Semmerinsche Camp, 1711 LV, A
(50) am Sitlitzer Wege, 1711 LV, Fw
(51) im Steingrund, 1816 GA; im Steingrund, 1824 GA, A, Ödl
(52) die Teichwiese, 1816 GA, Wi
(53) im Vier Mohr, 1711 LV; aufn fier Mohr, 1741 GA, Su.

7

Gorlosen

'go^{o}lo^{u}s

Gorlose 1317, Gorlozen 1354, Gorlosen 1377 MUB, Gorlozen 1425 CDB

I Slawische Zeit: Burg mit Schanze.

II Ritterschaft, 1557 Domanium.

III 7 Hufen, darunter 1 Freihufe (1557 Hufenverzeichnis Amt Gorlosen). Bede für 1 Hufe betrug 8 ß (1571 LB Gorlosen). Geldpacht je Hufe 16 ß (1654 AB Grabow).

IV Der Burgort Gorlosen, in älterer Zeit Mittelpunkt einer mehrere Bauerndörfer umfassenden Feudalherrschaft, kam 1372 als Reichslehn an das Herzogtum Mecklenburg und war spätestens seit 1424 Sitz einer herzoglichen Vogtei, die jedoch bis 1556 anscheinend ständig verpfändet war. Als der Besitz danach in landesherrschaftliche Verwaltung überging, legten die herzoglichen Beamten von den 7 Bauernhufen Gorlosens innerhalb kurzer Zeit (1557–1570) deren 5 und bildeten aus diesen Ländereien sowie der seit alters zur Burg gehörenden kleineren Eigenwirtschaft einen Meierhof (cf. hierzu auch Nr. 8 Neuhof). Einige Jahrzehnte später (1607) wurde auf Geheiß der mecklenburgischen Herzoginwitwe Anna die Burg abgetragen und die Vogtei Gorlosen mit dem Amt Grabow vereinigt.

Kirchdorf.

Haufendorf. Ortslage exzentrisch zur Flur.

V Kleingewannflur. Keine Ackerschläge (1654 AB Grabow, 1712 LV).

VI 1557 Hufenverzeichnis Amt Gorlosen: Dittrich Schutte, Achim Meiesche („ist wuste zum Ambt diß jor gelecht, dem pawer bezalt worden"), Merten Scheffer, Clawes Fhe, Achim Fohy, Hans Prignitze, Thomas Hower.
1654 AB Grabow: Paul Schütte, Peter Brüning w. Kätner: Andreas Potter w., Hans Bars w., Andreas Süvert, Hans Jastram, Johann Brüning w., Peter Voss w., Tiel Rode der Müller.

„Nach dem die Hufen des Dorfs Gorlosen zu dem Meyerhofe Nienhofe geleget, seint darinnen übrig gelaßen zween Halbhufener undt 6 Köthener. Kein Schultz ist itzo alhie."

1712 LV: Johan Michael, die Rähtin Bahlken. Kossaten: Jürgen Graaf, Stoffer Haack, Jochim Marckwardt, Jochim Helm Bluet, Johan Wegener, Christian Heiße.

VII

1	Polen (Sing.: Pol) *po*^{u}*ln*		A, Su/A
2	Hinnerst Koppel *'hinəst'kopl*	das hinterste Moor, 1824 FlK.	Su, Wi/A
3	Krillenkamp *krilnkam*^{p}	Krillenkamp, 1824 FlK.	Wi, A/A
4	Hilgen Kamp *hilgn'kam*^{p}	Heiliger Kamp, 1621 KV Gorlosen; Hilgen Camp, 1712 LV.	A/A
5	Lottenkoppel *lotnkopl*		Wi/A
6	Maurkamp *mauəkam*^{p}	Kamp im Mohr, 1609 KV Gorlosen; Mohr Camp, 1712 LV; auf dem Mohr Camp, 1825 RA Neuhof.	A/A
7	Krenterkoppel *kräntəkopl*		Wi/A
8	Torfkoppel *tǫ*^{ǫ}*fkopl*		Wi, Su/A

9	Meynkamp *maiənkam*^{p}	bei der Meune ein Kamp, 1609 KV Gorlosen; Kamp bey der Meine, 1621 KV Gorlosen.	A/A
10	Hoppenhofstücken *hopnhǫfstykn*	aufn Hoppenhoven, 1712 LV; Hoppenhofsstücken, 1824 FlK.	A/A
11	Finkenhofskamp *fiŋ*^{k}*nhǫfskam*^{p}	Finkenherd, 1621 KV Gorlosen; aufn Finkenherd, 1712 LV; Finkenhofs-Kamp, 1824 FlK.	A/A
12	Deibowsch-Wegkoppel *daibo*^{u}*š'vex́kopl*	beym Deboischen Wege, 1712 LV.	A/A
13	Vöddelst Koppel *födəlst'kopl*		A/A
14	Köstergor(de)ns *köstəgō*^{ə}*ns*	im dickschen Hoven, 1712 LV.	Wi/A
15	Oll Gor(de)ns *ol'gō*^{ə}*ns*	im dickschen Hoven, 1712 LV.	Wi/A
16	Ahnwendskoppel *ānvendskopl*		A/A
17	Scheperkamp *šēpəkam*^{p}	Schäferkamp, 1621 KV Gorlosen; aufn Scheperkamp, 1712 LV.	A/A
18	Sülterkamp *zyltəkam*^{p}	auf dem Sültekamp, 1621 KV Gorlosen; aufn Sülter Kamp, 1712 LV.	A/A
19	Schultenkamp *šultnkam*^{p}		A/A
20	Schünstä(d) *šünstǟə*		A/A
21	Meyn *maiən*	der Mon, 1558 Behmsche GB; bei der Meune, 1609 KV Gorlosen; bey der Meine, 1621 KV Gorlosen.	Gw/Gw
22	Kellerwisch *keləviš*	Kellerwische, 1609 KV Gorlosen; Kellerwische, 1621 KV Gorlosen.	Wi/Wi
23	Gooshals *go*^{u}*shals*	Gänsehals, 1824 FlK.	Wi/Wi

24	Bischofsuhrt *bišofsu*^{o}*ət*	Bischofsort, 1824 FlK.	Wi/Wi
25	Tabaksuhrt *tābaksu*^{o}*ət*		Wi/Wi
26	Oll Ell *'oł'el*	an der Elde, 1609 KV Gorlosen; an der Elde, 1621 KV Gorlosen.	Gw/Gw
27	Middelwisch *midłviš*	Mittelwiesen, 1824 FlK.	Wi/Wi
28	Ellerkamp *eläkam*^{p}	Ellern Kamp, 1712 LV.	A/Kw
29	Voßbarg *fǫsba*^{a}*x*		Ödl/Kw
30	Pisel *pīzl*		Ödl/Kw
31	Gor(de)nkoppel *gō*^{ə}*(d)nkopł*		Ödl/A
32	Schanz *šants*	der Borck Wal, 1. Hälfte 16. Jh. GK der Ämter Grabow/Dömitz; im Borgwall, 1712 LV.	Wall, A/Ödl
33	Oll Bleek *oł*^{l}*'blēk*	an der Brücke, 1712 LV; Alte Bleiche, 1824 FlK.	Wi/Wi
34	Wägners Barg *vǟx́nəs'ba*^{a}*x*		A/Ot
35	Poggenpol *pognpo*^{u}*l*	am Poggenpohl, 1825 RA Neuhof.	Pf, A/A
36	Kösterkoppel *köstəkopł*		A/A
37	Nien Gor(de)ns *nīn'gō*^{ə}*ns*		A/A
38	Schultenkamp *šultnkam*^{p}		A/A
39	Bäkstücken *bäkstykn*		A/A

40 Langen Stücken *'laŋⁿ'stykn* A/A

41 Lütt Stücken *'lyt'stykn* A/A

42 Siden Kavels *zīdn'kåvls* A/A

43 Hawersackseck *håvəzaks'ek* A/A

44 Dodenbarg *do^{u}dnba^{a}x* A/A

45 Wienbarg *vīnba^{a}x* Weinberg, 1603 AB Gorlosen; Winberg, 1622 Laurembergsche Karte; Weinberg, um 1628 AB Grabow; aufn Wienberge, 1712 LV. A, Ödl/A, Kw

46 Hog Feld *ho^{u}x'felt* Hogenfelde, 1622 Laurembergsche Karte; Hohen Felde, 1654 AB Grabow; Hohenfelde, 1725 Gorlosener Pastorenprozeß. A/A

47 Fettkoppel *fetkopl* A/A

48 Wienbargstücken *vīnba^{a}xstykn* A/A

49 Apteik *ap'taik* A/A

50 Preesterbarg *prēstəba^{a}x* Kamp beim Hause, 1609 KV Gorlosen; Kamp beim Pfarrhause, 1621 KV Gorlosen. A/A

51 Preesterkoppel *prēstəkopl* Wi/Wi

52 Moelengraben *mœ̄lngråbm* am Mühlengraben, 1712 LV. Gw/Gw

53 Landdiek *lantdīk* Wi/Wi

54 Diekhoew *dīkhœ̄f* im Dieck, 1712 LV. Wi/Wi

VIII

(55) bey der alten Brücke, 1712 LV, A
(56) aufn groten Camp, 1712 LV, A
(57) Knipwiese, 1621 KV Gorlosen, Wi
(58) im Kolck, 1712 LV, Wi
(59) Krieg Wiese, 1712 LV, Wi
(60) beym Krienser Ohrt, 1712 LV, Wi
(61) Kröger Camp, 1712 LV, A
(62) die Krog Wiese, 1712 LV, Wi
(63) aufn Meutel Camp, 1712 LV, A
(64) Pahl Wiesen, 1712 LV, Wi
(65) Rüterskamp, 1609 KV Gorlosen, A
(66) bey dem weißen Berge, 1621 KV Gorlosen; aufn Wittenberger Camp, 1712 LV, A
(67) im Wulfs Ohrt, 1712 LV, Wi.

8

Neuhof

nī'hof

Newenhoff 1603 AB Gorlosen

Zwischen 1557 und 1570 wurden fast die gesamte Bauerschaft Gorlosens von den Beamten des Herzogs gelegt und die solcherart freigesetzten Hufen zu einem Meierhof innerhalb der Dorffeldmark zusammengefaßt. Da sich die mittelalterliche Burg des Ortes, die seinerzeit zumindest noch nominell Sitz einer selbständigen Vogtei war, sowohl der durch die Insellage bedingten räumlichen Enge als auch der Baufälligkeit der Gebäude wegen offenbar nicht als Wirtschaftshof für den Gutsbetrieb eignete, errichtete man zu diesem Zweck noch vor 1560 ein „Vorwerk". Die andersartige Wirtschaftsweise und Flurverfassung des „neuen Hofs" führte nach Arrondierung der Feldanteile spätestens um die Wende des 17. Jahrhunderts zur Separierung einer eigenen Flur von der bis dahin gemeinsamen Gemarkung Gorlosen. Der seit 1711 verpachtete Domanialhof wurde im Jahre 1862 aufgesiedelt.

VII

1	Landdiek *lantdīk*	am Landteich, 1825 RA; Landteich, 1861 FlK.	Wi/Wi

2	Wienbarg *vinba^{a}x*	Weinberg, 1603 AB Gorlosen; Winberg, 1622 Laurembergsche Karte; Weinberg, 1628 AB Grabow; Weinbergstücke, 1825 RA; am Weinberg, 1845 RA; Weinberg, 1861 FlK.	A, Ödl/A, Kw
(3)	Habesacksschlag	Habesacksschlag, 1845 RA.	A/A
4	Lehmbarg *lēmba^{a}x*	am Lehmberge, 1824 RA; im Lehmbergschen Schlage, 1825 RA; im Lehmberger Schlag, 1845 RA.	A/A
5	Meunbarg *moi^{ə}nba^{a}x*	am Meuenberge, 1817 OA; Moenberg, 1861 FlK.	Ödl/Kw
6	Kämpenbarg *käm^{p}mba^{a}x*	in den Kämpen, 1824 RA; Kämpfenschläge, 1825 RA; in Kempenschlag, 1845 RA.	A/A
7	Swienkuhl *svinkūl*	bey der Schweine-Kuhle, 1817 OA.	Pf/Pf
(8)	Jastram	Jastram, 1576 StK; Jastram, 1621 KV Gorlosen; Jastram, 1654 AB Grabow.	Kw,Lw/Wei, F
9	Scheperdiek *šēpədīk*	Schäferteich, 1825 RA; Schafwäsche, 1861 FlK.	Pf/Pf
10	Nachtkoppel *naxtkopl*	in der Nachtkoppel, 1825 RA.	Su, Gh/Wei
11	Dodenbarg *do^{u}dnba^{a}x*	am Todtenberge, 1817 OA.	Ödl, A/Kw
12	Dodenmour *do^{u}dnmo^{u}ə*	im todten Moore, 1825 RA; im Todtenmoor, 1845 RA; Todtenmoor, 1861 FlK.	Su, Gh/F

VIII

(13) auf dem Bauerlande, 1825 RA; in Bauerland, 1845 RA, A
(14) die Bohnenkoppel, 1824 RA, A
(15) in der Bösengrund, 1845 RA, Ödl
(16) Buschkoppel, 1824 RA, Wei
(17) die Diestelgrund, 1824 RA; in Diestelgrund-Schlag, 1845 RA, A
(18) im Eisenmoor, 1845 RA, Su
(19) in der Füllen Koppel, 1845 RA, Wei
(20) in der Hengst Koppel, 1825 RA; in der Hengstenkoppel, 1845 RA, Wei

(21) Kalberkoppel, 1824 RA, Wei
(22) Mittelbruch, 1824 RA, Su
(23) die Ochsengrund, 1824 RA, Ödl
(24) auf dem Rodelande, 1824 RA, A
(25) Röelken Busch, 1825 RA, Su
(26) Röhlkenkamp, 1824 RA, A
(27) beim Rumtenberge, 1824 RA, Ödl
(28) am Wäßerungs-Schlag, 1825 RA, A
(29) Wurzelkoppel, 1824 RA, A.

9

Dadow

'dādō

Dadow 1384 MUB, Dadowe 1425 CDB, Dadow 1538 LB Gorlosen

I Jüngere Steinzeit: Feuersteinbeile.

II Ritterschaft, 1557 Domanium.

III 15 Hufen (1538 LB Gorlosen), darunter 1 Freihufe (1557 Hufenverzeichnis Gorlosen) und 1 Pfarrhufe (1609 KV Gorlosen). Individualbede, die Hufe zu 8 ß (1538 LB Gorlosen). Naturalpacht je Hufe 8 Scheffel Roggen und 4 Scheffel Hafer (1654 AB Grabow), für die „Priester Huefe" 16 ß Geldpacht (1609 KV Gorlosen).

IV Großes Angerdorf. Ortslage etwas exzentrisch zur Flur.

V Gewannartige Streifenflur. Keine Ackerschläge (1721 LV).

VI 1552 LB Gorlosen: Hans Bremer, Achim Widow, Hans Stenbarch, Achim Bensche, Clawes Dinges, Clawes Niebur, grote Achim Dinges, lutke Achim Dinges, Clawes Bremer, Achim Santbarch.

1654 AB Grabow: Pasche Niebuhr, Chim Lütje w., Peter Warncke w., Claus Marniz w., Claus Riechert w., Hinrich Stapelfeldt, Tewes Rathsack w., Thomas Jacob w., Jochim Lange, Cheel Franck w.

Kossaten: Drewes Lütje, Peter Farcklos w.

1721 LV: Christopher Cordts, Jochim Möller, Hans Fick, Jürgen Witt, Peter Diehn, Hinrich Freytag, Christian Graaf, Hans Jochim Jastram, Hartwig Wormstädt, Jochim Sachtleben, Caspar Neumann, Johann Diehn.

VII

1	Pötterkuhl *pötəkūl*	Pötter Kuhl, 1856 FlK; Pötterkuhl 1937 FK.	Ödl/F
2	Bullenbarg *bul^{l}ba^{a}x*	auf den Bullen Barge, 1721 LV; Bollenberg, 1856 FlK; Bollenberg, 1937 FlK.	A/F
(3)	im Krieglande	auf den Krieg Camp, 1721 LV; im Krieglande, 1864/65 FlK.	A/F
4	Sählken *zǟlkn*	auf den Sählenstücken, 1797 GA; Soelcken-Stück, 1800 GA; auf den Sählcken, 1808 GA; das Sölckenstück, 1818 GA.	A/A
5	Buerndannen *bǖəndan^{n}*		Kw/Kw
6	Gorloser Grund *'gǫ^{ǫ}lo^{u}zə'grunt*	Gorloser Grund, 1856 FlK.	Ödl/Kw
7	Soegenstück *zǣgnstyk*		A/A
8	Diestelgrund *dīs^{l}lgrunt*	Diestelgrund, 1856 FlK; Diestelgrund, 1937 FK.	Ödl/F
9	Vierbarg *fīəba^{a}x*	hinter den alten Viehr, 1721 LV; Vierberg, 1856 FlK; Vierberg, 1937 FK.	A, Ödl/Kw
(10)	Sandblänk	Sandblänk, 1937 FK.	Kw/F
11	Sandstücken *zantstykn*	auf den Sandt Stücken, 1721 LV; auf den Sandstücken, 1797 GA; das Sandstück, 1818 GA; Sandstücken, 1856 FlK.	A/A, Kw
(12)	Altenteils-Sandstücken	Altenteils-Sandstücken, 1856 FlK.	A/Kw
13	Langen Stücken *laŋ^{n}'stykn*	auf den langen Stücken, 1721 LV; Lange Stücken, 1856 FlK.	A/A
14	up'n Bömen *upm'bȫm^{m}*	im Emcken Bohm, 1721 LV; im Böhmen, 1856 FlK.	A/A
15	Schillingstücken *šiliŋ^{k}stykn*	Schillings Stücken, 1856 FlK.	A/A

16	Eschen *ešn*	Eschen, 1856 FlK.	A/A
17	Middelfeld *midl̥felt*	Mittelfeld, 1799 GA; Mittelfeld, 1856 FlK.	A/A
18	Steenborg *ste*^{i}*nbǫ*^{o}*x*	aufn Stehen Borg, 1721 LV.	A/A
19	Reigeiken *raix̍'aikn*	aufn 3en Eichen, 1721 LV; Reich Eiken, 1799 GA; Kielerheide Reigeichen, 1856 FlK.	A/Kw
(20)	im Steinborg	im Steinborg, 1856 FlK; im Steinborg, 1937 FK.	A/F
21	Höhnerdannen *hȫnədan*^{n}	die Hüner Tannen, 1856 FlK; Hühner-Tannen, 1937 FK.	Kw/F
22	Höhnerkamp *hȫnəkam*^{p}	Hüner Camp, 1856 FlK.	Ödl/A
(23)	auf dem Langenort	im langen Ohrt, 1721 LV; langen Öhr, 1783 OA; langen Ort, 1797 GA; auf dem Langenort, 1817 GA.	A, Wi/A, Wi
24	Kielerhei(d) *kīlə'hai*	die Cieler Heid, 1721 LV; Kieler Heide, 1937 FK.	A, Ödl/F
(25)	Kielerheid-Kamp	Kielerheid-Kamp, 1856 FlK.	A/A
26	Wulfskuhl *vulfskūl*	Wulfskuhlen, 1856 FlK.	Ödl/Kw
27	Lindenbarg *lin*^{n}*ba*^{a}*x*	aufn Linden Barg, 1721 LV; Lindenberg, 1797 GA; Lindenberg, 1856 FlK.	A/A
(28)	Wasserberg	Wasserberg, 1799 GA; Wasserberg, 1856 FlK.	A/A
29	Hog Feld *ho*^{u}*x'felt*	Hohe Feld, 1856 FlK.	A/A
(30)	Klöbenstein	Klöbenstein, 1856 FlK.	A/A
31	Lanken *laŋ*^{k}*n*	auf der Lancken, 1721 LV; auf den Lancken, 1797 GA; auf den Lancken, 1808 GA; Lancken Stück, 1818 GA.	A/A

(32)	im Düpen	in der Düppe, 1721 LV; im Düpen, 1856 FlK.	Wi/Wei
(33)	die große Horst	die große Horst, 1856 FlK.	Ödl/A
34	Kolk *kołk*	im Kolck, 1721 LV; im Kolk, 1824 SchA.	Wi/Wi
35	Nachtkoppel *naxtkopł*	Nachtkoppel, 1783 OA; Nachtkoppel, 1824 SchA; in der Nachtkoppel, 1826 GA; in der alten Pferdekoppel, 1856 FlK.	Wei/A
36	Blenis *ble'nīs*	Blenischen Wiesen, 1721 LV; Blenis, 1856 FlK.	Wi/Wei
37	Soegenkuhl *zœ̄gnkūl*	an der Soegenkuhle, 1782 OA.	Pf/A
38	Vullstrang *fulstraŋ^n*	im Vollstrange, 1856 FlK.	Su/A
39	Bahldamm *båldam*	beyn Bohl Damm, 1721 LV.	Fw/Fw, A
(40)	Niederfeld	Niederfeld, 1856 FlK.	A, Wi/A, Wi
41	Krohns Mour *kro^{u}ns'mo^{u}ə*	auf den Mohr Enden, 1721 LV; auf den Moorenden, 1824 SchA.	Su, A/A
(42)	auf dem Sandforth	auf dem Sandforth, 1787 OA.	Ödl/A
43	Krohner Koppel *kro^{u}ne'kopł*	auf den Cronischen Camp, 1721 LV.	A/A
44	Schultenkamp *šultnkam^p*	Schultzen Kamp, 1802 GA.	A/A
45	Hauk *hauk*		Ödl/A
46	Oll Försterkoppel *oł'fọ̈^{ə}stəkopł*	Horst Koppel, 1788 WK; Försterkoppel, 1799 OA; alte Försterkoppel, 1856 FlK.	Wei/Wei
47	Sieverkavel *zīvəkāvł*	aufn Siever Kaveln, 1749 GA; die Siever Kabel, 1808 GA; Siefer Cavel, 1818 GA.	Wi/Wei
48	Nie Wisch *nī'viš*	die Nien Wiese, 1799 GA; die neue Wiese, 1808 GA; Nienwischen, 1824 SchA; Nie Wischen, 1856 FlK.	Wei/Wi

49	Jastram *jastram*	Jastram(s), 1721 LV; der Gastram, 1788 WK; im Jastram, 1824 SchA; im Jastram, 1856 FlK.	Su, Wei/A, Wei

VIII

(50) auf den Boecker Camp, 1721 LV, A
(51) auf der Bült Kabel, 1797 GA; Bült Kabel Wiese, 1800 GA, Wi
(52) in den Büschen Stücken, 1826 GA, A
(53) Grevenshorst, 1782 OA, Ödl
(54) das große Mohr, 1782 OA, Su
(55) am Groten Kamp, 1824 SchA, A
(56) die Kätel Wiese, 1802 GA, Wi
(57) auf den Kerken Caveln, 1721 LV, Wi
(58) Kolkmohr, 1795 OA, Su
(59) aufn Koster Barge, 1721 LV, A
(60) Krohnsche Kolk, 1782 OA, Su
(61) Kruckenhorst, 1782 OA, Ödl
(62) der Mohrhof, 1803 SchA, A
(63) Liggelhorst, 1782 OA, Ödl
(64) auf den Papen Ende, 1799 GA, A
(65) Reuterkoppel, 1824 SchA, A
(66) auf den Sprinck Stücken, 1721 LV; Spring Stücken, 1795 OA; auf den Sprinck Stücken, 1800 GA; auf den Sprinkstücken, 1824 SchA, A
(67) Timmer Horst, 1782 OA, Ödl
(68) Wantzlitzer Camp, 1721 LV, A.

10

Krohn

krōn

Krun 1345 MUB, Crone 1425 CDB, Krone 1560 AB Schwerin

I Mittlere Steinzeit: Mikrolithen. Jüngere Steinzeit: Schuhleistenkeil (Oberflächenfund).

II Ritterschaftlich, 1345 Klosterdorf, 1558 durch Säkularisation zum Domanium.

III 6 Hufen (1551 LB Eldena), darunter 1 Freihufe (1560 AB Schwerin). Individualbede, die Hufe zu 8 ß (1551 LB Eldena). Einzelpacht je Hufe 4 ß, die beiden Schulzenhufen je 5 ß (1654 AB Eldena).

IV Sackgassendorf. Ortslage am Flurrand (Gewässerlage).

V Blockgewannflur. Keine Ackerschläge (1707 LV).

VI 1569 LB Eldena: Marcus Gleimeke, Paschenn Jastram, Hans Schultze, Achim Schultze, Achim Gleimeke, Peter Gleimeke.

1654 AB Eldena: Jochim Schultz, Paul Timmerman, Marten Jelbrecht, Peter Jastram, Jochim Jastram, Jochim Brüningk.

1707 LV: Hanß Jastram, Jürgen Jochim Brüneke, Peter Jastram, Jochim Brüneke, Jochim Timme, Hanß Brüneke.

VII

1	Hinnerst Koppel *'hinəst'kopl*		A/A
2	Kampkoppel *kam^{p}kopl*		A/A
3	Hawerkoppel *hāvəkopl*		A/A
4	Baukbarg *baukba^{a}x*		Ödl/A, Kw
(5)	Jastram	Jastram, 1791 RA; im Jastram, 1870 FlK.	Kw, Lw/A, Kw
6	Dannenkavel *dan^{n}kāvl*		Ödl/Kw
7	Kielkavel *kīlkāvl*		Kw/Kw
8	Lütten Kamp *lytn'kam^{p}*		A/A
9	Lütt Koppel *lyt'kopl*		A'A
10	Brüning-Ratsack *'brūniŋ^{k}'ratzak*	im Rathsack, 1803 GA; im Rathsack, 1812 GA.	A/A
11	Blomenkoppel *blōm^{m}kopl*	das Blohmen Stück, 1808 GA.	A/A

12	Grot Koppel *gro^{u}t'kopl*		A/A
13	Sieverkoppel *zivəkopl*		A/A
14	Mour *mo^{u}ə*	aufn Mohr, 1707 LV; Große Mohr, 1788 WK.	Su/A
15	Stoppenbarg *stopmba^{a}x*	aufn Stoppen Barge, 1707 LV; auf Stapenberg, 1749 GA; auf dem Stoppenberg, 1803 GA; auf den Stoppen Berg, 1808 GA.	A/A, Kw
16	Heudrögen *hoidrögn*		Ödl/A
17	Hölter *hölte*		Wi/Wi
18	Heßland *heslant*	aufn Heers Lande, 1707 LV.	A/A
19	Eschenkoppel *ešnkopl*	aufn Eschen Stücken, 1707 LV.	A/A
20	Rahlwisch *rålviš*	aufn Radewiesen, 1707 LV.	Wi/Wi
21	Moidenkoppel *moidnkopl*		A/A
22	Kellerkuhl *keləkūl*	auf der Kalber Kuhle, 1707 LV; die Kellerkuhls Tannen, 1788 WK; Keller Kuhls Tannen, 1791 RA; Kellerkuhl, 1870 FlK.	A, Kw/A,Kw
23	Tweibreidsbarg *tvai'braitsba^{a}x*	aufn Zween Breden, 1707 LV; zweibreitsches Stück, 1812 GA.	A/Kw
24	Taternbarg *tātä^{ə}nba^{a}x*		Ödl/Kw
25	Tweibrei(d) *tvai'braiə*	aufn Zween Breden, 1707 LV; die zweybreitsche Wiese, 1803 GA; auf die zwey Breiten, 1808 GA.	Wi/A
26	Schultenkamp *šultnkam^{p}*	der Schultzen Camp, 1707 LV.	A/A

27	Nien Hof *nī*^{d}*n'hǫf*		Wi/A
28	Blesus *ble'zūs*	Ban(n)sues, 1707 LV.	Wi/Wi
29	Rupenwischen *rūpmvišn*	auf der Rumpen Wiesen, 1707 LV.	Wi/Wi
30	Grot Wischen *gro*^{u}*t'višn*	auf der Grotten Wiesen, 1707 LV.	Wi/Wi
31	Hofwischen *hǫfvišn*		Wi/Wi
32	Bahldamm *bảldam*		Fw/A
33	Kohlhoew *kōl'hœ̄f*	aufn Kohlhoefs Wiesen, 1707 LV; in den Kohlhöfen, 1803 GA.	A, Wi/A
34	Militzbarg *mīlitsba*^{a}*x*	auf der Milsch, 1707 LV.	A/A
35	Militzhoew *mīlits'hœ̄f*	auf der Milsch, 1707 LV; im Militzer Hof, 1808 GA.	A/A
36	Mourbarg *mo*^{u}*əba*^{a}*x*	Moorberg, 1870 FlK.	Ödl/Kw
37	Lausch *lauš*	auf der Lausch, 1707 LV.	A/A, Kw
38	Aaskuhl *åskūl*	Aaskuhle, 1870 FlK.	Ödl/A
39	Gerke *gērkə*		Wi?/A
40	Otternbarg *otä*^{ə}*nba*^{a}*x*		Wi/Wei
41	Dörpkavel *dǭ*^{ö}*pkåvl*		A/Kw
42	Flaßsprei(d) *flassp raiə*		Ödl/Kw
43	Hogentunsdannen *ho*^{u}*gən'tūns'dan*^{n}	die Hohe Thuns Tannen, 1788 WK.	Kw/Kw

44	Nieland *nīlant*		Ödl/Kw
45	Wanzlitzer Siet *'vantslitsə'zīt*	Miesen Tannen, 1870 FlK.	A/Kw
46	Sandstücken *zantstykn*		A/Kw, A
47	Keesbüdel *kē^{i}sbǖdl̥*		Kw/Kw, A
48	Prinswischen *printsvišn*	Preeß Wiesen, 1707 LV; Preis Wischen, 1870 FlK.	Wi/Wi
49	Gausecken *gaus'ekn*		Wi/Wi
50	Bullenecken *bul̥^{l}'ekn*	Bollenwiesen, 1870 FlK.	Wi/Wi
51	Holtbömen *holtbōm^m*		Wi/Wi

VIII

(52) auf dem blanken Weg, 1803 GA, A, Fw?
(53) Cavelwiesen, 1707 LV; die Cavelwiese, 1749 GA; auf der Kabel, 1808 GA, Wi
(54) auf der Cramtz, 1707 LV, Wi
(55) auf der Helften, 1749 GA, A
(56) Hütten Ohrt, 1707 LV, Wi
(57) auf den Kamp, 1808 GA, A
(58) Kleine Wiese, 1707 LV, Wi
(59) Köster Ohrt, 1707 LV, Wi
(60) aufn Langenberge, 1707 LV, A
(61) aufn Langen Ohrt, 1707 LV, A
(62) aufn Langen Stücken, 1707 LV, A
(63) im Mohrhöfen, 1808 GA, A
(64) im Mohrlande, 1803 GA, A
(65) auf der Neuen Wiesen, 1707 LV, Wi
(66) die Riete, 1803 GA, Su
(67) Rohr Wiese, 1707 LV, Wi
(68) aufn Rues Wiesen, 1707 LV, Wi
(69) im Ties Werder, 1707 LV, Wi
(70) Ufer, 1707 LV; Elden Ufer, 1812 GA, Wi
(71) aufm Vohr Ende, 1749 GA, A
(72) Vohrwiesen Stück, 1812 GA, A.

11

Güritz

gṻᵊts

mit Bellevue

in der Gorze 1520 AB Grabow, in der Gurtzen/Guritzen 1545 PV Grabow

I Mittlere Steinzeit: Feuersteinklingen. Jüngere Steinzeit: Feuersteinbeile. Slawische Zeit: Burgwall (cf. Begangnummer 52).

II Domanium.

III Keine Hufeneinteilung (1520 AB Grabow: „De Acker de thom Hove in der Gorze ligt is gereknet nicht nach Hoven tahl . . .“). Von dem fürstlichen Hof wurde weder Bede noch Pacht erhoben.

IV Kleiner Weiler. Ortslage zentral zur Flur.

Güritz auf einer früheren Landenge gelegen, deren südliche Langseite vom Urstromtal der Elde und deren nördlicher Rand von der bis zur Rögnitz sich erstreckenden Sumpfwaldzone des Hornwaldes begrenzt wurde, besaß in slawischer Zeit eine Wehranlage (Begangnummer 52 „Borchwall“), welche diese einzige, feste Landbrücke zwischen den Terrae Grabow und Wehningen sicherte. Der Ursprung des nachmaligen Domanialhofs Güritz geht möglicherweise auf eine von den Slawen bei jener Burganlage betriebene archaische Wirtschaft zurück, eine Vermutung, die sich u. a. darauf stützt, daß der Hof keinesfalls aus einer bäuerlichen Wüstung hervorging, sich örtlich unmittelbar an den Burgwall anlehnte und seiner Struktur nach ausschließlich der Viehhaltung diente.

Um die Mitte des 18. Jahrhunderts entstand wahrscheinlich durch Teilung des Amtshofes Eldena auf der Feldmark jenes Dorfes der Pachthof Bellevue. Im Jahre 1814 wurde der verkleinerte Hof vererbpachtet und später (1870) mit seinen Ländereien zur Gemarkung Güritz gelegt (Begangnummer 45–48).

V Gutsflur. 4 Ackerschläge (um 1628 AB Grabow).

VI Ältere Einwohnerlisten nicht vorhanden. da der Hof erst in den Jahren 1817/18 aufgelöst und der Ort als Bauerndorf eingerichtet wurde.

VII

(1) Höltickböhm — der Holtbohms-Ort, 1777 GSK; Höltickböhm, 1856 FlK. — Wi/Wi

(2)	Oll Güritz	auf der alten Gürtz, 1712 LV; die alte Güritz, 1777 GSK; Oll Güritz, 1856 FlK.	Wi/Wi
3	Schultenwisch *šultnviš*	Schulten Wiese, 1777 GSK.	Wi/Wi
(4)	Tobacks Ort	Tobacks Ort, 1856 FlK.	Su, Wi/Wi, Su
(5)	Fischerbruch	Fischer Busch, 1777 GSK; Fischerbruch, 1856 FlK.	Su, Wi/Wi
6	Langen Kavel *laŋ*^{n}*'kåvl*	die Nie Wische, 1654 AB Grabow; Nie Wiese, 1712 LV; die neue Wiese, 1777 GSK; Nie Wisch, 1856 FlK.	Wi/Wi
(7)	Lütt Plack	in der Plack, 1712 LV; Plack-Wiese, 1777 GSK; Lütt Plack, 1856 FlK.	Wi/Wi
(8)	Brand Wiese	die Brandten-Wiese, 1777 GSK; Brand Wiese, 1856 FlK.	Wi/Wi
9	Preesterwisch *prēstəviš*		Wi/Wi
(10)	Marien Wiese	Lütt-Marien Wiese, 1777 GSK; Marien Wiese, 1856 FlK.	Wi/Wi
11	Ellerbrok *eläbro*^{u}*k*		Su/Gh, Wi
(12)	kleine Stein-Wiese	lütg Stehn Wiese, 1712 LV; die kleine Stein-Wiese, 1777 GSK.	Wi/Wi
(13)	Groth Steinwisch	die Stein Wische, 1654 AB Grabow; grothe Stehn Wiese, 1712 LV; die große Stein-Wiese, 1777 GSK; Groth Steinwisch, 1856 FlK.	Wi/Wi
(14)	Schminkenberg	Schminkenberg, 1937 FK.	Kw/F
(15)	Petersberg	Petersberg, 1937 FK.	Kw/F
(16)	am runden Berg	der runde Berg, 1777 GSK; am runden Berg, 1937 FK.	Kw/F
17	Scholkoppel *šo*^{u}*lkopl*	die Schäfer-Wiese, 1712 LV; die Schäferwiese, 1777 GSK; im Schäferbruch, 1856 FlK.	Wi/Wi

18	Uhlenbarg *ūl^{l}ba^{a}x*	Uhlenbarg, 1937 FK.	Kw/F
(19)	Hohe Weg	der Hohe wegk, 1609 GP; der Hohe Weg, 1691 GP; der Hohe Weg, 1709 GB; der Hohe Weg, 1757 GP; der Hohe Weg, 1786 FlK Horn.	Fw/Fw
20	Forstkoppel *fǫ^{ə}stkopl*		Ödl/A
(21)	im Vorhorn	der Vorhorn, 1692 GSG; der Vor Horn, 1786 FlK Horn; im Vorhorn, 1937 FK.	Ödl, A/F
(22)	Güritzer Kamp	Güritzer Kamp, 1786 FlK Horn.	A, Ödl/F
(23)	groth Baßel	up de groth Baßel, 1786 FlK Horn.	Su, Pf/F
24	Immenmaur *immauə*	Immen Moor, 1937 FK.	Su/F
25	Räufkoppelbarg *'roifkopl'ba^{a}x*		Ödl/Kw
26	Beisenlock *baiznlǫk*	die Beesen-Koppel, 1777 GSK.	Wi, Su/Wei
27	Scheperkamp *šēpəkam^{p}*		A, Ödl/A, Ödl
28	Pümpelwisch *pymplviš*		Su, Wi/Wei, A
29	Oll'n Damm *ol^{l}'dam*		Fw?/Fw
30	Fettkoppel *fetkopl*		Su/Wei
31	Lütten Hof *lytn'hǫf*		Wi, Su/A
32	Groten Hof *gro^{u}tn'hǫf*		Wi, Su/A
33	Torfbarg *tǫ^{ə}fba^{a}x*		Ödl/Kw

34	Gor(de)ns *gō^{ə}ns*	Groth Stackwisch, 1856 FlK.	Wi/Wi
(35)	Groth Mollenwisch	die Mollen-/Müllen-Wiese, 1777 GSK; Groth Mollenwisch, 1856 FlK.	Wi/Wi
36	Buschkoppel *buškopl*		Su, Wi/A, Wei
(37)	Wienkenwisch	Miencken Wiese, 1712 LV; Miencken Wiese, 1777 GSK; Wienkenwisch, 1856 FlK.	Wi/Wei
(38)	Oll Pierkoppel	die Pferde Koppel, 1777 GSK; Oll Pierkoppel, 1856 FlK.	Su, Wi/Wi
(39)	Groten Brook	im Groten Brook, 1856 FlK.	Su/Wi
(40)	Groth Gräsung	Groth Gräsung,1856 FlK.	Wi, Su/Wi
(41)	Lütt Molenwisch	Lütt Molenwisch, 1856 FlK.	Wi/Wi
(42)	Uhlenbusch	Uhlenbusch, 1856 FlK.	Su/Wi
(43)	Groth Wisch	die große Wische, 1654 AB Grabow; auf der grothe Wiese, 1712 LV; die große Wiese, 1777 GSK; Groth Wisch, 1856 FlK.	Wi, Su/Wi
(44)	Bündel	Bündel, 1856 FlK.	Su, Wi/Wi
(45)	Torf Mohr	Torf Mohr, 1788 WK.	Su/A, Ödl, Kw
(46)	Carl Höhns Camp	Carl Höhns Camp, 1788 WK.	A/A
(47)	in den Heegen	in den Heegen, 1788 WK.	A, Ödl/A, Gh
(48)	wüsten Hufen Cavel	in die wüsten Hufen Cavel, 1788 WK.	Wi/Wi

VIII

(49) die Adams Wiese, 1777 GSK, Wi
(50) die Basuß Wischen, 1654 AB Grabow, Wi
(51) die Bauer Wiese, 1777 GSK, Wi
(52) hinter dem Borchwall, 1654 AB Grabow, Wi
(53) auf den breden Camp, 1712 LV, A
(54) der Camp, 1712 LV, A

(55) der Dannen Camp, 1712 LV, A
(56) die Drall-Laack, 1778 GSt; die Drall Laack, 1788 GP, Gw
(57) Enten Pool, 1777 GSK, Wi
(58) auf den Fiescher Camp, 1712 LV, A
(59) an der forderste Brück, 1712 LV, Wi
(60) die Gänse Wiese, 1777 GSK, Wi
(61) auf den grothen Camp, 1712 LV; der große Camp, 1777 GSK, A
(62) die Klefer Coppel, 1712 LV; die Kleever-Koppel, 1777 GSK, A
(63) Klever Kampf, 1654 AB Grabow; auf den Klefer Camp, 1712 LV, A
(64) auf den Kohlen Camp, 1712 LV, A
(65) die Koppelwische, 1654 AB Grabow; die Coppel, 1712 LV; die Koppel, 1777 GSK, Wi
(66) auf den Nienlande, 1712 LV; Neu-Land, 1777 GSK, A
(67) die Ochsenzunge, 1777 GSK, Wi
(68) die Paetauen-Wiese, 1777 GSK, Wi
(69) die Schäfer Brücke, 1777 GSK, Brücke
(70) bey der Schäfferey, 1712 LV, A
(71) Schütters Wiese, 1712 LV; Schütten Wiese, 1777 GSK, Wi
(72) auf den Spohnn Camp, 1712 LV, A.

12

Eldena

'elnā

mit Wüstung Sluse

Eldene 1241, Eldena 1252 MUB Sluse 1308 MUB

I Mittlere Steinzeit: Feuersteinklingen. Jüngere Steinzeit: Feuersteinbeile. Jüngere Bronzezeit: Ungarische Tüllenbeile.

II Klosterdorf, 1558 durch Säkularisation zum Domanium.

III 7 Hufen und 20 Katen (1569 LB Eldena) sowie der Klosterhof. Individualbede, die Hufe zu 8 ß (1551 LB Eldena). Geldpacht je Hufe 8 ß (1654 AB Eldena).

IV Haufendorf. Ortslage exzentrisch zur Flur.

Das um 1230 gegründete Zisterzienser-Nonnenkloster Eldena kam durch Schenkungen und Kauf zu umfangreichem Grundbesitz in Südwest-Mecklenburg. Nach der Säkularisation (1558) wurde aus 14 umliegenden

Klosterdörfern ein eigenes herzogliches Amt mit dem Sitz in Eldena gebildet, das später (1795) aufgelöst und dem Amt Grabow angegliedert wurde, Die mehrere Hufen umfassende Eigenwirtschaft des Klosters auf der Dorffeldmark wurde nach 1558 als fürstlicher Meierhof weiterbetrieben. Kirchdorf (Pfarrkirche St. Johann).

V Blockgewannflur. Keine Ackerschläge (1708/10 LV).

Als Ausgleich für alte Weidegerechtsame, die der Dorfschaft bei der Separation des Hornwaldes (1827) verloren gingen, wurde eine größere Fläche jenes Waldgebietes der Feldmark Eldena einverleibt (Begangnummern 12–27).

Die Ländereien der Wüstung Sluse sind im nördlichen Teil der Gemarkung Eldena und etwas nach Bresegard übergreifend zu suchen.

VI 1569 LB Eldena: Achim Hanne, Simonn Hintze, Baltzer Becker, Gorries Jelbrecht, Achim Hintze, Palm Warneke, Jacob Brummeke, Claus Janeke, Tewes Jelbrecht, Achim Bremer, Asmus Schroder. Kätner: Claus Warneke, Achim Paßow, Tewes Kupfelth, Hans Tetze, Achim Penningk, Achim Wilke, Achim Junge, Christoffer Posteke, Martenn Wegener, Hans Niebur, Drewes Francke, Aßmus Kupfelth, Ties Milatz, Pawell Gleimeke, Achim Posteke, Peter Smacke, Hans Ludeman, Claus Jastram, Achim Bruningk, Ties Francke, Tonnies Verchlatz, Martenn Houwer, Achim Tzeggell, Hanß Seger, Claus Warneke, Aßmus Jelbrecht, Hinrich Zernitz, Jacob Swartz, Achim Lambrecht.

1654 AB Eldena: Tonnieß Adelpohl w., Andreas Sachßel, Arndt Janeke, Tiaß Ratke w., Jochim Schultz w., Chim Francke w., Tewes Brüninck w., Clauß Fercklaß w., Jochim Köpeke w. Kossaten: Hanß Wullenweber, Jochim Estorff, Heinrich Deßem, Adam Lüblow, Marten Molde, Clauß Grimme w., Peter Framheim, Lewien Fölsche, Erdtman Koßfelt, Philip Leßeman, Hanß Mellman w., Jochim Freundt, Thomaß Büring, Hanß Schuldt w., Erdtman Wegener w., Gorrieß Prieß, Tiaß Diene w., Jochim Francke, Chim Pancke w., Martenn Klützendorff w., Tewes Ratke, Hanß Niesche, Hanß Torbahn w., Hanß Weding, Peter Steinkopf w., Jochim Tiede, Paull Volsche. Kätner: Jochim Hintzsche, Peter Becker, Peter Niesche, Otto Köster w., Palm Thomas w., Erdtman Wegener.

1708 LV: Jochim Schultz, Jochim Jasteram, Jürgen Krüeger, Jürgen Düefell, Cordt Brüning, Hanß Jürgen Ahrns, Andreas Ahrns, Hanß Kätelhöne, Jürgen Weding, Hanß Krogman, Jochim Thombs, Christian Völschck, Jochim Freeß, Jochim Völschck, Jochim Beecker, Johann Gurck, Albrecht Becker, Peter Koeßfeldt, Ludwig Folmer, Augustin

Läßman w. Büdner: Clauß Miehlck, Hanß Ahrns Wülner, Christian Theeß, Christian Becker, Hanß Daase, Christian Lüedeman, Carsten Gävert, Hanß Schütte, Hinrich Bäßmann, Jochim Bäßmann, Mangels Peters, Borchert Drefiede, Jürgen Volsch, Peter Rößcke, Matties Gurck, Frantz Saull, Statmans stedte.

VII

1	Blesus *blə'zūs*	Besaus, 1653 Briefwechsel Herzog Friedrich/Stadt Grabow; Basuß, 1654 AB Eldena; Basuus/Baßuß, 1668 Beschwerde der Stadt Grabow; Basues, 1691 HornKP; über der Besutz, 1710 LV; Basus, 1820 VA.	Gw/Wi, Gw
2	Aantendiekwischen *āŋkəndīk'višn*	Enten Deich, 1788 WK; Ententeich, 1828 FR Malk.	Wi/Wi
3	Haubenkavel *haubmkåvl*	Hofen-Cabel-Wiesen, 1709 GB Amt Eldena; in die wüsten Hufen Cavel, 1788 WK.	Wi/Wi
(4)	Bekers Lake	Bekers Lake, 1788 WK.	Gw/Wi
(5)	Land Lake	Land Lake, 1788 WK; Landlache, 1820 VA.	Gw/Wi
6	Trittbusch *tritbuš*		Su/Wi, A
(7)	in den Heegen	in den Heegen, 1788 WK; im Hegen, 1820 VA.	A/A
8	Hauben *haubm*	auf der Hoffe, 1710 LV; aufn Hufen, 1820 VA.	A/A
(9)	Hassel Stücken	Haßelstücken, 1621 PfA Eldena; Haßelstücken, 1654 AB Eldena; auf den Haßell Stücken, 1708 LV; die Hassel Stücken, 1788 WK; die Hassel Stücken, 1820 VA.	A/A
10	Lembken Kamp *lemkn'kamᵖ*	Marquarts Kamp, 1788 WK; Lembken Kamp, 1820 VA.	A/A
11	Kauhfelds Riet *kaufels'rīt*	Kauffelds Ried, 1857 Bauer H. Hann's Taschenbuch.	Gw/Wi, A

(12)	Hohe Büche	die Hohe Büche, 1691 Horn-KP; die Hohe Böke, um 1700 Horn-Skizze; die Hohe Büche, 1757 Horn-GP; die hog Büch, 1773 GSK; Hohe Büche, 1786 FlK.	Malbaum/-
(13)	Krumme Riete	die crumme Riehete, 1611 Horn-KP; die krumme Riehte, 1617 Horn-KP; die Krumme Riete, 1691 Horn-KP; die Krumme Riethe, 1757 Horn-GP; die Krumme Riete, 1786 Horn-FlK.	Gw/Wi, A
14	Middagstä(d) *midax`stäə*	Eldenaisch Middags Sted, 1786 Horn-FlK.	Ödl/A
(15)	Post Mohr	Postmohr vor Rothrocks Heyde, 1773 GSK; Post Mohr, 1786 Horn-FlK; Post Mohr, 1788 WK.	Su/A, Gh
(16)	Brosin	auf der Wrohßien, 1746 Horn-KP; up de Brosin, 1786 Horn-FlK; die Brosin, 1788 WK.	Ödl/A, F
17	Borenkolk *böənkolk*	Barenkolck, 1767 GSK; Baaren Kolck, 1780 GSG; Baaren Kolck, 1786 Horn-FlK; Baren Kolk, 1788 WK.	Su/A, Wei
(18)	Lang Uhr	der Lange Ohrt, 1692 GSG; in dem Langen Orth, 1746 Horn-KP; Lang Uhr, 1786 Horn-FlK; Lang Uhr, 1788 WK.	Ödl/A, Gh
(19)	Spöckhorst	Spöckhorst, 1786 Horn-FlK.	Ödl/A
20	Düster Winkel *düstə'viŋkᵊl*	der Düster Orth, 1709 Horn-GB; vor dem Düstern Winckel, 1746 Horn-KP; im düster Winckel, 1758 GSK; der düster Winkel, 1771 Grabower Ratsprotokollbuch.	Ödl/Wi, Wei
(21)	Roderocks Heide	Roderockest heyde, 1450 Horn-Schenkungsurkunde; Rotherogkes heide, 1609 Horn-GP; roderocks heide, 1611 Horn-KP; auf der Roth Rocks Heyde, 1746 Horn-KP; Rodrocks Heyde, 1758 GSK; Roderocks Heide, 1786 Horn-FlK.	Ödl/A, Gh
(22)	Fleten Flaten Hörst	die Flathen Horst, 1746 Horn-KP; Fleten Flaten Hörst, 1786 Horn-FlK.	Lw/A

(23)	Backofen Horst	Backofen Horst, 1786 Horn-FlK; Backofen Horst, 1810 GSK.	Lw/A
24	Flaak *flāk*	die Flack, 1775 Horn-GP; die Flaack, 1780 GSK; die Flaack, 1786 Horn-FlK.	Su/Wi, A
(25)	Kliesfords Wischen	Kliesfords Wischen, 1786 Horn-FlK.	Wi/Wi
(26)	Kliesford	klysinges vort, 1450 Horn-Schenkungsurkunde; Klizinger forth, 1609 Horn-GP; Klihzinges Vohrde, 1611 Horn-KP; Kliesings fohrt, um 1700 Horn-Skizze; Klitzings Furt, 1762 Horn-GP; Kließingsfort, 1775 Horn-GP; Kliesford, 1786 Horn-FlK.	Ft/Wi
(27)	Zarten Strohm	Tzarndes strom, 1450 Horn-Schenkungsurkunde; Zarndes strohm, 1609 Horn-GP; Zarten strom, 1617 Horn-KP; Zartenstrohm, 1691 Horn-KP; Zartenstrohm, um 1700 Horn-Skizze; Zarten Strohm, 1786 Horn-FlK.	Gw/Wi, A
(28)	im Brande	im Brande, 1788 WK.	Su/Wei, A
(29)	Kurze Bahldam	Kurze Bahldam, 1788 WK.	Fw/Wei, A
30	Druchhost *druxhost*		Ödl/A, Wei
31	Slüser Holt *ˋslüzəˊholt*	Schlüser Holtz, 1617 Horn-KP; im Schlüßer Holtz, 1654 AB Eldena; das Schlüser holtz, um 1700 Horn-Skizze; das Schleuser-Holtz, 1786 Horn-FlK; Schleuser Holtz, 1788 WK; Schleuserholz, 1820 VA.	Su, Wi/Wei, A
32	Hollännerkoppel *holenəˋkopl*	die Schäffer Coppell, 1710 LV; Hollenner Koppel, 1853 Bauer H. Hann's Taschenbuch.	A/Wei, A
33	Dreihost *draihost*		Ödl/Wei
34	Bahlwischen *bålvišn*		Su, Wi/Wei
35	Holtwischen *holtvišn*	Holtzwische, 1654 AB Eldena; Holtz Wieße, 1708 LV; in die Holtz Wise, 1788 WK.	Wi/Wei

36	Nachtkoppel *naxtkopl*		Su/Wei, A
37	Stangelbusch *staŋglbuš*		Su/Wei, A
38	Kullerbusch *kuləbuš*		Su/Wei, A
39	Bücksenschinken *bykənšiŋ*^{k}*n*		Wi/Wei, A, Kw
40	Klenshoew *klenshœ̄f*	auf den Klenß Höfen, 1708 LV; Clenz Mohr, 1788 WK.	A, Su/Wei, A
41	Langen Wischen *laŋ*^{n}*'višn*	Lange Wiese, 1859 Bauer H. Hann's Taschenbuch.	Wi/Wi
42	Reitwischen *raitvišn*		Wi/Wi
43	Bullenwisch *bul*^{l}*viš*	die Bullenwische, 1654 AB Eldena; Bullen Wieße, 1708 LV.	Wi/Wi
(44)	die Tiefe Lake	die Tiefe Lake, 1788 WK.	Gw/Wi, Su
45	Gräswischen *gräsvišn*		Wi/Wi
46	Fähr *fēə*	Fehr Wieße, 1708 LV; über die Fähre, 1820 VA; auf der Fähre, 1853 FlK Malk.	Wi/Wi
47	Torfmaur *tǫ*^{ǫ}*fmauə*	Torfmoor, 1853 FlK Malk.	Su, Wi/Wi
48	Serrahn *ze'rān*	Serrahn, 1654 AB Eldena; Serrahnbrücke, 1835 Erbpachtkontrakt.	Gw/Pf
(49)	Bollwerk	auf dem Bollwerk, 1828 FR Malk; Bollwerk, 1853 FlK Malk	Wi/Wi
50	Krei *krai*	die Krähe, 1815 Erbpachtkontrakt.	Ot/Ot
51	Galgenbarg *galgnba*^{a}*x*	Gerichts Platz, 1820 VA.	Ödl/Ot
52	Krumm Stück *krumstyk*	Krum Stück, 1708 LV.	A/Ot

53	Schultenkamp *šultnkam^p*		A/Ot
54	Lü(de)manns Maur *ˋlūmans'mauə*	in Lüdemanns Moor, 1820 VA.	Su, A/A
55	Diekkavel *dīkkāvl̥*	im Diecke, 1654 AB Eldena; der alte Deich, 1788 WK; im alten Teich, 1820 VA.	Su, Wi/Wi
56	Wedings Kamp *vēdiŋ^gs'kam^p*	auf Wedings Kamp, 1820 VA.	A/A
57	Nobben *nǫpm*	Nobbenstücke, 1621 PfA Eldena; in Nobben, 1708 LV; in den Nobben, 1788 WK; Nobben, 1820 VA.	A, Wi, Su/ A, Wi
(58)	Krogmans Wise	Krogmans Wise, 1788 WK.	Wi/Wei, A
59	Hofdamm *hǫfdam*	Winckeldamm, 1709 GB Amt Eldena.	Fw/A
60	Oewerfuhr *ǣvəfūə*	Überfort Stück, 1835 Bauer H. Hann's Taschenbuch.	A/A, Kw
61	Knüppelhost *knyplhost*	Knüppelhorst, 1835 Bauer H. Hann's Tschenbuch.	Ödl/Wei, A, Kw
62	Verdeck *fə'dek*		Ödl/Kw
63	Sagbuck *zåxbuk*	aufn Sagebock, 1820 VA.	Ödl, A/A, Kw
(64)	Grosse Mohr	Grosse Mohr, 1793 Schmettausche Karte.	Su/A, Kw
65	Remel *rēml̥*		Ödl, A/A, Wei
66	Specken *spekn*	im Specken/Specken Camp, 1708 LV; vorn/beim Speken, 1820 VA.	A, Su/A, Kw
67	Buerland *būəlant*	Burlandt, 1621 PfA Eldena; auf dem Buhrlande, 1708 LV; aufn Bauerlande, 1820 VA.	A/A
68	Voßbarg *fǫsba^ax*	in Vooß Barg, 1708 LV; beim Foßberg, 1820 VA	A/Kw

69	Klosterheidenmaur *klo*^{u}*stə'haidnmauə*	Kloster-Heidenstücke, 1621 PfA Eldena; in der Kloster Heide, 1708 LV; Kloster Heidmoor, 1820 VA.	A, Ödl/A
70	Kirchenacker *ki*^{r}*x́nakə*	Kirchen Acker, 1708 LV; der Kirchen Kamp, 1820 VA.	A/A
(71)	Radt Wise	Radt Wise, 1788 WK.	Wi/A
72	Depen Brok *`de*^{i}*pm'brōk*	im Depen Brock, 1708 LV; im Depen Brock, 1820 VA.	A, Su/A, Gh
(73)	ohl Brans	der ohl Brans, 1788 WK.	Wi, Su/A,Gh
74	Kreidendannen *kraidn'dan*^{n}		Ödl/Kw
(75)	die Masch	die Masch, 1788 WK.	A, Wi/A
(76)	Pöterlande	auf den Pötter Lande, 1788 WK; Pöterlande, 1820 VA.	A/A
77	Langen Stücken *laŋ*^{n}*'stykn*	die Langen Stücke, 1710 LV; Lange Stücken, 1788 WK; auf den Langen Stücken, 1820 VA.	A/A, Kw, Ödl
(78)	Besen Kamp	Besen Kamp, 1788 WK.	A/A, Ot
79	Kohlhoew *kōl`hœ̄f*	Kohl Hoff, 1710 LV.	A/A, Ot
80	Binnenfeld *bin*^{n}*felt*	in den Binden Felde, 1708 LV; im Binnen Felde, 1820 VA.	A/A, Kw
(81)	Dwas Kamp	Dwars Enden, 1710 LV; der Dwas Kamp, 1788 WK; Dwas Kamp, 1820VA.	A/A, Ödl
(82)	Hege Holz	das Hege Holz, 1788 WK.	Gh/Kw
(83)	der Runde Kamp	auf den runden Camp, 1710 LV; der Runde Kamp, 1788 WK.	A/A, Kw
84	Blocksbarg *bloksba*^{a}*x*	auf den Blocksbarg, 1710 LV.	A, Wi/A, Kw
85	Stucker Kamp *'stūkə'kam*^{p}	Stucker Camp, 1710 LV; der Stücker Kamp, 1788 WK; Stucker Kamp, 1820 VA.	A/A, Kw

(86)	Knofflochs Kamp	der Knofflochs Kamp, 1788 WK.	A/A
87	Fischdiek *fišdīk*	Fiesch Dieck Stück, 1710 LV.	A, Pf/A, Wei
88	Klosterwischen *klo^{u}stəvišn*	Kloster Wieße, 1708 LV; die Kloster Wiesen, 1820 VA.	Wi/Wi
89	Stiegenkoppel *stīgnkopl*	die Grün Stiegs Coppel, 1710 LV; die Grüne Stigen Koppel 1788 WK.	A/A
90	Klosterhoew *klo^{u}stəhœ̄f*		A/A
91	Koekengor(de)n *kœ̄kngō^{ə}n*	der Küchen Gartten, 1710 LV.	A/A

VIII

(92) die Arft Coppell, 1710 LV, A
(93) in der Beckers Wiese, 1828 FR Malk, Wi
(94) am Bekerberg, 1820 VA, Ödl
(95) die Bracken/Brackenwische, 1654 AB Eldena; auf den Bröcken, 1710 LV, Wi
(96) auf Brünings Kamp, 1820 VA, A
(97) Buhr Wießen, 1708 LV, Wi
(98) in Buschs, 1708 LV, A
(99) Bustrehtze, 1611 Horn-KP, Ödl
(100) in der Dieklache, 1820 VA, Gw
(101) auf den Dießell Camp, 1710 LV; Diestelkamp, 1820 VA, A
(102) aufn Eichenkamp, 1820 VA, A
(103) auf den Elden Camp, 1710 LV, A
(104) in Gehr(e)n, 1708 LV, A
(105) die Groth Bäck, 1820 VA, Wi, Gw?
(106) Groth Kuhl Wieße, 1710 LV, Wi
(107) Heidberg, 1820 VA, Ödl
(108) Heidkamp, 1621 PfA Eldena; Heydtstücken, 1654 AB Eldena; auf den Heidt Stücken, 1708 LV, A
(109) auf den Hienst Camp, 1710 LV, A
(110) Hof-Wiesen, 1828 FR Malk, Wi
(111) in Holn Bohm, 1708 LV, A
(112) Honer Camp, 1708 LV, A
(113) bey Jasterams Camp, 1708 LV; Jastrams Ort, 1820 VA, Wi
(114) in Kiewietz Camp, 1708 LV, A
(115) in Knick, 1708 LV; Knickbusch, 1820 VA, Su
(116) die Koppel, 1654 AB Eldena; die Coppel Wieße, 1710 LV, Wi

(117) in der Langen Rieth, 1820 VA, Su Gw
(118) Lütg Kuhl Wieße, 1710 LV, Wi
(119) auf Meiers Kamp, 1820 VA, A
(120) Melcker Städt, 1708 LV; Melkerstädte, 1820 VA, A
(121) auf den Miettel Camp, 1710 LV, A
(122) bey Mihler Mohr, 1708 LV, Su
(123) Mittelwiesen, 1708 LV Malk; Mittelwiese, 1820 VA, Wi
(124) im Mohr, 1710 LV; aufn Moor, 1820 VA, Su
(125) in der Mohr Coppel, 1708LVA,
(126) Mühlen Dam, 1710 LV, Damm
(127) der Mühlen Kolk, 1820 VA, Pf
(128) in Mühlen rehmen, 1710 LV; Mühlenrehmen, 1820 VA, A
(129) Pagels Ort, 1820 VA, Wi
(130) Peperwische, 1654 AB Eldena; auf der Päper Wieße, 1710 LV; die Peperwiesen, 1820 VA, Wi
(131) im Pfennigs Moor, 1820 VA, Su
(132) Pötter Wieße, 1710 LV, Wi
(133) Quer Stücken, 1708 LV, A
(134) rauhe Horst, 1617 Horn-KP, Ödl
(135) runde Wiße, 1708 LV, Wi
(136) Schäfer Wise, 1708 LV; die Scheper Wiese, 1820 VA, Wi
(137) Schlüßen Dam, 1710 LV, Damm
(138) die Schmal Bäck, 1820 VA, Wi, Gw?
(139) am Schütt Graben, 1820 VA, Wi, Gw?
(140) die Stubben wiese, 1654 AB Eldena; Stub Wise, 1708 LV, Wi
(141) Wulfs Kamp, 1820 VA, A.

13

Boek

bŏk

mit Altona

de Buke 1425 CDB, Boke 1526 LA Werle, Boke 1538, Boeke 1552 LB Gorlosen

I Jüngere Steinzeit: Feuerstein- und Felsgesteinbeile. Zeitstellung unsicher: Urnenfeld („Eschbarg“).

II Ritterschaft, 1557 Domanium.

III 8 Hufen (1538 LB Gorlosen), darunter 1 Freihufe (1557 Hufenverzeichnis

Gorlosen). Individualbede, die Hufe zu 8 ß (1558 LB Gorlosen). Pacht je Hufe 16 ß und 4 Scheffel Hafer (1654 AB Grabow).

IV Kleines Angerdorf. Ortslage exzentrisch zur Flur.

Um 1764 errichtete das Amt Grabow im nördlichen Teil der Gemarkung Boek einen Forsthof und eine Büdnerei und gab dieser, im 19. Jahrhundert auf 5 Gehöfte anwachsenden Kleinsiedlung den Namen „Altona" (Begangnummer 1–11).

V Gewannartige Streifenflur. Keine Ackerschläge (1724 LV).

IV 1552 LB Gorlosen: Hans Widow, Achim Bruneke, Achim Werneke, Peter Widow, Henrich Bremer, Hans Wittekoppesch, Palm Bremer.

1654 AB Grabow: Christian Widauw, Jochim Brüning, Jochim Eische, Mewes Bremer w., Peter Brüning, Marten Lübke, Jochim Widauw w. Kossaten: Davidt Reincke w., Mewes Jacob w., Hinrich Dufe, Peter Pancke. Kätner: Hans Brüning, Thomas Schütte, Jacob Brüning w., Chim Balcke w.

1724 LV: Jacob Widow, Johan Schuer, Hinrich Hann, Claus Schuldt, Jacob Broock, Martin Steinkop, Jochim Lübcke, Jochim Jastram, Christian Wegener, Hans Jochim Duve, Jochim Schütt.

VII

1	Oll Ell *\`ol*^{l}*'el*^{l}		Gw/Gw
2	Kiewittsbarg *kīvitsba*^{a}*x*		Ödl/A, Kw
3	Moelenbarg *mœ̄l*^{l}*ba*^{a}*x*	aufn Röterberg, um 1700 OI	A/A, Kw
4	Kavelwischen *kāvlvišn*	die Kafellwiesen, um 1700 OI.	Wi/Wi
5	Krumm Stück *krum'styk*	Krum Stücke, um 1700 OI.	A/A
6	Blag Wader *blāx\`vā*^{r}*ə*		Su/Su
7	Bültmaur *bültnmauə*	Bültmoor, 1937 FK.	Su/Su

8	Bullenkamp *bul*^{l}*kam*^{p}	die Bullenwische, um 1700 OI; Bollenkamp, 1937 FK.	Wi/F
9	Sieverdannen *zīvədan*^{n}	Siefer Dannen, um 1700 OI; die Siver Tannen 1788 WK; Sieverstannen, 1791 RA Krohn; Siever Tannen, 1829 FR Altona; Siever-Tannen, 1937 FK.	Kw/F
(10)	Klumport	aufm Klumpen Ohrt, um 1700 OI; Klumps Orth, 1788 WK; Klumport, 1829 FR Altona; Klumport, 1937 FK.	A/F
(11)	Sandberg	am Sandberg, 1829 FR Altona; Sandberg, 1937 FK.	Ödl/F
12	up Maur *up′mauə*	Boeker Moor, 1856 FlK.	Su/A
13	Baben *bābm*		Ödl/A
14	Fohrenhorst *fō*^{ə}*nhǫst, -hǫ*^{o}*st*	Fahrenheide, 1856 FlK.	Ödl/A
(15)	Jastram	der Jastram, 1565 StK; Jastram, 1654 AB Grabow; Jastram, um 1700 OI; der Jastram, 1724 LV.	Su, Kw/A, Wei
16	Mielerstä(d) *mīləstä*^{ə}	Mielerstäette, 1856 FlK.	Ödl/A
17	Hei(d)koppel *haikopl*	Heidekoppeln, 1856 FlK.	Ödl/A
(18)	Große Mohr	Große Mohr, 1788 WK.	Su/A, Wei
19	Tegelbarg *tēglba*^{a}*x*	auf dem Ziegelberg, um 1700 OI; am Ziegelberg, 1744 GA; im Ziegelberg, 1777 GA; Ziegelberg, 1856 FlK.	A/Kw
20	Bukoppel *būkopl*		A/A
21	Spring *spriŋ*		Su/A
22	Zappel *tsapl*	im/auf der Zappel, um 1700 OI; auf den Zappel, 1797 GA; auf Zappel, 1817 GA.	A, Su/A

23 Schultenkamp *šultnkam*ᵖ	auf dem Schulzencamp, 1808 GA.	A/A
24 Reit *rait*	auf der Reth, 1777 GA; im Raid, 1856 FlK.	Su/A, Wei
25 Immenschuer *im*ᵐ*šūə*		Ödl/A, Kw
26 Steenbarg *stēnba*ᵃ*x*	aufn Steinberg, um 1700 OI; Steinberg, 1856 FlK.	A/Kw
27 Steengrund *stēngrunt*	Steingrund, 1856 FlK.	A/A
28 Kuhlstücken *kūlstykn*	Kuhlstücken, um 1700 OI; Kuhlstücken, 1780 OA.	A/A, Kw
29 Dick Maur *dik'mauə*	beym dicken Busch, 1797 GA; Diekmoor, 1856 FlK.	Su/A, Kw
30 G(a)lin *glīn*	im Glien, um 1700 OI; in der Gliehn, 1744 GA; im Glien, 1763 RA; an die Glien, 1777 GA; in der Gliehn, 1800 GA.	A/A
31 G(a)liner Barg *glīne'ba*ᵃ*x*		A/A, Kw
32 Kalkbarg *kalkba*ᵃ*x*	Kalkberg, 1856 FlK.	A?/Kw
33 Bullenkamp *bul*ˡ*kamp*		A, Ödl/Kw
34 G(a)liner Weg *glīnə'vex́*		Fw/Fw
35 Bundland *buntlant*	Bundland, 1856 FlK.	Ödl, A/A, Kw
36 Waudsche Weg *ˋvautš'vex́*		Fw/Fw
37 Wau(d) *vauə*		Ödl/A, Kw
38 Kuhnenwei(d) *kūn*ⁿ*vai*		Ödl/Kw, A

39	Sahl *zāl*	Sahl, um 1700 OI; aufn Saal, 1763 RA; Sahl, 1780 OA; Saal, 1856 FlK.	A, Ödl/A, Kw
40	Sahlstücken *zālstykn*	Sahlstücken, um 1700 OI; Sahlstücken, 1780 OA.	A/A, Kw
41	Sahlsbarg *zālsba^{a}x*	Saalsberg, 1856 FlK.	Ödl, Kw/F
42	Bramstücken *brāmstykn*	Brahmstücken, 1780 OA; Bramstücken, 1856 FlK.	A/Kw
43	Sahldannen *zāldan^{n}*	Saaltannen, 1856 FlK.	Kw/F
44	Sandschneis *zantšnais*		Ödl/F
45	Bree(d) Eik *ˋbrēə'aik*	brede Eiche, um 1700 OI.	A/Kw
46	Blank Maur *blaŋkmauə*	Blankmoor, 1856 FlK.	Su/A, Kw
47	Nie Land *nīlant*	Neulandt, um 1700 OI; aufn Nienlande, 1763 RA; auf dem neuen Lande, 1777 GA; Neuenlande, 1856 FlK.	A/A, Kw
48	Horst *hǫ^{o}st, hǫst*	auf der Horst, um 1700 OI; auf der Horst, 1800 GA; Horst, 1856 FlK.	A/A, Kw
49	Horstwischen *hǫ^{o}stvišn*	Horstwiesen, um 1700 OI.	Wi/Wi
50	Moelengraben *mœ̄l^{l}gråbm*	beym Mühlengraben, um 1700 OI.	Gw/Gw
51	Bäunerwischen *boinəvišn*	die Hare Stuve, 1711 LV Strassen; Büdnerwiesen, 1856 FlK.	Wi/Wi
52	Gorloser Hoew *'gǫ^{ə}lōzə'hœ̄f*	in Gorlosischen Höfen, um 1700 OI; Gorloser Höfe, 1856 FlK.	A/A, Kw
(53)	Hütter Moor	Hütter Moor, 1856 FlK.	Su/A
54	Zägenkamp *tsāgnkam^{p}*	aufm Ziegenkamp, um 1700 OI; auf den Ziegen Camp, 1763 RA.	A/A
55	Hütter Hof *hytəhǫf*		A/Ödl

56	Brandmaur *brantmauə*	Brandmoor, 1856 FlK.	Su/A, Wei
57	Knickhoew *knikhœ̄f*	in den Knickhöfen, um 1700 OI; im Knickhöfen, 1797 GA.	A/A, Kw
58	Goosuhrt *gōsūət*	im Gose Ohrt, um 1700 OI.	Wi/Wi
59	Bleikwischen *blaikvišn*	die Wies Bleck, 1797 GA; in der Wiesenbleiche, 1806 GA; Bleiche, 1856 FlK.	Wi/Wi
60	Schaugenwischen *šaugnvišn*	Schaugenwiesen, 1856 FlK.	Wi/Wi
61	Schaugenhof *šaugnhǫf*	Schaukenhof, um 1700 OI.	A/A
62	Eschbarg *ešbaax*	Eschberg, 1856 FlK.	Ödl?/Kw
63	Ellerholtwischen *eləholt`višn*	das Ellern Holz, 1817 GA.	Wi/Wi
64	Stucker Eck *stūkə'ek*		Wi/Wi
65	Fahlenkoppel *fāllkopl*		Wi/Wi
(66)	Virescbe Mohr	Viresche Mohr, 1788 WK.	Su/A, Kw
67	Eschkholt *eškolt*	im Eschholt, um 1700 OI.	A, Su/A, Kw
68	Krouschen *kroušn*	im Kroschen, um 1700 OI.	A/A
69	Brandskhei(d) *brants'kai*	die Brandtstücke, um 1700 OI; Brandsheide, 1856 FlK.	A/A
70	Voßbarg *fǫsbaax*	Fuchsberg, 1856 FlK.	Ödl/A, Kw
(71)	Wiesenkoppel	Nachtkoppel, 1788 WK; Wiesenkoppel, 1856 FlK.	Su/A, Wei
72	Snaksbusch *snākbuš*		Ödl, Su/A

73	Barkenhorst *ba*^{a}*knhǫst*	Sivers Horst, 1788 WK; Barkenhorst, 1856 FlK.	Ödl/A
74	Siever *zivə*	auf dem Sieferkamp, um 1700 OI; im Siever, 1744 GA.	A/A, Kw
75	de Rouven *də'ro*^{u}*vn*	auf dem/in der Rofen, um 1700 OI; im Roven, 1856 FlK.	A, Wi/A, Wi
76	Sieverwischen *zivəvišn*	im Siefer, um 1700 OI; im Siever, 1777 GA; im Ziefer, 1817 GA.	Wi/Wi
77	Lakwisch *lākviš*	die Lackwiese, um 1700 OI; auf der Laack, 1777 GA.	Wi/Wi
78	Witt Öwer *vit'ōvə*	beym Weißen Ufer, um 1700 OI.	A/A
79	Kuhlwischen *kūlvišn*	die Kuhlwiesen, um 1700 OI.	Wi/Wi
80	Kämpen *kem*^{p}*m*	auf den Kämpen, um 1700 OI.	A/Kw
81	Kolk *kolk*	im Gorn Kölck, um 1700 OI; Kolk, 1856 FlK.	A, Su/A
82	Stuvwischen *stūfvišn*	Stubwiesen, um 1700 OI.	Wi/Wi

VIII

(83) zwischen den Bergen, 1744 GA, A
(84) in der Besen Grundt, um 1700 OI, A
(85) Blocksweg, um 1700 OI, Fw
(86) im Dadowschen Camp, um 1700 OI, A
(87) die Fastlabendswiese, um 1700 OI, Wi
(88) vor die Fehr, um 1700 OI, A
(89) die Fehrwiesen, um 1700 OI, Wi
(90) im Gläviner Strange, um 1700 OI, A
(91) im Glienschen Strange, 1800 GA; im Glienschen Strange, 1808 GA, A
(92) beym Hofeweg, 1796 GA, Fw
(93) die Holtzwiesen, um 1700 OI, Wi
(94) vor den Kraßen, um 1700 OI, A
(95) beym Kruch Camp, um 1700 OI, A
(96) Lange Stücke, um 1700 OI; aufn Langen, 1744 GA, A
(97) Mohlenhof, um 1700 OI, A

(98) im Mohrhof, 1744 GA; im Mohrhof, 1797 GA; im Moorschen Hof, 1808 GA, A
(99) auf dem Mohrlande, um 1700 OI; auf das Mohrland, 1797 GA; auf dem Moorlande, 1800 GA, A
(100) in der Rattin, um 1700 OI, A
(101) auf der Ruhestätte, um 1700 OI, A
(102) in der Steyl Grundt, um 1700 OI; in der Steilen Grund, 1763 RA; im steilen Grunde, 1800 GA, A
(103) Twehl Stücken, um 1700 OI, A
(104) im Vier, um 1700 OI, Gh
(105) auf dem Vierkamp, um 1700 OI, A
(106) Waterstücke, um 1700 OI; aufn Waßer Stücken, 1744 GA, A
(107) beym Weinberge, um 1700 OI; aufn Weinberge, 1763 RA, A
(108) Wiedowen Camp, um 1700 OI; aufn Widow Camp, 1763 RA; auf Wiedowen-Campstück, 1817 GA, A.

14

Stuck

stūk

Stuken 1291, Stuke 1308, Stuke 1365 MUB

I Jüngste Steinzeit: Feuersteindolch.

II Um 1270 Klosterdorf, 1558 durch Säkularisation zum Domanium.

III 9 Hufen (1551 LB Eldena). Individualbede, die Hufe zu 8 ß (1551 LB Eldena). Einzelpacht je Hufe 16 ß (1654 AB Eldena).

IV Rundling. Ortslage exzentrisch zur Flur.

V Blockgewannflur. Keine Ackerschläge (1707 LV).

VI 1569 LB Eldena: Achim Steinkopff, Achim Thomas, Drewes Kethellhoene, Achim Freundt, Kurdt Ludemann, Claus Schultze, Peter Francke, Achim Niebur, Bartelth Jastram.

1654 AB Eldena: Jochim Steinkopf, Hannß Thomaß, Drewes Ketelhöen, Tewes Freundt, Chim Köpeke, Tieß Schmetke, Martenn Niebaur, Peter Reincke, Martenn Luedeman.

1707 LV: Jochim Steinkopf, Jacob Prösche, Marten Lüdeman, Hanß Ketelhöne, Jacob Fehren, Johan Schmettcke, Hinrich Marquard, Jochim Möller, Neumans wüste Stedte.

VII

1	Buerwischen *būəvišn*		Wi/Wi
2	Schaulkoppel *šaulkopl*		Wi/Wi
3	Stackenuhrt *staknū^{ə}t*		Wi/A
4	Daglöhnerwischen *daxlōnə`višn*		Wi/Wi
5	Buernkoppel *būənkopl*		Wi/Wi, Wei
6	Quoevel *kvövl*		Wi/Wi
7	Hoew *hœ̄f*	in den Steegen Höfen, 1707 LV; aufn Stähgen, 1729 GA; aufm Stegen, 1793 RA.	A/A
(8)	Kloster Wiesen	Kloster Wische, 1707 LV; Kloster Wiesen, 1865 FlK.	Wi/Wi
9	Schultenwisch *šultnviš*	Schulzen Wiese, 1793 RA.	Wi/Wi
10	Bullenwisch *bul^{l}viš*	Bollen Wiese, 1793 RA.	Wi/Wi
11	Torfmaur *tǫ^{ǫ}fmauə*	Torfmoor, 1865 FlK.	Su/Wi
12	Blocksbargdannen *bloksba^{a}x`dan^{n}*	Blocksbergsche Tannen, 1865 FlK.	Kw/Kw
13	Langen Hoew *laŋ^{n}'hœ̄f*	die Langhäfen, 1793 RA.	A/A
14	Kaveln *kåvln*		A/A

15	Gor(de)nstücken *gǭᵊdnstykn*	Gartenstücken, 1793 RA.	A/A
16	Hunn'uhrt *hunⁿūᵊt*	Hunde Ort, 1865 FlK.	A/A
(17)	Bokupp	Bokupp, 1865 FlK.	A/A
18	Maur *mauə*	das Mohr, 1793 RA.	Su/A, Kw
19	Zierken Dannen *tsiəkn`danⁿ*	auf den Siercken, 1707 LV; die Siercken, 1793 RA; Zierken, 1865 FlK.	A, Ödl/Kw
20	Rukschen Dannen *rūkšn`danⁿ*	Rucks Kamp, 1793 RA; Ruckschen Tannen, 1865 FlK.	A, Ödl/Kw
21	Ruksen *rūksn*	auf der Ruecks, 1707 LV; auf den Rucksen, 1793 RA; auf den Ruckschen, 1805 GA.	A/A
22	Deepen Broch *deⁱpm'brōx́*	deepen Brock, 1793 RA; Tiefbruch, 1865 FlK.	Su/A
23	Nie Ell *`nī'el*		Gw/Gw
24	Steußen *stoisn*	auf den Grohten Steußen, 1707 LV; groth Stäußen, 1793 RA.	A/A
25	Slüser Dannen *slūzə`danⁿ*		Ödl/Kw
26	Twüschen Rieden *twyšn'rīdn*	zwischen den Rieden, 1707 LV; zwischen Rieden, 1793 RA.	A/A
27	Blöcken *blökn*	auf den Blöcken, 1707 LV; auf den Blöcken, 1729 GA; auf den Blöcken, 1793 RA.	A/A
28	Kohlhoew *kōlhœ̄f*	auf den Kohl Höfen, 1707 LV; aufm Kohlhöfen, 1729 GA; in den Kohlhöwen, 1824 GA.	A/A
29	Gaußharken *gaushaᵃkn*	auf den Gaußarcken, 1707 LV; aufm Gohßhahrcken, 1729 GA; Gausharcken, 1793 RA; auf den Gosharken, 1805 GA.	A/A
(30)	Schulzen-Kamp	Schultzen Camp, 1707 LV; Schulzen Acker, 1862 FK; Schulzen-Kamp, 1865 FlK.	A/A, Kw

31	Drift *drift*	auf den Drift Stücken, 1707 LV; die Triftstücken, 1793 RA.	A/A
32	Splach *splax*	Splag, 1865 FlK.	Ödl/A
33	Voßkuhlen *fǫskūln*	Voßkuhle, 1865 FlK.	Ödl/A, Kw
34	Kamer *kāmə*		A/A, Kw
(35)	Nienbrüggen *nīn'brykn*	auf die neue Brücken Stücken, 1707 LV; Nienbrüggen, 1793 RA; Nienbrüggen, 1862 FK.	A/A, F
36	Sackeldannen *zakl\`dan^{n}*	auf den Zackelon, 1707 LV; Groth Sackelaunen, 1793 RA; Sackeltannen, 1862 FK.	A/F
(37)	Horken-Tannen	Horken-Tannen, 1862 FK.	A, Kw/F
38	Dauken *daukn*	auf den Daugken/Dauken, 1707 LV; Daucken, 1793 RA; Dauken, 1862 FK.	A/F
39	Rehbarg *rēba^{a}x*	Schulzenberg, 1865 FlK.	A/A, Kw
40	Flaßbarg *flasba^{a}x*	auf den Flachsberg/grünen Flachsberg, 1839 GA; Flassberg, 1865 FlK.	Ödl/Kw
41	Dreischen *draišn*		Ödl/A, Kw
42	Schultenkamp *šultnkam^{p}*		A, Ödl/A, Kw
43	Holtböm *holtbȫm*	auf den Holt Böhmen, 1707 LV.	A, Kw/Kw

VIII

(44) Ahnwenden, 1793 RA, A
(45) im Böcker Winckel, 1793 RA, Wi
(46) hinter den Borgen, 1707 LV; achtern Bergen, 1793 RA, A
(47) Breiten, 1793 RA, A
(48) auf den Buller Platz, 1707 LV; Pulleplatzen, 1793 RA, A
(49) Drellak, 1707 LV; Dreylach, 1793 RA; in der Dreylack, 1805 GA, Wi

(50) in den dreyen Gründen, 1707 LV; Dreyen Gründen, 1793 RA, A
(51) die Drey Schwaden, 1706 GA; dreyen Schwaden, 1707 LV; Dreyschwaden, 1793 RA, Wi
(52) Dunpel Holtz, 1707 LV, Wi
(53) auf den Ecks Stücken, 1707 LV; die Eickstücken, 1793 RA, A
(54) Ellen Stücken, 1707 LV, A
(55) Elln Wise, 1707 LV, Wi
(56) Forderst Raubergen, 1793 RA, A
(57) auf den Gahren Stücken, 1707 LV, A
(58) auf den Gauß Blancken, 1707 LV; Gusblanck, 1793 RA; in dem Gohs-Blancken, 1826 GA, Wi
(59) auf dem Gildlandt, 1707 LV, A
(60) Gillandsmohr, 1793 RA, Su
(61) die Glitzen, 1793 RA, A
(62) Gräßung, 1707 LV; auf der Gräßing, 1729 GA, Wi
(63) auf den Grittelschen Schmahlen, 1707 LV; Groth-Grittelsche-Schmalen, 1793 RA, A
(64) Große Wische, 1707 LV, Wi
(65) Groth Kohlhäfen, 1793 RA; in den großen Kohlhöfen, 1805 GA, A
(66) auf den Guhrken, 1707 LV, Wi
(67) auf den Halß, 1707 LV, Wi
(68) Heinckel Wise, 1707 LV, Wi
(69) Hinterst Raubergen, 1793 RA, A
(70) Hof Wisen, 1707 LV; Hauswiesen, 1793 RA, Wi
(71) Holtz Wische, 1707 LV; die Holzkavel, 1793 RA, Wi
(72) Jastrams-Kamp, 1793 RA, A
(73) an Jastrams Wiese, 1805 GA, Wi
(74) Immen Wise, 1707 LV, Wi
(75) auf den Kahmäthgen, 1707 LV, A
(76) auf den Kaniken, 1707 LV; Kannoken, 1793 RA, A
(77) Kätelhöns Kamp, 1793 RA, A
(78) Kort Eldenrieh, 1793 RA, Wei
(79) auf den Korthen Ende, 1707 LV; die Korten Enden, 1793 RA, A
(80) auf den Krutz Stücken, 1707 LV, A
(81) Lang Eldenrieth, 1793 Ra, Wei
(82) auf den Lieper Schmahlen, 1707 LV; Lieper Schmalen, 1793 RA; auf den Lieper Schmalen, 1805 GA, A
(83) auf den Lütgen Steußen, 1707 LV; lüth Stäußen, 1793 RA, A
(84) Lütt-Grittelsche-Schmalen, 1793 RA, A
(85) Lütt-Kohlhäfen, 1793 RA, A
(86) Lütt Raubergen, 1793 RA, A
(87) Lütt Sackelaunen, 1793 RA, A
(88) auf Möllers Wiese, 1805 GA, Wi
(89) Neu Wische, 1707 LV, Wi

(90) die öberste Kabel, 1805 GA, Wi
(91) Pferdekoppel, 1793 Ra, Wei
(92) Quer Stücken, 1707 LV, A
(93) Reinke Wisch/Reinken Wisch, 1707 LV, Wi
(94) auf den Reugbarg, 1707 LV, A
(95) Röht Wische, 1707 LV, Wi
(96) Rucksmohr, 1793 RA, Su
(97) in den Runden Höfen, 1707 LV; im runden Höfen, 1805 GA, A
(98) runde Wische, 1707 LV, Wi
(99) Sandlache, 1793 RA, Wi
(100) Stauskarren-Rieh, 1793 Ra, Wei
(101) auf Steinkoppen Kamp, 1793 RA, A
(102) im Stemen, 1707 LV, Wi
(103) Stem Wische, 1707 LV, Wi
(104) auf Stiekdegen, 1707 LV, Wi
(105) bey der Straßer Scheide, 1707 LV, A
(106) Thiergarthen, 1793 RA, A
(107) Trien Wise, 1707 LV; die Trienwisch, 1793 RA, Wi
(108) Wap Wise, 1707 LV, Wi
(109) oben der Wische, 1707 LV, A
(110) in den Wisch Pläcken, 1707 LV, A, Wi
(111) zwischen den Wegen, 1707 LV; zwischen Wegen, 1793 RA, A.

15

Strassen

strāsn

Straz 1289, Straze 1308 MUB, Stratze 1538 LB Gorlosen

I Bislang keine vor- oder frühgeschichtlichen Funde.

II Ritterschaft, 1557 Domanium.

III 10 Hufen, darunter 1 Freihufe (1557 Hufenverzeichnis Gorlosen). Individualbede, die Hufe zu 8 ß (1538 LB Gorlosen). Pacht je Hufe 8 ß und 4 Scheffel Hafer (1654 AB Grabow).

IV Zeilendorf. Ortslage exzentrisch zur Flur.

V Blockgewannflur. Keine Ackerschläge (1712 LV).

VI 1552 LB Gorlosen: Carsten Lubbeke, Hans Prigenitz vidua, Hermen Jacob, Achim Santhbarch, Achim Santhberch in angulo, Hans Thomas, Clawes Santhberch, Achim Lubbeke, Achim Becker.

1654 AB Grabow: Hans Scheper, David Orthmann, Claußß Bade, Peter Vicke, Jochim Karmauß w., Balzer Thomß w., Peter Sandberg, Clauß Muchauw, Jochim Thomß. Kossaten: Clauß Becker w., Cheel Widauw w. Kätner: Marten Sandtberg w., Jochim Porep.

1711 LV: Marten Scheper, Frantz Mundt, Jochim Bötticher, Peter Becker, Claus Bade, Baltzer Voye, Jochim Tohms, Bekkers wöste, Wiedauen wöste.

VII

1	Kamp *kam*^{p}	im Stuwaßen Gründen, 1712 LV.	A/A, F
2	Stuckwartshof *stukva*^{a}*ts'hǫf*	Stuckwarts Hof, 1712 LV.	A/Wei
3	Himmel *himl*	Bäwersen Wiesen, 1712 LV.	Wi/Wi
4	Heukoppel *hoikopl*	Groten Bödeken, 1712 LV.	Wi/Wi
(5)	auf dem kleinen Kamp	aufn lütgen Camp, 1712 LV; auf dem kleinen Kamp, 1867 FlK.	A/A
6	Holtwisch *holtviš*	die Holzwiese, 1763 GA; Holzwisch/ Holtwisch, 1818 GA.	Wi/Wi
(7)	auf dem großen Kamp	aufn groten Camp, 1712 LV; auf dem grossen Kamp, 1867 FlK.	A/A
8	Loerkenhoew *lœ*^{ə}*kən'hœ̄f*	Lerchenhof, 1867 FlK.	A/A
(9)	Striemwiesenstücken	Striemwiesenstücken, 1712 LV.	A/A
10	Striemwisch *strīmviš*	Striemwiese, 1712 LV.	Wi/Wi
11	Schaulwisch *šaulviš*		Wi/Wi
12	Gräsing *gräziŋ*^{k}		Wi/Wi

13	Staben *stābm*	in der Stauenwiese, 1712 LV; in den Staven, 1824 GA.	Wi/Wi
14	Diekwisch *dīkviš*	Dieckwiesen, 1712 LY.	Wi/Wi
15	Hinnerst Wisch *ˋhinəst′viš*		Wi/Wi
16	Knicken *knikn*		Wi/Wi
17	Galgenbarg *galgnba*^{a}*x*		Ödl/Kw
18	Fahlenkoppel *fāl*^{l}*kopl*		Wi/Wei
19	Heudrögen *hoidrȫgn*		Ödl/Kw
20	Sandhoew *zanthœ̄f*		A/Kw, A
21	Schultenkamp *šultnkam*^{p}	Schulzen Acker, 1862 FK.	A/A
22	Heukoppel *hoikopl*		Wi/Wei
23	Wei(de)koppel *vaikopl*	aufn Immenstücken, 1712 LV; auf den Immen-Stücken, 1867 FlK.	A/Wei
24	Kriewas *krīvas*	im Klibatz/Kliebatz, 1712 LV.	Wi/Wi
25	de Bro(d)e *də′bro*^{u}*ə*	im Brode, 1763 GA; Brauer, 1824 GA.	Ödl, A/A
26	Snaksmaur *snāksmauə*		Su/A
(27)	auf den Kreutz Stücken	aufn Kreutzstücken, 1712 LV; auf den Kreutz Stücken, 1867 FlK.	A/Kw, A
28	Schmalen *šmāl*^{l}	auf der Schmalen, 1712 LV.	A/Kw, A

29	Hinnerbreeden *hinə`brēdn*	auf der Hinnenbreiten, 1712 LV.	A/F
30	Soegenmöör *zǣgnmȫə*		Su/Kw
(31)	Trift	Trift, 1867 FlK.	Ödl/Kw, A
32	Fackbree(d) *fakbrēə*	im Fattbrede/Fadbred, 1818 GA; Fackbret, 1824 GA.	A/Kw
33	Dörpstücken *dǭᵒ̈pstykn*		A, Kw/Kw
34	Plasch *plåš*	aufn Plaschn/Plasten, 1712 LV; Plasch, 1867 FlK.	A/Kw
35	Ganslau *ganslau*	aufn Ganselau, 1712 LV; im Ganslau/ Ganzlau, 1818 GA.	A/A
(36)	Kriechgründe	Kriechgründe, 1862 FK.	Kw/F
37	Bramkamp *brāmkamᵖ*	Brahmcamp, 1862 FK.	Kw/F
(38)	Horken-Tannen	Horken-Tannen, 1862 FK.	Kw/F
39	Voßkuhlen *fǫskūlˡ*	Vosskuhlen, 1862 FK.	Ödl/F
40	Hellbarg *hełbaᵃx*		Ödl/A
41	an'n Kalkweg *anⁿ'kałkvex́*		Ödl/A
42	Horkenkoppel *hǫᵒknkopł*		A/A
43	Krumm Stück *krum'styk*	Krummen Camp, 1712 LV.	A/A
44	Torfmaur *tǫᵒfmauə*		Su/A
45	Holtbömen *hołtbȫmᵐ*		Ödl/A

46	de Krüß *də'krüs*		Ödl/A, Kw
47	Dick Maur *dikmauə*	achtern dicken Mohr, 1712 LV; Dicke Mohr, 1788 WK; Dick Moor, 1867 FlK.	Su/A
(48)	Post Mohr	Post Mohr, 1788 WK.	Su/A
49	Schauenkoppel *šauənkopl*	Schauenkamp/bei der Schaun, 1712 LV.	A/A
50	Krüßer Weg *krüsə'veχ́*		Fw/Fw
51	Borenkolk *bōənkolk*	Bahren Kolck, 1788 Wk; Bornkolk, 1867 FlK.	Su/A
52	Zägenkamp *tsāgŋkam^p*		Ödl/A
(53)	Schwarze Mohr	Schwarze Mohr, 1788 WK.	Su/A
54	Hobbelstück *hoplstyk*	aufn korten Hobbeln, 1712 LV.	A/A
55	Blank Maur *blaŋkmauə*	Blancke Mohr, 1788 WK; Blankes Moor, 1867 FlK.	Su/A
56	Driftkamp *driftkam^p*	aufn Drift Kamp, 1712 LV.	A/Kw, A
57	Lieper Holt *līpä'holt*	im Liepenholz, 1818 GA; Lieperholz, 1824 GA.	Gh, A/A
58	Small Maur *smal'mauə*		Su/A
59	Lieper Busch *līpä'buš*		Su/A
60	Brandhei(d) *branthai*		Ödl/A

VIII

(61) auf der Brack, 1712 LV, Wi
(62) Cronswinckel, 1712 LV, Wi
(63) aufn Grabenstücken, 1712 LV; im Graben Ende, 1818 GA, A

(64) im Grauenwisch, 1818 GA, Wi
(65) aufn groten Hoefen, 1712 LV, A
(66) aufn Hinwiesen Hoefen, 1712 LV, A
(67) achter den Kohlhoefen, 1712 LV, A
(68) Lauschen Mohr, 1712 LV, Su
(69) Läuschen Kielstücken, 1712 LV, A
(70) Lütgen Bödeken, 1712 LV, Wi
(71) Mittelsmal, 1818 GA; Mittelsmal, 1824 GA, A
(72) aufn Mohrcamp, 1712 LV, A
(73) im Moorhof, 1818 GA, A
(74) im Stareschen Hof, 1712 LV, A
(75) aufn Winckelhof, 1712 LV, A

16

Liepe

līp

Lype 1305, Lype 1308 MUB, Lype 1569 LB Eldena

I Bis auf frühdeutsche Scherben keine Funde.

II Ritterschaft, 1305 Klosterdorf, 1558 durch Säkularisation zum Domanium.

III 8 Hufen (1551 LB Eldena), darunter 1 Freihufe und ferner 1 Katen (1560 AB Schwerin). Individualbede, die Hufe zu 8 ß (1551 LB Eldena). Geldpacht je Hufe 8 ß (1654 AB Eldena).

IV Kleines Runddorf. Ortslage zentral zur Flur.

V Blockgewannflur. Keine Ackerschläge. (1707 LV).

VI 1569 LB Eldena: Hans Schultze, Achim Steinkopff, Achim Becker, Marcus Krusendorff, Brannanius Fratze, Brannanius Francke, Roloff Verchlatz.

1654 AB Eldena: Hans Velant, Jochim Steinkopf w., Peter Becker, Erdtman Krützendorf, Thomas Fraß, Jochim Berg, Claus Warneke. Kätner: Jochim Pandeke.

1707 LV: Hinrich Frost, Christoph Warnck, Johann Barg, Johann Fraaß, Michell Fehland, Jochim Beecker, Marten Beecker, Christian Paning.

VII

1	Grot Koppels *`grōt'kopls*		A, Wi/A, Wei, Wi
2	Bucksboortbarg *buksbō^{ə}tba^{a}x*		Ödl, Kw/A, Kw
3	Block *blok*		A/A, Wei
4	Holtwisch *holtviš*	in der Holtz Wieße, 1707 LV.	Wi, A/A, Wi
5	Zielitz *silits*	in der Sielitz, 1707 LV; Lütten Sielitz, 1770 GA.	A/A
6	Kirchweg *ki^{r}x́vex́*	bey den Kirchwege, 1707 LV.	Fw, A/Fw, A, Kw
7	Borenkolk *bō^{ə}nkolk*		Su/A
8	Karenbarg *kå^{ə}nba^{a}x*		A, Kw/Kw
9	Hei(d)stücken *haistykn*	auf den Heidt Camp, 1707 LV.	A/A, Kw
10	Lütt Koppels *lyt'kopls*		A, Ödl/A, Wei, Kw
11	Krumm Maur *krum'mauə*		Su/Wei, A
12	Barkenkamp *ba^{a}knkam^{p}*	auf den Barcken Camp, 1707 LV.	A/A, Kw
13	Hog Stück *ho^{u}x'styk*	auf den Hohen Stücken, 1707 LV.	A/A, Kw
14	Maurkoppel *mauəkopl*		Ödl/Wei, A
(15)	Kreuzen	auf den Krütz Stücken, 1707 LV; Kreuzen, 1862 FK.	A/F
16	Swarten Barg *sva^{a}tn'ba^{a}x* *svatn'ba^{a}x*	Schwartze Berg, 1565 StK.	Kw, Ödl/F

(17)	Streitort	Streitort, 1862 FK.	Kw, Ödl/F
18	Pracherbarg Prackelbarg *praxäba^{a}x* *praklba^{a}x*	Pracherberge, 1862 FK.	Kw, Ödl/F
19	Blocksbarg *bloksba^{a}x*		Kw, Ödl/F
20	Schaulkamp *šaulkam^{p}*		Ödl/A
21	Schultenkamp *šultnkam^{p}*		A/Kw, A
(22)	Pferde Koppel	Pferde Koppel, 1788 WK.	Ödl/A, Wei
23	Langen Wisch *laŋ^{n}'viš*		Wi/A, Wi
24	Hunn'kamp *hun^{n}kam^{p}*	Hundes Camp, 1707 LV.	A/F
25	Stanzen *stantsn*	am Lieper Stantz, 1566 GB Dömitz; auf den Stantzen, 1707 LV; Stanzen, 1862 FK.	A/F
26	Kaiserbarg *kaizəba^{a}x*	Kaiserberg, 1862 FK.	Kw/F
27	Bresenbarg *brēznba^{a}x*	der Bresen Berg, 1788 WK; der Bresenberg, 1862 FK.	Kw/F
28	Bresenbargsgrund *ˋbrēznba^{a}xs'grunt*	Bresenbergsgrund, 1862 FK.	Kw/F
(29)	Streit Berg	auf den Strieth Barg, 1707 LV; Streit Berg, 1788 WK.	A/F
30	Priemer *primə*	der Priemer, 1788 WK; Priemer Wald, 1862 FK.	Kw, Ödl/F

VIII

(31) auf den Baucken, 1770 GA, A
(32) auf den Blanckers Camp, 1707 LV, A
(33) auf den Bohn Camp, 1707 LV, A

(34) auf den Bre(i)den Mandag, 1707 LV, A
(35) auf der Cumpars, 1707 LV, A
(36) auf die Drunckel Behrs Stücken, 1707 LV; auf den Drunckelbeeren, 1769 GA, A
(37) Fahr Weges Stücken, 1707 LV, A
(38) auf der Fahrwische, 1707 LV, A, Wi
(39) auf der Fehrtwieße, 1707 LV, A
(40) Fohrtwiße, 1707 LV; die Fortwiese, 1769 GA, Wi
(41) auf den Fullen Ende, 1707 LV, A
(42) auf den Grohten Dreschs Stücken, 1707 LV, A
(43) auf der Guhrcke, 1707 LV, A
(44) in der Heidt Wieße, 1707 LV, Wi
(45) auf den Hindersten Ohrt, 1707 LV, A
(46) aufn Hintersten Banies, 1746 GA, A
(47) in den Hoppen Höfen, 1707 LV, A
(48) auf/in den Kohblancker, 1707 LV; aufn Kaublancken, 1746 GA, A, Wi
(49) auf den Kohl Dämme, 1707 LV; Kohldamm, 1746 GA, A
(50) in den Kohlhoefen, 1770 GA, A
(51) in der Krieg Wieße, 1707 LV, Wi
(52) auf den Krumschlaege, 1770 GA, A
(53) auf den Langen Stücken, 1707 LV, A
(54) auf den Lütgen Dreschs Stücken, 1707 LV, A
(55) Möhr Stücken, 1707 LV, A
(56) in der Neue Wieße, 1707 LV, Wi
(57) Olden Herrse Stücke, 1707 LV, A
(58) auf den Pahl Wege, 1707 LV, A
(59) auf der Panniest/Penniest, 1707 LV; die Banießen, 1769 GA; auf den Banießen, 1770 GA, A
(60) Radewiße/in der Rade, 1707 LV, Wi
(61) Rieht Wieße, 1707 LV, Wi
(62) auf den Rugen Karck Stücken, 1707 LV, A
(63) auf den Saglaf(f), 1707 LV, A
(64) achter Schultzen Holtzwisch, 1707 LV, A
(65) Speckenwiße, 1707 LV, Wi
(66) das Spuntstück, 1769 GA, A
(67) in den Vorwiesen, 1770 GA, A
(68) auf den Ziegen Camp, 1707 LV; in der Ziegenkoppel, 1770 GA, A.

17

Grittel

gridl

mit Wüstung Plaskow

Critle 1290, Gritele 1305, Gritle 1308 MUB, Grittel 1551 LB Eldena
Platzkow 1551 LB Eldena, Plaßkow 1566 GB Dömitz

I Bis auf frühdeutsche Ware („Zielitz“) bislang keine Funde.

II Ritterschaft, 1305 Klosterdorf, 1558 durch Säkularisation zum Domanium.

III 14 Hufen (1551 LB Eldena), darunter 2 Freihufen (1560 AB Schwerin) sowie ferner 4 Katen (1560 AB Schwerin). Individualbede, die Hufe zu 8 ß (1551 LB Eldena). Geldpacht je Hufe 10 ß (1654 AB Eldena).

Von den insgesamt 9 Hufen der Wüstung Plaskow versteuerten Bewohner Grittels im Jahre 1551 = 7 und 1569 = 8 Hufen, 2 bzw. 1 Hufe waren an Bauern der Nachbarortschaft Verklas ausgetan. Der Bedesatz für eine Plaskower Hufe betrug bei einfacher Landbede (1551) 2 ß und bei doppelter Landbede (1569) 3 ß.

IV Sackplatzdorf. Ortslage exzentrisch zur Flur.

V Blockgewannflur. Keine Ackerschläge (1707 LV).

Die Wüstung Plaskow nimmt den südlichen Teil der jetzigen Feldmark Grittel ein.

VI 1569 LB Eldena: Achim Jacob, Achim Francke, Bastian Santberch, Jurgenn Jastram, Idell Jacob, Achim Santberch, Claus Guthann, Peter Schere, Achim Ludeman, Tewes Baleke, Jurgenn Jacob, Lorentz Jacob, Peter Baleke, Claus Pattenkopff, Jacob Baleke.

1654 AB Eldena: Jochim Becker, Siemon Framke, Baltzer Schefer w., Martenn Becker, Jacob Balcke w., Peter Jastram, Berndt Lindenschmit, Jochim Sandtberg, Jochim Sandtberg w., Chim Balcke w., Jochim Thomaß, Hannß Schere w. Kossaten: Jacob Framke w., Jochim Becker, Martenn Bunnieß, Hanß Leusath. Kätner: Martenn Jastram w.

1707 LV: Peter Prignitz, Christian Becker, Jochim Beecker, Marten Holst, Peter Jastram, Jürgen Sanbarg, Tieß Gröhnwalt, Jochim Schultze,

Jochim Thombß, Jürgen Brahm, Gottans wüste, Bunders wüste, Hanß Fraaß, Peter Beecker, Jürgen Sander, Jürgen Rößcke. Büdner: Jochim Jasteram.

VII

1	Sandbarg *zantba^{a}x*	am Nien Kampf, 1566 GB Dömitz; im Bergen, 1821 FR; in den Bergen, 1862 FK; in den Bergen, 1872 FlK.	A/F
2	Müürken *müəkən*	biet Mörcken, 1707 LV; im Möörken, 1821 FR; Mührken, 1862 FK; Mührken, 1872 FlK.	Su, Wi/F
3	Rupsch *rūpš*	auf der Rucks, 1707 LV; aufn Ruucksen, 1821 FR.	A/F
4	Lopgraben *lo^{u}pgrābm*	beym Lopgraben, 1707 LV.	Gw/Gw
5	Försteracker *fǭ^{ə}stəakə*	auf den Stantzen, 1707 LV; aufn Stanzen, 1821 FR.	A/A
6	Stantz *stants*	auf den Stantzen, 1707 LV; aufn Stanzen, 1821 FR.	A/A, Kw
7	Plansch *planš*		A/Kw, A
8	Päperkuhl *päpəkūl*	Peperkuhl, 1862 FK; Peperkuhl, 1872 FlK.	Kw/F
9	Zollkoppel *tsolkopl*		A/Kw
10	Kläsken *kläskən*	auf den Schmallen Kläßgen, 1707 LV; Kläsken, 1821 FR.	A/F
11	Soltstücken *zoltstykn*	auf den Solt Stücken, 1707 LV; Sollstücken, 1821 FR.	A/Kw
12	Langen Porlang *laŋ^{n}'pōrlaŋk*	tenß Schmaln Parlang, 1707 LV; Parlang, 1821 FR.	A/A
13	Liep Jantz *līp'žans*	in Lieb Jantzen, 1707 LV; Liebjanzen, 1821 FR.	A/A, Kw
14	Hog Feld *ho^{u}x'felt*		A/A, Kw

15	Korten Porlang *kǫ°tn'pörlaŋk*	auf Korten Parlang, 1707 LV; Parlang, 1821 FR.	A/A
16	Kriews *krīfs*	auf Kriewitz, 1707 LV; Krievs, 1821 FR.	A/Kw, A
17	Swienkuhl *svinkūl*		Pf/Ödl
18	Lütt Koppel *lyt'kopl*		Su/A
19	Lieper Maur *līpə'mauə*	im Lieper Moor, 1821 FR.	Su/A
20	Mönbarg *mö°nbaᵃx*		Ödl/Kw
21	Grot Koppel *groᵘt'kopl*	auf den Möhr Stücken, 1707 LV; Möhrenstücken, 1821 FR.	A, Su/A
22	Mönkoppel *mönkopl*		Ödl, A/A
23	Kläskenbarg *kläskənbaᵃx*	Kläßgen Barg, 1707 LV; hintern Kläskenbergen, 1821 FR.	A/Kw
24	Schultenmaur *šultnmauə*	aufm Schultenmoor, 1821 FR.	Su, A/A, Kw
25	Thoms Kamp *tōms'kamᵖ*	Thomskamp, 1821 FR.	A/A, Kw
26	San(d)bargs Maur *zanbaᵃxs`mauə*	Sandbergsmoor, 1821 FR.	Su, A/A
27	an'n Frachtweg *anⁿ'fraxtveẋ*	hintern Frachtweg, 1821 FR.	Str/A, Kw
28	Fastrow *fastrō*	in den Fasteras, 1707 LV; Vastrower Tannen, 1788 WK; im Fastraschen, 1821 FR.	A, Kw/F
(29)	Els Bruch	Els Bruch, 1788 WK.	Su/A
30	Wippelkamp *viplkamᵖ*	Wimpelkamp, 1821 FR.	A/Kw
31	Brambram *bram'bram*	in den Bram Bramb, 1707 LV; Hinter Brambram/Vorder Brambram, 1821 FR.	A/A, Kw

32	Schultenkamp *šultnkam*ᵖ		A/A, Kw
33	Kläskenkavel *kläskən`kåvl̥*		A, Ödl/Kw
34	Kläskenkoppel *kläskən`kopl̥*		A, Ödl/A, Kw
35	Kriewars *krīvaᵃs*	in den Kriewahrs, 1707 LV; in Kriewas, 1821 FR.	Wi/Wi
36	Gaurk *gauək*	in der Gorck, 1707 LV; im Gohrken-Kamp, 1821 FR.	A/A
37	War(d)erhof *vårəhof*		Wi?/A
38	Bullenwisch *bul̥ˡviš*	die Bollenwiese, 1821 FR; Bollen Wiese, 1872 FlK.	Wi/Wi
39	Jeser *jēⁱzə*	im Jersey, 1707 LV; aufm Jirse, 1821 FR.	Wi/Wi
40	Hushoew *hūs`hœ̄f*	Hoff Wießen, 1707 LV.	Wi/A
41	Zielitz *sīlits*	auf der Sie(t)litz, 1707 LV; aufn Zielesken/Zielisken, 1821 FR.	A/A
42	Nei Hoew *nai′hœ̄f*	in den neuen Gärten, 1821 FR.	Ödl/A
43	Ellöwer *el̥`ȫvə*	auf den Ellen Öfer, 1707 LV; aufn Elden-Ufer, 1821 FR.	Wi/Wi
44	Röhrig *rȫriẋ*	auf Röhrig, 1707 LV.	Wi/Wi
45	Torfmaur *tǫᵊfmauə*	das Mohr Holz, 1788 WK; beym Torf-moor, 1821 FR.	Su/A, Su
46	Landkoppel *lantkopl̥*	Landkoppel(n), 1821 FR.	Wi, Su/A, Wei
47	Maurwischeneck *mauəvišn`ek*	Moorwiesenecke, 1872 FlK.	Su, Wi/F
48	Oarskar *ōəskaᵃ*	Aaskarre, 1862 FK; Aaskarre, 1872 FlK.	Kw/F

49	Schäpskuhl *šǟpskūl*	Schiffkuhl, 1821 FR; Schiffskuhl, 1862 FK.	Pf/Pf
50	Plaskow *plāskō*	das Feldt Plaskow, 1. Hälfte 16. Jh. GK der Ämter Grabow/Dömitz; Platzkow, 1551 LB Eldena; wüst Feldmarck Plaßkow, 1566 GB Dömitz; in Plaskow, 1707 LV; in Plaskow, 1821 FR; Plaskow, 1872 FlK.	A/F
51	Plasch *plāš*	in den hintersten Plaskaw, 1707 LV.	A/Kw
52	Flottfort *flotfǫ^{ǫ}t*	Flottforth, 1862 FK; Flottfurth, 1872 FlK.	Kw, Ft?/F
(53)	große Primer	der große Primer, 1. Hälfte 16. Jh. GK der Ämter Grabow/Dömitz.	Lw, Kw/F

VIII

(54) achter Bargs Wieße, 1707 LV, Wi
(55) Achter Wise, 1707 LV, Wi
(56) auf der alte Elle, 1707 LV, Wi
(57) alte Hirten Acker, 1821 FR, A
(58) für die alte Laak, 1821 FR, Gw
(59) Bahrs Camp, 1707 LV, A
(60) in den Blannitz, 1707 LV; Blansen, 1821 FR, Wi, A
(61) an der Bleiche, 1821, FR, Wi
(62) auf den Blöcken, 1707 LV, Wi
(63) Brahms Camp, 1708 LV, A
(64) Breite Cavellen, 1707 LV, Wi
(65) auf den Buhr Lande, 1707 LV, A
(66) Bült Wiese, 1707 LV, Wi
(67) auf den Drall Barg, 1707 LV, Wi
(68) in den Duhl, 1707 LV, A
(69) Ellen Wisen, 1707 LV, Wi
(70) auf der Fähr Höffen, 1707 LV, A
(71) Fehr Bargs Wise, 1707 LV, Wi
(72) auf den Freßen/Fresen Stücken, 1707 LV, A
(73) Forderste Wisen, 1707 LV, Wi
(74) in dem Grittelschen Buschs, 1707 LV, Su, A
(75) Grohten Fasteras, 1707 LV, Wi
(76) hinter Heerde Kohten, 1707 LV, A
(77) Heit-Haken, 1707 LV, A
(78) in den Hienen/Hinnen Höffen, 1707 LV, A

(79) Hienen Wißen, 1707 LV, Wi
(80) Hinster Göhren Wise, 1707 LV, Wi
(81) Kron Öfer, 1707 LV, Wi
(82) auf den Lanck, 1707 LV; aufn Lanken, 1821 FR, Wi
(83) im Landwischen, 1821 FR, Wi
(84) auf den Lieb Jannen, 1707 LV; aufm Liebjart, 1821 FR, A
(85) in lütgen Fasteras, 1707 LV, Wi
(86) Nerderste Wise, 1707 LV, Wi
(87) an der neuen Laak, 1821 FR, Gw
(88) das feld Peßelow, 1566 GB Dömitz, A
(89) Plaßkower Röthlitz, 1566 GB Dömitz, Gh
(90) Plaßkower Sidlist, 1566 GB Dömitz, A
(91) in Pohl Platz, 1707 LV, A
(92) im Primer, 1707 LV, Wi
(93) im Rahm, 1707 LV, Wi
(94) auf den Sag(e)laff, 1707 LV, A
(95) auf Schmalen Jähnen, 1707 LV, A
(96) im Sießblann, 1707 LV; im Seblan(n), 1821 FR, Wi, Wei
(97) in Stemen, 1707 LV, Wi
(98) in der Stem Wiße, 1707 LV, Wi
(99) Sten Wise, 1707 LV, Wi
(100) Vooß Höffken, 1707 LV, A.

18

Verklas

'faᵃk'lās

Verchlatze 1431 SchlR Dömitz, Verch laze 1531 LB Dömitz

I Jüngere Steinzeit: Feuersteindolch („Besenkoppel“). Jüngste Eisenzeit: Urnenfeld (Staatsforst, Abt. 62).

II Kommuniondorf, im 16. Jahrhundert (1538?) zum Domanium.

III 10 Hufen, darunter 1 Freihufe (1531 LB Dömitz). Individualbede, die Hufe zu 16 ß (1531 LB Dömitz). Einzelpacht je Hufe 10 ß, der Schulze 16 ß (1431 SchlR Dömitz).

IV Gutshof. Ortslage etwas exzentrisch zur Flur.

Während des 30jährigen Krieges wurden die Verklaser Gehöfte bis auf eines wüst. Bei dem großen Menschenmangel nach 1648 bestand für das

Amt Dömitz keine Aussicht, die ledigen Hufen des Bauerndorfs in absehbarer Zeit wieder zu besetzen. Deshalb wandelte die herzogliche Verwaltung den Ort in einen Pachthof um.

V Gutsflur. 1772 noch keine Schlageinteilung, später (1793) 3 Ackerschläge.

VI 1569 LB Dömitz: Jochim Schulte, Jaspar Schulte, Pasche Prignitz, Drewes Hannische, Marten Siele, Peter Siele, Peter Veder, Pawell Prignitze, Hans Schulte, Tonies Prignitz, Drewes Prignitz, Pawell Tesmar. 1654 KL Dömitz: Marten Prignitzen Wittwe. – Pensionarius Klaus Ramme.

VII

(1)	Priemer	Priemer, 1788 WK.	Kw/F
2	Karenbarg *kåənba*^{a}*x*	Karrenberg, 1862 FK; Karrenberg, 1937 FK.	Kw/F
(3)	Fuchsstuß	Fuchsstuß, 1862 FK; Fuchsstuß, 1937 FK.	Kw/F
(4)	Faus(t)dool	Fausdool, 1565 StK; Faustdool, 1566 GB Dömitz.	Kw/F
5	Keesbüdel *kēsbüdl̥*	Käsebeutel, 1937 FK.	Kw/F
6	Stämmenkamp *stem*^{m}*kam*^{p}	der Stemm Camp, 1772 VA; Stämmencamp, 1862 FK; Stämmenkamp, 1937 FK.	A/F
7	Nie Häg *nī'hăx́*	Neue Gehäge, 1862 FK; Neues Gehege, 1937 FK.	Kw/F
8	Kamergrund *kāməgrunt*	Kammergrund, 1862 FK; Kammergrund, 1937 FK.	Kw/F
9	Oll Häg *ol̥'hăx́*	Alte Gehäge, 1862 FK; Altes Gehege, 1937 FK.	Kw/F
(10)	Verklaser Dickt	Verklaser Dickt, 1862 FK; Verklaser Dickt, 1937 FK.	Kw/F
11	Dannenkamp *dan*^{n}*kam*^{p}	Tannencamp, 1862 FK; Tannenkamp, 1937 FK.	Kw/F

(12)	Kuhfeld	Kuhfeld, 1862 FK; Kuhfeld, 1937 FK.	Kw/F
13	Rämelbarg *rämlbaªx*	Remelberge, 1862 FK; Remelberge, 1937 FK.	Kw/F
14	Schapdrift *šåpdrift*	Schaaftrift, 1862 FK; Schaaftrift, 1937 FK.	Kw/F
15	Dachsbarg *daksbaªx*	Dachsberge, 1862 FK; Dachsberge, 1937 FK.	Kw/F
(16)	Streitort	Streitort, 1862 FK; Streitort, 1937 FK	Kw/F
(17)	Kreutzen	Creutz, 1566 GB Dömitz; Kreutzen, 1862 FK; Kreutzen, 1937 FK.	Kw/F
(18)	Kalisser Berge	Kalisser Berge, 1862 FK; Kalisser Berge, 1937 FK.	Kw/F
19	Rämel *räml*	Remel, 1862 FK; Remel, 1937 FK.	Kw/F
(20)	Krutschenberge	Krutschenberge, 1862 FK; Krutschenberge, 1937 FK.	Kw/F
21	Fettkoppel *fetkopl*		Su?/A
(22)	die Fist	auf der Fiest, 1772 VA; die Fist, 1865 FlK.	A/A, Wei
23	Schapwasch *šåpvaš*	Schafwäsche, 1865 FlK.	Pf/Pf
24	Grot Koppel *groᵘt'kopl*	Große Koppel, 1865 FlK.	A/A
25	Besenkoppel *bēznkopl*	langen Fiest, 1772 VA; die lange Fist, 1865 FlK.	A/A
(26)	Ellerbusch-Koppel	Ellerbusch-Koppel, 1865 FlK.	Su/A
27	dat Lock *dat'lǫk*	das Loch, 1865 FlK.	Su/Wei
28	Brunnenkoppel *brunⁿkopl*	Brunnenkoppel, 1865 FlK.	Wi/A
(29)	Rodewiesen-Koppel	Rodewiesen-Koppel, 1865 FlK.	Wi/A, Wei

30	Kalwerkoppel *kalvəkopl*	die Kälber Koppel, 1772 VA; Kälberkoppel, 1865 FlK.	Wi, Wei/A
31	Pierkoppel *pi^{ə}kopl*	Pferdekoppel, 1865 FlK.	Ödl/A
32	Lütt Koppel *lyt'kopl*	die Lütt Wisch, 1772 VA; Kleine Koppel, 1865 FlK.	Wi/A
33	Buschkoppel *buškopl*	Buschkoppel, 1865 FlK.	A/A
34	Ziels *sils*	auf der Ziels, 1865 FlK.	A/A
(35)	Buschkoppel-Stücken	Buschkoppel-Stücken, 1865 FlK.	A/A
36	Swienswei(d) *svīnsvaiə*	Schweineweide, 1865 FlK.	Ödl/A
37	Bohnenkoppel *bo^{u}n^{n}kopl*	Bohnen Koppel, 1772 VA; Bohnenkoppel, 1865 FlK.	Wi/A
38	Ra(d)wisch *rå^{ə}viš*	die Rahde Wiese, 1772 VA; Rodewiese, 1865 FlK.	Wi/Wei, A
39	Hei(d)stücken *haistykn*	Heidstücken, 1865 FlK.	Ödl/A
40	Taterbusch *tåtä^{ə}buš*	Taterbusch, 1865 FlK.	Su/A, Wei
(41)	Schäferwiese	Schäferwiese, 1865 FlK.	Wi/Wei
42	Pagel Uhrt *pāgəlū^{ə}t*	im Vagts Orth, 1772 VA; Pagel Ort, 1865 FlK.	A/A
43	Langen Stücken *laŋ^{n}'stykn*	die Langen Stücken, 1772 VA; die langen Stücken, 1865 FlK.	A/A, Kw
44	Scheperkamp *šēpəkam^{p}*	auf dem Schäfer Camp, 1772 VA; auf dem Schäferkamp, 1865 FlK.	A/A
(45)	Brettkamp	Brettkamp, 1862 FK; Brettkamp, 1937 FK.	Kw/F
(46)	Brandheide	Brand-Heide, 1862 FK; Brandheide, 1937 FK.	Kw/F

(47) große Primer — der große Primer, 1. Hälfte 16. Jh. GK der Ämter Grabow/Dömitz. — Kw, Lw/F

VIII

(48) der alte Damm, 1772 VA, Fw
(49) die Haber Koppel, 1772 VA, A
(50) die hinterste Fiest, 1772 VA, A
(51) auf der mittelsten Fiest, 1772 VA, A
(52) am neuen Damme, 1772 VA, Fw
(53) die Ohl Nachtkoppel, 1772 VA, Wei
(54) Papenkamp, 1848 OA, A
(55) der Rahde Busch, 1772 VA, Wei
(56) auf dem Rahde Lande, 1772 VA, A
(57) die Schwartzen Berge, 1566 GB Dömitz; bey dem Schwartzen Berge, 1609/10 GP, Ödl
(58) die vorderste Fiest, 1772 VA, A.

19

Polz

pols

mit Wüstung Nien Primer

Polcze 1424 CDB, Poltze 1431 SchlR Dömitz, Poltze 1438 LA Polz
Niegen Prymere 1438 LA Polz, Nien Primer 1566 GB Dömitz

I Jüngere Steinzeit: Feuersteinkleingerät („Möllersbarg"). Jüngere Bronzezeit: Urnengräberfeld. Ältere Eisenzeit: Siedlung („Rottenbarg"). Slawische Zeit: Keramik („Möllersbarg").

II Kommuniondorf, 1751 Domanium.

III 11 Hufen, darunter 1 Freihufe (1531 LB Dömitz). Individualbede, die Hufe zu 16 ß (1531 LB Dömitz). Einzelpacht je Hufe 16 ß (1431 SchlR Dömitz).

IV Winkelzeilendorf. Ortslage exzentrisch zur Flur (Gewässerlage).

V Langstreifenflur. Keine Ackerschläge (1708 LV).

Das an der Grenze mit Brandenburg gelegene, in seinen Scheiden wie gewöhnlich nur mündlich überlieferte „feldt tho Niegen Prymere" bildete bis ins 16. Jahrhundert häufig Anlaß zu Streitigkeiten zwischen den Ämtern Dömitz und Eldenburg. Da überdies das im benachbarten Breese in der Prignitz ansässige Geschlecht der v. Wenkstern verbriefte Rechte an der Wüstung besaß, endeten die Auseinandersetzungen anscheinend mit einer Teilung des Nien Primer und endgültiger Festsetzung der Landesgrenze.

VI 1569 LB Dömitz: Dinyes Schultze, Claus Schulte, Radtke Baleke, Jochim Verklaß, Jochim Baleke, Jochim Klauwatze, Peter Michell, Mewes Prignitz, Achim Fabelke, Mewes Fabelke, Hans Willeke, Simon Schuer, Peter Willeke, Peter Brauche, Hans Brauche, Zabell Schulte, Achim Pandeke, Mewes Willeke, Achim Penning, Claus Willeke. Kätner: Peter Vergklas.

1564 KL Dömitz: Jochim Francke, Dauidt Francke, Peter Lüedkens, Henningk Ottens, Hanß Leiste, Aßmus Leiste, Churdt Seybert, Claus Eggert, Claus Ottens, Hanß Albrecht, Tönnies Ottens, Hinrich Koßmann, Thieß Soeß und noch 7 wüste Stellen. Kossat: Jürgen Land.

1708 LV: Stoffer Ebell, Jochim Francke, Jochim Leisten, Hinrich Gercken, Peter Benthake, Hanß Wenthe, Christian Schultze, Marten Pahl, Jochim Francke, Tietge Albrecht, Jochim Warneck, Hanß Gade, Jochim Land, Hanß Fehrman, Jürgen Kohlcke, Ties Soes, Stoffer Schultze, Jochim Albrecht, Davidt Schultze, David Warnck, Johann Hencke, Christian Warnck.

VII

(1)	große Primer	der große Primer, 1. Hälfte 16. Jh. GK der Ämter Grabow/Dömitz.	Kw, Lw/F
2	Postweg *postvex́*	längst den Postweg, 1772 VA Verklas.	Str/Str.
3	Drög Weg *drö̆x́vex́*	vorn Drögen Wege, 1708 LV; drögen Weg, 1776 GA; Drogen Weg, 1777 GA.	Fw/Fw
4	Hogen Koppel *ˋhögn′kopl*	Niestadt, 1565 StK.	A, Ödl/A, Kw
5	Lütt Priemer *lyt′primə*	dat feldt tho Niegen Prymere, 1438 LA Polz; Newe Primer, 1. Hälfte 16. Jh. GK der Ämter Grabow/Dömitz; der New Primer, 1558 Behmsche GB; die nie primer, 1565 StK; Feldtmarck zu Nien Primer, 1566 GB Dömitz.	A, Ödl/F

6	Jarmers Kuhl *`ja^a^məs'kūl*		Kw/F
7	Russenkuhl *rusnkūl*		Kw/F
8	Swienkuhl *svīnkūl*	auf der Schwein Kuhle, 1780 GA; Schweinekuhl, 1815 GA.	Pf/Pf, F
(9)	Galliniken Weg	Galiencken Weg, 1776 GA; Galinken Weg, 1777 GA; Galliniken Weg, 1788 WK.	Fw/A, Fw
(10)	Dovenholtsche Weg	Dovenholtsche Weg, 1788 WK.	Fw/Fw, F
11	Langen Maur *laŋ^n^'mauə*	das Lange Mor, 1565 StK; Langen Moor, 1920 FlK.	Su/F
12	Schultenkavel *šultnkåvl*	Schultzen ortt, 1566 GB Dömitz; Schulten Kavels, 1920 FlK.	Su, Gh/Kw
13	Dannen Kauh-koppel *dan^n^'kaukopl*	Barg-Kauh-Koppels, 1920 FlK.	Su, Wi/Wei
14	Torfmaur *tǭ^ə^fmauə*		Su/Wi
15	Wischen Kauh-koppel *višn'kaukopl*	in der Len(z), 1565 StK; in der Lentzen, 1566 GB Dömitz; in der Lentz, 1708 LV; in die Lentz, 1797 GA; Wischen-Kauh-Koppels, 1920 FlK.	Wi/Wei
16	Koppel *kopl*	in der Koppel, 1752 GA; in die Köppel, 1797 GA.	Su, Wi/Wei
17	Bullenwisch *bul^l^viš*	Bullenwisch, 1920 FlK.	Wi/Wi
18	Katenwischen *kātnvišn*		Wi/Wi
19	Schaulwisch *šaulviš*		Wi/Wi
20	Möllersbarg *möləsba^a^x*	Dorffstede nie primer, 1565 StK; Dorfstede zum Nien Primer, 1566 GB Dömitz; Möllersbarg, 1920 FlK.	A, Wi/Wi

(21)	beym Meenberge	beym Meenberge, 1708 LV.	Wi/Wi
22	de Meinen *də'main*^{n}	im Meen, 1708 LV; in den Main Wiesen, 1766 GA; in der Mein, 1797 GA; de Mainen, 1920 FlK.	Wi/Wi
23	Gaurken *gau*^{ə}*kn*	in der Gorck, 1708 LV; in der Gaurck, 1797 GA; de Gaulken, 1920 FlK.	Wi/Wi
24	Grot Wisch *grōt'viš*	Groß Wiesen, 1815 GA.	Wi/Wi
(25)	Große Reuter Laack	an der Rüter Lack, 1708 LV; Große Reuter Laack, 1710 FlK.	Gw, Wi/Wi
(26)	Kleine Reuter Laack	Kleine Reuter Laack, 1710 FlK.	Gw, Wi/Wi
27	Vörr(e)st Wisch *fǭ*^{ǫ}*stviš*	Vorns Wießen, 1708 LV; die vorderste Wisch, 1797 GA; de vördersten Wischen, 1920 FlK.	Wi/Wi
(28)	Pahl Wiese	Pahl Wiese, 1710 FlK.	Wi/Wi
29	Schloß *šlos*		Ot/Ot
30	Ülkenbarg *ylknba*^{a}*x*	Brilentsche Berg, 1565 StK; Prilentzsche Berg, 1566 GB Dömitz.	Ödl/Kw
31	Dicken Holl'n *dikn'holn*	im Dicken Holtz, 1708 LV; am Dicken Holde, 1766 GA; Dicken Hol(l), 1777 GA; Dicken Holl, 1920 FlK.	Kw/Kw
32	Krähnenbarg *krān*^{n}*ba*^{a}*x*		Kw/Kw
(33)	Hohe Berg	Hohe Berg, 1565 StK.	Kw/Kw
34	Schaulland *šaullant*		A/A
35	Briesen *brizn*	aufn Briesen, 1708 LV; die Brießen, 1766 GA; Briesen Stücken, 1777 GA; auf den Briesen, 1797 GA; Briesen, 1815 GA.	A/A, Kw
36	Nei Land *nailant*	aufn Nien Lant, 1565 StK; auf daß Neue Landt, 1780 GA.	A/A

37	Oll Land *ollant*		A/A
38	Bäunerhoew *boinə`hœ̄f*	Coßaten Hoefe, 1708 LV.	A/A
39	Drift *drift*		Fw/Fw
40	Natten Weg *natn'vex́*	Natten Weg(e), 1708 LV; Naßen Weck, 1777 GA; Natten- oder Nilandsch Weg, 1920 FlK.	Fw/Fw, A
41	Rottenbarg *rotnba*^{a}*x*		A/A, Kw
42	Stiegkoppel *stīx́kopl*	Stieg-Koppel, 1920 FlK.	A, Su/A, Wei
43	Krim krim	Krimm, 1920 FlK.	A, Su/A
44	Kamp *kam*^{p}	der Kamp, 1766 GA; Kamp, 1920 FlK.	A/A, Wei
45	Düpsch Weg *dūpš'vex́*	Düp'sch Weg, 1920 FlK.	Su/Fw
46	Düpen *dūpm*	de Düpen, 1920 FlK.	Su/A
47	Maur *mauə*	auf dem Mohr, 1752 GA; die Mor, 1780 GA; dat Moor, 1920 FlK.	Su/A
48	Maurweg *mauəvex́*	Moor-Weg, 1920 FlK.	Su/Fw
49	Nei Hoew *nai'hœ̄f*	nien Höfen, 1766 GA; auf Neuen Höfe, 1780 GA; Nihäven, 1920 FlK.	Ödl/A
50	Hushoew *hūs`hœ̄f*		Ödl/A
51	Schei(d)barg *šai*^{ə}*ba*^{a}*x*		A/A
52	Eikbarg *aikba*^{a}*x*	beym 7 Eichen, 1708 LV; auf Sieben Eichen, 1780 GA.	A/A
53	Schultenland *šultnlant*	Gangste Bise, 1565 StK.	A/A

54	Grausch *grauš*	die Kraus, 1565 StK; die Krauß, 1566 GB Dömitz; auf Grauel, 1780 GA; Grugusch, 1920 FlK.	A/Kw
55	Dodenweg *do*^{u}*dnvex́*	Doden Weg, 1708 LV.	Str/Fw
56	Jam(en)sch Weg *jāmš′vex́*		Fw/Fw
57	Jamen *jām*^{m}	auf der Jamel, 1708 LV; auf den Jahm, 1777 GA; auf der Jahm, 1797 GA; Jamen, 1920 FlK.	A/A, Kw
58	Jam(en)sch Kavel *jāmš′kāvl*	die Vor-Jahms, 1766 GA; Jam'sch Kavel, 1920 FlK.	A, Kw/Kw
59	Slachterstieg *slaxtə\`stīx́*		Fußsteig
60	Bäunerkavel *boinəkāvl*		Kw/Kw
61	Vörlanksch Weg *fǭ*^{ö}*laŋ*^{k}*š′vex́*	Vörlank'sch Weg, 1920 FlK.	Fw/Fw
62	Voßbarg *fǫsba*^{a}*x*		Kw/Kw
63	Vörlanken *fǭ*^{ö}*laŋ*^{k}*n*	de Vörlanken, 1920 FlK.	Wi/Wi, Wei
(64)	Lütcke Ufer	Lütcke Ufer, 1710 FlK.	Wi/Wi Wei
65	Kauhwei(d) *kauvaiə*		Wi/Wi, Wei
66	de Katen *də′kātn*		Ot/Ot
67	Swienkavel *svīnkāvl*	Swins-Weid, 1920 FlK.	Ödl/A, Wi
(68)	Große Schluem	Schlum, 1565 StK; Schlum, 1566 GB Dömitz; Große Schluem, 1710 FlK.	Wi/Wi
(69)	Kleine Schluem	Kleine Schluem, 1710 FlK.	Wi/Wi
70	Fischerkiel *fišəkīl*	de Fischerkiel, 1920 FlK.	Wi/Wi

71	Jastram *jastram*	Jastram, 1565 StK; der Gastram, 1788 WK.	Wi/Wi
72	Vörr(e)st Gansieten *ˋfǭ̈ᵊstgan′zītn*	Vörderste Gönsiten, 1920 FlK.	Wi/Wi
(73)	Große Postena	Große Postena, 1710 FlK.	Wi/Wi
(74)	Kleine Postena	Kleine Postena, 1710 FlK.	Wi/Wi
(75)	Große Ufer	Große Ufer, 1710 FlK.	Wi/Wi
76	Hinnelst Gansieten *ˋhinəlstgan′zītn*	Blanntz, 1565 StK; Blannitze, 1566 GB Dömitz; Hinterste Gönsiten, 1920 FlK.	Wi/Wi
77	Bullenwisch *buł^lviš*	Bullenwisch, 1920 FlK.	Wi/Wi
78	Löcknitz *löknits*	die Elden, 1566 GB Dömitz; Elde Flus, 1788 WK.	Gw/Gw

VIII

(79) Albeke, 1560 GP, Gw
(80) Alten Primer, 1566 GB Dömitz, Ödl
(81) der alte Primer Busch, 1566 GB Dömitz, Su?
(82) im Balcken Ohrt, 1708 LV, A
(83) aufn Bohmlangstück, 1708 LV, A
(84) Brandt Lack, 1708 LV, Gw
(85) aufn Buerplatz, 1708 LV; der Bauer Platz, 1766 GA; Bauerplatz, 1815 GA, A
(86) Commanz Wieße, 1708 LV, Wi
(87) im Damlentz, 1776 GA, Wi
(88) die Dornhorst, 1566 GB Dömitz, Ödl
(89) in Eichstüden, 1780 GA; auf den Eekstüdenstück, 1815 GA, A
(90) Fagelsohr Stück, 1777 GA; auf den Vogelsort, 1815 GA, A
(91) auf Fahren Platz, 1780 GA; den Vornplatz, 1797 GA; vor den Platz, 1815 GA, A
(92) auf der Gießwitz, 1708 LV; die Gießnitz, 1766 GA, A
(93) aufn Glien(e)cken, 1708 LV; die Gliencke, 1766 GA; Galincken, 1777 GA; die Glincke, 1797 GA; Galinigken, 1815 GA, A
(94) Groß(ck)en Höefen, 1708 LV, A
(95) vorn groten Forth, 1708 LV, Wi
(96) der Hasenbergk, 1566 GB Dömitz, Ödl?
(97) auf den Kiel, 1815 GA, A
(98) aufn Kivitz Berge, 1708 LV, Wi

(99) Landt Lack, 1708 LV, Gw
(100) aufn Langen Stücken, 1708 LV; das lange Stück, 1752 GA; das Lange Stück, 1766 GA; Langstück, 1815 GA, A
(101) vorn lütgen Fohrt, 1708 LV, Wi
(102) Malentz, 1708 LV; die Malentzer Wiese, 1752 GA, Wi
(103) im Mieteln/Mittel Wiesen, 1708 LV, Wi
(104) auf den Mißen/auf der Kleine Miße, 1797 GA, A
(105) Mist/Mest Wege, 1708 LV, Fw
(106) das Nie Brun/Nien Prun, 1566 GB Dömitz, Su
(107) die Nienstücken, 1566 GB Dömitz, A
(108) Platen furtt/Plaßkower furtt, 1566 GB Dömitz, Ft
(109) im Prilentz, 1708 LV, Wi
(110) Primerbergk, 1558 Behmsche GB; der Primerberg, 1560 GP; auff dem alten Primer bergk, 1566 GB Dömitz, Ödl
(111) im Reen, 1708 LV, Wi
(112) Rehe hagen, 1558 Behmsche GB; Rehhagen, 1566 GB Dömitz, Gh
(113) rohten Grund, 1777 GA; auf der Rothe Grundt, 1780 GA, A
(114) auf den Rübenkamp, 1815 GA, A
(115) Schreit Weg, 1797 GA, Fw
(116) das Schret Stück, 1777 GA, A
(117) Specks Hoefen, 1708 LV, A
(118) die Trallaken, 1566 GB Dömitz, Gw.

20

Groß Schmölen

grōt'šmȫlˡ

Groten Smolen 1431 SchlR Dömitz, Groten Schmolen 1438 LA Polz, Groten Schmollen 1531, Grothen Smolen 1535 LB Dömitz

I Jüngere Steinzeit: Feuersteinbeil. Slawische Zeit: Scherbenstreuung von Siedlungskeramik („Briesen“).

II Ritterschaftlich, 1438 zum Domanium.

III 9 Hufen, darunter 2 halbe Freihufen (1531 LB Dömitz). Individualbede, die Hufe zu 16 ß (1531 LB Dömitz). Einzelpacht je Hufe 12 ß (1431 SchlR Dömitz).

IV Sackplatzdorf. Ortslage exzentrisch zur Flur.

V Langstreifenflur. Keine Ackerschläge (1708 LV).

VI 1569 LB Dömitz: Thomas Wernecke, Asmus Werneke, Jochim Penning, Jochim Vergklaß, Merten Vergklaß, Marten Baleke, Achim Gruend, Peter Palausche, Laurentz Palowsche, Mathias Veder, alte Achim Veder, Hans Werneke, Achim Leutzate, Marten Penning, Claus Koucher, Hans Browche.

1654 KL Dömitz: Jochim Warnecke, Hanß Schulte, Christian Veder, Peter Schult, Thieß Theßmar, Christoff Prignitze, Dinnies Kaucher, Chim Thesmar, Erdmann Balecke, Schwiepert Jendrich, Hanß Palaze, Simon Leiste (4 Hufen noch wüst).

1708 LV: Jochim Warneken, Johann Schultze, Claus Siehl, Johann Palast, Christian Bade, Hanß Prengnitz, Hinrich Palast, Jochim Schultze, Peter Kauchert, Johann Eckhoff, Claus Leist, Hinrich Eckhof, Jürgen Rösch, Jürgen Siehl, Jacob Prengnitz, Hanß Leiste.

VII

1	Voßbarg *fǫsba^{a}x*		Ödl/Kw
2	Freiheit *fraihait*		Ödl/Wi
3	Heutswisch *hoitsviš*		Wi/Wi
4	Prieswischen *prīsvišn*	die Prison Wische, 1566 GB Dömitz; Brieschen Wießen, 1708 LV.	Wi/Wi
5	Harwischen *hå^{ə}višn*	Halb Wiesen, 1708 LV; die halbe Wiese, 1768 GA; die halbe Halbwiese, 1814 GA.	Wi/Wi
6	Langen Barg *laŋ^{n}'ba^{a}x*	Langen Wiesen, 1708 LV; die lange Wiese, 1752 GA.	Wi/Wi
7	Rötkuhl *rōtkūl*		Pf/Wi
8	Rohrwischen *rō^{ə}višn*	Rohr Wiesen, 1708 LV.	Wi/Wi
9	Buerndamm *būəndam*		Fw/Fw, Wi

10	Vörlann' *fǭ^{ǫ}lan^{n}*		Ödl/Ödl, Kw
11	Brack *brak*	Brack, 1595 Teichakten Dömitz.	Pf/Pf
(12)	der hohe Weg	der hohe Weg, 1788 WK.	Fw/Str
13	Grot Lanken *grot'laŋ^{k}n*	auf der Groten Lancken, 1708 LV; auf den Großen Lancken, 1776 GA; in den Grothlank, 1784 GA; auf den Großen Lanken, 1814 GA.	A/A
14	Nee Stück *nē^{i}styk*		Ödl?/A, Kw
15	Briesen *brizn*	auf der Briesen, 1708 LV.	A/A, Kw
16	Damman *daman*	aufn Dammern, 1708 LV; Dammansstück, 1814 GA.	A/A, Kw
17	Bree(d) Stück *ˋbrē^{i}'styk*	aufn Breetstücken, 1708 LV.	A/A, Kw
18	Grön Weg *grōn'veẋ*	beym grünen Wege, 1768 GA; der grüne Weg, 1788 WK.	Fw/Fw
19	Lang Stück *laŋ^{k}styk*	aufn Langen Stücken, 1708 LV; aufm langen Stücken, 1768 GA; Langstück, 1814 GA.	A/A, Kw
20	Witten Sann' *vitn'zan^{n}*	aufn Witten Sande, 1708 LV.	A/Ot
21	Hoew *hœ̄f*		A/A
22	Nee Land *nē^{i}lant*	auf den neuen Lande, 1809 GA; auf dem neuen Land, 1812 GA.	Ödl/A
23	Schultenstück *šultnstyk*	Schultzen Acker, 1708 LV; Schultzen Acker, 1807 GA.	A/A
24	Mour *mo^{u}ə*	aufm Mohr, 1700 GP.	Su/A, Wi
25	Fleenten *flē^{i}ntn*	aufn Fleenten, 1708 LV; Flenten Hof, 1752 GA; in Flenten Hof, 1768 GA; Flenten Hof, 1776 GA.	A/A, Wi

26	Pumpelkamp *pumplkamᵖ*		Wi/Wi
27	Scholkoppel *šoᵘlkopl*		Wi/Wi
28	Nachtkoppel *naxtkopl*		Wi/Wi, Wei
29	Hinn'wischen *hinⁿvišn*	Hinnen Wiesen, 1708 LV; Him (!) Wiesen, 1788 WK.	Wi/Wi
30	Holtkoppel *holtkopl*	auf den Holtz-Wiesen, 1768 GA; die Holz-Wiese, 1776 GA; die Holz Wiese, 1779 GA.	Su, Wi/Wi, Wei
31	Landkoppel *lantkopl*		A/A
32	Lütt Lanken *lyt'laŋᵏn*	Lütgen Langcken, 1708 LV; auf den lütten Lancken, 1776 GA.	A/A
33	Zugaben *tsūgābm*		A/A
34	Kirchweg *kiʳx́vex́*		Fw/Fw
35	Stegkoppel *stex́kopl*		A/A

VIII

(36) Deppen Wiesen, 1708 LV, Wi
(37) auf der Dorf Städten, 1708 LV; in der Dorfstädte, 1816 GA, Wi
(38) aufn Drey Cantzell, 1708 LV; Deelkantz, 1783 GA; Dehlkantz, 1784 GA; Dehl Kanzelstück, 1816 GA, A
(39) Fanzel, 1776 GA, A
(40) im Fleencken Höefen, 1708 LV; an Flencken, 1776 GA, A
(41) aufn Fle(h)rsen, 1708 LV, A
(42) Grote Wiesen, 1708 LV, Wi
(43) aufn Hafern Stücken, 1708 LV, A
(44) Hincken Wiese, 1708 LV, Wi
(45) Jastrams Hake, 1566 GB Dömitz, Gw
(46) in Kathen Hof, 1816 GA, A
(47) Kauell Wischen, 1566 GB Dömitz, Wi
(48) aufn Kiel Höefen, 1708 LV; Kielhof, 1814 GA; Kiehlhof, 1816 GA, A
(49) aufn Kleinen Zween Breden, 1708 LV, Wi

(50) Kohlhöefen, 1708 LV; im Kohl-Hof, 1783 GA; im Kohlhof, 1815 GA, A
(51) auf/hinter der Kuhl(e), 1708 LV, Wi, A
(52) Langen Höefen, 1708 LV, A
(53) aufn Langwiesen Stück, 1708 LV, A
(54) Lütge Wiese, 1708 LV, Wi
(55) Mohrhof, 1816 GA, A
(56) Nien Wiesen, 1708 LV, Wi
(57) das Ohrsk Lanken Stück, 1816 GA, A
(58) oben dem Poltzer Todten Wegk, 1708 LV, Fw, A
(59) Rath Ste(e)m, 1708 LV, A
(60) die Rieth, 1752 GA; die Rieth, 1784 GA, Su, Gw
(61) aufn Sand Weges Stücken, 1708 LV, Wi
(62) beym Scheidebaum, 1708 LV, A
(63) aufn Schmahlen, 1708 LV; im Schmahlen, 1776 GA; Schmalken Stück/ Schmalken Kavel, 1816 GA, A
(64) im Voß Grund, 1708 LV, A
(65) beym Voß Gründen, 1708 LV, A
(66) aufn Waßer Wiesen, 1708 LV; die Waßer-Wiese, 1752 GA; in den Wasserwiesen, 1784 GA, Wi
(67) Wähter Kuhlen, 1700 GP, Pf
(68) aufn Zwee Breden, 1708 LV, Wi.

21

Klein Schmölen

lyt'šmȫl^l

Lutken Smolen 1431 SchlR Dömitz, Lewtken Schmollen 1531 LB Dömitz

I Jüngere Steinzeit: Feuersteinbeil.

II Ritterschaftlich, 1438 Kommuniondorf, 1751 Domanium.

III 7 Hufen (1531 LB Dömitz). Individualbede, die Hufe zu 16 ß (1531 LB Dömitz). Pauschalpacht von 3 Mark 8 ß lüb. (1431 SchlR Dömitz).

IV Gassendorf. Ortslage exzentrisch zur Flur.

V Kleingewannflur. Keine Ackerschläge (1708 LV).

VI 1569 LB Dömitz: Hans Schulte, Jaspar Schultze, Cersten Vergklos, Claus Gaetke, Juergen Willeke, Tidtke Willeke, Achim Brauche, Rudelff Brauche, Jacob Baleke, Achim Baleke, Peter Luetke, Claus Fehrman. Kätner: Juerge Riebe.

1654 KL: Peter Schuldt, Frantz Siele, Hanß Verchlase, Jürgen Brauch, Peter Stender, Claus Vocke, Claus Wage (5 Hufen und 1 Katen wüst).

1708 LV: Jürgen Jacob, Wilcken w., Peter Schultze, Fresen w., Jochim Schultze, Brauchen w., Hartig Varklaus, Varklauen w., Stoffer Rieg, Stoffer Pringnitz, Christian Rösch, Claus Eckhoff.

VII

1	Buchtkoppel *buxtkopl*	in Lang Koppel, 1838 GA.	A/A
2	Sma(l) Riet *smā'rīt*		Gw?/Wei
3	Dannendrift *dan*^{n}*drift*	bey der Drift, 1708 LV; das Triftstück, 1782 GA; Triftstück, 1816 GA.	Fw, A/Fw
4	Wischkoppel *viškopl*		A, Wi/A, Wei
5	Katenhof *kātnhǫf*		A/A
6	Schultenstück *šultnstyk*	Schulzen Stück, 1816 GA.	Su, A/Wei, A
7	Holtkoppel *holtkopl*	Holtztheill, 1708 LV; Holzkoppel, 1852 GA.	Wi, Su/Wi, Wei
8	Bö(de)nerwei(d) *bo*^{t}*nəvai*^{ə}		Wi, Su/Wi, Wei
9	Flottgraben *flotgrȧbm*		Gw/Gw
10	Bodderuhrt *bodəū*^{ə}*t*	Butterort, 1857 FlK.	Wi/Wi
11	Segg'brauk *zäx́brauk*	Seggebruch, 1565 StK; Seggebrook, 1857 FlK.	Su/Wi
12	Katenwisch *kātnviš*		Wi/Wi

13	Schultenwisch *šultnviš*		Wi/Wi
14	Scholwisch *šo*^{u}*ɫviš*		Wi/Wi
15	Bornsch Koppel *bǫ*^{ɂ}*nškopɫ*	Borns Wiesen, 1708 LV; Bornwiese, 1857 FlK.	Wi/Wi, Wei
16	Warf *va*^{a}*f*	in der Werff, 1648 KV Dömitz.	Wi/Wi
17	Inwoenerwisch *invœ̄nə̀viš*	die Borm Wiese, 1763 FlK Dömitz.	Wi/Wi
18	Hosthoew *hosthœ̄f*	Horsthof/Horsthöften, 1782 GA.	A/A
19	Moelenweg *mœɫ*^{l}*vex́*		Fw/Fw
20	Nachtkoppel *naxtkopɫ*	in der Nachtkoppel, 1857 FlK.	Su?/Wei
21	vör'n Hawt *fǫ̈*^{ə}*n'håft*	vorn Höefen, 1708 LV; vorm Haf, 1812 GA; vor den Hafen, 1816 GA.	A/A
22	Born *bǫ*^{ɂ}*n*	aufn Born, 1708 LV; auf den Born, 1812 GA.	A/A
23	Zägendamm *tsägndam*		Fw/Fw
24	Grot Stücken *gro*^{u}*t'stykn*		A/A
25	Scholstücken *šo*^{u}*ɫstykn*		A/A
26	Landstücken *lantstykn*		A/A
27	Landkoppel *lantkopɫ*	die Landkoppel, 1837 GA.	Su?/A
28	Langen Stücken *laŋ*^{n}*'stykn*	aufn Langen Stücken, 1708 LV; Langstück, 1782 GA.	A/A

29	Rauhbarg *rauba^{a}x*	auf den Rauhbarg, 1782 GA; Rauhberg, 1816 GA.	A/Kw
30	Dannenkavel *dan^{n}kåvl̥*	die Tannen Caveln, 1837 GA.	Ödl/Kw
31	Kleiweg *klaivex́*		Fw/Fw
32	Turmbarg *tu^{r}mba^{a}x*	Witte Berg, 1565 StK; witte berck, 1566 GB Dömitz; achterm Wittenberge, 1708 LV; der Witte Berg, 1788 WK.	Ödl/Kw
33	Vörlann' *fö̜$^{ö̜}$lan^{n}*	aufn Vorn Stücken, 1708 LV.	Ödl, A/Ödl
34	Ollendeilslock *ol^{l}dailsˋlok*		Ödl/Ödl
35	Lüchen *lüx́ən*		Wi/Wi
(36)	der Bürfen Graben	der Bürfen Graben, 1565 StK; an dem Burfen Graben, 1566 GB Dömitz.	Gw?/Wi
37	Buerndamm *būəndam*		Damm/ Damm
(38)	Pasten Wisch	Pasten Wisch, 1565 StK.	Wi/Wi
39	Waderwischen *vårəvišn*		Wi/Wi
40	Bree(d) Barg *brē^{i}′ba^{a}x*		Wi/Wi
41	Löcknitz *löknits*	die Elden, 1511 LA Polz; an der Elden, 1566 GB Dömitz; die Gr. Elde, 1788 WK.	Gw/Gw
42	Ellwischen *elvišn*	die Eldisch Wischen, 1566 GB Dömitz; Elschen Wiesen, 1708 LV.	Wi/Wi
43	Kloeterpott *klödəpot*	Kläter Pott, 1511 LA Polz; Kläter Pott, 1565 StK; Kläter Pott, 1566 GB Dömitz; aufn Kläterpoth, 1708 LV.	Wi/Wi
44	Swartwader *sva^{a}t′vårə* *svat′vårə*		Gw/Gw

45	Kalmschen *kalmšn*		Su/Wi
46	Sieberts Kuhl *zīvəts'kūl*	Siewert'sche Kuhle, 1839 FlK Dömitz.	Ödl/Ödl
47	de Grund *də'grunt*		Ödl/Ödl
48	Melkstä(d)wieden *ˋmelkstā'vīdn*		Ödl/Ödl
49	Bohnenbarg *bo^{u}n^{n}ba^{a}x*		Ödl/Kw
50	Kohbarg *ko^{u}ba^{a}x*		Ödl/Ödl, Kw
51	Gor(de)nstücken *gō^{ə}dnstykn*	aufn Garn Stücken, 1708 LV; in den Gartenstücken, 1782 GA; Gartenstück, 1816 GA.	A/A, Kw
52	Nägelsbarg *nägəlsba^{a}x*		Ödl/Ödl, Kw
53	Mourhof *mo^{u}əhof*	aufn Mohrhoefen, 1708 LV; im Mohrhof, 1816 GA.	A, Su/Ödl

VIII

(54) bey der Alten Eichen, 1708 LV, A
(55) aufn alten Kohlhöefen, 1708 LV, A
(56) Ahnwendung, 1708 LV, A
(57) bey der Brack, 1708 LV, A, Pf?
(58) Camp Stück, 1708 LV, A
(59) Camp Stücken Wiesen, 1708 LV, Wi
(60) auf der Dorf Städten, 1708 LV, A
(61) bey dem faulen Sehe, 1558 Behmsche GB; an dem faulen See, 1566 GB Dömitz, Gw
(62) Gänseweide, 1851 GA, Wi
(63) Groten Borns Höefen, 1708 LV, A
(64) Groten Macronen, 1708 LV, A
(65) Groten Pallesten, 1708 LV, A
(66) aufn groten Waßer Pölcken, 1708 LV; Waterpöl, 1765 GA; den Waßerpohl, 1782 GA, A
(67) die Hern Wische, 1566 GB Dömitz, Wi
(68) beym Heydtberge, 1708 LV, A

(69) auf der Hu(e)ßnitz, 1708 LV, A
(70) unten an den Jastram, 1566 GB Dömitz, Ödl?
(71) im Juncker Busch, 1812 GA; im Junckerbusch, 1816 GA, A
(72) Klein Borns Höefen, 1708 LV, A
(73) Kohlhof Stücken, 1708 LV; Kohlhof Stück, 1765 GA; auf den Kohlhofstücken, 1782 GA, A
(74) die Krohnsche Wiese, 1765 GA, Wi
(75) bey den Kurtzen Bergen, 1566 GB Dömitz, Ödl?
(76) Langen Camp Stücken, 1708 LV, A
(77) Langen Macronen, 1708 LV, A
(78) aufn Lütgen Börnecken, 1708 LV, A
(79) Lütgen Camp (Stücken), 1708 LV, A
(80) im Lütgen Macronen, 1708 LV; kleines Makronen Stück/das kleine Marcrohnen Stück, 1816 GA, A
(81) Lütgen Pallesten, 1708 LV, A
(82) am Lüttken schmöler furtt, 1566 GB Dömitz, Ft
(83) Malcronen Wiesen/Malcronische Wisch, 1708 LV, Wi
(84) Malcronischen Höefen, 1708 LV, A
(85) Nienwiese, 1708 LV, Wi
(86) Pferde Wiese, 1708 LV, Wi
(87) auf der Plast/aufn Plaesten, 1708 LV, A
(88) Quer Stücken, 1708 LV, A
(89) Radewiesen, 1708 LV, Wi
(90) den Raadwiesen Hof, 1782 GA, A
(91) Rienow, 1511 LA Polz; daß waßer Rinow, 1558 Behmsche GB, Gw
(92) Runde Wiese, 1708 LV, Wi
(93) am Sandberge, 1708 LV, A
(94) aufn Schmahlen, 1708 LV; schmaalen Stück, 1782 GA; Schmalenstück, 1812 GA, A
(95) aufn Schmahlen/Schmahlen Wiese, 1708 LV; schmaale Wiesen, 1782 GA; schmale Wische, 1812 GA, Wi
(96) im Schmahlgrundt/Schmahlgründen, 1708 LV, A
(97) aufn Vorwiesen/beim Vorns Wiesen, 1708 LV, Wi
(98) auf Wiesenhof, 1782 GA; Wiesenhof, 1816 GA, A
(99) aufn Wiesen Stücken, 1708 LV; Wiesen Stück, 1816 GA, A.

22

Dömitz

dœms

mit Wüstung Niendorp

Domeliz 1237, 1259, 1266, 1269, 1277, 1289, 1319, Domaliz 1291, 1323, 1326, 1328, Domenitz(e) 1308, 1328, 1330, 1341, Domenis 1323, 1340, Domitze/Dömitze 1328, Domnyzze 1330, Dömnitz 1334, Domnitze 1339 MUB Nihendorp 1505, Niegendörpe 1572 Stadtprivilegien-Abschrift

I Jüngere Steinzeit: Feuersteinmeißel. Jüngere Bronzezeit: Urnen („Fabriker Barg").

II 1190 mit dem Land Wehningen zur Grafschaft Dannenberg, 1291 unter sachsen-wittenbergischer Herrschaft, seit 1373 zum Herzogtum Mecklenburg gehörig.

III Die Stadt steuerte jährlich 100 Mark lüb. zur Bede (1535 LB Dömitz).

IV Durch die Überlassung der rechtselbischen Länder Jabel und Wehningen (1190) erfuhr die bis dahin auf das südliche Elbufer beschränkte Grafschaft Dannenberg nicht nur einen beträchtlichen Gebietszuwachs, sondern gewann mit dem Elbzoll gleichzeitig ein wertvolles und einträgliches Regal. Für die Anlage der Zollstätte empfahl sich durch die weite Überschau des Stromes jener leichte Knick des Flußlaufs, daran Dömitz liegt. Trotz seines Namens läßt sich der Ort nicht durch vorgeschichtliche Funde als ehemalige slawische Siedlung nachweisen, so daß zu untersuchen wäre, ob nicht das zweifellos auch als militärischer Stützpunkt dienende kastellartige Zollhaus, dessen Besatzung von den umwohnenden Slawen möglicherweise **Domalici* genannt wurde, den Anstoß zur städtischen Entwicklung gab. Wegen der günstigen verkehrsgeographischen Lage innerhalb des Dannenberger Territoriums stieg in der Folgezeit die Bedeutung des Platzes und betrieben die Grafen dessen Ausbau und Sicherung. Im Jahre 1235 wird dann die Burg zu Dömitz erstmals erwähnt, und wenig später (1259) ist der Ort als Stadt nachweisbar.

Ältester Ortskern das heutige Festungsgelände, darauf das später zu einer Burg erweiterte turmartige Zollkastell stand. Daneben entwickelte sich eine dörfliche Siedlung, der um die Mitte des 13. Jahrhunderts Stadtrecht verliehen wurde. Stadtkirche St. Johann.

V Stadtflur, im ausgehenden 15. Jahrhundert um die zu 22 Hufen vermessene Feldmark der Wüstung Niendorp vergrößert.

VI 1531 LB Dömitz: Hans Kerstens, Herman Barndes, Herman Lew̌pken, Heyne Drepenycht, Klw̌s Lw̌pken, Jasper Görgen, Otte Hane, Klw̌s Schumagker, Mychhel Kerstendes, Klw̌s Mew̌ze, Steffan Kregken, Achym Dryer, Hans Belzer, Ywan Styll, Hans Lew̌pken, Hinrych Gade, Hans Mew̌ze, Drewes Jocop, Hans Gergens, Mychhel Wernyk, Veyt Dyne, Leutke Jelaze, Gerken Klimaß, Klw̌s Drost, Schwartebyer, Merten Korttenake, Tyke Jocop, Hans Wendt, Achym Neryke, Gergke Nonyschke, Achym Bredöl, Achym Schulte, Ferchlaze, Klw̌s Jupke, Hans Otte, Achym Ferchlatze, Achym Fenrygk, Petter Ferchlaze, Kersten Albrecht, Merten Dreyer, Petter Stylle, Achym Lw̌pke, Hans Wernyke, Achym Schw̌maker, Hans Schmall, Lew̌tke Syl, Hans Göde, Hans Klopejogen, Klw̌s Rotsack, Heyne Dryer, Achym Koke, Dewes Lobek, Herman Walyzge, Merten Mew̌ze, Dytke Mew̌ze, Hans Zwerin, Heyne Mew̌ze, Hans Kocher, Heyne Poreib, Jurge Klw̌sliwe, Achym Mew̌ze, Petter Beker, Matys Belzer, Jocop Mew̌ze, Jasper Saske, Drewes Gw̌s, Hans Kw̌re, Kersten Gatken, Klw̌s Mychhel, Drewes Gade, Hans Schw̌lte, Fryderych Klynschmyt, Tyke Lw̌kas, Heyne Balyke, Jesper Gerkens, Hans Schroder, Donyes Schulte, Achym Mikelyß, Klw̌s Steke, Vryet Bake, Heyne Wiße, Mychhel Mythke, Jocop Moller, Eyger Fleßhendorpe, Berndt Kopaß, Achym Gade, Achim Mew̌ze, Petter Drebo, Achym Wernyke, Hans Gade, Bardolemes Schomaker, Hans Schluter, Hermen Gerdes, Ywan Fabel, Jake Sylle, Hans Jelaze, Hans Gerkens, Donyes Desmer, Kersten Schmal, Hans Steke, Petter Fos, Hans Gayke, Merten Willyke, Kersten Wades, Klw̌s Liße, Klw̌s Hanyke, Henryk Bredol, Drewes Liwe, Petter Froe, Hans Schulte, Achym Geryke, Paschke Schulte, Gerdeß, Achym Wernyke, Achym Gade, Hans Mikelyß, Achym Willyke, Heyne Fernygke, Achym Brygenyß, Klw̌s Bram, Hans Wiß, Heyne Pelzer, olle Godesche, olle Klw̌sloe, Kersten Syll, Achym Hardenagke, Bardoles Kettelbw̌ter, Herman Bram, Achym Klopesage, Hans Wolff.

VII

1	Bornstücken *bǫˀnstykn*	am Born, 1648 KV Dömitz; die Borns Stücken, 1763 FlK; unterm Born, 1839 FlK.	A/A
2	Torfmour *tǫˀfmo*^{u}*ə*	das Torf Mohr, 1763 FlK; auf dem Torfmoor, 1839 FlK.	Su/A
3	Fabriker Barg *fabrikə'ba*^{a}*x*	im Schmöler Bergen, 1763 FlK; Schmöler Berg, 1839 FlK.	Ödl/Ödl
(4)	der Stat Graben	der Stat Graben, 1565 StK; Stadtgraben, 1566 GB Dömitz.	Ödl/Wei

5	Stadtlann' *statlan*^{n}	Rats Camp, 1565 StK; Raths Camp, 1566 GB Dömitz; Raths Acker, 1763 FlK; Stadt Lande, 1839 FlK.	A/A, Wei
(6)	Körs	die Körs, 1565 StK.	Wei/Wei
7	Herrensee *hāənzē*	Hern See, 1565 StK; Hern See, 1566 GB Dömitz; Herrn See, 1619 GK; der Herren See, 1763 FlK; Herrensee, 1839 FlK.	Pf/Pf
(8)	Kifits Berg	Kifits Berg, 1565 StK; der Kifits berck, 1566 GB Dömitz.	Ödl/Wei, A
9	Langen Wischen *laŋ*^{n}*'višn*	die Lange Wische, 1566 GB Dömitz; Langewiesen, 1619 GK; Lange Wische, 1648 KV Dömitz; lange Wische, 1674 SPB; die langen Wiesen, 1763 FlK.	Wi/Wi, A
10	Bücksenschinken *bykənšiŋ*^{k}*n*	Büchsenschinken, 1876 FlK.	Wi/Wi, A
11	Ossenkoppel *osnkopl*	der Ochsen Werder, 1763 FlK; Ochsenkoppel, 1876 FlK.	Wei/Wi, Wei
12	Goosdamm *go*^{u}*sdam*	beim Goosdam, 1763 FlK; der Goosedamm, 1876 FlK.	Wei/A
13	Roggenfeld *roknfelt*	auf den Roggenfelde, 1648 KV Dömitz; uff den Rogken Felde, 1699 SPB; das Roggen Feld, 1763 FlK.	A/A, Ot
14	Swarte Barg *de svatə'ba*^{a}*x* *sva*^{a}*tba*^{a}*x*	der Schwartze Berg, 1565 StK; der Schwartze Berg, 1566 GB Dömitz; am Schwartzen Berge, 1648 KV Dömitz; der Schwartze Berg, 1763 FlK.	A/Ot, A
(15)	unterm Schwartzen Berge	unterm Schwartzen Berge, 1667 SPB; unterm Schwartzen Berge, 1763 FlK.	Wi/Wi, A
16	Flottgraben *flotgråbm*	in Flotwege, 1627 SPB; in den Flottwege, 1629 SPB; im Flothwege, 1648 KV Dömitz; Floßgraben, 1876 FlK.	Gw, Wi/Gw, Wi
17	Warfwischen *va*^{a}*fvišn*	in der Werff, 1648 KV Dömitz; in der Warffe, 1653 SPB; in der Werffe, 1667 SPB; in der Warff, 1694 SPB; Warff Wiesen, 1763 FlK. Warff Wiesen, 1839 FlK.	Wi/Wi, Wei

18	Honnigshof *hǫnix́shǫf*		A/Ot
19	Wendenkirchhof *ˋvenⁿˋkiʳx́hof*	am Wendischen Kirchhof, 1648 KV Dömitz; Wendenkirchhof, 1839 FlK.	A/A, Ot
20	Eldenhof *ełnhǫf*	Elden Hoff, 1698 SPB; Ell(e)n Hof, 1699 SPB; Elde Höfe, 1839 FlK.	A/A
21	Zollstangen *tsołstaŋⁿ*		A/A, Ot
22	up'n Uhrt *upm′ūᵊt*	Stad Freiheit, 1763 FlK; up'n Uhrt, 1876 FlK.	Wei/Wi, A
23	Elw *elf*	die Elb, 1566 GB Dömitz; Elb Strohm, 1763 FlK.	Gw/Gw
24	Frieheit *frīhait*		Wei/Wi, A
25	Vörwarder *fōᵊvārə*	Stad Werder, 1763 FlK; Vorwerder, 1876 FlK.	Wi/Wi, A
(26)	Kälberweide	Kälberweide, 1876 FlK.	Wei/Wei
27	Kleigor(de)ns *klaigōᵊns*	Elb Gärten, 1763 FlK.	A/A
28	Gooswei(d) *goᵘsvaiᵊ*	Gänseweide, 1876 FlK.	Ödl/Wi, Wei
29	Dow Ell *dōf′eł*	die Dove Elde, 1876 FlK.	Gw/Gw
30	Rottgor(de)ns *rotgōᵊns*	Rott Garten, 1678 Kirchenobligation; die Ro(o)dt Gärten, 1763 FlK.	A/A
31	Knickweg *knikvex́*	am Knick, 1648 KV Dömitz.	A/Ot, Fw
32	Kiewittsbarg *kīvitsbaᵃx*	Kivitzberg, 1648 KV Dömitz; am Kiwitzs Berge, 1699 SPB.	A/Ot
33	Kunnerschaft *kunəšaft*		Ödl/Wi
34	Bleek *blēk*	Bleiche, 1876 FlK.	Wi/Wi

35	Johannesgraben *johanəsgråbm*	Johannesgraben, 1876 FlK.	Gw/Gw
36	Zingel *tsiŋ^{g}l*	am Zingel, 1876 FlK.	Ödl/A, Wei
37	Rosenbusch *rōznbuš*		Su/Wi
38	Buschwarder *bušvārə*	das rote werder, 1558 Behmsche GB; Neu Werder, 1565 StK; das Newe Werder/Roden Werder, 1566 GB Dömitz; Buschwerder 1876 FlK.	Su/Wi, Wei
39	Dow Elw *dōf'elf*	die Dove Elbe, 1876 FlK.	Gw/Gw
40	Sandwarder *zantvārə*	Sande werder, 1558 Behmsche GB; Sand Werder, 1565 StK; das Sandtwerder/Stroppen Werder, 1566 GB Dömitz; Strops Werder, 1583 Teichakten Dömitz; der Sand Werder, 1763 FlK.	Gh/Wei, Wi
41	Aaskuhlenbarg *āskūl ˋba^{a}x*	Aaskuhlenberge, 1876 FlK.	Ödl/Ot, A
42	de Raden *də'rāden*	Raden, 1648 KV Dömitz; die Rahden, 1763 FlK; der Rahden, 1876 FlK.	A/A
43	Wischble(n)ck *višblänk*	Wischblenk, 1876 FlK.	Wi/Wi, Wei
(44)	Bürger Wischen	Bürger Wischen, 1565 StK.	Wi/Wei, A
45	Langen Blocken *laŋ^{n}'blokn*	bey den Blocken, 1648 KV Dömitz; die langen Blöcke, 1763 FlK; Langen Blöcken, 1876 FlK.	A/A
46	Korten Blocken *kǫ^{o}tən'blokn*	die kurtzen Blöcke, 1763 FlK; Kurzen Blöcken, 1876 FlK.	A/A
47	Eekenkoppel *ē^{i}knkopl*	bey der Eichstüden, 1648 KV Dömitz.	Gh/Gh
48	Ossenbrack *osnbrak*	Ochsenbrack, 1876 FlK.	Pf/Pf

49	Lüsbeck *lūsbāk*	beim Lützebeke, 1595 Teichakten Dömitz; auf den Lützbeck/die Lüsebeck, 1648 KV Dömitz; die Lüüs Beeck, 1763 FlK; Lüsebecken, 1876 FlK.	Gw/Gw	
50	Föhren *fǭ*^{ə}*n*	vor den Förden, 1648 KV Dömitz; vorm Vorden, 1702 SPB; beim Föhren, 1763 FlK; beim Föhren, 1876 FlK.	A/A	
(51)	Curdische Wiese	für den Kortizen, 1648 KV Dömitz; die Curdische Wiese, 1788 WK.	A, Wi/Wi, A	
52	Drift *drift*	Trift, 1876 FlK.	Fw/Fw	
53	Arftland *a*^{a}*ftlant*	auf den Erbß Lande, 1648 KV Dömitz; Arft Lande, 1702 SPB; das Arfft Land, 1763 FlK; das Arftland, 1876 FlK.	A/A	*
54	Kirchstieg *ki*^{r}*x́stīx́*	Kirchsteig, 1876 FlK.	Stg/Stg	
55	Nie Land *nīlant*	bei die Pest, 1763 FlK; das Neue Land, 1876 FlK.	Ödl/A	
56	Achterroden *ˋaxtəˊro*^{u}*dn*	Achter Ruhten, 1648 KV Dömitz; achter Rohden, 1763 FlK; Achter Ruthen, 1876 FlK.	A/A	
(57)	der neue Hof	der neue Hof, 1876 FlK.	Ödl/A	
(58)	Neuen Stiegs Bruch	Neuen Stiegs Bruch, 1788 WK.	Su/Wei	
59	Nienstiegsche Hof *ˋnīnstīx́šəˊhof*	Hof in Neuenstiege, 1648 KV Dömitz; Nienstieg'scher Hof, 1876 FlK.	A/A	
60	NienstiegscheWischen *nīnstīx́šəˊvišn*	bey den Neuwen stiege, 1649 Kirchenobligation; im Neyen stige, 1661 SPB; neuen stiegischen Wischen, 1698 SPB; die Neuen-Stiegs Wiesen, 1788 WK; Nienstieg'sche Wiesen, 1876 FlK.	Wi/Wi	
(61)	Tannenkamp	Tannenkamp, 1876 FlK.	Ödl/Kw	
62	de Kaveln *dəˊkåvəln*	Lütke Kafel, 1648 Kirchenobligation; Kleine Kafell, 1697 SPB; die kleinen Kaueln, 1763 FlK; die Kaveln, 1876 FlK.	A/A	

(63)	Drunkelbeeren Moor	das blancke Mohr, 1763 FlK; Drunkelbeeren Moor, 1876 FlK.	Su/A, Su
64	Köhlerkavel *kœlə'kåvl*	Köhlerkavel, 1876 FlK.	Ödl/A
65	Grote Kaveln *grōtə'kåvln*	Große Kafel, 1648 KV Dömitz; Große Kafel, 1698 SPB; die Großen Kaweln, 1763 FlK; die großen Caveln, 1876 FlK.	A/A
(66)	Schnappaufskamp	Schnappaufskamp, 1839 FlK.	A/Kw
67	Ratskamp *rātskam^p*	Raths Kamp, 1763 FlK; der Ratskamp, 1839 FlK.	A/A
68	Holtkaveln *holtkåvln*	die Holzcaveln, 1876 FlK.	Ödl, A/Kw
69	Finkenhoew *fiŋ^kn^hœ̄f*	Finkenhöfe, 1876 FlK.	A/A
70	Brandläben *brantlǟbm*	am brantleuen, 1505 Stadtprivilegien-Abschrift; die Brantleue, 1565 StK; der Brandtleue, 1566 GB Dömitz; der Brandleben, 1763 FlK; B(r)andleber Bruch, 1788 WK; der Brandleben, 1876 FlK.	Su/Wei, A
71	Kuhlen *kūl*		Su, Ödl/Wei
72	Pierkoppel *piəkopl*	die Pferde Koppel, 1839 FlK.	Su Ödl/Wei
(73)	Seggebruch	Seggebruch, 1565 StK.	Su/Wei
74	Pannerwisch *panəviš*		Wi/Wi
75	Nien Wischen *nīn'višn*	Neue Wiesen, 1876 FlK.	Ödl/Wi, Wei A

VIII

(76) Breit Hacke, 1648 KV Dömitz, Wi
(77) Bullen Wiese, 1678 Kirchenobligation, Wi
(78) der Fischer Korb, 1558 Behmsche GB, Ödl?
(79) bei dem Gartz See, 1511 LA Polz; Gartz Sehe, 1558 Behmsche GB; Gartz See, 1566 GB Dömitz; beym Gartzer See, 1648 KV Dömitz, Pf?

(80) Hacken, 1648 KV Dömitz, Wi
(81) Herren Wische, 1648 KV Dömitz, Wi
(82) die Kantiuche, 1566 GB Dömitz, Gw
(83) Kleine Hacke, 1648 KV Dömitz, Wi
(84) Kurtzen Hacken, 1648 KV Dömitz, Wi
(85) Kurtze Wische, 1648 KV Dömitz, Wi
(86) Langen Hacken, 1648 KV Dömitz, Wi
(87) Lange Hagen, 1648 KV Dömitz, A
(88) an den Lepitz graben, 1511 LA Polz; der lips graben, 1558 Behmsche GB, Gw?
(89) Reibeins, 1566 GB Dömitz, Gw
(90) Saat Höuel, 1659 SPB, A
(91) Schelp Kuhle, 1648 KV Dömitz, Pf
(92) der Schwartze berg, 1566 GB Dömitz; beym Gerichte, 1648 KV Dömitz, Ödl?
(93) bey dem Windtmühlen Berge, 1648 KV Dömitz, A.

23

Kaliß

kåls

mit Neu Kaliß

'nī'kåls

Kalenitze 1431 SchlR Dömitz, Kalnyze 1531, Kalitz 1569 LB Dömitz

I Jüngere Steinzeit: Feuersteinbeil, Feuersteinkeil.

II Ritterschaft, 1438 Kommuniondorf, 1557 Domanium.

III 8 Hufen, darunter 1 Freihufe (1531 LB Dömitz). Individualbede, die Hufe zu 16 ß (1531 LB Dömitz). Einzelpacht je Hufe 10 ß (1431 SchlR Dömitz).

IV Sackplatzdorf. Ortslage exzentrisch zur Flur.

Das Domanialdorf Kaliß war bis weit ins 18. Jahrhundert hinein verwaltungsmäßig geteilt. Der 1438 von den Herzögen erworbene Anteil des Marquard Barnekow an Kaliß unterstand dem Amt Dömitz, die andere Hälfte des Ortes gehörte zu der aus einer Feudalherrschaft hervorgegangenen Vogtei Gorlosen und kam nach deren Auflösung zum Amt Grabow.

Eine an der Neuen Elde gelegene Walkmühle wird 1755 als „abgängig“ bezeichnet und statt deren eine Schmelzhütte für Raseneisenstein errichtet. In der Nähe dieses Werks siedelte das Amt Dömitz einige Jahrzehnte später (1799) 8 Büdner an und gab damit den Anstoß zur Entwicklung der noch bis 1844 offiziell „Eisen Fabrik“ genannten Ortschaft Neu Kaliß.

V Langstreifenflur. Keine Ackerschläge (1708/1711 LV).

VI 1569 LB Dömitz: Claus Schulte, Peter Schulte, Lorentz Heintze, Claus Prignitz, Jochim Steinkopff, Heine Hannieske, Claus Roseke, Achim Koucher, Jaspar Wernecke, Claus Schulte, Jochim Schulte, Herman Willeke, Heine Willeke, Hans Siele, Jaspar Siele. Kätner: Achim Pandicke.

1654 KL Dömitz: Dreues Schulte, Peter Schulte, Claus Rösecke, Claus Siele, Dauidt Schulte, Jochim Schulte, Michel Frantzose, Simon Niesche, Bastian Hintze, Claus Rösecke, Claus Crammin, Claus Neymann, Pauel Warnecke Wittwe, Peter Schulte, Jochim Warnecke und 2 noch wüste Stellen.

1708/1711 LV: Jochim Schultze, Claus Bade, Stoffer Gammelien, Claus Schultze d. Junge, Claus Rösch, Johann Ribbe, Claus Schultze d. Alte, Frantz Eggers, Jochim Schultze, Erdman Lobien, Jacob Schultze, Claus Ni(e)sch, Jochim Hein, Claus Rösch, Jochim Pringnitz, Pagel Warnecke, Jochim Rademacher. Kossat: Peter Schultze.

VII

1 Daglöhnerwei(d) — Wi/Wi, Wei
daxlȫnə`vaiə

2 Wei(d)koppel — Wi/Wi, Wei
vaikopl

3 Jägerkamp — A/A
jǟgəkamᵖ

4 Breeden Kavel — A/A
brēdn'kåvl

5 Drög Hunn'koetel — Ödl/Ödl, Kw
drȫx́'hunⁿkœ̄tl

6 Schaulkoppel — A/A
šaulkopl

7	Fleitendörp *flaitndǫ̈*$^{ǫ̈p}$		A/Ot
8	Grön Weg *grȫn'vex́*		Fw/Fw
9	Bullenwisch *bul*^{l}*viš*		Wi/Wi
10	Bäunerwei(d) *boinə\`vai*		Wi/Wi, Wei
11	Huskoppel *hūskopl*		A/A
12	Postweg *postvex́*	Heide Stücken am Postwege, 1757 RA.	A, Str/A
13	Brunnendannen *brun*^{n}*\`dan*^{n}		Kw/Kw
14	Fabriker Barg *fabrikə'ba*^{a}*x*		Kw/Kw
15	Buerkavel *bṻəkåvl*		Kw/Kw
16	Kampstücken *kam*^{p}*stykn*	Fabriquer Acker, 1757 RA.	A/A
17	Pumpelkamp *pum*^{p}*lkam*^{p}	auf den Pumpelkamp, 1817 GA.	A/A
18	Dannenkavel *dan*^{n}*\`kåvl*		A?/Kw
(19)	in den Nien Stücken	in den Nien Stücken, 1565 StK; auf den Nienstücken, 1566 GB Dömitz; aufn Nien Stücken, 1711 LV.	A/A, Kw
20	Honnigbarg *honix́ba*^{a}*x*	Honigberge, 1862 FK.	A/F
21	Kalwerstiert *kalvəstēət*	im Kälber Stiert, 1757 RA; Kälberstücken (!), 1817 GA; Kalverstiert, 1862 FK.	A/F
22	Plaasten *plåstn*	auf dem Plast, 1566 GB Dömitz; aufn Platschen, 1708 LV; Plaschen/Plasten,	A/A, Kw

		1711 LV; Plazen, 1757 RA; der Plaasten, 1862 FK.	
23	Niescher Weg *\`nīšə'vex́*		Fw/Fw
24	Kaurzstücken *kauətstykn*	Kautzer, 1582 StK (Ichnographie); aufn Cor Stücken, 1708 LV; Cordes/Cors Stücken, 1711 LV; aufm Cort Stück, 1752 GA; Kohr Stücken, 1757 RA; das Chor Stück, 1773 GA.	A/A, Kw
25	Lang Drift *laŋⁿ'drift*	Lange Trifft, 1862 FK.	Kw/F
26	Grot Jägerkamp *\`grōt'jāgəkamᵖ*	Großer Jägercamp, 1862 FK.	Kw/F
(27)	Sorgenfrei	Soddeldey, 1708/11 LV; Sorgenfrei, 1862 FK.	A/F
28	Kamp *kamᵖ*	Großen Camp, 1757 RA.	A, Ödl/A
29	Beisenhoew *baiznhǣf*	im Graß Höfen, 1708 LV; im Graß Höven, 1711 LV.	A/A
30	Doemzer Damm *dǣmtsə'dam*		Wi/A, Wei
31	Ku(n)s *kūs*	aufn Kuen Stücken, 1708 LV.	A/A, Wei
32	Forstkoppel *fǫˀstkopl*	Förster Acker, 1757 RA.	A/A
33	Kohlhoew *kōlhǣf*	Wiesen Hofen, 1752 GA.	A/A
34	Smölener Koppel *smȫlnə\`kopl*		Wi/A, Wei
35	Bäunerwei(d) *boinə\`vaiᵊ*	Büdener Wiesen, 1757 RA; Büdener Wiesen, 1814 GA.	Wi/Wi, Wei
36	Katenwischen *kātnvišn*		Wi/Wi
37	Schaulkoppel *šaulkopl*		Wi/A, Wei

38	Hinnenkavel *hin^{n}`kåvl*	aufn Hinnen Stücken, 1708/11 LV; aufn Hinten Stücken, 1752 GA; auf den Hinn Stücken, 1757 RA; Hinterstücken, 1816 GA.	A/A, Wei
39	Viesten *fīstn*	die neuen Viest Stücken, 1757 RA.	A/A
40	Siden Kavel *`zīdn'kåvl*		A/A
41	Hogen Kavel *hōgn'kåvl*		A/A
42	Königsbarg *kōnixśba^{a}x*	Königsberge, 1862 FK.	Ödl/F
(43)	Sibenitsche Berg	Sibenitsche Berg, 1565 StK.	Ödl/F
44	Lütt Jägerkamp *lyt'jägəkam^{p}*	Kleiner Jägercamp, 1862 FK.	Kw/F
45	Swienkamp *svīnkam^{p}*	bey der Kuhle, 1746 GA; Kuhl Stück, 1752 GA; Kuhl Stücken, 1757 RA; Schweinekuhl, 1862 FK.	A/F
46	Schwedenkamp *švēdnkam^{p}*	Schwedencamp, 1862 FK.	Kw/F
(47)	Priemer	Priemer, 1757 RA; Priemer, 1788 WK.	Kw/F
48	Bomgrund *bōmgrunt*	Groten Boem Stücken, 1708/11 LV; Grott Bohm Stücken, 1757 RA; Baumgrund, 1862 FK.	A/F
49	Blieschenbarg *blīšnba^{a}x*	Bli(e)schen Stücken, 1708/11 LV; auf den Blieschen, 1757 RA; Blieschenberge, 1862 FK.	A/F
50	Nieland *nīlant*		Ödl/A, Kw
(51)	Schulacker	Schulacker, 1862 FK.	A/F
52	Nebocksmaur *nēboks`mauə*	Nebocksmoor, 1862 FK.	Su/F
(53)	Viehstelle	Viehstelle, 1862 FK.	Ödl/F

(54)	aufm Grist	aufm Grist, 1565 StK; auf dem Grist, 1566 GB Dömitz.	Gh/F
55	Strangen *stra*η^{n}	Strang(en)s Wiesen, 1708/11 LV; Strangs Wiesen, 1757 RA; Strangs Wisch, 1779 GA; Strangen, 1862 FK.	Wi, Su/F
56	Schultenbarg *šultnba*^{a}*x*		A?/F
57	Mallißer Barg *malisə`ba*^{a}*x*	Mallisser Berge, 1862 FK.	Kw/F
58	Mallißer Maur *malisə`mauə*	Mallisser Moor, 1862 FK.	Su/F

VIII

(59) hinten dem Berge, 1711 LV, A
(60) aufn Block Enden, 1708/11 LV; die Mittel Block Enden, 1757 RA, A
(61) aufn Breet Stücken, 1708 LV; Bret Stücken, 1711 LV; die Breden Stücken, 1757 RA, A
(62) aufn Buet Stücken, 1708 LV; die Buten Stücken, 1757 RA, A
(63) aufn Bülten Camp, 1708 LV, A
(64) Corswießen, 1708 LV; Cors Wiesen, 1711 LV; in der Cords Wiese, 1746 GA, Wi
(65) Cribitz Wiese, 1753 GA, Wi
(66) Dahlenswieße, 1708 LV; Dahlens Wiesen, 1711 LV; Dalen Wiesen, 1757 RA, Wi
(67) auf der Dorf Städten (!), 1708 LV; Dorf Stücken, 1711 LV; Dorp Stücken, 1757 RA; Dorfs Stück, 1779 GA; auf den Dorfstücken, 1817 GA, A
(68) aufn Eschen Stücken, 1708/11 LV, A
(69) Espen Stücken, 1757 RA; Espen Stück, 1779 GA, A
(70) aufn Feyner Plast, 1708 LV; aufn Feymer Plast, 1711 LV, A
(71) aufn Floetweges Stücken, 1708 LV; Flotwegs Stücken, 1757 RA, A
(72) aufn Graben Stücken, 1708/11 LV; Graben Stücken, 1757 RA, A
(73) Groten Drambrau, 1708/11 LV; Grott Drambrow Stücken, 1757 Ra, A
(74) auf der Helft(e), 1708/11 LV, A
(75) aufn Hencken Camp, 1708/11 LV, A
(76) in der Heyde, 1708 LV; Heydt Stücken, 1711 LV; die Heide Stücken, 1757 RA, A
(77) Hinnenwießen, 1708 LV; Hinnen Wiesen, 1711 LV, Wi
(78) Hof Wiesen, 1757 RA, Wi
(79) im Hogen Dannen, 1711 LV, A
(80) Hogen Enden, 1757 RA, A
(81) beim Hogen Wege, 1711 LV, Fw, A

(82) Horsten Hoff, 1752 GA, A
(83) Hörsten Stücken, 1757 RA; Horstenstück, 1817 GA, A
(84) Hütten Camp, 1711 LV; Hütter Camp, 1757 RA, A
(85) Kiel Stücken, 1757 RA, A
(86) aufm Krum Stücken, 1746 GA; Krumm Stück, 1753 GA, A
(87) Kuhirten Wiese, 1711 LV, Wi
(88) Lütgen Drambrau, 1708/11 LV; Lütt Drambrow Stücken, 1757 RA, A
(89) aufn Nienwiesen, 1708/11 LV; Neuwiesen Stücken, 1757 RA, A
(90) aufn Porplatz, 1708 LV, A
(91) aufn Püpprian, 1711 LV, A
(92) Quer Stücken, 1711 LV, A
(93) aufn Schmahl Stücken, 1708 LV; Schmalen Stücken, 1711 LV; Schmalen Stücken, 1757 RA; Schmalen Stück, 1817 GA, A
(94) aufm schmalen Claas, 1746 GA, A
(95) Schmiedel Stücken, 1708/11 LV; die Schmielen Stücken, 1757 RA, A
(96) Schmielerswiesen, 1708 LV; Schmiedels Wiesen, 1711 LV; Schmielens Wiesen, 1757 RA; die Schmiels Wiese, 1771 GA; Schmielsche Wiese, 1779 GA, Wi
(97) Schultzen Wiese, 1757 RA, Wi
(98) Siem Stücken, 1708/11 LV; auf den Siemsen, 1771 GA; das Ziemenstück, 1816 GA, A
(99) Triebenswießen, 1708 LV; Triebens Wiesen, 1711 LV; im Tribens, 1752 GA; Triebens Wiesen, 1757 RA, Wi
(100) der Walckmühler Camp, 1757 RA, A
(101) Wendt Stücken, 1711 LV, A
(102) am Wigrist, 1566 GB Dömitz, Ödl, Gh
(103) in der Wohrt, 1711 LV, A
(104) die Zwischen Langen Heide, 1711 LV, Ödl, A.

24

Malliß

'malis

Melgoz 1230, Melchist 1277, Melegiz 1289, Melghytz 1313, Malgast 1331, Melghitze 1392 MUB, Mallietze 1551 LB Eldena, Mellitz 1560 AB Schwerin

I Jüngere Steinzeit: Steinmeißel. Ältere Bronzezeit: Depotfund (2 Griffangelschwerter, 1 Griffzungenschwert). Ältere Eisenzeit: Gräberfeld.

II Ritterschaftliches Allod, 1289 Kommuniondorf, 1351 Klosterdorf, 1558 durch Säkularisation zum Domanium.

III 12 Hufen, darunter 1 Freihufe (1560 AB Schwerin). Individualbede, die Hufe zu 16 ß (1551 LB Eldena).

IV Gutshof. Ortslage exzentrisch zur Flur.
„Mallies ist zuvohrn ein Dorf gewesen, in dem Kriegswesen gantz ruinirt, itzo sein an Zimmer, so zum Meyerhofe gebraucht werden, ein alt Spicker, ein neuw Wohnwerk, eine neuwe Scheune. Dieser Hof ist an den Amptman Aßmus Friesen verpensionirt, hatt die Pechte mit zu genießen.“ (1654 AB Eldena).

V Gutsflur. Keine Ackerschläge (1710 LV).

VI 1568 LB Eldena: Hans Jouche, Drewes Topff, Peter Topff, Kersten Saske, Achim Bruningk, Achim Topff, Hinrich Szultzer, Claus Saske („haben ungleiche Houen“). Kätner: Claus Klementh, Achim Bruningk, Achim Topff, Achim Steinkopff, Claus Saske.

VII

(1)	Streit Ort	Streit Ort, 1788 WK.	Su/Wi, Wei
2	in'n Maur *inⁿ'mauə*	upn Mohr, 1790 FlK; Mallißer Moor, 1865 FlK.	Su/Wi, Wei
3	Kamerun *kamĕrūn*	Alte Wiesen Koppel, 1788 WK; Oll-Wischen Koppel, 1790 FlK.	Wi/Ot, Wi, A
4	Kreihenwinkel *krai̯ᵊnviŋkl*		Ödl/Kw
(5)	Holzwärter Koppel	Holzwärter Koppel, 1790 FlK.	Wi/A
(6)	Torf Mohr	das Witte Mor, 1566 GB Dömitz; vor dem Witten Mor, 1582 StK (Ichnographie); das Malißer Torff Mohr, 1788 WK; das Torf Mohr, 1790 FlK.	Su/A, Wei, Kw
7	Insel Joek *inzəl`žœ̄k*	die Drinne Horst, 1566 GB Dömitz.	Ödl/Kw
(8)	Schaaf Brücke	die Schaaf Brücke, 1790 FlK.	Brücke
9	Krus Wisch *krūs'viš*	Krus' Wisch, 1865 FlK.	Wi/Wi, Wei
10	Kaiserbarg *kaizəbaᵃx*	Kaiserberg, 1865 FlK.	Kw/F

11	Witten Barg *vitnba^{a}x*	Witten Berge, 1865 FlK.	Kw, Ödl/F
12	Langen Hei(d)grund *laŋ^n'haigrunt*	Langheidgrund, 1865 FlK.	Ödl/F
13	Wanzbarg *vansba^{a}x*	Wansberge, 1865 FlK.	Ödl, Kw/F
14	Hei(d)barg *haiba^{a}x*	Heidberg, 1865 FlK.	Ödl, Kw/F
(15)	Sandmeer	das Sand Mehr, 1790 FlK; Sandmeer, 1865 FlK.	Ödl/F
(16)	in der Heide	in de Heid, 1790 FlK; in der Heide, 1865 FlK.	Ödl/F
(17)	Vormoor	im Vor Mohr, 1790 FlK; Vormoor, 1865 FlK.	Su/F
18	Alunsbarg *a'lūnsba^{a}x*	der Alaun Berg, 1582 StK (Ichnographie); Alluns Berg, 1710 LV; Alaun Berge, 1788 WK; in die Allauns-Berge, 1790 FlK; Alaunsberg, 1865 FlK.	Ödl, Kw/F
19	Ful Kamp *fūlkam^p*	Faule Kamp, 1788 WK; Fuhl Kamp, 1790 FlK; Fuhlkamp, 1865 FlK.	Ödl, A/F
(20)	Lauenburger Berg	Lauenburger Berg, 1865 FlK.	Ödl/F
21	Zollen *tsol^l*	Soll Kamp, 1788 WK; Soll Kamp, 1790 FlK.	Pf, A/Ot, Pf
(22)	Scheper Kamp	Schäfer Coppell, 1710 LV; Scheper Kamp, 1790 FlK.	Wei/Ot
(23)	Secken Koppel	Secken Coppell, 1710 LV; Secken Koppel, 1790 FlK.	A/Ot
24	Kahnsahl *kānzāl*	bey den Kahn Sahl, 1710 LV; Kahn Soll, 1790 FlK; Kahn Sahl, 1865 FlK.	A, Pf/Wei, A
25	Grön Grund *grön'grunt*	Dieck Koppel, 1790 FlK; Grüner Grund, 1865 FlK.	Wi/Wi
26	Hofwisch *hofviš*	Wieße hinter den Hofe, 1710 LV.	Wi/Wi, Wei

(27)	Schün Koppel	Schün Koppel, 1790 FlK.	Wei, A/Ot
(28)	Dau Kuhls Koppel	in der Dau Kuhl, 1710 LV; Dau Kuhls Koppel, 1790 FlK.	Wei, A/A
(29)	Born Koppel	Born Koppel, 1790 FlK.	A/A
(30)	Middel-Kamp	auf den Miettel Camp, 1710 LV; Middel-Kamp, 1790 FlK.	A/A
(31)	Luhns Kamp	Luhns Kamp, 1790 FlK.	A/A
(32)	Dwas Kamp	Dwer Stück, 1710 LV; Dwas Kamp, 1790 FlK.	A/A
(33)	Diestel Kamp	auf den Dießel Camp, 1710 LV; Diestel Kamp, 1790 FlK.	A/A
(34)	Spill-Böhm Kamp	der Spiel Böhms Camp, 1710 LV; Spill-Böhm Kamp, 1790 FlK.	A/A
(35)	Striet Heid	Striet Heid, 1790 FlK.	Ödl/Kw
36	Höll *höl*		Ödl/A
37	Amerika *a'mērikā*	bey den Röster Buschs, 1710 LV; Reuster Kamp, 1790 FlK.	A/A
38	Vierbarg *fi^{ə}ba^{a}x*	Fiehr Barg, 1710 LV; Vier Barg, 1790 FlK; Vierbarg, 1865 FlK.	Ödl/Ödl, A, F
(39)	Immen Busch	Immen Busch, 1790 FlK.	Gh/Ziegelei
(40)	Jölcken Barg	auf den Golcken Berg, 1710 LV; Jölcken Barg, 1790 FlK.	A/Ziegelei
(41)	Voß Barg	Voß Barg, 1790 FlK.	A/Ziegelei
42	Swarten Barg *svatn'ba^{a}x* *sva^{a}tn-*		Ödl/F

VIII

(43) der Ciehl, 1710 LV, A
(44) Zwischen den Dohren, 1710 LV, A
(45) die Hauß Coppel, 1710 LV, Wei
(46) in der Kuhl Coppel, 1710 LV, Wi
(47) bey den Stäge, 1710 LV, A.

25

Göhren

gō^{ə}n

mit Neu Göhren

Gorne 1308, Görn 1328, Ghorne 1372, Gorne 1390 MUB

I Jüngere Bronzezeit: Urnenfeld („Scheeßelbarg"). Ältere Eisenzeit: 2 Urnenfelder („Dwerland", „Keesmaur"). Jüngere Eisenzeit: Urne („Scheeßelbarg"). Slawische Zeit: Siedlungskeramik („Bottekuhlsbarg"). Frühdeutsche Zeit: Töpferwerkstatt (Ortsrand).

II Kommuniondorf, um 1654 zum Domanium.

III 15 Hufen – darunter 1 Freihufe (1557 Hufenverzeichnis Gorlosen) – und 7 Katen (1552 LB Gorlosen). Individualbede, die Hufe zu 16 ß (1552 LB Gorlosen). Einzelpacht für eine Hufe 12 Scheffel Roggen (1328 MUB), später unterschiedliche Pächte von 12, 16 und 20 Scheffel Roggen oder 3 Gulden je Hufe (1654 AB Grabow).

IV Gassendorf. Ortslage exzentrisch zur Flur.

Durch die Errichtung von 10 Büdnerstellen entstand im Jahre 1865 auf dem südlichen Teil der Dorfgemarkung die Ortschaft Neu Göhren.

V Kleingewannflur. Keine Ackerschläge (1711 LV).

VI 1552 LB Gorlosen: Clawes Sculte, Achim Henninck, Hans Henninck, Achim Sculte, Hans Sultemelck, Dinnius Voghe, Jacob Maleke, Achim Widow, Clawes Voghe, Clawes Ratzack, Clawes Henninck, Lucas Crützedorp, Achim Balcke und 2 wüste Hufen. Kätner: Jasper Ratzack, Clawes Widow, Achim Ratzack, Tonnius Muchow, Mathias Jastram, Achim Korteclawes, Hermen Borcherdth.

1654 AB Grabow: Erdtman Busacker, Marten Busacker w., Palm Henning w., Claus Schult w., Chim Henning w., Brannanies Voje w., Marten Malcke w., Thewes Widauw w., Hans Backe w., Johann Moller, Peter Henning, Claus Klüßendorf w., Jochim Voje, Balzer Balcke w., Jochim Scheper. Kossaten: Jochim Francke, Hinrich Sasche w., Hans Sasche, Hans Meyer, Jochim Jancke, Chim Kort Clausen w., Erdtman Borchert w. Kätner: Simon Schulte w., Claus Möller w., Chim Sasche w.

1711 LV: der Schulze Schröder, Paschen Benedix, Jochim Hanne, Jochim Voye, Hans Wichmann, Hans Schultze, Christian Henneke, Jochim Wichmann, Hartig Krogmann, Jacob Bade, Jochim Scheper, Peter Voye, Wilcken Wöste, Bernanis Voy wöste, Wiedauen wöste. Kossaten: Peter Jancken, Jochim Jastram, Hans Muchau, Jochim Lüdemann, Andreas Meyer, Jochim Hanne, Jochim Scheper, Erdmann Geister.

VII

1	Swarten Barg *svatn'ba*^{a}*x* *sva*^{a}*tn-*	achtern schwartzen Berge, 1711 LV; Schwarzen Berge/Schwarzberg, 1825 RA.	Ödl/Kw
2	Vierbarg *fīəba*^{a}*x*	der Vierberg, 1857 FlK.	Ödl/Kw
3	Bezoll *bē*^{i}*'tsol*	aufn Posoll, 1711 LV; Poßoll, 1779 GA; Perssohl, 1815 GA; bie Pezollenkuhl, 1857 FlK.	A, Pf?/A
4	Büdelstücken *bŭdlstykn*	auf den Büten Stücken, 1711 LV; Büdelstücken, 1857 FlK.	A/A, Kw
5	Beneiken *bə'naikn*	aufn Wen-Ecken, 1711 LV; aufn Wehn Eichen, 1750 GA; bei den Eichen, 1803 GA; auf den Wenneicken, 1811 GA; Wenn Eken, 1857 FlK.	A/A
(6)	Pezollenhals	Pezollenhals, 1857 FlK.	Su?/A, Wei
7	Vier *fīə*	twischen Vier, 1857 FlK.	A/A, Wei
8	Viersche Graben *`fīəšə'gråbm*		Entwässerung
9	Torfmaur *tǫˀfmauə*	am Mohr, 1732 GA; Torfmoor, 1825 RA.	Su/Wei, A
10	Hei(d)damm *haidam*		A/A
11	Korten Maukern *`kǫˀtn'maukän*	aufn Korten Mockern, 1711 LV; auf Kurzen Maukern/Mauckern, 1781 GA; korten Mokern, 1857 FlK.	A/A
12	Langen Maukern *`laŋ*^{n}*'maukän*	aufn Langen Mockern, 1711 LV; aufm Mokern, 1749 GA; Langen Mokern, 1760 GA; langen Mokern, 1857 FlK.	A/A
13	Weßroden *ves'rōdn*		Ödl/A, Ödl

14	Bollbrüggen *bolbrykn*	aufn Bollbrüggen, 1711 LV; auf den Bolbrüggen, 1745 GA; auf den Bolbrüggen Stück, 1807 GA.	A/A
(15)	Bottekuhlsbarg	aufn Bollbrüggen Berge, 1711 LV; Bottekuhlsbarg, 1857 FlK.	A/A
16	Dörpstä(d) *dǫ̈̆ᵊpstǟə*	auf den Dorfstedten, 1651 KV Eldena; auf der Dorfstädten, 1711 LV; auf der Dorfstäde, 1807 GA; ub de Doerpstell, 1857 FlK.	A/A
17	Kolk *kolk*	im Kolk, 1825 RA; im Kolk, 1857 FlK.	Su/A, Su
(18)	Gühlken Kamp	Gühlken Kamp, 1857 FlK.	A/A
(19)	im Fischdiek	im Fischdiek, 1857 FlK.	Pf/A, Pf
20	Ieskuhl *ĭskūl*	auf der Irs-Kuhle, 1711 LV; auf den Iskuhlen, 1807 GA.	A/A, Ot
21	Scheeßelbarg *šēⁱslbaᵃx*	aufn Scheiselberge, 1711 LV; Scheitelberg, 1857 FlK.	A/A
22	Spliethoewenstücken *splīthœ̄vn`stykn*	auf den Splitthöven Stücken, 1815 GA; Spriethoef Stücken, 1857 FlK.	A/A
23	Dümpel *dympl*	im Dümpel, 1711 LV; im Dümpel, 1857 FlK.	Wi/A, Wei
24	Spliethof *splīthof*	aufn Spliethöfen, 1711 LV; auf den Split Höfen, 1745 GA; aufm Splithöfen, 1748 GA; im Spliethoff, 1756 GA; Spliethöven, 1781 GA; in den Spriethöfen, 1807 GA; Spriethöfen, 1811 GA; auf dem Splitthofe, 1817 GA.	A/A
25	Musendörp *mūzndǫ̈̆ᵊp*		Ödl/Ot
26	Huskoppel *hūskopl*		A/A, Wei
27	Smarrenstücken *smaᵃnstykn*	auf der Schmarren, 1711 LV; auf den Schmarsenstücken, 1805 GA; Schmarrenstück 1807 GA; aufm Schmarren, 1825 RA.	Wi, A/A

28	Hillwischen *hilvišn*		Wi/Wi
29	Hosten *hostn*		Su/Wi, Wei
(30)	im Geeren	auf der Göhren, 1711 LV; beim Giern, 1825 RA; im Geeren, 1857 FlK.	Wi/Ot, A
31	Gräswischen *gräsvišn*		Su/Wi, Wei
32	Westsprüngen *vessprуŋ*^{n}		Su/A, Ödl.
33	Hoppenstäden *hopnstädn*	aufn Hoppenstücken, 1711 LV; Hoppen-stelle, 1857 FlK.	A/A
34	Keesmaur *kēsmauə*	aufn Kesemohrstücken, 1711 LV; Käse-mohr, 1760 GA; Keesmoor, 1825 RA; Käsmoorstücken, 1857 FlK.	Su, A/Kw, A
35	Kostelann' *kostəlan*^{n}	Koster Lande, 1760 GA; Köste Land, 1857 FlK.	A/A
(36)	Köstewischen Busch	Köstewischen Busch, 1857 FlK.	Su?/Wei, A
37	ünnern Barg *ynən'ba*^{a}*x*	unterm schwartzen Berg, 1746 GA; unterm schwartzen Berg, 1756 GA; unterm Berge, 1825 RA; unter dem Berge, 1857 FlK.	A/A
38	Hei(d)koppel *haikopl*	groot Kiekbusch Heide, 1857 FlK.	Ödl/A, Wei
39	Lütt Neewischen *'lyt'nē*^{i}*'višn*	Nienwiesen, 1711 LV; auf den neuen Wiesen, 1746 GA; die neuen Wiesen, 1781 GA; Neue Wiesen, 1788 WK; die kleinen Neuwiesen, 1857 FlK.	Wi/Wi
(40)	im kleinen Kieck-busch	im kleinen Kieckbusch, 1857 FlK.	Ödl/A, Wei
(41)	kleine Kieckbusch-heide	kleine Kieckbuschheide, 1857 FlK.	Ödl/A, Wei
42	Kiekbusch *kikbuš*	im Kiekbusch, 1828 GA; Kieckbusch, 1857 FlK.	Ödl/A, Wei

(43)	Barkenmoor	Barkenmoor, 1857 FlK.	Su/Wei, A
44	Strangsche Weg *straŋšə'vex́*	der Strangesche Weg, 1857 FlK.	Fw/Fw
(45)	Strangsheide	Strangsheide, 1857 FlK.	Ödl/A
46	Strang *straŋ*	im Strangen, 1857 FlK.	Ödl/A, Wei
(47)	im großen Kieck-busch	im großen Kieckbusch, 1857 FlK.	Ödl/A, Wei
48	Holtwischen *holtvišn*	Holtzwiesen, 1711 LV; Lange Holtz Wiesen, 1788 WK; auf den Holzwiesen, 1811 GA; Holzwiesen, 1857 FlK.	Wi/Wi
49	Holt *holt*	im Holz, 1857 FlK.	Su?/Wi
50	Kauwei(d) *kauvai*^{ə}	Brinkkoppeln, 1857 FlK.	Su?/A
(51)	Söhring	im Söhring, 1825 RA; im Söhring, 1857 FlK.	Ödl/A, F
(52)	im Priemer	Priemer, 1749 GA; Priemer, 1825 RA; im Priemer, 1857 FlK.	Kw/F
53	Dannenkoppel *dan*^{n}*kopl*	Tannen-Koppel, 1825 RA; Hohen Stücken, 1857 FlK.	Ödl/A
54	Voßkuhlen *foskūl*	auf den Voß Kuhlen, 1788 WK.	Ödl/A
(55)	Alte Mohr	Alte Mohr, 1788 WK.	Su/A, Kw
(56)	Helheger Mohr	Helheger Mohr, 1788 WK.	Su/A, Kw
(57)	Große Caveln	Große Caveln, 1788 WK.	Wi/A
58	Klumpstück *klum*^{p}*styk*		Su/A, Wei
59	Manchester *man'šestə*		Su/A, Wei
60	Lang Älend *laŋ'äl*ə*nt*	Lindräben, 1857 FlK.	Ödl/A, Kw

(61)	Kriegenden	aufn Kriglandt, 1711 LV; Kriegenden, 1857 FlK.	A/Kw, A
62	Vennewischen *fenəvišn*	aufn Wenwischen, 1711 LV; Wennwisch, 1825 RA; Wennwischen, 1857 FlK.	A/Kw, A
63	Schultenkamp *šultnkam^{p}*		A/A
64	Blöckscher Barg *`blǫ̈kšə'ba^{a}x*		Ödl/A, Kw
65	Blöcken *blökn*	aufn Blöcken, 1711 LV; aufn Blöcken, 1748 GA; aufn Blöcken, 1779 GA; auf den Blöcken, 1828 GA.	A/A
66	Rodenlann' *ro^{u}dn`lan^{n}*	aufn Rodelandt, 1711 LV; Rohdeland, 1857 FlK.	A/A, Ot
67	Gastkamp *gastkam^{p}*	aufn Gerstenkamp, 1711 LV; aufn Gersten Camp, 1749 GA; Gerst Kamp, 1760 GA; Gerstkamp, 1803 GA.	A/A
68	Klinkstücken *kliŋkstykn*	aufn Großen Klincken, 1711 LV; upn Klinkstücken, 1779 GA; Klinkstück, 1781 GA.	A/A
69	Dannenbarg *dan^{n}ba^{a}x*	Tannen Berg, 1788 WK; Tannenberg, 1825 RA.	Kw/Kw
70	Rönnslag *rönslax*	vorn Rönschlag, 1711 LV; vor den Röhnschlag, 1745 GA; bey dem Rönnschlag, 1803 GA; Rönnschlag, 1807 GA; Rennschlag, 1857 FlK.	Ödl, A/A, Kw
71	Beekhösten *bēkhöstn*	auf der Beckhorst, 1711 LV; Beckhorsten, 1760 GA; Beek-Hoersten, 1857 FlK.	A/Kw
(72)	Nieland	aufn Nienlandt, 1711 LV; Nieland, 1857 FlK.	A/Kw
73	Dwerland *dvērlan^{n}*	Dwer Lande, 1825 RA.	A/Kw
74	Olln Fort *`oln'fō^{ə}t*	vorn alten Forth, 1711 LV; Alt Fahr, 1825 RA; foer den ollen Foohrt, 1857 FlK.	A/Kw

75	Bültmaur *byltmauə*	aufn Bülten Mohr, 1711 LV; Bültmoor, 1857 FlK.	Su, A/Kw
76	vört Slüs *fö*^{ə}*t' slüs*	bey der Schleuse, 1825 RA; bei der Schleuse, 1857 FlK.	A, Ödl/Kw, A
(77)	Schleuser Tannen	die Schleuser Tannen, 1857 FlK.	Kw/Kw
78	Preesterkamp *prēstəkam*^{p}		A/Kw
79	Voßkuhlen *foskūl*^{l}	aufn Voskuhlen, 1711 LV; Voskuhlen, 1857 FlK.	A/Kw
80	Maurstücken *mauəstykn*	aufn Mohrstücken, 1711 LV.	A/A
81	Voßhoewel *foshœ̄vl*	aufn Voshoeven, 1711 LV.	A/A
82	Langen Stücken *laŋ*^{n}*' stykn*	aufn Langen Stücken, 1711 LV.	A/A
83	Möllerrehm *mölə\`rēm*	aufn Mühlenrehm, 1711 LV; aufn Müllenreben, 1781 GA.	A/A
84	Karbarg *kā*^{ə}*ba*^{a}*x*	aufn Karckbarge, 1711 LV; upn Karckberg, 1779 GA; aufn Karbberge, 1781 GA; auf den Kirchberg, 1807 GA; auf dem Karks Berg, 1825 RA.	A/A
85	Gauskuhl *gauskūl*		Pf/Ödl
86	Springbarg *spriŋ*^{k}*ba*^{a}*x*	aufn Springbarge, 1711 LV; unterm Springberg, 1749 GA; unterm Springberg, 1779 GA; im Springberge, 1803 GA; auf dem Springberg, 1817 GA.	A/A
87	Kiewlann' *kiflan*^{n}	aufn Kivelandt, 1711 LV; aufn Kieweland, 1752 GA.	A/A
88	Flaßbarg *flasba*^{a}*x*	Flachsberg, 1857 FlK.	A/A
89	Grünn' *gryn*^{n}	in Gründen, 1752 GA; in den Gründen, 1803 GA; in den Gründen, 1815 GA; im Gründen, 1857 FlK.	A/A, Wei

(90)	baben Karkweg	baben Karkweg, 1857 FlK.	Fw, A/Fw,A
91	Weßraden *ves'rådn*		A/A
92	Schaulkoppel *šaulkopl*	beym neuen Schulkamp, 1825 RA.	A/A
93	Schultenkamp *šultnkamp*	am Schulzen-Acker, 1825 RA.	A/A
94	Hagenwischen *hågnvišn*	Haagenwiesen, 1857 FlK.	Wi/Wi, Wei
95	Hagenstücken *hågnstykn*	aufn Hagenstücken, 1711 LV; Hagenstück, 1807 GA; im Haagenenden, 1857 FlK.	A/A

VIII

(96) aufn Breet Stücken, 1711 LV, A
(97) breite Sagelaf, 1732 GA, A
(98) Capellen Land, 1711 LV, A
(99) aufn Caveln, 1711 LV, Wi
(100) aufn Elfraden, 1711 LV; im Elfsraden, 1803 GA; in Elsraden, 1807 GA; Elsraden, 1811 GA; Ilsraden, 1825 RA, A
(101) den Großen Kamp, 1781 GA; Großen Camp, 1811 GA, A
(102) aufn Hennicken Camp, 1711 LV, A
(103) aufn Hobbeln, 1711 LV, A
(104) beim Hovewege, 1711 LV, Fw
(105) am Judenberg, 1732 GA, A
(106) Kamp, 1825 RA, Ödl
(107) in Karckbergs Gründen, 1750 GA, A
(108) aufn Kossatenlande, 1711 LV; aufn Koßerlande, 1781 GA, A
(109) aufn Krumstücken, 1711 LV, A
(110) aufn Overlandt, 1711 LV, A
(111) aufn Lütgen Klincken, 1711 LV; auf den lütgen Klincken, 1745 GA; in Lütten Klinken, 1807 GA, A
(112) die runde Wiese, 1732 GA, Wi
(113) auf der schmahlen Lehmkuhle, 1711 LV, A
(114) aufn Schmahlen Stücken, 1711 LV, A
(115) in dem Spring, 1817 GA, A
(116) auf den Springborn, 1807 GA, A
(117) vor den Tannen, 1803 GA; vor den Tannen, 1815 GA, A
(118) auf den Twischenrieten, 1811 GA, Wi
(119) aufn Vier halb Roden, 1711 LV, A
(120) Waggeleitschen Garten, 1732 GA, A

(121) aufn Wedderkuhlstücken, 1711 LV, A
(122) Wenn-Enden, 1779 GA, A
(123) auf der Westebrüge, 1711 LV; aufn Wensch Bruggen, 1781 GA, Wi.

26

Malk

målk

Malke 1158, Mealke 1171, Malcke 1174, Malke 1230, Malken 1291, Malcke 1308 MUB

I Jüngere Bronzezeit: 2 Urnenfelder („Vornhost" und „Sültenbarg"). Übergang zur älteren Eisenzeit: Siedlung („Hei(d)barg") und Urnenfeld („Kronsbarg"). Slawische Zeit: Scherben („Hei(d)barg" und „Hunn'hoegel").

II 1158 Bischofskurie, um 1230 Klosterdorf, 1558 durch Säkularisation zum Domanium.

III $14^1/_2$ Hufen – darunter 1 Freihufe (1560 AB Schwerin) – und 1 Katen (1551 LB Eldena). Individualbede, die Hufe zu 16 ß (1551 LB Eldena). Einzelpacht je Hufe 2 Gulden und 3 Scheffel Roggen (1654 AB Eldena).

IV Gassendorf. Ortslage exzentrisch zur Flur.

Nach dem 30jährigen Krieg lagen 6 der 13 Gehöfte Malks wüst. Das Amt Eldena ließ die ledigen Stellen nicht wieder besetzen, sondern zog deren Ländereien zur Errichtung eines Meierhofs ein. Ausweislich der im Jahre 1708 vorgenommenen Vermessung entfielen von der damaligen Nutzfläche der Feldmark auf das Bauernland 365 Scheffel, auf den Hof hingegen 493 Scheffel Aussaat.

V Gewannartige Streifenflur. Keine Ackerschläge (1708 LV).

VI 1568 LB Eldena: Achim Hanne, Achim Francke, Achim Hanne junior, Titke Hanne, Bartelth Bruningk, Claus Bruningk, Drewes Schultze, Jacob Heineke, Jacob Nieman, Jurgenn Betcke, Bartelth Schultze, Valentin Verchlatz. Kätner: Achim Becker.

1654 AB Eldena: Caspar Graßmeyer, Hannß Tiede, Jacob Niemann w., Hein Timme, Chim Schultz w., Peter Brehmer w., Siemonn Hanne w., Chim Brüningk w., Jochim Hanne, Hannß Janeke, Chim Hanne w., Peter Hanne. Kossat: Clauß Schultz.

1708 LV: Hanß Graßmeyer, Hinrich Timme, Hanß Butt, Tietge Hann, Claus Timme, Casper Graßmeyer, Peter Hann.

VII

1	Rosenstrat *ro^{u}znstrāt*	aufn Rosengarten, 1708 LV.	A/Ot
2	Oll Hof *ol'hof*		A/A
3	Postmaur *postmauə*	Postmoor, 1828 VA; Postmoor, 1853 FlK.	Su/A, Su
4	Kohlhof *kōlhof*		A/A
5	Huskoppels *hūskopls*	hintern Höfen, 1708 LV.	A/A, Wei
(6)	bey die Kley Kuhlen	bey die Kley Kuhlen, 1788 WK.	Pf?/A
7	Kirchstieg *ki^{r}x́stīx́*		Stg/Stg
(8)	im Mühlen Boden	achtern Mühlenrehm, 1708 LV; im Mühlen Boden, 1788 WK.	A/A
9	Börmstä(d) *bö^{ə}mstǟə*		Ödl/Ödl
(10)	die Masch	die Masch, 1788 WK.	Wi/A, Wei
11	Drad'weg *dråvex́*		Fw/Fw
(12)	Bremers Wiese	Bremers Wise, 1788 WK.	Wi/A
13	Nachtkoppel *naxtkopl*	Pferdekoppel, 1828 VA.	Wei/A
14	Hoffeld *hoffelt*	Hof Acker, 1708 LV.	A, Wi/A, Wei
15	Schapwaschenslag *šåpvašnslax*		Wei/A
16	Hei(d)barg *haiba^{a}x*	beym Heidtbarge, 1708 LV; Heidberg, 1828 VA; Heibarg, 1853 FlK.	A, Kw/A, Kw

17	Schultenkamp *šultnkam*^{p}	der Schultzen Camp, 1708 LV.	A/A
18	Fohren *fō*^{ə}*n*	oben Voran, 1824 GA.	Su/A, Wi
19	Grot Koppel *`grōt'kopl*		Su, A/A, Wei
20	Specken *spekn*	Speck Wiese, 1708 LV; Speckenkolk, 1828 VA.	Su, Wi/Wi
21	Lütt Koppel *lyt'kopl*		A, Su/A
22	Vornhost *fo*^{ə}*nhost*	auf der Fahren Horst, 1708 LV.	A, Su/A, Wei
23	Blank Maur *blaŋkmauə*	das Blancke Mohr, 1708 LV.	Su/A, Wei
24	Stubben *stubm*		Su/Wei, A
25	Vehbrügg *fē*^{i}*bryx́*	Brügge, 1788 WK.	Su/A, Wei
26	Voßkuhl *foskūl*		Ödl/A, Wei
27	Kronsbarg *kro*^{u}*nsba*^{a}*x*	Crons Berg, 1788 WK; Kronsberg, 1828 VA; Kronsberg, 1853 FlK.	Ödl, Kw/Kw, A
28	Hempstä(d) *häm*^{p}*stä*^{ə}	die Hempfstücken, 1708 LV.	A/A
29	Holl Weg *hol'vex́*	der Hohlen Wegk, 1708 LV.	Fw/Fw
30	Dannenbarg *dan*^{n}*ba*^{a}*x*	auf dem Tannenberg, 1824 GA.	Kw/A, Kw
31	Schewen Barg *šē*^{i}*bm'ba*^{a}*x*		Ödl/A, Ödl
32	Nee Feld *nē*^{i}*'felt*		Ödl/A
33	Kiel *kīl*		A/A

34	Stämmenbarg *stem*^{m}*ba*^{a}*x*	aufm Stemberge, 1708 LV.	A/A
35	Sültenbarg *zyltnba*^{a}*x*	Sülsberg, 1853 FlK.	A/A, Kw
36	Hunn'hoegel *hun*^{n}*hǫ̈gl*	Hundeberg, 1853 FlK.	Ödl/Ödl
37	Löperbarg *lö̆pəba*^{a}*x*		A/A
(38)	auf dem Wanschen Berge	Wanczebergk, 1309 MUB; aufm Wanzbergk, 1647 Bericht des Grabower Küchenmeisters; auf dem Wantzenberge, 1707 LV Karenz; auf dem Wanschen Berge, 1788 WK.	A, Ödl/A, Kw
39	Boewelst Stück *bǫ̈vls'styk*		A/A
40	Kavels *kåvls*		A/A

VIII

(41) unten den Berge, 1708 LV, A
(42) aufn Blöcken, 1708 LV, Wi
(43) beym Böckenberge, 1708 LV, A
(44) Bullen Wieße, 1708 LV, Wi
(45) aufn Corten Caveln, 1708 LV, A
(46) E(e)ck Stuve, 1708 LV, A
(47) Hanen Camp, 1708 LV, A
(48) Hasell Horst, 1708 LV, A
(49) Heydtstücke, 1708 LV, A
(50) Hof Campen, 1708 LV, A
(51) Hogen Stegen, 1708 LV, A
(52) aufn Hogen Stücken, 1708 LV, A
(53) am Hohenfelde, 1745 GA; Hogefeld, 1828 VA, A
(54) Hoppensahl, 1708 LV, Pf?
(55) auf der Horst, 1708 LV, A
(56) beym Kloppen Mohr, 1708 LV, Su
(57) achtern Klosterberge, 1708 LV, A
(58) in der Kloster Heyde, 1708 LV, A
(59) beym Königken Mohr, 1708 LV, Su
(60) aufn König Stücken, 1708 LV, A
(61) hinter der Koppel, 1824 GA, A

(62) aufn Langen Felde, 1708 LV; im Langenfelde, 1745 GA; im lang Felde, 1824 GA; Langefeldt, 1828 VA, A
(63) bey der Lehmkuhle, 1708 LV; beym Lehm-Kuhlen, 1745 GA; Lehmkuhlenkamp, 1828 VA, A
(64) aufn Lütgen Stegen, 1708 LV, A
(65) beym Mahlcker Fohrt, 1708 LV, A, Wi
(66) Mühlenstücken, 1708 LV, A
(67) aufn Niemans Stücken, 1708 LV, A
(68) aufn Nienstücken, 1708 LV, A
(69) Rade Wieße, 1708 LV, Wi
(70) aufn Resenberge, 1708 LV, A
(71) beyn Dannen, 1708 LV; an den Tannen-Kaveln, 1828 VA, Kw
(72) aufn Timmen Camp, 1708 LV, A
(73) aufn Vier Rad(d)en, 1708 LV, A.

27

Karenz

kō^{ə}ns

Karniste 1270, Karniz 1285, Carnitze 1369 MUB, Karnizt 1493 SchlR Schwerin

I Jüngere Steinzeit: Feuersteindolch. Ältere Bronzezeit: Bronzeringe und Schwertstücke aus Grabfund. Jüngere Bronzezeit: Urne. Slawische Zeit: Scherben.

II Kommuniondorf, 1308 Klosterdorf, 1558 durch Säkularisation zum Domanium.

III 18$^{1}/_{2}$ Hufen, darunter 2 Freihufen (1560 AB Schwerin) und dem Anschein nach ursprünglich 12 viertelhufige (?) Katen (1551 LB Eldena). Individualbede, die Hufe zu 16 ß (1551 LB Eldena). Einzelpacht je Hufe 4 Gulden und 6 Scheffel Roggen (1654 AB Eldena).

IV Gassendorf. Ortslage exzentrisch zur Flur.

Von den 8 im 30jährigen Krieg wüst gewordenen Gehöften wurden 6 späterhin zur Einrichtung eines Meierhofs verwendet, während die beiden übrigen nach der im Jahre 1707 durchgeführten Vermessung als eine Stelle „dem Herrn Ambtmann im Contract zugeschlagen“ wurden. Den gleichen Vermessungsakten zufolge war jedoch „der Verwalter-Hoff in diesem Dorffe von 10 wüste Städten angelegt“, so daß Karenz in der

Zwischenzeit (1654–1707) vier weitere bäuerliche Wirtschaften eingebüßt haben muß, wodurch insgesamt die Struktur des einst reinen Bauerndorfs weitgehend verändert wurde.

V Langstreifenflur. Keine Ackerschläge (1707 LV).

VI 1569 LB Eldena: Peter Lemmeke, Achim Streuell, Pawell Geister, Ties Jouche, Kerstenn Wegener, Jacob Pandeke, Paschenn Wegener, Achim Schere, Claus Nieman, Hans Wegener, Achim Pandeke, Hans Pandeke, Claus Jurges, Achim Wegener, Achim Buchin, Achim Guthann, Peter Reineke, Peter Niemann, Dinnies Widow, Hinrich Szultzer, Jacob Hagen. Kätner: Hinrich Szultzer, Jacob Hagen, Dinnies Widow, Achim Jurges, Peter Nieman, Jacob Pandeke, Achim Guthann, Drewes Kenckell.

1654 AB Eldena: Jochim Nieman, Hannß Lembke, Jochim Pandeke, Frantz Pandeke, Tiaß Geister w., Jochim Geister, Christian Geister, Jochim Wegener w., Bartoldt Schultz w., Heinrich Steinfaß, Meweß Niemann w., Davied Kramber, Carstenn Wegener w., Claußs Becker, Chim Wegener w., Hannß Schere w., Clauß Nieman, Chim Stolte w., Jochim Prösch, Jochim Nieman. Kätner: Clauß Heineke.

1707 LV: Hanß Thombs, Tieß Geister, Clauß Schultze, Harm Steinfatt, Clauß Beecker, Hinrich Beecker, Clauß Nieman, Wegeners wüste, Johann Geister, Stolten wüste. Kossat: Hanß Mawe.

VII

1	Fleeschbarg *flēšba*^{a}*x*		A/A, Kw
2	Hogen Feld *hōgn'felt*	auf den Hohen Felde, 1707 LV.	A/A, Kw
3	Hogen Kavel *hōgn'kåvl̥*		A/A
4	Hühnkenbarg *hǖŋ*^{k}*nba*^{a}*x*		A/A
5	Flaßbarg *flasba*^{a}*x*	auf den Flaß Barg, 1707 LV.	A/A, Kw
6	Päknack *pǟknak*		Su?/A, Wei
7	Kronsbarg *kro*^{u}*nsba*^{a}*x*	oben Kronß Barg, 1707 LV; Crons Berg, 1788 WK.	A, Kw/A, Kw

8	A-Kavel *åkåvl*		Gh/A
9	B-Kavel *bē^{i}kåvl*		Gh/A
10	Bargkoppel *ba^{a}xkopl*	Ḅarg Busch, 1707 LV.	A, Gh/A, Kw
11	Steenfatten Holt *\`stēnfatn'holt*	Steinfatter Holz, 1788 WK.	Gh, Su/A, Wei
12	Bäker Riet *bäkə'rīt*	an der Rieht, 1707 LV.	Su/A, Wei
13	Dwarchkavel *dva^{a}xkåvl*		Gh, A/A, Wei
14	Blöcken *blökn*	auf den Blöcken, 1707 LV; Blöcken, 1779 GA; Blöcken, 1782 GA; in den Blöcken, 1813 GA.	A/A
15	Hohnerbarg *ho^{u}nəba^{a}x*		A, Kw/A, Kw
16	Swansvit *svansfīt*	auf Zwantz Fiet, 1707 LV.	A/A
17	Swiensmag *svīnsmåx*		A/A
18	Zirker Barg *\`si^{ə}kə'ba^{a}x*		A/A
19	Lütt Steenborg *lyt'stēnbǫ^{ə}x*	achtern Steinbarg, 1707 LV.	A/A, Kw
20	Steenborg *stēnbǫ^{ə}x*	die Stein Burg, 1788 WK; Steenborg, 1821 FlK.	Ödl/A, Kw
21	Grot Steenborg *gro^{u}t'stēnbǫ^{ə}x*		A/A
22	Postgraben *postgråbm*		A/A
23	Smalln Damm *\`smal^{l}'dam*		A/A

24	Olln Damm *ol*^{v}*dam*		A/A, Wei
25	Schultenkamp *šultnkam*^{p}	im Schulzen Kamp, 1811 GA.	A/A
26	Ellerborm *eläbǫ*^{ə}*m*	bey den Eller Born, 1707 LV.	A/Ot
27	Klint *klint*	Klind-Stücken, 1779 GA; auf den Klindt, 1782 GA; Klintzen Stück, 1811 GA; Klintstück, 1813 GA.	A/A
28	Wulfskuhl *vulfskūl*	auf der Wulfs Kuhl, 1707 LV.	A/A, Kw
29	Küsel Kamp *küzlkam*^{p}		A/Wei, A
30	Vörrerst Koppel *ˋfǫrəst'kopl*		Ödl/Wei, A
31	Schillerkoppel *šiləkopl*		Ödl/Wei, A
32	Vörrerst Wisch *ˋfǫrəst'viš*		Su/A
33	Steenern Maur *ˋstēnän'mauə*		Su/Wi
34	Voßkuhl *foskūl*		Ödl/Kw
35	Fettlock *fetlok*		Su/A
36	Hinnerst Koppel *ˋhinəst'kopl*		Ödl/A
37	Wei(de)koppel *vaikopl*		Ödl/Wei
38	Schableck *ša'bläk*		Ödl/Wei, Wi, A
39	Jogenuhrt *jo*^{u}*gnū*^{ə}*t*		Ödl/Wei, A

40	Bäk *bä̆k*		Gw/Gw
41	Krumm Stücken *krum'stykn*	oben den Krummen Stücken, 1707 LV; Krummen Stücken, 1779 GA; auf den Krummen Stücken, 1782 GA; in den Krummstücken, 1813 GA.	A/A
42	Rötsahl *rȫtzål*	hinter den Röht Sahl, 1707 LV; Rothe Soll, 1788 WK.	Pf, A/A, Wei
43	Dannenkavel *dan^{n}kåvl*		Ödl/Kw
(44)	beim Brüggen	beim Brüggen, 1872 FlK.	Ödl, Su/A
45	Taterkolk *tātəkolk*		Pf/Wi
46	Neen Wischen *nē̆^{i}n'višn*		Su, Ödl/Wi
47	Kiewittsmaur *kīvits`mauə*		Su/Wi
48	Kösterriet *köstərīt*	Köster Rieht, 1707 LV; Köster Rieth, 1872 FlK.	Su, Wi/Wi, Wei
49	Bormhorst *bǫ^{ə}mhǫst* *bǫ^{ə}mhǫ^{ə}st*		Ödl/Wi
50	Hüttbrauk *hytbrauk*	Hütt Bruch, 1788 WK; Hüttbruchs Wiese, 1872 FlK.	Su/Wi
51	Lütt Schierhorst *lyt'šīəhǫst* *lyt'šīəhǫ^{ə}st*	Kleine Schierhorst, 1824 FlK; Kleine Schierhorst, 1937 FK.	Ödl/F
52	Wäden *vä̆dn*	Wehde Wischen, 1707 LV; die Wäde Wiesen, 1788 WK; die Weden, 1872 FlK.	Wi/Wi
53	Osterhei(d) *o^{u}stə`hai^{ə}*	die Oster Heyde, 1788 WK; Oster Heide, 1872 FlK.	Ödl/A, Kw
54	Osterriet *o^{u}stərīt*	Oster Rieth, 1872 FlK.	Su/Wi
55	Witt Sand *vit'zant*	auf den witten Sande, 1707 LV; der weiße Sand, 1872 FlK.	A/A, Kw

(56)	im Bärenwinkel	in den Behren Winckell, 1707 LV; im Bärenwinkel, 1872 FlK.	A/A, Wei
57	Moelenweg *mœ̄l^{l}veẋ*		Fw/Fw
(58)	Kukuksbusch	Kukuks Busch, 1788 WK; Kukuksbusch, 1872 FlK.	A, Su/A, Wei
(59)	Kley	der Kley, 1872 FlK.	A/A
60	Kalkkuhl *kalkkūl*	oben der Kalck Kuhlen, 1707 LV; bei der Kalk Kuhl, 1821 FlK.	A/Ödl
61	Soldatenhaut *zol'dātnhaut*		A/A
62	Höllengraben *höl^{l}gråbm*		Gw/Gw
63	Schewen Barg *šē^{i}bm'ba^{a}x*		A/A
64	Habök *hā'bȫk*	Harbeus, 1821 FlK.	A/A
65	Wiedengraben *vīdn`gråbm*		Gw/Gw
66	Kellerbarg *keləba^{a}x*		A/A
67	Buschkuhl *buškūl*		Ödl/Ödl
68	Achterholt *axtəholt*	hinter den Achter Holtz, 1707 LV; das Achter Holz, 1788 WK; das Achter Holz, 1821 FlK.	A, Gh/A
69	Düwelskuhl *dǖvlskūl*		Ödl/Ödl
70	Düwelsborn *dǖvlsbǫ^{ʔ}m*	auf den Düfels Born, 1707 LV; beym Düfels-Born, 1753 GA; auf dem Düwels Born, 1788 WK; auf Düwels Born, 1821 FlK.	A/A
71	achter Conow *axtə'ko^{u}no^{u}*	achter Konaw, 1707 LV; hinter Conow, 1753 GA.	A/A

VIII

(72) in Ahrens Wiese, 1811 GA, Wi
(73) Baden Berg, 1707 LV, A, Ot?
(74) in der Depe Rieht, 1707 LV; in der Tiefen Riete, 1775 GA, Su, Wi
(75) auf der Dorf Städe, 1707 LV, A
(76) auf die Duwark Cavell, 1707 LV, A
(77) auf dem Frey Lande, 1707 LV, A
(78) Frey Wische, 1707 LV, Wi
(79) Gildlandt, 1707 LV, A
(80) auf die große Wiese, 1753 GA, Wi
(81) auf den Hintern Höfen, 1707 LV, A
(82) in der Holtz Wische, 1707 LV; Holzwiesen, 1813 GA, Wi
(83) bey dem Kirch Wege, 1707 LV, Fw
(84) in der Kleine Koppel, 1813 GA, A
(85) in den Kolcken, 1707 LV; beym Kölcken, 1753 GA, Su, Wi
(86) an der Koppel, 1813 GA, A
(87) auf den Korthen Cavelln, 1707 LV; auf den kurtzen Kabeln, 1811 GA, A
(88) in die Köster Wische, 1707 LV, Wi
(89) auf den Küster Lande, 1707 LV, A
(90) auf der Lütge Wische, 1707 LV, Wi
(91) Mittelste Rieht, 1707 LV, Su, Wi
(92) bey der Nachtkoppel, 1811 GA, A
(93) im reinen Kolk, 1811 GA, Wi
(94) bey der Rögnitz, 1707 LV, Wi
(95) die Schulmeister Wiese, 1782 GA, Wi
(96) in der Schulzen Wiese, 1811 GA, Wi
(97) unten/oben auf den Ziegel Hof, 1707 LV, A.

28

Conow

koᵘnoᵘ

Conowe 1270, Conow 1319, Kunow 1326, Conow 1328, Conowe 1369 MUB

I Ältere Bronzezeit: Schwert und 4 Ringe aus Grab- oder Depotfund. Ältere Eisenzeit: Zwei Urnenfelder.

II Ritterschaft, 1270 Kommuniondorf, 1326 Klosterdorf, 1558 durch Säkularisation zum Domanium.

III 13 Hufen, darunter 2 freie Herrenhufen (1551 LB Eldena). Individualbede, die Hufe zu 16 ß (1551 LB Eldena). Einzelpacht für eine Hufe 16 Scheffel Roggen (1328 MUB), später je Hufe 4 Gulden und 6 Scheffel Roggen (1654 AB Eldena).

IV Kleines Angerdorf. Ortslage etwas exzentrisch zur Flur. Kirchdorf, Pfarrkirche St. Georg.

V Flurform unsicher. Keine Ackerschläge (1708 LV).

VI 1569 LB Eldena: Hermenn Lemmeke, Tewes Wilke, Dinnies Horstman w., Jacob Topff, Hans Lemmeke, Drewes Kopke, Peter Lemmeke, Hermen Lemmeke, Hinrich Szultzer, Ties Teßmer, Achim Henningk.

1654 AB Eldena: Jochim Köpeke, Hannß Lembke w., Ulrich Graßmeyer w., Peter Lembke w., Marten Lübien w., Tiaß Geister w., Carstenn Wilcke w., Dreweß Tetzmer w., Claus Gutam, Jochim Wilcke. Kossaten: Christoph Sasche, Stoffer Mann, Hannß Sasche.

1708 LV: Peter Scheper, Claus Gotham, Casper Wilck, Marten Gotham, Stoffer Sasch, Jochim Ahrent, Jochim Wilck, Christian Wilck, Johann Suerbeer, Lembcken wueste, Graßmeyers wueste. Büdner: Johan Meyer, Christian Dahß.

VII

1	Kirchstieg *ki*^{t}*x́stīx́*	Kirchsteig, 1816 FR.	Stg/Stg
2	Klint *klint*	im Klint, 1818 FR.	Su?/Wei
3	Kösterkoppel *köstəkopl̩*		Su?/Wei
4	Steinborg *stēnbǫˀx*	die Stein Burg, 1788 WK; Steinberg, 1818 FR.	A, Ödl/A, Kw
5	Sniederecken *snīrə`ekn*		Ödl/A
6	Grot Kuhl *gro*^{u}*t′kūl*		A, Pf?/A
7	Striethei(d) *strīt`hai*^{ə}	Streit Heide, 1818 FR.	Ödl, Kw/Kw

8	Daukuhl *daukūl*	in der Dow Kuhlen, 1609 KV Conow; in der Dow Kuhlen, 1651 KV Conow; im Dau Kuhlen, 1786 GA; im Dau Kuhlen, 1805 GA; Daukuhlen, 1818 FR.	A/A
9	Kleistücken *klaistykn*	aufn Klee Stücken, 1708 LV; aufm Kley Stücken, 1740 GA; Kleystück, 1805 GA; Kley Stücken, 1818 FR.	A/A
10	Kohlhoewen *kouͧlhœ̄vn*	im Kohlhöfen, 1805 GA; Kohlhöfs Stücken, 1818 FR.	A/A
11	Knollen *knolˡ*	aufn Knollen, 1708 LV; Knollen, 1818 FR.	A/A
12	Kattenkuhl *katnkūl*		Pf/Pf
13	Soltsot *zoltzoͧt*	up der Sulten, 1326 MUB; bey der Sültze, 1708 LV; Sülte, 1788 WK.	Quelle
14	Holtwohrerkoppel *holtvōrə'kopl*		A/A
15	Dämm *dēmᵐ*	im Dam Kuhl, 1708 LV.	A/A
16	Hog Stücken *hoͧx 'stykn*		A/A
17	Maurstücken *mauəstykn*	aufn Mohr Stücken, 1708 LV.	Su, A/A
18	Kreihenbarg *kraiənbaͣx*		A/A
19	Preisterhow *praistəhoͧf*	Priester Hoeve, 1708 LV.	A/A
20	Kösterkamp *köstəkamᵖ*		A/A
21	Grebser Feld *'grēⁱpsə'felt*		A/A
22	Heuweg *hoivex́*		Fw/Fw
23	Holtweg *holtvex́*	vorm Holtz Wege, 1708 LV.	Fw/Fw

24	Wulfskuhl *vulfskūl*		Ödl/A
25	Bäunerkoppel *boinäkopl*		A/A
26	Steenhobbel *stēnhopl*	Steen Hobeln, 1708 LV.	A/A
27	Kuchlitz *kūxlits*	in der Kucklis, 1708 LV; auf der Kückelitz, 1786 GA; Kühlitz, 1805 GA; in der Kücklitz, 1811 GA; in der Küchlitz, 1818 FR.	A/A
28	Brennaben *brenābm*		Ödl?/A
29	Swienkuhl *svīnkūl*		Pf/Pf
30	Blanken *blaŋ^{k}n*	am Blanken, 1818 FR.	A/A
31	Joetborm *žœ̄tbǫˀm*	im/beym Jüden Born, 1708 LV; auf den Juden Born, 1740 GA; im Jehborn, 1757 GA; im Gädeborn, 1770 GA; im Jätborn, 1802 GA; im Jätborn, 1805 GA.	A/A
32	drög Düwelskuhl *drȫx́' dǖvəls`kūl*	Düwelskuhl, 1818 FR.	Ödl, A/A, Ot
33	natt Düwelskuhl *nat'dǖvəls'kūl*	Düwelskuhl, 1818 FR,	Pf/Pf
34	Suerkoppel *`zūə'kopl*		Ödl/A, Kw
35	Langen Stücken *laŋ^{n}'stykn*		A/A
36	Hei(d)barg *haiba^{a}x*		Ödl/F
(37)	Windmühl Berg	Windmühl Berg, 1788 WK.	Ödl/F

VIII

(38) in der Bauer Koppel, 1802 GA, Wi
(39) im Blanken Soll, 1818 FR, A
(40) aufn Blöcken, 1708 LV; im Block, 1805 GA, A

(41) im Flachsstücken, 1770 GA; Flachs Stück, 1786 GA, A
(42) Gillwiesen, 1708 LV, Wi
(43) bey der Go Kuhl, 1818 FR, A
(44) beym Grebtzer Hägen, 1708 LV; in den Hägen, 1770 GA; vor den Hegen, 1786 GA; in den Hegen, 1811 GA, A
(45) im Grund Höfen, 1792 GA, A
(46) aufn Kiel Stücken, 1708 LV; auf den Kielstücken, 1770 GA; im Kiel Stück, 1802 GA, A
(47) in der Koppel, 1786 GA, Wi
(48) aufn Köster Busch, 1708 LV, A
(49) Lehmkuhlen, 1818 FR, A
(50) an den Marck Stücken, 1757 GA, A
(51) Querstücken, 1708 LV, A
(52) vorn Sandorf, 1708 LV, A
(53) aufn Schmahlen Lande, 1708 LV, A
(54) aufn Schmahl Jarchen, 1708 LV, A
(55) Schultzen Acker, 1708 LV, A
(56) aufn Soll Stücken, 1708 LV, A
(57) auf den Steinhöfen, 1802 GA, A
(58) im Torfkuhlen, 1818 FR, Ödl
(59) zwischen den Wegen, 1786 GA, A.

29

Probst Woos

'prōps'vaus

Woez 1312, Wosz/Woez 1330 MUB, Wotze 1551 LB Eldena, Wutzen 1560 AB Schwerin

I Jüngere Bronzezeit: Urnenfeld („große Koppel").

II 1312 ritterschaftliches Lehn, 1330 Klosterdorf, 1558 durch Säkularisation zum Domanium.

III 10 Hufen – darunter 1 Freihufe – und 1 Katen (1560 AB Schwerin). Individualbede, die Hufe zu 8 ß (1551 LB Eldena). Einzelpacht je Hufe 8 ß Pennig und 6 Scheffel Roggen (1654 AB Eldena).

IV Gutshof. Lage des Hofes zentral zur Flur.

Nach dem Ende des 30jährigen Krieges waren nur wenige der 11 Gehöfte des Ortes besetzt. In der zweiten Hälfte des 17. Jahrhunderts legte das

Amt unter Belassung nur einer Kossatenstelle das Bauerndorf und richtete in Probst Woos einen Meierhof ein.

V Gutsflur. Keine Ackerschläge (1710 LV).

VI 1569 LB Eldena: Hans Bruningk, Claus Krammoutz, Drewes Kopke, Achim Warneke, Hans Machell, Achim Pandeke, Hans Brame, Achim Bake, Jasper Pandeke, Hans Treise, Achim Gade w. Kätner: Hermen Kopke.

1654 AB Eldena: Peter Schlubecke, Siemonn Köpeke, Jochim Brahm, Chim Geele w., Clauß Soltmann, Chim Lüdtke w., Hannß Warneke w., Clauß Backe w., Hannß Micheel w., Hannß Sasche w. Kossat: Dreweß Köpeke w.
1710 LV: Hanß Peter Schröder, Kossat.

VII

1	Rug Lock *rūx'lok*	Rug Lock, 1937 FK.	Ödl/F
(2)	Heid Kamp	auf den Heidt Camp, 1710 LV; der Heid Kamp, 1788 WK.	A/F
3	Windmoelenbarg *vint`mœ̄lˡbaᵃx*	Windmühl Berg, 1788 WK; Windmühlenberg, 1937 FK.	Ödl/F
(4)	Neue Mohr	Neue Mohr, 1788 WK.	Su/F
5	Nee Damm *nēⁱdam*	oben den Nedam, 1710 LV; Niedamm, 1937 FK.	A/F
6	achtern Schapstall *axtən'šåpstal*	hinter den Schaf Stall, 1710 LV.	A/Kw
7	Kohlhof *kōlhǫf*		A/Kw, A
8	Koekengor(de)n *kœ̄kn`gōᵊn*		A/A
9	Scheperkat *šēpəkāt*	an der Schäfer Cohte, 1710 LV.	A/Kw
(10)	Klewer Kamp	Klewer Kamp, 1788 WK	A/F
(11)	Lange Mohr	Lange Mohr, 1788 WK.	Su/F

12	Huskoppel *hūskopl*		A/A
13	Schultenkamp *šultnkam^{p}*	auf den Schultzen Höfen, 1710 LV.	A/A, Ödl
14	Soldatenhaut *zol'dātnhaut*		A/A, Ödl,
(15)	die Lauck	Law, 1565 StK; vorn Loeck, 1710 LV; die Lauck, 1771 FlK Schlesin; an der Lauck, 1771 VA Schlesin.	A/A, Kw
(16)	die große Koppel	die große Koppel, 1788 WK.	A/A
(17)	Klei Koppel	Klei Koppel, 1788 WK.	A/A, Wei
18	Bargkoppel *ba^{a}xkopl*		A/A, Kw
19	Dachsbarg *daksba^{a}x*	Dachsberg, 1937 FK.	Ödl/F
20	Witt Schneis *vit'šnais*		Fw/F, Fw
21	Scheperkamp *šēpəkam^{p}*	hinter den Schäfer Camp, 1710 LV; Scheperkamp, 1937 FK.	A/F
(22)	in den Bergen	auf den Barg, 1710 LV; in den Bergen, 1937 FK.	A/F
23	Sleser Eck *ˋslēzə'ek*	Schleser Eck, 1937 FK.	Ödl?/F

VIII

(24) in der Arft Coppell, 1710 LV, A
(25) auf den Block Stücken, 1710 LV, A
(26) bey der Börme, 1710 LV, A
(27) das Drift Stück, 1710 LV, A
(28) auf den Dwer Stücken, 1710 LV, A
(29) in der Gast Grund, 1710 LV, A
(30) auf den grothen Sager, 1710 LV, A
(31) bey den Heuwege, 1710 LV, Fw
(32) auf den langen Stücken, 1710 LV, A
(33) an den Mohr, 1710 LV, A, Su

(34) Quer Ende, 1710 LV, A
(35) auf den Rade Camp, 1710 LV, A
(36) auf den Rühmen, 1710 LV, A, Ödl
(37) in der Sagers Koppel, 1710 LV, A, Wei
(38) auf den Sag Prieß, 1710 LV, A, Wi
(39) auf den Schäfer Stücken, 1710 LV, A
(40) untern Sprinck Borne, 1710 LV, A
(41) in der Wieße Coppell, 1710 LV, Wi.

30

Niendorf

nīndǫ̈ᵒ̄p

mit Wüstung Harmsmoel

Neyedorp 1431 SchlR Dömitz, Newendorpe 1531 LB Dömitz, Hermensmollene 1424 CDB, Hermens molen 1531 LB Dömitz

I Jüngere Steinzeit: Mikrolithen, Zonenbecherscherben von einem Siedlungsplatz.

II Domanium.

III 8 Hufen, darunter 1 Freihufe sowie „8 hufen Aker zẘ der Hermens molen belegen baẘen dye neẘendorper" (1531 LB Dömitz). Individualbede, die Hufe zu 16 ß (1531 LB Dömitz). Einzel- und Pauschalpacht, „de schulte 1 mark, de andenn lude gheuen 7 mark, est 8 mark" (1431 SchlR Dömitz).

IV Rundling. Ortslage exzentrisch zur Flur.

V Kleingewannflur. Keine Ackerschläge (1708 LV).

Die Wüstung Harmsmoel umfaßt außer dem südlichen Teil der Gemarkung Niendorf wahrscheinlich noch östliche Randgebiete der Fluren von Hohen Woos und Tews Woos (cf. dazu Nr. 38/74!).

VI 1569 LB Dömitz: Heinrich Schultz, Heinrich Schultz, Hans Sasche, Achim Sasche, Jacob Sasche, Kersten Schultze, Jochim Schultze, Thomas Penning, Herman Seeger, Thies Jauche, Herman Jauche, Heine Jauche, Heine Jauche, Hans Sasche, Hans Penning.

1654 KL Dömitz: Jochim Crammaus, Hanß Schulte, Erdmann Schmidt, Erdmann Seeger, Thies Seger, Jochim Ahrendt, Hanß Michel, Hinrich Sellemann, Johann Moer, 6 noch wüste Stellen. Kossat: Hans Schulte.

1708 LV: Peter Schlubeck, Stoffer Ahrendt, Johan Jungbluet, Hinrich Bettcke, Cordt Jahnck, Peter Carmauß, Jochim Carmauß, Johann Bethje, Baltzer Möller, Hanß Gothan, Ties Seeger, Jürgen Schuldt, Jochim Ahrendt, Johann Kanne, Jochim Springborn, Jacob Schröder. Kossat: Hanß Behtje.

VII

1	Sleser Eck *ˋslēzə'ek*		Ödl/Kw
2	Fiernstücken *fiənstykn*	beym Fehren Stücken, 1708 LV; Fehrm Stück, 1777 GA; Fehrenstücken, 1869 FlK.	A/A, Kw
3	Krumm Stücken *krum'stykn*	Krumstücken, 1708 LV.	A/A
4	Lindhost *linthǫst* *-hǫ^{o}st*		Gh, Ödl/F
5	Grot Koppel *gro^{u}t'kopl*	die große Koppel, 1841 GA.	A, Ödl/A
6	Lütt Koppel *lyt'kopl*		A, Ödl/A
(7)	in den Bergen	beym Kielberg, 1777 GA; in den Bergen, 1937 FK.	Ödl, A/F
8	Prietens *pritns*	aufn Prietens, 1708 LV; auf den Prieten, 1772 GA.	A/A, Kw
9	Grot Schultenkamp *ˋgro^{u}t'šultnkam^{p}*	der Schultzen Camp, 1708 LV.	A/A, Ot, Kw
10	de Höll *də'höl*		Ödl/A, Kw
11	achter Reit *axtəˋrait*	achtern Ratge, 1708 LV; achter den Reith, 1772 GA; auf den achter Räth, 1777 GA; achter Rahden, 1800 GA; Achterräd, 1815 GA; achter Rathkstück, 1816 GA; achter Reiht, 1816 GA; achter Rieht, 1869 FlK.	A/A, Kw
12	Vlocksmaur *floksmau^{ə}*		Su/A

13	Bäunerkoppel *boinəkopl*		A/A
14	Schrodamm *šrōdam*		Fw/Fw
15	Hogen *hōgn*		Ödl/A
16	Dradstück *dråt'styk*		Ödl/A
17	Kavelwisch *kåvlviš*	Cavel Wiesen, 1708 LV; die Cavel Wiese, 1777 GA; im Kawel Wiesen, 1815 GA.	Wi/Wei, Wi, A
18	Börmkuhlkavel *bǫ̈ᵊmkūl'kåvl*		Wi/Wei
19	Heuwegstück *hoivex̌'styk*		Ödl?/A
20	Häwammswisch *hävamsviš*		Wi/Wi
21	Wormhost *vǫᵊm'hǫst* *-hǫᵊst*		Ödl/A
22	Wei(d) *vaiᵊ*		Ödl, Wi/A, Wei
23	Loosger Wischen *'loᵘsgə'višn*		Su, Wi/Wi
24	Kielkoppel *kīlkopl*		Su/Wei
25	Nachtkoppel *naxtkopl*	Güesmer, 1565 StK; in der Nachtkoppel, 1841 GA; die Pferde Koppel, 1869 FlK.	Su/Wei, Wi, A
26	Praßkuhl *praskūl*		Pf/Pf
27	Kätelkoppel *kätlkopl*		Su/Wi, Wei, A
28	Ürenbarg *ūənbaᵃx*		Ödl/Wei, A, Ödl

29	Wulfshost *vulfshǫst*		Ödl/Wei, A, Ödl
30	Polzerbarg *poltsə'baᵃx*		Ödl/Wi, A, Ödl
31	Smittwisch *smitviš*		Wi/Wi
32	Deenshost *dēⁱnshǫst* *-hǫᵒst*		Ödl/Wi, A, Kw
33	Steenbarg *stēⁱnbaᵃx*		Ödl, Su/Kw, Wei
34	Stegkoppel *stex́kopl*		Wi/Wei, A
35	Neewischen Ellern *nēvišn'elän*	Nien Wiesen, 1708 LV.	Wi/Wi
36	Ranzenkölk *rantsnkölk*	Rantzen Kolck, 1787 GA; im Rantzen Kolck, 1800 GA; Ranzen Kölk, 1816 GA.	Su/Wi
37	Bodderbarg *bodə'baᵃx*		Ödl?/A, Wi, Kw
38	Grawwisch *gråfviš*	die Graw Wiese, 1816 GA.	Wi/Wi
39	Fangelswisch *faŋᵍlsviš*	die Fangelis Wiese, 1816 GA.	Wi/Wi
40	Pikswisch *piksviš*		Wi/Wi, Wei
41	Renswisch *rensviš*	Rens Wiesen, 1708 LV; Rensch Wisch, 1772 GA.	Wi/Wi, Wei
42	Holtwisch *holtviš*	Holtz Wiesen, 1708 LV; auf den Holtz Wischen, 1772 GA; die Holtz Wiese, 1777 GA; Holz Wiesen, 1869 FlK.	Wi/Wi, Wei
43	Swienswei(d) *svīnsvaiə*		Ödl/A, Kw
44	Pikskamp *pikskamᵖ*	Bike, 1565 StK; über Bickowen, 1566 GB Dömitz.	Ödl/A, Kw

45	Zägenwisch *tsä̃^{ə}nviš*		Su?/Wi, Wei
46	Kolker Dannen *\`kǫlkä' dan^{n}*		Kw/Kw
47	Brandhost *branthǫst* *-hǫ^{o}st*	Brandhorst Wiese, 1833 GA.	Wi/Wi, Wei
48	Kolk *kǫlk*		Su, A/Wei, A
49	Kavel *kåvl*		A, Wi/A, Ot
50	Rotstück *ro^{u}tstyk*	auf der Rohte Kuhl, 1708 LV.	A/A
51	Brüggelwisch *bryglviš*		Wi/Wi, Wei
52	Rouskölk *ro^{u}zkǫ̈lk*		Wi, Su/Wi, Wei
53	Lütt Schultenkamp *lyt' šultnkam^{p}*		A/A
54	Wou(d) *vo^{u}ə*		A, Wi/Wei, A, Ot
55	up'n Stücken *upm' stykn*		A/Ot
56	Schaulkamp *šaulkam^{p}*		A/A, Kw
57	Schaulwisch *šaulviš*		Wi/Wi
58	Dannenkavel *dan^{n}\`kåvl*		Kw/Kw
59	Reetwisch *rē^{i}tviš*	vorn Reetwiesen, 1708 LV; die Reth Wiese, 1777 GA; Rethwisch, 1790 GA; Reet Wiese, 1800 GA; die Rethwiese, 1816 GA.	Wi/Wi
60	Kiewittshoew *kīvits\`hœ̄f*		A/A, Kw

61	Langen *laŋ*^{n}	die Lange, 1565 StK; in der Langen, 1566 GB Dömitz; im Langen, 1708 LV; im Langen, 1869 FlK.	A, Ödl/A, Kw
62	Kiewittswisch *kīvitsviš*	Kiwitzer Mohr, 1708 LV; Kiebietz Wiese, 1769 GA; Kiwits Wiese, 1787 GA; Kivits Wiese, 1816 GA.	Su, Wi/Wi
63	Langenswisch *laŋsviš*	Lange Wiesen, 1708 LV.	Wi/Wi
64	Torfmaur *tǫ*^{ǫ}*fmauə*		Su/Wi
65	Ho(g)hosterwisch *hō' hǫstəviš*	die Hohe Horst, 1565 StK; vor der hohen horst, 1566 GB Dömitz.	Ödl, Wi/Wi
66	Lütt Bullenwisch *lyt' bul*^{l}*viš*		Wi/Wi
67	Harmsmoel *\`ha*^{a}*ms' mœ̄l*	auf der Harms Mühl, 1708 LV.	A, Wi/Wi, Kw
68	Isereiten *\`īzə' raitn*	bey die Iseratgen Wiesen, 1708 LV; Isarseiten (!), 1869 FlK.	Wi, A/Wi, A, Kw
69	Grot Bullenwisch *grōt' bul*^{l}*viš*		Wi/Wi

VIII

(70) auf Behrböhm Stück, 1777 GA, A
(71) beim Bockweitzen Mohr, 1708 LV, Su, A
(72) Borns Wiesen, 1708 LV, Wi
(73) beym Brandt Mohr, 1708 LV, Su, A
(74) aufn Brandt Stücken, 1708 LV; auf den Brand Stücken, 1772 GA; auf den Brandtstück, 1790 GA; Brandstücken, 1815 GA; Brand Koppel, 1833 GA, A
(75) Cavel(l)wiesen Hofen, 1708 LV, A
(76) in der Coppel, 1708 LV, A
(77) Crullen Höbbel, 1708 LV, A, Wi
(78) Dieckwiesen, 1708 LV; die Dieck Wiese, 1777 GA, Wi
(79) beym Dornbusch, 1772 GA, A
(80) Eschen Camp, 1708 LV; auf den Eschen Kampf, 1790 GA; auf den Eschenkamp, 1815 GA, A
(81) Espen Camp, 1777 GA, A
(82) zwischen den Feldwegen, 1708 LV; zwischen Wegen, 1772 GA, A

(83) Flacken Wiesen, 1708 LV, Wi
(84) auf den Flieder Stücken, 1769 GA; auf Fleder Stück, 1777 GA; das Fliederstück, 1816 GA, A
(85) die Fölswarck, 1769 GA, Wi
(86) achtern Forth, 1708 LV, A
(87) Gaus Blanck, 1708 LV; Goseblank, 1769 GA, Wi
(88) Grote Horst, 1708 LV, Wi
(89) das Grundstück, 1769 GA; in/baben de Grund, 1777 GA; das vorderste Grundstück, 1787 GA; das Grundstück, 1816 GA, A
(90) in der Güstmarische Riete, 1708 LV, Wi
(91) auf der Harnische Horst, 1708 LV, A
(92) bey der Harnische Riete, 1708 LV, Su
(93) Haßel Wießen, 1708 LV, Wi, A
(94) das hinterste Brand Stück, 1769 GA; das hinterste Brandt-Stück, 1787 GA; das hinterste Brandstück, 1816 GA, A
(95) Hinterste Cavell, 1708 LV, Wi
(96) Hinterste Deichwiese, 1708 LV, Wi
(97) auf dem Hoflande, 1777 GA, A
(98) Hofwiesen, 1708 LV, Wi
(99) untern Hogen Baum, 1708 LV, Wi
(100) beim Hohen Ellern, 1708 LV, Wi
(101) beym Hollen Wegck, 1708 LV; bey dem Hohlen Wege, 1777 GA, Fw, A
(102) im Jastram, 1708 LV, Wi
(103) in Jastram Hof, 1816 GA, A
(104) aufn Jauchen Höbbel, 1708 LV, Wi
(105) beym Iseratgen Mohr, 1708 LV, Su
(106) im Kan(e)cken, 1708, LV, Wi
(107) Kiesberg, 1777 GA; auf dem Kiesberge, 1816 GA, A
(108) am Kleinen Mohr, 1708 LV, Su
(109) Kleine Wischen, 1708 LV; in den Klein Wiesen, 1777 GA, Wi
(110) auf der Kron, 1708 LV; auf den Krohn, 1790 GA; das Kronstück, 1816 GA, A
(111) Korte Kavell, 1708 LV, Wi
(112) Krummen Stücken, 1708 LV, A
(113) Kurtzen Enden, 1708 LV, A
(114) auf der Land Horst, 1708 LV, Wi
(115) Lange Cavel, 1708 LV, Wi
(116) auf der Langk, 1708 LV; auf den Lancken, 1772 GA; auf den Lanck/Lancken, 1777 GA, A
(117) Lütgen Eschen Camp, 1708 LV, A
(118) Lütgen Prietens, 1708 LV, A
(119) beym Lütgen Winckel, 1708 LV, A
(120) auf den Lütten Kieß Berg, 1787 GA, A
(121) Mühlen Wiese, 1708 LV, Wi

(122) Niederwisch, 1708 LV, Wi
(123) Plobt Mohr, 1708 LV, Su
(124) Pret(g)en Wiesen, 1708 LV, Wi
(125) auf dem Pringnitz, 1777 GA, A
(126) Quer Stücken, 1708 LV, A
(127) achtern Raeck/Räck, 1777 GA, A
(128) Röersch/Roerschen Hoefen, 1708 LV, A
(129) Rohr/Roer Stücken, 1708 LV; auf dem Rohr, 1777 GA; Rohrstück, 1815 GA, A
(130) im Rue(h)m Felde, 1708 LV; in ruhm Felde, 1777 GA, A
(131) beym Schles(ing)er Mohr, 1708 LV, Su, A
(132) Serßer Wiesen, 1708 LV, Wi
(133) auf der Sit(z)litz, 1708 LV; aufn Sielitz, 1772 GA; auf dem Zietlitz, 1777 GA; auf den Zielitz, 1790 GA; das Zilisstück, 1816 GA, A
(134) auf dem Strauch, 1777 GA, A
(135) Stubben Wiese, 1708 LV; auf den Stubben Wießen, 1790 GA; Stubben Wiese, 1815 GA, Wi
(136) im Sump, 1708 LV, Wi
(137) Vier Stücken, 1708 LV, A
(138) auf den Vorbrand Stücken, 1772 GA, A
(139) in der Voß Kuhl, 1708 LV; in de Foß-Kuhl, 1777 GA, A
(140) beym Wilfßen Damm, 1777 GA, A, Fw?
(141) beym Wittenberge, 1708 LV, A
(142) beim Witten Mohr, 1708 LV, Su
(143) in Zietlitzer Häfen, 1800 GA; in den Zilitzen Höfen, 1815 GA, A.

31

Schlesin

slēzn

Tzylezen 1390 MUB, Tziletze 1431 SchlR Dömitz, Schlesen 1531 LB Dömitz

I Jüngere Steinzeit: Feuersteinkeil („Galgenbarg"). Jüngere Bronzezeit: Urnenfeld.

II Kommuniondorf, 1558 durch Säkularisation zum Domanium.

III 10 Hufen, darunter 1 Freihufe (1531 LB Dömitz). Individualbede, die Hufe zu 16 ß (1531 LB Dömitz). Einzelpacht für eine Hufe 24 ß lüb. (1390 MUB).

IV Hof. Lage des Hofes exzentrisch zur Flur.

Die Pest und die vielerlei Drangsale während des 30jährigen Krieges verringerten die im Jahre 1621 noch 11 Vollhufner zählende Bauernschaft des Ortes auf 2 von der Obrigkeit nach 1648 in den Kossatenstand hinabgedrückte Hauswirte. Aber selbst dieser bescheidene Rest des einstigen Bauerndorfs wurde bald danach ökonomischen Rücksichten geopfert, denn mindestens seit 1677 umfaßte der wenige Jahre nach Kriegsende (um 1652) aus den wüst liegenden Hufen gebildete Meierhof von keinen bäuerlichen Wirtschaften beeinträchtigt die gesamte Feldmark Schlesins.

V Gutsflur. Keine Ackerschläge (1771 VA), später 7 Schläge (1814 VA).

VI 1569 LB Dömitz: Jochim Köpke, Curd Jalatze, Heinrich Jalatze, Peter Schultze, Hans Kram(m)oß, Herman Koucher, Bartholomeus Koucher, Hans Wernecke, Heinrich Schulte, Jochim Gade, Bastian Jelatze.

1654 KL Dömitz: Hoefemeister Andreas Thiele. Kossaten: Peter Crammaus, Hanß Kaucher.

VII

1	Smä(d)wisch *smäəviš*		Wi/Wi
2	Kamerun *kamə'rūn*	der Paapen Camp, 1771 VA; Papenkamp, 1814 FR; Paapenland, 1895 FlK.	A/A, Kw
(3)	Paapen Holtz	Paapen Holtz, 1771 FlK.	Su/A, Wei
(4)	Middel-Busch	der Middel-Busch, 1771 FlK.	Su/A, Wei
5	Scheperwisch *šēpəviš*	die Holtz Wiese, 1771 FlK; Gros(s)e Wiese, 1788 WK.	Wi/Wi
6	Ellergraben *elägråbm*		Gw?/Gw
7	Rögnitz *rǫknits*		Gw/Gw
8	Kieluhrt *kil'ūət*	der Kiel Ort, 1771 VA.	Wi/Wi
9	Rieselwisch *rīzlviš*		Su/Wi

10	Ra(d)wisch *rå̆*^{ə}*viš*	die Radde Wiese, 1771 VA; Rade Wiese, 1788 WK; die Radewiese, 1814 FR; Radewiese, 1895 FlK.	Wi/Wi
11	Host *hǫst* *hǫ*^{o}*st*		Ödl/Wi
12	Brauk *brauk*	Schlesische Holtz, 1565 StK; das Große Mohr, 1771 FlK; das Bruch, 1895 FlK.	Su/A, Wei
(13)	Koppel-Holtz	das Koppel-Holtz, 1771 FlK.	Wei/A, Wei
14	Lütt Braukwisch *lyt' braukviš*	Jalaßen Kolck, 1771 FlK.	Su/Wi
15	Grot Braukwisch *gro*^{u}*t' braukviš*	Jalaßen Holtz, 1771 FlK.	Su/Wi
16	de Dramm *də' dram*	der Dramm, 1771 FlK; der Dramm, 1895 FlK.	A/F
(17)	Großer Tramm	Großer Tramm, 1895 FlK	Ödl/F
18	Swart Maur *sva*^{a}*t' mauə* *svat-*	Groot Schwart Mohr, 1771 FlK; Schwarze Mohr, 1788 WK; Grot Schwart Moor, 1895 FlK.	Su/F
19	Buerkamp *būəkam*^{p}	Lütt Schwart Mohr, 1771 FlK; Bauercamp, 1895 FlK.	Su/F
20	Dick Lock *dik'lok*	das Mohr, 1788 WK; Niendorfer Diek Loch, 1895 FlK.	Su/F
(21)	Buchweitzenkamp	Buchweitzen Camp, 1771 FlK; Buchweitzenkamp, 1814 FR.	A/F
22	Kaiserbarg *kaizəba*^{a}*x*		Ödl/F
23	Speukerbarg *spoikäba*^{a}*x*	der Weiße Berg, 1771 FlK; Weis Berg, 1788 WK; der weiße Berg, 1895 FlK.	Ödl/F
24	Swienskuhl *svīnskūl*	Schwein Grund, 1771 FlK.	Ödl, Pf/F
25	Galgenbarg *galgnba*^{a}*x*	Glaffen Berg, 1565 StK; Gladden Berg, 1771 FlK; Galgen Berg, 1788 WK; der Galgenberg, 1895 FlK.	Ödl, A/Kw

(26) das Gericht	das Gericht, 1771 FlK.	Ödl/Kw
(27) Gladenberg Kamp	Gladden-Bargs-Camp, 1771 FlK; Gladenberg Kamp, 1814 FR.	A/Ot, Kw
(28) Gladdenbargs Heegen	Gladdenbargs Heegen, 1771 FlK.	Kw, Ödl/Kw
29 Tegelie *tē^{i}gə'lī*		Ödl, A/A, Kw
(30) der Berg	Schleserberg, 1565 StK; der Berg, 1771 FlK.	A/A, Kw
31 Schaulbarg *šaulba^{a}x*		A/A, Kw
(32) Große Koppel	Große Koppel, 1771 FlK; die große Koppel, 1814 FR.	A/A
(33) Busch Koppel	Busch-Koppel, 1771 FlK; die Busch Koppel, 1814 FR.	A/A, Wei
34 Prießkoppel *priskopl*	die Prießck, 1771 VA; die Priesk Koppel, 1814 FR.	A, Wei/A, Wei
(35) Bohnen Koppel	Bohnen-Koppel, 1771 FlK; die Bohnen Koppel, 1814 FR.	A, Wei/A, Wei
(36) Lütt Koppel	Lütt Koppel, 1771 FlK; die Lütt Koppel, 1814 FR.	A/A, Ödl
37 Hasenbarg *hȧznba^{a}x*		Ödl/Kw
38 Barkenkoppel *ba^{a}knkopl*		Ödl/A, Ödl
(39) auf den Rupen	im Ruchent, 1565 StK; auf den Ruupen, 1771 FlK; auf den Rupen, 1814 FR; auf den Rupen, 1895 FlK.	A, Wei/Kw
40 Eikenkoppel *aiknkopl*	die Neue Koppel, 1771 FlK	A/A, Ödl
41 Scheperkamp *šēpəkam^{p}*	Scheeper Camp, 1771 FlK; Scheeper Camp, 1895 FlK.	A/A, Ödl

(42)	Nedderfeld	das Nedder Feld, 1771 VA; das Nedderfeld, 1814 FR; das Nedderfeld, 1895 FlK.	A/A, Wi
(43)	Busch-Koppel-Land	Busch-Koppel-Land, 1771 FlK.	A/Wei, Ödl
(44)	Beeck Camp	der Beeck Camp, 1771 VA; die Beck Koppel, 1814 FR; Beeck Camp, 1895 FlK.	A/A, Wi

VIII

(45) die Arg Graß Koppel, 1771 VA, Wi
(46) die Bank, 1848 FR, Su
(47) Berlings Damm, 1771 VA, Fw
(48) Bollenwiese, 1848 FR, Wi
(49) Fehrn Lande, 1771 VA, A
(50) Gaaden Hääbel, 1771 VA, Wi
(51) am großen Torfmoor, 1848 FR, Su
(52) Heyd Mohr, 1771 VA, Su
(53) beym Kirch Weg, 1771 VA; Kirchweg, 1814 FR, Fw
(54) Krumme Stück, 1848 FR, A
(55) der Petersdamm, 1814 FR, Fw
(56) Schulwiese, 1848 FR, Wi
(57) Schulzenwiese, 1848 FR, Wi
(58) die Scheiden Laack, 1771 VA; Scheiden Lache, 1814 FR, Gw.

32

Bockup

boᵘkup

Bokhop 1371 MUB, Bockhop 1493 SchlR Schwerin, Buckup 1551 LB Eldena

I Jüngere Steinzeit: Feuersteinkeil. Ältere Bronzezeit: Bronzenes Kurzschwert.

II 1371 Klosterdorf, 1558 durch Säkularisation zum Domanium.

III 8 Hufen (1551 LB Eldena) und 4 Katen (1560 AB Schwerin). Individualbede, die Hufe zu 8 ß (1551 LB Eldena). Einzelpacht je Hufe 6 ß Penning Pacht, 2 Gulden Geldpacht, 3 Scheffel Roggenpacht (1654 AB Eldena).

IV Kleines Angerdorf. Ortslage exzentrisch zur Flur.

V Gewannartige Streifenflur? Keine Ackerschläge (1707 LV).

VI 1569 LB Eldena: Peter Schultze, Jurgenn Jouwerth, Claus Stoltze, Hans Kopke, Hans Schere, Vitus Milatz, Jasper Saske, Hans Stoltze. Kätner: Achim Francke.

1654 AB Eldena: Jochim Jouwert, Jochim Dülcke w., Clauß Hanne, Teweß Goßkauw w., Hannß Hofe, Clauß Stolte w., Peter Schultz w., Jasper Schere w., Jürgenn Grote. Kätner: Clauß Schere w., Peter Schere w.

1707 LV: Uhlrich Sieverdt, Marten Pröhl, Otte Köhne, Christian Bruhnstaede, Hanß Jauert, Hanß Völcker, Hanß Fell, Grohten wüste, Schultzen wüste, Stolte wüste, Goßkauwen wüste.

VII

1	Bäk *bǟk*		A/Wei, A, Kw
2	Alwenn' *ālvenⁿ*		A/A
3	Boursen *boᵘəsn*	auf den Borßen, 1707 LV.	A/A, Wei
4	Strohstücken *stroᵘstykn*	Stroh Stück, 1801 GA; Strauhstücken, 1808 GA; Strohstücken, 1823 GA.	A/A
5	Blöcken *blökn*	auf den Blöcken, 1707 LV; aufn Blöcken, 1808 GA.	A/A, Kw
6	Wischhoewen *višhœ̄vn*		A/A, Kw
7	Schultenkamp *šultnkamᵖ*	Schulten Camp, 1707 LV.	A/A
8	Babenbreetstück *bǟbm'brēt'styk*		A/A
9	Höpphoewen *höp'hœ̄vn*	auf den Hoppen Höfes Stücken, 1707 LV; in den Hophöfen, 1820 GA; im Hopfenhäfen, 1826 FR.	A/A, Wei
10	Dammet *damet*	Dammert, 1565 StK; auf dem Dammert, 1801 GA; im Dammert, 1808 GA.	Wi, A/Wei, A

11	Mossillenkoppel *mo'sil^{l}kopl*	achter der Moßillen Kuhl, 1707 LV; in der Marsellenwiese, 1826 FR.	Pf, A/Wei, A
12	Horst *hǫst* *hǫ^{o}st*	in der Horst, 1707 LV.	Wi/Wei, A
13	Four *fo^{u}ə*	bey den Fohrt, 1707 LV.	A, Ft/Wei, A
14	Kavelwisch *kåvlviš*	auf den Cavelln, 1707 LV; Kafelwiese, 1808 GA.	Wi/Wei
15	Nee Wisch *nē^{i}'viš*	Neu Wieße, 1707 LV.	Wi/Wei, A
16	Krumm Stück *krum'styk*	Krumm Stück, 1801 GA; aufn Krummen Stücken, 1808 GA.	A/Wi, Wei, A
17	Likdal *likdål*		Su?/Wi, Wei A
18	Deep Wischen *dē^{i}p'višn*		Su?/Wi
19	Boddermaur *bodəmauə*		Su/A
20	Rothorst *ro^{u}thǫst* *-hǫ^{o}st*		Ödl/Wei, A
21	Hei(d)koppel *haikopl*		Ödl/Wei, A, Kw
22	Oll Dämm *ol'dem^{m}*		A?/A
23	Brüggendämm *brygndem^{m}*		Su/Wei, A
24	Langs Dämm *laŋsdem^{m}*		A?/A
25	Nerdenbreetstück *nädn'brēd`styk*		A/A
26	Breeden Dämm *brēdn'dem^{m}*		A?/A
27	Achterbargen *axtə'ba^{a}gn*		A/A, Kw, Ödl

28	Kramsmaur *kramsmauə*		Su/Wei, A, Kw
29	Immenhof *im^{m}hǫf*		Ödl/Kw, A
30	Häböken *häbȫkn*		Ödl/Kw
31	Laasch *lå̆š*	auf der Laßke, 1707 LV; auf Laasch, 1744 GA; auf den Laaschen, 1826 FR.	A/Wei, A, Kw
32	Bargkoppel *ba^{a}xkopl*	auf dem Berg, 1801 GA; aufn Berg, 1808 GA; Bergstück, 1823 GA; auf dem Berg, 1826 GA.	A/A, Ödl
33	twüschen de Weg' *tvyšndə'vǟx́*	auf der Twähl, 1707 LV.	A/A, Kw, Ödl
34	Dow Grund *dōf'grunt*		A?/A, Kw
35	Hoh' Wour *ho^{u}'vo^{u}ə*	die hohe wart, 1565 StK; an der Hohen warten, 1566 GB Dömitz; auf der Hohe Wahr, 1707 LV.	A/A, Kw
36	Steenbarg *stēnba^{a}x*		A?/Kw, A, Ödl
37	Swarten Barg *sva^{a}tn'ba^{a}x* *svat-*		Ödl, A/Kw, A
38	Dörpstäden *dǫ̈^{ö}pstädn*	Dorpsted, 1565 StK; auff der Dorfstede, 1566 GB Dömitz; auf der Dorf Städt, 1707 LV; Alte Dorf Stelle, 1788 WK.	A/A, Kw, Ödl

VIII

(39) in Dammetshäfen, 1826 FR, A
(40) auf die Gildtstücke, 1707 LV, A
(41) in der Grau Wieße/Wischs, 1707 LV, Wi, A
(42) in den Hälften Städen, 1826 GA, A
(43) hinterm Hegen Tannen, 1808 GA, Kw, A
(44) beym Hufen Dannen, 1707 LV, Kw, A
(45) Kiehl Stücken, 1707 LV; Kielstücken, 1826 FR, A
(46) auf den Klenen Cavelln, 1707 LV, Wi
(47) Lehm Kuhl(en) Barg, 1707 LV, A

(48) auf der Mieht(e), 1707 LV, A
(49) in der Ne(r)dersten Wießen, 1707 LV, Wi
(50) im Niewischenbusch, 1826 FR, A
(51) in der Ohrt Wieße, 1707 LV; im Wischen Ort, 1808 GA, A
(52) Quer Stücken, 1707 LV, A
(53) in Seegbarg, 1707 LV, Wi
(54) beym Seer Wischen, 1707 LV, A
(55) Spornhorst, 1709 GP Amt Eldena
(56) Strauch/Straug Wieße, 1707 LV, Wi
(57) im Wüstenhäfen, 1826 FR, A.

33

Raddenfort

radn'fō^{ə}t

mit Heiddorf

Reddenuort 1438 LA Polz, zwm Raden fordt 1531 LB Dömitz

I Zeitstellung unsicher: Spinnwirtel aus Ton.

II Ritterschaftlich, 1438 durch Ankauf zum Domanium.

III 5 Hufen – darunter 1 Freihufe – und 1 Katen (1531 LB Dömitz). Individualbede, die Hufe zu 16 ß (1531 LB Dömitz).

IV Gassendorf. Ortslage zentral zur Flur.

Die Ortschaft Heiddorf entstand Anfang des 19. Jahrhunderts als Büdnerkolonie, ihre Feldmark (Begangnummern 1–6) wurde aus abgetrennten Flurteilen von Raddenfort, Bockup und Dömitz gebildet.

V Kleingewannflur. Keine Ackerschläge (1708 LV).

VI 1569 LB Dömitz: Christoffer Hanniesche, Peter Hanniesche, Peter Kopke, Hans Williesche, Hans Jelatze. Kätner: Achim Hupperand, Pawell Hupperand, Claus Posterich.

1654 KL Dömitz: Hanß Bartholdt, Jacob Jalaze und 3 wüste Hufen. Kossaten: Adam Schulte, Jürgen Ahrendt.

1708 LV: Stoffer Bartels, Jacob Schuldt, Andreaß Schuldt, Johann

Schuldt, Stoffer Ahrend, Hinrich Schuldt. Kossaten: Andreaß Pätau, Hinrich Schulenborg.

VII

1	Kamerun *kamə'rūn*		Ödl/A
2	Bö(de)nerkoppel *bȫnəkopl*		Ödl/A, Wei
3	Kavels *kåvls*	Cavel Wiesen, 1708 LV Raddenfort.	Wi/A, Wei
4	Postweg *postvex́*	Postweg, 1826 VA Heidhof.	Str/Str
5	Finzier *fin'tsīə*	Venziersche Mühle, 1757 VA Kaliß.	A/Ot
6	Brandläben *brantläbm*	die Brantleue, 1565 StK; der Brandtleue, 1566 GB Dömitz; Brandleber Bruch, 1788 WK.	Su/Wi, Wei, A
7	Strauch *straux*	im Strauchen Hof, 1708 LV.	A/A
8	Schultenkoppel *šultnkopl*		Wi/A
9	Piekdus *pīk'dūs*		A/A, Wei
10	Koppel *kopl*		Su/A
11	Schultenkamp *šultnkam*^{p}	Schultzen Acker, 1708 LV.	A/A, Ot
12	Schaulkoppel *šaulkopl*		Su, Ödl/A, Wei
13	Wau(d) *vauə*		Su, Ödl/A, Wei
14	Si(d)e *zīə*	Siedenwiesen, 1708 LV; auf der Sier, 1815 GA.	Wi/A
15	Pe(s)städsche Hof *ˌpesdätšə'hǫf*	Pesterschen Hof, 1708 LV.	A/A

16	Hushoew *hūshœ̄f*	Hofwiesen, 1708 LV; Hofwiese, 1819 GA.	Wi/A
17	de Bäk *də'bāk*		Gw?/Kw
18	Mahnstä(d) *mānstǟə*	in der Mahnstede, 1708 LV; Mahnstettenhof, 1820 GA.	Ödl/Kw
19	Dörpstä(d) *dǫ̈̄^{ə}pstǟə*	auf die Dorf Städten, 1708 LV; alte Dorf Stelle, 1788 WK; auf der Dorfstelle, 1815 GA.	A/Kw, A
20	Bohnenbargergrund *`bōn^{n}ba^{a}gə'grunt*		Ödl/Kw
21	Steenkavel *stēnkåvl*		Ödl/Kw
22	Lehmkuhl *lēmkūl*	Lehm Kuhlen Camp, 1708 LV.	A/A, Ödl
23	Bargen *ba^{a}gən*	aufn Berge, 1708 LV; auf Bergen, 1815 GA.	A/Kw
24	Bokweitenkamp *bōkvaitn`kam^{p}*		A/Kw
25	Ziepen *tsīpm*	aufn Siepen, 1708 LV; auf Ziepen, 1815 GA.	A/Kw, A
26	Brandmaur *brantmauə*		Su/Kw
27	Hinnenfeld *hin^{n}fēlt*	aufn Hinten Felde, 1708 LV; auf dem Hinterfelde, 1815 GA.	A/A, Kw
28	Kiewittskoppel *kīvitskopl*		Su/A, Wei, Kw
29	Wintertier *vinətīə*		Su/A, Kw
30	Pöppelmaur *pöplmauə*	Pobbel Mohr, 1708 LV; auf groß Poppelmohr, 1815 GA.	Su/A
31	Dammaschen *damašn*	Dammaschen Mohr, 1708 LV; auf Dammaße, 1815 GA.	Su/A

32	Oske(r)barg *oskə'ba^{a}x*		Ödl/A, Ot
33	Barkenstücken *ba^{a}knstykn*		Ödl/A
34	Wadergrund *vårəgrun*	im Waßergrund, 1815 GA.	A, Su/A, Wei
35	Middelfeld *midlfelt*	aufn Mittelfelde, 1708 LV; auf den Mittel Felde, 1778 GA; auf den Mittelfelde, 1815 GA.	A/A
36	Maur *mauə*	aufn Großen Mohr, 1708 LV; das Mohr, 1788 WK.	Su, A/A, Wei
37	Geland *gē'lant*		Su/A

VIII

(38) Ahskuhlberge, 1815 GA, A
(39) Bargwiese, 1708 LV, Wi
(40) die Blöcke, 1815 GA, A
(41) Blocken Hoefen, 1708 LV, A
(42) auf das Breitenstück, 1815 GA, A
(43) Brüggenstück, 1815 GA, A
(44) Dieckwiesen, 1708 LV; Deichwischen/Dikwiesen, 1815 GA, Wi
(45) bei Doben Dreschen, 1815 GA, A
(46) Graben Stücken, 1815 GA, A
(47) Große Cavel, 1708 LV, Wi
(48) Groten Siepen, 1708 LV, A
(49) Heydthof, 1708 LV, A
(50) Hogenwiesen, 1708 LV; auf der hohen Wiese, 1780 GA; Hohwiese, 1815 GA, Wi
(51) aufn Kielstücke, 1815 GA, A
(52) Kleine Cavel, 1708 LV, Wi
(53) auf der Langck, 1708 LV, A
(54) auf Lang Haber Stück, 1815 GA, A
(55) auf dem Langstück, 1815 GA, A
(56) Lütgen Siepen, 1708 LV, A
(57) Lütt Pöpelmohr, 1815 GA, A, Su
(58) Mohr Stede, 1708 LV, A
(59) Mühlen Wegk, 1708 LV, Fw
(60) im Milerbusch, 1815 GA; in Milebuschkoppel, 1820 GA, A
(61) in den neuen Wiesen, 1815 GA, Wi

(62) Reht Hof Wiesen, 1708 LV, Wi
(63) runde Cavel, 1708 LV, Wi
(64) die Sagekuhlen Stücke, 1815 GA, A
(65) Vör Stück, 1815 GA, A.

34

Heidhof

haithǫf

Heidthof 1566 GB Dömitz

I Jüngere Steinzeit: Feuersteinbeil („Judenkoppel"). Jüngste Steinzeit: Blattförmiger Feuersteindolch.

II Domanium.

III Keine Hufeneinteilung. Der domaniale Hof entrichtete weder Bede noch Pacht.

IV Hof. Ortslage zentral zur Flur.

Die Gründung des Domanialhofes dürfte in der ersten Hälfte des 16. Jahrhunderts erfolgt sein.

V Gutsflur (?). Keine Ackerschläge (1826 VA).

VI Entfällt.

VII

1	Brandläben *brantläbm*	die Brantleue, 1565 StK; der Brandtleue, 1566 GB Dömitz; (B(r)andleber Bruch, 1788 WK; im Brandleben, 1826 VA.	Su/Wi, Wei, A
2	in'n Mour *in^{n}' mūə*	auf dem großen Cavel, 1826 VA; Großen Kaveln, 1897 FlK.	Su/A
3	Huskoppel *hūskopl*		Gh/A
4	Hasenhei(d) *hąznhaiə*		Ödl/A

(5)	Birken Koppel	Birken Koppel, 1897 FlK.	Ödl/A
6	Ro(d)e See *ro^{u}ə'zē*	Blankmoor, 1826 VA; Blankmoor, 1897 FlK.	Su/A
7	Koelerweg *kœ̄ləvex́*		Fw/Fw
8	Ro(d)e Fleut *ro^{u}ə'floit*		Gh/Ot
9	Koppeldämm *kopldem^{m}*		Su/A
10	Forstkoppel *fǫ^{ə}stkopl*		Su/A
(11)	Busch Koppel	Busch Koppel, 1897 FlK.	Gh/A
(12)	Gersten Koppel	Gersten Koppel, 1897 FlK.	Wi/A
(13)	Hasen Koppel	Hasen Koppel, 1897 FlK.	A/A
14	Hollännerweg *holänə'vex́*		Fw/Fw
15	Pierkoppel *pīəkopl*		Su/Wei, A
16	Grot Kamp *ˋgro^{u}t'kam^{p}*	der große Kamp, 1897 FlK; Großer Kamp, 1903 FlK.	A/F, Kw, A
17	Krüzkamp *krūtskam^{p}*	Kreuzkamp, 1903 FlK.	A/F
(18)	Schlägstücke	Schlägstücke, 1903 FlK.	A, Ödl/F
19	Afbrand *afbrant*	Abbrand, 1903 FlK.	Ödl?/F
20	Witt Pierd *vit'pīət*	beim weißen Pferd, 1903 FlK.	Ödl/F
21	Dicklock *diklok*	Heidhöfer Dickloch, 1903 FlK.	A, Ödl/F
(22)	Hirschkuhle	Hirschkuhle, 1903 FlK.	Ödl/F

23	Schultenkamp *šultnkam*^{p}	auf den Schulzen Kamp, 1826 VA; Schulzenkamp, 1903 FlK.	A/F
(24)	Königstannen	Königs Heide, 1565 StK; an der Königsheide, 1566 GB Dömitz; Königs Heyde, 1744 Klageschrift der Wehninger Bauern; Königstannen, 1903 FlK.	Ödl/F
(25)	Gaden Kamp	Gaden Kamp, 1897 FlK.	A, Ödl/A
26	Strauk *stra*^{u}*k*	der Struck, 1565 StK; der Struck, 1566 GB Dömitz; Eich Holtz, 1788 WK; Strauchen Koppel, 1897 FlK.	Gh/Wi, Wei
(27)	Ecker Kamp	Eichenkoppel, 1840 VA; Ecker Kamp, 1897 FlK.	A/A
(28)	Strauchen Kamp	Strauchen Kamp, 1897 FlK.	A/A
(29)	die Bernhope	die Bernhope, 1565 StK; die Bernhope, 1566 GB Dömitz.	Gh/A
(30)	auf'n Kleinen Kaveln	auf'n Kleinen Kaveln, 1897 FlK.	A/A
(31)	Rade Land	das Rade Land, 1897 FlK.	A/A
(32)	Vạrs Winckel	Vars Winckel, 1565 StK.	Su?/A, Wi
33	Kortsche Wischen *kǫ*^{ə}*tšə'višn*	Corditsche Wiese, 1744 Klageschrift der Wehninger Bauern, die Curdische Wiese, 1788 WK; die Cordtitsche Wiese, 1897 FlK; die Cordititsche Wiese, 1903 FlK.	Wi/Wi, Wei
34	Judenkoppel *jūdnkopl*	Pesthütten, 1803 OA Rüterberg; beim Pesthütten, 1897 FlK; beim Pesthütten, 1903 FlK.	Ödl/Wei

VIII

(35) im Brandmoor, 1826 VA, Su
(36) im Jasperhorn, 1826 VA, A
(37) Schäfer Koppel, 1840 VA, A.

35

Rüterberg (Wendisch Wehningen)

$r\bar{u}t^{ə}ba^{a}x$

mit Broda

Wendesschen Wenynghen 1371 MUB, Weningh 1431 SchlR Dömitz Wendysche Wenyng 1531 LB Dömitz
Brode 1431 SchlR Dömitz, Brode 1531 LB Dömitz

A Rüterberg

I Jüngere Bronzezeit: Bronzene Tüllenaxt und bronzener Halsring (Moorfund); Urnenfeld. Jüngere Eisenzeit: Lanzenspitze.

II Domanium.

III 9 Hufen (1531 LB Dömitz). Individualbede, die Hufe zu 16 ß (1531 LB Dömitz). Einzelpacht je Hufe 16 ß (1431 SchlR Dömitz).

IV Gassendorf. Ortslage exzentrisch zur Flur (Gewässerlage).

V Kleingewannflur. Keine Ackerschläge (1708 LV).

VI 1569 LB Dömitz: Steffan Schulte, Hans Vehe, Jacob Hanniesche, Claus Vehe, Marten Vehe, Herman Frese, Heine Pandecke, Peter Vehe, Jochim Gade, Heine Penning, Heine Schuddebast.

1654 KL Dömitz: Dauidt Schuldt, Claus Penningk, Thomas Gade, Peter Frese, Jochim Pandecken Wittwe, Claus Hanß, Marten Schüddebast und 4 wüste Stellen. Kossat: Peter Schüddebast.

1708 LV: Peter Schriefer, Asmus Schultze, Hanß Cornels, Hinrich Gefert, Panten wöste, Hanß Krußе, Baltzer Cornels, Johann Hofman, Frantz Schultze, Peter Schatzer, Gust Hintze, Hanß Schultze, Agat Schulenborg.

B Broda

I Jüngere Steinzeit: Miniaturgesteinaxt. Jüngere Bronzezeit: Urnenfeld. Übergang jüngere Bronze-/ältere Eisenzeit: Siedlungsplatz. Slawische oder frühdeutsche Zeit: Frühmittelalterliche Burganlage.

II Domanium.

III 7 Hufen (1531 LB Dömitz). Individualbede, die Hufe zu 16 ß (1531 LB Dömitz). Einzelpacht je Hufe 16 ß (1431 SchlR Dömitz).

IV Hof. Lage des Hofes exzentrisch zur Flur (Gewässerlage).

Nach dem Amtsverzeichnis von 1621 bestand die Bauernschaft des Ortes aus 7 Voll- und 2 Dreiviertelhufnern. Im Jahre 1654 waren infolge der voraufgegangenen Kriegsereignisse von den 9 Gehöften nur 3 besetzt, doch diese Wirtschaften befanden sich im für die damalige Zeit außergewöhnlich guten Stande. Dennoch wurden jene Brodaer Hauswirte wenig später (1665) auf die Stellen einiger eigens zu diesem Zweck abgemeierter Bauern in Wendisch Wehningen versetzt und die Gemarkung des solcherart gelegten Dorfes dem Meierhof Heidhof zugeteilt, den der herzogliche Amtmann zu Dömitz in Pacht hatte. Nachdem die Flurunion der beiden Ortschaften im Jahre 1843 wieder aufgehoben worden war, entstand auf der Brodaer Feldmark eine Büdnersiedlung, die dann nach Wendisch Wehningen eingemeindet wurde.

V Gutsflur (?). Ackerschläge nicht nachweisbar.

VI 1569 LB Dömitz: Jochim Gebard, Heinrich Bram, Thomas Treise, Claws Gade, Jochim Theis, Thewes Schuddebast, Claus Müsse, Cersten Schulte, Thonies Gruendes w.

1654 KL Dömitz: Claus Schulte, Jochim Geuert. Kossat: Jacob Gade.

VII

1	Pappeldamm *papldam*		A/A
2	Sandwarder *zantva*^{a}*rə*	das Sandtwerder, 1566 GB Dömitz; auf dem Sand Werder, 1788 WK; Amtssandwerder, 1861/62 FlK.	Gh/Wi
3	Höll *höl*		A/A
4	Pötterkuhl *pötəkūl*		Wi/Wi
5	Fährbarg *fē*^{ə}*ba*^{a}*x*		Ödl, A/Ödl
6	Buschkavel *buškåvl*		Gh/Wi, Ödl
7	Buschwarder *bušva*^{a}*rə*	Buschwerder, 1861/62 FlK.	Gh/Wi

8	Eddelmannswarder *edlmans\`va*^{a}*rə*	Brodsche Werder, 1565 StK; das Brodische Werder, 1566 GB Dömitz.	Ödl/Wi
9	Schloßdiek *šlosdīk*		Pf/Pf
10	Eddelmannsbarg *edlmans\`ba*^{a}*x*	Edelmannsberg, 1861/62 FlK.	Ödl/Kw
11	Klingenmour *kliŋ*^{n}*mōə*	Klingenmoor, 1861/62 FlK.	Su/Kw
(12)	Gadenholtz	das Gadenholtz, 1565 StK; das Gadenholtz, 1566 GB Dömitz.	Gh/Kw
13	Preesterbarg *prēstəba*^{a}*x*	der Brodaer Berg, 1788 WK; Priesterberg, 1861/62 FlK.	Ödl/Kw
14	Päperkuhl *päpəkūl*		A/A
15	Kamerun *kamə'rūn*		A/A
16	Lüsbeck *lüsbäk*	beim Lützebeke, 1595 Teichakten Dömitz.	Gw/Gw, A
17	Frieheit *frīhait*		Ödl/A, Ödl
18	Cornehls Mour *ko'nēls\`mōə*	Cornehls-Moor, 1861/62 FlK.	Su/Kw
19	Ballergrund *baləgrunt*	Ballergrund, 1861/62 FlK.	Gh/Kw
20	Rädels *rädls*	in Redelst, 1789 GA.	A/A, Kw
21	Hoew *hœ̄f*		A/A, Wei
22	Schultenkamp *šultnkam*^{p}	Schultzen Acker, 1708 LV.	A/A, Wei
23	Tafelland *tåfəllant*		A/A, Wei

24	Grauwisch *grauviš*	Grawe Wiesen, 1708 LV; Grauwischen-Kafeln, 1786 GA.	Wi/A, Wei
25	Kuser Barg *\`kūzə'ba^{a}x*	die Guhnzer Berge, 1861/62 FlK.	Ödl/Kw
26	Swienwei(d) *svīnvaiə*		Ödl/A
27	Bremskuhl *bremskūl*	Brahmskuhle, 1861/62 FlK.	Pf/Pf
28	Buerhaken *būəhākn*	der Hacken, 1861/62 FlK.	Gw/Pf
29	Glambeck *glambek*	Glambecke, 1565 StK; der Klambeck, 1566 GB Dömitz; Glambeck, 1708 LV; im Glambeck, 1788 WK.	Ödl/A, Wei
30	Witt Feld *vitfelt*		Ödl/Ödl
31	Lepelkuhl *lēplkūl*	Lepelkuhle, 1861–62 FlK.	Pf?/Ödl
32	Binnenhaken *bin^{n}hākn*	der Binnen Hacken, 1861/62 FlK.	Gw/Gw
33	Höschenbarg *höišnba^{a}x*	Werder Berg, 1788 WK.	A/A
34	Bargkoppel *ba^{a}xkopl*	auf Berg, 1789 GA.	A/A
35	Driewing *drīviŋ*	aufn Drieven, 1708 LV; im Driewing, 1786 GA; in Drieben, 7189 GA; in Driewing, 1799 GA.	A/A
36	Ruks *rūks*	aufn Ru(e)cks Camp, 1708 LV; in den Rucks, 1861/62 FlK.	A/Kw, Ot
37	Witt Barg *vit'ba^{a}x*	Weißer Berg, 1861/62 FlK.	Ödl/Kw
38	Torfmour *tǫ$^{?}$fmōə*	Torf Moor, 1803 OA; Wehninger Torf-moor, 1861/62 FlK.	Su/Gh, Ödl
39	Hägholt *häx́holt*	achtern Hege Holtz, 1774 GA; im Hege Holtz, 1788 WK; hinter Heg Holtz, 1789 GA.	Gh/A, Kw

40	Kühlgrund *külgrunt*		A/A, Kw
41	Nachtkoppel *naxtkopl*		Su/Wi, Wei
42	Ve(r)goch *fə'gox*	vor den Goorcken, 1769 GA; vor den Goorcken, 1786 GA; aufn Vörgorck, 1786 GA; vorm Gorck, 1790 GA.	A/A, Kw
43	Kork *kǫᵊk*	in Korkenhäfen, 1790 GA.	Su, A/Wi, Wei
44	Hohwischenhoew *hōvišn'hœ̄f*	Hochtwiesen, 1708 LV; achtern/in Howischen, 1769 GA; im Hoowischen, 1786 GA; Hohwischen, 1790 GA.	Wi/A, Wei
45	Vörholtkoppel *'fǫ̈ᵊholt`kopl*		Ödl/A, Wei
46	Multrummel *mūltruml*		Ödl/A
47	Höst *hǫ̈st*		Su/A, Wi
48	Lang Koppel *laŋ'kopl*	die Lange Horst, 1565 StK; die Langehorst, 1566 GB Dömitz.	Gh/Wei
(49)	die Curdische Wiesen	in den Kortisten, 1655 StK; Corditsche Wiese, 1744 Klageschrift der Wehninger Bauern; die Curdische Wiesen, 1788 WK.	Su, Wi/A,
50	achter de Wischen *axtədə'višn*	Holtz Wiese, 1708 LV; die Holt Wische, 1774 GA; Holtz Wiesen, 1788 WK.	Wi/A, Kw
51	Schapdamm *šāpdam*	der Schaff Damm, 1565 StK; hinter dem Schafdamme, 1566 GB Dömitz; der Schafdamm, 1591 Amtsgrenzbuch Neuhaus; Schafdamm, 1803 OA; der Schafdamm, 1861/62 FlK.	Fw/Fw
52	Korten Hei(d)stücken *`kǫᵊtn'haistykn*	auf den öbersten Heidstücken, 1775 GA; Kurze Heidestücken, 1861/62 FlK.	A/F
53	Langen Hei(d)-stücken *`laŋⁿ'haistykn*	aufn Langen-Heidstücken, 1786 GA; in der große Heidt-Stücken, 1799 GA; Lange Heidestücken, 1861/62 FlK.	A/F
(54)	achter Korz	achtern Cordes, 1708 LV; hinter der Corts, 1769 GA; achter Korz, 1788 WK.	A/F

VIII

(55) aufn Beesenberg, 1786 GA, A
(56) unter dem Berg, 1769 GA, A
(57) vorn Born, 1708 LV, A
(58) vorn Brodischen Mistwege, 1708 LV, Fw
(59) auf den Büdner Hoefen, 1786 GA, A
(60) aufn Caveln, 1708 LV, Wi
(61) aufn Caveln Stücken, 1708 LV, A
(62) Dam(m)stück, 1789 GA, A
(63) beym Dömitzer Carckstiege, 1708 LV, Stg
(64) aufn (Dorf) Stücken, 1708 LV, A
(65) beim Dorn Busch, 1708 LV, A
(66) vorn Doven Landt Stücken, 1708 LV, A
(67) Dwas Ende, 1786 GA, A
(68) auf Fogaust, 1789 GA, A
(69) in der Fuhlen Grundt, 1708 LV; in der Faule Grundt, 1789 GA, A
(70) im Großen Gurck/Goerck, 1708 LV; Groth Gohr, 177 4GA; im langen Gorck, 1775 GA, A
(71) aufn Groten Levien, 1708 LV; aufn Grot-Levin, 1786 GA, A
(72) Herren Lande, 1708 LV, A
(73) aufn Hinterohrts Camp, 1708 LV, A
(74) Hoowischen Hof, 1786 GA, A
(75) Jaspelhorn, 1786 GA; auf Jasper Horn, 1789 GA; Jasper Horn, 1799 GA, A
(76) Kleverstücks Kafel, 1786 GA, Wi
(77) aufn Kliesenbeck, 1708 LV, A
(78) in der Koblentz Wischen, 1744 Klageschrift der Wehninger Bauern, Wi
(79) Kohlhoefen, 1708 LV; Kohl Hof, 1786 GA, A
(80) Kolck-Kafel, 1786 GA, Wi
(81) Königs Heyde, 1744 Klageschrift der Wehninger Bauern, Wei
(82) aufn Kurtzen Höfen, 1708 LV; im Korten Höfen, 1774 GA; Kurzenhöfer Kohl-Höfe, 1786 GA, A
(83) auf dem Langen Hacken, 1799 GA, A
(84) im Langen Hoefen, 1708 LV; Langen Hoff, 1789 GA, A
(85) Lang Kafel, 1786 GA, Wi
(86) aufn Lersenberge, 1708 LV, A
(87) Lischen Dorn, 1708 LV, Ödl
(88) Lütgen Gurck, 1708 LV, A
(89) aufn Lütgen Levien, 1708 LV; aufn Lütt-Levin, 1786 GA, A
(90) aufn Lütgen Lobisch/Lobien, 1708 LV, A
(91) uf die Midelitz, 1560 GSt, Ödl?
(92) Mittelkamp, 1786 GA, A
(93) im Mittelwege, 1708 LV; auf Mittel Weg, 1789 GA, Fw

(94) der Mollenbergk, 1566 GB Dömitz; unter den Windmühlenbergk, 1591 Amtsgrenzbuch Neuhaus, Ödl
(95) auf Mühlen Weg, 1789 GA, Fw
(96) Neddelst-Holz-Kafel, 1786 GA, Wi
(97) öberst Holz-Kafel, 1786 GA, Wi
(98) aufn Ohrt, 1708 LV; auf Ort, 1789 GA, A
(99) auf Ottens Ende, 1775 GA; Otten Ende, 1789 GA; auf den Otten Kampf, 1799 GA, A
(100) Poggenpohl, 1786 GA, A, Pf?
(101) Quer Stücken, 1708 LV, A
(102) aufn Rabunschen, 1708 LV, A
(103) Radewiesen, 1708 LV; Radt-Kafel, 1786 GA, Wi
(104) die runde Holtwiese, 1790 GA, Wi
(105) aufn Seeberge, 1708 LV; aufn Seeberg, 1786 GA, A
(106) See Kafel, 1786 GA, Wi
(107) Sieden Wiesen, 1708 LV, Wi
(108) aufn Springk Stücken, 1708 LV; Springstücken, 1799 GA, A
(109) Streit-Holtz, 1744 Klageschrift der Wehninger Bauern, Gh
(110) Vorwiese, 1708 LV, Wi.

36

Woosmer

vausmä

mit Schlonsberge

Woezme 1312 MUB, Wussem 1431 SchlR Dömitz, Wosemer 1531 LB Dömitz

I Jüngere Steinzeit: Feuersteinflachbeil. Ältere Eisenzeit: Funde („Brandhorst“). Zeitstellung unsicher: Urnen in Steinpackungen.

II 1312 ritterschaftliches Lehn, vor 1431 zum Domanium.

III 8 Hufen, darunter 1 Freihufe (1531 LB Dömitz). Individualbede, die Hufe zu 16 ß (1531 LB Dömitz). Einzelpacht je Hufe 10 ß (1431 SchlR Dömitz).

IV Sackplatzdorf. Ortslage exzentrisch zur Flur.

Die Entstehung von Schlonsberge geht auf eine dort bereits im ausgehenden 18. Jahrhundert vorhandene Försterei zurück, neben der in den Jahren 1838/40 3 Büdner angesiedelt wurden.

V Langstreifenflur. Keine Ackerschläge (1708 LV).

VI 1569 LB Dömitz: Andreas Becker, Jochim Janeke, junge Hans Blieske, junge Hans Janeke, Bene Saße, Heinrich Schulte, Achim Schulte, Achim Strom, Heinrich Drewes, Simon Janeke, Peter Jelatze, Claus Schuer, Cersten Köpke, Heinz Janeke, Achim Janecke, Hans Blische, Hans Blische, Tidtke Michell, Hans Michell. Kätner: Heine Janeke, Bene Becker.

1654 KL Dömitz: Paschen Becker, Hanß Janecke, Jochim Michel, Hanß Ranze, Hinrich Brandtmann, Jochim Godke, Tönnies Heydemann, Christian Janecke, Jochim Schuer, Paschen Frederich, Jochim Bliesche, Carsten Mazke, Hanß Lauß, Jochim Schulte, Jochim Behrenden Wittwe, Palm Sasche. Kossaten: Hanß Holste, Jochim Brodt, Paschen Janecke, Michel Daße, Hanß Frederich, Henning Hermeß.

1708 LV: Hanß Boye, Johann Becker, Jochim Janeken, Christian Behrens, Erdman Schuldt, Frantz Lues, Erdman Grote, Michel Warnecke, Hanß Sasche, Jürgen Brauch, Frantz Blisecke, Jochim Rantze, Jochim Michael, Hinrich Brandtman, Hinrich Grote, Erdman Frareke, Clauß Muchow, Clauß Pilcke, Johann Rohr, Peter Gotcke, Hanß Janeke. Büdner: Hanß Meyer, Jochim Frareke.

VII

1	Witt Pierd *vit'pīət*	Witt Pierd, 1867 FlK.	Ödl, Fw/A, Fw
2	Jasperhorn *jaspəhǫᵊn*	Jasper Horn, 1565 StK; Jaspe-Horn, 1708 LV.	Gh/A, Kw, Wei
3	Blag Goos *blāx'gōs*	in Blaue Ganz, 1815 GA.	A, Ödl/A, KW
4	Duwenorz *dūvənǫᵊts*	auf Dovenarts, 1708 LV; auf Doben Nartz, 1776 GA; Dobenorts, 1815 GA.	A/A, Kw
5	Höll *höl*	in die Hell, 1777 GA; in der Hell, 1815 GA.	Ödl?/A, Kw
6	Heidensmaur *haidnsmauə*	Mohr, 1708 LV; auf dem Moor, 1777 GA.	Su/A, Kw
7	Kielkoppel *kīlkopl*		Ödl?/A, Kw
8	Mouger *moᵘgə*	die Möcker, 1591 Amtsgrenzbuch Neuhaus.	Ödl/A, Wei
9	Langen Ratt *laŋⁿ'rat*	an den Ratten Häfen, 1769 GA; im Raddenhöfen, 1782 GA.	A/A, Kw

10	Langen Grund *laŋⁿ'grunt*	in der Langen Grundt, 1708 LV; auf der lang Grund, 1776 GA; auf die lange Grund, 1777 GA.	A/A, Kw
11	Swart Maur *svaᵃt'mauə* *svat-*	beim Schwartzen Mohr, 1708 LV.	Su, A/F
12	Krumm Maur *krummauə*	oben den Krummen Mohr, 1708 LV; an Krummen Mor, 1776 GA; Krumme Moor, 1867 FlK.	Su/F
13	Drift *drift*	auf der Drift, 1708 LV; aufm Trift Stücken, 1767 GA; auf der Drift, 1777 GA; auf der Trift, 1815 GA.	A/A, Kw
14	Schultenkamp *šultnkamᵖ*	Schultz Camp, 1708 LV; Schulzen Camp, 1777 GA.	A/A
15	Groten Diek *groᵘtn'dīk*	Groten Deiche, 1708 LV; aufm großen Deich, 1767 GA; auf den großen Dieck, 1774 GA; auf den großen Deich, 1815 GA.	A/A
16	Möllerkamp *möləkamᵖ*		A/A
17	Höhnerdannen *hoinədanⁿ*		Ödl/F
18	Dramm *dram*	auf der Tram, Anfang 18. Jahrhundert FlK Woosmerhof.	Ödl/F
19	Braken *bråkn*	Braack, 1771 FlK Schlesin.	Wi/Wi
20	Jalassen *jålasn*	Jalaßen Wiese, 1771 FlK Schlesin; Jalass Wiese, 1788 WK.	Wi/Wi
21	Strichwisch *strix́viš*		Wi/Wi
22	Schultenwisch *šultnviš*		Wi/Wi
23	Lütt Wischen *lyt'višn*		Wi/Wi
24	Vörrelst Langen *ˋförəlst'laŋⁿ*	Berlings Wiese, 1771 FlK Schlesin.	Wi/Wi

25	Hinnerst Langen *ˋhinəst'laŋ*^{n}	Mühlenhoff, 1771 FlK Schlesin.	Wei/Wi
26	Kielort *kīlȫ*^{ə}*t*	Kiehlohrt, Anfang 18. Jahrhundert FlK Woosmerhof; Kiel Orth, 1771 FlK Schlesin; Keilort, 1788 WK.	Wi/Wi
(27)	Miritz	Miritz, 1565 StK; in der Miritz, 1566 GB Dömitz.	Wi/Wi
(28)	Rethdieck-Wiese	Dicketut, 1565 StK; Rethdieck-Wiese, 1771 FlK Schlesin.	Wi/Wi
(29)	Paschmühlen Wiese	Paschmühlen Wiese, Anfang 18. Jahrhundert FlK Woosmerhof.	Wi/Wi
30	Reetwischen *rētvišn*	der Reth-Teich, 1771 FlK Schlesin.	Wei/Wi
31	Bank *baŋk*	Banck Bruch, 1788 WK; die Bank, 1867 FlK.	Su/A, Ödl
32	Krumm Stück *krum'styk*		A?/A
33	Postweg *postvex́*	am Postwege, 1769 GA.	Str, A/A
(34)	Brantische Wiese	Brantische Wiese, Anfang 18. Jahrhundert FlK Woosmerhof.	Wi/Wi
(35)	Alte Walstet	Alte Walstet, 1565 StK.	Ödl/Wei, Wi
36	Lansch *lantš*	Lancken Wiesen, 1708 LV; auf den Lancken, 1776 GA; Lanckęnstück, 1815 GA.	Wi/Wi, Wei A
37	Schaulkoppel *šaułkopl*		Su, Wi/A, Wei
38	Wiecheldamm *vix́ldam*		Str, Wi/A, Str
39	Schaulkamp *šaułkam*^{p}		A/A
40	Smallen *smał*^{l}		A/A

41	Brauken Koppel *brauknkopl*		A/A, Wei
42	Mausstück *mausstyk*	auf dem Moost Stücken, 1769 GA.	A/A, Ot
43	Rattenwisch *ratnviš*	Ratten Wiesen, 1708 LV; Raddenwiese, 1815 GA.	Wi/A, Wei
44	Smä(d)winkel *smǟ*^{ə}*viŋkl*		A/A
45	Bölweg *bȫlvex́*	im Böhlwege, 1708 LV; Bähl Weg, 1774 GA; auf dem Bählwege, 1777 GA; Bahlweg, 1815 GA.	A/A, Wei
46	Jahnken Koppel *jåŋ*^{k}*nkopl*		A, Ödl/A
47	Rohr Koppel *rō*^{ə}*kopl*		A, Ödl/A, Kw
48	Kriewsch *krīfš*	Groten Kriwitz, 1708 LV; Criwitt, 1767 GA; auf Kriebes, 1776 GA; auf die Kriefs, 1777 GA; Kriews, 1815 GA.	A/A, Wei
49	Hei(d)koppel *haikopl*	Heidtland, 1708 LV.	Ödl/A
50	Jäßen *jäsn*	auf den Jeßen Stücken, 1774 GA; an den Jesenstücken, 1809 GA; Jesen Stück, 1812 GA; Groß-Jäßen, 1815 GA.	A/A, Wei
(51)	Brante Brincke	die Brante Brincke, 1565 StK; die brante Brincke, 1566 GB Dömitz.	A/A
52	Brandhorst *branthǫst* *-hǫ*^{o}*st*	Groten Brandt Horst, 1708 LV; auf Brand Horst, 1769 GA; auf die Brand-horst, 1777 GA.	A, Su/A, Wi, Wei
53	Melkstä(d) *melkstǟə*		Su/Wei, A
54	Stumm' *stum*^{m}		Su/A, Wei
55	Langen Stücken *laŋ*$^{n'}$*stykn*	aufn Langen Stücken, 1708 LV; auf langen Stücken, 1769 GA; auf den	A/A, Wei

		Langen Stücken, 1777 GA; auf den langen Stücken, 1812 GA.	
56	Roggenkoppel *roknkopl*		A/A
57	Breeden *brēdn*		A/A
58	Smallen *smal^{l}*		A, Su/A
59	Niethorst *nīthǫst*	auf Niedels, 1776 GA; auf denn Niedels, 1777 GA.	A, Su/A, Wei
60	Gräben *gräbm*	in Greven Ohrt, 1708 LV; in Gräwing, 1769 GA.	A/A
61	Eckerhorst *ekähǫst* *ekähǫ^{o}st*	Eck Horst, 1708 LV.	A, Su/A
(62)	Miler Horst	Miler Horst, 1565 StK; die Miler horst, 1566 GB Dömitz.	Ödl, Su/A, Wei
63	Holt *holt*	das Deilholtz, 1565 StK; in dem Brand Holz, 1788 WK.	Su/Wi, Wei
64	Wei(d) *vaiə*		Su/Wei, Wi
65	Hog Wisch *ho^{u}x'viš*		Su/Wi
66	Kränk *kräŋk*	Krainke, 1591 Amtsgrenzbuch Neuhaus; die Kräncke, 1788 WK.	Gw/Gw
67	Kränkwisch *kräŋkviš*		Su/Wi
68	Wei(d)koppel *vaikopl*		Su/Wei
69	Bickbeerenkoppel *bikbēənkopl*		Su/Wei
70	Hog Koppel *ho^{u}x'kopl*		A/A, Kw
71	Hinnerst Koppel *hinest'kopl*		Su/Wei

72	Slonsrieten *slo^{u}ns'rītn*	Schlonsrieh, 1591 Amtsgrenzbuch Neu-haus.	Su/Wi
73	Kohweiden *kouvaidn*		Su/Wi
(74)	Schlonshorst	Schlonshorst, 1565 StK; an der Schlons horst, 1566 GB Dömitz.	Ödl/Wei, Ödl
75	Schelplock *šelplǫk*		Ödl/Wi, A, Kw
76	Rögnitz *rǫ̈knits*		Gw/Gw
77	Kampweiden *kam^{p}vaidn*	Camp Wadel, 1708 LV; Campweide, 1867 FlK.	Wi/Wi
78	Frieholt *frīholt*	Hindelst Frieholt, 1867 FlK.	Wi/Wi
79	Leddern Bücks *ledän'byks*	Voerderst Frieholt, 1867 FlK.	Wi/Wi
80	Strohmei *stro^{u}mai*	Strommei, 1867 FlK.	Wi/Wi
81	Teulk *toilk*	auf dem Täulck, 1769 GA; auf den Theul, 1774 GA; auf dem Tölke, 1809 GA; die Tölk Wiese, 1840 GA.	Wi/Wi
(82)	Muddels Wiesen	Mu(h)tels Wiesen, 1708 LV; die Muhdels Wiese, 1765 GA; die Mutels Wiese, 1777 GA; die Muddels Wiesen, 1788 WK.	Wi/Wi
83	Kamp *kam^{p}*		A, Ödl/A
84	Slonsbarg *slo^{u}ns'ba^{a}x*	auf den Schlons Berg, 1788 WK.	A/A, Ot
85	Blau *blau*	Blauge Bruch, 1788 WK; im Blau, 1867 FlK.	Su/Kw
86	Lütt Wischen *lyt'višn*		Wi/Wi
87	Mudelshoew *mūdəlshœ̄f*	Mudels Höfen, 1708 LV; in der Mutels, 1769 GA.	A/A

88	Mudelsbrügg *mūdelsbryx́*		Brücke
89	Grot Wischen *groᵘt'višn*		Wi/Wi
90	Sohrwischen *zōəvišn*	auf der Surs, 1566 GB Dömitz; auf Soor Wiesen, 1776 GA.	Wi/Wi
91	Hofwischen *hǫfvišn*	Hofwießen, 1708 LV; in der Hof Wiese, 1769 GA.	Wi/Wi, Wei

VIII

(92) auf der Bernietz, 1777 GA; auf Benietz, 1809 GA; Benietzenstück, 1815 GA, A
(93) Beßen Ohrt, 1708 LV, Wi
(94) aufn Blieschen Barge, 1708 LV, A
(95) aufm Bölben, 1737 GA, A
(96) Bramhorst, 1591 Amtsgrenzbuch Neuhaus, A
(97) auf der Brieg, 1708 LV, A
(98) die Buchte, 1566 GB Dömitz, Gh
(99) beim Creutz, 1708 LV, A
(100) Creutz Camp, 1708 LV; auf dem Crütz Kampf, 1777 GA, A
(101) die Deilhorst, 1566 GB Dömitz, Ödl
(102) an der Dicken horst, 1566 GB Dömitz, Gh
(103) aufn Dömitzer Wege, 1708 LV; am Dömitzer Weg 1767 GA, Str
(104) aufm Dove Land, 1767 GA, A
(105) Fahrentz Horst, 1591 Amtsgrenzbuch Neuhaus, Ödl
(106) aufm Fangel Stücken, 1767 GA; auf den Fangels, 1776 GA; auf Fangels, 1782 GA, A
(107) bey denn Fleder Busch, 1777 GA, A
(108) in der Fuhlen Grundt, 1708 LV; in die Faul Grund, 1777 GA, A
(109) Grauen Wiesen, 1708 LV; die Graven Wische, 1769 GA, Wi
(110) das große Mohr, 1708 LV, Su
(111) im großen Hof, 1774 GA, A
(112) auf der Gurcken Horst, 1708 LV, A
(113) auf der Gursch, 1708 LV, A, Wi
(114) auf den Gu(h)rschen Berg, 1776 GA, A
(115) der Hasellkampf, 1566 GB Dömitz, A
(116) Her Horst, 1708 LV, Wi
(117) Hohe Horst, 1591 Amtsgrenzbuch Neuhaus, Ödl
(118) auf der Horst, 1708 LV, A
(119) Jancken Werder, 1708 LV, Wi
(120) Kot Camp, 1708 LV, A

(121) Krieg Wiese, 1708 LV, Wi
(122) die Lancke, 1591 Amtsgrenzbuch Neuhaus; auf der Langck, 1708 LV; auf die Lang, 1777 GA, A
(123) Langen Wiesen, 1708 LV, Wi
(124) auf der Lausch, 1708 LV, A
(125) Lütgen Brandt Horst, 1708 LV; auf Lüt Brand Horst, 1769 GA; auf der lütten Brandhorst, 1776 GA, A
(126) aufn Lütgen Camp, 1708 LV, A
(127) aufn Lütgen Deiche, 1708 LV, A
(128) Lütgen Kriwitz, 1708 LV, A
(129) im Meers/Meertz, 1708 LV, A
(130) auf der Meertz Fangell, 1708 LV, A
(131) Meyers Camp, 1708 LV, A
(132) auf der Mieditz, 1708 LV, A
(133) aufn Mohr Stücken, 1708 LV; aufm Mohr Stücken, 1767 GA; auf Moer Stück, 1776 GA, A
(134) an dem Mohrwege, 1708 LV, Fw
(135) Mühlen Wiesen, 1708 LV, Wi
(136) im neuen Hof, 1774 GA, A
(137) Nöcht/Nächt Wiesen, 1708 LV, Wi
(138) im Ohlen Lande, 1708 LV, A
(139) Pampen Fohrt, 1708 LV, Wi
(140) in Paßgen Orth, 1708 LV, A
(141) Querstücken, 1708 LV, A
(142) auf der Runden Wiesen, 1708 LV, Wi
(143) Salunien Berg, 1591 Amtsgrenzbuch Neuhaus, Ödl
(144) im Sandt Gründen, 1708 LV, A
(145) Schweinekuhle, 1591 Amtsgrenzbuch Neuhaus, Ödl
(146) auf der Silitz, 1708 LV, A
(147) Steinhorst, 1591 Amtsgrenzbuch Neuhaus, Ödl
(148) achtern Tannen, 1776 GA, A, Kw
(149) auf der Trauckel/Traulcke, 1708 LV, Wi
(150) auf dem vordersten Camp Wege, 1774 GA, Wi, Fw?
(151) aufm Windmühlen Berg, 1776 GA, A.

37

Woosmerhof

'vausmə'hǫf

molendinum Walrowe 1277 MUB, Hof Wotzmer 1634 Amtsinventar Dömitz

I Bislang keine vor- und frühgeschichtlichen Funde.

II Bäuerlicher Besitz, 1564 durch Ankauf zum Domanium.

III 2 Hufen (1564 Kaufurkunde). Individualbede, die Hufe zu 4 ß (1535 LB Dömitz). Keine Pächte.

IV Gutshof. Ortslage exzentrisch zur Flur.

V Gutsflur. Keine Ackerschläge (Anfang 18. Jh. FlK).

VI 1564 Kaufurkunde: Gerdt Gerow, Joachim Rheibe, Heine Schultze.

VII

1	Düwelshörn *düvəlshǫ̈ᵒn*		Su, Ödl/A, Wei
(2)	Herrn Berg	Herrn Berg, Anfang 18. Jh. FlK.	Ödl/A
3	Reetwisch *rētviš*		Wi/Wi
4	Dreischen *draišn*	Hof Busch, 1566 GB Dömitz; Grote Wisch, Anfang 18. Jh. FlK; Grosse Wiese, 1788 WK.	Su/Wei, Wi
(5)	am Creutzenforde	Creutzer furt, 1565 StK; am Creutzenforde, 1566 GB Dömitz.	Ft, Gw/Gw
6	Bohnenstücken *boᵘnⁿstykn*	Bohnen Stücken, Anfang 18. Jh. FlK.	A/A
(7)	Hofwiese	Hofwiese, 1566 GB Dömitz.	Wi/Wi
8	Nachtkoppel *naxtkopl*		Wi/Wi
9	Moelenhof *mœ̄lˡhǫf*		Ot/Ot

(10)	Leußow	Leußow, Anfang 18. Jh. FlK.	Wi/A
11	Ra(d)wisch *råəviš*		Su, Wi/Wei, Wi
12	Maur *mauə*		Su/Su
13	Maurwisch *mauəviš*	Tiefe Wiese, Anfang 18. Jh. FlK; Faule Koppel, 1788 WK.	Wi/Wi
(14)	Ranzin	Ranzin, 1565 StK.	Ödl/Kw
15	Dieken *dīkn*	Flete Teich, 1788 WK.	Wi/Wi
(16)	Haßel Camp	Haßel Camp, Anfang 18. Jh. FlK.	A/A, Ot
(17)	Groth Camp	Groth Camp, Anfang 18. Jh. FlK.	A/A
18	Schultenkamp *šultnkamᵖ*		A/A
(19)	Panschen Ohrt	Panschen Ohrt, Anfang 18. Jh. FlK.	A/A

38

Tews Woos

'tīs'vaus

Tetzewotze/Thetzewotz 1456, Detze Wussen 1493 SchlR Schwerin

I Bislang keine vor- und frühgeschichtlichen Funde.

II Kommunionsdorf, 1876 nach Ablösung der letzten, seit 1744 an die herzogliche Kammer vererbpachteten ritterschaftlichen Anteile zum Domanium.

III 8 Hufen (1560 AB Schwerin,) darunter 1 Freihufe (1570 LB Schwerin). Individualbede, die Hufe zu 16 ß (1570 LB Schwerin). Einzelpacht je Hufe 12 ß (1456 SchlR Schwerin).

IV Rundling. Ortslage etwas exzentrisch zur Flur.

V Blockgewannflur. Keine Ackerschläge (1707 LV).

VI 1570 LB Schwerin: Pagel, Hans und Frantz (Ribe) die Schultzen, Kersten Drewes, Claus Kloek, Tomas Frile, Merten und Chim Bake, Claus Kriß, Hinrich und Achim Simeke, Chim Heineke, Kersten und Claußs Heineke, Achim Strom, Heine und Achim Strom, Kersten Bake, Kersten und Achim Backe. Kätner: Claus Weuer, Bene Pentze, Jacob Simeke.

1655 AB Schwerin: David Hagen, Hans Kloke, Jochim Strohm w., Hans Friehle w., Tias Blyßke w., Carsten Reibe, Heine Strohm w., Claus Köllen, Hans Janeke w., Carsten Saßke, Peter Kyß, große Hans Heineke, Chiel Bake, Stopher Kyß, Simon Simeke, Jochim Bake. Kätner: Jochim Lubin w., Claus Weber w., Carsten Pantze. Büdner: Hans Heineke w., Carsten Kloke w.

1707 LV: Johan Böhl, Stopfer Heitman, Hinrich Mancke, Daviet Lobien, Hanß Siehm, Hanß Böhl, Ertman Back, Hinrich Frarck, Hanß Rantz, Hanß Podatz, Hanß Rodehorst, Christian Reibe, Stopfer Back, Jochim Klock, Johan Rodehorst, Jochim Friehl, Casten Reibe, Hanß Heitge, Johan Lobien, Peter Grabow. Büdner: Johan Gerkens.

VII

1	Vörrelst Wischen *ˋförlst′višn*		Wi, Su/Wi
2	Winnerwischenbarg *vinəvišnba*^{a}*x*		A, Ödl/Kw
3	Hinnerst Wischen *ˋhinəst′viš*		Wi, Su/Wi
4	Bullenwisch *bul*^{l}*višn*		Wi/Wi
5	Dieken *dīkn*	Flete Teich, 1788 WK.	Wi/Wi
6	Meierzen *maiətsn*	Meihers Wiesen, 1831 FlK.	Wi/Wi
7	Meierzbarg *maiətsba*^{a}*x*	aufn Mevers/Mehrs Barg, 1707 LV; Meihers Berg, 1831 FlK.	A/Kw
8	Wilzin *vil′tsīn*		A, Su/Wei, A
9	Langen Wischen *laŋ*^{n}*′višn*	die Fahren Wiesen, 1831 FlK.	Wi/Wi
10	Oll Wischen *ol′višn*	ohlen Wießen, 1707 LV; Alt Wische, 1788 GA; an der Alten Wiese, 1832 GA.	Wi/Wi

11	Wäwersholt *vāvəs'holt*	aufn Weders/Waders Holtz, 1707 LV; im Weber Holt, 1831 FlK.	Su, A/Wei, A
12	Lütt Oll Wischen *ˋlytoł'višn*	Lüttollwisch, 1816 GA.	Wi/Wi
13	Strauk *strauk*	im Strauch, 1707 LV; die Strauchen Wiesen, 1831 FlK.	Wi/Wi, Wei
14	Veir *faiə*	Fersche Mohr, 1707 LV.	Su/Wei, A, Kw
15	Rukiep *rūkīp*		Su/Wei, A
16	Rei(d) *rai*	Reets Wieße, 1707 LV.	Wi/Wei, A
17	Grabows Kamp *grābo^{u}s'kam^{p}*	Grabows Camp, 1707 LV.	A/A
18	Stampmour *stam^{p}mo^{u}ə*		Su/Wei, A, Kw
19	Krumm Stücken *krum'stykn*	Krummen Stücken, 1707 LV.	A/A, Wei
20	Langen Stücken *laŋ^{n}'stykn*	aufn Langen Stücken, 1707 LV.	A/A, Kw
21	Honichel *ho^{u}nixł*	in Honiegell, 1707 LV; aufm Hogen Jicheln/Hohennichel, 1773 GA; das Hohenigeln Stück, 1816 GA.	A/A, Kw
22	Pui *pūī*	im Pouger/Poegern, 1707 LV; im Pujert, 1773 GA; im Pujer, 1788 GA.	A/A, Kw
23	Zielitz *tsīlits*	in der Sielitz, 1707 LV; Zielits, 1798 GA; das Zielitzstück, 1815 GA.	A/A, Kw, Ödl
24	de Barg *də'ba^{a}x*	beyn Wietten Sande, 1707 LV; aufm weißen Sande, 1788 GA.	A/Ot, Ödl
25	Briesen *brīzn*	auf der Brieße, 1707 LV; in die Briesen. 1781 GA; auf Briesen, 1798 GA.	A/Ot, A
26	Gooskamp *go^{u}skam^{p}*	aufm Gensen Kampf, 1788 GA; aufm Gänse Kampf, 1798 GA.	A/A, Kw

27	Nieschemour *nīšəmo*^{u}*ə*		Su/A
28	Schultenkamp *šultnkam*^{p}	der Schultzen Camp, 1707 LV; am Schulzen Kamp, 1816 GA.	A/Ot, A
29	in de Huk *ində'hūk*		Ot/Ot
30	Grauland *graulant*		A/Wei, A
31	Ollen Hoew *ol*^{l}*'hœ̄f*		A/A
32	Plorz *plǭəts*	auf den Plarß, 1707 LV.	Wi, A/Wei, A
33	Brügdamm *brūgdam*	vor der Brüge/Brügen Wießen, 1707 LV.	A, Wi/A, Wei
34	Putteramsch *putəramš*	in Poddaram, 1782 GA; in Puderam, 1798 GA.	Wi/Wi, Wei, A
35	Jahnken Barg *jåŋ*^{k}*nba*^{a}*x*		Ödl/Kw
36	Smä(d)kamp *smäəkam*^{p}		A, Su/Wei, A
37	Lauschen *laušn*	auf der Lauschs, 1707 LV.	A, Wi/Wei, A
38	Hamelstiert *hāmlstē*^{e}*t*		Wi, Su/Wei, A
93	Gleierz *glaiäts*	im Gleers/Gelers, 1707 LV; im Gleise, 1782 GA; Glirtz Wiese, 1788 WK; Gleiers, 1788 GA; die große Gleisen, 1798 GA.	Wi/A
40	Moelendamm *mœ̄l*^{l}*dam*		Fw, Ödl, A/A
41	Postdamm *postdam*		Str, Ödl, A/A
42	Holten *holtn*	im Gorsch, 1788 WK; im Holt, 1831 FlK.	Su/Wi, Wei, A

43	Jarms *ja*^{a}*ms*	auf der Jahrns/Jahrs Hägen, 1707 LV.	A/A, Wei
44	Gudenbusch *gūdnbuš*		Su, Ödl/A
45	Brinkkavel *briŋ*^{k}*kåvl*		Ödl/A
46	Heukavel *hoikåvl*		Ödl/A
47	Kimmulkenbarg *kiməlknba*^{a}*x*	auf dem Kimcken Berg, 1773 GA; auf den Kimmelten Berg, 1799 GA; Kimmelkenberg, 1831 FlK.	A, Ödl/A, Kw
48	Koppel *kopl*	in die Koppel, 1781 GA; auf der Koppel, 1798 GA; in der Koppel, 1816 GA.	A/A
49	Smallen Kavel *smal'kåvl*		Ödl/A
50	Breiden Kavel *braidn'kåvl*		Ödl/A
51	Langen Räw *laŋ*^{n}*'rāf*		Ödl/A
52	Hinnenkavel *hin*^{n}*`kåvl*		Ödl, A/A
53	Vörkavel *fǫ̈*$^{ǫ̈}$*`kåvl*		Ödl, A/A
54	Storvt *stǫ*^{o}*ft*	auf dem Starfcke, 1773 GA; das Storfken Stück, 1816 GA.	A, Ödl/A, Kw
55	Vörrelst Koppel *`förəlst'kopl*		Ödl, A/A
56	Hinnerst Koppel *`hinəst'kopl*		Ödl, A, A, Kw

VIII

(57) achtern Backen Hofe, 1707 LV, A
(58) im Blan Büschen, 1707 LV, A
(59) Block Enden, 1707 LV, A

(60) aufn Bohn(n) Barg, 1707 LV, A
(61) aufn Boehlen Kohlhof, 1782 GA, A
(62) beyn Brock, 1707 LV, Su, A
(63) im Brockenhof, 1782 GA, A
(64) hinter Brodkamp, 1782 GA, A
(65) beyn Brods Berg, 1798 GA, A
(66) aus dem Busch, 1782 GA, A
(67) achter/bey der Dannen, 1707 LV; aufm Dannen-Kampf, 1773 GA, A; an Tannenkamp, 1799 GA, Kw, A
(68) beym engen Weg, 1798 GA, Fw
(69) aufn Faster Lande, 1707 LV, A
(70) auf den Flederbusch, 1799 GA, A
(71) in Fra Örtgen, 1707 LV, A
(72) auf der Freßen Horst, 1707 LV; in Fresenholz, 1816 GA, Wi
(73) vor der Grube, 1707 LV, A
(74) auf der Harms Mühl, 1707 LV, A, Wi
(75) achtern Höfen, 1707 LV, A
(76) Hof Wießen, 1707 LV; die Hofwiese, 1816 GA, Wi
(77) aufn Hohen Stafs, 1707 LV; auf die Stuffe, 1791 GA; Staafen Stück, 1815 GA, A
(78) achter Jancken Hägen, 1707 LV, A
(79) bey Klemmers Kuhl, 1791 GA; an der Klemmerkuhl, 1816 GA, A
(80) auf der Klocken Horst, 1707 LV, A
(81) auf die Kohlhäwe, 1791 GA, A
(82) beyn Krütz Fohrt, 1707 LV, A
(83) Kurtze Enden, 1707 LV; aufm Kurtzen Enden, 1773 GA; aufm Kurtzen Ende, 1788 GA, A
(84) achtern Langen Barg, 1707 LV; an den Langen Bergen, 1773 GA, A
(85) in der Langen Grundt, 1707 LV, A, Ödl
(86) zwischen den Mohr, 1707 LV; zwischen den Möhren, 1773 GA; zwischen den Möhren, 1782 GA, Su, A
(87) achtern Mühlen Barg, 1707 LV, A
(88) in Nagelischs, 1707 LV; im Nagelgleiß, 1799 GA, A
(89) Nie Wießen, 1707 LV, Wi
(90) im Pagel Krohn, 1707 LV; im Polkron, 1782 GA, A
(91) in Pagell Gründen, 1707 LV, A
(92) in Papen Radt, 1707 LV, Wi
(93) Pudors Wießen, 1707 LV, Wi
(94) aufn Rantzin, 1707 LV, A
(95) in Ratgen, 1707 LV, Wi
(96) in Reh Buschs, 1707 LV; auf Rehbusch, 1773 GA, A
(97) Rethhofwiese, 1781 GA, Wi
(98) Sägers Wießen, 1707 LV, Wi
(99) aufn Sand-Stück, 1788 GA, A

(100) auf der Schauens, 1707 LV, A
(101) beyn Scheide Baum, 1707 LV, A
(102) in Seitien/Seutis, 1707 LV; im Sätien, 1773 GA; im Seytinn, 1782 GA, A, Wi
(103) aufn Stafgen Ohrt, 1707 LV, A
(104) vor der Stär, 1707 LV; auf dem Staar, 1782 GA, A
(105) auf den Staven Mohr, 1773 GA, Su, Wi
(106) beyn Stroh Mohr, 1707 LV; in Strohemohr, 1782 GA, Su, A
(107) Stuben Wieße, 1707 LV, Wi
(108) aufn Tieß Mohr, 1707 LV, Su, A
(109) für Todtenweg, 1816 GA, Fw
(110) aufn Wieck Stücken, 1707 LV, A
(111) beyn Wietten Barg, 1707 LV, A
(112) Wietten Borges Camp, 1707 LV, A.

39

Hohen Woos

hō'vaus

Hogen Wotze 1456, Hoge Wussen 1493 SchlR Schwerin

I Jüngere Steinzeit: Dicknackiges Feuersteinbeil („Langen Stücken"). Jüngere Bronzezeit (?): Siedlungsplatz (Ziegeleigelände). Zeitstellung unsicher: Urnen (Gehöft VII).

II Domanium.

III 9 Hufen – darunter 1 Freihufe (1570 LB Schwerin) – und 2 Katen (1560 AB Schwerin). Individualbede, die Hufe zu 16 ß (1570 LB Schwerin). Einzelpacht je Hufe 12 ß, der Schulze 16 ß (1456 SchlR Schwerin).

IV Rundling. Ortslage exzentrisch zur Flur.

V Blockgewannflur. Keine Ackerschläge (1705 LV).

VI 1570 LB Schwerin: Achim und Bene Krull, Heine Leutke, Heine Saske, Achim Saske, Achim Saske, Hans Saske, Peter Lutke, Hans Daske, Bene Strom, Achim Saske, Hanß Saske, Achim Saske, Hans Rendeke, Titke Randeke, Hans Lutke. Kätner: Jacob Lutke.

1655 AB Schwerin: Jochim Krull, Jürgen Krull, Peter Schultze w., Jochim Weber w., Paschen Saßke w., Jochim Jantke w., Hanß Saßke w.,

Marcus Saßke w., Jochim Lütke Wittwe, Claus Saßke w., Peter Nyeman, Carsten Lütke, Hans Saßke, Wulf Wacker, Peter Randeke w., Paul Randeke w. Kätner: Marten Saßke, w. Claus Lütke w.

1705 LV: Stopfer Busch, Hanß Busacker, Frantz Wiencke, Jochim Bußacker, Hanß Klär(f)cke, Davidt Bußacker, Claus Kloeck, Erdtman Lütge junior, Erdtman Lütge senior.

VII

1	Holt *holt*	im Gorsch, 1788 WK.	Su/Wi, A
2	Kavels *kåvls*		A, Ödl/A
3	Seutin *'zoitin*		A, Ödl/A
4	Ossengrund *osngrunt*	Ochsengrund, 1930 FK.	Ödl/F
5	Moelenweg *mœlˡvex́*		Fw/Fw
6	Tatergrund *tåtägrunt*	Tatergrund, 1930 FK.	Ödl/F
7	Dodenweg *doᵘdnvex́*		Fw/Fw
8	de Guhr *də'gūə*	in der Hoch/Hogen Guhren, 1705 LV.	A/Kw
9	Bäunerdannen *boinädanⁿ*		A, Kw/Kw
10	Kampen *kamᵖm*	aufn Campen, 1705 LV.	A, Su/A, Ödl
11	Schultenkamp *šultnkamᵖ*	Schultzen Camp, 1705 LV.	A/A
(12)	Strauß Beck	Strauß Beck, 1705 LV.	Su/A, Wei, Ödl
13	Zeek *tseⁱk*		Su/A, Wei

14	Krumm Stück *krum' styk*		A/A
15	Fangel *faŋ*^{ə}*l*	auf der Fangel (l), 1705 LV; auf dem Fangel, 1787 GA; auf dem Fangel, 1790 GA,	
16	Krüzen *krūtsn*	aufm Krütz, 1705 LV.	A/F
17	Sandhawer *zanthåvə*	Sandhafer, 1865 FK.	Kw/F
18	Klatz *klats*	in der Klatz, 1705 LV.	A/A
19	Breiden *braidn*		A/A
20	Luflei *lūf'lēi*	auf der Lufeley, 1705 LV; Luflei, 1865 FK.	A/F
21	Seute Grund *zoitə' grunt*	Süße Grund, 1865 FK.	Kw/F
(22)	Wildseite	in der Wiltz Siett/Wilt Siet, 1705 LV; Wildseite, 1865 FK.	A/F
23	Kätelkuhl *kätlkūl*	Ketelkuhl, 1930 FK.	Kw/F
(24)	Pracher Berg	Pracher Berg, 1865 FK.	Kw/F
(25)	Litthauer Berg	Litthauer Berg, 1865 FK.	Kw/F
26	Dulitz *dūlits*	in der Lütgen Dulist, 1705 LV; Dulitz, 1865 FK.	A/F
27	Gliensgrund *glīnsgrunt*	im Gelihn, 1705 LV; Gallins Grund, 1865 FK.	A/F
(28)	Porten Grund	Horten Grundt, 1705 LV; Porten Grund, 1865 FK.	Su/F
29	Nachtkoppel *naxtkopl*	die Pferdekoppel, 1853 FR; Pferdekoppel, 1865 FK.	Su/F
30	Flag *flåx*	auf den Flagen, 1705 LV; Flaage, 1865 FK.	A/F

31	Langen Stücken *laŋ^{n}'stykn*	auf den Langen Stücken, 1705 LV.	A/A
32	Storvten *stǫ^{ǫ}ftn*		Wi/Wi
33	Grebensbarg *grēbmsba^{a}x*		Ödl/Ödl
34	Deep Maur *dē^{i}p'mauə*	Tiefe Moor, 1865 FK.	Su/F
35	Grebenskamp *grēbmskam^{p}*	der Grevenskamp, 1853 FR; Grebenskamp, 1865 FK.	A/F

VIII

(36) die alte Pferdekoppel, 1853 FR, Wei
(37) Bollenwiese, 1853 FR, Wi
(38) im Gelersch, 1705 LV, Wi
(39) im Haßen Ohrt, 1705 LV, A
(40) Holtz Wiesen, 1705 LV, Wi
(41) hinter Horms Möhl, 1705 LV, Wi
(42) Kort Lang Stück, 1705 LV, A
(43) im Lütt Greven, 1787 GA, Wi
(44) bey Marcks Möhrcken/Marck Möhren, 1705 LV, Su, A
(45) Rancken Wiesen, 1705 LV, Wi
(46) Schleuschers Wiesen, 1705 LV, Wi
(47) in der Schurschs, 1705 LV, Wi
(48) in der Si(e)nna, 1705 LV, A
(49) hinter Webers Holtz, 1705 LV, Wi

40

Laupin

'laupīn

Lopinn 1493, Lopin um 1524 SchlR Schwerin, Lowpin 1560 AB Schwerin

I Jüngere Steinzeit: Feuersteinkeil.

II Domanium.

III 11 Hufen – darunter 1 Freihufe (1655 AB Schwerin) – und 1 Katen (1560 AB Schwerin). Individualbede, die Hufe zu 16 ß (1570 LB Schwerin). Einzelpacht je Hufe 12 ß (1560 AB Schwerin).

IV Rundling. Ortslage zentral zur Flur.

V Blockgewannflur. Keine Ackerschläge (1705 LV).

VI 1570 LB Schwerin: Chim Schulte, Frentz Rantze, Jochim Frile, Hinrich Bake, Baltzer Frile, Claus Brun, Chim Janeke, Hans Lutke, Claus Leutke, Frentz Goetke.

1655 AB Schwerin: Hans Tiede, Jochim Stephens, Frantz Rantze w., Ewaldt Friehle w., Andreas Janeke, Carsten Friehle w., Drewes Bruhne, Erdtman Janeke, Pasche Lüte, Claus Jauwert, Hans Jante.

1705 LV: Jochim Steffens, Frantz Jochim Lütge, Hanß Jante, Hanß Muchau, Michel Scheper, Barteld Janeken, Jürgen Schultze, Erdman Lütge, Jochim Bußacker, Johann Büllow, Jochim Janeken.

VII

1	Schaulwisch *šaulviš*		Wi/Wi
2	Jägerkrugen *jägəkrū^{g}n*		Wi/Wi
3	Krugen *krū^{g}n*		Wi/Wi, Wei
4	Bäunerdannen *boinädan^{n}*		Kw/Kw
5	Dannenkamp *dan^{n}kam^{p}*		Kw/Kw
6	Ellerlock *elälok*		Su/Kw
7	Sandkrugen *zantkrū^{g}n*	Torfmoor, 1868 FlK.	Su/Wi
8	Moiden *moi^{d}n*		Su/A
(9)	Portenhorst	Portenhorst, 1930 FK.	Ödl, Su/F, Wi
10	Zierzer Maur *tsiətsə'mauə*	Zierz, 1868 FlK.	Su/F

11	Barkenmaur *ba^{a}knmauə*	Blankmoor, 1868 FlK.	Su/F
12	Gliensgrund *glīnsgrunt*	aufn Glienen, 1705 LV; Gallins Grund, 1868 FlK.	A/F
(13)	Wild Feite	Wild Feite, 1868 FlK.	Kw/F
(14)	Jungfernberge	Jungfernberge, 1868 FlK.	Kw/F
(15)	Rote Grund	Rote Grund, 1930 FK.	Kw/F
16	Steengrund *stē^{i}ngrunt*	Steingrund, 1868 FlK.	Kw/F
17	Janten Kamp *jan^{t}nkam^{p}*		A?/F
18	Rumer Barg *ˋrūmə'ba^{a}x*		Ödl/Kw
19	Rumen *rūm^{m}*		Ödl/A, Kw
20	Swarten Barg *sva^{a}tn'ba^{a}x* *svat-*		Kw/Kw
21	Köstermaur *köstəmauə*	das Köster Mohr, 1666 GSt; das Küster Mohr, 1668 GP; beym Küster Mohr, 1760 GP; Küster Moor 1868 FlK.	Su/A, Kw, Ödl
22	Orter Dannen *ǫ^{ə}tä'dan^{n}*		Ödl/Kw
23	Bläßenstücken *bläsnstykn*	Bleeß Stücken, 1705 LV.	A/A, Kw
24	Plantbarg *plantba^{a}x*	Planberge, 1705 LV.	A/A, Kw
25	Middelst Koppel *midls'kopl*		A/A, Kw
26	Sandenn' *zant'en^{n}*	Sand Stücken, 1705 LV.	A/A
27	Grot Wischenstück *gro^{u}t'višnstyk*	Grot Wischen Stücken, 1705 LV.	A/A

28	Rietenn' *rīt`en^{n}*	Riet Enden, 1705 LV.	A/A, Ödl
29	Stägkoppel *stā̆x́kopł*	Stege Stücken, 1705 LV.	A/A, Kw, Ödl
30	Halwstücken *halfstykn*	aufn Halb Stücken, 1705 LV.	A/A
31	Ratt *rat*	Rad, 1868 FlK.	Ödl/A, Wei
32	Ratter Barg *ratə'ba^{a}x*		Ödl/Kw
33	Klatz *klats*	im Clatz, 1705 LV.	A/Kw, A, Ot
34	Steffensbarg *stefənsba^{a}x*	beym Steffens, 1705 LV.	Ödl, A/Kw
35	Nien Hoew *nīn`hœ̄f*		A/A
36	Schaulkamp *šaułkam^{p}*		A/A, Kw
37	Hofwischen *hǫfvišn*	Hoffwiesen, 1705 LV.	Wi/Wei, A
38	Schultenkamp *šultnkam^{p}*	Schultz Camp, 1705 LV.	A/A
39	Lank *laŋk*	in der Lanck, 1705 LV.	Su, A/A, Wi, Kw
40	Block *blok*	aufn Block, 1705 LV.	A/A
41	Brotschapp *brōtšap*		A, Wi/A
42	Vörrelst Wisch *`förəlst'viš*		Wi/Wi
43	Hinnerst Wisch *`hinəst'viš*		Su/Wi
44	Gausort *gausō^{ə}t*		Su/Wi, Wei

45	Hasenwinkel *håznviŋkl*		Su/A
46	Schultenwisch *šultnviš*		Wi/Wi
47	Bullenwisch *bul^{l}viš*	Bollen Wiese, 1825 GA.	Wi/Wi
48	Maurhosten *mauə\`hǫstn*	Mohrhorsten Wiesen, 1705 LV.	Wi/Wi, A
49	Buckwisch *bukviš*	Bockwiese, 1868 FlK.	Wi/Wi
50	Kɔrken *kǫ^{ǫ}kn*		Su, Wi/Wi
51	Steert *stē^{ə}t*	aufn Steert, 1705 LV.	Wi/Wi
52	Lanker Barg *\`laŋkă'ba^{a}x*	der Lancker-Berg, 1770 GA.	A/A, Ödl
53	Rei(r)ßenwisch *rai^{ə}snviš*	Reerswiesen, 1705 LV; Reiersche Wiese, 1803 GA; die Rehsen Wiese, 1805 GA; in den Resen, 1824 GA.	Wi/Wi
(54)	Wußmerberck	Wußmerberck, 1566 GB Dömitz	Ödl/Kw
55	Höbbel *höpl*	Höbbel, 1705 LV.	Wi/Wi
56	Hoppendamm *hopmdam*	beym Wiltzinschen Hoppen Dämme, 1705 LV.	A/A, Wei
57	Wilzin *vil'tsīn*	Wiltzien, 1705 LV.	Su, Wi/A, Wei
58	Kort Kavel *kǫ^{ə}t'kåvl*	die Korten Caveln, 1705 LV.	A, Wi/Wi, Wei
59	Orter Stücken *ǫ^{ǫ}tă'stykn*		A, Su/A
60	Dreierbarg *draiəba^{a}x*		Ödl/Kw, A
61	Krumm Wisch *krum'viš*		Wi/Wi

62	Kampen *kam^{p}m*	aufn Campen, 1705 LV.	A, Wi/A, Wei
63	Schülpwischen *šylpvišn*	Schülpen Wiesen, 1705 LV; Schülp Wiese, 1770 GA.	Wi/Wi
64	Misserink *misəriŋk*	Mießrercken, 1705 LV.	Wi/Wi
65	Koppelholt *koplholt*		Su/Wei, A
66	Kuhlstücken *kūlstykn*	Kuhl Enden, 1705 LV.	A/A, Wei
67	Dieritz *dīrits*	im Diers/Dieres, 1705 LV.	A/A, Ödl
(68)	Paleßer fort	Paleßer fort, 1566 GB Dömitz.	Ft?/A
69	Pannerwisch *panəviš*		Wi/Wi
70	Klokenkamp *klǫknkam^{p}*		A/A
71	Güsmer *güsmä*	auf dem Güsmer, 1807 GA; Güsmer, 1868 FlK.	Ödl/A, Wei, Kw
72	Wei(d)koppel *vaikopl*		Su/Wei, Wi
73	Melkschapp *melkšap*		Su/Wi
74	Brüggelwisch *bryglviš*		Su/Wi
75	Nie Wisch *nī'viš*	Nienwieße, 1705 LV; Neu-Wiese, 1770 GA.	Wi/Wi
76	Koppel *kopl*		Su/Wei, Wi
77	Kauhbarg *kauba^{a}x*		Ödl/Kw, Wei

VIII

(78) Bähkende, 1705 LV, A
(79) Bohn Stücken, 1705 LV, A

(80) Diestell Stücken, 1705 LV, A
(81) Drift Stücken, 1705 LV, A
(82) in der Frisch, 1705 LV, A
(83) im Groten Clatz, 1705 LV, A
(84) Gulenhorst, 1705 LV, Wi
(85) Güßmerkamp, 1825 GA, A
(86) aufn Hinnen Stücken, 1705 LV, A
(87) bey der Jancken Brede, 1705 LV, A
(88) beym Jancken Fohrt, 1705 LV, A, Ft?
(89) Lütge Wieße, 1705 LV, Wi
(90) Mohr-Hofs-Wiese, 1770, GA, Wi
(91) Nieperwieße, 1705 LV, Wi
(92) im Strepell, 1705 LV, A
(93) aufn Vorstücken, 1705 LV, A

41

Leussow

lȫⁱsoᵘ

mit Kavelmoor und Wüstung Pahls

Loysowe 1291, Leysowe 1335, Loysowe 1369 MUB, Loyzow 1431 SchlR Dömitz Palazer Hoven 1520 AB Grabow, Poltzer howenn 1538, Palatzer howen 1570 LB Grabow

I Jüngere Steinzeit: Feuersteingeräte. Ältere Eisenzeit: Urnenfeld („Kartüffelbarg"/„Winkel"), Siedlung („Zielitz"). Slawisch-frühdeutsche Zeit: Siedlung („Pahls").

II Kommuniondorf, vor 1520 zum Domanium.

III 22 Hufen – darunter 1 Pfarrhufe (1534 KV Leussow) und 2 Freihufen – sowie 6 Katen (1520 AB Grabow). Individualbede, die Hufe zu 16 ß (1552 LB Grabow). Einzelpacht zwischen 16 und 18 ß je Hufe schwankend (1520 AB Grabow).

Die überwiegend, wenn nicht ausschließlich von Leussower Vollbauern genutzten 9 Hufen der Wüstung Pahls waren frei von Diensten („man se denen dar nicht von", 1520 AB Grabow). Für je eine dieser Hufen betrug die Bede 4 ß (1538 LB Grabow) und die Pacht 8 ß (1520 AB Grabow).

IV Rundling. Ortslage etwas exzentrisch zur Flur.

Um 1665 errichtete das Amt aus den zahlreichen, im 30jährigen Krieg wüst gewordenen Hufen Leussows einen Meierhof. Mit $445^{13}/_{16}$ Scheffel Aussaat und $148^{6}/_{16}$ Fuder Heu blieb das Hoffeld etwas hinter dem Bauernacker zurück, der mit $551^{13}/_{16}$ Scheffel und $181^{5}/_{16}$ Fuder ausgewiesen wurde (1711 LV). Der später durch Aufforstungen beträchtlich verkleinerte Hof wurde im Jahre 1834 aufgelöst und ein Teil seiner Ländereien zur Einrichtung von 12 Büdnerstellen verwendet, deren 6 als Kolonie am Rande des „Cavel Mohr" angesiedelt wurden.
Kirchdorf.

V Kleingewannflur. Keine Ackerschläge (1711 LV).

VI 1552 LB Grabow: Brandanius Stolte, Achim Graweke, Achim Gowche, Frens Jerneke, Hermen Graweke, Hans Lucke, Achim Grise, Mathias Klementh, Achim Suter, Marten Reimer, Achim Eggerth, Palm Brune, Thies Frile, Achim Sasse, Hans Stolte, Henneke Jawerth, Pawell Jesse, Hermen Heinike, Peter Joche, Peter Jowerdt, Symon Gade, Frens Joche. Kätner: Marten Reimer, Clawes Bonarten, Achim Graweke, Clawes Frile, Hinrich Pyllick, Asmus Reymer, Clawes Buscke, Hans Suter; de Moller.

1654 AB Grabow: Erdtman Reimer, Jochim Jauwert, Clauß Jurgke, Jürgen Suter w., Hanß Tetz w., Harmen Koep, Clauß Suter, Hanß Eggert w., Palm Brun w., Hanß Wulter, Clauß Wischer w., Clauß Sasche w., Frenz Jeringk w., Clauß Stolte, Hinrich Sasche w., Jürgen Tincke w., Jurgen Moller, Carsten Reimer w., Clauß Gade w., Jürgen Knape, Clauß Drieße w., Chim Suter w. Kossat: Clauß Busche w. Kätner: Peter Reimer w., Carsten Suter w., Clauß Suter w., Hanß Busacker w., Stoffer Reimer w., Peter Bantz w., Jochim Suter w., Carsten Lütje w., Jürgen Dithmer, Balzer Reimer w., Jürgen Gurcke; Daniel Moller der Müller w.

1711 LV: Martten Reimers, Christian Gauert, Jochim Hagen, Hinrich Suhrbehr, Daviet Bußkuhl, Hanß Gorck, Claus Stolt, Pagel Möller, Christian Cnap. Kossaten: Christian Gorck, Asmus Klüß. Büdner: Cunraht Klüßdorf, Andreas Stein.

VII

1	Pahlser Wisch *pålzə'viš*	Pahlser Wisch, 1870 FlK.	Wi/Wi
2	Wee(d)koppel *veⁱkopl*	bei dem Cavel Mohr, 1760 GSt.	Su/Wei, A, Kw
(3)	Kavelkamp	auf den Cavel Stücken, 1711 LV; Kavelkamp, 1929 FlK.	A/A, Wei

(4)	Kollbohts Heid'	Kollbatz, 1711 LV; Kollbohts Heid', 1929 FlK.	A, Ödl/A
5	Nädens *nädns*		A, Ödl/A, Wei
(6)	Hierer Wisch	Hierer Wisch, 1870 FlK.	Wi/Wi
(7)	Pietscher Holt	Pietzer Holtz, 1711 LV; Pietscher Holt, 1870 FlK.	Su, Wi/A
8	Hee(d)koppel *he*^{i}*kopl*	Heide Koppel, 1870 FlK.	Ödl, Wi/A, Wei
	Kartüffelbarg *kə'tyflba*^{a}*x*		Ödl, A/Ödl
10	Winkel *viŋkl*	auf den Winckel, 1711 LV; im Winkel, 1757 PfA; Winkel Koppel, 1870 FlK.	A/A
11	Gliens *gl*^{ə}*ns*	in der Geliehn, 1711 LV; auf der Gliens, 1757 PfA; Gliens, 1870 FlK.	A/A, Kw
12	Schultenkamp *šultnkam*^{p}	Schultz Acker, 1711 LV.	A/A, Kw
13	Groten Gliens *gro*^{u}*tn' gl*^{ə}*ns*	Großen Gliens, 1870 FlK.	A/F
14	Lütten Gliens *lytn' gl*^{ə}*ns*	Kleinen Gliens, 1870 FlK.	A/F
15	Bodderkuhl *bodəkūl*	Butterkuhl, 1870 FlK.	A/F
16	Bornschnees *bǫ*^{ǫ}*nšnēs*		Fw/ Schneise
17	Rämelbarg *rämlba*^{a}*x*	Remelberg, 1870 FlK.	Kw/F
18	Frielenhus *frīl*^{l}*hūs*	Frielen Kamp, 1668 GSt; Frielenhüschen, 1870 FlK.	Kw/F
(19)	Tiefe Grund	Tiefe Grund, 1788 WK.	Ödl, Gh/F
20	Swarten Barg *sva*^{a}*tn' ba*^{a}*x* *svat-*	Schwarze Berg, 1870 FlK.	Ödl, Gh/F

21	Janten Kamp *jan^{t}nkam^{p}*	Jantenkamp, 1870 FlK.	Kw/F
(22)	Baumstückengrund	Baumstückengrund, 1870 FlK.	Kw/F
(23)	Jantenkamperberg	Jantenkamperberg, 1870 FlK.	Kw/F
24	Koelerie *kœ̄lə'rī*	Kählerei, 1870 FlK.	Kw/F
25	Agatzenbarg *a'gatsnba^{a}x*	Agatzenberg, 1870 FlK.	Kw/F
(26)	Agatzengrund	Agatzengrund, 1870 FlK.	Kw/F
27	Kielsbarg *kīlsba^{a}x*	Kiehlsberg, 1738 GSt; Kiels Berg, 1788 WK.	Ödl/F
(28)	in der Sandscholle	in der Sandscholle, 1870 FlK.	Ödl/F
29	Grote Schapdannen *gro^{u}tə'šåpdan^{n}*	Große Schaftannen, 1870 FlK.	Ödl/F
(30)	Kleine Schaftannen	Kleine Schaftannen, 1870 FlK.	Ödl/F
31	Hunn'kamp *hun^{n}kam^{p}*	Hundes Camp, 1711 LV; Hundekamp, 1870 FlK.	A/Ödl, Kw
(32)	Pals Bruch	Pals Bruch, 1788 WK.	Su/F
33	Dörpstä(d) *dǭ^{ö}pstǟə*	auf der Dorf Stedte, 1711 LV.	A/A, Kw, Wi
34	Pahls *p^{ä}īls*	auf der Politz, 1711 LV; up de Pahls, 1870 FlK.	A/A, Wi, Kw
35	Zirs *tsirs*		Su/Wi
36	Jakobs Kamp *jākopskam^{p}*	Jacobskamp, 1870 FlK.	A, Gh/Ödl, Kw
37	Bunten Stücken *ˋbuntn'stykn*	de bunten Stücken, 1870 FlK.	A, Gh/Ödl, Kw
38	Dammstücken *damstykn*	ein Damstücke, 1656 KV; auf den Damm Stücken, 1757 PfA; Dammstücken, 1870 FlK.	A, Ödl/A, Kw

39	Kösterkamp *köstəkam*^{p}	Kösterkamp, 1870 FlK.	A, Wi/A, Wi
40	Perdöhl *pä*^{ə}*' dȫl*	auf dem Perdöhl, 1656 KV; auf den Prödöhl, 1711 LV; auf den Perdeul, 1757 PfA; Perdöhl, 1870 FlK.	A, Gh/A, Kw
41	Grebensbarg *grēbmsba*^{a}*x*	Grebensberg, 1870 FlK.	A, Gh/Kw A
42	Dörrwatz *dǫ̈rvats*	auf der Dollwatz, 1711 LV; Dörchforthskoppel, 1870 FlK.	A/A, Wei, Kw
43	Dammbrak *dambrāk*	in die Dambrake, 1656 KV; Dam(m) Brock, 1711 LV; aufn Dambrak, 1751 GA; auf der Damm Braak, 1757 PfA; Dammbracks Koppel, 1870 FlK.	A/A, Wi, Kw
44	Kamp *kam*^{p}	upn Kamp, 1870 FlK.	A, Gh/A, Wei
45	Dourt *do*^{u}*ət*	unter der Darie, 1656 KV; Darje, 1739 GA; Dahjen Stück, 1751 GA; auf der Daarie, 1757 PfA.	A/A, Wei
46	Diekstück *dīkstyk*	das Teichstücke, 1656 KV; auf den Dieck Stücken, 1711 LV; Dickstück, 1739 GA; auf den Deich Stücken, 1757 PfA; Diekstücken, 1870 FlK.	A, Wi/A, Wi, Ot
47	Preesterie *prēstə'ṛī*		A, Su/A, Wei
48	Mierz *mīäts*	auf der Miedeß, 1656 KV; auf/in der Mieditz, 1711 LV; Miertz, 1870 FlK.	A/A, Wi Kw
49	Zielitz *sīlits*	up de Sydeliste, 1561 KV; auf der Siedelitz, 1656 KV; auf der Sietlitz, 1711 LV; up'e Zielitz, 1870 FlK.	A/A, Kw
50	Försterland *fö*^{ö}*stəlant*	auf den Laaßen Camp, 1711 LV; Laschen Mohr, 1788 WK.	A, Su/A, Wi Wei
51	Lasenwisch *lå̄znviš*	in den Lahßen, 1711 LV; Laschen Holtz, 1788 WK; Laasen Wisch, 1870 FlK.	Wi, Su/Wei
52	Kätelkuhl *kätlkūl*	Kähtel Kuhl, 1711 LV; Ketel Kuhl, 1870 FlK.	Wi/Wi, A

53	Kolwatz *kolvats*	Colbatz Wiesen, 1711 LV; Kollbohts Wisch, 1870 FlK.	Wi/Wi, A
54	Verwalterhösten *fä'valtəhöstn*		Wi, Su/Wi, A
(55)	Kathen Wisch	Kathen Wisch, 1870 FlK.	Wi/Wi
56	Jisser *jisä*^{ə}	auf den Jeßer, 1711 LV; Jisse, 1870 FlK.	Wi/Wi, Wei
(57)	in'n Hörsten	in'n Hörsten, 1870 FlK.	Wi, Ödl/Wi
(58)	Discher Wisch	Discher Wisch, 1870 FlK.	Wi/Wi, Wei
59	Kauhbarg *kauba*^{a}*x*	Kuhberg, 1870 FlK.	Ödl/Wei, A
60	Höstenwisch *hǫ̈stnviš*		Wi/Wi, Wei
61	Schultenwisch *šultnviš*		Wi/Wi
62	Hofwischen *hǫfvišn*	die Hofwische, 1656 KV; Hof Wiesen, 1711 LV; hinter der Hoff Wiese, 1757 PfA; Hoff Wiese, 1788 WK; Hof Wisch'n, 1870 FlK.	Wi/Wi, Wei, A
63	Timpen Holt *tim*^{p}*mholt*	Tiembcken Wiese, 1711 LV; Timpen Holt, 1870 FlK.	Wi/Wi, Wei
64	Reitwisch *raitviš*	Reht Wiese, 1711 LV; die Reth Wiese, 1788 WK; Reit Wisch, 1870 FlK.	Wi/Wi, Wei
65	Höstenhof *hǫ̈stnhǫf*		Wi, Ödl/Wei
66	Barkenhost *ba*^{a}*knhǫst*		Ödl/Ödl
67	Hinnenhost *hin*^{n}*hǫst*		Ödl/A, Wi
68	Kösterwisch *köstəviš*	die koster wisk, 1561 KV; Küster Wiese, 1711 LV.	Wi/Wi
69	Röggenzenwisch *rö*^{g}*nzn\`viš*	Rögnitz Wisch, 1870 FlK.	Wi/Wi

70	Hog Host *hōx'hǫst*		Ödl/Wi, A, Ödl
71	Holtwisch *holtviš*	Holtz Dam, 1711 LV.	Wi/Wi
72	Lang Wisch *laŋⁿ'viš*	Lange Wiese, 1711 LV.	Wi/Wi
(73)	Kampen Wisch	Campen Wiese, 1711 LV; Kampen Wisch, 1870 FlK.	Wi, Ödl/A, Wi
74	Ejerwisch *ēⁱəviš*	Eier Wall, 1788 WK.	Ödl/Wi
(75)	Fincken Holtz	Fincken Holtz, 1788 WK.	Su/Wi
76	Preesterwisch *prēstəviš*		Wi/li
77	Dow Holt *doᵘf'holt*	in dem douen holte, 1561 KV; im Dofen Holtze, 1656 KV; Dofen Holtz, 1688 GSK; im Doben Holtz, 1788 WK.	Su/A, Wi, Wei
78	Guhlschen Kamp *gūlšn'kamᵖ*	auf der Gulitze, 1656 KV; in der Gulitz/Gullitzer Camp, 1711 LV; Gulschen Kamp, 1870 FlK.	A, Wi/A, Kw
79	Tournstück *toᵘənstyk*	das Tharen Stücke, 1656 KV; aufn Tohren Stücken, 1711 LV; Thornstück, 1739 GA; Tharen Stück, 1751 GA; auf den Tharen Stücken, 1757 PfA.	A/A, Ot
80	Small Stücken *smal'stykn*	schmahles Stücke, 1656 KV; auf den schmallen Lang Stücken, 1711 LV; das schmale Stück, 1757 PfA; die schmalen Stücken, 1870 FlK.	A/A, Ot
81	Bohnenbarg *boᵘnⁿbaᵃx*	Bohnenberg, 1870 BlK.	A/A, Ot
82	Lang Stück *laŋⁿ'styk*	das Lange Stück, 1656 KV; auf den Lang Stücken, 1711 LV; auf den Langen Stücken, 1757 PfA.	A/A, Kw
83	Hauhnerkamp *haunəkamᵖ*	auf den Honner Camp, 1711 LV; Haunerkamp, 1870 FlK.	A/Kw, A

84	Dannenkavel *dan^{n}kåvl*		A, Kw/Kw
85	Mönkelock *möŋkəlok*	Mürerlock, 1870 FlK.	Su/Kw
86	Staafk *ståfk*	achter dem Stafeke, 1656 KV; achter/ in der Stäfke/Stäfken Wiese, 1711 LV; Staafk Koppel, 1870 FlK.	A, Wi/A, Wei, Kw
(87)	Pastoren Busch	Pastoren Busch, 1656 KV.	Gh/Kw
88	Wilz *vilts*	in der Wilß, 1654 AB Grabow; in der Wilß, 1656 KV; in der Wi(e)ltz, 1711 LV; vor der Wiltz, 1757 PfA; in de Wils, 1870 FlK.	A, Gh/A, Kw
89	Lütt Wisch *lyt'viš*		Su/F, Wi
90	Klatz *klats*	Klathstücke, 1656 KV; Klatz Stücken, 1711 LV; im Klatz 1757 PfA; in de Klatz, 1870 FlK.	A/F
91	Judenkirchhof *jūdn'ki^{r}χhǫf*		Ödl?/F
92	Fahrenstücken *fāənstykn*	Fahrenstücke, 1656 KV; auf den Fahren Stücken, 1711 LV; das Fahren Stück, 1757 PfA; Fahrenstück'n, 1870 FlK.	A/F
93	Goosbusch *go^{u}sbuš*	auf den Gooß Busch, 1711 LV; Goosbusch, 1870 FlK.	A/F
94	Wee(d) *vē^{i}*		Su, Ödl/Wei, A
95	Raurbarg *rauəba^{a}x*	Rohr Wiesen, 1711 LV; Rühr Wisch, 1870 FlK.	Wi/A, Wi, Wei
96	Schuwut *šūf'ūt*	Schufhuts Wiese, 1711 LV.	Wi/Wi, Wei, A
97	Kampenhee(d) *kam^{p}m'hē^{i}*	Lütgen Camp Heide, 1711 LV.	Wi/A, Wi, Wei
98	Borgwall *bǫ^{ə}χval*		Su/A, Wi, Kw

VIII

(99) Bargen Stücken, 1711 LV, A
(100) der Bauwerschaft Wendtstücken, 1656 KV, A
(101) der Block, 1656 KV, A
(102) beym Born, 1711 LV, A
(103) Born Wiesen, 1711 LV, Wi
(104) auf den Cronnen/Crans Camp, 1711 LV, A
(105) auf der/den Dohien, 1711 LV, A
(106) auf Drießen Camp, 1711 LV, A
(107) Eggers-Kamp, 1668 GSt, A
(108) auf der Fall Brüg, 1711 LV, A
(109) Fohrt Wiese, 1711 LV, Wi
(110) auf/in der G(r)oreß, 1711 LV; auf der Grors, 1757 PfA, A
(111) auf den Guhlschen Kohlhöfen, 1757 PfA, A
(112) ym helsekenn, 1561 KV; das Helsechen, 1656 KV; Helßken Wiese, 1711, LV, Wi
(113) Hin Wiese, 1711 LV, Wi
(114) in Höcken, 1711 LV, Wi
(115) bey der Holtz Drift, 1711 LV, Wi
(116) hinter den Hopfen Dämmen, 1656 KV, A
(117) Kogell Mohr, 1711 LV, Su
(118) auf den Kuhl Stücken, 1711 LV; das Kuhl Stück, 1757 PfA, A
(119) in der Lenitz, 1711 LV, Wi
(120) Len(n)itzer Camp, 1711 LV; Lenіß, 1739 GA, A
(121) leuen Frouwen landt, 1561 KV; der Lieben Frauen Landt, 1656 KV; auf der Lieben Frauen Lande, 1757 PfA, A
(122) Lütg Heid Wiese, 1711 LV, Wi
(123) Lütg Wiesen, 1711 LV, Wi
(124) beym Möreken, 1711 LV, Su
(125) auf dem Mühlen Kampf, 1666 GSt; der alte Mühlen Camp, 1711 LV, A
(126) Mühlen Wiesen, 1711 LV, Wi
(127) Neu Wiese, 1751 GA, Wi
(128) nie Brügs Wiesen, 1711 LV, Wi
(129) Pahlsbarg, 1738 GSt, Ödl
(130) in der polatzer beke, 1561 KV; Pahls Beck, 1738 GSt, Gw, Su
(131) in der Pietsietz, 1711 LV, Wi
(132) in der Prestine, 1561 KV, Wi
(133) Reimers Mohr, 1738 GSt, Su
(134) in Rohlck/Röhleck, 1711 LV, Wi
(135) Runde Wiese, 1711 LV, Wi
(136) Sägen Wiese, 1711 LV, Wi
(137) auf den Sagloff, 1711 LV, A
(138) Schülb Wiese, 1711 LV, Wi

(139) vor den Stein Damm, 1757 PfA, A, Fw?
(140) in Winckel Ohrt, 1711 LV, A
(141) bey dem Wismarischen Wege, 1656 KV, Str?
(142) vorn wüsten Busch, 1711 LV, Wi.

42

Grebs

grēps

mit Menkendorf

Grebece 1285, Grepesze 1322, Grebytz 1326, Grepetze 1369 MUB, Greptze 1568 LB Eldena

I Jüngere Steinzeit: Felsgesteinbeil. Ältere Bronzezeit: Bronzeschwert. Slawische Zeit: Burgwall.

II Kommuniondorf, 1308 Klosterdorf, 1558 durch Säkularisation zum Domanium.

III 20 Hufen – darunter 1 Freihufe (1560 AB Schwerin) – und 8 Katen (1551 LB Eldena). Individualbede, die Hufe zu 16 ß (1551 LB Eldena). Einzelpacht je Hufe 4 Gulden und 6 Scheffel Roggen; zwei Bauern – der eine der Pfarre Conow, der andere der zu Eldena gehörend – zahlen mit 1 Drömpt Roggen für 1 Hufe die sicherlich ältere, reine Naturalpacht (1654 AB Eldena).

IV Gassendorf. Ortslage exzentrisch zur Flur.

In den Jahren 1827/28 entstand auf der Gemarkung Grebs die Büdnerkolonie Menkendorf.

V Flurform unsicher. Keine Ackerschläge (1707 LV).

VI 1568 LB Eldena: Achim Pandeke, Claus Pandeke, Claus Bußacker, Hans Bußacker, Hinrich Buchin, Achim Schultze, Drewes Braneke, Achim Schultze, Claus Mercquerth, Drewes Kenckell, Ties Niemann, Machell Lobbin, Kerstenn Ratke, Hans Schultze, Achim Mercquerth, Hinrich Heineke, Pawell Schultze, Hans Dulleke, Achim Jurges. Kätner: Claus Schultze.

1654 AB Eldena: Jochim Busacker, Claus Sasche, Stoffer Busacker, Claus Busacker, Jochim Schultz, Claus Sandtberg, Drewes Kenckell,

Frantz Schultz, Jochim Kenckell, Paul Marckwert, Jochim Brahm w., Tias Betke, Marten Penning w., Jochim Schultz w., Claus Rötker, Hans Marckwertt w., Erdtman Marckwertt, Claus Marckwert, Heinrich Heineke w., Jochim Jürgens w., Peter Sandtberg, Jochim Pandeke. Kätner: Hinrich Ratke w.

1707 LV: Clauß Bußacker, Jochim Kenckell, Peter Frederich, Hanß Bußacker, Hanß Schultze, Jochim Bußacker, Andres Kenckel, Pagell Lütcke, Hanß Marquart, Clauß Kann, Frantz Schultze, Jochim Pannig, Clauß Sannbargs w., Peter Penns w., Hinrich Ratcken w., Clauß Niemans w., Jochim Heimbck w., Clauß Jürgens w., Jochim Schultze, Jochim Bätgke, Albrecht Geister, Christian Schmidt. Kossat: Jochim Buskuhl.

VII

1	Borgwall *bǫ^əxval*	hinter den Borgwall, 1707 LV; aufn Borgwall, 1744 GA.	Wall/Ödl
(2)	Bramken Horst	Bramken Horst, 1857 FlK.	Ödl/A, Ödl
(3)	Joachims Thal	Joachims Thal, 1857 FlK.	Su/Wi
(4)	Reigern Kolk	Reigern Kolk, 1857 FlK.	Su/Wi
5	Kastlang'n *kas'laŋ^{n}*		Su/A, Ödl
(6)	Hecht Horst	Hecht Horst, 1857 FlK.	Ödl/A
(7)	im Schloßgarten	im Schloßgarten, 1857 FlK.	Su, Ödl/A, Wi
(8)	Wulfs Horst	Wulfs Horst, 1857 FlK.	Ödl/A
(9)	Lütt Menken Horst	Lütt Menken Horst, 1857 FlK.	Ödl/A, Ödl
10	Menkenhorst *meŋ^{k}nhǫst* *-hǫ^{o}st*	Grot Menken Horst, 1857 FlK.	Ödl/A, Ödl
(11)	Schwemmel Berg	Schwemmel Berg, 1857 FlK.	Ödl/Kw
12	Voßkolk *fǫskǫlk*	Voß Kolk, 1857 FlK.	Su/Wi, Su
(13)	Voß Horst	in der Vooß Horst, 1707 LV; Voß Horst, 1857 FlK.	Ödl/Kw

(14)	in Voß Kuhlen	Voskule, 1565 StK; in Voß Kuhlen, 1857 FlK.	Su/Wi
15	Schultenwisch *šultnviš*		Wi/Wi
16	Bullenkavel *buł^{l}`kåvł*		Wi/Wi
(17)	Ruge Horst	Ruge Horst, 1857 FlK.	Ödl/A, Kw
18	Soldatenhaut *zol′dātnhaut*		Wi/Wi
19	Tegelkavel *tē^{i}gł`kåvł*		Wi/Wi
20	Knirrwisch *knirviš*	Knir Hocken Ohrt, 1707 LV; Knirr Wisch, 1790 FlK Malliß.	Wi/Wi
21	Bäunerwisch *boinăviš*		Wi/Wi
22	Reetwisch *rētviš*		Wi/Wi
23	Häwammenwisch *hăvam^{m}viš*		Wi/Wi
24	Kirchhoew *ki^{r}x́hœ̄f*		Wi/Wi
25	Holtwisch *holtviš*	Hold wische, 1609 KV Conow; Holtzwische, 1651 KV Conow; Holtzwiesen, 1707 LV; Holtwiesen, 1818 FR Conow.	Wi/Wi
26	Güsmer *güsmă^{ə}*	das große Bruch, 1565 StK; Güesmer, 1566 GB Dömitz; auf den Güsmer, 1739 GA; aufm Güßmer, 1750 GA; Güsmar, 1857 FlK.	Su/Wi
27	Ra(d)wisch *rāəviš*	Radewiesen, 1707 LV.	Wi/Wi
(28)	Grot Kolk	Grot Kolk, 1857 FlK.	Su/Wi
29	Timpen *tim^{p}m*		Su/Wi

(30)	Heuers Wisch	aufn Heuers-Wiesen, 1744 GA; auf der Heuers Wisch, 1745 GA; auf Heyers Wiese, 1784 GA; Heuers Wisch, 1857 FlK.	Wi/Wei, Wi
(31)	Koeste Wisch	Koeste Wisch, 1857 FlK.	Wi/Wei, Kw
(32)	Kosse Stücken	Kosse Stücken, 1857 FlK.	A/A
(33)	ünne de Schwiens-kuhl	ünne de Schwienskuhl, 1857 FlK.	A/A
34	Swienskuhl *svīnskūl*	Schwienskuhl, 1857 FlK.	Pf, A/A
35	de Tra(d) *də'trā^{ə}*	bien Sandweg, 1857 FlK.	Fw, A/Fw, A
(36)	Hoener Stücken	auf den Hüner-Stücken, 1708 LV; Hoener Stücken, 1857 FlK.	A/A
37	de Flaak *də'flāk*		Su/Wei
(38)	Heer Land	Heer Land, 1857 FlK.	A/A
(39)	hinne Soehrland	im Süer Landt, 1707 LV; hinne Soehr-land, 1857 FlK.	A/A
(40)	Haßel Büschen	Haßel Büschen, 1857 FlK.	Ödl/Wei, A
(41)	Fleeder Büschen	Fleeder Büschen, 1857 FlK.	Ödl/A
(42)	Wischhoef	nedden den Wischhoff, 1750 GA; Wischhoef, 1857 FlK.	A/Wei
(43)	bie Striepers Kuhl	bie Striepers Kuhl, 1857 FlK.	Su/Wi, Wei
(44)	Lütt Heier Laag	Lütt Heier Laag, 1857 FlK.	Ödl/A
(45)	Poggen Horst	Poggen Horst, 1857 FlL.	Ödl/Wi, Wei
(46)	Stuubeßen Horst	Stuubeßen Horst, 1857 FlK.	Ödl/Wi, Wei
(47)	Raben Horst	Raben Horst, 1857 FlK.	Ödl/Wi, Wei
(48)	Raben Hoeppel	Raben Hoeppel, 1857 FlK.	Su/Wi, Wei
(49)	Mittel Horst	Mittel Horst, 1857 FlK.	Ödl/Wei, A

(50)	Kuhl Horst	Kuhl Horst, 1857 FlK.	Ödl/Wi, Wei
(51)	Schwart Staemmen	Schwart Staemmen, 1857 FlK.	Su/Wi, Wei
(52)	Hohl Horst	Hohl Horst, 1857 FlK.	Ödl/Wi
(53)	im Branden	im Branden, 1857 FlK.	Su/Wi
54	Grot Hei(d) Lag *`gro^{u}t' hailāx*	auf der großen Heidelaage, 1857 FlK.	Ödl/A
(55)	Runde Scharpen Horst	Runde Scharpen Horst, 1857 FlK.	Ödl/Wi, Wei
56	Scharbenskolk *ša^{a}bmskǫlk*	Scharpen Kolk, 1857 FlK.	Su/Wei
(57)	im Haagduern	im Haagduern, 1857 FlK.	Ödl/A, Wei
(58)	Boek Horst	Boek Horst, 1857 FlK.	Gh/Wei
(59)	bien Greben Hoeppel	bien Greben Hoeppel, 1857 FlK.	Ödl/Wei
(60)	Lange Scharpen Horst	Lange Scharpen Horst, 1857 FlK.	Ödl/Wei
(61)	Afplacht Reh Horst	Afplacht Reh Horst, 1857 FlK.	Ödl/Wei, A
(62)	Runde Reh Horst	Runde Reh Horst, 1857 FlK.	Ödl/Wei
(63)	Lange Reh Horst	Lange Reh Horst, 1857 FlK.	Ödl/A
(64)	Lange Water Kuhls Horst	Lange Water Kuhls Horst, 1857 FlK.	Ödl/Wei
(65)	Lütt Zaegen Horst	Lütt Zaegen Horst, 1857 FlK.	Ödl/Wei
(66)	Flaak Horst	Flaak Horst, 1857 FlK.	Ödl/Wei
(67)	Grot Zaegen Horst	Grot Zaegen Horst, 1857 FlK.	Ödl/Wei
(68)	Grot Horst	Grot Horst, 1857 FlK.	Ödl/A
69	Gillwisch *gilviš*	Gilden Wießen, 1707 LV; Gille Wiese, 1728 GA; die Gilden Wiese, 1809 GA; Gill Wiese, 1821 GA; Gilde Wiese, 1857 FlK.	Wi/Wei, A
(70)	bien Glasmaake(r) Aben	bien Glasmaake(r) Aben, 1857 FlK. FlK.	Ödl/A
71	Ierdkuhlsbarg *iä^{ə}tkūlsba^{a}x*		Ödl/A

(72)	Nien Stücken	auf den Nien Stücken, 1707 LV; Nien Stücken, 1857 FlK.	A/A
(73)	Haasenhof	Haasenhof, 1857 FlK.	A/A
(74)	Haasen Brüggen	Haasen Brüggen, 1857 FlK.	Su/A
75	de Boort *də'bōət*	auf der Bohrt, 1707 LV; aufm Bauertten, 1728 GA; aufn Bauert, 1745 GA; auf der breiten Bort, 1750 GA; auf der Baurt, 1784 GA; in de Board, 1857 FlK.	A/A
76	Nerdenfeld *nädnfelt*	Nerder Feld, 1857 FlK.	Su/A
77	Heckengrund *hekngrunt*	die Heckengrundt, 1707 LV; in der Hecken-Grund, 1744 GA; auf den Hecken Grund, 1804 GA; Hecken Grund, 1857 FlK.	A/A
78	bi'n Kirchweg *bīn'ki^{r}x́veх́*	Kierch Weg Stücken, 1707 LV; beym Kirchwege, 1728 GA; Karckwegs Stück, 1750 GA; beym Kirchwege, 1784 GA; bien Kaarkweg, 1857 FlK.	A/A
79	Barghowen *ba^{a}xho^{u}vn*		A/A
80	Grön Weg *grȭn'veх́*	oben den grünen Wege, 1707 LV.	Fw/Fw
81	Babenhow *bābmhōv*		A/A
82	Immenhof *im^{m}hǫf*		Ödl/Kw
83	Taxenhäg *taksnhǟх́*	bei der Taxus Haege, 1857 FlK.	Ödl/Kw
84	Doemzer Barg *dœ̄msə'ba^{a}x*	auf den Dämitzer Barg, 1707 LV.	A/Kw
(85)	im Sahl	im Sahl, 1707 LV; im Sahl, 1857 FlK.	A/A
(86)	Kreeck Büschen	Kreeck Büschen, 1857 FlK.	Gh/A
(87)	Gold Berg	aufm Gollbarg, 1744 GA; aufm Gollberg, 1749 GA; auf dem Gold Berg, 1809 GA; Gold Berg, 1857 FlK.	A/A

(88)	Silber Berg	Silber Berg, 1857 FlK.	A/A
(89)	Hecken Berg	auf den Hecken Barg, 1739 GA; auf den Hecken-Barg, 1744 GA; auf dem Heckenberge, 1824 GA; Hecken Berg, 1857 FlK.	A/A
90	bi de Lehmkuhl *bidə'lēmkūl*	Lehm Kuhlen, 1707 LV; aufn Lehm-Kuhlen, 1744 GA; bei der Lehmgrube, 1857 FlK.	Ödl/A
91	Beesengrund *beizngrunt*	Beesengrund, 1857 FlK.	A/A
92	Voßkuhl *fǫskūl*	Voßkuhlen, 1857 FlK.	A/A
(93)	Keller Lähn	Keller Lähn, 1857 FlK.	A/A
94	Kellerbarg *keläbaᵃx*	auf den Keller Berg, 1707 LV; der Keller Berg, 1857 FlK.	A/A, Kw
95	Hasselbarg *haslbaᵃx*		A/A, Kw
96	Witt Sand *vit'zant*	im weißen Sande, 1857 FlK.	A, Ödl/A, Kw
97	Osterfeld *ōstäfelt*	im Oster Felde, 1707 LV; im Oster Felde, 1739 GA; im Osterfelde, 1811 GA; das Oster Feld, 1857 FlK.	A/A, Ot
98	Hogen Damm *hōgn'dam*		A, Ödl/A
99	Füchtenriet *fyx́tnrīt*		Su/A, Kw
100	Schultenkamp *šultnkamᵖ*	der Schultzen Camp, 1707 LV; das Schulzen-Land, 1787 GA.	A/A, Wei
101	Heiddamm *haiᵈdam*		Ödl, Su/A
102	Osterhei(d) *ōstə'haiᵊ*	die Oster Heyde, 1788 WK; Osterheide, 1857 FlK.	Ödl/A, Wei
(103)	Hinnen Wischen	Hinterste Wiese, 1707 LV; aufn Hinter-Wiesen, 1744 GA; die Hintenwiese, 1750	Wi/Wei, W

		GA; auf der Hintern Wiesen, 1784 GA; Hinter Wiesen, 1788 WK; Hinnen Wischen, 1857 FlK.	
104	de Wäden *də'vädn*	die Wade Wiesen, 1788 WK; im Weeden, 1857 FlK.	Wi/Wi
105	Poppenholt *popmholt*		Su/Wi
106	Sünn'born *zün*^{n}*bo*^{ə}*n*	Sundborn, 1857 FlK.	Su, Ödl/A, F
(107)	Ahrens Wiese	Ahrens Wiese, 1788 WK.	Wi/A, Wei
(108)	bien Prignitzer Fuhrt	bien Prignitzer Fuhrt, 1857 FlK.	Wi, Ft?/A, Wei

VIII

(109) aufn Arft Lande, 1707 LV; auf den Erbsen-Lande, 1744 GA, Wi
(110) auf den Blöcken, 1707 LV; aufn Blöcken, 1744 GA, A
(111) auf der Brandthorst, 1654 AB Eldena, Wi
(112) Conower Hegen, 1739 GA, A
(113) am Domizer Graben, 1750 GA; an den Dömitzer Graben, 1804 GA, Gw?
(114) Drift Stücken, 1707 LV, A
(115) Frey Wiße, 1707 LV, Wi
(116) Gildeacker, 1707 LV, A
(117) Heidtbarg, 1707 LV, Ödl
(118) Hof Wießen, 1707 LV; Hof-Wische, 1728 GA, Wi
(119) auf dem Köster Lande, 1707 LV, A
(120) tendeß dem Langen Orde, 1654 AB Eldena, Wi
(121) aufn Mittel Felde, 1744 GA; auf den Mittel Felde, 1784 GA, A
(122) in der Oster Coppel, 1707 LV; in der Oster-Koppel, 1744 GA; in der Oster Koppel, 1814 GA, Wi
(123) Oster Rieht, 1707 LV, Gw?
(124) auf den Söten Höfell, 1707 LV; Süßenhöfel, 1744 GA, Wi

43

Bresegard

braisgōən

Brezegore 1230, Brezegore 1291, Brezegor 1308, Bresegur 1365 MUB

I Jüngere Steinzeit: Feuersteinbeile (u. a. „Swarten Barg“). Jüngere Bronzezeit: Bronzekelle; Urnenfeld. Jüngere Eisenzeit: Urne.

II Um 1230 Klosterdorf, 1558 durch Säkularisation zum Domanium.

III 13 Hufen – darunter 1 Freihufe – und 1 Katen (1560 AB Schwerin). Individualbede, die Hufe zu 16 ß (1551 LB Eldena). Einzelpacht je Hufe 15 ß 8 Pfennig (1654 AB Eldena).

IV Kleines Angerdorf. Ortslage zentral zur Flur.

V Langstreifenflur. Keine Ackerschläge (1708 LV).

VI 1569 LB Eldena: Peter Schultze, Pawell Ludeman, Hans Toddin, Mertenn Becker, Achim Janeke, Martenn Janeke, Paschenn Jeßell, Achim Brenneke, Achim Ludeman, Brannanius Klutz, Achim Klutz, Achim Janeke, Jurgenn Haneke, Achim Janeke, Peter Bußacker, Achim Berch, Hans Berch, Hans Janeke, Achim Tide, Achim Niefindt, Mattias Janeke, Achim Toddin.

1654 AB Eldena: Hanß Brendeke, Jochim Schultz, Jochim Freundt, Peter Dien, Peter Janeke, Jacob Haneke, Jochim Janeke, Jochim Bolt, Jacob Schultz, Hannß Lüdemann, Jochim Becker, Chim Klüße w., Erdtman Klüß, Davied Wiedow, Marten Berg, Jacob Francke, Chim Barg w., Chim Lüdeman w., Chim Tiede w., Clauß Pancke w., Jochim Wegener, Peter Niefindt, Frantz Janeke. Kätner: Jochim Schultz, Hanß Bußacker w.

1708 LV: Claus Schultze, Jacob Brenneke, Hinrich Janeken, Hanß Dien, Hanß Becker, Hanß Haneke, Jochim Bold, Hanß Lüdeman, Claus Klüßke, Peter Wiedaw, Jochim Francke, Christian Geister, Stoffer Röfer, Hinrich Köckenhof, Hanß Janeke, Hanß Schultze, Johann Isebarn, Jochim Bremer, Erdmann Janeke, Stoffer Hövelman, Behrens wöste, Hanß Bremer.

VII

1	Bagens *bågns*	im Bagen, 1708 LV.	Wi/F, Wi

(2)	die große Schierhorst	in der Schierhorst, 1822/23 FR; die große Schierhorst, 1824 FlK.	Ödl, Wi/F
3	Leubzen *loiptsn*	im Leubtz(i)en, 1708 LV; Leubzen, 1824 FlK.	Wi/Wi, Wei
4	Papenkolk *pāpmkolk*	Papenkolk, 1824 FlK.	Su/Wi
5	Swart Wisch *svaᵃt'viš* *svat-*	Schwartze Wiesen, 1708 LV; in der schwarzen Wiese, 1779 GA; in der schwartzen Wiese, 1787 GA.	Wi/Wi, A
6	Hauw *hauv*		A/A
7	Sleinz *slains*	im Schleers, 1708 LV.	A, Ödl/Wei
8	Bullenkolk *bulˡkolk*	Bullenkolk, 1824 FlK.	Su/Wi
9	Tiedenkolk *tīdnkolk*	Tiedenkolk, 1824 FlK.	Su/Wei
(10)	Theer Rieth	im Teers, 1708 LV; Ther Riege, 1788 WK; die Rieh, 1822/23 FR; Theer Rieth, 1937 FK.	Gw, Wi/Wei
11	Lank *laŋk*	in der Langk, 1708 LV; bin Lancken, 1809 GA; Lank, 1824 FlK.	A, Su/A, Wei
12	Teerriet-Graben *tērīt`gråbm*		Entwässerung
13	Haaskamp *håskamᵖ*	Haaskamp, 1824 FlK.	Ödl/A, Wei
14	Hinnelst Koppel *hinəlst'kopl*	Hinnen Wiese, 1708 LV.	Wi/A, Wei
15	Wei(d)koppel *vaikopl*		Ödl/Wei
16	Krullengraben *krulˡgråbm*	Krollen Graben, 1788 WK; am Krollen Graben, 1822/23 FR.	Gw/Gw
17	Aaskuhl *āskūl*	Aaskuhlsche Tannen, 1824 FlK.	Ödl/Kw

18	achtern Hof *axtən'hǫf*	achtern Höefen, 1708 LV; hinter den Höfen, 1808 GA.	A/A
19	Grann'hoew *granⁿ'hœ̄f*	im Grand, 1708 LV.	Wi/A
20	Schaulkamp *šaulkamᵖ*		Wi/A
21	Kornzer Hoew *kõəntsə'hœ̄f*	Cuenßer Camp, 1708 LV.	A/A
22	Olln Hoew *oln'hœ̄f*		A/A
23	Kavels *kåvls*	Kabel Stück, 1810 GA.	Wi/A, Wi
24	Wauden *vaudn*		A/A
25	Glienzen *glīnsn*	aufn Glien, 1708 LV; auf den Glienischen, 1757 GA; Gelinsen Stücken, 1822/23 FR; Glienzen, 1824 FlK.	A/A
(26)	Griesen	Griesen, 1822/23 FR; Griesen, 1824 FlK.	A/A
27	Sierackenbarg *sīraknbaᵃx*	aufn Sierockenberge, 1708 LV; Zierackenberg, 1822/23 FR; Zierackenbarg, 1824 FlK.	A/A
28	Kavelwischen *kåvlvišn*	aufn Kaveln, 1708 LV; auf den Kabeln, 1810 GA; in den Cabelwiesen, 1829 GA.	Wi/Wi
29	Ba(d)ewisch *båəviš*		Wi/Wi
30	Vornhost *fǫənhǫst*	auf der Fahren Horst, 1708 LV; auf der Fahren Horst, 1787 GA; auf der Fahrenhorst, 1808 GA; auf der Vornhorst, 1814 GA.	A/A
31	Grot Wisch *groᵘt'viš*		Wi, Su/Wi
32	Lütt Wisch *lyt'viš*	Lütge Wießen, 1708 LV.	Wi/Wi

33	Wei(d)stück *vaistyk*		Su/A
34	Specken *spekn*	Specken Wießen, 1708 LV; beym Specken, 1753 GA; Speckwiese, 1808 GA; Specken/Speckenkolk, 1822/23 FR.	Wi/A, Kw
35	Daglöhnerwei(d) *daxlōnə`vai*^{ə}		Su/Su, Wi
36	Teensfeld *tē*^{i}*nsfelt*	aufn Teens Felde, 1708 LV; Tenst Feld, 1822/23 FR.	A, Wi/A
37	Schewen Barg *šēvn'ba*^{a}*x*	am/unten dem Schevenberge, 1708 LV.	A/A
38	Swarten Barg *sva*^{a}*tn'ba*^{a}*x* *svat-*	Schwarze Berg, 1824 FlK.	A?/Kw
39	Glinsenbarg *glinznba*^{a}*x*	aufn Glienenberge, 1708 LV.	A/A, Kw
40	Bohnengrund *bo*^{u}*n*^{n}*grunt*	Bohnen Acker, 1708 LV; Bohnengrund, 1824 FlK.	A/A
41	Schultenkamp *šultnkam*^{p}	der Schultzen Camp, 1708 LV; Schulzen Kamp, 1822/23, FR.	A/A
42	Brinkhoew *brinkh$\bar{œ}$f*	im Brinckhof, 1787 GA; Brinckhöven, 1809 GA; aufm Bringhoff, 1829 GA.	A/A
43	Bodderdamm *bodədam*		A/A
44	Nien Hof *nīn`hǫf*		Su/A
45	Planies *pla'nīs*	Blannißen Hof, 1708 LV; auf dem Blannis, 1808 GA; in Planies, 1814 GA; im Blannießen, 1815 GA.	A/A
46	Mielkenhof *mīlknhǫf*	im Mielcken Hof, 1708 LV; im Milcken Hof, 1757 GA; Milkendämme, 1815 GA.	A/A
47	Du(w)ock *dūok*		Ödl?/A
48	Bö(de)nerkoppel *bö*^{i}*nəkopl*		A/A

49	Swart Land *`sva^{a}t'lant* *svat-*	aufn Schwartzen Lande, 1708 LV; im schwarzen Land, 1810 GA.	A/A
50	Siel(e)ns *sīlns*	Siehlens/Siehlsen Camp, 1708 LV; auf dem Sielitzer Camp, 1809 GA.	A/A, Wei
51	Landkoppel *lantkopl*		Ödl, A/A
52	Welziner Dannen *veltsīnə'dan^{n}*	Welziensche Tannen, 1822/23 FR; Welziner Tannen, 1824 FlK.	A/Kw
53	Welzin *`vel'tsīn*	in der Wiltzien, 1708 LV; Welzien, 1822/23 FR; in Welzin, 1824 FlK.	Su, Wi/A
54	Grießen *grīsn*	aufn Griesten, 1708 LV; aufn Griescken, 1757 GA; auf der Grießen, 1787 GA; auf dem Griesten, 1809 GA; im Grießen, 1829 GA.	A/A
55	Fangens *faŋ^{n}s*	auf der Hinnen Fangk, 1708 LV; auf den Fangsten, 1779 GA aufm Fangsen, 1787 GA; auf den Fangs, 1809 GA.	A/A, Kw
56	Kirchweg *ki^{r}x́vex́*		Weg
57	Hinnelst dree Böm *hinəlsdrē`bȫm*	aufn dreen Beumen, 1708 LV; Drenböhm, 1822/23 FR; im Dreeböhm, 1824 FlK.	Wi, A/Wei, A
58	Vöddelst dree Böm *födəlsdrē`bȫm*	Zieracken Kavel, 1809 GA; Zierack-Kavel, 1815 GA.	Su, Wi/Wei, A
59	Kattenkamp *katnkam^{p}*		Ödl/A
60	Kuhlzen *kǖlsn*	Chulsen Camp, 1708 LV; Kuhlsen 1822/23 FR.	Su, A/Wei, A
61	Kuselkamp *kǖzlkam^{p}*	Kuhlser Heide, 1822/23 FR.	Ödl/A
62	Sierack *sīrak*	aufn Si(e)rocken, 1708 LV.	A/A
63	Rietkamp *rītkam^{p}*	Riet Camp, 1708 LV.	A/A, Kw

64	Sabuck *zā'buk*	aufn Sabock, 1708 LV; Sagebock, 1822/23 FR; Sagebuck, 1824 FlK.	A/A, Kw
65	Kiewittsmaur *kīvitsmauə*	Kiebitzmoor, 1824 FlK.	Su/Kw
66	Jahnken Holt *jåŋ^{k}nhǫlt*	Jancken Camp, 1708 LV.	Su, A/A, Wei
67	Holtkoppel *holtkopḷ*	auf den Holzkabeln, 1810 GA.	Su/Wi, Wei
68	Bahldamm *bāldam*	Bahlwieße, 1708 LV.	Su, Wi/Wi, Wei
69	Kauhhost *kauhǫst*		Su, Ödl/A, Wei
70	Branden *bran^{d}n*	im Brande, 1708 LV; im Brande, 1788 WK; im Brande, 1824 FlK.	Su/A, Wi
71	Postmaur *postmauə*	Postmoor, 1824 FlK.	Su/Wi, A, Ödl
72	Baukhost *baukhǫst*		Su, Ödl/Wi, Wei
73	Slüßer Holt *slūsə'holt*	am Schlüßer Holtze, 1708 LV; Schleuser Holtz, 1788 WK; im Schleuserholz, 1808 GA; Schleuser Holz, 1824 FlK.	Su, Gh/Wi
(74)	Große Mohr	Große Mohr, 1788 WK.	Su/Wi, A, Kw
75	Ossenbarg *osnba^{a}x*	auf den Ochsenberg, 1822/23 FR; auf dem Ochsenberg, 1824 FlK.	Ödl/Kw
(76)	Ochsenbergs Ried	Ochsenbergs Ried, 1824 FlK.	Gw/Gw

VIII

(77) die Altentheils Kabelwiesen, 1815 GA, Wi
(78) am Bagenfurth, 1822/23 FR, Wei
(79) das Bergstück, 1777 GA; auf dem Berge, 1814 GA; Bergland, 1822/23 FR, A
(80) im Blennies, 1708 LV, Wi
(81) in der Brandt Kuhle, 1708 LV, A
(82) Brandt Stücken, 1708 LV, A

(83) Camentzen Hof, 1708 LV, A
(84) bey der Castenlange, 1777 GA; am Kastlange/die Kastelang, 1822/23 FR, Wi
(85) im Claß ohrt, 1708 LV, A
(86) Clementzen Hof, 1708 LV, A
(87) Dienen Camp, 1708 LV, A
(88) im Foitien, 1708 LV, Wi, Su
(89) im Grauen Wiese, 1708 LV, Wi
(90) aufn Griestenberge, 1708 LV, A
(91) Heydstücke, 1708 LV; Heidekoppel, 1822/23 FR, A
(92) Hirten Acker, 1822/23 FR, A
(93) Hof Wiesen, 1708 LV; die Hofwiesen, 1822/23 FR, Wi
(94) im Hoppen Höefen, 1708 LV, A
(95) Kielstücke, 1708 LV, A
(96) Kohlhof, 1753 GA, A
(97) achtern Kösterbusch, 1708 LV, A
(98) achter Köster Kohten, 1708 LV, A
(99) aufn Krummen Stücken, 1708 LV, A
(100) beim Krützweg, 1822/23, FR, A
(101) Lehmkuhlstücken, 1822/23 FR, A
(102) auf die Marcell, 1809 GA, Wi
(103) in der Maust, 1708 LV, Wi
(104) in der Meschen Kist, 1708 LV, A
(105) in der Mils/Miltzen Hof, 1708 LV, A
(106) beym Mohr, 1708 LV, Su, A
(107) aufn Nien Wießen, 1708 LV, Wi
(108) auf der Prasthorst, 1708 LV, Wi
(109) Quer Stücken, 1708 LV, A
(110) im Raden, 1708 LV, Wi
(111) Raden Camp, 1708 LV, A
(112) Sahl Stücken, 1822/23 FR, A
(113) beym Schevenbleck, 1708 LV, A
(114) aufn Schmahlen Lande, 1708 LV, A
(115) Schriwen Horst, 1822/23 FR, Wi
(116) Schult Wiese, 1822/23 FR, Wi
(117) Schulzen Koppel, 1822/23 FR, Wei
(118) im Sielers, 1708 LV, Wi
(119) in der Söhren, 1708 LV, Wi
(120) im Strauch, 1708 LV, Wi
(121) Stampen Wiese, 1708 LV; Stampenhof, 1808 GA, Wi, A
(122) im Strauen, 1708 LV, Wi
(123) Stubben Wiese, 1708 LV, Wi
(124) im Vastrau, 1708 LV; in der Wastracken, 1757 GA; im Wastrow, 1779 GA, Wi

(125) aufn Vorn Kaveln, 1708 LV, Wi
(126) Vor Wiese, 1708 LV, Wi
(127) Wilcken Wiese, 1708 LV, Wi

44

Glaisin

glä'zīn

Glesin 1282, Glesyn 1291 MUB, Glesinn 1493 SchlR Schwerin

I Jüngere Steinzeit: Feuersteinbeil. Ältere Bronzezeit: Hügelgrab („Slachterbarg"). Jüngere Bronzezeit: Urnenfeld. Frühdeutsche Zeit: Burg eines Magnaten.

II Kommuniondorf, 1308 Klosterdorf, 1558 durch Säkularisation zum Domanium.

III 12 Hufen (1551 LB Eldena), darunter 1 Freihufe (1560 AB Schwerin). Individualbede, die Hufe zu 16 ß (1551 LB Eldena). Einzelpacht je Hufe 15 ß (1654 AB Eldena).

IV Kleines Angerdorf. Ortslage zentral zur Flur.

V Langstreifenflur. Keine Ackerschläge (1707 LV).

Nach der Separation des Hornwaldes (1827) wurden größere Flächen desselben der Feldmark Glaisin beigelegt (Begangsnummern 19–50).

VI 1569 LB Eldena: Hans Zimmerman senior, Hein Becker, Hans Zimmerman junior, Achim Schreiber, Hans Zimmermann, Achim Zimmerman, Peter Pandeke, Simon Hanne, Gorries Tetze, Peter Schultze, Peter Tetze, Achim Zimmerman junior, Hans Toddin, Tonnies Tetze, Hans Schultze, Peter Toddin, Jacob Schreiber, Achim Toddin, Hermen Freundt, Achim Dryse.

1654 AB Eldena: Jochim Timmerman, Hanß Tetz, Möller Timmerman w., Jasper Hanß Timmerman, Görrieß Tetz w., Paull Timmerman w., Möller/Claußß Schultz w., Clauß Schultz, Clauß/Chim Schultz w., Chim Schultz w., Chim Toddien w., Peter Bochin, Jochim Schriefer, Peter Diene w., Chim Schriefer w., Jochim Diene, Clauß Freundt, Paull Schriefer, Jochim Tetz, Chim Becker w., Chim Timmerman w., Stoffer Pancke w. Kätner: Hanß Timmerman.

1707 LV: Jochim Schrieber, Jochim Timmerman sen., Hans Teeß, Hanß Pannig, Hanß Diehn, Clauß Fründt, Jacob Schrieber, Jürgen Saaße, Jürgen Hagen, Jochim Düde, Hanß Timmerman, Jürgen Pochien, Jochim Schultze, Hinrich Möller, Peter Diehn, Hanß Saaße, Jochim Timmerman jun., Peter Diehns wüste, Jochim Beeckers wüste, Jochim Schriebers wüste, Stoffers wüste, Jochen Edelings wüste, Görges wüste, Jochim Schultz wüste. Kossat: Jochim Dihn.

VII

1	Dree Böm *drē'bōm*	**Drey Böhms Stücken, 1707 LV; Dreyböm, 1784 GA; Dreyböhm/Dreyböhmschen Kamp, 1992 VR; Drei Böhm, 1871 FlK.**	A, Ödl/F, Kw
2	Siel(e)ns *sīlns*	**vor der Siels, 1707 LV; Sielnsen, 1792 VR.**	A, Su/A, Kw
3	Swart Wisch *svaᵃt'viš* *svat-*	**auf der Schwartzen Wieße, 1707 LV; Schwartzen Wießen, 1784 GA; die Schwarzen Wiesen, 1792 VR; schwarze Wiese, 1808 GA.**	Wi/Wi, Wei A
4	Ploken *ploᵘkn*	**in der Ploge/Plogo(w), 1707 LV; Plog, 1784 GA; in Ploggen, 1788 FlK; die Ploggen, 1792 VR; auf den Plocken, 1817 GA.**	A/A
5	Langstücken *laŋstykn*	**die Langen Stücke, 1707 LV; die Lang-Stücken, 1788 FlK; Langenstücken, 1792 VR.**	A/A
6	Drammbrauk *drambrauk*	**Drammbracken, 1788 FlK; aufn Dramm Braken, 1792 VR.**	Ödl, Su/A
7	Försterkamp *föᵒstəkamᵖ*	**Drammbracken, 1788 FlK; Förster-Acker, 1792 VR.**	Ödl, Su/A
8	Laas *lås*	**auf der Laaße, 1707 LV; auf der Laase, 1773 GA; die Lasen Stücken, 1788 FlK; aufn Laasen, 1792 VR; auf den Laasen, 1803 GA; auf dem Lasen, 1814 GA.**	A/A, Kw, Ot
9	Laaser Rie(d) *låzə'rī*	**Laasen Rieth, 1792 VR; Laasen Rieh, 1871 FlK.**	Su/Wei, A
10	Vörrelst Koppel *`förəlst'kopl*		Ödl?/Wei, A

11	Schultenholt *šultnholt*	Schulten Holt, 1792 VR.	Su/Wei, A
12	Torfmaur *tǭᵊfmauə*	Torfmohr, 1792 VR.	Su/Wei, A
13	de Kuhl *də'kūl*	auf der Kudeln, 1773 GA; upn Kudeln, 1788 FlK; aufn Kudeln, 1792 VR; auf den Kudeln, 1803 GA; auf den Kuhlen, 1804 GA; im Kudel, 1809 GA; im Kuhlen, 1812 GA.	A/A
14	Barkendamm *baᵃkndam*		Ödl/A
15	Vochel *foᵘxəl*	auf der Vockell, 1707 LV; auf der Fauckeln, 1773 GA; in der Vokel/ die Vockel-Wiesen, 1792 VR; Vogels Kafel, 1808 GA; in Fokeln, 1814 GA; im Vookel, 1871 FlK.	Wi/Wei, A
16	Hasselkolk *haslkolk*		Su/Wei
17	Dassen *dasn*	im Daaßen, 1707 LV; die Dassen-Wiesen, 1788 FlK; die Daßen Wiesen, 1792 VR.	Wi/Wei, A
18	Ehmk *ēmk*	in de Ehmck, 1788 FlK; in die Ehmk, 1792 VR.	Su/A, Kw
19	Jäßen *jäsn̩*	Jäßen Wiesen, 1691 Horn-KP; Jäßnern Wischen, 1702 Horn-KP; Jesnitzer Wischen, 1776 Horn-GK; Jesen-Wischen, 1788 FlK; Jaeßenwischen, 1792 VR; up den Jaeßen, 1871 FlK.	Su, Wi/Wei, A
(20)	Beselhorst	Beselhorst, 1609 Horn-GP; Beselhorst, um 1700 Horn-Skizze.	Su, Ödl/Wi, Wei
(21)	Dihns Hörst	die Diehnshorst, 1757 Horn-GP; Diehnshorst, 1785 GSK; Dihns Hörst, 1786 Horn-FlK; Diens Hörst, 1788 FlK.	Su, Ödl/We
(22)	Dihns Holt	Diens Holt, 1776 Horn-GK; Dihns Holt, 1786 Horn-FlK; Diens-Holt, 1788 FlK.	Su/Wei
(23)	Jesenhörst	auf der Jaeßen Horst, 1746 Horn-KP; die Jeßen Horst, 1758 GSK; Jehsen	Su,Ödl/Wei, Gh

		Hörst, 1775 Horn-GP; Jesenhörst, 1786 Horn-FlK; Jesenhorst, 1788 FlK.	
(24)	Blohmheidsche Ford	der Kleyforth, 1609 Horn-GP; der Kleyfohrt, um 1700 Horn-Skizze; Blohm Heidische Pford. 1709 Horn-GB; Blumen Heydt Forth, 1757 Horn-GP; Blohmheidsch Ford, 1786 Horn-FlK; Blohmheidsche Ford, 1788 FlK.	Ft/Wei, Gh
(25)	Kley Horst	Kleyhorst, 1609 Horn-GP; Kley Horst, 1702 Horn-KP.	Ödl, Su/Wei
26	Blaumhee(d) *blaumhē*^{i}	die Blumen Heyde, 1702 Horn-KP; die Blum Heyde, 1758 GSK; die Bluhmen Heide, 1762 Horn-GP; die Blohmheid, 1786 Horn-FlK.	Ödl/Wei, A
(27)	Dunshorst	die Duns Horst, 1758 GSK; Dunshorst, 1786 Horn-FlK.	Su, Ödl/Wei
28	Wee(d) *vē*^{i}		Su,Ödl/Wei, A
(29)	im Stemms	im Stemms, 1786 Horn-FlK.	Su/A, Wei
(30)	Clas Schulten Horst	Clas Schulten Horst, 1786 Horn-FlK; Hinnicks-Horst, 1788 FlK; Hinrichs Horst, 1792 VR.	Su, Ödl/A, Wei
31	bi'n Rie(d) *bin*^{n}*'rī*	die Riethe, 1809 GA; Wienried (!) 1871 FlK.	Su/A, Wei
32	Krieghost *krīχhǫst*	Kriechhorst Forth, 1757 Horn-GP; Krieghorst, 1788 FlK; die Krieg Horst, 1792 VR.	Su,Ödl/Wei
(33)	Zarten Strohm	Tzarndes strom, 1450 Horn-Schenkungsbrief; Zarndes strohm, 1609 Horn-GP; Zarten strom, 1617 Horn-KP; Zartenstrohm, 1691 Horn-KP; Zarten Strohm, 1786 Horn-FlK.	Gw/Wei, Su —
(34)	Langehorst	lange horst, 1450 Horn-Schenkungsbrief; Lange horst, 1609 Horn-GP; die Lange Horst, 1691 Horn-KP; Langehorst, 1786 Horn-FlK.	Ödl/Kw, A

35	Plaast *plåst*	vorn Plaß, 1707 LV; im Plast, 1788 FlK; im Plaast, 1792 VR; im Plaast, 1871 FlK.	Ödl, Su/Wei,
(36)	Racksfohrt	Racksfohrt, um 1700 Horn-Skizze.	Ft/Wei
(37)	Haselhorst	die Haselhorst, 1609 Horn-GP; Haselhorst, um 1700 Horn-Skizze.	Ödl,Su/Wei, A
38	Hülshost *hylshǫst*	Hülse Horst, 1702 Horn-KP.	Ödl, Su/Wei
(39)	Barckhorst	die Birckehorst, 1609 Horn-GP; Birckhorst, um 1700 Horn-Skizze; Birckhorst, 1757 Horn-GP; Barckhorst, 1786 Horn-FlK.	Ödl,Su/Wei, A
40	Ramvin *ram'fīn*	die Ramphien, 1609 Horn-GP; die Rampin, 1617 Horn-KP; Rampfin, 1691 Horn-KP; auf der Rampfihn, 1746 Horn-KP; der Ramphien, 1786 Horn-FlK.	Ödl/A, Gh
41	up'e Kuhl *upə'kūl*	die Klump Kuhl, 1702 Horn-KP; up de Kuhl, 1871 FlK.	Su, Ödl/A
(42)	Habichtshorst	Hafkhorst, um 1700 Horn-Skizze; der Habichtshorst, 1727 Horn-FlK.	Ödl/A
(43)	Ramphiensch Kolck	Ramphiensch Kolck, 1786 Horn-FlK.	Su/A
(44)	achte Ramphiens Kolck	achte Ramphiens Kolck, 1786 Horn-FlK.	Ödl/A
(45)	Ramphiensche Fordt	der Rampfinische Forth, 1609 Horn-GP; der Ramphiensche Ford, 1786 Horn-FlK; Ramphiensche Fordt, 1788 FlK.	Ft/A
(46)	Spitzhorst	die spitze Horst, 1691 Horn-KP; Spitz Horst, 1757 Horn-GP; Spitzhorst, 1786 Horn-FlK; Spitz-Horst, 1788 FlK; Spitzhorst, 1792 VR.	Ödl, Su/A
(47)	Brinckhörst	Brinckhörst, 1786 Horn-FlK.	Ödl, Su/Wei
(48)	im Striggel	Striegel Horst/Strichel Horst, 1771 Grabower Ratsprotokolle; im Striggel, 1786 Horn-FlK.	Ödl, Su/A, Wei

49	Krullengraben *krulˡgråbm*	der Krullen- oder Neue Graben, 1760 Horn-GP; Krullen-Graben, 1786 Horn-FlK.	Gw/Gw
(50)	Hölckesbohm	Ölckers Baum, 1757 Horn-GP; Ölckers Bohm, 1775 Horn-GP; Hölckes Bohm, 1786 Horn-FlK; Hölckesbohm, 1788 FlK.	Grenzmal/-
51	Strichelgraben *strixl̀gråbm*		Gw?/Gw
52	Diek *dīk*	der Teich, 1609 Horn-GP; der Teich, 1691 Horn-KP; im Dieck, 1788 FlK; im Deich, 1871 FlK.	Su, Wi/Wi
53	Briesen *brīzn*	im Briesen, 1871 FlK.	Su, Wi/Wei, Wi
54	Schallaß *šalas*	Schall-Hörst, 1788 FlK; die Schall Horst, 1792 VR; in der Schalhorst, 1803 GA; Schaal Horst, 1806 GA; Schallhorst, 1814 GA.	Su, Ödl/Wi, A
55	Stör *stȫᵊ*	auf die (den) Stöhr, 1707 LV; die Stöhrschen Wiesen, 1792 VR; im Stoer, 1871 FlK.	Wi, A/Wi, Wei, A
56	Störsche Damm *stȫᵊš'dam*	am Stöhrschen Damm, 1792 VR; Stoerschen Damm, 1871 FlK.	Fw/Fw
57	Schaulwischen *šaulvišn*	Schulwiese, 1792 VR.	Wi/Wi, Wei
58	Dannenkamp *danⁿkamᵖ*		Kw/Kw
59	Lenus *lə'nūs*	auf der Lenitz, 1707 LV.	A/A, Wei
60	Püttbarg *pytbaᵃx*	Butten Berg, 1788 WK; aufn Püttstücken, 1792 VR; auf den Püttstücken, 1803 GA.	A/Ot
61	achtern Dannen *axtən'danⁿ*	bey der Dannen, 1707 LV; bey den Tannen-Kamp, 1784 GA.	A/A
62	Vehster Barg *feⁱstəbaᵃx*		A/A

63	Vehst *fe*^{i}*st*	auf der Fesch(c)k, 1707 LV; auf Veschen, 1792 VR.	A/A, Ot
64	Diekwischen *dīkvišn*	Diecks Wießen, 1707 LV; Dieck-Wischen, 1788 FlK; die Dieck-Wiesen 1792 VR.	Wi/Wi, Wei
(65)	Dieckstück	Dieckstück, 1707 LV; die Dieckstücken, 1792 VR.	A/A
66	Guskamp *gūskam*^{p}	Kucks Kamp, 1788 FlK; Kucks-Kamp, 1792 VR.	Wi/Wi, Wei
67	Pank(e)n Holt *paŋ*^{k}*n'holt*	Panckenholtz, 1792 VR.	Su/Wi, Wei, A
68	Bültwisch *byltviš*	Bültmohr, 1792 VR.	Su/Wi, A
69	Hunnert Rau(d) *hunət'rauə*		Su, Ödl/A
70	Likensteen *līknstēn*	auf den Lingen Stehnn, 1707 LV.	Wi/Wi, A
71	Hinnelst Stroier *ˋhinəls'stroiə*		Wi/A
72	Tein Rau(d) *tain'rauə*		Wi/A
73	Stroier *stroiə*	in Ströer, 1707 LV; im Ströer, 1788 FlK.	Wi/A
74	Breeden Racks *ˋbrēdn'raks*	vor den Racks, 1707 LV; upn Racks, 1788 FlK; aufn Racks, 1792 VR; im Rack, 1871 FlK.	A/A
75	Smallen Racks *ˋsmal*^{l}*'raks*	vor den Racks, 1707 LV; upn Racks, 1788 FlK; aufn Racks, 1792 VR; im Rack, 1871 FlK.	A/A
76	Hoew *hœ̄f*	Veesch-Mohr, 1788 FlK; Veeschmohr, 1792 VR.	Su/A
77	Bullenkolk *bul*^{l}*kǫlk*	im Kolck, 1792 VR.	Su/Wi, A
78	Hog Stück *ho*^{u}*x'styk*	Köster Kamp, 1788 FlK; Koster Kamp, 1792 VR.	Wi/A

79	Brühstücken *brūstykn*		Ödl/A
80	Brühwischen *brūvišn*		Su/Wi
81	Borgwall *bǫ$^{?}$xval*		Wall/Ödl
82	Kosterwisch *kostəviš*	Coster Wiße, 1707 LV; Kosterwiese, 1792 VR.	Wi/A
83	Kosterrie(d) *kostərī*	Koster Rieh, 1871 FlK.	Su/A, Wei
84	Sümpel *zympl*		Su/A, Wei
85	Snellenbarg-Stücken *snel^{l}ba^{a}xstykn*		Ödl/A
86	Grot Snellenbarg *gro^{u}t' snel^{l}ba^{a}x*	aufn Schnell(e)nberg, 1792 VR; Großer Schnellen Berg, 1871 FlK.	Ödl, A/Kw, A
87	Kamp *kam^{p}*	auf den Camp, 1707 LV.	A/A
88	Rukark *rūka^{a}k*		A/A
89	Lütt Snellenbarg *lyt' snel^{l}ba^{a}x*	aufn Schnell(e)nberg, 1792 VR; Kleiner Schnellen Berg, 1871 FlK.	Ödl, A/Kw, A
(90)	im Moecken	im Moecken, 1871 FlK.	Ödl/A
91	Deilken *dailkn*	auf der Dehllen, 1707 LV; upn Dehlung, 1788 FlK; im Deelen, 1792 VR.	Wi/Wi, Wei
92	Brückendamm *bryk ndam*	Brüg Wiße, 1707 LV; beim Brücken, 1792 VR.	Wi/Wi
93	Leddern *ledān*		Su, Ödl/A, Wei
94	Moiden *moidn*		Su/Wi
95	Zägenuhrt *tsāgno^{u}t*	Zaegen Ohrt, 1871 FlK.	Su/Wi

96	de Barg *de'ba*^{a}*x*		A/A
97	Mussill *mu'sil*	auf der Mußill, 1707 LV; aufer Mußill, 1773 GA; de Mußillen, 1788 FlK; auf den Mußehlen, 1804 GA; auf den Mußillen, 1814 GA.	A/A
98	Slachterbarg *slaxtəba*^{a}*x*		A/A, Kw
99	Bormbarg *bǫ*^{ə}*mba*^{a}*x*	auf den Bornn Stücken, 1707 LV; Bornstücken, 1792 VR.	A/A, Wei
100	Stoekerbarg *stœkəba*^{a}*x*	aufn Staucken, 1792 VR.	A/A, Kw
101	Steenkoppel *stēnkopl*		Ödl?/A, Kw
102	Koßmeirken *kos'maiəkn*	auf den Kooß Mercken, 1707 LV; Kußmeiercken, 1792 VR; Kustmelken, 1812 GA.	Wi/Wi
103	Guhlsen Kamp *gūlznkam*^{p}	in Gulitzer Camp, 1707 LV; Gulitzer 1784 GA; Gulser Kamp, 1788 FlK; Guhlser Kamp, 1792 VR; Guhlsen Kamp, 1871 FlK.	A, Ödl/Wei A
104	Bȫkenbarg *bȫknba*^{a}*x*	Buchenberg, 1788 FlK; beim Buchenberg, 1792 VR; Böck Berg, 1871 FlK.	Gh/F
105	Krei (Pl: Kretens) *krai (krētns)*	auf der Krey, 1707 LV; upn Kreien, 1788 FlK; aufn Kreyn, 1792 VR.	A/A
106	Bargkoppel *ba*^{a}*xkopl*	Pagels Immhäf, 1788 FlK; Pagels Immenhäf, 1792 VR.	A/A
107	Sähls *zāls*	auf den Sälist, 1707 LV; Grot Sehlschen Stücken, 1788 FlK; Grot Sehlschen, 1792 VR; auf dem Sehls, 1817 GA.	A/A
108	Krumm Stück *krum'styk*	auf den Krummen Stücken, 1707 LV; aufn Krumstücken, 1792 VR.	A/A
109	Ahlas *ālas*	auf der Alast, 1707 LV; Alaßen/die Alassen Stücken, 1792 VR.	A/A, Kw
110	Swienstall *svīnstal*	Swinstall, 1937 FK.	Ödl, Su/F

111	Swarten Barg *sva^{a}tn'ba^{a}x* *svat-*	Schwartzen Borg, 1707 LV; Schwartzenberg, 1792 VR.	Ödl, A/A, Kw
112	Lütt Wisch *lyt'viš*	Lütg Wieße, 1707 LV; Lütt Wisch, 1871 FlK; Lütt Wisch, 1937 FK.	Wi/F, Wi
(113)	Fichten-Camp	Fichten Kamp, 1788 FlK; Fichten Kamp, 1871 FlK; Fichten-Camp, 1937 FK.	Kw/F
(114)	in der Kählung	vor der Kähling, 1784 GA; Kählung, 1788 FlK; in der Kählung, 1871 FlK; in der Kählung, 1937 FK.	Ödl/F
(115)	Dodemanns-Heidcamp	Dodemannheide Kamp, 1788 FlK; Dodemanns Heidkamp, 1871 FlK; Dodemanns-Heidcamp, 1937 FK.	Ödl/F
(116)	bei der Hütte	bei der Hütte, 1871 FlK; bei der Hütte, 1937 FK.	Ödl/F
117	Middelst Rie(d) *midls'rī̆*	Middelst Riet, 1788 FlK; Mittelste Rieh, 1871 FlK; Mittelste Ried, 1937 FK.	Su, Ödl/F, Wi
118	Ahlas Rie(d) *ālasrī̆*	Alaß Rithe, 1788 FlK; Alas(en) Rieth, 1792 VR; Ahlas Rieh, 1871 FlK; Ahlas Ried, 1937 FK.	Su, Ödl/F
119	Blenies *ble'nis*	auf der Blanitz, 1707 LV; Blanisen/Blaniser Kamp, 1792 VR; Bleniß, 1871 FlK; Bleniss, 1937 FK.	Su, Wi/F, Wi
120	Blenießer Host *ble`nī̆sə'hǫst*	Blenißer Horst, 1871 FlK; Blenisser Horst, 1937 FK.	Ödl/F
121	Buknechtsuhrt *būknex́ts`o^{u}t*	Buknechtsort, 1871 FlK; Buknechtsort, 1937 FK.	Ödl/F
122	Bagenhee(d) *bāgnhē^{i}*	Bagenheide, 1871 FlK; Bagenheide, 1937 FK.	Ödl/F
123	Bagenhost *bāgnhǫst*	Bagenhorst, 1871 FlK; Bagenhorst, 1937 FK.	Ödl/F
124	Bullenwisch *bul^{l}viš*	Bullenwisch, 1871 FlK.	Wi/F, Wi
125	Guhlen Kolk *gūl^{l}kolk*	Jühlen Kolck, 1788 FlK; Guhls Kölck, 1792 VR.	Su/Wi

126	Kastlangen *kas'laŋ*^{n}	Kastlang, 1788 FlK; die Kastlang, 1792 VR; Kastlange, 1871 FlK.	Su, Ödl, Gh/F
127	Guhls *gūɫs*	auf der Gulitz, 1707 LV; Guhlschen Wischen, 1788 FlK; die Guhls Wiesen, 1792 VR; Guhls Wiese, 1817 GA.	Wi, Su/Wi, Wei, A
128	Jasenhost *jāznhǫst*	Jasen-Horst, 1788 FlK; Jaasen Horst, 1871 FlK.	Ödl/Kw

VIII

(129) alt Acker, 1707 LV, A
(130) die Bockhorst, 1792 VR, Ödl
(131) auf den Bohlwerk, 1803 GA, A
(132) achtern Bolischen Barg, 1707 LV, A
(133) Bormshof, 1804 GA, A
(134) im Bringt, 1792 VR, Wei
(135) Buschwiesen, 1792 VR, Wi
(136) Cubis Camp, 1707 LV, Wi
(137) Dahlenhof, 1803 GA, A
(138) auf der Darchen, 1707 LV; die Darcken, 1792 VR; Dork, 1804 GA; im Dorck, 1812 GA; auf der Dohrke, 1817 GA, A
(139) aufn Dreien Enden, 1792 VR, A
(140) Drey Miet, 1707 LV, A
(141) Flaak, 1792 VR, Su
(142) Fohrt Wieße, 1707 LV, Wi
(143) Fuhlen Kolck, 1792 VR, Su
(144) Güldenströer Horst, 1792 VR, Ödl
(145) die Haacken Horst, 1709 Horn-GB, Ödl
(146) hinter der Heerde Kahte, 1707 LV, A
(147) Hinnelst Mörsken, 1792 VR, A
(148) Hirten Acker, 1792 VR, A
(149) hintern Höfen, 1804 GA, A
(150) an der Holte Hörst, 1709 Horn-GB, Ödl
(151) Jesen-Kolck, 1792 VR, Su
(152) Kabelwiese, 1803 GA; Kavels Wiese, 1817 GA, Wi
(153) Kathstücken, 1792 VR; auf den Kathstücken, 1808 GA, A
(154) am Kliesforth, 1792 VR, Ft
(155) im Kni(e)ß Föhrden, 1707 LV, Wi, Ft?
(156) auf der Kohtel, 1707 LV, A
(157) Krummen Rieth, 1792 VR, Su
(158) Lack Stück, 1707 LV, A
(159) die Lämmerhorst, 1792 VR, Ödl
(160) Lütgen Sälist, 1707 LV; Lütt Sehlscken, 1792 VR, A

(161) Lütt Staucken, 1792 VR, A
(162) im Mohrschen Hof, 1809 GA; Mörschen Hof, 1814 GA, A
(163) auf den Möhrs Stücken, 1707 LV, A
(164) im Mörcken, 1707 LV; Mörcken, 1792 VR, Su
(165) Mörsch Holt, 1792 VR, Su
(166) auf den Pagels, 1707 LV, A
(167) Pferde-Koppel, 1792 VR, Wei
(168) Plogers Mohr, 1707 LV; in Plogs Mohr, 1792 VR, Su
(169) Ploßger Weg, 1707 LV, Fw
(170) auf der Prießen, 1707 LV; Prießen, 1784 GA; aufn Prießen, 1792 VR, A
(171) auf den Rehert, 1707 LV, Wi
(172) Rodrocks Heide, 1792 VR, Ödl
(173) Schleuserholz, 1792 VR, Su
(174) Schulzen Acker, 1792 VR; auf den Schulzen Kamp, 1804 GA, A
(175) auf den Stauding, 1707 LV, A
(176) der Stöhrsche Kamp, 1792 VR, A
(177) vorn Struß Lang, 1707 LV, A
(178) an Timmenwinckel, 1792 VR, Wei
(179) auf Timmermanns Kamp, 1792 VR, A
(180) Tön(n)ß Camp, 1707 LV; Tönners Kamp, 1792 VR, A
(181) auf der Vehl Miet, 1707 LV, A
(182) im Vokel Holtz, 1792 VR, Su
(183) beym Volschen Dam, 1707 LV, Fw?
(184) aufn Weht Lande, 1707 LV; Weit Länder, 1792 VR, A.

45

Klein Krams

lyt' krams

Cramptze/Crampetze 1431 SchlR Dömitz, Kramptze 1456 SchlR Schwerin, Groze Krampze um 1524 SchlR Schwerin, Grautzen Kramptz 1570 LB Schwerin

I Jüngere Steinzeit: Feuersteinspitze („Grot Wisch"). Jüngste Steinzeit: Streitaxt der Einzelgräberkultur (sekundäre Lage). Jüngere Bronzezeit: Depotfund („Kloeterbarg"). Ältere Eisenzeit: Urnenfeld sowie zwei Siedlungsplätze („Kloeterbarg" und „Sandstücken").

II 1456 noch Kommuniondorf, vor 1520 zum Domanium.

III 10 Hufen – darunter 1 Freihufe (1570 LB Schwerin) – und 1 Katen (1560 AB Schwerin). Individualbede, die Hufe zu 16 ß (1431 SchlR Dömitz).

Einzelpacht je Hufe 12 ß, der Schulze 16 ß (1456 SchlR Schwerin, 1560 AB Schwerin).

IV Rundling. Ortslage exzentrisch zur Flur.

V Blockgewannflur. Keine Ackerschläge (1764 RA).

VI 1570 LB Schwerin: Chim und Peter Bantzen, Hermen Lutke, Hinrich Boitefur, Achim Wiscker, Claus Grote, Tewes Lutke, Asmus und Lorentz Scheueke, Drewes Jowert, Lorentz Lutke. Kätner: Chim Lutke.

1655 AB Schwerin: Michel Fehlandt, Hans Schuhr, Johan Kühle, Marten Krope w., Marten Wischer w., Jochim Grauwert w., Teves Lütke w., kleine Hans Heinke, Jochim Grauwert, Jürgen Jauwert, Hans Timmerman.

1703 BK Leussow: Jochim Vehland, Frantz Proßche, Sophia Lüten Wwe., Hinrich Proßche, Tias Saßche, Jochim Schur, Johan Becker, Christian Martens, Bartolt Hinrich Becker, Peter Arenß.

VII

1	Hee(d)wisch *hē^{i}viš*	im Heid Kavelln, 1764 RA.	Wi/Wi, A, Kw
2	Bäunerwisch *boinäviš*		Su/Wi, Wei, A
3	Wee(d)koppel *vē^{i}kopl̥*		Su/A, Wi, Wei
4	Pannerviertel *panäfitl*		Su/Wi, A
5	Uhlenhorst *ūl̥^{l}hǫst* *-hǫ^{o}st*	in der Uhlen-Horst, 1713 LV; in der Uhlenhorst, 1764 RA.	Su, Wi/A
6	Bullenwisch *bul̥^{l}viš*		Su/Wi
7	Breiden *braidn*		Su, Wi/Wi
8	Beisenkavel *baiznkåvl̥*		Su, Wi/Wi
9	Hog Koppel *ho^{u}x'kopl̥*		Ödl, A/A, Wei

10	Grot Wisch *gro^{u}t'viš*	in Grothwischen, 1764 RA.	Wi/Wi, A
11	Schaulwisch *šaulviš*		Wi/A, Wi
12	Schultenwisch *šultnviš*		Wi/A, Wi
13	Lütt Koppel *lyt'kopl*		Wi/Wei, Wi
14	Kamerort *kāməo^{u}t*	im Kamer Orth, 1764 RA.	Wi/Wi, Ödl
15	Försterwisch *fǭ^{ə}stəviš*		Su, Wi/Wi
16	Fannenmaur *panämauə*	in der Pfanninck, 1743 Beschwerdeschrift des Schulzen von Kl. Krams; im Pfanterholtz, 1764 RA.	Su/Wi, A, Kw
17	Barkenmaur *ba^{a}knmauə*	am Jäsen, 1763 GA; das Jeßen Mohr/ im Jeßen, 1764 RA.	Su, Wi/F, Su
18	Roden Söck'n *ro^{u}dn'zökn*		Su, Wi/Wi, A, Kw
19	Bornkuhl *bǫ^{ə}nkūl*	die Röth Kuhl, 1764 RA.	Pf/F, Pf
20	Bormbäk *bǫ^{ə}mbäk*		Gw/Gw
21	Eckerkamp *ekäkam^{p}*		Gh, Ödl/Kw, Ödl
22	Gauden *gaudn*	G(a)uren Hegen, 1764 RA.	Gh, A/Kw, A
23	Mergelkoppel *mägəlkopl*		A/A
24	Brotkoppel *bro^{u}tkopl*		A/A
25	Kriews *krīfs*	Krievser Hegen, 1764 RA.	A, Gh/A, Kw

26	Wirritz *virits*	die Widditzen, 1764 RA.	A/A, Kw
27	Langen Stücken *laŋ*^{n}*'stykn*	aufn Langen Stücken, 1764 RA.	A/A, Kw
28	Kraunschen Hägen *`kraunšn'hägn*	im Krohnschen Heegen, 1764 RA.	A, Gh/A
29	Gaurkenbarg *gauəkn`ba*^{a}*x*	auf Gohrckenberg, 1764 RA.	A/A, Kw, Ödl
30	Vörrelst Koppel *`förəlst'kopl*		A/A
31	Klotz *klots*		A/A
32	Zielitz *sīlits*	aufm Zietlitzen, 1764 RA.	A/A
33	Swienkuhl *svīnkūl*		Pf/Pf
34	Dammstücken *damstykn*	Damsken-Stücken, 1764 RA.	A, Su/A, Wei
35	Drifthof *drifthǫf*	Triftstücken, 1764 RA; auf den Triftstücken, 1793 GA.	A/A
36	Sagelack *zågə'lak*	auf der Saglaff, 1764 RA.	A, Su/A, Wei
37	Wienbarg *vīnba*^{a}*x*	Wienbergen, 1764 RA.	A/A, Wi, Wei, Kw
38	Hee(d)stieg *hē*^{i}*stīx́*		A, Stg?/A, Kw, Wei
39	Run'n Kamp *run*^{n}*'kam*^{p}	aufm runden Kamp, 1764 RA.	A/A
40	Klatz *klats*		Ödl?/A, Kw
41	Halms Kamp *halmskam*^{p}	Harms Kamp, 1764 RA.	A/A, Wi, Ot
42	Kartüffelbarg *kə'tyflba*^{a}*x*	aufm Peperberg, 1764 RA; im Peperberg, 1829 GA.	A/A, Wei

43	Schaulkamp *šaułkam*^{p}	am Schulacker, 1764 RA.	A/A
44	Aulicks Barg *auliksba*^{a}*x*		A/A
45	Brei(d) Rukiet *ˋbraiə′rūkīt*	auf der Ruhkieten, 1764 RA.	A/A
46	Small Rukiet *ˋsmał′rūkīt*	auf der Ruhkieten, 1764 RA.	A/A
47	Steenbarg *stēnba*^{a}*x*	Steinberg, 1764 RA.	A/A, Wi
48	Hestern *hestän*		A, Gh/A, Wi
49	Buschstücken *busstykn*		Ödl/A, Wi
50	Kork *kǫˀk*		Su?/Wi
51	Sandstücken *zantstykn*		Ödl/A
52	Driesen Kamp *drīznkam*^{p}		A/A
53	Hee(d)stücken *hē*^{i}*stykn*		A Gh/A
54	de Höll *də′höl*		Gh/Wi, A
55	Hülsbusch *hyłsbuš*		Gh/A
56	Small Stücken *smał′stykn*		Ödl/A
57	Hinnelst Koppel *ˋhinłst′kopł*		Ö l/A
58	Kloeterbarg *klœdəba*^{a}*x*		A/A
59	Schultenkamp *šultnkam*^{p}		A/A

60	Run'n Barg *run*^{n}*`ba*^{a}*x*		Ödl/Gh, Ödl
61	Kavels *kåvls*		Ödl/Wi
62	Bäk *bǟk*		Su/Wi
63	Hesterhosten *hestähǫstn*		Ödl, Su/A
64	Will' Koppel *vilkopl*		Ödl/A, Wei
65	Kielkoppel *kīlkopl*		Ödl/Wei, A
66	Nien Hof *nīn'hǫf*		Ödl/A
67	Moiden *moidn*		Ödl/A, Wei
68	Hehnken Hof *`hē*^{i}*ŋ*^{k}*n'hǫf*	auf Hencken Kamp, 1764 RA.	A/A
69	Bullenkamp *bul*^{l}*kam*^{p}		Su/A, Wei
70	Launskoppel *launskopl*	aufn Lohnschen Stücken, 1764 RA.	A/A
71	Mönkenbarg *möŋ*^{k}*nba*^{a}*x*		Ödl/A
72	Hog Koppel *ho*^{u}*x'kopl*		Ödl/A, Kw
73	Heutsbarg *hoitsba*^{a}*x*		Ödl/A, Ödl
74	Katstück *kātstyk*	aufn Katen Stücken, 1764 RA.	A/A, Ot
75	Maur *mauə*	im Mohr, 1764 RA; Grosse Torff Mohr, 1788 WK.	Su/A
76	Leimkuhl *laimkūl*		A/A, Ödl

77 Voßbarg — A, Ödl/Kw, A
fǫsbaᵃx

78 Hägen — Gh/A, Kw
hägn

79 Fläkenkoppel — Gh, A/A
fläkn`kopl

80 Krüzkamp — Ödl/A
krütskamᵖ

VIII

(81) aufm Bagauren, 1764 RA, A
(82) Bahl-Wiese, 1713 LV; die Bahl Wiesen, 1764 RA, Wi
(83) Bockorn, 1764 RA, Ödl
(84) der Brinck, 1764 RA, Ödl
(85) Brüggenwisch, 1764 RA, Wi
(86) im Cant, 1764 RA, A
(87) in den Forths Wiesen, 1764 RA, Wi
(88) im Gehrn, 1764 RA, Wi
(89) im Glaisin, 1764 RA, Wi
(90) das Hagen Holtz, 1560 AB Schwerin, Gh
(91) am Heers Dieck, 1764 RA, A, Wi
(92) im Hoppenhof, 1764 RA, Wi
(93) das Hülcken Holtz, 1764 RA, Su
(94) im Jadern, 1764 RA, Wi
(95) im Jadernorth, 1764 RA, Wi
(96) aufm Kleyberg, 1764 RA, A
(97) die Kohlhöfs Stücken, 1764 RA, A
(98) die Koll Kuhl, 1764 RA, Wi
(99) in dem Koppel-Hof, 1771 GA; in den Koppel Höfen, 1789 GA, A
(100) aufn Krummen Stücken, 1764 RA, A
(101) im Langen Kaveln, 1764 RA, A
(102) Lövelken, 1764 RA, A
(103) die Pferde Koppel, 1764 RA, Wei
(104) im Raben, 1764 RA, Wi
(105) in der Rögnizwisch, 1764 RA, Wi
(106) aufm Unter Kamp, 1764 RA, A
(107) im Vor Kavelln, 1764 RA, A
(108) aufn Wrieth Stücken, 1764 RA, A.

46

Neu Krenzlin

nī krents'līn

dorpstede Nien Krenselyn 1534 KV Picher, Newen Crentzelein 1595 LA Redefin

I Bislang keine vorgeschichtlichen Funde.

II Ritterschaftlich, 1706 durch Ankauf zum Domanium.

III 16 Hufen (1595 MK Picher). Bede je Hufe 16 ß (erschlossen aus: Krenzlin, 1431 SchlR Dömitz). Unterschiedliche Pachterlegnisse für 1 Hufe (1614 LA Krenzlin: 1 Mark lüb. und 6 Scheffel Hafer; 2 Mark lüb.; 2 Mark 10 ß lüb. und 3 Scheffel Hafer; 2 Mark 12 ß lüb. und 3 Scheffel Hafer; 3 Mark lüb. und 4 Scheffel Hafer).

IV Gassendorf. Ortslage exzentrisch zur Flur.

Ortschaft und Gemarkung Neu Krenzlin entstanden wahrscheinlich in der ersten Hälfte des 16. Jahrhunderts durch Separation des ritterschaftlichen Anteils an dem einstigen Kommuniondorf Krenzlin. Um 1590 legte der damalige Besitzer von Neu Krenzlin, Volrad v. Pentz, 5 Bauernhufen und richtete mit diesen eine vorerst kleinere Gutswirtschaft ein.

V Guts-Bauern-Flur. Ackerschläge (1708 LV).

VI 1595 MK Picher: Frantz Koneke, Frantz Rukithe, Peter Hake, Chim Rukidte, Chim Grelle, Chim Borchardt, Paschen Saffan, Aßmus Kroep, Harmen Selle, Peter Bodtefeur, Drewes Jalatz, Chim Höken, Peter Höken. 1651 LA Krenzlin: Paull Sabben w., Achim Rukit w., Peter Rukit w., Hanß Grelle w., Aßmus Krop w., Hacke und Jacob Saß w. Kätner: Jochim Rukit w., Achim Löwkemöller w., Achim Frieman w., Clauß Kloke w., Peter Meineke w., Hanß Grawke w., Drewes Jalitz w., Hanß Jenckell, Hinrich Jencke w.

1706 BK Picher: der Herr Pensionarius, Erdman Brandt, Aßmus Lange, Peter Becker, Jochim Warncke, Hanß Grell.

VII

1 Stü(d)ebarg — Kw, A/F
stǖ^{ə}ba^{a}x

2 Swienkuhl — Pf?/A
svīnkūl

3	Pumpbäk *pumpbäk*	beym Bornbeck, 1708 LV; bey dem Pump Born, 1726 VA.	Gw/Gw
4	Kätelkuhl *kätl`kūl*		Pf/Pf, A
5	Klewerkoppel *klēvəkopl*		A/A
6	Lütt Landkoppel *lyt'lantkopl*		A/A
7	Hofstücken *hǫfstykn*		A/A
8	Kamp *kamᵖ*		A, Su/A
9	Brandten Hof *branᵗnhǫf*		Ot?/A
10	Soll *zol*		Pf, Su/Gh
11	Bodderstieg *bodəstīx́*		Stg/Stg
12	Schaulkamp *šaulkamᵖ*		A/A
13	Hoew *hœ̄f*		Su, Gh/A
14	Vörrelst Koppel *förəlstkopl*		Gh, A/A
15	Bohnenland *boᵘnⁿlant*		A, Su/A
16	Schultenkamp *šultnkamᵖ*		A/A
17	Hofland *hǫflant*	die Hof Stücken, 1748 GP.	A, Ödl/A, Kw
18	Maur *mauə*		Su/A, Wi
19	Seebläk *sē'bläk*		Su, Ödl/F

20	Rötkuhl *rȫt`kūl*		Pf/Pf
21	Rötsahl *rȫt`zāl*	am Rott Zahl, 1708 LV; achter dem Röht Soll, 1726 VA.	A, Pf?/A, Kw
22	Saß *sas*	am Saß, 1699 LA Krenzlin; vorn/im Saßen, 1708 LV; vor dem Sasche, 1726 VA.	Gh, Wi/A, Wei
23	Moelenweg *mœ̄l^{l}veẋ*		Fw/Fw
24	Hasenkamp *hå̄znkam^{p}*		Ödl/F
25	Trienkuhl *trīn`kūl*		Su/Wi
26	Hei(d)koppel *haikopl*		Ödl/A, Wi, Kw
27	Brümmelkopp *bryməlkop*		Ödl/F
28	Briesenbarg *brīznba^{a}x*	aufn Briesenberge, 1708 LV.	A/Kw
29	Briesen *brīzn*	aufn Groten Briesen, 1708 LV; auf dem großen Briesen, 1726 VA.	A/A, Kw
30	Dannenkoppel *dan^{n}kopl*		Ödl/A, Kw,
31	Beutfüer *boitfǖə*	Böteföhrs Busch, 1708 LV; bey Böhtführsch Busch, 1726 A.	A, Su/A, Kw
32	Hinelst Koppel *`hīnəlst'kopl*	Hinter Coppel, 1708 LV.	A/A
33	Timpenkoppel *tim^{p}m`kopl*		A, Su/A
34	Si(d)e Koppel *zī^{ə}kopl*		A/A
35	Geist *gaist*		A, Ödl/A

36 Hog Koppel A/A
hoᵘx'kopl

37 Landkoppel A, Ödl/A
lantkopl

38 Torfmaur Su/A, Wei, Kw
tǫᵊfmauə

39 Klotz A/A
klots

40 Stroh Ödl/F
stroᵘ

VIII

(41) Bockweitzen Camp, 1708 LV, A
(42) oben dem Busch, 1708 LV, A
(43) Dorn Hägen, 1708 LV, A
(44) bey der Drift, 1708 LV; bey der Drift, 1726 VA, Fw, A
(45) auf/achter der Freyheit, 1708 LV; vor der Freiheit, 1726 VA, A, Ödl
(46) Freyheits Wiese, 1708 LV, Wi
(47) Hintzen, 1708 LV, A
(48) Hof Coppel, 1708 LV, A, Wi
(49) aufn Hohen Felde, 1708 LV, A
(50) Juncker Camp, 1708 LV, A
(51) Lange Stücken, 1708 LV, A
(52) aufn Lütgen Briesen, 1708 LV; auf dem Lütten Briesen, 1726 VA, A
(53) auf der Lütgen Coppel, 1708 LV, A, Wi
(54) Mühlen Camp, 1708 LV, A
(55) beym Nettelbusch, 1708 LV, Ödl, A
(56) Pferde Coppel, 1708 LV, Wei
(57) Quer Stücken, 1708 LV, A
(58) bey der Rönne, 1708 LV, A
(59) beym Rukiken, 1708 LV, A
(60) Rukiken Ohrt, 1708 LV, Wi
(61) achtern Siepen, 1708 LV, A
(62) vorn/im/achter die Sturchen Hägen, 1708 LV; achter Sturen Hegen, 1726 VA, A
(63) in dem Vohr Hööfen, 1726 VA, A
(64) oben der Wendung, 1708 LV, A.

47

Alt-Krenzlin

ol krents'līn

mit Krenzliner Hütte

krents'līnə'hyt

Kresczelyn 1369 MUB, Crentzelin 1421 SchlR Dömitz, Olden Krentzelin 1456 SchlR Schwerin

I Jüngere Steinzeit: Streitaxt. Jüngere Bronzezeit: Urnen.

II Kommuniondorf, nach Separation des ritterschaftlichen Anteils während der ersten Hälfte des 15. Jahrhunderts reines Domanialdorf.

III 14 Hufen – darunter 2 Freihufen (1570 LB Schwerin) – und 1 Katen (1560 AB Schwerin). Individualbede, die Hufe zu 16 ß (1431 SchlR Dömitz). Einzelpacht je Hufe 24 ß, der Schulze 16 ß (1456 SchlR Schwerin).

IV Sackplatzdorf. Ortslage etwas exzentrisch zur Flur.

Im Jahre 1747 erteilte die herzogliche Kammer dem damaligen Pächter von Neu Krenzlin, Amtmann Seitz, die Genehmigung zur Errichtung einer Glashütte. Aber schon wenige Jahrzehnte später ging dieser Betrieb wieder ein und die für die Hüttenarbeiter erstellten Wohnkaten wurden öffentlich versteigert. Die Käufer erhielten nach Zuweisung von etwas Land den Status von Büdnern.

V Blockgewannflur. Keine Ackerschläge (1707 LV).

VI 1570 LB Schwerin: beide Chim Brumme, Peter Brum, Claus Rukite, Achim Borger, Achim Janeke, Heine Velandt, Claus Klaueke, Hans Steffan, Hinrich Blancke, Chim Brun, Hans Schuer, Kasten Steffen, Hans Fentzan. Kätner: Hans Brum.

1655 AB Schwerin: Baltzar Fentzahn, Dreves Brumme, Hans Meyer, Chim Rukite w., Jochim Janeke w., Chim Janeke w., Jochim Fehlandt w., Jochim Kläfeke w., Peter Stöphen w., Jochim Meyer w., Jochim Schulte w., Hans Schuhr w., Asmus Heinke, Peter Fentzahn w.

1706 BV Picher: Herr Berling der Heitreiter, Christian Fehlandt, Jürgen Busch, Jochim Fehland, Johann Schult, Hanß Schop, Peter Hencke, Hinrich Meyer, Hanß Meyer, Erdman Fentzan, Christian Fehland.

VII

1	Stroh *stroᵘ*	im Stroh, 1707 LV; im Stroh, 1726 VA; im Strauch, 1752 RA; im Stroh, 1937 FK.	A/F
2	Klingen *kliŋⁿ*	aufn Klienen, 1707 LV; auf den Klien, 1726 VA; auf den Klien, 1752 RA.	A/A, Kw
3	Kirchstieg *kiʳẋstīẋ*		Stg/Stg, A
4	Schultenkamp *šultnkamᵖ*	auf den Schultzen Camp, 1726 VA; der Schultzen Camp, 1752 RA; Schulzen-Acker, 1752 GA.	A/A
5	Kampenmaur *kamᵖmmauə*		Su/A, Kw
6	Teirzen *taiᵊtsn*	auf den Teertschen, 1752 RA.	A/A, F, Kw
7	Hasenkamp *håznkamᵖ*	Hasenkamp, 1937 FK.	Ödl, Kw/A, F
8	Jenzen *jentsn*	im Gensken, 1707 LV; im Jentzen, 1726 VA; im Jentschen, 1752 RA; in den Jenssen, 1937 FK.	A/A, Kw
9	Husstücken *hūsstykn*		Kw, A/A
10	Hägmaur *hä̊ẋmauə*	aufn Häge Stücken, 1707 LV; auf den Hegen Stücken, 1726 VA; auf den Heege Stücken, 1752 RA.	A, Su/A, Kw
11	Driftstücken *driftstykn*		A, Ödl/A
12	Maur *mauə*		Su/A
13	Torfmaur *tǫᵊfmauə*		Su/A, Wi
14	Häuhnerhof *hoinəhǫf*		Ödl/A
15	Kiewittsmaur *kīvitsmauə*		Su/A

16	Jäßvin *ˋjäsfīn*	aufn Jesefien/Geßefien, 1707 LV; auf den Jesefinschen Camp, 1752 RA.	A, Ödl/Kw, A
17	Hee(d)koppel *hēⁱkopl*	Heidtstücken, 1707 LV.	Ödl, A/A, Kw
18	Smachtin *smax'tīn*	auf die Schmachtin, 1752 RA.	Ödl, A/A, Wi
19	Bäunerwischen *boinəvišn*		Su, Ödl/Wi
20	Strang *straŋ*		Su/A, Wi, Kw
21	Grevekuhl *grēvəˋkūl*	Grevekuhl, 1937 FK.	Su, Ödl/F
22	Schuren Kamp *šūənkamᵖ*	auf den Schuer Camp, 1726 VA; Schurenkamp, 1937 FK.	A/A, F
23	Lüten Stücken *lūtn'stykn*		A/A, Wi, Kw
24	Fleenen *flēnⁿ*	Fle(e)ns Wieße, 1707 LV.	Wi/A, Wi, Ödl
25	Jahnken Holt *jåŋᵏnholt*	Janeken Holtz, 1707 LV; in Jahnschen Holze, 1820 GA; im Jahnken Holz, 1828 GA.	Wi, A/Wi, A
26	Zien *sīən*	vorn Zien, 1707 LV; in den Zienschen Hofen, 1820 GA.	Su, A/A, Wi
27	Griesen *grīzn*	auf den Griesen, 1823 GA; Grieß, 1828 GA.	A/A
28	Hoeveling *hœ̄vəliŋ*	in der Heylingk, 1707 LV; auf den Hävelingk, 1752 RA.	Wi/A
29	Barkhosten *baᵃkhǫstn*	in der Barck Horst, 1752 RA.	Wi/Wi, A
30	Raurwischen *rauᵊvišn*	Rohr Wieße, 1707 LV; Rohr Wiese, 1726 VA; Rohr-Wiese, 1752 RA.	Wi/Wi, A
31	Quirnkuhl *kviənˋkūl*	Quirrn Kuhle, 1752 RA.	Wi, Su/Wi, Ödl

32	Flitzmaur *flitsmauə*	Flitzen Mohr, 1706 LV Gr. Krams; Flitzmoor, 1937 FK.	Su, A/F
33	Schapwee(d) *šåpve*^{i}		Ödl, A/Ödl, Kw
34	Dümpel *dympl*	im Dümpel, 1707 LV; im Dümpel, 1752 RA; im Dümpel, 1937 FK.	Su, Wi/F
35	Lanzin *lan'tsīn*	Landsvie(h)n, 1752 RA.	Su, Wi/Wi, Kw
36	Hee(d)ratt *hē*^{i}*rat*	Hellenrade, 1707 LV; im Hohlradt, 1726 VA; auf dem Heelradt, 1752 RA; Hill Rad Wiesen, 1788 WK.	Wi/Wi
37	Jürns Wisch *jü*^{ə}*nsviš*		Su/Wi, A
38	Branden *bran*^{d}*n*	aufn Brand, 1707 LV; aufn Brande, 1752 RA; im Brande, 1765 GA.	Wi, Su/Wi
39	Hofwischen *hǫfvišn*	Hofwiesen, 1707 LV; die Hofwiesen, 1726 VA.	Wi/Wi
40	Timpen *tim*^{p}*m*		Wi/Wi
41	Klewerkoppel *klēvəkopl*	in der Kleekoppel, 1823 GA.	Su, Ödl/A, Wi
42	Schaulwisch *šaulviš*		Wi/Wi
43	Stämmenwisch *stem*^{m}*viš*	im Stemmen, 1726 VA; die Stämm-Wiese, 1752 RA.	Wi/Wi
44	Schuern Holt *šūənholt*	Schuer Wieße, 1707 LV; Schuern Holtz, 1752 RA; im Schuren-Holz. 1820 GA.	Wi, Su/Wi
45	Holt *holt*	im Ellernholtz, 1707 LV; im Ellerholtz, 1752 RA.	Wi, Su/A, Wi
46	Lünenborger Hee(d) *'lūn*^{n}*bǫ*^{ʔ}*gə'hē*^{i}	auf der Lüneburger Heyde, 1752 RA.	Ödl, A/A, Ödl
47	Puhtsack *pūtzak*	auf Puetsack, 1707 LV; beym Puetsack, 1752 RA.	A, Wi/Wi

48	Bullenwisch *bul*^{l}*viš*	die Bollen Wiese, 1752 RA.	Wi/Wi, Ödl
49	Buerdannen *bū̆ədan*^{n}		A, Ödl/Kw
50	Wäwerbusch *vā̆vəbuš*	Weber-Wiese, 1752 RA.	Wi/A
51	Fohr *fō̆ə*	im Föhren, 1707 LV; in den Fohrdt, 1726 VA; im Fohrt, 1752 RA.	A/A, Kw
52	Swienwee(d) *svīnvē*^{t}		Ödl/Kw, Ödl Wi
53	Bullenkamp *bul*^{l}*kam*^{p}	Bullen Camp, 1707 LV; auf dem Bollen Camp, 1752 RA; Bollen Camp, 1788 WK.	A/Kw
54	Pourzen *po*^{u}*ətsn*	im Partschen, 1707 LV; auf den Portschens, 1726 VA; im Paartschen, 1752 RA.	A/A, Kw
55	Vörrelst Koppel *förəlst'kopl*		A, Ödl/A, Kw
56	Grot Koppel *gro*^{u}*t'kopl*		A, Ödl/A, Kw
57	Hambörger Dur *`hambœ̄gə'do*^{u}*ə*		A, Ödl/A
58	Kork *kǫ*^{ǫ}*k*		Su/A, Pf
59	Kliest *klīst*	auf der Kliest, 1707 LV; auf der Klietsch, 1726 VA; auf die Kliest, 1752 RA.	A/A, Kw
60	Kamp *kam*^{p}		A/A
61	Hushoew *hūshœ̄f*		A/A, Wei
62	Nien Stücken *nī*^{d}*n'stykn*	Nien Stücken, 1707 LV; auf den neuen Stücken, 1726 VA; auf den Neuen Stücken, 1752 RA.	A/A, Kw
63	Maur *mauə*		Su/A, Wi, Kw

64	Steenbarg *stē^{i}nba^{a}x*	aufm Steinberge, 1707 LV; auf den Steinberg, 1726 VA; auf dem Steinberg, 1752 RA; bei dem Steinberg, 1937 FK.	A/Kw
65	Schaulkamp *šaulkam^{p}*		A/A
66	Kustein *ku'stai^{ə}n*	in/auf der Kosteern, 1707 LV; auf den Kunster, 1726 VA; auf den Consteern, 1752 RA.	A/A, Kw
67	Olen Land *`ōl$^{l'}$lant* Krenzliner Hütte: *krents'līnə'hyt*	aufn Alten Lande, 1707 LV; auf den Alten Lande, 1752 RA.	A/Kw
68	Brandhee(d) *branthē^{i}*	auf der Brandt Heyde, 1708 LV Neu Krenzlin; auf die Brandheide, 1726 VA.	Ödl, A/A, Kw
69	Kiewittsmaur *kīvitsmauə*		Su/A, Kw
70	Voßbarg *fǫsba^{a}x*	beym Foß Berge, 1752 RA.	A, Ödl/Kw
71	Maur *mauə*	Grosse Torff Mohr, 1788 WK.	Su/A, Wei
72	Kustein *ku'stai^{ə}n*	Belege siehe Nr. 66!	A/A
73	Olen Hof *`ōl$^{l'}$hǫf*		Ödl/A, Wi
74	Lourenkavel *lo^{u}ənkåvl*		Su/Wi
75	Wiedelmaur *vīdlmauə*		Su/A
76	Maurkoppel *mauəkopl*		Su/A
77	Hee(d)koppel *hē^{i}kopl*		Su, Ödl/A
78	Nien Hof *ni^{ə}n'hǫf*		Ödl, Su/A Wi

79	Hahnenkamp *hān^n kam^p*	aufn Hahnen Camp, 1707 LV; Hahn-Kamp, 1752 RA.	A/A
80	Buerdämm *būədäm^m*		A/A
81	Kramßer Dreesch *kramsə'drē^i š*		Ödl/A
82	Helms Maur *helms'mauə*		Su/A, Kw, Wi
83	Bullenkamp *bul^l kam^p*	Belege siehe Nr. 53!	A/Kw
84	Swienwee(d) *svīnvē^i*	Belege siehe Nr. 52!	Ödl/A, Kw
85	Klumpkoppel *klumpkopl*		Kw/A, Kw
86	Hinelst Koppel *ˋhīnəls^t'kopl*		Ödl/A, Ödl
87	Immenhof *im^m hǫf*		Su/Wi
88	Waschwisch *vašviš*	bey der/hinter Waschs Wischen, 1707 LV Loosen.	A/A, Wi
89	Steenkoppel *stē^i nkopl*		A/A
90	Dahlkamp *dālkam^p*		A/A
91	Kammelow *kamə'lō*	aufn Kamplau, 1707 LV; auf der Camplau, 1752 RA.	A/A
92	Schultenkamp *šultnkam^p*		Ödl/A

VIII

(93) auf den Beerböhmschen Stücken, 1752 RA, A
(94) beym Bredehorster Wege, 1707 LV, Fw
(95) auf den Bresegardschen Camp, 1752 RA, A
(96) im Camp Kuhlen, 1726 VA, A

(97) vorn Dorfe, 1707 LV; vor dem Dorfe, 1726 VA; vor dem Dorfe, 1752 RA, A
(98) in der Düpe, 1752 RA, Wi
(99) Dwas Enden, 1726 VA, A
(100) auf der Flenck, 1707 LV; auf den Flemmen Camp, 1726 VA; aufn Flemming, 1752 RA, A
(101) Flitzen Camp, 1707 LV, A
(102) beym Gaedeken Kolck, 1752 RA, Su, A
(103) achtern Heidbarge, 1707 LV, Ödl
(104) Horst Wiese, 1752 RA, Wi
(105) Kahten Wieße, 1707 LV; Kaat-Wiese, 1752 RA, Wi
(106) Karcken Möhrcken, 1752 RA, Su
(107) achtern Kohlhoefen, 1707 LV; im Kohlhof, 1737 GA; auf den Kohlhöfschen Stücken, 1752 RA, A
(108) in der Koppel, 1792 GA, A
(109) aufn Langenieß, 1707 LV, A
(110) bey der Lilien Horst, 1752 RA, Wi
(111) auf der Lohn, 1726 VA, A
(112) im Lüttgen Siehn, 1726 VA, Wi
(113) Nien Wießen, 1707 LV; die neuen Wiesen, 1726 VA; Neue Wiese, 1752 RA, Wi
(114) achtern Picherschen Busch, 1707 LV; hintern Picherschen Busch, 1752 RA, A
(115) im Rade, 1808 GA, Wi
(116) am Ramtzer Mohr, 1707 LV; beym Ramßer Mohr, 1752 RA, Su
(117) im Ruckenzien, 1752 RA; die Rugensien, 1812 GA, Wi
(118) auf den Sand Camp, 1726 VA, A
(119) achtern Sande, 1707 LV; hintern Sande, 1752 RA, A
(120) das Schmachtinsche Mohr, 1752 RA, Su
(121) Siems Wieße, 1707 LV, Wi
(122) Speckęn, 1752 RA, Wi
(123) auf dem Specklande, 1752 RA, A
(124) in der Steffens Grund, 1707 LV, A
(125) im Terschen Busch, 1707 LV; beym Teertschen Busch, 1752 RA, A
(126) die Wend Stücken, 1726 VA, A.

48

Loosen

lauzn

Losen 1363 MUB, Lozen 1431 SchlR Dömitz, Losen 1456 SchlR Schwerin

I Mittlere Steinzeit: Siedlung („Penns Kötel"). Jüngere Steinzeit: Felsgesteinaxt („Buergaw"). Jüngere Bronzezeit: Urnenfeld („Mönkenbarg"). Ältere Eisenzeit: Keramik („Kauhbarg" an der Leussower Grenze).

II Kommuniondorf, vor 1456 zum Domanium.

III 18 Hufen – darunter 1 Freihufe – und 3 Katen (1560 AB Schwerin). Individualbede, die Hufe zu 16 ß (1431 SchlR Dömitz). Einzelpacht je Hufe zwischen 14 und 16 ß schwankend (1456 SchlR Schwerin).

IV Sackplatzdorf. Ortslage exzentrisch zur Flur.

V Blockgewannflur. Keine Ackerschläge (1707 LV).

VI 1570 LB Schwerin: Drewes Schulte, Jasper Schulte, Hans Lutke, Jasper Buseke, junge Chim Buseke, Hans Jowert, Michell Saske, Hans Palatz, alte Hans Tide, Pawel Saske, Frentz Ditmer, Ties Pennig, Jurgen Loßen, Chim Jantke, Achim Saske, Frentz Grote, Hans Kleinsorge, Achim Tiede, Hinrich Albrecht, Frentz Santke. Kätner: Hinrich Hagen.

1655 AB Schwerin: Jochim Sehlandt, Tias Blanke, Tias Lütken w., Thomas Jauwert w., Jürgen Ditmar w., Frantz Jante w., Hans Sehlandt, Jochim Däbeler, Jochim Busche, Jochim Penningk w., Jochim Laudan, Chim Buseken w., Hans Haneke, Chiel Jante w., Hans Saßke, Hans Sefeke w., Chim Kleinow w., Jacob Tiede, Jochim Kloke, Hans Kloke. Kätner: Chim Sehlandt w., Frantz Jauche w., Hans Grote w.

1707 LV: Hanß Sehlandt, Hartig Tiede, Christian Schuer, Tieß Loeßen, Jürgen Sehlandt, Jacob Däbeler, Hans Hinrich Struffe, Jochim Penn, Palm Kiencke, Jochim Prüeß, Jürgen Hagen, Peter Schmidt, Jacob Tiede, Hinrich Brum, Jürgen Gorcke, Pagel Buscke, Hanß Dube, Jochim Hagen. Kossat: Hanß Hagen.

VII

1 vör'n Dörp
ˋföən'dǫ̈ᵒ̈p — vorn Dorff, 1707 LV; vorm Dorfe, 1761 A/A GA.

2	Ja(d) *jā*^{ə}	im Jade, 1707 LV.	A/A, Wei
3	Jader Barg *`jādə'ba*^{a}*x*		A, Ödl/A
4	Kramßer Schee(d) *`kramsə'šē*^{i}*ə*		Ödl/A, Ödl
5	Hee(d)stück *hē*^{i}*styk*		Ödl, Su/A, Wi
6	Kniev *knīf*	im Knieffe(n), 1707 LV; im Knief, 1761 GA.	A, Ödl/A
7	Eckerkamp *ekəkam*^{p}		Gh/A
8	Will'koppel *vilkopl*		Ödl, Gh/A, Wi
9	Hasenkamp *håznkam*^{p}		Ödl, Gh/A
10	Blanken Kamp *blaŋ*^{k}*nkam*^{p}		Ödl/A
11	Steenbarg *stē*^{i}*nba*^{a}*x*	Stein Camp, 1707 LV.	A, Ödl/A
12	Kauhbarg *kauba*^{a}*x*		Ödl, Gh/A
13	Wiltz *vilts*		Gh, Ödl/A
14	Heutsland *hoitslant*		A/A
15	Penns Kuhl *penskūl*	hinter Penns Kuhlen, 1707 LV.	A, Su/A
16	Koub'nlangen *ko*^{u}*bm'laŋ*^{n}	im Kamlang, 1807 GA; auf dem Kummlangen, 1810 GA; im Kummlange, 1811 GA; auf den Kaummlangen, 1814 GA.	Su, Wi/A
17	Wiskerbarg *viskə'ba*^{a}*x*		Gh/A

18	Nien Hof *ˋnī^{d}n'hǫf*		A/A
19	Parat *pǻ'rāt*	auf der Parat, 1707 LV.	A/A
20	Katstück *kātstyk*	aufm Kahten Camp, 1707 LV.	A/A
21	Reitietsch *rai'tītš*	im Reh-Dies, 1779 GA; in der Rehtitz, 1781 GA; in der Retitsch, 1797 GA.	A/A, Ot
22	Brau(d) *brauə*	achter der Broet/Broetck(e), 1707 LV.	A, Su/A, Wi
23	Kamp *kam^{p}*		A/A
24	Hinauts *hi'nauts*	hinter Nohrt, 1707 LV; im Nords, 1811 GA.	A, Su/A, Kw
25	Bormkamp *bǫ^{ə}mkam^{p}*	achtern Borm, 1707 LV; hintern Born, 1761 GA; hinden den Born, 1781 GA.	A, Su/A
26	Wäwerbarg *vǟvəba^{a}x*		A/Kw
27	Bullenwisch *bul^{l}viš*		Su/Wi
28	Sandkoppel *zantkopl*		Ödl/A
29	Grebensbarg *grēbmsba^{a}x*		A?/A
30	Penns Kötel *pens'kötl*	in Penns Kählen, 1707 LV; in Penngs Kählung, 1761 GA.	A, Ödl/A, Kw
31	Grot Dannenstücken *gro^{u}t'dan^{n}stykn*		A, Ödl/Kw
32	Plaaz *plåts*		Ödl, Kw/Kw A
33	Witt Maur *vit'mauə*	das Weisse Torf Mohr, 1788 WK.	Su/Su, F
34	Pijaaz *pī'jåts*	im Pigatschen Hägen, 1707 LV.	A, Gh/Kw

35	Swienkavel *svīn`kåvl*		Ödl, A/Kw
36	Bohnenbarg *bo*^{u}*n*^{n}*ba*^{a}*x̣*	aufm Bohnen Berg, 1707 LV; auf den Bohnen Berg, 1761 GA.	A, Kw/F
37	Brink *briŋk*	Brinckenhof, 1790 GA.	A/A
38	Gulitz *gūlits*	auf der Gulitz, 1707 LV; im Guhlitz, 1779 GA; in der Gulitz, 1797 GA; in der Gulitz, 1822 GA.	A, Ödl/A
39	Hofwischen *hǫfvišn*	Hof Wiesen, 1707 LV.	Wi/Wi, Wei
40	Hinn'hoew *hin*^{n}*hœ̄f*		A/A
41	Strauks *strauks*	im Strauch, 1707 LV.	A/A
42	Schaulkamp *šaulkam*^{p}		A/A
43	Schultenkamp *šultnkam*^{p}	Schultzen Camp, 1707 LV.	A/A
44	Klee En'n *klē`en*^{n}	im Klee Enden, 1707 LV.	A/A
45	Koppelstücken *koplstykn*		A, Su/A
46	Votüdel *fo'tüdl*		A, Su/A
47	Inwoenerkoppel *invœ̄nə`kopl*		A/A
48	Bullenkamp *bul*^{l}*kam*^{p}		A/A
49	Rehhagen *rēhågn*		A, Su/A
50	Smökerkamp *smȫkəkam*^{p}		A/A

51	Jauden Kötel *jaudnkötl*		A/A
52	Jäßenbarg *jäsnba^{a}x*	im Jesegen Barge, 1707 LV.	A/A, Kw
53	Puppinkkamp *pupiŋ^{k}kam^{p}*	auf Pubeys Camp, 1707 LV; im Puviten, 1761 GA.	A, Su/A, Wi
54	Storvt *stǫ^{ǫ}ft*	vorn/im/achtern Staveck, 1707 LV; auf der Staafk, 1761 GA; im Staaft, 1773 GA; Staavck, 1779 GA.	A, Wi/A, Wi
55	Dreviest *drēfist*	aufn Drefiensten Stücken, 1707 LV.	A/A
56	Zappelkamp *tsaplkam^{p}*	im Zapelschen Fohrt, 1707 LV.	Wi, Su/A, Wi
57	Tägenkamp *tågnkam^{p}*		Ödl/A
58	de Hals *də'hals*		Su/Wi
59	Bockstroh *bokstro^{u}*		Su, Wi/Wi
60	Delgen *delgn*	auf der Delge, 1707 LV; auf den Delgen, 1761 GA.	A, Su/A, Wi
61	Zorlank *tsǫ^{ǫ}laŋ^{k}*	im Zarlang, 1761 GA.	A/A
62	Buergaw *bũə\`gāf*		A, Ödl/A, Wei
63	Fangenst *faŋ^{g}ənst*	auf den Fagnitz Kamp, 1761 GA.	A, Ödl/A, Kw
64	Ganzenmaur *gansn\`mauə*		Su/Kw, A
65	Porm *pǫ^{ǫ}m*	auf der Parten/Paren, 1707 LV.	A/Kw, A
66	Zöpen *tsōpm*		A, Su/A

67	Vockßielitz *fok`sīlits*	auf der Vock Siedelitz, 1707 LV; auf der Fanxzietlitz, 1761 GA.	A/A
68	Gepasel *ge^{i}'påzɫ*	auf der Capasel, 1707 LV.	A/A
69	Brolank *bro^{u}laŋk*	im Brolangck, 1707 LV.	A, Su/A, Wi
70	Winkel *viŋkɫ*		A/A
71	Strömten *strōmtn*		Su/Wi
72	Apen Wisch *åpmviš*	in Apen-Wiesen, 1779 GA; die Apen Wiese, 1822 GA.	Wi/Wi, A
73	Specken *spekn*		Su/Wi
74	up'n Loop *upm'lōp*		Su, Wi/A, Wi
75	Porpenhee(d) *pǫ^{ǫ}pmhē^{i}*	auf den Parpen Kamp, 1761 GA.	A, Ödl/A
76	Diekwischen *dīkvišn*	Diecks-Wiese, 1761 GA.	Su, Wi/Wi, Wei
77	Schultenwisch *suɫtnviš*		Su/Wi
78	Dieksenkamp *dīksnkam^{p}*	im Diecks Camp, 1707 LV; auf den Diecks Kamp, 1761 GA.	A/A, Kw, Wei
79	Schaulwisch *šauɫviš*		Su/Wi
80	Taugift *taugift*		Su, Ödl/Wi, Ödl
81	Diekkavels *dīkkåvɫs*		Su/Wi, Wei
82	Diek *dīk*	den dick, 1363 MUB; am Teich, 1761 GA; der Looser Teich, 1788 WK.	Su/Wi, Wei
83	Kauhbarg *kauba^{a}x*		Ödl/Wi, Kw

84	Dieksenbarg *dīksnba^{a}x*		Ödl/F
85	Nie Wisch *nī'viš*		Su/Wi, Wei
86	Schausterkuhl *šaustəkūl*		Pf?/F
87	Diekkoppels *dīkkopls*		Su/A, Wei Kw
88	Mönkenbarg *möŋ^{k}nba^{a}x*		Ödl/Kw, A
89	Bültmaur *byltmauə*		Su/Kw, Wi
90	Barkenmaur *ba^{a}knmauə*		Su/F
91	Eikstrangschnees *aikstraŋk'šnēs*		Str/Schneise
92	Sassengrund *zasngrunt*	die Sassen Grund, 1738 GSt; Sassen-Grund, 1930 FK.	Ödl/F

VIII

(93) im/in der Bahl Stroh, 1707 LV, Wi
(94) bey der Barten Heyde, 1707 LV, Ödl, Wi
(95) die Beck, 1707 LV, Gw
(96) an dem Beierwege, 1707 LV, Fw
(97) auf der Briest, 1707 LV, A
(98) im Brühland, 1807 GA, Wi
(99) bey Brum Hägen, 1707 LV, A
(100) im Brunlang, 1761 GA, A
(101) im Büden, 1707 LV, Wi
(102) an der Bülchow, 1707 LV, Gw; auf der Bulga, 1761 GA, A
(103) aufm Bulisch Hafen, 1707 LV, A
(104) beyn Busch, 1707 LV, A
(105) auf dem Cam(me)lau, 1707 LV, A
(106) aufm Cauln Camp, 1707 LV, A
(107) im Caveln, 1707 LV, Wi
(108) im Coßater Hoff, 1761 GA, A
(109) auf der Daarie, 1761 GA, A
(110) auf dem Dahen, 1707 LV, A

(111) auf Daufs Lanck, 1707 LV; auf den Duwen Lande, 1761 GA, Wi
(112) aufm Diebers Camp, 1707 LV, A
(113) in der Fagnitzer Heyde, 1761 GA, Ödl, A
(114) Fo(h)rt Wiese, 1707 LV, Wi
(115) auf dem Goeß Borm, 1707 LV, A
(116) Hagens Wiesen, 1707 LV, Wi
(117) bey der Hart Henck, 1707 LV, Wi
(118) im Hoppen Hoefes Stücken, 1707 LV, A
(119) im Huts Plater Camp, 1707 LV, A
(120) im Huts Plater Mohr, 1707 LV, Su
(121) im Jaders Camp, 1707 LV, A
(122) im Johrten Camp, 1707 LV, A
(123) im Kahm Landen, 1707 LV, A
(124) in der Kahten Wiese, 1707 LV, Wi
(125) beym Kirchwege, 1707 LV, Fw
(126) Kobck Camp, 1707 LV, A
(127) Kolck Kamp/Kolck Stücken, 1738 GSt; am Kolck, 1761 GA, A, Su
(128) im Koster Hoff, 1707 LV, A
(129) im Krögers Dieck, 1707 LV, Wi
(130) Krum Stück, 1707 LV, A
(131) auf dem Loen Camp, 1707 LV, A
(132) im Lütgen Hagen, 1707 LV, Wi
(133) im Nohrts Camp, 1707 LV, A
(134) achter Penns Hofe, 1707 LV, A
(135) im Pitschar/Pischar, 1707 LV, A
(136) im Prick Puhl, 1707 LV, A
(137) bey der Pubeys Kuhlen, 1707 LV, A, Pf?
(138) Querstücke, 1707 LV; das Quer Stück, 1761 GA, A
(139) Retsch Camp, 1707 LV, A
(140) in der Roetigs, 1707 LV, A
(141) auf Rohds Kamp, 1761 GA, A
(142) auf dem Rudick, 1787 GA, A
(143) im Saar Lande, 1707 LV, A
(144) in Sahlau, 1707 LV, Wi
(145) aufm Saspel Camp, 1707 LV, A
(146) im Saßen Camp, 1707 LV; auf Saschen Kamp, 1761 GA, A
(147) im Sa(ha)velachter Wiesen, 1707 LV, Wi
(148) auf dem Schafelaff/Sahafelaff, 1707; LV; auf der Saaglaf, 1761 GA, A
(149) auf der Siedelitz/Sietlitz, 1707 LV; auf der Zietlitz, 1761 GA, A
(150) auf der Högncke, 1707 LV, A
(151) vor der/im Söhren, 1707 LV, A, Wi
(152) in der Stoharck, 1779 GA, A
(153) im Sträncken, 1707 LV, Wi
(154) Streitstück, 1707 LV, A

(155) hinter Tanckns Kählen, 1707 LV, Wi
(156) auf dem Thent Camp, 1707 LV, A
(157) auf der Viest, 1707 LV, A
(158) beym Voß Barg, 1707 LV, A
(159) auf den Voß Enden, 1707 LV, A.

49

Ramm

ram

tu dem Ramme, 1363 MUB, Ramme 1571 LA Redefin

I Bislang keine vorgeschichtlichen Funde.

II Ritterschaftlich, 1709 Kommuniondorf, 1760 zum Domanium.

III 14 Hufen (1595 MK Jabel).

IV Weiler. Frühere sowie jetzige Ortslage exzentrisch zur Flur.

Das mit seinen 14 Hufen und einer eigenen kleinen Kirche einst recht stattliche, im 16. Jahrhundert untergegangene Bauerndorf Ramm lag auf der sogenannten „Kirchstä(d)". Wie beim benachbarten Quast sollten sich auch für Ramm die schon 1369 vom Eldenaer Archidiakon gerügten umfangreichen Holzdiebstähle der Bauern verhängnisvoll auswirken. Einsetzende und schließlich nicht mehr einzudämmende Flugsandverwehung verringerte nicht nur ständig die Fläche des Nutzlandes sondern minderte auch den Ertrag der Felder, so daß die in Not geratenden Bewohner nach und nach das dem Untergang verfallene Dorf verließen. Als Volrad v. Pentz um 1590 auf der jetzigen Ortslage eine Gutswirtschaft mit Schäferei anlegte, bestand das Altdorf aus nur noch 5 Kossatenstellen, die späterhin nach dem „Neuhof" – 1595 bis 1650 Name für den ritterschaftlichen Meierhof Ramm – verlegt wurden.

V Blockgewannflur. 4 Ackerschläge des Hoflandes (1752 Hofinventar).

VI 1595 KV Jabel: Hans Rukith, Hans Vehrnicke, Karsten Lutke und Hans Buseke (sämtlich Kossaten).

1703 BK Jabel: Pensionarius Hanß Oldach. Kossaten: Hartig Oldach, Hanß Lambrecht, Andreas Lambrecht.

VII

1 Swarten Barg *sva^{a}tn'ba^{a}x* *svat-*	beim Schwartzenberge, 1680 GP; zwischen den schwarzen Bergen, 1752 Hofinventar; beym schwartzen Berg, 1796 OA; Schwarze Berg, 1864 FlK; Schwarzer Berg, 1930 FK.	Ödl/F
2 Eikstrang *aikstraŋk*	Eichhöltzschen, 1680 GP; Eichstrang, 1796 OA; im Eichstrang, 1864 FlK; Eichstrang, 1930 FK.	Gh/F
3 de Höll *də'höl*	Keller Kuhlen, 1680 GP; Keller Kuhle, 1718 GP; in der Hölle, 1864 FlK; in der Hölle, 1930 FK.	Ödl/F
(4) Gräfingskamp	Gräfingskamp, 1930 FK.	Ödl, A/F
5 Koelerie *kœ̄lə'rī*	Köhlerei, 1864 FlK.	Ödl/F
6 Trummeldannen *truməldan^{n}*	Trümmel Tannen, 1788 WK; Trommel Tannen, 1864 FlK; Trommel-Tannen, 1930 FK.	Kw/F
7 Dachsbarg *daksba^{a}x*	Dachsberg, 1864 FlK.	Kw/F
(8) Stüde	im Rammer gestüde, 1680 GP; Stüde, 1788 WK.	Kw/F
9 Kaffkamp *kafkam^{p}*	Kaffkamp, 1864 FlK; Kaffkamp, 1930 FK.	A/F
10 Dreischstücken *draišstykn*		A/A, Kw
11 Schaulkamp *šaulkam^{p}*		A/A
12 Witten Kamp *vitn'kam^{p}*	beym Witten-Camp, 1752 Hofinventar; Wittenkamp, 1796 OA; Wittkamp, 1930 FK.	A/F
13 Buschkoppel *buškopl*	Busch-Koppel, 1752 Anweisungsprotokoll; Busch Koppel, 1796 OA; Buschkoppel, 1798 Pachtkontrakt.	A/A
14 Klewerhof *klēvəhǫf*	beym Klever-Hof, 1752 Anweisungsprotokoll; Kleverhof, 1930 FK.	A/Kw

15	Maur *mauə*	bey den Mohr, 1752 Anweisungsprotokoll; die Mööre, 1798 Pachtkontrakt.	Su/Kw
16	Hägstücken *hǟx́stykn*	Hege-Stücken, 1752 Anweisungsprotokoll; die Heege Stücken, 1796 OA.	A/A, Kw
17	Pinkenbusch *piŋ*^{k}*nbuš*	Pielcken Busch, 1796 OA; Pilckenbusch 1798 Pachtkontrakt.	A/A
18	Schultenkamp *šultnkam*^{p}		A/A
19	Försterwisch *fǭ*^{ə}*stəviš*	die Bahlwiese, 1715 OI; die Bahlwiese, 1798 Pachtkontrakt.	Wi/A
20	Blag Eck *blåx'ek*		A/A
21	Wee(d) *vē*^{i}		Ödl/A
22	Hogen Wischen *ˋho*^{u}*gn'višn*		Wi/Wi, A
23	Breiden Stücken *ˋbraidn'stykn*		A/A
24	Reekstücken *rēkstykn*		Su/A
25	Hee(d)host *hē*^{i}*hǫst*		Ödl/A, Kw
26	Dannenkamp *dan*^{n}*kam*^{p}		Kw/Kw, A
27	Mangens *maŋ*^{g}*əns*	Magnitzer Heide, 1788 WK; Magnitz Koppel, 1796 OA.	Ödl, A/Kw, A
28	Buerkamp *bǖəkam*^{p}	Buer Kamp, 1864 FlK.	A/F
(29)	Blankensande	aufn blancken Sande, 1796 OA; die Kämpe aufn blancken Sande, 1798 Pachtkontrakt; Blankensande, 1864 FlK; Blankensande, 1930 FK.	A, Ödl/F
30	Wallbarg *valba*^{a}*x*	Wall Berg, 1788 WK; Wallberg, 1864 FlK.	Kw/F

(31)	Ehmken Koppel	Ehmken Koppel, 1930 FK.	Kw/F
32	Deepe Grund *dēpə'grunt*	Tiefe Grund, 1864 FlK.	Kw/F
33	Mordkuhlenbarg *mǫ*^{o}*tkūl*^{l}*ba*^{a}*x*	Mordkuhlenberg, 1864 FlK.	Kw/F
34	Witten Sandbarg *vitn'zantba*^{a}*x*	Weißer Sandberg, 1930 FK.	Kw/F
35	Leimbarg *laimba*^{a}*x*	Lehmberg, 1930 FK.	Kw/F
36	Kirchstä(d) *ki*^{r}*x́stǟə*	Kirch Stette, 1752 Hofinventar; Kirchenstelle, 1864 FlK.	Siedlung/F
(37)	Wassergrund	Wassergrund, 1930 FK.	Kw/F
38	Postweg *postvex́*	Bierweg, 1680 GP.	Str/Weg

VIII

(39) der Backelhof, 1752 Hofinventar, A
(40) der Fleckenschlag, 1715 OI, A
(41) die Föhrensche Wiese, 1752 Hofinventar, Wi
(42) das Fuhlfatsche Mohr, 1798 Pachtkontrakt, Su
(43) am Fuhrwege, 1752 Anweisungsprotokoll, Str?
(44) die Fule Falche, 1752 Anweisungsprotokoll; die Fuhl Falg, 1796 OA, A
(45) Fulfalsch Koppel, 1796 OA, A
(46) Gersten Ort, 1752 Anweisungsprotokoll, A
(47) in der grauen Wisch, 1680 GP; Grage Wiese, 1715 OI; Grau Wiese, 1752 Hofinventar; die Grage Wiese, 1798 Pachtkontrakt, Wi
(48) Helms Kamp, 1680 GP, A
(49) Holtwiese, 1715 OI, Wi
(50) Hüner-Stücken-Koppel, 1752 Hofinventar; Hünerkoppel, 1780 GA, Wi
(51) in der Hüner Wisch, 1680 GP; die Huner Wiese, 1715 OI; Hüner-Wiese, 1752 Hofinventar; Hühnerwiese, 1798 Pachtkontrakt, Wi
(52) aufm Juncker Stieg, 1752 Anweisungsprotokoll, Stg?
(53) die Kohlhofsche Wiese, 1715 OI, Wi
(54) die Koppel, 1752 Hofinventar, A
(55) der Krauthof, 1752 Hofinventar, A
(56) Lienbrinck, 1796 OA, A
(57) die Lütte Röthe, 1752 Anweisungsprotokoll; auf die Lütt Röth, 1796 OA, A
(58) Mertens Kamp, 1796 OA, A

(59) im Pennenhot, 1800 GA, A
(60) Pferde-Koppel, 1752 Hofinventar; die Pferde-Koppel, 1796 OA, Wei
(61) die Rukiehten Wiese, 1715 OI, Wi
(62) beym Sohl, 1796 OA, Pf
(63) der Sothhof, 1752 Hofinventar; die Soth Koppel, 1796 OA, A
(64) Spitzberg, 1680 GP, Gh
(65) die Zweer Koppel, 1796 OA, A.

50

Quast

kvast

tu dem Quaste 1363 MUB, tom Quaste 1511 Dersenower Pachtabschied

I Übergang jüngere Bronze-, ältere Eisenzeit: Urnenfeld.

II Ritterschaftlich, 1711 zum Domanium.

III Hufenzahl, Bedehöhe und Pächte nicht bekannt.

IV Weiler. Ortslage zentral zur Flur.

Um die Wende des 15. Jahrhunderts wählte eine Seitenlinie des seit 1353 auf der Burg Redefin ansässigen Geschlechts v. Pentz den Ort zum Wohnsitz. Als 1530 ein herzoglicher Beauftragter wegen der von den bäuerlichen Hintersassen der Ritterschaft zu fordernden Bede Ermittlungen in der Jabelheide anstellte, steuerten die Junker zu Quast 17 Mark für die ihren Untertanen überlassenen Hufen, die jedoch späterer Nachricht (1589) zufolge vorwiegend, wenn nicht gar ausnahmslos in den benachbarten Dörfern gelegene Pertinenzien des Adelshofes darstellten. In Quast selbst hatten Flugsandverwehung und die v. Pentz frühzeitig mit den Bauernstellen aufgeräumt, denn bereits bei der Kirchenvisitation von 1595 konnte niemand sich mehr an die Zahl der einst dort vorhandenen Hufen erinnern. Die Ortschaft bestand zu jener Zeit schon seit längerem nur aus dem Herrenhof mit geringer Eigenwirtschaft und einer Schäferei.

V Blockgewannflur. Keine Ackerschläge (1647 LA Ramm).

VI Wegen frühzeitiger Vergüterung keine Bauernlisten.

VII

1	Leimkuhl *laimkūl*	Lehmkuhle, 1752 Hofinventar Ramm; Rammer Lehmkuhlen, 1930 FK.	Kw, A/F
2	Oll Kavel *ol'kåvl*	Alte Kavel, 1930 FK.	Kw, A/F
3	Koelerkamp *kœ̄ləkamᵖ*	Köhlerskamp, 1930 FK.	Kw/F
4	Steenfeld *stēnfelt*	Steinfeldt, 1647 LA Ramm; Steinkamp, 1930 FK.	A/F
5	Ellergrund *elägrunt*	Eller-Grund, 1930 FK.	Su?/F
6	Ruhbarg *rūbaᵃx*		Kw/F
7	Stü(d)ekamp *stǖəkamᵖ*	Quaster Stüte, 1752 Hofinventar Ramm; Stüdekamp, 1930 FK.	A, Kw/F
(8)	der stehende Kopf	der stehende Kopf, 1930 FK.	Kw/F
(9)	Abgebrannte Gründe	Abgebrannte Gründe, 1930 FK.	Kw/F
10	Arm Grünn' *aᵃm'grynⁿ*	Arme Gründe, 1930 FK.	Kw/F
11	Nie Poppelbarg *nī'poplbaᵃx*	Pöppel-Berge, 1930 FK.	Kw/F
12	Kopplowsche Barg *koploᵘšə'baᵃx*	Kopplowsche Berge, 1930 FK.	Kw/F
13	Buschenkamp *bušnkamᵖ*	Buschenkamp, 1930 FK.	Kw/F
14	Oll Poppelbarg *ol'poplbaᵃx*	Pöppel-Berge, 1930 FK.	Kw/F
15	Tansra(d) *tans'råə*	Tansrade, 1930 FK.	Kw/F
16	Teeraben *tēᵊåbm*	Teerofenstelle, 1930 FK.	Kw/F
17	Diesselkamp *dīslkamᵖ*	Diestelkamp, 1930 FK.	A/F

18	Klatzkamp *klatskam*^{p}	Klatzkamp, 1930 FK.	A/F
19	Brahm *brām*	Brahm, 1930 FK.	A/F
20	Bö(de)nerkoppel *boinəkopl*		A/A
21	Arwtenstücken *a*^{a}*ftnstykn*		A, Kw/A
22	Waderkoppel *vårəkopl*		A, Kw/A
23	Fettkoppel *fetkopl*		A, Kw/A
24	Eikstück *aikstyk*		A/A, Kw
25	Middelweg *midlvex́*		A, Kw/A, Fw
26	Pierbarg *pi*^{ə}*ba*^{a}*x*		A/A
27	Audi *audī*		A, Kw/A
28	Schultenkamp *šultnkam*^{p}		A, Kw/A
29	Hei(d)koppel *haikopl*		A, Kw/A
30	Dörpstä(d) *dö̜*^{ö}*pstäə*	Dorfstellenkoppel, 1930 FK.	A/Kw, A
31	Immenbarg *im*^{m}*ba*^{a}*x*	Imen Berg, 1788 WK.	Kw/F
32	Tebelskamp *tēbəlskamp*	Tebelskamp, 1930 FK.	Kw/F
33	Kramerskamp *kråmäskam*^{p}	Kramerskamp, 1930 FK.	Ödl/F
(34)	Streitort	Streitort, 1773 DVK Jabel; Streitort, 1788 WK.	Ödl/F

(35)	Lange Berg	Lange Berg, 1788 WK.	Ödl/F
36	Lederbarg *lēdä`baᵃx*	Leder Barg, 1773 DVK Jabel; Letter Barg, 1788 WK; auf dem Leder Berg, 1858 FlK Jabel.	Ödl/F
(37)	Żartensche Mohr	Zartensche Mohr, 1788 WK.	Su/F

51

Alt Jabel

olt' džǟbl

mit Neu Jabel

nī' džǟbl

Jabele 1291, tu der Jabele 1363, Jabel 1369 MUB, Jabel 1431 SchlR Dömitz

I Mittlere und jüngere Steinzeit: Feuersteingeräte. Jüngere Bronzezeit: Urnenfunde. Slawische Zeit: Burgwall („Kirchenbarg").

II Bis auf die bereits 1363 fürstliche Kruglage ritterschaftlich, 1593 Kommuniondorf, 1876 nach Ablösung der letzten, seit 1774 an die herzogliche Kammer vererbpachteten ritterschaftlichen Anteile zum Domanium.

III 14 Hufen und 3 viertelhufige Kossatenstellen, dazu 1 Pfarrhufe (1595 MK Jabel). Pacht für eine Hufe 16 ß (1612 LA Benz).

IV Kleines Angerdorf. Ortslage zentral zur alten Flur.

Hauptort der Jabelheide. Kirchspieldorf, Pfarrkirche St. Michael. Die Büdnersiedlung Neu Jabel entstand in den Jahren 1823/24 auf fast ausschließlich von der Gemarkung Tews Woos abgetrennten Flurteilen.

V Blockgewannflur. Keine Ackerschläge (1708 LV).

VI 1705 KV Jabel: Christian Lüdje, Andreas Köppe, Jacob Carstien, Hanß Janecke, Hinrich Janecke, Clauß Talche, Simon Tomsen, Swibert Behre, Clauß Keude, Christian Köppe, Christoffer Meyer, Peter Kleinsorge, Frantz Reincke, Johan Faber, Jochim Busacke, Hanß Schülerman, Hans Clauß Schoof, Philipp Tebel. Kätner: Tohms Mattihs, Clauß Naht, Mattihs Köppe, Johan Friedrich Meyer, Erdman Busacker, Hein Claßen.

VII

1	Blank Wader *blaŋk'vårə*	auf den Blancken Waßer, 1773 Pfarrlandregister; Zartensche Mohr, 1788 WK.	Su/F
(2)	Blanke Waßer Berg	Blanke Waßer Berg, 1788 WK.	Ödl/F
(3)	Ziest	auf der Siest, 1708 LV; Ziest, 1937 FK.	Ödl, A/F
4	Düster Ziesterbarg *ˋdǖstə'tsīstəˋba*^{a}*x*	Schwartze Berg, 1788 WK.	Ödl/F
5	Witt Ziesterbarg *ˋvit'tsīstəˋba*^{a}*x*	Ziester Berg, 1769 DVK; Weiße Berg, 1788 WK.	Ödl/F
(6)	Ziestercamp	Ziestercamp, 1937 FK.	Ödl/F
7	Wienbarg *vīnba*^{a}*x*		Ödl/F
8	Benzer Barg *bensəˋba*^{a}*x*		Ödl/F
9	Vielanker Barg *fīlaŋkəˋba*^{a}*x*		Ödl/F
10	Langen Grund *laŋ*^{n}*'grunt*	in der Langen Grundt, 1708 LV; Lang Grund, 1773 DVK.	A/Ot
11	up'n Sann' *upm'zan*^{n}		Ödl/Ot
12	Kirchenbarg *ki*^{r}*x́ənba*^{a}*x*		Ot/Ot
13	Kösterbarg *köstəba*^{a}*x*		Ot/Ot
14	de Twiet *də'tvīt*		Stg/Stg
15	Schultenbarg *šultnba*^{a}*x*		Ot/Ot
16	de Koppel *də'kopl*		A/Ot, A
17	de Darr *də'dar*		A/Ot

18	Dartinsch Weg *`da^{a}tīnš'vex́*	beim Dartinischen Wege, 1708 LV.	Fw/Fw
19	Lorenn' *lō^{ə}en^{n}*		Su/A
20	vör Dartin *fǫda^{a}`tīn*	vor Dartien, 1689 LA Benz; vorn Dartien, 1708 LV.	A/A, Kw
21	Schultenkamp *šultnkam^{p}*		A/A
22	Dartin *da^{a}tīn*	Dartien, 1689 LA Benz; Dartien, 1708 LV; Darrentien, 1773 DVK; Dorentien, 1773 Pfarrland-Register; in Dathienen, 1793 GA.	A/A, Kw
23	Schrenkwader *šreŋkvårə*	oben dem Schrickwasser, 1689 LA Benz.	Su?/A, Kw
24	bi de Waderkuhl *bīdə'vårəkūl*		Pf/A, Kw
25	Rögbarg *rö̆x́ba^{a}x*		Ödl/Kw
26	Galgenbarg *galgn`ba^{a}x*	vor dem Galgenberg, 1689 LA Benz; am Galgenberge, 1708 LV; Galgenberg, 1773 DVK.	Ödl/Kw
(27)	im Brahn	vorn Brann, 1708 LV; am Brahm, 1773 Pfarrland-Register; im Brahn, 1788 WK.	A/A, Kw
28	Eik *aik*	oben der Eichen, 1689 LA Benz; auf der Eichen, 1708 LV; auf der Eiche, 1773 Pfarrland-Register; Eick Berg, 1788 WK.	A/Kw, A
29	Groetbarg *grœtba^{a}x*		A/Kw
30	twüschen de Weg' *tvyšn də'vā̆x́*	aufn Twelen Ende, 1773 Pfarrland-Register.	A/A, Kw
31	Plitzplatz *'plits'plats*	auf Plitzplatz, 1689 LA Benz; aufn Plitzplatz, 1708 LV.	A/A, Kw
32	Rukiep *rūkīp*	Rukiken, 1708 LV; auf der Rukiet, 1773 Pfarrland-Register.	A/A, Kw

33	Bohnengrund *bo^{u}n^{n}grunt*	in der Bohnengrund, 1708 LV; Bohnengrund, 1773 DVK.	A/Kw
34	Krumm Stücken *krum'stykn*	am Krumen Winckel, 1773 Pfarrland-Register.	A/A
35	Dampel *dampl*	im Dampel, 1689 LA Benz; im Dampel, 1708 LV; im Damppel, 1764 GA; im im Dampel, 1773 Pfarrland-Register; im Dampel, 1785 GA.	A/A
36	Babenfeld *båbmfelt*		A, Ödl/A, Kw
37	Kalismour *kaləsmo^{u}ə*	achtern Kahlens Mohr, 1708 LV; Kalismohr, 1773 DVK.	Su/Wi, Wei
38	Fangels *faŋ^{g}ls*	im Fangell, 1708 LV.	A/A
39	Kavelsmour *kåvlsmo^{u}ə*		Su/Wi, Wei
(40)	Preseck	vor Perseck, 1689 LA Benz; Preseck, 1773 DVK.	Ödl/A, Kw
41	Zeek *tsēk*	im Seek, 1797 GA.	A/A, Wei
42	Prevaken *prē'fåkn*		A/A, Kw
43	Kirchstieg *ki^{r}x́stīx́*	am Kirch Steig, 1773 Pfarrland-Register.	Stg/Stg
44	Voßbarg *fǫsba^{a}x*	Voßberg, 1930 FK.	Kw/F
45	Kellerbarg *kelə\`ba^{a}x*	Grot Kellerberg, 1773 DVK.	Ödl/F
(46)	Lütt Kellerberg	Lütt Kellerberg, 1773 DVK.	Ödl/F
47	Drift *drift*	in der Drift, 1689 LA Benz; in der Drift, 1708 LV; an der Trift, 1773 Pfarrland-Register.	Fw, A/Fw, A
48	Rodenland *ro^{u}dnlant*	aufn roden Land, 1708 LV; Rad Land, 1773 DVK.	A/F

49	Plaast *plåst*	im Platz, 1689 LA Benz; auf der Plast, 1708 LV.	A/Kw, A
(50)	Briester Berge	Briester Berge, 1937 FK.	Ödl/F
51	Flügelstieg *flüglstīx́*	auf Flügels Weg, 1773 Pfarrland-Register	Stg, A/Stg
52	Bültenmour *byltnmo^{u}ə*		Su/A
53	Preesterkamp *prēstəkam*		A/A
54	Langen Barg *laŋ$^{n'}$ba^{a}x*		A/Ödl, A
55	Zägenbom *tsǟgnbōm*		Su/A
56	Strauk *strauk*		Su/Wi, Wei, A
57	Melank *me\`laŋk*	im Malank, 1689 LA Benz; in der Mälank, 1708 LV; Melanken Wiesen, 1773 Flurplan.	Wi/Wi, Wei
58	Preesterwisch *prēstəviš*		Wi/Wi
(59)	Immen Wiesen	Immen Wiesen, 1773 Flurplan.	Wi, A/A
60	Kösterwisch *köstəviš*		Wi/Wi
61	Witwenwisch *vitvənviš*		Wi/Wi
62	Wädenwisch *vǟdnviš*	die Wedene Wiesen, 1773 Pfarrland-Register.	Wi/Wi, Wei
(63)	Streitort	Streitort, 1773 Flurplan.	Wi/A
(64)	Ranken Wiesen	Ranken Wiesen, 1773 Flurplan.	Wi/A, Wi
65	Lausch *lauš*	die Lauwscher Wiese, 1689 LA Benz; in der Lausch, 1708 LV.	Wi/Wi, Wei
(66)	Neuen Wiesen	die newe Wiese, 1689 LA Benz; Nienwiese, 1708 LV; Neuen Wiesen, 1773 Flurplan.	Wi/Wi, Wei

67	Daglöhnerwei(d) *daxlōnəvai*^{ə}		Su, Wi/Wi
68	Bullenwisch *bul*^{l}*viš*	die Bullenwiese, 1689 LA Benz; bey der Bullen Wiese, 1708 LV.	Wi/Wi
69	Breiden *braidn*		Wi, Su/A, Wi
70	Holtwischen *holtvišn*		Su/Wi, Wei
71	Reitwischen *raitvišn*	Reetwiese, 1708 LV; die Reht Wiesen, 1773 Pfarrland-Register.	Wi/Wi
(72)	Ströhmeyschen Wiesen	Strohmeyn, 1708 LV; die Ströhmeyschen Wiesen, 1773 Flurplan.	Wi/Wi
37	Hinnenwischen *hin*^{n}*višn*		Wi, Su/Wi
74	Schei(d)öwer *šai*\`*ōvə*		Wi, Su/Wi
75	Lütt Wischen *lyt'višn*		Wi, Su/Wi
76	Uhlenhost *ūl*^{l}*hǫst*		Wi, Su/Wi
(77)	im Brand	im Brand, 1773 Flurplan.	Su, Wi/Wi

VIII

(78) aufn alten Lande, 1708 LV, A
(79) beim alten Stubben, 1708 LV, A
(80) Besenwiese, 1708 LV, Wi
(81) im Busch, 1689 LA Benz, A
(82) auf dem Creutz- oder Streitkampff, 1689 LA Benz; aufn Streit Camp, 1708 LV, A
(83) Dieckwiese, 1708 LV, Wi
(84) auf den Fahren Kamp, 1773 Pfarrland-Register, A
(85) in der Freyheit, 1708 LV, Ödl
(86) die Fuhrt Wiesen, 1773 Pfarrland-Register, Wi
(87) in den Geheegen, 1809 GA, A
(88) hinter den Hoeffen, 1689 LA Benz; im Hoefen, 1708 LV, A
(89) Hofwiese, 1708 LV, Wi

(90) in Jacobs Gründen, 1708 LV, A
(91) im Janecken Strauch, 1708 LV, Wi
(92) aufn Ingelsberge, 1708 LV, A
(93) auf den Kempen, 1689 LA Benz; aufn Campen/Cämpken, 1708 LV, A
(94) Krullenwinckell, 1708 LV, A
(95) die Kuhwiese, 1689 LA Benz, Wi
(96) die Kuhl Wiesen, 1773 Pfarrland-Register, Wi
(97) auf dem Larßstück, 1689 LA Benz; auf der Laers/den Laers Stücken, 1708 LV; Leerstück, 1808 GA, A
(98) die Langen Ort Wiesen, 1773 Pfarrland-Register, Wi
(99) aufn Ledder Camp, 1708 LV, A
(100) in den mittelsten Höfen, 1782 GA, A
(101) beym Paßeck, 1708 LV; vor dem Posteek, 1785 GA, A
(102) bei der Scheunen Stelle, 1813 GA; Scheunstele Wiese, 1819 GA, Wi
(103) Schmahlstück, 1808 GA, A
(104) vor Straußbeck, 1689 LA Benz, A
(105) beim Trebzer Lehmkuhlen, 1708 LV, Ödl
(106) Wöste Wiese, 1708 LV, Wi.

52

Vielank

fīlaŋk

Vielang 1421 Pfandbrief, Vylanke 1431 SchlR Dömitz, Vilancke 1456 SchlR Schwerin

I Jüngere Steinzeit: Dicknackiges Feuersteinbeil („Renswischen"), Felsgesteinbeil („Kuhlpeiz"). Ältere Eisenzeit: Siedlungskeramik („Zielitz").

II Domanium.

III 7 Hufen – darunter 1 Freihufe sowie 1 Jabeler Pfarrhufe – und 3 Katen (1560 AB Schwerin). Individualbede, die Hufe zu 16 ß (1431 SchlR Dömitz). Pauschalpacht der fürstlichen Hufen („de bure alle van Vilancke") von 24 ß (1456 SchlR Schwerin), später Einzelpacht von 4 ß je Hufe (1560 AB Schwerin).

IV Rundling. Ortslage exzentrisch zur Flur.

V Blockgewannflur. Keine Ackerschläge (1707 LV).

VI 1570 LB Schwerin: Claus, Merten und Kersten Steke, Claus Pennig, Titke Schulte, Achim und Peter Schuer, Jurgen, Frentz und Hans Schuer, Bene und Heine Palatz, Bene und Hans Berndeß, Bene, Achim und Kersten Pennig, junge und alte Achim Vicke. Kätner: Peter Steke, Hans Vicke, Hans Berndes.

1655 AB Schwerin: Hinrich Mohre, Peter Rantze, Jürgen Frahme, Jochim Schuhre w., Carsten Schuhr, Thomas Jancke, Jochim Schuhr, Jacob Schuhr, Jürgen Mohr, Jochim Beuche, Jochim Wacker, Peter Vicke w., Jochim Schuhr, Jochim Janeke, Jochim Horstman, Jacob Berendt, Christian Berenß, Jochim Ellerbrok. Kätner: Hans Schuhr, Paschen Schuhr.

1705 KV Jabel: Simon Gefe, Gürge Frahm, Erdman Weber, Hanß Habe, Hans Wacker, Hanß Schur sen., Hanß Burmeister, Hanß Reibe, Jochim Schur, Jürgen Janeke, Jochim Horstman, Claus Hartig, Erdman Wacker, Hanß Dreckman, Jürge Mohr.

VII

1	Uhlenhorst *ūl^{l}hǫst, ūl^{l}hǫ^{o}st*	Su, Wi/Wei
2	Zwißheck *svishek*	A, Su/A
3	Blanßenkamp *blansnkam^{p}*	A, Su/A, Wi
4	Zwiß-Grothorst *\`svis'grōthǫst, -hǫ^{o}st*	A/A, Kw
5	Wulsbarg *vulsba^{a}x*	A/A, Wei, Kw
6	Jormen *jǫ^{ǫ}mən*	Wi/Wi, Wei
7	Zwoulschen Brok *svo^{u}lšn'bro^{u}k*	Su/Wi, Wei, A
8	Brummelhorst *brumlhǫst, -hǫ^{o}st*	Wi/Wei
9	Zwißkolk *sviskǫlk*	Su/Wei, A, Ödl
10	Hasselhorst *haslhǫst, -hǫ^{o}st*	Wi/Wei

11	**Lütt Wischen** *lyt'višn*		Su/Wi
12	**Teigelwisch** *taiglviš*		Su/Wi
13	**Brok** *bro^{u}k*	Els Bruch, 1788 WK.	Su/Wi
14	**Holtwischen** *holtvišn*	das Filancker Holtz, 1788 WK.	Su/Wi
15	**Zudenwisch** *tsǖdnviš*		Su/Wi
16	**Konour** *kən'no^{u}ə*		Su, Wi/Wi
17	**Försterwisch** *fǭ^{ə}stəviš*		Su/Wi
18	**Schaulwisch** *šauɫviš*		Su/Wi
19	**Schultenwisch** *šultnviš*		Su/Wi
20	**Zwoul** *svo^{u}ɫ*		Wi, Su/Wi, Wei
21	**Renswischen** *rensvišn*		Wi/Wi
22	**Renskamp** *renskam^{p}*		A/A, Kw
23	**Kriedam** *krīdam*		Wi/Wi
24	**Rögnitz** *röknits*		Gw/Gw
25	**Büdelwischen** *bǖdɫvišn*	Büdel Cavel, 1769 DVK Benz.	Wi/Wi
26	**Bornskolk** *bǫ^{ə}nskoɫk*		Su/Wi, Wei, A
27	**Stechel** *stex́l*		Wi, A/Wei, A

28	Kirchversunk *kiʳẋfəˋzuŋk*		A/A
29	Rei(r)zen *raiətsn*		A/A, Kw
30	Kaurzen *kauətsn*		A/A, Kw
31	Rensdannen *rensdanⁿ*		Kw/Kw
32	Bourken *boᵘəkn*		A/A, Kw
33	Schultenkamp *šultnkamᵖ*		A/A
34	Bornswisch *bǫᵒnsviš*	die Bohrens Wiese, 1811 GA.	Wi/A, Kw
35	Nien Slag *nīᵈn'slax*	Bärens Heide, 1769 DVK Benz.	Ödl/A
(36)	Jäger Wiese	Jäger Wiese, 1769 DVK Benz.	Wi/Su, Wei
37	Dotläger *doᵘtlägə*	Dot-leger, 1769 DVK Benz.	Su/A, Wei, Wi
(38)	Junckers Busch	Junckers Busch, 1769 DVK Benz.	Su/Wei, Su
39	Bodderkamp *bodəkamᵖ*		Wi, A/A
40	Zaukelshürn *tsaukls'hüᵊn*	Lütt Sackels Hörn, 1771 GA.	A/A
41	Möllerland *möləlant*	der Gran Busch, 1769 DVK Benz.	Su, Ödl/A, Wei
42	Torflock *tǫᵒflok*		Su/A, Wei
43	up Brouken *up'broᵘkn*	im Up-bocken, 1769 DVK Benz.	A, Su/A, Wei
44	Steffens Kamp *stefns'kamᵖ*	Steffens Kamp, 1769 DVK Benz.	A/A
45	Voßbarg *fǫsbaᵃx*		A/A, Kw

46	Zielitz *silits*	auf Lang, 1769 DVK Benz.	A, Su/A, Kw
47	Benzer Maur *`bensə'mauə*	Radam, 1769 DVK Benz.	Su/A
48	up'n Busch *upm'buš*		Su/Ot
49	Hogen Kavels *`hōgn'kåvls*		A/A
50	Zauken *tsaukn*	im Schoggens, 1779 GA.	A/A, Kw
51	Kahlsbarg *kålsba^{a}x*	beym Kahlsberg, 1777 GA.	A/A, Kw
52	Koppelwisch *koplviš*		Wi/A, Wei, Kw
53	Stäkenbarg *stäknba^{a}x*		A, Wi/A, Wei
54	Lanz *lans*		Wi/A
55	Tüschentünen *tyšn'tūn^{n}*		A/A, Kw
56	Ro(de)landshee(d) *ro^{u}lans'hē^{i}*		A, Ödl/A
57	Räubenkamp *roibmkam^{p}*		A/A, Kw
58	Zabramsmaur *sābrams'mauə*		Su/A, Kw
59	Paschenkamp *påšnkam^{p}*		A/A
60	Daukens *daukns*		A, Wi/A, Kw
61	Zielanzhee(d) *sīlans'hē^{i}*		Ödl, Su/A
62	Guhreisen *gū'raizn*		A/A, Kw

63	Swienswei(d) *svīnsvai*^{ə}		Ödl, Su/A, Wei
64	Bäkjormen *băkjǫ*^{ǫ}*mən*		Wi/A, Wei, Kw
65	Klumplock *klumplok*		Su/Wei
66	Zwissenfort *svisnfo*^{o}*t*		Ft?/A, Kw
67	Bullenwisch *bul*^{l}*viš*	die Bollen Wiese, 1776 GA; auf den Bullen Wiesen, 1787 GA.	Wi/Wi
68	Lausch *lauš*		Wi/A
69	Utbrou(d) Maur *\`ūtbro*^{u}*'mauə*		Su/A, Wei, Kw
70	Melank *me'laŋk*	Melanck, 1771 GA.	A/A, Wei, Kw
71	Schaumanns Busch *šaumansbuš*		Wi, A/A, Kw
72	Unierz *unīəts*	auf Unöhrz, 1779 GA.	A/A
73	Kuhlpeiz *kūlpaits*	Kuhrpeis Wiese, 1766 GA; auf der Kuhn-Peiß, 1776 GA; hinter der Kurpeitsch, 1787 GA.	Wi, A/A, Kw
74	Horster Land *\`hǫstə'lant*		Wi, A/A
75	up'n Maur *upm'mauə*	auf dem Mohr, 1788 WK.	Su/Ot
76	Hee(d)barg *hē*^{i}*ba*^{a}*x*		A/Ot
77	Bohnenbarg *bo*^{u}*n*^{n}*ba*^{a}*x*		A/Ot
(78)	Postweg	am Post Damm, 1777 GA; jenseits des Postweges, 1779 GA.	Str/Str

79	Schaulkamp *šaulkam*^{p}		A/A, Ot
80	Schultenkoppel *šultnkopl*		A/A, Ödl
81	Hee(d)stücken *hē*^{i}*stykn*		A/A, Ödl
82	Hostmanns Ort *hǫstmans`ǫ*^{ə}*t*		A, Wi/A
83	Zägenbom *tsägnbōm*		A, Wi/A, Kw
84	Witten Barg *vitn'ba*^{a}*x*		Ödl/Kw
85	Fischerbarg *fišəba*^{a}*x*		Ödl/Kw
86	Lang Maur *laŋ*^{n}*'mauə*	auf den langen Mohr Stücken, 1777 GA; am langen Mohr, 1779 GA.	Su, A/A,Kw
87	Langen Ratten *laŋ*^{n}*'ratn*	im Langen Rad, 1766 GA; im Langen-Rad, 1771 GA.	A/A, Kw
88	Schee(d)bom *šē*^{i}*bōm*		A/A
89	Kummuck *kə'muk*		Su, A/A
90	Dicke Ratt *dikə'rat*	im Radten, 1766 GA; im Ratten, 1779 GA; auf dem Ratten, 1787 GA.	A/A
91	Moelenweg *mœ̄l*^{l}*vex́*		Fw/Fw
92	Vicken Kamp *fiknkam*^{p}		A/A
93	Stämmenland *stem*^{m}*lant*		A, Ödl/A

VIII

(94) Boorswiese, 1809 GA, Wi
(95) am Förster Kamp, 1776 GA, A
(96) die Hinterste Wiese, 1776 GA, Wi

(97) im Kuhetheich, 1809 GA, A
(98) im Kurren-Ort, 1776 GA; im Kurrenordt, 1809 GA, Wi
(99) in Lancken, 1771 GA, A
(100) Larie, 1771 GA, A
(101) Niekamp, 1771 GA, A
(102) Rahge-Ratt, 1776 GA, A
(103) Rohr Damm, 1776 GA; auf dem Rohrdamme, 1809 GA, A
(104) Rooderad, 1777 GA; auf dem Rohr Rad, 1809 GA, A
(105) im Rothdammschen Hofe, 1788 GA, A
(106) Säckels Kamp, 1766 GA, A.

53

Benz

bents

mit Briest

brīst

Bentzen 1493 SchlR Schwerin, Bentz 1559 LA Redefin

I Jüngere Steinzeit: Feuersteinbeil („Schünenkoppel"), Feuersteinflachbeil („Fahlenkoppel"). Vorrömische/römische Eisenzeit: Siedlungsplatz mit Eisenverhüttung („Brandkoppel").

II Ritterschaftlich, in der Zeit von 1593 bis 1698 Kommuniondorf.

III 10 Hufen (1595 MK Jabel). Pacht für 1 Hufe 12 ß und 4 Scheffel Hafer (1595 LA Volzrade, 1612 LA Benz).

IV Sackplatzdorf. Ortslage zentral zur Flur.

Der Ort Briest entstand um die Mitte des 18. Jahrhunderts als Vorwerk von Benz.

V Langstreifenflur des Bauerndorfs, später Guts-Bauern-Flur. Schlagwirtschaft (1769 Direktorialvermessung).

Volrad v. Pentz – er besaß Ende des 16. Jahrhunderts mit $7^3/_4$ Hufen den größten Anteil an Benz – hatte nach Ausweis der Kirchenvisitation Jabel von 1595 zur Errichtung einer Eigenwirtschaft $4^1/_2$ Hufen „zu sich genommen" und deren Wirte zu Kossaten gemacht. Unter dem Sohn Hartwig v. Pentz vergrößerte sich der Hofacker bereits auf $6^3/_4$ Hufen

(1612 LA Benz). Die seinerzeit noch in fremder Hand befindlichen, von dieser Entwicklung nicht berührten $2^1/_4$ Hufen des Ortes brachten die v. Pentz in den Jahren 1632, 1698 und 1708 durch Tausch und Kauf an sich. Während dieses Zeitraums läßt sich nur eine mäßige, auf die Regulierung der Bauernstellen zurückzuführende Ausdehnung der Gutswirtschaft nachweisen (1612 = 8 Bauern und 7 Kossaten mit $3^1/_4$ Hufen; 1703 = 11 Viertelhufner und 2 Kossaten mit rund 3 Hufen). Als jedoch im Jahre 1770 der damalige Gutsherr v. Treuenfels den Prozeß um die seinen Bauern unterstellte Leibeigenschaft verlor, kündigte er seinen Hintersassen die Gehöfte und zog deren Ländereien ein. Ihren Abschluß fand die Umwandlung des einstigen Bauerndorfs zum reinen Rittergut mit dem Abzug der aus Benz vertriebenen Hauswirte in die umliegenden Ortschaften des Domaniums.

VI 1595 KV Jabel: Peter Berndt, Michel Berndt, Chim Jacob, Chim Gehrow, Hans Berndt, Claus Meineken, Jacob Hase, Volrath Hase, Hans Steffen, Chim Busse, Peter Berndt, Ties Gehrow, Hans Meineken, Chim Vicke, Chim Vicke, Chim Rantze, Chim Rantze, Peter Jantke, Chim Gehrow, Chim Berndt. Kossaten: Hans Eggerdt, Gorgen Jantke, Heinrich Friele, Eggert Danckhwardt.

1705 KV Jabel: Hanß Ranß modo Hinrich Meinecke, Hanß Hinrich Struve, Peter Kop, Jürgen Hagen, Levien Jerau, Christoff Pentz, Hanß Brockmöller, Peter Schell, Michel Steffen, Erdman Jacob, Hanß Steffen. Kossaten: Peter Moller, Hanß Schell.

VII

(1)	Pur(r) Mohr	das Pur Mohr, 1769 DVK; das Pur(r) Mohr, 1769 VR.	Su/Kw
2	de Pulver *də'pulvə*		Su/F
(3)	auf Lang	die Lancken Wiese, 1708 LA Benz; auf Lang, 1769 DVK.	Wi, A/F
4	Knakenbarg *knåknbaᵃx*		Ödl/F
(5)	Priester Berge	Priester Berge, 1769 DVK; die Priester Berge, 1769 VR.	Ödl/F
(6)	Priester Hegen	Priester Hegen, 1769 DVK.	Kw/F
(7)	Loesch Mohr	Loesch Mohr, 1769 DVK.	Su/F

(8)	Streit Ort	Streit-Ort, 1769 DVK; Streit Ort, 1788 WK.	Ödl/F
9	Düwelskanzel *dūvls`kantsl*		Kw/F
(10)	Lerchen Mohr	Lerchen Mohr, 1769 DVK.	Su/F
(11)	Alte Schäfferey	die Alte Schäfferey, 1769 DVK.	Ödl/F
12	Schee(d)koppel *šē*^{i}*əkopl*	Scheide Koppel, 1769 DVK.	A/A
(13)	Mittelste Koppel	die Mittelste Koppel, 1769 DVK.	A/A
(14)	Außen Schläge	die Außen Schläge, 1769 DVK.	A/F, A
15	Schünenkoppel *šün*^{n}*kopl*	die Scheun Koppel, 1769 DVK.	A/A
16	Sourkoppel *zo*^{u}*əkopl*	die Sour Koppel, 1769 DVK.	A/A, Gh
17	Nachtkoppel *naxtkopl*		Su, Wi/A, Wei
18	Bleek *blēk*		Wi/A
19	Grön Weg *grȫn'vex́*		Fw/Fw, A
(20)	hinder de Hofe	hinder der Hoefe, 1769 VR; hinder de Hofe, 1769 DVK.	A/A
21	Moelenslag *mœ̄l*^{l}*slax*		A/A
(22)	Küselitz	in die Kuselitz, 1769 VR; die Küselitz, 1769 DVK.	A/A
23	Zeek *tsēk*		A/A
(24)	Grot Kamp	der große Kamp, 1769 VR; Grot Kamp, 1769 DVK.	A/A
25	Swienkoppel *svīnkopl*		A/A

26	Brandkoppel *brantkopl*	die Brand Koppel, 1769 DVK.	A/A
(27)	Lüt Kamp	der Lütt Kamp, 1769 VR; Lüt Kamp, 1769 DVK.	A/F
(28)	Pferde Koppel	die Pferde Koppel, 1769 DVK.	A, Wei/A, Wei
29	Zielitz *sīlits*	Zielisch, 1708 LA Benz; die Siedlitz, 1769 DVK.	A, Wi/A
30	Steffens Kamp *stefnskamᵖ*	Steffens Kamp, 1769 DVK.	A/A
31	up Bouken *upboᵘkn*	die Ub bock, 1708 LA Benz; im Up-bocken, 1769 VR; in Up-bocken, 1769 DVK.	Wi, Su/A, Wei
32	Ossendamm *osndam*	der Wichel Damm, 1769 DVK.	Fw/Fw
33	Diekkoppel *dīkkopl*	die Dieck Koppel, 1769 DVK.	A, Wei/A Wei
34	Hübbelklies *hyplklīs*		Su, Wi/Wi, Wei
35	Hamelklies *håmlklīs*		Su, Wi/Wei, A
36	Schee(d)klies *šēⁱəklīs*	die Holtz Koppel, 1695 LA Benz; die Holtz Koppel, 1769 DVK.	Su, Wi/Wi, Wei
37	Mittelklies *midlklīs*	die Cribitz, 1707 LA Benz; in die Criwitz, 1769 DVK.	Wi/Wi, Wei
38	Möllerwisch *möləviš*		Wi/Wi
39	Düwelskopp *dūvlskop*		Su/Gh
40	Füchtenkopp *fyx́tnkop*	Briester Horst, 1769 DVK.	Su, Ödl/Gh
41	Hollännerwisch *holəneˋviš*		Wi, Su/Wi Gh

42	Christinen-Holt *kri'stīn^{n}hǫlt*	die Gulische Heide, 1669 LA Benz; die Julsche Heide, 1769 DVK.	Su, Ödl/Gh
43	Christinen-Slag *kri'stīn^{n}slax*	die Gulische Heide, 1669 LA Benz; die Julsche Heide, 1769 DVK.	Su, Ödl/A
44	Lou *lo^{u}*	die Louw Koppel, 1695 LA Benz; in die Lau, 1769 DVK.	Su, Wi/Wi, Wei
45	Lougraben *lo^{u}gråbm*		Gw/Gw
46	Eckerkamp *ekäkam^{p}*		Ödl/Gh
47	Jägerwisch *jǟgəviš*		Wi/Wi
(48)	Große Briester Wiesen	Große Briester Wiesen, 1769 DVK.	Wi/Wi
49	Witt Graben *vit'gråbm*		Gw?/Gw
50	Langen Hals *\`laŋ^{n}'hals*		Wi/Wi
51	Michels Horst *mixǝls\`hǫst* *-hǫ^{o}st*		Su, Ödl/Gh
52	Kampslag *kam^{p}slax*	Briester Kamp, 1769 DVK.	A/A
53	Mourz *mo^{u}əts*	Marbers, 1707 LA Benz; Mardens Kamp, 1769 DVK.	A/A, Gh
54	Brandseil *brantzail*		A/A
55	Dreeangel *drēaŋ^{ə}l*		A/A
56	Pannkokenslag *pankōkn\`slax*		Su, Wi/A
57	Nien Slag *nīn'slax*	die Neue Wiese, 1708 LA Benz; die Nie Wiesen, 1769 DVK; die neuen Wiesen, 1769 VR.	Su, Wi/A

58	Groten Sotschlag *\`gro^{u}tn'zo^{u}tslax*		Su, Wi/A
59	Lütten Sotschlag *\`lytn'zo^{u}tslax*		Su/A
60	Fahlenkoppel *fāl^{l}kopl*		Su/A, Wei
(61)	Bärens Holtz	Bärens Holtz, 1769 DVK.	Su/Gh
(62)	Rundreers	Reertsen Horst, 1769 VR; Rundreers, 1769 DVK.	Ödl, Su/Gh
(63)	Suden Wiesen	die Suden Wiesen, 1769 DVK.	Wi/Wi
64	Reirzen *raiətsn*	die Rehrsche/Rehrser Wiese, 1695 LA Benz; die Rehezen, 1708 LA Benz; das Reertsen Holtz, 1769 DVK.	Wi, Su/Wi, Gh
65	Schelpwisch *šelpviš*	Schell Wiesen Holtz, 1769 VR; Scheel Wischen Holtz, 1769 DVK.	Wi, Su/Wi
(66)	Bevens Julsche Holtz	hinter dem Guhlischen Holtze, 1695 LA Benz; das Bevens Julsche Holtz, 1769 DVK.	Su/A, Wei
67	Krumm Slag *krum'slax*		Su/A
68	Reirzendammslag *\`raiətsn'damslax*		Su/A
69	Zudenslag *sūdnslax*		Su/A
70	Arftenslag *a^{a}ftnslax*		Su/A, Wi
71	Lütt Guhlskamp *\`lyt'gūlskam^{p}*	das unterste Julsche Holtz, 1769 DVK.	Su/A, Wi
72	Grot Guhlskamp *\`grōt'gūlskam^{p}*	das unterste Julsche Holtz, 1769 DVK.	Su/A, Wi
73	Stapelslag *ståplslax*		A/A
74	Stapelsbarg *ståplsba^{a}x*		A/A

75 Guhlswisch Wi, Su/Wi
gūlsviš

76 Ewig Dreischen Su/Wi
ˋēvix̄′draišn

VIII

(77) Barel, 1669 LA Benz, Ödl
(78) Brieckenhorst, 1707 LA Benz; die Brickenhorst, 1769 VR, Ödl
(79) die Bricken Lau, 1769 VR, Su
(80) Freiheit, 1669 LA Benz, Ödl
(81) die Graven Wiese, 1708 LA Benz, Wi
(82) Guhrenbusch, 1707 LA Benz, Ödl.

54

Volzrade

fols′rā°

Pagakes Voltzerode 1363 MUB, Woldersrade 1413 Gutsurkunde Welzin, Volzerode 1559 LA Redefin

I Bislang keine vorgeschichtlichen Funde.

II Ritterschaftlich, von 1593 bis in die zweite Hälfte des 17. Jahrhunderts Kommuniondorf.

III 10 Hufen (1595 MK Jabel), darunter 1 Freihufe (1590 LA Volzrade). Pacht für eine Hufe 16 ß (1595 LA Volzrade).

IV Sackgassendorf. Ortslage zentral zur Flur.

V Guts-Bauern-Flur. Ende des 18. Jahrhunderts Schlagwirtschaft.

Nachdem Levin v. Pentz im ausgehenden 16. Jahrhundert das ritterschaftliche Bauerndorf Volzrade, darin er begütert war, zum Wohnsitz genommen hatte, begann er alsbald mit der Einrichtung einer Gutswirtschaft. Zwar mißlang im Jahre 1590 der Versuch, den Freischulzen zu legen, doch wurden 5 Halbhüfner ihrer Stellen entsetzt und das Land zum Hof gezogen. Wenige Jahrzehnte danach (1623) bewirtschaftete Curd v. Pentz von den 10 Hufen des Dorfes mindestens deren 5 bereits selbst. Nach 1648 wurden die Ländereien von 6 weiteren, während des 30jährigen

Krieges wüst gewordenen Stellen der Hofwirtschaft einverleibt. Im Jahre 1670 waren keine Bauern sondern nur noch 6 Kätner im Ort ansässig, von denen einer die letzte, in fremdem Besitz befindliche Halbhufe Volzrades in Pacht hatte. Wenn später sämtliche Kätner wieder als „Haußleute" bezeichnet werden (1705 KV Lübtheen), ist der Grund für die Wiedererrichtung von Bauernstellen ausschließlich in ökonomischen Bedürfnissen der Hofwirtschaft zu suchen. Als jedoch bei Einführung der Koppelwirtschaft in der zweiten Hälfte des 18. Jahrhunderts der Acker dieser Gehöfte der neuen Schlageinteilung hinderlich war, wurden die 6 Viertelhüfner dann endgültig gelegt und dieses Vorgehen durch herzoglichen „Consens" nachträglich sanktioniert (1789 LA Volzrade).

VI 1595 KV Jabel: Heyn Jentzenick, Peter Jentzenick, Hans Zauenck, Jochim Steffan, Peter Becker, Kesten Steffen, Achim Zauenck, Bene Beckers, Peter Frile, Hans Zauenck, Clawes Frile, Achim Becker, Pagelken Hans, Achim Frile, Hans Becker und 5 Kätner.

1703 BK Lübtheen: Cordt Schwenck, Jochim Steffen, Jacob Vick, Hinrich Wolgast, David Hagen, Hans Beneur.

VII

(1)	Blank'sche Graben	der Blank'sche Graben, 1854 FlK.	Gw?/Gw
2	Rens *rens*	in dem Rense/Renße, 1717 LA Volzrade; in der Volsrader Rense, 1766 LA Volzrade; Rense, 1770 DVK; der Rens, 1854 FlK.	Su, Gh/Wi Wei
3	Grot Host *gro^{u}t'hǫst* *-hǫ^{o}st*	Große Horst, 1770 DVK; Große Horst, 1788 WK; Groot Horst, 1854 FlK.	Ödl/Kw
(4)	Diestel Horst	in der Diestelhorst, 1766 LA Volzrade; Diestel Horst, 1770 DVK; Diestel Horst, 1788 WK.	Ödl/Kw
5	Toslag *to^{u}slax*	der Zuschlag, 1854 FlK.	Su/Gh
(6)	Kropen Wiesen	die Kropen Wiesen, 1770 DVK; Kropen Wiese, 1788 WK.	Wi/Wi, Gh
7	Fettkoppel *fetkopl*	Fettkoppel, 1854 FlK.	Su/Wi, Wei
8	Pracherlock *praxəlok*	das Pracher Loch, 1854 FlK.	Su, Wi/Wi, Wei

(9)	Vicken Wiese	Vicken Wiese, 1770 DVK.	Wi/Wi
10	Kriwitz *krīvits*	in der Crivitz/die Criwitzer Weide, 1707 LA Benz; Criwitz, 1854 FlK.	Su, Wi/Wi
11	Swiensholt *svīnsholt*	Swiensholt, 1854 FlK.	Su/Wi, Wei
(12)	Kuh Hirten Wiese	Kuh Hirten Wiese, 1770 DVK.	Wi/Wi
13	Stäbelinsche Host *stäbəlīnšə'hǫst*	Stäbelinsche Horst, 1770 DVK; Stäbelinsche Horst, 1788 WK; der Stäbelinsche Horst, 1854 FlK.	Wi, Ödl/Kw
14	Lou *lo*^{u}	die Lau, 1770 DVK; die Lau, 1788 WK; die Lau, 1854 FlK.	Su, Wi/Wi, Wei
(15)	Brüggen Wiese	die Brüggen Wiese, 1770 DVK.	Wi/Wi, Wei, A
(16)	Brüggen	die Brüggen, 1770 DVK; die Brüggen, 1788 WK	Wi, Su/Wei, Wi, A
(17)	Nacht Koppel	Nacht-Koppel, 1761 LA Volzrade; die Nacht Koppel, 1770 DVK.	A/A
(18)	Rad Wiese	die Rade Wiese, 1770 VR; Rad Wiese, 1770 DVK.	Wi/A
19	achter Steffens Hof *`axtə`stefns'hǫf*	achter Stevens Hof, 1770 DVK; achter Steffens Hof, 1854 FlK.	A/A, Kw
(20)	Karcken Visunck	Karcken Versunck, 1770 VR; Karcken Visunck, 1770 DVK.	Su/Kw
(21)	Streit Orth	Streit Orth, 1788 WK.	Ödl/Kw
(22)	Badewiese	Badewiese, 1854 FlK.	Wi/Gh
23	Paperzbarg *pāpətsba*^{a}*x*	die Papersheide, 1713 LA Volzrade; auf die Papert, 1770 DVK; Papen Gorn, 1854 FlK.	Su, A/A
(24)	Paper Wiese	Paper Wiese, 1770 DVK.	Wi/A, Kw
(25)	Liggengründer Wiest	die Liggen Grunds Wiese, 1770 VR; Liggengründer Wiest, 1770 DVK.	Wi/A
(26)	Cambs Horst	die Cambser Horst, 1770 VR; Cambs Horst, 1770 DVK.	Wi/A

(27)	Oertzen Winkel	Oertzen Winkel, 1854 FlK.	Wi/Wei
(28)	Gooskuhlen	Gooskuhlen, 1854 FlK.	Su/Gh
(29)	Kuhbruch	Kuhbruch, 1854 FlK.	Su/Gh
(30)	auf Trabohn	auf Trabohn, 1854 FlK.	Su/Gh
(31)	Schwarze Horst	Schwarze Horst, 1770 DVK; Schwarze Horst, 1788 WK.	Su, Ödl/Gh

VIII

(32) die Bagelsche Heide, 1713 LA Volzrade, Ödl
(33) hinterm Blenck, 1766 LA Volzrade, Gh
(34) in der Dickhorst, 1766 LA Volzrade, Su
(35) in der Freyheit, 1643 LA Benz, Ödl
(36) die Gaucken Wische, 1713 LA Volzrade, Wi
(37) im Hosenrie, 1766 LA Volzrade, Su
(38) im Kösel Kohl, 1766 LA Volzrade, Gh
(39) in der Kratze, 1678 LA Volzrade, Ödl
(40) in der Kuh Koppel, 1766 LA Volzrade, Wei
(41) die Ohl Nie Wische, 1713 LA Volzrade, Wi
(42) Ratzen Wische, 1761 LA Volzrade, Wi
(43) bey der Schilf Wiese, 1766 LA Volzrade, Wi
(44) Schultzen Wiese, 1766 LA Volzrade, Wi
(45) im Spitzhorn, 1766 LA Volzrade, Gh
(46) im Stebelin, 1766 LA Volzrade, Gh
(47) beym Stebelinschen Wege, 1766 LA Volzrade, Fw
(49) im Strauch, 1713 LA Volzrade, Wi
(49) in der Wohlgast-Wiese, 1766 LA Volzrade, Wi.

55

Jessenitz

žǟsnits

Jezenitz 1559, Jesnitz 1571 LA Redefin, Jesenitze 1589 LA Jessenitz

I Bislang keine vorgeschichtlichen Funde.

II Ritterschaft.

III 10 Hufen, darunter 1 Freihufe (1595 MK Jabel). Pacht für eine Hufe 16 ß und 4 Scheffel Hafer (1612 LA Benz).

IV Sackgassendorf. Ortslage etwas exzentrisch zur Flur.

V Langstreifenflur des Bauerndorfs, später Guts-Bauern-Flur. Ende des 18. Jahrhunderts Schlagwirtschaft.

Jessenitz – „vormahlen ein pertinens von dem Guht Quast, itzo zum Haubt-Guht Toddin" gehörend (1667 LA Jessenitz) – war bis über den 30jährigen Krieg hinaus ein ritterschaftliches Bauerndorf ohne Adelshof. Um 1675 übernahm und bezog Philipp v. Pentz das Anwesen eines entlaufenen Halbhüfners und errichtete darauf eine kleinere Eigenwirtschaft, die im Jahre 1690 anderthalb Bauernhufen umfaßte. Der Sohn Hartwig v. Pentz vergrößerte die Hofwirtschaft nicht nur durch das Legen von 5 Hauswirten, sondern auch durch die Regulierung der neuvermessenen übrigen Bauernstellen und die Aneignung größerer Allmendeflächen ganz erheblich (1711/18 LA Jessenitz). Wegen des gleichzeitig vorgenommenen Entzugs alter Gerechtsame sowie der trotz der Regulierung nicht ermäßigten Hofdienste kam es zwischen der Gutsherrschaft und ihren Untertanen zu einem sich über Jahrzehnte hinziehenden Prozeß, während dessen Dauer denen v. Pentz das Bauernlegen gerichtlich untersagt war. Um 1752 fiel das Gehöft eines ohne Leibeserben verstorbenen Hauswirts an den Hof, zwei weitere Bauernwirtschaften wurden zwischen 1775 und 1792 aufgelöst und das Land zum Gutsacker genommen. Die im Herbst 1793 noch vorhandenen 6 Bauernstellen und 4 Büdnereien wurden innerhalb der nächsten beiden Jahre bis auf 4 Halbhüfner gelegt, die dann nach Umsetzung an den Flurrand auf die Dauer erhalten blieben.

VI 1595 KV Jabel: Achim Hagen, Claus Friele, Claus Friele, Jasper Boelze, Hans Bließke, Tonnies Hagen, Chim Wefer, Hans Pilekh, Peter Scharpingk, Tonnies Hagen, Carsten Hagen, Tonnies Benöhr, Carsten Drewes, Hans Drewes, Chim Benöhr, Hans Knape, Hans Drewes, Chim Drewes, Tonnies Hagen.

1703 BK Lübtheen: Claas Beckman, Hans Grev, Schwieprecht Lütken, Frans Puls, Jochim Friel, Clas Pilck, Johan Springborn, Johan Puls, Hannes Rust, Frans Lütcke, Hans Hagen, Jochim Hagen, Christian Hagen, Jochim Weber, Simon Griese, Hans Hagen. Kossat: Jochim Schulz.

VII

(1)	Suden Rieh	die Suden Rieh, 1769 DVK.	Su/Wi, Wei
(2)	Ter(r) Bunk	die Ter Bunk/Terbunck, 1769 VR; Terr Bunk, 1769 DVK.	Ödl, Su/Wei

(3) Henck Wiese	die Häncken Wiese, 1757 FR; die Henck Wiese, 1769 DVK.	Wi/Wi, Wei
(4) Brummel Horst	die Brummel Horst, 1769 DVK.	Ödl, Su/Wi
(5) in der Lau	in der Lau, 1769 DVK.	Su/Wi, Wei
(6) Rade Wiese,	die Rade Wiese, 1769 DVK.	Wi/Wi, Wei
(7) Neue Wiese	die Neue Wiese, 1757 FR; die Neue Wiese, 1769 DVK.	Wi/Wi, A
(8) Fahren Kamp	Fahren Campwisch, 1719 LA Jessenitz; im Fahren Kamp, 1769 DVK.	Wi, A/A
(9) Zahren Wiese	Zaarts Wische, 1719 LA Jessenitz; die Zahren Wiese, 1769 DVK.	Wi/A
(10) auf dem Naarser	der Narser Kamp, 1769 VR; auf dem Naarser, 1769 DVK.	A/A
(11) Nacht Koppel	die Nacht Koppel, 1769 DVK.	Su, Wi/A
(12) im Wöhrten	im Wöhrten, 1769 DVK.	A, Wi/A, Ot
(13) im Mohr	hinter dem Mohr, 1719 LA Jessenitz; im Mohr, 1769 DVK.	Su/A, Kw
(14) im Sand Bergen	im Sand Bergen, 1769 DVK.	Ödl/Kw
(15) der Sarm	bey dem Sahren, 1719 LA Jessenitz; am Sarren, 1757 FR; der Sahren, 1769 VR; der Sarm, 1769 DVK.	Pf/Pf
(16) Krensel Berg	Krensel Berg, 1788 WK.	Ödl/F
(17) Pferde Koppel	die Pferde Koppel, 1769 DVK.	A/A
18 Ploorz *plō*^{ə}*ts*	auf dem Plaars, 1719 LA Jessenitz; im Plaars, 1757 FR.	A/A
19 Wilsenratt *vilznrat*	bey Wilsen Radt, 1757 FR; das Wilsen Rad, 1769 DVK.	Wi/Wi
20 de Lank *dəˈlaŋk*	auf der Lanck, 1719 LA Jessenitz; im Lancken, 1757 FR; auf den Lur Up, 1769 VR; aufm Luhr Upp, 1769 DVK.	A/A, Ot

21	Klumpwisch *klumpviš*		Su/Wi
22	Dahkswisch *dåksviš*	Dahlckswische, 1719 LA Jessenitz; die Dahlcks Wiese, 1757 FR; Dalck Wiese, 1769 VR; Dalk Wiese, 1769 DVK.	Wi/A
(23)	Schäfer Wiese	die Schäfer Wiese, 1769 DVK.	Wi/A
(24)	Tehren Wiese	Grot Teiren Wisch, 1719 LA Jessenitz; die Tehren Wiese, 1769 DVK.	Wi/A, Wi
25	Snippelwisch *sniplviš*	Schnibbelwisch, 1719 LA Jessenitz.	Wi/Wi
26	Green *grē*^{i}*n*	die Greiner Heide, 1769 VR; die Greien Greien Heid, 1769 DVK.	Su, Ödl/A
27	Eekkoppel *ē*^{i}*kkopl*	Els Bruch, 1788 WK.	Su/Wi, We
(28)	im Greien Holtz	in den Zahrgreven, 1675 LA Jessenitz; Greven theil, 1715 VR; im Greien Holtz, 1769 DVK.	Su, Gh/Wi, Wei
(29)	Stubben Wiese	Stubbenwisch, 1719 LA Jessenitz; die Stubben Wiese, 1757 FR; Stubben Wiese, 1769 DVK.	Wi/Wei, Wi
30	Langen Wischen *laŋ*^{n}*'višn*	die Lange Wiese, 1769 DVK.	Wi/Wi
(31)	Banneurs Ohrt	Beneurs Orth, 1719 LA Jessenitz; Banneurs Ohrt, 1769 DVK.	Wi, Su/Wi, Wei
32	Gorzen *gōətsn*	Gahrts Wisch, 1719 LA Jessenitz; die Gaarzer Wiese, 1757 FR; im Garz, 1769 VR; im Gartz, 1769 DVK.	Wi, Su/Wi, Wei
(33)	Garzer Bruch	im Garzer Bruch, 1769 DVK.	Su/Wi, Wei
34	Kampsriet *kams'rī*^{i}		Su/Wi, Wei
(35)	Bünzel Wiese	die Bunzel Wiese, 1769 VR; die Bünzel Wiese, 1769 DVK.	Wi/Wi, Wei

VIII

(36) bey der Brücken, 1775 LA Jessenitz, Su
(37) Dahls Barg, 1757 FR, A
(38) die Dahms Stücken, 1757 FR, A
(39) die Damm Wiese, 1757 FR, Wi
(40) an der Freyheit, 1675 LA Jessenitz, Ödl
(41) Grot Dahlckwisch, 1719 LA Jessenitz, Wi
(42) Grote Briese, 1719 LA Jessenitz, A
(43) Haagen Höven, 1757 FR, A
(44) hinter den Höeffen, 1719 LA Jessenitz, A
(45) Hof Wiese, 1757 FR, Wi
(46) auf den Kiepen Stücken, 1757 FR, A
(47) Kihlen Wisch, 1719 LA Jessenitz, Wi
(48) Klaarschen Wege, 1719 LA Jessenitz, Fw
(49) an den Klatz, 1719 LA Jessenitz, A?
(50) Kubbritz Wisch, 1719 LA Jessenitz, Wi
(51) Langschen Wege, 1719 LA Jessenitz, Fw
(52) Lütcke Briese, 1719 LA Jessenitz, A
(53) Lütcke Dahlckwisch, 1719 LA Jessenitz, Wi
(54) Lütcken Teiren Wisch, 1719 LA Jessenitz, Wi
(55) Lütcke Suden Wisch, 1719 LA Jessenitz, Wi
(56) Meßehrs Hofwisch, 1719 LA Jessenitz, Wi
(57) auf der Mieths, 1757 FR, A
(58) die Neue Wiese, 1757 FR, Wi
(59) das Neue Wiesen theil, 1715 VR, Su, Gh
(60) Papenwischer Theilholtz, 1708 LA Jessenitz, Su, Gh
(61) Paperwisch, 1675 LA Jessenitz; Paperwisch, 1678 LA Jessenitz; Papenwische, 1708 LA Jessenitz, Wi
(62) Plauert Wisch, 1719 LA Jessenitz, Wi
(63) die Reh Horst, 1757 FR, Ödl
(64) vorm Rense, 1719 LA Jessenitz, Su, Gh
(65) auf die Sageloof, 1757 FR, A
(66) im Sager Orth, 1719 LA Jessenitz, A?
(67) Schelpwische, 1719 LA Jessenitz, Wi
(68) im Schwen, 1757 FR, A
(69) Sudewische, 1718 LA Jessenitz, Wi
(70) in der Theilhöltzung, 1675 LA Jessenitz; Theil-Holtz, 1707 LA Jessenitz; das Neue theil, 1715 VR, Su, Gh
(71) Trebser Mohr, 1719 LA Jessenitz, Su
(72) das Viel theil, 1715 VR, Su, Gh
(73) auf dem Vor Naßer, 1719 LA Jessenitz, A
(74) im Zarrenbusch, 1675 LA Jessenitz, Su, Gh.

56

Lübtheen

lyb'tēn

mit Gudow

gūdō

Lubbtene 1363, Lubbeteen 1369 MUB, Lubbeteyne 1431 SchlR
Dömitz bey der Gudow 1591 Grenzbuch Amt Neuhaus

I Jüngere Steinzeit: Flintbeile, Meißel, Steinmesser und Reibstein. Ältere Bronzezeit: Speerspitze. Jüngere Bronzezeit: Depotfund (Hängebecken, Gürtelschließe, Plattenfibel, Knopffibel, Schleifenarmbänder, Halsringe, Manschettenstulpen, Fingerring, Bronzeblech, bronzenes Drahtstück). Ältere Eisenzeit: Kronenring. Spätrömische Eisenzeit: 10 barbarische Münzen des Kaisers Tetricus (268–273 n. Chr.).

II Kommuniondorf, seit 1637 domanial.

Noch 1560 gehörte die Hälfte Lübtheens „den Pentzen mit aller Obrigkeit und Gerichtsgewalt über Hals und Hand, Auff- und Ablaß" (AB Schwerin). Zu Beginn des 17. Jahrhunderts erwarb Herzog Adolf Friedrich einige Hufen im Austausch gegen fürstliche Bauern in Benz, Volzrade und anderen Dörfern, „den Rest kaufte er zwischen 1626 und 1637 baar und zwar zu billigen Preisen, da die Pentzen damals in hohem Maße geldbedürftig waren" (F. v. Meyenn II, 140/141).

III 23 Hufen, darunter 1 Freihufe (1560 AB Schwerin, 1595 MK Jabel). Individualbede, die Hufe zu 16 ß (1431 SchlR Dömitz). Einzelpacht je Hufe 12 ß, der Schulze 16 ß (1456 SchlR Schwerin); „Hanß und Hanß die Janeken haben 1 Hufe geben Pacht 10 ß 8 Pfg" (1595 LA Redefin).

IV Kleines Angerdorf. Ortslage exzentrisch zur Flur.

11. 3. 1822 zum Flecken, 1. 4. 1938 zur Stadt erhoben. Seit 1683 selbständige Kirche und Pfarre, davor Filial von Jabel.

Die Gründung des Ortes Gudow – Begangsnummern 32 bis 44 – erfolgte um die Wende des 17. Jahrhunderts durch einen Angehörigen der Lübtheener Freischulzenfamilie, der am Westrand der Gemarkung seines Heimatdorfes „in der Wildban ein Hauß gebauet, welches alda nichts nützet", wie es amtlich hieß (1708 LV). Dessen ungeachtet entwickelte sich im Lauf der Zeit um den Einzelhof eine kleine selbständige Siedlung, die im Jahre 1939 aus 2 Bauerngehöften, 4 Büdner- und 5 Häuslerstellen bestand.

V Langstreifenflur. Keine Ackerschläge (1708 LV, 1747 VA).

VI 1595 KV Jabel: Chim Schultze, Harmen Saffencke, Peter Eggerdt, Drewes Simeke, Jacob Kotzsche, Claus Soltow, Chim Ficke, Chim Jerneke, Jochim Hagen, Peter Jalatze, Carsten Hagen, Heyne Hagen, Hans Wineke, Peter Kawlitz, Helmuth Pilligk, Heinrich Eggerdt, Dinnies Eggerdt, Chim Simeke, Frantz Simeke, Hans Simeke, Peter Simeke, Hans Janeke, Hans Janeke, Peter Vietz, Georgen Klaueke, Hans Meuneke, Hans Boldt, Heinrich Busekuhn, Paull Drewes, Marten Schuldt, Hans Schuldt, Chim Pegell, Chim Hase, Heinrich Simeke, Aßmus Berndt, Heinrich Wineke. Kossaten: Stoffen Wineke, Casten Luetke, Casten Pagel, Casten Luetke, Hans Pentz, Chim Berendt, Marcus Drewes.

1655 AB Schwerin: Schwiepert Schultze, Jochim Gätke w., Ulrich Grüthmaker, Jochim Gerneke, Martin Pegel, Jochim Lütke, Jochim Wieneke w., Hans Kagest, Volrath Siemeke w., Jürgen Vicke, Peter Pulß, Claus Schuhr w., Peter Siemeke, Christopher Pegel, Hans Siemeke w., Jochim Siemeke w., Caspar Eggert, Stopher Sehlandt, Hans Janeke, Hanß Blanke, Hanß Kläfeke w., Hanß Mauneke w., Hanß Pegel, Hanß Dreveß w., Schwieprecht Wieneke, Jochim Schultze, Peter Pagel w., Jochim Teßloff w., Hans Siemeke w., Stopher Berendt w., Jochim Wieneke, Jürgen Wieneke, Hans Lühtke w., Hinrich Bannöhr w., Peter Lütke, Peter Janeke w., Jochim Hagen, Marcus Dreves w., Kätner: Hans Lütke, Jochim Schultze, Caspar Siemeke, Johan Berendt, Simon Wesche w., Hans Siemeke, Jürgen Schultze w., Carsten Vicke, Carsten Hagen, Stöphen Schultze, Hanß Buhsekuhn w.

1708 LV: Schwiepert Schultze, Hanß Lütge, Hanß Pegell, Jochim Hagen, Stoffer Evert, Stoffer Wenth, David Jeri(n)ck, Jochim Grützmacher, Frantz Lütgen Hanß, Stoffer Pegell, Jochim Lütgen Hanß, Jochim Kaeß, Michell Günter, Jürgen Pegell, (Stoffer) Priester Pegell, Peter Arend, Hanß Janeke, Frantz Schultze, Schwiepert Klafke, Peter Greve, Stoffer Pegell jun., Schwiepert Behrens, Daniel Grieße, Stöphen Berens, Hanß Schultze, Christian Röhl, Hinrich Köneke, Frantz Ritzman, Peter Schwartz, Jürgen Wieneken, Johann Lütke, Peter Möller, Jochim Hagen, Ludewig Hase. Büdner: Jürgen Schuld, Andreas Paulls, Schmid, Harm Berens, Jochim Blum, Hanß Röhr, Siemon Hagen, Frantz Puls, Hanß Jürgen Günter, Peter Lütke, Detlof Janeke, Christian Kreß, Jochim Buck, Siemon Hagen.

VII

1 Sömergraben Gw?/Gw
zöməˋgrābm

2	Langen Deel ˋlaŋ^{n}'dēɫ	im Langen Theil, 1708 LV; Lange Theils Bruch, 1788 WK.	Su, Gh/Wi
3	Korten Deel ˋkǫ^{o}tn'dēɫ	im Kurtzen Theil, 1708 LV.	Su, Gh/Wi
4	Rens rens	Rense, 1587 LA Lübtheen; der Rens, 1591 Grenzbuch Amt Neuhaus; im Renß, 1708 LV.	Su, Gh/Wi
5	Schünenstä(d) šǖn^{n}stǟə	Schüen Wiesen, 1708 LV.	Wi/Wi
6	Pou(e)rvk po^{u}əfk		Ödl/A
7	Olln Knick oɫ^{n}'knik		Ödl/A
8	Lank laŋk	auf der Lanck/Langk, 1708 LV; Lanck-Heide, 1747 FR.	A/A
(9)	Pracher Berg	Pracher Berg, 1788 WK.	Kw, Ödl/F
(10)	Streit Ort	Streit Ort, 1788 WK.	Ödl/F
(11)	Sarm	aufn Sarm, 1747 FR; der Sarm, 1914 FlK.	A/F
12	Balsche Barg ˋbålšə'ba^{a}x	Balsche Berg, 1788 WK.	Ödl/F
13	Klatz klats	Klatz, 1914 FlK.	Kw/F
14	an'n Jäßer Weg an^{n}ˋzǟsə'vex́		A/A, Kw
15	Brak bråk	vorn die Bracke, 1708 LV; in der Braack, 1768 GA.	A, Wi/Wi, Wei
16	Registratorkoppel regi'stråtəkopɫ		A/A
17	Lütt Försterkoppel lyt'fǭ^{ǫ}stəkopɫ		A/A
18	Lütt Koppel lyt'kopɫ		A/A

19	Kielkoppel *kilkopl*	aufn Kiel Stücken, 1747 FR.	A/A
20	Soltkoppel *zoltkopl*		A/A
21	Lackskoppel *lakskopl*	Lackt-Heide, 1747 FR.	Ödl/A
22	Kösterkoppel *köstəkopl*		Ödl/A
23	Swienwei(d) *svīnvaiᵊ*		Ödl/A
24	Lansch *lanš*	in der Lansch/Lantsch, 1708 LV.	Su, Wi/Gh
(25)	Kaven Horst	Große Kaven Horst, 1747 FR; Kaven Horst, 1788 WK.	Su, Ödl/Wei
(26)	Horst Wiesen	Horstwiese, 1708 LV; Horst Wiesen, 1788 WK.	Wi/A, Wei
(27)	Viezer Horst	Vietzer Horst, 1747 FR; Viezer Horst, 1788 WK.	Gh/A, Wei
28	Strauv *strauf*	im Strove, 1708 LV; Stroven, 1747 FR; Strohhoff Wiesen, 1788 WK.	Wi/A
(29)	Bahl Wiese	Bahlwiese, 1708 LV; Bahl Wiese, 1788 WK.	Wi/Wei, A
(30)	Neue Wiese	Nien Wiese, 1708 LV; die Neue Wiese, 1747 FR; Neue Wiese, 1788 WK.	Wi/Wei, Wi
31	Buerwischen *būəvišn*	Gudowschen Wischen, 1587 LA Lübtheen; Godower Wische, 1655 AB Schwerin; Gudausche Wiesen, 1788 WK.	Wi/Wi
32	Lütt Koppel *lyt'kopl*		Wi/A
33	Strang *straŋ*	beym Strange, 1747 FR.	Su/A
34	Grot Koppel *grouᵘt'kopl*		Su, Wi/A

35	Mareiks *ma'raiks*	Mereetzer Heide, 1747 FR.	Ödl/A, Gh
36	Bäunerkoppel *boinəkopl*		Ödl/A
37	Bodderuhrt *bodəū^{ə}t*		Wi, A/Wi, Wei
38	Grot Wisch *grōt' viš*		Wi/Wi
39	Kamp *kam^{p}*		A/A
40	Brake *brākə*		Wi/Wi
41	Touker *to^{u}kə*	im Taucken, 1708 LV; Tauers Wiesen, 1788 WK.	Wi, Su/A
42	Maur *mauə*		Su/A
43	Afgunst *afgunst*		Gh/A
44	Schultenkamp *šultnkam^{p}*		A/A
45	Buernkuhl *būən'kūl*	im Kuhl-Theil, 1708 LV; Bauern Kuhls Bruch, 1788 WK.	Su, Gh/A
46	Mareinsche Dannen *ma'rainšə'dan^{n}*	Mareien Heyde, 1788 WK.	Ödl/F
47	Touker *to^{u}kə*	im Taucken, 1708 LV; Tauers Wiesen, 1788 WK.	Wi, Ödl/F, Wi
(48)	Grot Brieschhorst	Grot Brieschhorst, 1914 FlK.	Su, Gh/F
(49)	Seikbanck Bruch	Seikbanck Bruch, 1788 WK.	Su/F, Wi
50	Sehrbank *zē^{ə}baŋk*	im Seer-Banck, 1708 LV; im Seerback, 1788 WK; die Sehrbank, 1914 FlK.	Gh, Su/F
(51)	die Brak	die Brak, 1788 WK.	Su/F
52	Möllershorst *möləshǫst* *-hǫ^{ə}st*	Möllers Horst, 1747 FR; Möllershorst, 1914 FlK.	Gh/A

53	Blehmshorst *blēmshǫst* *-hǫ*^{o}*st*	die Blemersche Horst, 1747 FR; die Blehmshorst, 1914 FlK.	Gh/A
54	Branden *bran*^{d}*n*	Brandwiese, 1708 LV; Branden-Heide, 1747 FR.	Su, Wi/A, Wei
55	Vielanksche Koppel *ˋfilaŋ*^{k}*šə'kopl*	auf der Fielanck, 1708 LV; Vielancks Heide, 1747 FR; Vielancks Heide, 1788 WK; die Vielank, 1914 FlK.	Ödl, A/A, Wei
56	Lausch *lauš*	in der Lausch(e), 1708 LV.	A, Wi/A, Wei, Wi
57	Lustgor(de)n *lustgōədn*		A, Gh/Ot
58	Dohr, up de *updə'dōə*		A/Ot
59	Schultenkamp *šultnkam*^{p}		A/Ot
60	Bäk *băk*	an der Beck, 1708 LV.	Gw/Gw
61	Preisterbrak *praistəˋbråk*		A, Ödl/Ot, Wi
(62)	auf dem Laack	auf der Lack, 1708 LV; auf dem Laack, 1788 WK.	A, Ödl/Ot, Wi
63	Försterwisch *fǫ̈*$^{\ddot{o}}$*stəviš*		Su/Wi
64	Gipsbarg *gipsba*^{a}*x*	aufn Mühlenbarge, 1708 LV; Mühlenberg Stücken, 1747 FR; Mühlen Berg, 1788 WK.	A, Ödl/Ot, A
65	Torfmaur *tǫ*^{o}*fmauə*		Su/Wi
66	Postland *postlant*		A/A
(67)	Po(h)r Clatz	aufn Po(h)r Clatz, 1708 LV; aufm Por Klatz, 1747 FR.	A/Ot
68	Pörk *pœ*^{ə}*k*		A/Ot

69	Försterland *fǭ^{ǫ}stəlant*		A/A
70	Borken *bǫ^{ǫ}kn*		Gh/A
71	Dannengoren *dan^{n}gō^{ə}n*	die Ghuren, 1655 AB Schwerin; im Dannen Guhren, 1708 LV; Dannen Guhren, 1747 FR.	Gh, A, Su/A, Wi
72	Voßbarg *fǫsba^{a}x*	beym Foß Berge, 1747 FR; der Fuchsberg, 1914 FlK.	Ödl/A, F
73	Lütt Hof *lyt'hǫf*		A/A
74	Kuhbergslust *\`kūbäx́s'lust*		A, Wi/Ot
75	Meun *moin*		Wi, Su/A
76	Hee(d)kamp *hē^{i}kam^{p}*	der Heidkamp, 1914 FlK.	A, Ödl/A
77	Stücken *stykn*		A, Ödl/A
(78)	Große Mohr	beym Großen Mohr, 1708 LV; beym Großen Mohr, 1747 FR; Große Mohr, 1788 WK.	Su/F, A
79	Sto(r)vk *stǫ^{ǫ}fk*	aufn Stafcke, 1708 LV; aufn Stafke, 1747 FR.	A/F
80	Krüzstücken *krütsstykn*	aufn Kreutz/Creutz, 1708 LV.	A/A
81	Gausbusch *gausbuš*	Gänse Busch, 1708 LV.	A, Kw/A
82	Grauland *graulant*		A, Ödl/A
(83)	Hexenberg	beym Hexenpfahl, 1708 LV; aufn Hexen Pahl, 1747 FR; Hexenberg, 1788 WK.	Ödl/A, Kw
84	Amtswisch *amtsviš*		Wi/Wi

85	Krauzenbarg *krautsnba*^{a}*x*	aufn Krauzen Berge/Crautschen Berge, 1708 LV; aufn Caruschen Berge, 1747 FR; Kraizen Berg, 1788 WK.	A, Ödl/A, Kw
86	Kohwei(d) *kōvai*^{ə}		Wi, Ödl/A, Wei
87	Pielk *piɫk*	Pielcken Wiesen, 1708 LV; Pilck Wiesen, 1788 WK.	Wi/A
88	Kirchenholln *ki*^{r}*x́nholn*	im Kirchenholtze, 1773 GA Garlitz.	Ödl, Gh/A
89	Moelenkoppel *mœ̄l*^{l}*kopɫ*	Mühlen Acker, 1747 FR; Mühlenkoppel, 1914 FlK.	A/A

VIII

(90) am Achter Holtz, 1708 LV, Gh, Wi
(91) bey Ahrs-Böh, 1708 LV; im Arts Böhmen, 1747 FR, A
(92) auf Artzkron, 1757 GA, A
(93) Aßmus Hägen, 1708 LV; Asmuß Häge, 1747 FR, A
(94) aufn Aßmus Lande, 1708 LV, A
(95) auf der Bahlstäde, 1708 LV, A
(96) auf Bahren, 1708 LV, Wi
(97) aufn Banscharm/Bans Kahrn, 1708 LV; im Bantz Karn, 1747 FR, A
(98) in der Barcken Hagen, 1708 LV; im Bahrckholtz, 1747 FR, A
(99) im Bargest, 1708 LV, Gh
(100) im Bohn Städe, 1747 FR, A
(101) Bookhorst, 1747 FR, Gh
(102) Brandenhorst, 1747 FR, Gh
(103) beym Brenier, 1708 LV, Wi
(104) aufn Carock, 1708 LV, Wi
(105) beim Creutz Fohrt, 1708 LV, Ft, A
(106) in der Damtz, 1708 LV; in der Damtz, 1747 FR, A
(107) am Dannen Camp, 1747 FR, Kw, A
(108) in der Dartz, 1708 LV; in dem Dartz, 1747 FR; auf Dartz, 1757 GA, A
(109) aufn Dohl Stücken, 1708 LV; in Daul, 1747 FR; auf Daul, 1757 GA, A
(110) in der Doven Rie, 1747 FR, Gh
(111) Dreyers Horst, 1747 FR, Gh
(112) im Fieselbock/Wißelsbohck, 1708 LV; Fißel Boeck, 1747 FR, A, Wi
(113) auf Fitzen Camp, 1708 LV, A
(114) auf der Flage, 1708 LV, A
(115) am Flotten Fohrt, 1708 LV; am Floten Fohrt, 1747 FR, Ft, Wi
(116) beym Fohrt, 1708 LV; hinterm Fort, 1747 FR, Ft, Wi
(117) Frerderck, 1747 FR, A

(118) Gauesch Beck, 1747 FR, Gw
(119) aufm Glienen/Gallin, 1708 LV; aufn Glienen, 1747 FR; auf Gallin, 1757 GA; im Glien, 1775 GA; auf den Glien, 1708 GA, A, Wi
(120) an den Graßwege, 1708 LV; am Graß Weg, 1747 FR, Fw
(121) Gravische Wiesen, 1708 LV, Wi
(122) im Gri(e)mpen, 1708 LV; aufn Griembcken, 1747 FR; im Griemck, 1786 Ga, A
(123) im Griesen Camp, 1708 LV, A
(124) Große Kuhlwiese, 1708 LV, Wi
(125) Große Loth Heide, 1747 FR, Ödl
(126) bey der Großen Fissel Book, 1747 FR, Gh
(127) bey der Großen Poack/Großen Poackschen Heide, 1747 FR, Ödl
(128) in der Groten Guhren/Groten Gohren, 1708 LV; im Grot Guhren, 1759 GA, A
(129) Grote Renßwiese, 1708 LV, Wi
(130) bey der Grötlitz, 1747 FR, Gh
(131) auf der Gruve, 1708 LV, A
(132) Gueßmers, 1747 FR; auf Gusmer, 1757 GA, A
(133) die Gurie, 1708 LV, Ödl
(134) im Güstens, 1708 LV, A
(135) in Gutschens, 1708 LV, A
(136) hintern Haartzen Hof, 1747 FR; Hartzhoff, 1757 GA, A
(137) im Hagen, 1708 LV; im Hagen, 1747 FR, Gh
(138) aufn Halb Stücken/Halben Stücken, 1708 LV; aufn Halb Stücken, 1747 FR, A
(139) auf Hasen Camp, 1708 LV, A
(140) achter Hasen Hagen, 1708 LV, A
(141) Hauner Camp, 1708 LV; aufn Hüner Camp, 1747 FR, A
(142) Herrenwiese, 1708 LV, Wi
(143) auf der Heydt Flage, 1708 LV, A
(144) aufn Hinrichen Lande, 1708 LV, A
(145) im Hüchell, 1708 LV, Wi
(146) Hüls Horst, 1747 FR, Gh
(147) auf Hundekamp, 1757 GA, A
(148) Hütten Wiesen, 1708 LV, Wi
(149) im Jabell, 1708 LV, Gh, Wi
(150) am Jeserschen Fohrt, 1708 LV, Ft, Wi
(151) der Jordan, 1747 FR, A
(152) Kleine Kaven Horst, 1747 FR, Gh
(153) Kleine Loth Heide, 1747 FR, Ödl
(154) bey der Kleinen Fissel Book, 1747 FR, Gh
(155) bey der Kleinen Poack/Poackschen Heide, 1747 FR, Ödl
(156) im Kocks Ohrt, 1708 LV, Wi
(157) aufn Kock Stücken, 1708 LV, A

(158) im Krivis, 1708 LV, Wi
(159) aufn Krummen Stücken, 1708 LV; auf den Krummen Stücken, 1747 FR A
(160) Kuhlwiese, 1708 LV, Wi
(161) aufn Kurtzen Ende/Kurtzen Enden, 1747 FR, A
(162) in der Lancken Coppel, 1708 LV, A
(163) die Lange Horst, 1747 FR, Gh
(164) aufn Langen Stücken, 1708 LV; aufn Langen Stücken, 1747 FR; auf Langstück, 1757 GA, A
(165) aufn Lasen Camp, 1708 LV, A
(166) aufn Lauschen Camp, 1708 LV, A
(167) in der Lautenße, 1708 LV, Wi
(168) Leppel Bach, 1591 Grenzbuch Amt Neuhaus, Gw
(169) die Lotzke, 1591 Grenzbuch Amt Neuhaus, Gw
(170) Lütge Kuhlwiese, 1708 LV, Wi
(171) auf der Lütgen Heyde, 1708 LV, A, Ödl
(172) Lütge Renßwiese, 1708 LV, Wi
(173) Mittel Loth Heide, 1747 FR, Ödl
(174) Mittelwiesen, 1708 LV, Wi
(175) in der Mudell, 1708 LV; auf Mudel, 1757 GA, A
(176) Mühlen Wiesen, 1708 LV, Wi
(177) Muschen Camp, 1708 LV, A
(178) Muskewiter Horst, 1747 FR, Gh
(179) am Mußenbeck, 1708 LV, Gw
(180) beym Pagels Camp, 1708 LV, A
(181) im Partschen, 1708 LV, Wi
(182) vorn Pielcken, 1708 LV; aufn Pielcken Stücken, 1712 VA, A
(183) aufn Plaers Ohrt, 1708 LV, A
(184) Pour Klatzen Coppel, 1747 FR, A
(185) Puddegrehn, 1708 LV; Pour Grein, 1747 FR, A
(186) in Pudegreste, 1708 LV, A
(187) Pudewitz, 1708 LV; Pur Wisch'schen Stücken, 1747 FR, A
(188) Quer Stücken, 1708 LV; die Quer Stücken, 1747 FR, A
(189) beym Raben Baum, 1708 LV; beym Raben Baum, 1747 FR, A
(190) Ritzmans Camp, 1747 FR, A
(191) auf den Rückell Busch, 1708 LV, A
(192) beym Runden Mohr, 1747 FR, Su
(193) im Sagelhoff, 1708 LV; im Sagel Hof, 1747 FR, A
(194) Sandfohrt, 1747 FR, Gh
(195) auf der Scharpen Hege, 1708 LV, A
(196) Schiet Busch, 1747 FR, A, Su?
(197) Schreienhude, 1591 Grenzbuch Amt Neuhaus, Ödl
(198) Schultzen Busch, 1708 LV, A
(199) Siemcken Camp, 1747 FR, A

(200) beym Siemcken Mohr, 1708 LV, Su
(201) in der Sitlitz, 1708 LV; in der Sietlitz, 1747 FR, A
(202) auf der Stahr, 1708 LV, A
(203) im Tauber, 1708 LV; im Tauber, 1747 FR, Wi
(204) in der Tauers, 1708 LV; Tauers Heide, 1747 FR, Su, Wi
(205) Tauers Horst, 1747 FR, Gh
(206) im Teers, 1708 LV; im Teerß, 1747 FR, Wi
(207) Ulenhorst, 1747 FR, Gh
(208) beym Vellholtz, 1747 FR, Gh
(209) aufn Vier Enden, 1747 FR, A
(210) Vietzen Heide, 1747 FR, Ödl
(211) im Vietzen Mohr, 1747 FR, Su
(212) die Wehr Stücken, 1747 FR, A
(213) aufn Wett Stücken, 1708 LV, A
(214) auf den Wienecken Berge, 1712 VA, A
(215) beym Ziecken, 1708 LV; im Zicken, 1747 FR; Ziecken, 1757 GA; auf den Sieken, 1775 GA; in der Siecks Koppel, 1820 GA, A
(216) beym Ziten, 1708 LV, A.

57

Hof und Dorf Garlitz

hǫf, dǫ̈^{ǫ}p ga^{a}lits

mit Brömsenberg

brǫ̈mznba^{a}x

Garlitze 1558 LB Wittenburg, Gartlist 1560 AB Schwerin, Gardelist 1571 LA Redefin, Gartlitz 1595 KV Jabel

I Bislang keine vorgeschichtlichen Funde.

II In älterer Zeit vermutlich Kommuniondorf; unbekannte Umstände führten vor 1520 zu einer Spaltung der Gemarkung in einen ritterschaftlichen Teil mit dem Bauerndorf Garlitz auf dem rechten Ufer der Sude und dem aus umfangreichem Sumpf- und Wiesengelände bestehenden herzoglichen „Antheil Garlitz“ (1708 LV Lübtheen) auf dem linken Flußufer.

III Ursprünglich anscheinend 6 Hufen, da 6 Scheffel Meßkorn entrichtet wurden (1655 KV Vellahn). Pauschalbede von 24 ß (1558 LB Wittenburg) der später als Halbhufner bezeichneten 6 Bauern (1643 LA Garlitz). Es muß demnach – wohl wegen der Aufteilung der Feldmark – eine Änderung des alten Hufenstatus angenommen werden.

IV Sackgassendorf. Ortslage exzentrisch zur Flur (Gewässerlage).

Im Jahre 1726 legte Hinrich v. Bülow auf Kloddram 2 Hauswirte seines Bauerndorfes Garlitz und ließ trotz der von den beiden Betroffenen gegen ihn erhobenen Klage deren Gehöfte bald darauf abreißen. Ein danach gerichtlicherseits ausgesprochenes Verbot des weiteren Bauernlegens umging der Grundherr, indem er die Stellen seiner Untertanen „regulierte". Durch diese von der Ritterschaft damals oft geübte Praktik wurden die Garlitzer Halbhüfner innerhalb weniger Jahre zu „kleinen Bauern" (1741 LA Garlitz) oder Kossaten herabgedrückt, das ihnen abgenommene Land aber zwecks Einrichtung einer Gutswirtschaft in Koppeln gelegt (1746). Als um 1780 diese kleinen bäuerlichen Betriebe für die Bewirtschaftung des Hofes bedeutungslos wurden, entledigte man sich ihrer ohne Zögern und wandelte das einstige Bauerndorf in ein reines Rittergut um. Um 1930 wurde der Hof Garlitz aufgesiedelt.

Das jenseits des Flusses gelegene Domanialdorf Garlitz geht in seiner Entstehung auf eine nur aus 2 Katen bestehende, fürstliche Zoll- und Fährstelle zurück (1560, 1655 AB Schwerin). Um die Wende des 17. Jahrhunderts ist erstmals ein bescheidenes Wachstum des Ortes festzustellen, der zu jener Zeit aus 4 Gehöften mit anderthalb Hufen, 1 Büdner- und 1 Katenstelle sowie der flußaufwärts beim Brömsenberg errichteten Wassermühle bestand (1706 LV). Mit der um 1770 erfolgten Ansiedlung einer Anzahl Büdner – je 9 am Brömsenberg und bei der Fähre – wurde bereits die künftige Struktur des sich nachmals vorwiegend aus landwirtschaftlichen Kleinbetrieben zusammensetzenden Garlitz erkennbar (1939 = 3 Bauern, 45 Büdner und 25 Häusler).

V Guts-Bauern-Flur. Koppelwirtschaft des Hofes (1746 LA Garlitz).

VI Hof Garlitz:

1655 KV Vellahn: Peter Palm, Christian Lütke, Hans Kasen, Peter Kaaß, Adam Arneke, Achim Borse.

1704 KV Vellahn: Hartwich Boas, Peter Palm, Adam Aarens, Jürgen Gref, Jochim Lütekens, Johann Kaaste.

Dorf Garlitz:

1595 KV Jabel: Kätner Georg Meineke und Simon Lutke.

1655 AB Schwerin: Kätner Christopher Schultze und Peter Arenke.

1706 LV: Christian Röhl, Ludwig Hase. Kossaten: Hanß Lüettcke, Simon Arenke, der Müller Jacob Rohr. Kätner: Johann Danehle. Büdner: Peter Frederich.

VII Brämsenberg:

1	Vöddelst Koppel *ˋfödəlst'kopl*		Wi, Su/A
2	Lütt Koppel *ˋlyt'kopl*		Su, Wi/A
3	Möllerland *mölələant*	Mühlen Stücken, 1750 GA.	A/A
4	Groten Hoew *ˋgrōtn'hœ̄f*		Wi/A
5	Lütten Hoew *ˋlytn'hœ̄f*		A/A
6	Lütt Wischen *ˋlyt'višn*	die kleine Mühlen Wiese, 1772 GA.	Wi/Wi
7	Grot Wischen *ˋgrōṭ'višn*		Wi/Wi
8	Kampstücken *kamᵖstykn*		A/A
9	Hogen Barg *ˋhōgn'baᵃx*		Ödl/Kw
10	Torfmaur *tǫˀfmauə*	am Mohr, 1772 GA.	Su/Kw
11	Middelst Koppel *ˋmidlst'kopl*	Mohr Wiese, 1750 GA; Mohr Wiese, 1772 GA.	Su, Wi/A, Kw
12	Hinnerst Koppel *ˋhinəst'kopl*	Mohr Wiese, 1750 GA; Mohr Wiese, 1772 GA.	Su, Wi/A, Kw
13	Vergäudung *fə'goiduŋ*		Ödl, Su/Kw
14	Sudenstücken *sūdnstykn*		Ödl, A/A

15	Schultenkamp *šultnkam*^{p}		A, Su/A, Wei
16	Hog Koppel *\`hōx'kopł*		A, Ödl/Kw
	Dorf Garlitz:		
17	Sudenkavel *sūdn\`kåvł*		A, Wi/A, Wei
18	Middenkavel *midn\`kåvł*		Ödl, Su/A
19	Korten Stücken *kǫˀtn'stykn*		Ödl, Su/A
20	Bärenkavel *băkn\`kåvł*		Su/A
21	Schapkoppel *šåpkopł*		Ödl, Su/A
22	Schapbargen *šåpba*^{a}*gn*		Ödl/Kw
23	Dannenkoppel *dan*^{n}*kopł*		A, Wi/A, Wi
24	Häwammenwisch *hăvam*^{m}*viš*		Wi/Wi
25	Schaulwisch *šaułviš*		Wi/Wi
26	Herrenwisch *hă*^{ə}*nviš*		Wi/Wi
27	Bullenwisch *buł*^{l}*viš*		Wi/Wi
28	Viezenkamp *fītsnkam*^{p}	auf den Vitzen Camp, 1708 LV.	A/A
29	Kamp *kam*^{p}	auf den Camp, 1708 LV.	A/A
30	Schaulkamp *šaulkam*^{p}		A, Wi/A

31	Hoew *hœ̄f*		Wi/A
32	Buerkoppel *bū̆əkopl̥*		Su/A
33	Böwerst Koppel *bœ̄vəstkopl̥*		Su/A
34	Lütt Wischen *lyt'višn*		Su/Wi
35	Schultenkamp *šultnkam^p*		Wi/A
36	Grot Wischen *gro^{u}t'višn*		Wi/Wi, Wei
37	Düpen *dū̆pm*		Su/A, Wi
38	Touker *to^{u}kə*	auf den Toggerschen Camp, 1708 LV.	A, Su/A, Wi
39	Försterland *fǭ^{ə}stəlant*		A, Su/A, Wi
40	Smarr *sma^a*	die Schmarre, 1591 Grenzbuch Amt Neuhaus; in der Schmar/Schmarre, 1708 LV.	Su/Wi, A
41	Stubbenkoppel *stubmkopl̥*	auf den Stubben Stück, 1708 LV.	A/A
42	Stägel *stǟgəl*		Fw?/A
43	Hinneneck *hin^n`ek*		Ödl, Su/A, Ot
44	Strömten *strȫmtn*	die Strom Wiesen, 1708 LV.	Wi/A
45	Bäunergor(de)n *boinəgō^{ə}n*		Ödl, Wi/A
46	Kamer *kå̄mə*		Wi/Wi

47	Sudenwischen *sūdnvišn*		Wi/Wi
48	Pestbarg *pestbaᵃx*		Ödl/A
49	Brakmaur *bråkmauə*	Brack-Stück, 1708 LV.	A, Su/A, Wi
50	Bleik *blaik*		Wi/Wi
	Hof Garlitz:		
(51)	Brinck Wiese	Brinck Wiese, 1772 DVK.	Wi/Wi
(52)	Simcken Wiese	Simcken Wiese, 1772 DVK.	Wi/Wi, Ot
53	Nachtkoppel *naxtkopl*	Nachtkoppel, 1929 FlK.	Wei/Wei
54	Kattenmark *katnmaᵃk*	im Katten Marck, 1772 DVK; Kattenmark, 1929 FlK.	A, Wei/A
55	Steinkuhl *stainkūl*		Wei/Wei
56	Eikenweg *aiknvex́*		A/Fw, A, Wei
57	Schloßkoppel *šloskopl*		A/A, Wei
58	Kolk *kǫlk*		Su/Wi
59	Sudenwisch *sūdnviš*	Kruß Wiese, 1772 DVK.	Wi/Wi
(60)	Öberste Koppel	Öberste Koppel, 1772 DVK.	A/A, Wei
61	Nien Weg *nīn'vex́*	Busch Koppel, 1772 DVK; Koppel, 1788 WK.	Wei/A, Wei
62	Langenheider Koppel *'laŋⁿ'haiᵈə'kopl*	die Lange Horst, 1771 DVK Langenheide; Lange Horst, 1788 WK.	Ödl, Gh/A
63	Postweg *postvex́*	ubn Höner Wiem, 1771 DVK Langenheide.	A/A

64	Grönland *grȫn\`lant*	der Suden Brock, 1771 DVK Langenheide.	Su/A
65	Pumpkoppel *pumpkopl*	Pumpkoppel, 1929 FlK.	Wei/Wei, Wi
66	Kloddram *klodram*	Kloddram, 1772 DVK; in Kloddram, 1929 FlK.	Su, Wi/Wei, Wi
67	Tweite Wenn' *tvaitə\`venⁿ*	die Neue Wiese, 1772 DVK; Neue Wiese, 1778 WK.	Wi/Wi
68	Ierste Wenn' *ē^ə stə\`venⁿ*	die Holtz Wiese, 1772 DVK; Neue Wiese, 1788 WK.	Wi/Wi
69	Holtwisch *holtviš*	die Dreesch Koppel, 1737 LA Garlitz; die Dresch Koppel, 1772 DVK.	A/A
(70)	Lange Kölck	Lange Kölck, 1772 DVK.	Su/A
71	Sudenwisch *sūdnviš*	Lang Suden Wiese, 1772 DVK; Kleine Sudenwiese, 1929 FlK.	Wi/Wi
72	Moelenbarg *mœ̄lˡbaᵃx*	Mühlenberg, 1929 FlK.	A/A
73	Rugstiert Wenn' *rūxstīət\`venⁿ*	Rugstiert Wenn'n, 1929 FlK.	Gh, Wi/A, Wi
(74)	Nets Koppel	Nets Koppel, 1772 DVK.	Wi, Gh/Wi, Wei
75	Schei(d)lak *šaiəlāk*	Grenz Lake, 1788 WK; Scheidelaake, 1929 FlK.	Gw/Gw
76	Nie Wisch *nī'viš*	der Suden Brock, 1771 DVK Langenheide.	Su/Wi
77	Gooshals *goᵘshals*	Ruschen Wiese, 1771 DVK Langenheide; Goshals, 1929 FlK.	Su, Wi/Wi
78	Ruschen *rūšn*	in der Rugitz, 1591 Grenzbuch Amt Neuhaus; Ruschen Holtz, 1771 DVK Langenheide; Ruschen Holz, 1788 WK; Ruschenholz, 1929 FlK.	Su/Wi
79	Kraz *krāts*	die Kraatz, 1591 Grenzbuch Amt Neuhaus; die Kraatz, 1788 WK; Kraz, 1929 FlK.	Su/Wi

VIII (ausnahmslos Dorf Garlitz/Brömsenberg)

(80) in der Beleitz, 1708 LV, Gh
(81) auf den Behrlitzer Berg, 1708 LV, A
(82) auf den Berg, 1708 LV, A
(83) auf den Blancken Camp, 1708 LV; im blanken Camp, 1791 GA, A
(84) Bohldam, 1591 Grenzbuch Amt Neuhaus, Str
(85) die Dauwken Wiese, 1655 AB Schwerin; Zollwiese, 1708 LV, Wi
(86) bey der Fehrde, 1708 LV, A
(87) auf Flaß Berge, 1708 LV, A
(88) auf den Grafschen Camp, 1708 LV, A
(89) auf den Hintersten Bohldamm, 1708 LV, A
(90) aufn Hintersten Camp, 1708 LV, A
(91) auf der Hintersten Flage, 1708 LV, A
(92) auf den Kahsten Stück, 1708 LV; aufn Kaasten Kamp, 1747 VA, A
(93) beym Karck Steg, 1708 LV, Stg, A
(94) auf den Kasell-Stücken, 1708 LV, A
(95) Koks-Camp, 1708 LV, A
(96) auf den Krummen Stück, 1708 LV, A
(97) auf den Lütten Ohrt, 1708 LV, A
(98) auf den Nien Stück, 1708 LV, A
(99) die Palmwische, 1655 AB Schwerin; Palm Wiese, 1759 GA Garlitz, Wi
(100) aufn Pieckel Stücken, 1708 LV, A
(101) auf den Runden Camp, 1708 LV, A
(102) Schelfwiese, 1708 LV, Wi
(103) Schlüsen Stück, 1708 LV, A
(104) die Schmarrehorst, 1591 Grenzbuch Amt Neuhaus, Ödl
(105) die Schmarrewiese, 1591 Grenzbuch Amt Neuhaus; die Schmehrwische, 1655 AB Schwerin, Wi
(106) auf den Vordersten Bohldamm, 1708 LV, A
(107) aufn Vordersten Camp, 1708 LV, A
(108) Wisocken Berg, 1708 LV, A
(109) auf den Wulffs-Berg, 1708 LV, A
(110) der Zoll-Camp, 1708 LV, A

58

Trebs

traips

Treptze 1363 MUB, Treptze 1571 LA Lübtheen, Trebß 1571 LA Redefin

I Spätrömische Kaiserzeit: Siedlung des 4./5. Jahrhunderts n. Chr.

II Ritterschaftlich, um 1694 Kommuniondorf, 1876 nach Ankauf des letzten, seit 1774 der herzoglichen Kammer „in ewige Erbpacht" überlassenen ritterschaftlichen Anteils zum Domanium.

III 11 Hufen (1595 MK Jabel), dazu wahrscheinlich 1 Freihufe. Pacht für eine Hufe 16 ß (1612 LA Benz).

IV Sackgassendorf. Ortslage exzentrisch zur Flur.

Ende des 16. Jahrhunderts besaßen gleichzeitig zwei Junker, Ulrich v. Pentz auf Quast und Levin v. Pentz auf Volzrade, selbstbewirtschaftete Höfe in dem damals rein ritterschaftlichen Bauerndorf Trebs. Während eine der beiden Eigenwirtschaften anscheinend bald danach wieder einging, ist die andere noch 1730 als kleinerer Pachthof nachweisbar. Vor einer möglichen Vergüterung bewahrten das Dorf einmal die frühzeitig (vor 1571) sehr zersplitterte Grundherrschaft des Ortes – eine Folge der zahlreichen Erbteilungen unter denen v. Pentz – und zum anderen das um 1694 einsetzende, erfolgreiche Vordringen des Domaniums in Trebs.

V Blockgewannflur. Keine Ackerschläge (1715 LV).

VI 1595 KV Jabel: Chim Hafer Hintze, Hans Noetken, Peter Pulß, Chim Scharpe, Jochim Steffen, Lutken Hintze, Peter Bannöhr, Peter Bannöhr, Hans Haferhintze, Helmuth Pileken w., Hans Hintze, Bartholmeus Hintze, Peter Järneke, Jochim Wineke, Chim Pileke.

1717 KA Lübtheen: Peter Jungbloht, Christian Wiencke, Hans Hintze, Hans Lange, Martin Puls, Hinrich Ketz, Hans Beckmann, Jürgen Burmeister, Philipp Rohde, Bussen Wwe.

VII

1	Swarten Kamp *ˋsva^{a}tnʹkam^{p}*	der Streit Ohrt, 1718 GSt Trebs; Streit Ort, 1773 DVK.	Su/A

2	Provkuhl *pro^{u}fkūl*	Prof Kuhl, 1773 DVK; im Profkuhl, 1826 GA.	Su/A
3	Dreekampsbarg *drēkam^{p}s\`ba^{a}x*		Ödl, A/A, Ödl
4	Dreekampswischen *drēkam^{p}s\`višn*		Su/Wi, A
5	achtern Bullsen *axtən'bułzn*		Su/A, Wei
6	Leistenkuhl *laistnkūl*		Su/Wei, Wi
7	Guhlsch *gūłš*		Su, Ödl/Wi, A
(8)	Zislow	bey der Sieß Louck, 1715 LV; Schiess Loek, 1773 DVK; Zislow, 1788 WK.	Su, Wi/Wei, A
9	Strakstück *strākstyk*	auf dem Strauch Stück, 1715 LV.	A/A, Kw
10	Hülbermaur *hyłbe'mauə*	Hülper Mohr, 1773 DVK; inn Hülpert, 1773 VR.	Su/Wei, Wi
11	Keeser *kē^{ı}zə*	Kayser Wisch, 1773 DVK; aufm Kayser, 1789 GA; auf dem Kaiser, 1821 GA.	Wi, A/A
(12)	Grot Mohr	Grot Mohr, 1773 DVK.	Su/A, Wei
(13)	Kleine Stücke	Kleine Stücke, 1773 DVK.	A/Kw
14	Höhnerkamp *hōnəkam^{p}*		A, Ödl/A
(15)	Lüt Mohr	Lütt Mohr, 1773 VR; Lüt Mohr, 1773 DVK.	Su/A, Wi
16	Norsenbarg *nǫ^{ə}znba^{a}x*		Ödl/A
17	Weigel *vaigl*		Ödl, Su/A, Wei
18	Pöppelbarg *pöplba^{a}x*		Ödl/A

(19)	die Reith	die Reith, 1788 WK.	Wi/A, Wi
20	Lütt Kamdoul *ˋlytkam'do*^{u}*l*	Lut Kamdohl, 1773 VR; Lütt Kamdohl, 1773 DVK; das kleine Kamdohl, 1869 FlK.	Ödl/F
(21)	Häberge	die Häberge, 1930 FK.	Ödl/F
(22)	Junker Kamp	der Junker Kamp, 1869 FlK.	A/F
23	Briesen *brīzn*	auf den Briesen, 1715 LV.	A/F
24	Grot Kamdoul *ˋgrōtkam'do*^{u}*l*	Grot Kamdohl, 1773 DVK; das große Kamdohl, 1869 FlK.	Ödl, A, Kw/F
(25)	Scheeperkuhl	Scheeperkuhl, 1930 FK.	Ödl/F
(26)	Immen Berg	Immen Berg, 1788 WK.	Ödl/F
(27)	Streit Ort	Streit Ort, 1773 DVK; Streit Ort, 1788 WK.	Ödl/F
28	Koelerkamp *kœ̄ləkam*^{p}	Köhlers Kamp, 1930 FK.	Ödl/F
29	Grebensbarg *grēbmsba*^{a}*x*	Grebensberge, 1930 FK.	Ödl/F
30	Gleisbusch *glaisbūš*	vor den Gläschen Busch, 1715 LV.	Su, A/Kw, A
31	Buerwisch *būəviš*	auf der Burwische, 1715 LV; Buhr Wiese, 1773 VR; Buhr Wisch, 1773 DVK.	Wi/Wi, A, Kw
32	Swienwei(d) *svīnvai*^{ə}		Su?/Kw, A
(33)	bei der Tater Hege	achter der Tater Hägde, 1715 LV; bei der Tater Hege, 1869 FlK.	A/Kw
34	Düwelsuhrt *dǖvlsū*^{ə}*t*	Düwelsort, 1930 FK.	A/F
35	up'n Hülken *upm'hylkn*	auf den Hölken, 1869 FlK.	A/F
36	Stuhß *stūs*	achter der Stueß, 1715 LV; Stueß, 1773 DVK; die Stust, 1773 VR.	A/A

37	Krusen Uhrt *`krūzn'ū*^{ə}*t*	im Krusen Ohrt, 1715 LV; Krusen Ort, 1773 DVK.	A/A, Ödl
38	Broderbusch *bro*^{u}*dəbuš*		Su/Kw, A
39	Korten Enn's *kǫ*^{ʔ}*tn'en*^{n}*s*		Su, A/Wei
40	Torfmaur *tǫ*^{ʔ}*fmauə*		Su/Su, Wei

VIII

(41) in der Botter Wiese, 1715 LV, Wi
(42) auf den Camp, 1715 LV, A
(43) hinter der Cords Hägde, 1715 LV, A
(44) in der Diereckswiese, 1715 LV, Wi
(45) im Dreinck, 1715 LV, Wi
(46) die Dwasstücke, 1715 LV, A
(47) bey den grohten Baum, 1715 LV, A
(48) die Hof Wiesen, 1715 LV, Wi
(49) die kleine Haidtwiese, 1817 GA, Wi
(50) auf den Lahrsen, 1715 LV, A
(51) im Langzien/Langkzien, 1715 LV, Wi
(52) auf den Pareir Camp, 1715 LV, A
(53) im Pareir Camps Kipl, 1715 LV, Wi
(54) in Pensradt, 1715 LV, Wi
(55) auf der Sietlitz, 1715 LV, A
(56) Stemm Wiese, 1715 LV, Wi
(57) beym weißen Mohr, 1790 GSt Trebs, Su
(58) bey Witgrafe, 1715 LV, A.

59

Probst Jesar

`pro*$^{u}$*bst`žaizə

Gezer 1323 MUB, Prauest Jezer 1493 SchlR Schwerin, Probst Jeser 1560 AB Schwerin

I Bislang keine vorgeschichtlichen Funde.

II Ritterschaftlich, 1323 Kommuniondorf, später Klosterdorf, 1558 durch Säkularisation zum Domanium. Hohe und niedere Gerichtsbarkeit, Auf-

und Ablaß sowie die Dienste kamen bereits um 1500 an das „Haus Schwerin“, die Rauchhühner aber wurden bis zur Säkularisation an das Kloster Eldena gegeben! (1560 AB Schwerin)

III 9 Hufen, darunter 1 Freihufe (1570 LB Schwerin). Individualbede, die Hufe zu 16 ß (1570 LB Schwerin). Einzelpacht je Hufe 9 ß (1560 AB Schwerin).

IV Kleines Runddorf. Ortslage zentral zur Flur.

V Blockgewannflur. Keine Ackerschläge (1560 AB Schwerin, 1705 LV).

VI 1570 LB Schwerin: Hermen Jalitz, Achim Jalitz, Peter Jalitz, Drewes Claueke, Heine Lütke, Hans Lütke, Hans Haban, Paschen Grote, Chim Hintze, Berent Fritz, Achim Jalitz.

1655 AB Schwerin: Jochim Jalatze, Caspar Jalatze, Jürgen Hagen Peter Lütke w., David Lütke, Claus Habandt, Peter Jalitze, Claus Jalitze w., Marten Bahreke, Jochim Seger.

1705 LV: Stopher Jahlers, Schwiepert Lütgens, Jochim Jahlers, Peter Lütgens w., Johann Lütgens, Jochim Krull, Peter Jenscke, Stopher Schwartz, Hanß Barcke, Stopher Säger.

VII

1	Torfmaur *tǫ*^{ə}*fmauə*	beym Sieß Loch/Sißelohck, 1705 LV; auf der Siesloek/das Sießlocker Mohr, 1763 VR; Zislow, 1788 WK; Zislow, 1858 FlK.	Su/Wei, Su
2	Wee(d) *ve*^{i}		Su/Wei, Wi
(3)	im Stufft	im Stufft, 1858 FlK.	Kw/F
(4)	Waterling	beym Wetterling, 1705 LV; der Wähter-ling, 1763 VR; Waterling, 1858 FlK.	A/F
5	Ratt *rat*	auf dem Radte, 1705 LV; auf den Rahd Kamp/Rad Kamp, 1763 VR.	A/A
6	Lütt Koppel *lyt'kopl̥*		Su/Wei, Wi
7	Grot Koppel *grōt'kopl̥*		A, Wi/Wei, Wi

8	Leischen *laišn*	vor der Lersche, 1705 LV; Leiersken Wiesen, 1763 VR.	Wi, Su/A, Wi
9	Wischen *višn*		Su, Wi/Wi
10	Findörpen Koppel *findö̧ᵉpmkopl*		A, Ödl/A
11	Schultenkamp *šultnkamᵖ*		Su/A
12	Briest *brīst*	in der Briest, 1705 LV; in der Briesken Wiese/der Briesck Kamp, 1763 VR.	Wi, A/A
(13)	Hof Stücken	aufn Hof Stücken, 1705 LV; im Havstücken, 1786 GA; in den Hävestücken, 1788 GA; in den Höfstücken, 1797 GA.	A/A, Wei
14	Postdamm *postdam*		A, Ödl/A
15	Schaulkamp *šaulkamᵖ*	der Schul Garten, 1763 VR.	A/A
16	Kraun *kraun*	in der Krohn, 1705 LV; das Krohn Mohr, 1763 VR; Kraun, 1858 FlK.	Su, Wi/A, Kw
17	Slag *slax*	Schlag, 1858 FlK.	A/Kw
(18)	Aaskuhlenberg	Aaskuhlenberg, 1858 FlK.	Kw/Kw
(19)	im vordersten Gründen	beym vordersten Gründen, 1705 LV; in vordersten Gründen, 1763 VR; im vordersten Gründen, 1858 FlK.	A/F
(20)	Bienenberg	Bienenberg, 1858 FlK.	Kw/F
(21)	Weißen Sandberg	Weißen Sandberg, 1858 FlK.	Kw/F
(22)	Mordkuhlenberg	Mordkuhlenberg, 1858 FlK.	Kw/F
(23)	im Voßkuhlen	bey der Voß Kuhlen, 1705 LV; bey den Voß Kuhlen, 1763 VR; im Voßkuhlen, 1858 FlK.	A, Ödl/F
(24)	Kämelcken	im Kämelcken, 1705 LV; die Kähmelcken/Kämelcken, 1763 VR; im Hämelken (!), 1858 FlK.	A, Kw/F

(25)	im Quitzenberg	der Quitzcken Berg, 1763 VR; im Quitzenberg, 1858 FlK.	Kw, Ödl/F
(26)	im Miehds	in der Miede/Mihitz, 1705 LV; die Miedes/Miedies, 1763 VR; im Miehds, 1858 FlK.	A, Kw/F
(27)	im Schnuben	auf der Stanufen/Sternuben, 1705 LV; achtern Schnuben/Schnuben Tannen, 1763 VR; im Schnuben, 1858 FlK.	A, Kw/F
28	Oll Schultenkamp *oł^{l}'šułtnkam^{p}*	im Schultzen Camp, 1705 LV; der Schultzen Camp, 1763 VR; Oll Schultkamp, 1858 FlK.	A/A, Kw, Ödl
29	Maurkoppel *mauəkopł*	Moorkoppel, 1858 FlK.	Su/Wi, Wei, A
30	Heidhof *haithǫf*	aufn Hein Hof, 1705 LV; Heiden Hof, 1763 VR; Heetenhof, 1858 FlK.	A/Kw
(31)	baben Heidenhof	baben Heidenhof, 1858 FlK.	Kw, Ödl/F
32	Bullenbarg *buł^{l}ba^{a}x*	aufn Bullen Berg, 1705 LV; auf den Bullen Berg, 1763 VR; Bollensberg, 1858 FlK.	A, Ödl/F
(33)	am Bollenberg	am Bollenberg, 1858 FlK.	Kw/F
(34)	Möhlenweg	Möhlenweg, 1858 FlK.	Fw/Fw
(35)	Guhrensberg	in der Groten Guhrn, 1705 LV; im Gauren, 1763 VR; Guhrensberg, 1858 FlK.	A, Kw/F
36	in'n Möören *in^{n}'mō̈ən*	beym Groten Mohr, 1705 LV; im groten Mohr, 1763 VR; Grosse Mohr, 1788 WK; im Möhren, 1858 FlK.	Su/Kw, A, Wi

VIII

(37) die Bähk Stücken, 1763 VR, A
(38) an die Bauers Wiesen, 1763 VR, Wi
(39) beym Beerbaum/Behr Baum, 1763 VR, A
(40) Bobst Wiese, 1705 LV, Wi
(41) auf der Borcke, 1705 LV; im Bohrcken/Boorcken, 1763 VR, A, Wi
(42) die Botter Wiesen, 1763 VR; in den Butterwiesen, 1822 GA, Wi
(43) im Briescken Ohrt, 1763 VR, Su

(44) in der Brügen Wiese, 1705 LV, Wi
(45) der Forthsken Busch, 1763 VR, Su
(46) die Forths Wiese, 1763 VR, Wi
(47) das Gauerns Mohr, 1763 VR, Su
(48) im Göhren Wiesen, 1705 LV, Wi
(49) auf der Gorcke, 1705 LV; die Gauerck, 1763 VR, A
(50) auf der Großen Jährs, 1705 LV; im Jeersken, 1763 VR, A, Su
(51) auf dem Groten Greschen, 1705 LV, A
(52) bey den Groten Larsche, 1705 LV; die große Leiersckе, 1763 VR, A
(53) Grote Wiese, 1705 LV, Wi
(54) Heid Horst, 1763 VR, Ödl
(55) Hof Wiesen, 1705 LV; die Hof Wiesen, 1763 VR, Wi
(56) auf den Holt Camp, 1763 VR, A
(57) das Hunden Mohr, 1763 VR, Su
(58) in die Jahnck, 1763 VR, Su
(59) am Jeersckеn Busch, 1763 VR, Su
(60) aufm Jellin/Gelin, 1705 LV; die Gliehns Wiesen, 1763 VR, Wi
(61) in Junckers Land, 1705 LV; Junkers Land, 1763 VR, A
(62) die Kamp Heide, 1763 VR, Su
(63) Kleinen Jährs, 1705 LV; im Jeersken, 1763 VR, A, Su
(64) in der Kleinen Wiese, 1763 VR, Wi
(65) das Kraum Mohr, 1763 VR, Su
(66) vor der Krohm, 1705 LV; der Kraum Camp, 1763 VR, A
(67) Kurtze Stücke, 1705 LV; Kurtzer Camp, 1763 VR, A
(68) auf den Lancken Berg, 1705 LV; der Lancken Berg, 1763 VR, A
(69) im Lahst, 1705 LV; auf die Loorsck/Lorsck, 1763 VR, A
(70) auf den Langen Stücken, 1705 LV, A
(71) bey der Lausch, 1705 LV, A
(72) die Liebeist, 1763 VR, Wi
(73) im Lohcks, 1705 LV, A
(74) das Looersck Mohr, 1763 VR, Su
(75) beym Lübtheener Forth, 1763 VR, A
(76) in der Lütgen Greschen, 1705 LV, A
(77) in der Lütgen Lefers, 1705 LV, A
(78) die lütte Leiersck, 1763 VR, A
(79) Mosten Camp, 1705 LV, A
(80) beym Mühlen Berg, 1705 LV, Wi
(81) die Mühlen Wiesen, 1763 VR, Wi
(82) die Ohlhofs Heide, 1763 VR, Su
(83) achter Olden Hoff, 1705 LV, A
(84) der Pieppen Berg, 1763 VR, Kw
(85) im Plahst, 1705 LV, A
(86) an der Rad Heide, 1763 VR, A, Ödl
(87) in der Rode Grundt, 1705 LV; Roder Grund, 1763 VR, A

(88) in Sägers Holtz, 1705 LV, A, Su
(89) auf der Schün Städe, 1705 LV; auf der Schünsted, 1763 VR, Wi
(90) im Seehoff, 1786 GA, A
(91) auf dem Soraster Berge, 1705 LV, A
(92) Stroocken Busch/Strocken Busch, 1763 VR, Su
(93) Tielßen Wiesen, 1705 LV, Wi
(94) im Tohten Grund, 1705 LV, A
(95) auf der Vampel, 1763 VR, A
(96) Wort Wiesen, 1705 LV, Wi
(97) auf den Zintsen Berg, 1705 LV, A.

60

Bandekow

ban^{n}kō

Bandekow 1363 MUB, Bandekau 1571 LA Bandekow

I Bronzener Schwertknauf eines eisernen, zweischneidigen Ritterschwertes, vermutlich 12./13. Jahrhundert, gefunden auf einer Sanddüne an der Sude.

II Ritterschaftlich.

III 6 Hufen (1595 MK Jabel), dazu wahrscheinlich 1 Freihufe. Pacht für eine Hufe 12 ß (1655 AB Schwerin).

IV Hof. Ortslage exzentrisch zur Flur (Gewässerlage).

V Guts-Bauern-Flur. Bereits im Jahre 1697 werden Ackerschläge gehalten (LA Bandekow).

In den Jahren vor 1571 machte sich Ulrich v. Pentz in dem bis dahin reinen Bauerndorf Bandekow ansässig und begann alsbald mit der Errichtung einer Eigenwirtschaft. Als Grundherr nahm er „den Pauren mehrentheils den Acker“ und zog das Land zum Hof, so daß von den einst 14 Hauswirten des Ortes 6 zu Kätnern herabsanken (1593, 1595 KV Jabel). Infolge der Wirren des 30jährigen Krieges ging die Zahl der bäuerlichen Anwesen auf 9 zurück, darunter 6 Kossatengehöfte, deren Ländereien in den folgenden Jahrzehnten durch Kultivierung von Allmendeflächen etwas vergrößert wurden. Bis zum Jahre 1730 traten hinsichtlich der Stellenzahl sowie anscheinend auch der Flurverteilung keine Veränderungen ein. Ein weitgehender Wandel darin erfolgte jedoch um die Mitte des 18. Jahrhunderts, denn die Direktorialvermessung von 1769 weist nur noch 2 bäuerliche Wirtschaften aus, wie auch später durch die älteste Martiniliste von 1793 bestätigt wird. Es wurden demnach 7 der 9 Gehöfte Bandekows in der Zeit zwischen 1730 und 1769 von der Gutsherrschaft gelegt.

VI 1595 KV Jabel: Chim Benohr, Clauß Lafrentz, Churdt Hammeldorf, Claus Wendt, Hans Lutke, junge Claus Lafrentz, Carsten Wendt, Peter Lafrentz, Chim Saffencke, Heinrich Sehlandt, Chim Sehlandt, Hans Wendt, Chim Jalatz, Marten Sehlandt.

1655 AB Schwerin: Hartwich Dreyer, Hans Lange Hans w., Volrath Jalatz w., Jochim Brahme, David Laurentze, Albrecht Schröder, Hans Tiede, Simon Tiede, Peter Lauwrentze w., Peter Wendt, Ulrich Laurentze. Kätner: Hans Keude.

1717 KA Lübtheen: Levin Leverentz, Hartwig Thiede, Harm Basow, Peter Leverentz, Jochim Brahm, Adam Greve, Hans Piper, Jochim Niemann, Peter Jeve.

VII

(1)	die Heide	die Heide, 1769 VR.	Kw, Ödl/Kw A
(2)	Fischer Orth	Fischer Orth, 1769 VR.	Wi, Ödl/Wei A
3	Standkoppel *stantkopl*	Kagen Bruch, 1769 DVK.	Su/Wei
(4)	vor der Kage	vor der Kage, 1769 DVK.	A/A
(5)	Heide Koppel	die Heide Koppel, 1769 DVK.	A/A
(6)	Pferde Koppel	Pferde Koppel, 1769 DVK.	Wei, A/A
(7)	Dam(m) Koppel	Dam Koppel, 1769 DVK; Damm Koppel, VR.	A, Ödl/A
(8)	Goßel	Goßel, 1769 DVK; in die Goßel, 1769 VR.	Ödl, Wi/A
(9)	Kälber Koppel	Kälber Koppel, 1769 DVK; Kalber Koppel, 1769 VR.	Wei, Wi/A
10	Gouselsche Weg *go^{u}zlš' veẋ*		Fw/Fw, A, Wei

11	Pierkoppel *pī̆ᵊkopḽ*	Mohr, 1769 DVK; Nacht-Koppel, 1790 LA Bandekow	Su/Wei
(12)	Bauer Koppel	vorderste Bauer Koppel, 1769 DVK; die Bauer Koppel, 1769 VR.	A, Ödl/Wei, A
13	Maur *mauə*	Grot Mohr, 1769 DVK; im Großen Mohr, 1769 VR.	Su/A, Wei
14	Moelenbarg *mœ̄lˡbaᵃx*	Hexen Berg, 1769 DVK.	A, Ödl/Gh
(15)	Eier Mohr	Eier Mohr, 1769 DVK.	Su/Wei
(16)	Brieth Mohr	Bried Mohr, 1769 DVK; das Brieth Mohr, 1769 VR.	Su/A
17	in de Brie *ində'brī*	Brieg Hoff, 1769 DVK; Brieg Hof Wiese, 1769 VR.	Wi/Wi
(18)	Große Wiese	Große Wiese, 1769 DVK.	Wi/Wi
(19)	Burgundger Berg	Burgundger Berg, 1769 DVK; Burgundjer Berg, 1769 VR.	A/Gh
20	Koekengraben *kœ̄kn`grå̊bm*		Gw/Gw
(21)	Küchen Wiese	Küchen Wiese, 1769 DVK.	Wi/Wi
(22)	Dam(m) Wiese	Dam Wiese, 1769 DVK; die Damm Wiese, 1769 VR.	Wi/Wi
(23)	Rohr Kampf	Rohr Kampf, 1769 DVK.	Ödl/Wei
(24)	Streit Horst	Streit Horst, 1769 DVK.	Ödl/Wei
(25)	Krieg Wiesen,	Krieg Wiesen, 1769 DVK.	Wi/Wi, Wei

VIII

(26) die Brummel-Koppel, 1790 LA Bandekow, A
(27) Eichen-Koppel, 1790 LA Bandekow, Gh
(28) in der Hopfen-Koppel, 1790 LA Bandekow, A, Gh
(29) im Hoppen Garten, 1790 LA Bandekow, A
(30) auf dem Sandfelde, 1790 LA Bandekow, Kw.

61

Lübbendorf

lybmdǫ̈^{ǭ}p

Lubbendorpe 1431 SchlR Dömitz, Lubbendorpe 1456 SchlR Schwerin

I Bislang keine vorgeschichtlichen Funde.

II Domanium.

III 7 Hufen, darunter 1 Freihufe (1560 AB Schwerin). Individualbede, die Hufe zu 8 ß (1431 SchlR Dömitz), später Erhöhung des Bedesatzes auf 16 ß (1570 LB Schwerin). Einzelpacht je Hufe 8 ß (1456 SchlR Schwerin, 1560 AB Schwerin).

IV Sackplatzdorf. Ortslage zentral zur Flur.

V Blockgewannflur. Keine Ackerschläge (1704 LV, 1766 VA).

VI 1570 LB Schwerin: Claus Doweke, Hans Doweke, Achim Krull, Jacob Scharpe, Tewes Blücher, Achim Scharpe, Hans Haban, Claus Zauenke, Hans Fryle, Herm Zauenke, Carsten Saske, Hans Zauenke.

1655 AB Schwerin: Valentin Jalitze, Johann Dauwke, Jochim Krull, Hans Dauwke, Hans Pätow w., Hans Haban, Jochim Scharp, Hans Frihl w., Jochim Saphenk w., Jochim Krantz w., Peter Saphenke w., Drewes Scharpe w. Kätner: Claus Saphenke w.

1703 BK Lübtheen: Hans Jalatz, Asmus Jennerjahn, Simon Arenk, Hinrich Weber, Jochim Haban, Jürgen Scharp, Hans Bremer, Simon Scharp, Jochim Brumm, Marten Krull, Jochim Krull.

VII

1	Bullenwisch *bul^{l}viš*	die Bullen Wiese, 1766 VR.	Wi/Wi
2	Voßbarg *fǫsba^{a}x*	der Voßberg, 1766 VR.	Ödl/Ödl, Wei
3	Kalwerkoppel *kalvəkopl*		Su, Wi/Wei, Wi
4	Ollendeelsgrünn' *ol^{l}dēls`gryn^{n}*	Altentheilshof, 1821 GA; Altentheils Hofland, 1824 GA.	A, Su/Wei, A

5	Paradies *para'dis*		Wi/Wi
6	Gousel $go^{u}zl$	im Goßen, 1704 LV; im Gohsel, 1766 VR.	Su, Wi/A, Wei
7	Schee(d)bom $\check{s}\bar{e}^{i}b\bar{o}m$	beim Scheide Baum, 1766 VR.	A/A
8	Bullenbarg $bul^{l}ba^{a}x$	auf den Bullen Barg, 1704 LV; beim Bollen-Berg, 1766 VR.	A/A, Kw
9	Wiedelsmaur *vīdlsmauə*	beim Bielens Mohr, 1766 VR; Biels Moor, 1860 FlK.	Su/F
10	de Kamer *də'kāmə*		A/A
11	Koekenkamp $kœknkam^{p}$		Ödl, A/A
12	Schultenkamp $\check{s}ultnkam^{p}$	der Schulzen Acker, 1821 GA.	Ödl, A/A
13	Vörrelst Koppels *\`förlst'kopl*		Ödl, A/A, Wei
14	Mielerstä(d) $m\bar{i}l\partial\grave{}st\ddot{a}^{\partial}$		Ödl, A/A
15	Lütt Wisch *lyt'viš*		Su, Wi/Wei, Wi
16	Ratt *rat*	im Radt, 1704 LV; Radt Wiese, 1766 VR.	Su, Wi/A, Wei
17	Grot Wisch $\grave{}gro^{u}t'vi\check{s}$		Su, Wi/Wei
18	Krummümstück *\`krum'ymstyk*		Su, Ödl/A, Wei
19	Wee(d)koppel $v\bar{e}^{i}kopl$		Su/Wei, Wi
20	Swienwee(d) $sv\bar{i}nve^{i}$		Su, Ödl/A, Kw
21	Sudenwischen *sūdnvišn*	Suden Wiesen, 1704 LV; die Suden Wiesen, 1766 VR.	Wi/Wi

22	Schultenwisch *šultnviš*	Schultzen Wiese, 1766 VR; Schulzen Wiese, 1821 GA; Schulzenwiese, 1860 FlK.	Wi/Wi

VIII

(23) im Bliescher Mohr/Blischer Mohr, 1704 LV, Su
(24) auf den Block Enden, 1704 LV, A
(25) Blüchert Wiesen, 1766 VR, Wi
(26) in der Broet, 1704 LV; Brauert Wiese, 1766 VR, Wi
(27) an die Cranitz, 1766 VR, Su?
(28) Dam Wiesen, 1704 LV; Damm-Wiese, 1766 VR; Dammwiese, 1804 GA, Wi
(29) auf Daucken Kamp, 1766 VR, A
(30) im Dockstrof, 1704 LV; im Dauck Stroh, 1766 VR, Wi
(31) im Dohl, 1704 LV; am hintersten Daul, 1766 VR, A
(32) Dwör Stücken, 1704 LV, A
(33) beim Elends-Baum, 1766 VR, A
(34) im Ellerbusch, 1766 VR, Su
(35) Frantzen Wiesen, 1704 LV; Frantz-Wiese, 1785 GA, Wi
(36) auf den Gaden Barg, 1704 LV, A
(37) im Gaden Bargs Hägen, 1704 LV, A
(38) im Gellihn, 1704 LV; die Gliehns Wiese, 1766 VR, Wi
(39) Graben Stücken, 1704 LV, A
(40) bey den großen Mohr, 1704 LV; am Großen Mohr, 1766 VR, Su
(41) Heidt Stück, 1704 LV, A
(42) Hinsen Wiese, 1704 LV, Wi
(43) bey den Hundes Mohr, 1704 LV; das Hunn Mohr, 1766 VR, Su
(44) Hunnenkamp, 1766 VR, A
(45) Husten Hoefen, 1766 VR, Ödl
(46) beym Jesarschen Heegen, 1766 VR, Gh?
(47) beym Jesarschen Mohr, 1766 VR, Su
(48) Kabels Wiese, 1766 VR, Wi
(49) aufn Kamp, 1766 VR; auf den Kamp, 1788 GA, A
(50) beym Karck Stiege, 1766 VR, Stg
(51) Kiepsen Wiesen, 1704 LV; im Kieps/Kips, 1766 VR; die Kips-Wiese, 1782 GA, Wi
(52) im Korten Hägen, 1704 LV; im Korten Heegen, 1766 VR, A
(53) auf/in der Kratz, 1704 LV; im Krautz, 1766 VR, A
(54) Kriefs Wiesen/Kriefses Wiesen, 1704 LV; Crivitz Wiesen, 1766 VR, Wi
(55) im Krieg Wiesen, 1704 LV; im Krieg Wiesen, 1766 VR, Wi
(56) im Krieptz, 1766 VR, Wi
(57) auf den Krontz Camp, 1704 LV; auf Krantz Kamp/Krantzen Kamp, 1766 VR, A
(58) auf den Krumen Stücken, 1704 LV; beym Krum Stücken, 1766 VR, A
(59) im Lanck, 1766 VR, A

(60) die Lanck Stücken, 1766 VR, A
(61) in der Lande/Landen, 1704 LV; am Landen, 1785 GA, A
(62) im Langen Deil, 1766 VR, Su
(63) beym Langen Mohr, 1766 VR, Su
(64) auf den Langen Stücken, 1704 LV; die Lang Stücken, 1766 VR, A
(65) in der Lost, 1704 LV; in der Lauscht, 1766 VR, Ödl?
(66) im Mars, 1766 VR, A
(67) die Miehts, 1766 VR, A
(68) achter den Mietzer Barge, 1704 LV, A
(69) in der Müst, 1704 LV; Muhß Wiesen/Muuß Wiesen, 1766 VR, Wi
(70) in der Neu Wiese, 1704 LV; die neuen Wiesen, 1766 VR; die neue Wiese, 1807 GA, Wi
(71) Ohl Kamp, 1766 VR, A
(72) im olden Suden Wiesen, 1704 LV, Wi
(73) die Pferde Koppel, 1766 VR, Wei
(74) das Radt-Bruch, 1766 VR, Su
(75) die Radt-Heide, 1766 VR, Ödl
(76) die Radt Horst, 1766 VR, Ödl
(77) im Redewinschen Fohrt, 1704 LV, Wi
(78) an den Rehten Beck, 1704 LV, Gw
(79) im Rohrdump, 1766 VR, Wei
(80) im Strange, 1766 VR, A
(81) in der Strof/Strofs, 1704 LV, A
(82) im Stroh, 1704 LV; im Stroh Hof, 1766 VR, A
(83) Suden Stück, 1704 LV, A
(84) beym Todten Weg, 1766 VR, Fw
(85) aufn Vier Enden, 1704 LV; auf den Vier Enden, 1766 VR, A
(86) die Woest-Wisch, 1766 VR, Wei
(87) im Zwenck Hägen/Zwänck Hägen, 1704 LV, A
(88) im zwey Möhren, 1766 VR, Su.

62

Belsch

belš

Beltzke 1363, Beltze 1369 MUB, Beltzke/Beltz 1571 LA Redefin

I Mittlere und jüngere Steinzeit: Mehrere Fundplätze an verschiedenen Stellen der Feldmark Belsch („Voßhost“, „Möllerbarg“, „Karusselbarg“, „Langen Hosten“, an der „Zornsbäk“ und „Ro[d] Bäk“).

II Ritterschaftlich, 1706 Kommuniondorf, 1768 zum Domanium.

III 9 Hufen (1595 MK Jabel). 5 Bauerngehöfte unbekannter Hufengröße entrichteten 1613 je 24 ß und 9 Scheffel Hafer (LA Belsch).

IV Straßendorf. Ortslage zentral zur Flur.

In dem ritterschaftlichen Bauerndorf Belsch, darin bis zum 30jährigen Krieg ausschließlich die v. Pentz begütert waren, wurde spätestens Anfang des 17. Jahrhunderts aus gelegten Hufen ein Meierhof mit Schäferei errichtet. Als Herzog Friedrich Wilhelm im Jahre 1706 den v. Ahlefeld'schen Anteil des Ortes ankaufen ließ, kam außer 3 bäuerlichen Anwesen auch dieser kleine Gutshof zum Domanium; er wurde jedoch anscheinend bald danach aufgelöst. Die dem Oberst Kämp durch Heirat zugefallenen Liegenschaften im Dorf, der vorwiegend „auf dem Belscher Felde" gelegene Hofacker des „Hohen Hauses Redefin" sowie 2 Viertelhufen und 1 Kossatenstelle, erwarb die herzogliche Kammer einige Jahre später (1710). Kurze Zeit hernach gingen 5 Halbhufen und 1 Katen des Leutnant Carbiner gleichfalls durch Kauf in domaniales Eigentum über (1711). Der letzte ritterschaftliche Besitz in Belsch – 1 Dreiviertelhufner und 1 Kossat dem v. Pentz auf Besendorf gehörend – gelangte 1756 durch Verpfändung an die Landesherrschaft und wird 1768 als „inkameriert" bezeichnet.

V Blockgewannflur. Keine Ackerschläge (1715 LV).

VI 1705 KV Jabel: Hanß Daucke, Christian Cluß, Carsten Beug, Hanß Krantz, Jochim Albrecht, Johan Iserloht, Philip Maßow, Hinrich Bennin, Hinrich Blanck, Hartig Baack sen., Mattihs Blanck, Hanß Huesch, Hinrich Lambrecht, Hinrich Beug, Hanß Nieland. Kossaten: Peter Wollgast, Hartig Kranß, David Kranß, Jochim Huesch, Christoph Kranß, Hartwich Baack jun., Ulrich Knop, Jochim Blücher, Jochim Meyer.

VII

1	achter de Dannen *axtədə'dan*^{n}		Su, Wi/Wi
2	de Braken *də'bråkn*		Su, Wi/Wi
3	Grot Voßhost *`gro*^{u}*t'fǫshǫst*	Hinterste Voß Horst, 1759 FR Redefin.	A/A, Wi, Kw
4	Voßhost *fǫshǫst*	Voßhorst, 1588 LA Redefin; Voßhorst, 1627 LA Redefin; Voß Hörst, 1715 LV; die Foß Horst, 1759 VR.	Ödl, Wi/Wi, Kw

5	Sniederuhrt *snīdə`ū*^{ə}*t*		Su, Wi/Wi
6	Henkenwischen *heŋ*^{k}*nvišn*	Hennecken Wiese, 1701 LA Redefin; die Hennken Wiese, 1759 FR Redefin.	Wi/Wi
7	Swart Maur *sva*^{a}*t'mauə*	samt dem schwartzen Mohre, 1650 LA Belsch; das Schwartze Mohr, 1715 LV; im schwartzen Mohr, 1759 FR Redefin.	Su/Wi
8	Lütt Voßhost *`lyt'fǫshǫst*	forderste Voß Horst, 1759 FR Redefin.	A/Kw
9	Försterwisch *fö*^{ǫ}*stəviš*		Su, Wi/Wi
10	de Lak *də'låk*	Beverlack, 1705 LV Redefin; bey der Bever Laacke, 1759 VR.	Gw/Gw
11	Tröswischen *trȫsvišn*	Trost Wiesen, 1715 LV.	Wi/Wi
12	Fledermus *flēdə`mus*	die Voernsch Heide, 1788 WK.	Ödl, Su/Wi
13	För(d)en *fȫ*^{ə}*dn*	bey dem Förden, 1715 LV; beym Foerden, 1759 VR; das Dannen Mohr, 1788 WK.	Su, Ft, Wi/A
14	Deilengraben *daiɫ*^{l}*gråbm*		Gw/Su, Ödl
15	Deilen *daiɫ*^{l}/	bey dem Deilen/Theilen, 1715 LV; beym Theilen/Deil(l)en, 1759 VR; im Delung, 1788 WK.	Su, Wi, A/ Wi, A
16	Bahlwischen *båɫvišn*	Bahlen Wiesen, 1715 LV; Bahlen Wischen, 1759 VR; die Bahlwiese, 1808 GA.	Wi/Wi
17	Brandwischen *brantvišn*	bey dem Brande, 1715 LV; im Brande, 1759 VR; im Brande, 1788 WK.	Wi, Su/Wi
(18)	die Pumpel Kuhl	Pumper Kuhl, 1759 VR; die Pumpel Kuhl, 1788 WK.	Wi/A, Wi
19	Hauhnerwisch *haunəviš*	Hüner Wiese, 1759 VR; die Hüner Wiese, 1788 WK.	Wi/Wi

20	Pütten *pytn*		Wi, Su/Wi
21	Hee(d)barg $h\bar{e}^{i}ba^{a}x$		Ödl/A
22	Wee(d) $v\bar{e}^{i}$		Ödl/A, Wi
23	Plagerhof *plågəhǫf*	im Platgen, 1759 VR; im Platten Busch, 1788 WK.	A, Wi, Su/A
24	Mangensweg $ma\eta^{n}sve\acute{x}$		Fw/Fw
(25)	auf der Magnitz	auf den Machens, 1715 LV; auf den Machenß, 1759 VR; auf der Magnitz, 1788 WK.	A, Ödl/A, Kw
(26)	im Miler Busch	im Miler Busch, 1788 WK.	Ödl, Su/A, Wei
27	Höschen $h\breve{o}^{i}\check{s}n$	auf den Hösten, 1715 LV; aufen Hoesten, 1759 VR; aufn Heuschen, 1772 GA; auf Hösten, 1788 WK.	A/A, Kw
28	Kahlstäder Barg $k\mathring{a}lst\bar{a}d\partial' ba^{a}x$	auf der Kahlstedte, 1715 LV; auf der Kahlstäde, 1759 VR.	A/A
(29)	im Dwer Strang	im Dwer Strang, 1788 WK.	Su/A
30	Gra(g) Wisch *\`grå'viš*	bey der Grage Wische, 1715 LV; bey die Grau Wiese, 1759 VR; Grage Wiese, 1788 WK.	A, Wi?/A
(31)	Mittelstrang	auf den Mittel Strange, 1715 LV; aufen Mittel-Strange, 1759 VR; Mittelstrang, 1788 WK.	A, Su/A
32	Briesenbarg $br\bar{i}znba^{a}x$	auf der Hohen Briese, 1715 LV.	A/A
(33)	in der Dick	in der Dicke, 1715 LV; in der Dick, 1788 WK.	Wi/A, Wei
34	Stubben *stubm*	im Stubben, 1715 LV; im Stubben, 1788 WK.	Wi/Ot, Wi, Wei
(35)	Kohlstättschen Strang	Kohlstättschen Strang, 1788 WK.	Su/Wei, A

36	Langen Hosten *`laŋⁿ'hǫstn*	in der Langen Horst, 1715 LV; in der Lange Horst, 1759 VR; in der Langenhorst, 1808 GA.	A/A
(37)	die Langen Stücken	hintern Langen Stücken, 1759 VR; die Langen Stücken, 1788 WK.	A/A
38	Hinnenkavel *hinⁿ`kåvl*	Hinnen Wiese, 1759 VR.	Wi/Wi
39	Immenstieg *imᵐ`stīx́*		Stg/Stg
40	Immenhof *imᵐhǫf*		Wi/Wi
41	Nie Wischen *`nī'višn*	in der Neuen Wiese, 1715 LV; in der Neuen Wiese, 1759 VR.	Wi/Wi
42	Möllerbarg *möləbaᵃx*		A/A, Ödl
43	Schibenbarg *šībmbaᵃx*		Ödl, A/A, Kw
44	vör'n Damm *föᵊn'dam*	Damm, 1715 LV; vorn Damm, 1788 WK.	Fw, A/A
(45)	vor die Tauchnitz	vor der Dauknitz, 1731 Belscher Beschwerde; vor die Tauchnitz, 1788 WK.	Wi, Su/A, Wei
46	Taubnitz *taupnits*	in der Taucknitz/Taucknüs, 1715 LV; in der Taucknitz, 1759 VR.	Wi/A, Wi
47	Nieland *nīlant*		A/A
(48)	vor den Forth	vor den Forth, 1788 WK.	A/A
(49)	Krummen Stücken	Krummen Stücken, 1715 LV; aufen Krummen Stücken, 1759 VR; Krummen Stücken, 1788 WK.	A/A
50	Hofslag *hǫfslax*	Hofland, 1715 LV; Herrn Acker, 1788 WK.	A/A
51	Kohlhoew *koᵘlhœ̄f*	aufen Kohlhoefen, 1759 VR; Hinnen Höfen, 1788 WK.	A/A

52	Huskoppel *hūskopl*	Hofwiesen, 1715 LV; die Hof Wiesen, 1759 VR.	Wi/Wei, Wi
(53)	Bartels Camp	auf den Bartels Camp, 1715 LV; auf den Bartels Camp, 1759 VR; Bartels-Kamp, 1772 GA; Bartels Camp, 1788 WK	A/A
(54)	vor die Zarn	oben der Zahren, 1700 LA Belsch; vor die Zarn, 1788 WK.	A/A
(55)	Calcken Cämpcken	Calcken Camp, 1700 LA Belsch; auf der Kahlcke, 1715 LV; Calcken Cämpcken, 1788 WK.	A/A
(56)	Calcken Mohr	Kahlcken Mohr, 1715 LV; achtern Kahlen Mohr, 1759 VR; Calcken Mohr, 1788 WK.	Su/A, KW
(57)	Stüssenbarg	achter Steußgen Berge, 1715 LV; beym Staußecken Barg, 1759 VR; Stüssenbarg, 1788 WK.	A/Ot, A
58	Aaskuhl *āskūl*		Ödl/Ot, A
(59)	im Müncken	aufen Munckel/Munckeln, 1759 VR; im Müncken, 1788 WK.	A/A, Kw
60	Munkelmaur *muŋklmauə*	das Muker Mohr, 1657 LA Belsch; Muker Mohr, 1664 LA Belsch; bey den Munckelmohr, 1715 LV; Munckels Mohr, 1759 VR.	Su/Kw, A, Ödl
(61)	die Rothe Grund	in Rode Grundt, 1715 LV; in Rode Grundt/in der Roten Grundt, 1759 VR; die Rothe Grund, 1788 WK.	A/Kw, A
(62)	vor den Rammer Beumen	bey den Rammer Beumen, 1715 LV; beym Rammer Beumen, 1759 VR; Rammer-Böhm, 1772 GA; vor den Rammer Beumen, 1788 WK.	A/F
(63)	auf die Varns	auf den Fahren, 1700 LA Belsch; auf der Fahrens/Fahrens Camp, 1715 LV; auf der Fahrens, 1759 VR; auf die Varns, 1788 WK.	A/Kw
64	Dodenweg *do^{u}dnvex́*	bey den Kirchwege, 1715 LV; beym Kirchwege, 1759 VR.	Fw/Fw
(65)	Fuhlfalsch Mohr	auf der Fuhlen Fall, 1715 LV; Fuhlfalsch Mohr, 1788 WK.	Su/F

(66)	im Möhren	im Möhren, 1788 WK.	Su/F
67	Hinzengrund *hintsngrunt*	Hinzengrundt, 1664 LA Belsch; in der Hintzen Grundt, 1759 VR; die Hinsen Grund, 1788 WK.	A/F
68	Dicksche Barg *dikšə'ba*^{a}*x*		Gh/F
69	Bohnenbarg *bo*^{u}*n*^{n}*\`ba*^{a}*x*	bey der Kruse Barck, 1715 LV; der Kruse Barg, 1788 WK.	A/F
(70)	hinterm Krusen Barg	hinterm Krusen Barg, 1788 WK.	A/F
71	Zornsbäk *tsǫˀnsbäk*	Sahren Beeck, 1715 LV; Zahren Becke, 1759 VR; Söhren-Beeck, 1772 GA.	Gw/Gw
72	Ro(d) Bäk *ro*^{ə}*\`bäk*	Rohebeke, 1664 LA Belsch; bey der Rodebecke, 1700 LA Belsch; bey der Roede Beeck, 1715 LV; bey der Rode Beecke, 1759 VR.	Gw/Gw
(73)	die Roten Bäcks Stücken	die Roten Bäcks Stücken, 1788 WK.	A/A, Kw
74	Hog Koppel *ho*^{u}*x'kopl*	Hog Barg Stücken, 1788 WK.	A/A, Ödl, Kw
75	Krie(t)kamp *krȋ\`kam*^{p}	der Krieg Kamp, 1700 LA Belsch; auf den Krieg Camp, 1715 LV; aufm Krieg Kamp, 1731 Belscher Beschwerde.	A/A
76	Maur *mauə*		Su/Wi
(77)	Grensck Heide	Grensck Heide, 188 WK.	Ödl/A
(78)	im Hin Ohr	im Hinnen Ohrt, 1759 VR; im Hin Ohr, 1788 WK.	A, Wi/A
(79)	Lüttig Diek	in Lütgen Dieck, 1715 LV; beym Lütgen Dieck, 1759 VR; Lüttig Diek, 1788 WK.	Wi/A, Wei
(80)	die Breuder Stiegs Heide	beym Breuder Stieg, 1759 VR; die Breuder Stiegs Heide, 1788 WK.	Wi/A, Wei
(81)	Brans Camp	Brans Camp, 1788 WK.	A/A

(82)	Lornsk Heide	Lornsk Heide, 1788 WK.	Ödl/A
83	in'n Koelken *in*^{n}*'kœ̄lkn*	in der Kaehling, 1715 LV; in Käling/ Kähling, 1759 VR.	Wi/A, Wi
84	Karusselbarg *karu'selba*^{a}*x*		Ödl/A, Ödl
85	Rosengor(de)n *rōzngō*^{ə}*n*		Ödl/A
(86)	im Forth	im Fohrde, 1700 LA Belsch; beym Foert, 1786 GA; im Forth, 1788 WK.	Wi/A, Wei
87	Gühlenholt *gül*^{l}*'holt*	Gühlen Holtz, 1715 LV.	Su/Wi, A
(88)	Diecks Wiesen	Dieck Wiese, 1715 LV; Diecks Wiesen, 1788 WK.	Wi/A
89	Heutsbarg *hoitsba*^{a}*x*		Ödl/Ödl, A

VIII

(90) bey Aßmus Berge, 1715 LV, A
(91) Becks Wiese, 1715 LV, Wi
(92) aufen Bencken, 1759 VR, A
(93) achtern Bencken Mohr, 1759 VR, Su
(94) auf den Boicken Camp, 1715 LV, A
(95) in Boltgen Ohrt/auf den Bolten Ohrten, 1715 LV; im Bolten Öhrten, 1759 VR, A
(96) in Borm, 1715 LV, A
(97) Brandes Kamp, 1700 LA Belsch; auf den Brandes Kamp, 1715 LV, A
(98) Brandes Stück, 1700 LA Belsch, A
(99) bey den Bran Strang, 1715 LV; in Bran Strange, 1759 VR, A
(100) auf den Briesen, 1715 LV; auf der Briese, 1759 VR; aufn Briesen 1772 GA, A
(101) der Buchten Kamp, 1700 LA Belsch, A
(102) auf der Burwische, 1700 LA Belschs auf der Baurwische/Burwische, 1715 LV; auf der Baur Wiese, 1759 VR; auf der Bauer Wiese, 1799 GA, A
(103) Depen Mohr, 1715 LV, Su
(104) bey den Dieck, 1715 LV; beym Dieck, 1759 VR, A
(105) im Diercks Ohrt, 1715 LV, Wi A
(106) der Diestel Kamp, 1700 LA Belsch, A
(107) in der Dohren, 1715 LV, A

(108) bey der Dorn Hegde, 1700 LA Belsch; bey der Dornen Hägen, 1715 LV; bey die Dorn-Hägde, 1759 VR, A
(109) vorne Dreifecken Barg, 1759 VR, A
(110) Driftstück, 1715 LV; aufen Driftstück, 1759 VR; bey der Trift, 1773 GA, A
(111) Fahrensien, 1772 GA, A
(112) bey den Fehren Barg, 1715 LV, A
(113) auf den Fehren Camp, 1715 LV, A
(114) Fohrt Wiese, 1759 VR, Wi
(115) die Frauwen Wiese, 1715 LV, Wi
(116) Fuhlen Fohrt, 1715 LV, Ft
(117) im Gehsen Dieck/Gähsen Dieck, 1715 LV, Wi
(118) Großen Fort, 1715 LV, Ft, Wi
(119) im Groten Ohrt, 1715 LV, Wi
(120) bey der Hägden, 1715 LV, A
(121) Hagens Wiese, 1759 VR, Wi
(122) aufen Halse, 1759 VR, Wi
(123) Heidt Cavel, 1715 LV, Wi
(124) der Heiden Camp, 1700 LA Belsch, A
(125) bey Helms Mohr, 1715 LV; beym Helms Mohr, 1759 VR, Su
(126) Herren Kampf, 1657 LA Belsch, A
(127) auf den Heydt-Stücken, 1715 LV; aufen Heidtstücken, 1759 VR, A
(128) aufn Hinten Stück, 1700 LA Belsch, A
(129) hinter dem Hofe, 1700 LA Belsch; hinter den Hoefen, 1715 LV; hintern Höefen, 1759 VR, A
(130) Hof-Wiese, 1785 GA, Wi
(131) in der Hütung, 1715 LV, Ödl
(132) Jungfern Stück, 1715 LV, A
(133) im Kählen, 1715 LV, A
(134) auf den Kämpcken, 1715 LV, A
(135) das Karcken Stück, 1700 LA Belsch, A
(136) aufn Kathen-Kämpen, 1772 GA, A
(137) hinter Kliesehen Horst, 1715 LV; auf der Kließcken Horst, 1759 VR; Kliesckenhorst, 1809 GA, Wi
(138) Knick Wiese, 1715 LV, Wi
(139) beym Köhlingschen Strange, 1700 LA Belsch, A
(140) Krantz-Camp, 1715 LV, A
(141) im Krantz Deich, 1715 LV, Wi
(142) bey Krohns Möhrcken, 1715 LV; Krohns-Mohr, 1772 GA, Su
(143) in der Kuhle, 1759 VR, Wi
(144) beym Kuhlen Mohr, 1759 VR, Su
(145) bey den Kurkietzer Mohr, 1715 LV, Su
(146) im Laascher Hofe, 1808 GA, A
(147) Laaße Wiese, 1715 LV; in der Lahse Wiese, 1759 VR, Wi
(148) Lack Wiese, 1715 LV; Laack-Wiese, 1785 GA, Wi

(149) bey der Lansch, 1715 LV, A
(150) Lütt-Kamp, 1772 GA, A
(151) bey den Machels Busch, 1715 LV, A, Su
(152) Mittelwiesen, 1715 LV, Wi
(153) auf der Moor Wiese, 1790 GA, Wi
(154) Mostgrund, 1715 LV, Wi
(155) auf den Mucker Barg, 1715 LV, A
(156) in die Must, 1715 LV, Wi
(157) der Nedder Camp, 1700 LA Belsch; auf den Nieder Camp, 1715 LV, A
(158) Neyen Teich, 1650 LA Belsch, Su
(159) Nien-Kamp, 1772 GA, A
(160) auf den Raumen, 1715 LV; aufen Rühmen, 1759 VR, Ödl
(161) auf der Rehrers, 1715 LV; auf der Reierst, 1759 VR, A
(162) Reit Cavell, 1715 LV, Wi
(163) bey Ruhkiets Möhren, 1715 LV, Su
(164) in der Ruwen Köhlinge, 1700 LA Belsch, A
(165) der Sandt Kamp, 1700 LA Belsch; Sand Camp, 1715 LV; aufen Sant Camp, 1759 VR, A
(166) bey der Schäferei, 1700 LA Belsch; bey die Schäferey, 1759 VR, A
(167) beym Scheide Baum, 1759 VR, A
(168) der Schultzen-Kamp, 1772 GA, A
(169) uff dem schwartzen Berge, 1657 LA Belsch; vor den Schwartzen Berge, 1715 LV, A
(170) in der Trien Horst, 1715 LV, A
(171) bey der Viehe Rieden, 1715 LV, Wi, A
(172) auf den Vier Stücken, 1715 LV, A
(173) aufen Witten Barge, 1759 VR, A
(174) bey den Witten Wulfe, 1715 LV; aufen Witten Wulf, 1759 VR, A
(175) Zielitzen Kamp/Zielsten Kamp, 1700 LA Belsch, A.

63

Groß Krams

'groᵘt krams

Kramtze 1456, Holtekramtze 1493, Holsten Krampze um 1524 SchlR Schwerin, Holten Kramptze 1560 AB Schwerin

I Bislang keine vorgeschichtlichen Funde.

II Domanium.

III 9 Hufen – darunter 1 Freihufe – und 5 Katen (1560 AB Schwerin). Individualbede, die Hufe zu 16 ß (1570 LB Schwerin). Pauschalpacht, „de bure alle von Kramtze 28 ß“ (1456 SchlR Schwerin), später Einzelpacht je Hufe 8 ß (1560, 1655 AB Schwerin).

IV Kleines Runddorf. Ortslage exzentrisch zur Flur.

V Blockgewannflur. Keine Ackerschläge (1706 LV).

VI 1570 LB Schwerin: Achim Bußke und Achim Moneke, Tonies und Hermen Rolcke, Drewes Bores, Claus Goetke und Heine Saske, Claus und Chim Roek, Chim und Tieß Borger, Paschen und Chim Frieman, Hinrich und Barteldt Lutke. Kätner: Jurgen Goetke, Hans Hintze, Hinrich Janeke, Hinrich Lutke, Hans Blancke, Hinrich Blancke. Müller: Hanß Frederich.

1655 AB Schwerin: Frantz Bölitze, Jochim Buseke, Asmus Röhleke, Clauß Bätke w., Jochim Bohreß, Hinrich Burmeister, Erdtman Gätke, Volrath Lüthe, Jochim Saßke, Claus Gätke, Claus Timme, Adam Fryeman, Claus Jauche, Jochim Börger w., Jochim Fryeman, Jochim Roke. Kätner: Jochim Blanke w., Jochim Elferß, Jochim Brumme, Claus Frederich w., Hans Gätke. Büdner: Elias Saßke. Müller: Hans Frederich.

1706 LV: Hanß Peter Bölitz, Dettlof Elvers, Jochim Roock, Hinrich Burmeister w., Hinrich Röhlcke, Hanß Freyman jun., Clauß Gättcke, Hanß Lüete, Clauß Bade, Hanß Gättcke, Hanß Timme, Hanß Busecke, Thies Laudan, Peter Freyman, Erdman Gättcke, Peter Brumme, Jochim Fredrich, Hinrich von Sinen, Peter Jauch, Jochim Fredrich sen. Büdner: Peter Gättcke, Jochim Schröder.

VII

1	Kalwerkoppel *kalvəkopl̥*		Su, Ödl/Wei, A
2	Koelken *kœ̄l̥kn*		Su/Wi, A
3	Gausbrink *gausbriŋk*		Su, Ödl/A
4	Bullenwisch *bul̥ˡviš*	die Bollen Wiese, 1766/67 VR.	Wi/Wi
5	Bäunerwischen *boinəvišn*		Su, Wi/Wi
6	Scheperort *šēpə`oᵘət*	im Scheper Ohrt, 1766/67 VR.	Wi/A

7	Öhren *ō°n*	im Hoeren/Horn, 1706 LV; im Öhrden, 1726 VR; im Öhrn ,1766/67 VR; im Öhren, 1810 GA.	Ödl, Su, A/A
8	Kauhdriftslag *kaudriftslax*		Ödl, Su/A
9	Götken Kamp *gœ̄tkənkamᵖ*	Gödecken Camp, 1706 LV; Gätgen-Camp, 1726 VR; auf Gähten Camp, 1766/67 VR.	A, Ödl/A
10	Deelungslag *dēluŋslax*		A, Ödl/A
11	Breeden Slag *brēdnslax*		A, Su, Ödl/A
12	Bäkslag *bākslax*	vorn roden Beck, 1706 LV; vorn der Rohten Behck, 1726 VR.	Ödl, Gw/A, Gw
13	Hee(d)slag *hēⁱslax*		Ödl, A/A
14	Heiwisch *haiviš*		Wi/A
15	Höll *höl*		Ödl, A/A, Kw
(16)	Marks-Kamp	auf Marcks Kampf, 1810 GA; Marks-Kamp, 1937 FK.	A/F
(17)	auf dem Küsel	auf dem Kühsel, 1766/67 VR; auf dem Küsel, 1769 GA; auf Küsel, 1810 GA; auf dem Küsel, 1937 FK.	A, Ödl/F
18	Suer Kuhl *zūə'kūl*	in der Suhren-Kuhl, 1726 VR; Sauer Kuhl, 1810 GA.	A, Ödl/Kw
19	Schew Barg *'šēⁱv'baᵃx*	Schiefe Berg, 1937 FK.	A, Ödl/A, F, Kw
20	Hee(d)koppel *hēⁱkopl*		A, Ödl/A, Kw
21	Middelst Koppel *midlskopl*		A, Ödl/A
22	Swienbucht *svīnbuxt*		A, Ödl/Kw

23	Winkel *viŋkl*	im Winckel, 1706 LV; im Winckell, 1726 VR; beym Winkel, 1766/67 VR.	A/A, Kw
24	Bormbäk *bǫ̂mbăk*	im Born Beck/Bornbecks Camp, 1706 LV; hinter der Bornbeck, 1726 VR; bey der Born Beck, 1766/67 VR.	A, Gw/Kw, A
25	Blag *blāx*		Su/A
26	Hinnelst Koppel *ˋhinlst'kopl*		A, Ödl/A, Kw
27	Groten Strang *ˋgroᵘtn'straŋ*	großen Strang, 1726 VR.	Su/A, Wi, Kw
28	Radenkamp *rådnkamᵖ*	Raden Camp, 1706 LV.	A/A, Kw
29	an'n Nadelweg *anⁿ'nådlvex́*		A/A
30	Nadelweg *nådlvex́*		Fw/Fw
31	Möllers Koppel *ˋmöləs'kopl*		Wi/A
32	Kauhstrang *kaustraŋ*		Su/A, Kw
33	Klinkenwisch *kliŋᵏnviš*	in den Klinten Wiesen, 1766/67 VR; die Klinten Wiese, 1803 GA; die Klinten Wiese, 1817 GA.	Wi/A
34	Branden *branᵈn*	Brand Wiese, 1706 LV; vorm Brande, 1726 VR; in den Brand Wiesen, 1766/67 VR; vor Brann, 1810 GA.	Su, Wi/Wi, A
35	Lanz *lants*	in der Lanßk, 1766/67 VR; in der Lanze, 1790 GA; auf den Lands Stücken, 1817 GA.	Wi/A
36	Hand wiser *hantvīzə*		A/A
37	Klawswisch *klāfsviš*	Clavens Wiesen, 1706 LV; Clarens Wiese, 1726 VR; in der Klabens Wiesen, 1766/67 VR; Klabenwiese, 1810 GA.	Wi/Wi, A

38	Klumpkuhl *klum^{p}kūl*		Wi/Ot, A, Wi
39	Tegesbarg *`tēgəs'ba^{a}x*		A, Wi/A, Wi
40	Klehenmaur *klē^{ə}nmauə*	beym Gleyen Busch, 1706 LV; beym Gleyen-Busch, 1726 VR; Glehen Busch, 1786 GA.	Su/A, Kw
41	Slagkoppel *slaxkopl̥*		A, Ödl/Kw, F
(42)	Runde Moor	beym runden Mohr, 1706 LV; Runden Mohr, 1766/67 VR; Runde Moor, 1937 FK.	Su/F
43	Rumen *rūm^{m}*		Ödl, A/Kw
44	Zarnbäk *tsa^{a}nbǟk*		Gw/Gw
(45)	Korten Scharm	Bascarm, 1706 LV; auf der Scharm, 1726 VR; Korten Scharm, 1937 FK.	A/F
46	Bohnenbarg *bo^{u}n^{n}ba^{a}x*	Bohnenberg, 1706 LV; Bohnen-Berg, 1726 VR; Bohnenberg, 1937 FK.	A, Ödl/F
47	Sassengrund *zasngrunt*	Sachsen Grundt, 1706 LV; Saßischen-Grund, 1726 VR; im Saschen Grund, 1766/67 VR; Sassengrund, 1937 FK.	A/A, F
48	Bäkstücken *bǟkstykn*	Diecks Beck, 1706 LV.	Gw, A/A, Wi
49	Hauhnerkamp *haunəkam^{p}*	aufn Hüner Camp, 1766/67 VR.	A/A, Ot
50	Slachterbarg *slaxtəba^{a}x*		A/Kw
51	Grundböm *gruntbȫm*	an Grundt Bömken, 1706 LV; an die Grund-Bäumen, 1726 VR; in Grund Böhmken, 1766/67 VR.	A/A, Kw
52	Roken Grund *`ro^{u}kn'grunt*	Rocken Grundt, 1706 LV; im Rohcken-Grund, 1726 VR; in Rohken Grund, 1766/67 VR; Rockengrund, 1810 GA; im Roken-Grund, 1937 FK.	A/A, F

53	Elverts Barg *elvəts'ba*^{a}*x*		A/A, Kw
54	Langen Stücken *'laŋ*^{n}*'stykn*		A/A
55	Rölkenmaur *rȫlknmauə*	beym Rölcken Mohr, 1706 LV; im Röhlcken-Mohr, 1726 VR; bey Röhlken Mohr, 1766/67 VR.	Su, A/A
56	Breisgor(de)nsch Koppel *'braisgō*^{ə}*nš'kopl*	an der Breesgarder Scheide, 1766/67 VR.	A, Su/A, Wi
57	achtern Hof *`axtən'hof*	hinter den Höfen, 1726 VR.	A, Su/A, Wi
58	Schaulkamp *šaulkam*^{p}		A/A
59	Dörpstä(d) *dǭ*^{ə}*pstǟə*	auf der Dorf Städten, 1706 LV; die Dorf-Städte, 1726 VR; auf der Dorf Stäte, 1766/67 VR; hinter der Dorfstelle, 1788 GA.	A, Wi/A
60	Schultenkamp *šultnkam*^{p}	Schultzen Camp, 1706 LV; Schultzen Acker, 1726 VR.	A/A
61	Dämm *dem*^{m}		A/A, Wi
62	Bahlweg *bålvex́*	vorn Bohlwege, 1706 LV; vor den Bahl-Wege/am Bohlweg, 1766/67 VR.	A, Su/A, Wi
63	Schultenwisch *šultnviš*	die Schultzen Wiese, 1766/67 VR.	Wi/Wi
64	Schaulwisch *šaulviš*		Su/Wi
65	Götken Koppel *`gœ̄tkn'kopl*		A, Su/A, Wi
66	de Hoew *də'hœ̄f*	im Dorfstädter Hof, 1788 GA.	A/A
67	Bomkoppel *bōmkopl*		Su, Wi/Wei, Wi
68	Chausseekoppel *šo'sēkopl*	an der Landstraße, 1706 LV.	Str, A/A, Wei
69	Brüggmanns Wisch *brygmans'viš*		Wi/Wi
70	Wendisch Wisch *vendišviš*	die Wendsche Wiese, 1766/67 VR.	Wi/Wi

71	Wischen *višn*		Wi/Wi, A
72	Grot Wisch *gro*^{u}*t'viš*		Wi/Wi
73	Bahlwisch *bålviš*	Bollweges Wiesen, 1706 LV; Bahlwegs Wiesen, 1766/67 VR; in der Baal Wiese, 1827 GA.	Wi/Wi, A
74	Römismaur *'rȫmis'mauə*	Römsche Wiese, 1706 LV; die Röhmschen Wiesen, 1766/67 VR.	Su, Wi/Wi,A
75	Rieh'n *rī*^{ə}*n*		Su/Wi, A
76	Middagsbarg *midaxsba*^{a}*x*		Ödl?/Wi, A
77	Briesenbarg *briznba*^{a}*x*		Wi/Wi, A, Ödl
78	Kork *kǫ*^{ə}*k*		Su/Wi, A

VIII

(79) unter der Ahnwende, 1706 LV; die Wende Stücke, 1726 VR, A
(80) am alten Damm, 1832 GA, Fw
(81) Asmus Busch, 1706 LV, Su?
(82) Baack Stroh, 1766/67 VR; auf der Backstro, 1810 GA, A
(83) aufm Bahlstroh, 1706 LV, A
(84) hinter den Bircken, 1726 VR, A
(85) Bläken Hof, 1766/67 VR, A
(86) im Blanken Heegen, 1766/67 VR, A
(87) auf den Blöcken, 1726 VR; im Blöcken, 1798 GA, A
(88) Bommelswiesen, 1706 LV; Bummel Bohm, 1766/67 VR, Wi
(89) Bosen Camp, 1706 LV; Boesen-Camp, 1726 VR; auf Bausken-Camp, 1766/67 VR; Bausen Kampf, 1810 GA, A
(90) Bosen Heyde, 1706 LV; in der Borsen-Heyde, 1726 VR; auf Bauskens-Heyde, 1766/67 VR, Ödl
(91) Brand-Drift, 1726 VR, Fw
(92) vor der Brandenhorst, 1726 VR; auf der Brand Horst, 1766/67 VR, Ödl
(93) am Bresegarschen Stiege, 1726 VR, Stg
(94) aufn Bruck, 1766/67 VR, Wi
(95) Bülckenberg, 1706 LV; der Bülckenberg, 1726 VR; auf Bülckenbarg, 1766/67 VR, A

(96) Buschen Camp, 1706 LV, A
(97) vorn Busch Strange, 1706 LV; hinterm Buschstrang, 1726 VR; bey Busstrang, 1810 GA, Su, A
(98) Cavelln Wiesen, 1706 LV, Wi
(99) Crantz Camp, 1706 LV; beym Crantzen-Camp, 1726 VR, A
(100) Dannen Camp, 1706 LV; Dannen-Camp, 1726 VR; auf Tannen Camp, 1766/67 VR; auf Dannen Kampf, 1810 GA, A
(101) in der Demmer, 1726 VR, A
(102) Dickköhlen Wieße, 1706 LV; die Dick Kählungs Wiesen, 1766/67 VR; Dickälwiese, 1810 GA, Wi
(103) vor dem Dorffe, 1726 VR, A
(104) im Dreyer Enden, 1726 VR, A
(105) in der Düpe, 1766/67 VR; vor der Düb, 1810 GA, Wi
(106) Fenzons Wiese, 1706 LV; Fenzahms Wisch, 1766/67 VR, Wi
(107) aufn Fintzen Camp, 1706 LV, A
(108) Flitzen Camp, 1706 LV; der Flitzen Camp, 1726 VR; auf Flitz-Camp, 1766/1767 VR, A
(109) in Gähten Grund, 1766/67 VR, A
(110) Geschen Land, 1706 LV, A
(111) beym Gleyen-Mohr, 1726 VR; beym Gleien Mohr, 1766/67 VR, Su
(112) Greven Camp, 1706 LV; Grevens-Camp, 1726 VR; auf Grevens Camp, 1766/67 VR, A
(113) der große Kähls-Camp, 1726 VR, A
(114) den Großen-Mihlcken-Camp, 1726 VR, A
(115) groten Caß Camp, 1706 LV, A
(116) Groten Walck Mühle, 1706 LV; der Große Walck-Mühls-Camp, 1726 VR; auf der Groht Walk-Mähl, 1766/67 VR, A
(117) Grot Wösten Camp, 1706 LV; der Große Wüste-Camp, 1726 VR; auf Groht Wösten Camp, 1766/67 VR, A
(118) im Gründen, 1706 LV, A
(119) aufm Heerwege, 1706 LV; auf dem Heerwege, 1726 VR, Str
(120) beym Hencken Deich, 1706 LV, Su, A
(121) Hinter Camp, 1706 LV; aufn Hinn-Camp, 1766/67 VR; auf Hien Kampf, 1810 GA, A
(122) Hof Wiesen, 1706 LV, Wi
(123) bey Hollen Weg, 1810 GA, Fw
(124) hintern Hoppen Höfen, 1706 LV; auf den Hoppen-Hof, 1726 VR, A
(125) Hunden Busch, 1706 LV; auf dem Hunde Busch, 1726 VR; beym Hunde Busch, 1766/67 VR, Gh, A
(126) Kähles-Camp, 1726 VR; Kähls Camp, 1766/67 VR, A
(127) Kihlstück, 1726 VR, A
(128) untern Kirchwege, 1706 LV; beym Kirchweg, 1726 VR, Fw
(129) der kleine Kähls-Camp, 1726 VR; Lütt Kähls Camp, 1766/67 VR, A
(130) Kleinen Caß Camp, 1706 LV, A

(131) Klein Walck Mühle, 1706 LV; der Kleine Walck-Mühls-Camp, 1726 VR; auf der Lütt Walkmähl, 1766/67 VR, A
(132) Klein Wösten Camp, 1706 LV; der Kleine Wüste-Camp, 1726 VR; Lütt Wösten Camp, 1766/67 VR, A
(133) bey den Klocken Graben, 1706 LV, A, Gw?
(134) am Knick, 1766/67 VR, A
(135) Kniefken Wiesen, 1706 LV, Wi
(136) Köhlen Wiesen/Kahlenwieße, 1706 LV; in der Kählung Wiesen 1766/67 VR, Wi
(137) achtern Kohlhöfen, 1706 LV; hinter den Kohlhöfen, 1726 VR, A
(138) auf den Krummen Camp, 1726 VR; auf den Krummen Camp, 1766/67 VR, A
(139) Krummen Stücken, 1706 LV; auf den Krummen Stücken, 1726 VR; auf den Krum Stücken, 1766/67 VR; Krummen Stücken, 1810 GA, A
(140) Krusen Eiche, 1706 LV; auf der Krausen-Eiche, 1726 VR; auf der Kruhs Ehck, 1766/67 VR, A, Wi
(141) Langen Camp, 1706 LV; auf den Langen-Camp, 1726 VR; auf dem Lange Camp/am Lang Camp, 1766/67 VR, A
(142) Langen Mohr, 1706 LV; auf den Langen Mohr, 1726 VR; beym Langen Mohr, 1766/67 VR, Su
(143) langen Scharfen, 1810 GA, A
(144) Lütgen Camp, 1706 LV; auf Lühten Camp, 1766/67 VR, A
(145) Lütgen Wiese, 1706 LV; in der Lütgen-Wiese, 1726 VR; auf der Lütt Wisch, 1766/67 VR, Wi
(146) Loschen Deich, 1706 LV, A, Wi
(147) Milken Camp, 1706 LV; Mihlcken Camp, 1726 VR; auf Milcken Camp, 1766/67 VR, A
(148) im Mittel Busch, 1706 LV; beym Middelbusch, 1766/67 VR, Su, A
(149) Mohrbeck, 1706 LV, Gw
(150) im Möhrcken, 1706 LV; auf den Möhrken, 1726 VR; im Möhrken, 1766/67 VR, Su, A
(151) Möllers Orth, 1766/67 VR, Wi
(152) achtern Mühlen Beck, 1706 LV; hinter der Mühlenbeck, 1726 VR, Gw
(153) Nien Wiesen, 1706 LV; in der neuen Wiese, 1766/67 VR; Nienwiese, 1810 GA; in der neuen Wiese, 1832 GA, Wi
(154) auf der Öhrdens Wiese, 1726 VR; in der Oehrns Wiese, 1766/67 VR, Wi
(155) im Ohrt, 1706 LV; im Ort, 1810 GA, A, Wi
(156) Parpan Wiesen, 1706 LV; auf der Paarpann, 1726 VR; auf der Pahrpann, 1766/67 VR; auf der Parpan, 1810 GA, Wi
(157) in der Pockrent, 1779 GA; im Poqurent, 1788 GA; im Pokrent, 1814 GA, A
(158) Quer Enden, 1706 LV, A
(159) die Reht Wiese, 1766/67 VR, Wi
(160) im Rugen Strange, 1706 LV, Su
(161) bey der runden Horst, 1706 LV, Wi
(162) oben der runden Kuhle, 1706 LV, Pf?

(163) hinterm Runden Strang, 1726 VR; vor Runden Strangen, 1810 GA, Su
(164) Salschen Camp, 1706 LV; auf den Salschen Camp, 1726 VR; auf den Sahlschen Camp, 1766/67 VR; bey der Salschen, 1810 GA, A
(165) Salchen Wiesen/Sälchen Wiesen, 1706 LV; in der Salschen Wiesen, 1766/1767 VR, Wi
(166) Schaap Wiesen, 1766/67 VR, Wi
(167) auf den Schalen Berge, 1726 VR, A
(168) bey den Scheyde Baum, 1706 LV, A
(169) in der Sohren/aufn Söhren, 1706 LV, A, Wi
(170) in der Strickzähnkuhl, 1810 GA, A
(171) Stubben Wieße, 1706 LV, Wi
(172) auf den Stücken, 1791 GA, A
(173) Sumpen Wießen, 1706 LV; im Sump, 1766/67 VR, Wi Su
(174) aufn Taubelangck, 1706 LV; in Dobbelang, 1726 VR; aufn Dobbelang, 1766/67 VR, A
(175) in Thieden Coppel, 1766/67 VR, A, Wi
(176) im Tohren, 1706 LV; auf den Tuhrn, 1766/67 VR, Wi
(177) in der Vieh Wiese, 1766/67 VR, Wi
(178) vorn die Vors Beck, 1706 LV; vor der Fohrschen Beck, 1766/67 VR, Gw
(179) Vor Wiese, 1706 LV; auf der Vöhr Wiesen, 1726 VR, Wi
(180) hinter der Voßbeck, 1726 VR, Gw
(181) Wege Stücke, 1726 VR, A
(182) Wentzel Camp, 1706 LV, A
(183) im Winckel Busch, 1726 VR, Su?
(184) beym Winckell-Mohr, 1726 VR, Su
(185) auf den Zween Stücken, 1766/67 VR, A.

64

Hof und Dorf Redefin

hof, dö^{ö}p'rätfin

Redevin 1306, Redevin 1311, Redeuyn 1353, Redeuine 1363, Redevyn 1372 MUB

I Bislang keine vor- und frühgeschichtlichen Funde.

II Ritterschaftlich, 1698 Kommuniondorf, 1753 zum Domanium.

III Keine Angaben über Hufenzahl, -bede und -pächte möglich.

Um 1700 werden unter Ausschluß der umfangreichen Hofländereien für Redefin $4^1/_2$ Hufen ausgewiesen (Kataster Generalia feudorum). Nach dem

Kirchenvisitationsprotokoll Jabel von 1705 ergeben sich rechnerisch 6 Halbhufner und 6 Viertelhufner, also gleichfalls 4 1/2 Hufen Bauernland.

IV **Sackplatzdorf. Ortslage exzentrisch zur Flur.**

Das den westlichen Zugang zur Jabelheide sperrende „hus to Redevin“ wird erstmals 1306 als Sitz des wendischen Magnaten Hermann Rybe genannt. Wenige Jahre später (1311) verlor dieser einst mächtige und kriegstüchtige Ritter, um 1290 noch unumschränkter Herr der Länder Darzing und Jabel, mit Redefin die letzte ihm verbliebene Burg von Bedeutung. Daraufhin befand sich „dat slot“ für einige Jahrzehnte im gemeinsamen Besitz der Herzöge von Sachsen-Lauenburg und der Grafen von Schwerin, ehe der Platz 1372 schließlich durch vertragliche Regelung an das Herzogtum Mecklenburg fiel.

Schon bei der Erstürmung Redefins durch die Lübecker im Jahre 1353 saßen die v. Pentz – seinerzeit noch als schwerinsche Vasallen – auf der von den Hansen damals zwar zerstörten, unmittelbar danach jedoch wieder aufgebauten Burg. Über 300 Jahre trugen Nachkommen jenes Adelsgeschlechts das „hohe Haus Redefin“ zu Lehen, dazu neben dem Burgort 12 weitere Dörfer der westlichen und mittleren Jabelheide gehörten. Im Laufe der Zeit zerbröckelte dieser Besitz durch häufige Erbteilungen weitgehend. So entstanden wohl bereits Ende des 15. Jahrhunderts in Redefin 3 selbständige Rittersitze der v. Pentz, denen späterhin solche in Belsch und Ramm folgten, während Quast, Bandekow, Volzrade, Benz und Jessenitz sich zu eigenen Lehngütern entwickelten. Von den 3 Redefiner Herrenhöfen wurde der eine 1613 verpfändet, ein anderer geriet nach dem 30jährigen Krieg in die Hand des Oberst Kämp und nur der dritte Hof war bis zu dessen Verkauf an den Landesherrn (1698) v. Pentz'sches Eigentum geblieben. Nachdem die herzogliche Kammer zu Beginn des 18. Jahrhunderts auch den Kämp'schen Anteil käuflich an sich gebracht hatte, vereinigte sie beide Erwerbungen zum „Hof Redefin“ und richtete dort auf Geheiß des Herzogs um 1710 eine „Stuterey“ ein. Als letzter ging im Jahre 1753 der seit 1613 in oft wechselndem Pfandbesitz befindliche und nach dessen letztem Pächter Bühring benannte Hof (cf. Begangnummer 3: „Bühringshof“) mit der historischen Stätte, darauf die mehrmals heiß umstrittene, 1670 dann aber von dem damaligen Pfandinhaber Philip v. Holstein auf Abbruch verkaufte alte Burg gestanden hatte, an das Domanium über. Mit der Abfindung einiger noch bestehender Ansprüche der Carbin'schen Erben an das „hohe Haus“ (1767) endete die ritterschaftliche Periode Redefins, während der es lange Zeit Hauptort einer großen mecklenburgischen Feudalherrschaft gewesen war.

Seit 1847 Kirchdorf; im 16. und Anfang des 17. Jahrhunderts unterhielten die v. Pentz unter Separierung des Burgdorfs sowie der Nachbarortschaft Belsch vom Kirchspiel Jabel zeitweilig eine eigene Kapelle mit einem Pfarrer in Redefin.

V Guts-Bauern-Flur. Keine Ackerschläge (1705/1715 LV, 1759 VA).

VI 1705 KV Jabel: Ulrich Piel, Hanß Keude, Philip Heydeman, Jochim Meyer, der Müller, Peter Brum, Hinrich Krüger, Hanß Ahrenß, Philip Heidman w., Stoffer Hennecke, Hanß Tide, Erdman Henning, Albert Krüger, Jochim Piel.

VII

1	Kalwerkoppel *kalvəkopl*	in der Lütge Kähling, 1715 LV.	Su, Wi/A, Wei
2	Gühlenholt *gül ˋholt*	im Gühlen Holtz, 1701 LA; im Gühlen Holtze, 1715 LV; vorm Gühlen Holtz, 1759 FR.	Su, Wi/A
(3)	Bühringshof *ˋbüriŋsˊhǫf*	Bühringshof, 1788 WK.	Ot/A
4	Scheperkamp *šēpəkam*^{p}	die Schäfer Koppel, 1759 FR; Scheperkamp, 1934 FK.	A/Kw, A, Ot
5	Chausseestücken *šoˊsēstykn*		A, Su/A, Wei
6	Wee(d) *vē*^{i}		Su/A, Wei
(7)	Ried	in der Dieken Rieh, 1759 FR; Ried, 1937 FlK.	Gw/Gw
8	Zienkenwisch *tsīŋ*^{k}*nviš*	im Sierck, 1715 LV; die Zierken Wiese, 1759 FR.	Wi/Wi, Wei
9	Damm *dam*	vorm Damm, 1704 LA; auf dem Damm, 1755 RA.	A, Wi/A, Wei
10	Försterkamp *fǫ̈*^{ə}*stəkam*^{p}		A, Su/A
(11)	Dieke	beym Diecke, 1705 LA; auf dem Dieck, 1715 LV; im Dieck, 1759 FR; Dieke, 1937 FlK.	A, Wi/A, Wei
12	Barkenöhren *ba*^{a}*knö*^{ə}*n*	in Baaken Ohrtgen, 1759 FR.	Ödl/A, Wei, Ödl

13	Hog Koppel *ˋho^{u}x'kopl*		A, Ödl/A
14	Brinkkoppel *briŋ^{k}kopl*		Ödl, Su/A, Wei
15	Barkkoppel *ba^{ak}kopl*		Ödl, Su/A
16	Dammbrak *dambrāk*	auf der Dam Bracke, 1705 LV; auf der Dammbrack, 1715 LV.	A/A
(17)	up de Boek	bey die Krüße Buche, 1705 LV; bey der Boeck, 1715 LV; bey der Bööke, 1759 FR; up de Boek, 1938 FlK.	A, Wi/Kw, A
18	Kumpei *kum'pai*	in der Kump Erde, 1704 LA; Kumppehr, 1705 LV; in der Cumper, 1715 LV; vor der Compey, 1759 FR.	A, Su/A, Wei, Ödl
19	Voßuhrt *fǫsū^{ə}t*	im Voß Ohrte, 1705 LV; im Voß Ohrt, 1715 LV; im Foß Ohrt, 1759 FR.	A, Su/A, Wei
20	Brummenbusch *brum^{m}buš*		Su, Gh/Gh, Wei
21	Jöhlkenbarg *jölknba^{a}x*	auf dem Jöhlcken Berge, 1715 LV.	A, Kw/F
22	Lütt Fruenhost *lyt'frūənhǫst*	Kleine Frauen Horst, 1934 FK.	Gh/Gh
23	Su(d)e *sūə*	de Tzude, 1492 Beschwerde Herzog Johanns v. Sachsen-Lauenburg; die Sude, 1655 AB Schwerin; die Suude, 1759 FR.	Gw/Gw
24	Netteluhrt *nedlū^{ə}t*	Nettel Urt, 1934 FK.	Su/Wi
(25)	Tellerkoppel	Tellerkoppel, 1938 FlK.	A, Kw/F
26	Borkenholln *bǫ^{ə}knholn*	auf der Borck, 1715 LV; Borkenholt, 1934 FK.	Wi/Wi
27	Grot Fruenhost *gro^{u}t'frūənhǫst*	Große Frauen Horst, 1934 FK.	Su, Wi/Gh, Wi
28	Schiphusenkuhl *šiphūznˋkūl*	Schiphusenkuhl, 1937 FlK.	Su/Wi

29	Bröderbusch *brödəbuš*	aufm Broderbusche, 1701 LA; bey dem Brüder Busche, 1715 LV; im Bräuder Busch, 1759 FR.	A, Su/Wi, A
30	Postwisch *postviš*		Wi/Wi
31	Gerichtsbarg *gə'rix́tsba*^{a}*x*	beym Gericht, 1701 LA; auf den Galgen Berge, 1715 LV; beim Galgenberg, 1759 FR.	A, Ödl/Ot, A
32	Dörpstä(d) *dǫ̈*^{ə}*pstǟ*^{ə}	Dorf Stätsche Wiese, 1705 LV; auf der Dorfstädte, 1715 LV; auf der Dorf-Stelle, 1755 RA; auf der Dorf Stäte, 1759 FR.	A, Wi/Wi
33	Klostereck *klo*^{u}*stə`ek*		Ot/Ot
34	Ellerbusch *eläbuš*		Su/Su
35	Hofwischen *hǫfvišn*	Hoffwiese, 1715 LV.	Wi/Wi
36	Schausterkraug *šaustəkraux*		Ot/Ot
37	Husstücken *hūsstykn*		A/A
38	Heller *helä*	am Heller, 1704 LA; bey dem Hohen-Hause, 1715 LV; auf dem Hohen Hause, 1783 GA; Heller, 1878 FlK.	Ot/Ot
39	Torfmaur *tǫ*^{ə}*fmauə*		Su/A, Ödl
40	Dodenweg *do*^{u}*dnvex́*		Fw/Fw
41	Hagenwisch *hågnviš*	die Große Hagen Wiese, 1715 LV; die Große Hagen Wiese, 1759 FR; Hagenskampwiese, 1934 FK.	Wi/Wi
42	Henken Kamp *heŋ*^{k}*n`kam*^{p}	Hennken Kamp, 1759 FR.	A/Ot
43	Moelenkoppel *mœl*^{l}*kopl*	die Mühlen Koppel, 1655 AB Schwerin; Mühlen Koppel, 1934 FK.	Wei/A, Wi

44	Moelenbrauk *mœ̄lˡbrauk*	auf den Broeck, 1715 LV; aufn Brook; 1759 FR; Mühlenbruch, 1934 FK.	Su/Wi, Ödl
45	Eikwisch *aikviš*	die Eich Wiese, 1704 LA; in der Eick Wiese, 1705 LV; die Große Eich Wiese, 1759 FR.	Wi/Wi
(46)	Kleines Hüttmoor	Kleines Hüttmoor, 1878 FlK; Kleines Hüttmoor, 1934 FK.	Su/Wi, Wei
47	Hüttmaur *hytmauə*	Großes Hüttmoor, 1878 FlK; Großes Hüttmoor, 1934 FK.	Su/Wi
(48)	Hütung	Hütung, 1788 WK; Hütung, 1934 FK.	Ödl/A, Wei, Ödl
49	Wulfsbrauk *vul̥fsbrauk*	Wulfsbruch, 1878 FlK; Wolfsbruch, 1934 FK.	Su/Wi
50	Ossenkoppel *osnkopl̥*		Su/A
51	Rodenfort *ˋroᵘdn'fǫᵊt*	dem Roden Vorde, 1420 Verleihungsurkunde; rothe Fuhrt, 1655 AB Schwerin; der Rohte Fohrt, 1701 LA.	Gw/Gw
52	Paßup *ˋpas'up*	auf dem Paßauf, 1788 WK; Paß up, 1878 FlK; Passup, 1934 FK.	Ödl/A
53	Dreeangel *drēaŋᵍl*	Dreiangel, 1934 FK.	A/A
54	Altonaer Kamp *ˋaltōnāə'kamᵖ*	Altonaer Kamp, 1878 FlK; Altonaer Kamp, 1934 FK.	A/A
55	Uhlenhost *ūlˡhǫst*	Uhlenhorst, 1934 FK.	Wi/A
56	Düster Host *dǖstəhǫst*	Düsterhorst, 1934 FK.	Gh/A
57	Hasselhei(d) *haslhaiə*	Hasselheide, 1934 FK.	Su, Wi/A, Wi
58	Brakkamp *bråkkamᵖ*	bey der Braack, 1715 VL; auf dem Brack-Kamp, 1755 RA; vorm Braaken, 1759 FR.	A, Su/A, Wi, Ödl
59	Hüttkamp *hytkamᵖ*	der Hütten Kamp, 1655 AB Schwerin; Hüttkamp, 1934 FK.	A, Su/A, Ödl

60	Nie Koppel *ˋnī'kopl*		Su, Wi/Wi
61	Speckenbrauk *speknbrauk*	Speckenbrook, 1878 FlK.	Su/Gh
62	Menkengraben *meŋ^{k}nˋgråbm*	Menkengraben, 1878 FlK; Menkengraben, 1934 FK.	Gw/Gw
63	Schön Hasselhei(d) *šȫn'haslˋhaiə*	Schönhaßel-Heide, 1878 FlK; Schön Hassel Heide, 1934 FK.	Ödl, Su/Wi
64	Nie Wisch *nī'viš*	die Newe Wiese, 1704 LA; die Neue Wiese, 1715 LV; die Neue Wiese, 1759 FR; Neue Wiese, 1878 FlK.	Wi/Wi
65	Fischhost *fišhǫst*	Fisch Horst, 1934 FK.	Gh/Wi
66	Dämmsch Host *demšhǫst*	Dämmsche Horst, 1934 FK.	Su, Gh/Wi, Gh
67	Hei(d)erwisch *haiəviš*	Heiderwiesen, 1934 FK.	Su/Wi
68	Buernkoppel *būənkopl*	Bauernkoppel, 1934 FK.	Su, Ödl/F
69	Kösterwisch *köstəviš*	Große Küsterwiese, 1934 FK.	Su, Wi/Wi, F
70	Schaulkolk *šaulkolk*	Schulkolk, 1934 FK.	Su/Su, F
71	Luderkuhlsche Kolk *lūdəˋkūlšəˋkolk*	Luderkuhlsche Kolk, 1934 FK.	Su/Su, F
72	Luderkuhl *lūdəkūl*	Luderkuhl, 1934 FK.	Ödl, Gh/F
73	Posthei(d) *posthaiə*	Postheide, 1934 FK.	Gh/F
74	Langen Höst *ˋlaŋ^{n}'höst*	Langen Hörste, 1934 FK.	Gh, Ödl/F
75	Warlitzer Kiel *ˋva^{a}litsə'kīl*	Warlitzer Keil, 1934 FK.	Ödl/F

76	Glaashost *glāshǫst*	Glaashorst, 1934 FK.	Gh/F
77	Glaashoster Dannen *`glāshǫstə'dan*^{n}	Glaashorster Tannen, 1934 FK.	Gh/F
78	Herrendannen *hä*^{ə}*ndan*^{n}	Herren Tannen, 1934 FK.	Ödl, Gh/F
79	Draußelbarg *drauslba*^{a}*x*	Drassel Berg, 1934 FK.	Gh/F
80	Rabenhost *rābmhǫst*	Raben Horst, 1934 FK.	Gh, Su/F
(81)	Raben Sumpf	Raben Sumpf, 1934 FK.	Su/F
82	Prinzenkavel *printsn`kåvl*	die Prenß Wische, 1655 AB Schwerin; die Prehns-Wiese, 1704 LA; Prinzen Kavel, 1934 FK.	Wi/Wi
83	Grot Host *`gro*^{u}*t'hǫst*	Große Horst, 1934 FK.	Gh, Su/Gh
84	Hirschkolk *hi*^{r}*škǫlk*	Hirsch Kolk, 1934 FK.	Su/Wi
85	Losensch Host *lo*^{u}*zənš`hǫst*	Losensche Horst, 1934 FK.	Gh, Su/Gh
86	Lange Host *laŋ*^{g}*əhǫst*	Lange Horst, 1934 FK.	Gh/Gh
87	Köster Wrietenhost *köstə'vrītnhǫst*	Köster Wrieten Horst, 1934 FK.	Gh, Su/Gh
88	Deepen Sump *`dēpm'zum*^{p}	Deepen Sump, 1934 FK.	Su/Wi
89	Dreierhost *draiəhǫst*	Dreyer Horst, 1934 FK.	Gh, Su/Gh

VIII

(90) die Alauns Koppel, 1759 FR, Wi
(91) die alte Köppel, 1705 LV, A
(92) im alten Häusischen Bruch, 1759 FR, Su
(93) Baaken Holtz/Baaken Holtz Wiese, 1759 FR, A/Wi

(94) auf Backen Horst, 1705 LV, A
(95) in der Bandekauer Kuhl, 1759 FR, A
(96) die Bleichstete, 1759 FR, Wi
(97) aufm Bolten Kamp, 1704 LA, A
(98) vorm Braaken, 1759 FR, A
(99) Braak Wiesen, 1759 FR, Wi
(100) die Breesgarnsche Wiese, 1759 FR, Wi
(101) auf der Brück, 1755 RA, A
(102) Büttels Stück, 1705 LV, A
(103) Cranzen Horst, 1759 FR, Wi
(104) die Damm Wiese, 1704 LA; Dam Wiese, 1705 LV, Wi
(105) im dicken Busch, 1701 LA; im Dicken Busch, 1715 LV; beim Dicken Busch, 1759 FR, A, Wi
(106) auf den Diestel Stücken, 1715 LV, A
(107) vorm Dorf, 1759 FR, A
(108) im Fahren-Bruch, 1777 GA, Su
(109) auf fordersten Heid Kamp, 1759 FR, A
(110) die Frawen Lacke, 1701 LA, Gw
(111) aufm 5 Stücken, 1705 LV; auf den 5 Stücken, 1715 LV; aufn 5 Stücken, 1759 FR, A
(112) Goese Camp, 1715 LV; aufn Gänse Kamp, 1759 FR, A
(113) Gotams Wiese, 1759 FR, Wi
(114) auf Gragen Kamp, 1715 LV; auf den grauen Kamp, 1755 RA; aufn Graagen Kamp, 1759 FR, A
(115) im groben Fohrt, 1759 FR, A
(116) die Große Damm Wiese, 1759 FR, Wi
(117) in der Große Kähling, 1715 LV; die Große Kählung, 1759 FR, Wi
(118) der Große Kamp, 1759 FR, A
(119) das Große Mohr, 1759 FR, Su
(120) im Großen Brook, 1759 FR, Su
(121) in der großen Reidt Wiese, 1705 LV, Wi
(122) im Hagen, 1705 LV; im Hagen, 1715 LV; im Hagen, 1759 FR, Wei
(123) Halb Siede, 1705 LV, A
(124) in der Harden Wiese, 1705 LV; in der Harde Wiese, 1715 LV; die Harr Wiese, 1759 FR, Wi
(125) das Heidberger Mohr, 1759 FR, Su
(126) das Heidmohr, 1759 FR, Su
(127) auf dem Hennicken Barge, 1715 LV, A
(128) auffen Herren Kampe, 1705 LV; auf den Herren Camp, 1715 LV; aufn Herren Kamp, 1759 FR, A
(129) Herrn Wiese, 1704 LA, Wi
(130) Heydtbargs Wiese, 1715 LV, Wi
(131) aufm Heydtberge, 1701 LA; aufm Heide Berge, 1705 LV; aufn Heydt-Berg, 1755 RA, A

(132) auf den Heydt-Camp, 1715 LV, A
(133) der Hillerdamm, 1816 GA, A, Fw?
(134) Hindieke, 1705 LV, Wi
(135) bey Hinrichs Hägde, 1715 LV, A
(136) am Hinten Kampf, 1701 LA; auf den Hintersten Cämpen, 1715 LV; der Hinterste Kamp, 1759 FR, A
(137) aufm Hintersten Heydtkampf, 1701 LA; auf hintersten Heid Kamp, 1759 FR, A
(138) die Hirten Wiese, 1759 FR, Wi
(139) Hoff-Cämpe, 1715 LV, A
(140) auf dem Hohen Berge, 1715 LV; beim Hohen Berg, 1759 FR, A
(141) im Hörsten, 1759 FR, A
(142) aufm Hönerbergk/Hünerberge, 1701 LA; vor dem Hüner Berge, 1715 LV; aufn Hüner Berg, 1759 FR, A
(143) auf Jochims Lande, 1705 LV; aufn Jochims Lande, 1759 FR, A
(144) im Kählen, 1715 LV; der Kählken Kamp, 1759 FR, A, Wi
(145) in der Kählung, 1704 LA; in der Kähling, 1705 LV; in der Kähling, 1715 LV; im Kählung, 1759 FR, Wi
(146) auf der Kähmick/Kähmik, 1759 FR, A
(147) auf der Kammer, 1715 LV, A
(148) im Kas Lang, 1759 FR, Su
(149) beim Kegelberg, 1759 FR, Ödl
(150) der Kempen Kamp, 1759 FR, A
(151) Kiehlstücke, 1715 LV, A
(152) die Kleine Damm Wiese, 1759 FR, Wi
(153) die Kleine Koppel, 1759 FR, Wi
(154) Kleine Mühlen Wiese, 1759 FR, Wi
(155) Klocke Wiese, 1715 LV; die Klooken Wiese, 1759 FR, Wi
(156) in Krögers Wiese, 1759 FR, Wi
(157) in die Lohr, 1704 LA, A
(158) die Lembcken Lacke, 1701 LA, Gw
(159) die Lütge Hagens Wiese, 1715 LV; die Kleine Hagen Wiese, 1759 FR, Wi
(160) die Lütte Laack Broeck, 1715 LV, Wi
(161) im Lütten Cämmerihen, 1701 LA, A
(162) in der Lütten Wiese, 1705 LV, Wi
(163) in der Lütte Reidt Wiese, 1705 LV; die Kleine Reht Wiese, 1759 FR, Wi
(164) die Marien Wiese, 1704 LA, Wi
(165) auf den mittelsten Heyd-Kamp, 1755 RA; auf mittelsten Heid Kamp, 1759 FR, A
(166) die Mühlen Wische, 1655 AB Schwerin; die Mühlen Wiese, 1701 LA; die Mühlen Wiese, 1759 FR, Wi
(167) die Näfcken Wiese, 1715 LV; aufn Efken Wiesen, 1759 FR, Wi
(168) die Nefcken Coppel, 1715 LV, Wei
(169) die Övelgunde, 1701 LA, A

(170) Pferde Koppell, 1704 LA, Ödl
(171) Quehrstücke, 1715 LV, A
(172) die Rade Wiese, 1704 LA, Wi
(173) im Reppen Strang, 1759 FR, Su
(174) auf dem Roden Lande, 1701 LA; aufm Radelande, 1705 LV, A
(175) Ruhm Pöhrtgen, 1759 FR, Ödl
(176) bey der runden Kuhle, 1778 GA, Pf?
(177) im Saschen Ohrt, 1715 LV; im Saschen Ohrt, 1759 FR, A
(178) die Schäffer Wiese, 1715 LV; die Schäfer Wiese, 1759 FR, Wi
(179) die Schelb Wiese, 1715 LV; die Schilf Wiese, 1759 FR, Wi
(180) das Schilf Wiesen Stück, 1759 FR, A
(181) aufn 6 Enden Stücken, 1759 FR, A
(182) bey den 6 Stücken, 1715 LV; aufn sechs Stücken, 1755 RA; aufn 6 Stücken, 1759 FR, A
(183) auf den Spicker-Kamp, 1755 RA; aufn Spieker Kamp, 1759 FR, A
(184) vorn Stubbendiek, 1705 LV; in den Stubben Dieck, 1715 LV, Wi, Su
(185) aufn Stubben Diecker Berg, 1759 FR, A
(186) in der Stubben Wiese, 1705 LV; die große Stubben Wiese, 1759 FR, Wi
(187) Suden Stück, 1705 LV; auf den Suden Stück, 1715 LV, A
(188) auf dem Tannen Kamp, 1704 LA; Tannen-Kamp, 1755 RA, A
(189) in Tegams Holtz, 1715 LV; in Techans Holtz, 1759 FR, Wi, Su
(190) am Teichdamm, 1701 LA, Wi
(191) Unternbeumen, 1705 LV, A
(192) in Vorcks Brook, 1759 FR, Wi
(193) in Forckshofe, 1705 LV; im Vorwercks Hoff, 1715 LV; am Vorckshof, 1759 FR; im Vorwerks Hof, 1784 GA, A
(194) Wall-Teich, 1704 LA, Pf?
(195) im weißen Sande, 1759 FR, Ödl
(196) im wüesten Hoefe, 1704 LA, A.

65

Kuhstorf

kausdǫ̈ᵉp

mit Eichhof

aikhǫf

Curdestorp 1363 MUB, Kustorf 1570 LA Redefin

I Jüngere Steinzeit: Zwei durch Feuersteingeräte nachgewiesene Siedlungsplätze („Försteracker" und „Zielist"). Ältere Eisenzeit: Zahlreiche Gefäßscherben („Försteracker"). Jüngere Eisenzeit: Zwei Siedlungsplätze

(„Zielist“ und „Seigersin“). Slawische Zeit: Siedlungsgelände („Zielist“).

II Ritterschaftlich, 1599 Kommuniondorf, 1804 zum Domanium.

III 8 Hufen und 15 Kossatenstellen (1595 KV Picher). Individualbede, die Hufe zu 16 ß (1570 LB Schwerin). Pacht für eine Hufe 2 Mark (1595 LA Redefin).

IV Rundling. Ortslage exzentrisch zur Flur (Gewässerlage).
Noch ausgangs des 16. Jahrhunderts besaßen die v. Pentz das zum Redefiner Burglehn gehörende Bauerndorf Kuhstorf allein. Im Jahre 1599 kauften die mecklenburgischen Herzöge für 1100 Gulden von Henning Pentz erstmals 5 Bauern dieses Ortes und zwei Jahrzehnte danach (1618) erwarb Herzog Adolf Friedrich von Mathias Pentz für 2600 Gulden abermals 3 Hufner und 5 Kossaten daselbst. Während des 30jährigen Krieges müssen Angehörige jenes Adelsgeschlechts weitere Liegenschaften in Kuhstorf an die fürstliche Kammer veräußert haben, denn von den insgesamt 30 Bauern- und Kossatengehöften des Dorfes waren ausweislich der Amtsbeschreibung von 1655 deren 22 bereits domanial. Nach längerem Stagnieren der Eigentumsverhältnisse gab der Vermögensverfall des Besendorfer Hauses der v. Pentz dem Landesherrn Gelegenheit dessen Kuhstorfer Besitzungen – 4 Bauern und 2 Kossaten – vorerst pfandweise (1756) und wenig später endgültig an sich zu bringen (1760). Über die Vererbpachtung oder Vertauschung der beiden letzten noch ritterschaftlichen Gehöfte des Ortes wurde von 1798–1804 zwischen der Warlitzer Gutsherrschaft als Lehnsträger und dem Fiskal verhandelt. Unter welchen Modalitäten sich der Übergang der beiden Stellen an das Domanium vollzog, bleibt dunkel, doch ist zu vermuten, daß die nachmals auf der Gemarkung Kuhstorf vorhandenen ritterschaftlichen Wiesenreservate damit in Zusammenhang stehen.

Der nunmehr rechtssudische Flurteil von Kuhstorf war ehedem eine selbständige Gemarkung um eine ursprünglich vielleicht mit Zollgerechtigkeit ausgestattete Kruglage. Mindestens seit der ersten Hälfte des 18. Jahrhunderts bildete der Sudenkrug mit seinen Ländereien einen Pachthof. Im Jahre 1819 übernahm Herzog Gustav von Mecklenburg den Hof und baute diesen zu einem in der Folge „Eichhof“ genannten Jagdschloß um. Nachdem das Grundstück bereits 1831 wiederum anderweitig verpachtet worden war, wurde die Feldmark zwischen 1835 und 1839 durch die Anlage von 9 Büdnerstellen aufgesiedelt [Begangnummern Eichhof: 1–22 und (98)–(114)].

V Gewannartige Streifenflur. Keine Ackerschläge (1726 LV).

VI 1595 KV Picher: Hans Brandt, Chim Saßke, Hans Bokeler, Hans Eluer, Hans Busche, Hans Brandt, Heinrich Brandt, Chim Hardeloff, Heinrich Fehlandt, Chim Pegel. Kossaten: Chim Bokeler, Chim Isebern, Chim Voß, Heinrich Buseke, Chim Brumme, Hans Pegel, Chim Brandt, Claus Meckehlnburgk, Hans Koße, Hans Saßke, Peter Brandt, Chim Brumme, Chim Saßke, Chim Brandt, Heinrich Brandt.

1655 AB Schwerin: Jochim Elfert, Claus Brandt, Hans Brumme, Chim Brandt w., Chim Hardeloff w., Jochim Vehlandt, Hinrich Pegel, Hinrich Brandt, Claus Saßke w., Jochim Wendelberch w., Peter Brumme. Kätner: Claus Güßmer w., Hinrich Brandt, Hans Tiede, Jochim Koß, Hinrich Buhske, Hans Brandt, David Brandt, Asmus Bornhöfet, Chim Elfert, Claus Kloke, Jacob Saßke, Hans Brandt, Jochim Meybohm, Jochim Pegel w., Hans Elfert w., Hinrich Brandt, Hans Foß, Claus Elfert, Peter Brumme.

1706 KV Picher: Hinrich Pägel, Hanß Fehland, Peter Brandt, Jochim Brandt, Hinrich Bröder, Hanß Brum, Peter Elver, August Gätke, Jochim Bödter, Lorentz Brandt, Jochim Brandten Witwe. Kossaten: Hanß Brum, Paul Fehland, Paul Fehland Hinrichs Sohn, Jochim Pägel, Hanß Elver, Peter Brum, Hanß Tiede, Hanß Sasch, Peter Dahle, Hanß Bachmeyer, Hinrich Fehland, Johan Bachmeyer, Jochim Drenckhan, Hanß Drenckhan, Roocken Witwe, Hinrich Busch, Hanß Pägel, Hinrich Pägel beym Mohr, Hanß Brandt.

VII

1	Höstenhaken *hǫ̈stnhākn*	Höstenhaken, 1849/50 FlK.	Wi, Su/Wi
2	Hinnenkamp *hin*^{n}*kam*^{p}	der Hinnen Camp, 1760 RA.	A, Wi/Wi
3	Nie Kauhwei(d) *`nī'kauvaiə*	Püster-Ort, 1760 RA; Puster Ort, 1788 WK; Puster-Ort, 18. Jh. FlK.	Su/Wei, Kw
(4)	Mörcker Kamp	der Möhrcken Camp, 1760 RA; Mörcker Kamp, 18. Jh. FlK.	A/A
5	Försteracker *fǫ̈*$^{ǫ̈}$*stəakə*	Försteracker, 1844 OA.	Su/A
(6)	Vor-Kamp	die Vor-Koppel, 1760 RA; Vor-Kamp, 18. Jh. FlK.	A/A
(7)	Hahnen Kamp	der Hahn-Camp, 1760 RA; Hahnen Kamp, 18. Jh. FlK.	A/A

8	Kliewatzmaur *klīvatsmauə*		Su/A
(9)	Lütt Heid Kamp	der kleine Heydt Camp, 1760 RA; den Kleinen Heydt-Kampf, 1787 OA; Lütt Heid Kamp, 18. Jh. FlK.	A/A
(10)	Lehmkuhl	Lehmkuhl, 18. Jh. FlK.	Ödl, A/A
11	Eikhoewer Wischen *`aikhœ̄və'višn*		Wi, Su, Wi
12	Bäunerland *boinəlant*		A, Ödl/A
(13)	Fahren Höfel	Fahren Höfel, 18. Jh. FlK.	A, Ödl/A, Wei
14	Plumpensahl *plum^{p}m`zål*	Plumpensahl, 1849/50 FlK.	Su, Ödl/A
15	Hagenower Kamp *`hågəno^{u}ə'kam^{p}*	der Hagenower Camp, 1760 RA; Hagenower Camp, 1795 OA.	A/A
16	Ümlopwischen *ymlōp`višn*		Wi, Su/Wi
17	Stubbenwischen *stubmvišn*		Wi, Su/Wi
18	Rausengor(de)n *rauzngō^{ə}n*	im Rosengarten, 1818 GA; Rausengorn, 1849/50 FlK.	A, Ödl/A, Wei, Kw
19	Haufisenbarg *haufīznba^{a}x*	Haufiesenbarg, 1849/50 FlK.	A, Ödl/A
20	Vierstäng *`fīə'streŋ^{v}*		Su, Ödl/A
21	Hauhnerwischen *haunəvišn*	Hüner Wiese, 1795 OA.	Wi/Wi
22	Mörderbarg *mö^{ə}dəba^{a}x*	Mörderbarg, 1849/50 FlK.	Ödl, A/A, Ödl, Kw
23	Schierfurt *šīəfū^{ə}t*		Ft?, Wi/Wi
24	Gösselwisch *göslviš*		Wi, Su/Wi

25	Jahnkenstadt *jåŋᵏnstat*	in der Janckenstelle, 1726 LV.	A, Ödl/A, Kw
26	Amtswischen *amtsvišn*		Wi/Wi
27	Borkerts Host *ˋbǫᵊkəts'hǫst*	Borkerts Horst, 1849/50 FlK.	A, Ödl/A, Kw, Wei
28	Bäkkoppel *bäkkopl*		A, Wi/A
29	Bäkwischen *bäkvišn*		Wi/Wi
30	Gulisterbarg *ˋgūlistə'baᵃx*		A, Ödl/Kw
31	Gulist *gūlist*	die Guliz, 1788 WK; in der Gulitz, 1788 GA; in der Guhlitz, 1815 GA; Gulist, 1849/50 FlK.	A, Ödl/A, Wi, Kw
32	Preisterlak *praistəˋlåk*	auf der Papen Wiese, 1726 LV; Priester Wiese, 1795 RA.	Wi/Wi
33	Zielist *sīlist*	auf der Sietlitz, 1726 LV; auf der Zietlitz, 1766 RA; auf der Zitlitz, 1781 GA; Zietlitz, 1815 GA; Cielist, 1849/50 FlK.	A/A
34	Heuling *hoiliŋ*		Su/Wi
35	Hoew *hœ̄f*		Wi, A/A, Wei
36	Hofwischen *hǫfvišn*	die Hofwiesen, 1726 LV.	Wi/Wi
37	Bleik *blaik*	die Bleiche, 18. Jh. FlK; der Bleicher Camp, 1795 RA; Bleiche, 1849/50 FlK.	Wi/Wi, Ot
38	Douren *doᵘən*	auf der Dohren, 1726 LV; auf dem Dahren/Dahrn, 1795 RA; auf dem Dorn, 1805 GA.	A/A
(39)	Försterkoppel	Försterkoppel, 18. Jh. FlK.	Wi/Ot, Wei
40	Aaskoppel *åskopl*	bey der Aaskuhle, 1788 GA; bey der Aaskuhle, 1793 GA.	Ödl, A/A, Ot

41	Dreiblatt *draiblat*	Dreiblatt, 1849/50 FlK.	Wi/Wi
42	up'e Binn *`upə'bin*^{n}	Binn'g, 1849/50 FlK.	Wi/Wi
43	Staffertskuhl *stafəts`kūl*	Staffertskuhl, 1849/50 FlK.	Su/Wi
44	Gaurnitz *gauənits*	bey der Gornitz, 1726 LV; in der Gurnitz, 1766 RA; im Gornitz, 1793 GA; die Gährnitz, 18. Jh. FlK.	Wi/Wi, A
45	Stäbel *stävl*	in Stiefel, 1726 LV; im Stiebelt, 1766 RA; Stiebel, 1788 WK; im Stiebel, 18. Jh. FlK; im Stiefel, 1805 GA.	Wi/Wi
46	Stäbelsche Host *`stävlšə'hǫst*		Wi?/A
47	Schaulkoppel *šaułkopł*		Wi/A, Wi
48	Bohnenbarg *bo*^{u}*n*^{n}*ba*^{a}*x*	Bohnenberg, 18. Jh. FlK; Bohnenberg, 1849/50 FlK.	A, Ödl/F
49	Katerbarg *kåtəba*^{a}*x*	auf den Kähter Barg, 1726 LV.	A, Ödl/F
50	Pägels Barg *päglsba*^{a}*x*	Pägels Berg, 18. Jh. FlK.	A, Ödl/F
51	Flasch *flaš*	in der Flasche, 1726 LV; die Flas, 1788 WK; die Flasche, 1849/50 FlK.	Wi/Wi
52	Grot Wischen *gro*^{u}*t'višn*		Wi/Wi
53	Krögerwisch *krögəviš*	die Krüger Wiese, 1726 LV.	Wi/Wi
54	Kotenlan'n *ko*^{u}*tnlan*^{n}	im Kohten Lande, 1726 LV; im Kotherlande, 1805 GA; im Kothenlande, 1849/50 FlK.	A, Wi/A, Kw, Wi
55	Binnenbarg *bin*^{n}*ba*^{a}*x*	Großen Binnenkamp, 1726 LV; Binnenkamp, 1849/50 FlK.	A/A, Ödl
56	Försterkavel *fǫ*$^{ǫ̈}$*stə`kåvł*		Su, Wi/Wi

57	Fohrenkamp *fōᵊnkamᵖ*	Fahrn Kämp, 1795 RA; Farrenkamp, 1849/50 FlK.	A, Su/A, Wi
58	Rädfiner Wischen *\`rätfīnə'višn*		Su, Wi/Wi
59	Schülpreig *šülpraiẋ*		Su/Wi
60	Torfmaur *tǫˀfmauə*	Torf-Mohr, 1795 RA; Torfmoor, 1849/50 FlK.	Su/Wi
61	Seebleck *sē'bläk*	Seebeck, 1849/50 FlK.	A, Ödl/A, Kw, Wi
62	Porenhost *pōən\`hǫst*	die Paren Horst, 1765 RA; Pahren Horst, 1849/50 FlK.	Su, Ödl/Wi, Kw
(63)	Brandten Sumpf	Brandten Sumpf, 1849/50 FlK.	Su/Wi
64	Föhren *fȫən*	beym Föhrden, 1726 LV; beym Föhrn, 1795 RA.	A, Su/A
(65)	Roggenkoppel	Roggenkoppel, 1849/50 FlK.	Ödl, A/A, Ödl
66	Davids Sump *\`dāfīts'zumᵖ*	Davids-Sumpf, 1795 RA; Davids Sump, 18. Jh. FlK; Davidsumpf, 1849/50 FlK.	Su/Ödl, A
(67)	Damm Wiese	Damm Wiese, 18. Jh. FlK; Damm Wiese, 1849/50 FlK.	Wi/Wei, Wi
(68)	Kahl Sumpf	Kahl Sumpf, 1849/50 FlK.	Su/Ödl, Wei
(69)	im Orte Kählung	in der Kählen, 1726 LV; im Orte Kählung, 18. Jh. FlK.	Su, Wi/Wei, Ödl
(70)	Arrestrang	Arrestrang, 1849/50 FlK.	Su/Wei, Wi
71	Oll Kauhwei(d) *ol'kauvaiə*		Ödl/Ödl, A, Wei
(72)	im Dämmen	im Dämmen, 1849/50 FlK.	Su, A/A, Wi
(73)	Barlitzer-Mohr	Barlitzer-Moor, 1795 RA; Barlitzer-Mohr, 1849/50 FlK.	Su/A
(74)	Mittelstrang	Mittelstrang, 1849/50 FlK.	Su/A, Wi

(75)	Brands Kähling	Brands Kähling, 1788 WK.	Su/A, Wi
(76)	Reuter Horst	Reuter Horst, 1788 WK; Reiter Horst, 1849/50 FlK.	Su, Wi/A, Wi
(77)	Reiterkamp	Rüter-Camp-Moor, 1795 RA; Reiterkamp, 1849/50 FlK.	Su, Ödl/A
78	Pierkoppel *pīəkopl*	Pferde Koppel, 1765 RA; Pferde- Koppel, 1795 RA.	Su, Ödl/A, Wi
(79)	Boln Stesatz	Boln Stesatz, 1788 WK.	A, Su/A
80	Brandenhost *bran^d n`hǫst*		A, Ödl/A
(81)	Beber Wiese	Beber Wiese, 1788 WK.	Wi/A
(82)	Büdner Wiesen	Büdner Wiesen, 1788 WK; Büdener-Wiesen, 1795 RA.	Wi/A, Wei
(83)	Kösken Forth	Kösken Forth, 1788 WK.	Su, Ft/A
84	Voßkuhlen *fǫskūl*	in der Vooß Kuhl, 1726 LV; Voßkuhlen, 1849/50 FlK.	A, Ödl/F,A
(85)	Pichersche Breite	Pichersche Breite, 18. Jh. FlK; Pichersche Breite, 1849/50 FlK.	Ödl, A/F
(86)	Keller	Keller, 1849/50 FlK.	Ödl/F
(87)	Lange Wiese	in der Langen Wiese, 1726 LV; Lange Wiese, 1788 WK.	Wi/A
88	Sandfort *zantfō̆ᵊt*	über den Sandtforth, 1726 LV; Sandfort, 1849/50 FlK.	Wi, A/A
89	Hee(d)dour(en)sch Weg *`hē̆ⁱdoᵘənš̌'vex́*		Fw/Fw
90	Kraunsuhrt *krauns`ūᵊt*	im Krohns Ohrde, 1726 LV; die Krohns Orts Koppel, 1765 RA; im Krohnsohr, 1793 GA.	Wi/Wi
91	Brückerkamp *brykə'kamᵖ*	auf den Brüger Camp, 1726 LV.	A/A
92	Glien *glīn*	im Geliehen, 1726 LV.	A, Wi/A

93	Swienkuhl *svīnkūl*		Pf?/A
94	Gliener Maur *glīnə'mauə*		Su/A
95	Pliesch *plīš*	in der Ließ/Ließck, 1726 LV.	A, Su/A, Wi
96	Seigersin *zaigə'zīn*	in der Segersie/Segersey, 1726 LV.	A/A, Kw
97	Katkampschen Wischen *`kātkam*^{p}*šn'višn*		Wi/Wi

VIII

(98) der alte Buchweitzen Camp, 1760 RA, A
(99) der Bohnen-Camp, 1760 RA; die Bohnen-Koppel, 1787 RA, A
(100) Bröder Strang, 1765 RA, Su
(101) bey der Faulen-Riehe, 1787 RA, Su
(102) Förster Wiese, 1765 RA, Wi
(103) der große Heydt Camp, 1760 RA, A
(104) der Kahl-Camp, 1760 RA; der Kahl-Kampf, 1787 RA, A
(105) das Krum Stück, 1760 RA, A
(106) Mohr Brinck, 1765 RA, Ödl
(107) Nacht-Koppel, 1787 RA, Wei
(108) Nettel-Orth, 1787 RA, Wei
(109) Riecken Stück, 1760 RA, A
(110) Schüen Stück, 1760 RA, A
(111) Sontags Mohr, 1765 RA, Su
(112) Strang Wiesen, 1765 RA, Wi
(113) der Stucker Berg, 1760 RA, A
(114) im Vier, 1787 RA, Ödl
(115) auf den Bohl Fahrts Camp, 1726 LV, A
(116) vor der Bohr Fiest, 1726 LV, A
(117) im Brückenhof, 1788 GA, A
(118) im Brügen, 1726 LV, A, Wi
(119) auf den Brüger Stücken, 1726 LV; auf den Brügen Stücken, 1765 RA, A
(120) Butt Camp, 1726 LV, A
(121) auf den Cämpen, 1726 LV, A
(122) vor der Cummers Wiese, 1726 LV, Wi, A
(123) beym Dahlen-Mohr, 1781 GA, Su
(124) vorn Deppen Fohrde, 1726 LV, Ft
(125) vorn Doben Lande, 1726 LV; im Dobblande/Dobbel-Lande, 1786 GA; im Dobbellande, 1788 GA, A

(126) die Dwer Stücken, 1726 LV, A
(127) an Elvers Horst, 1726 LV, Wi
(128) achtern der Goriß/Gorißck, 1726 LV, A
(129) in der Gracken Wiese, 1726 LV, Wi
(130) im Gretten Ohrde/Grehten Ohrde, 1726 LV; im Grehten-Ort, 1766 RA, A
(131) auf Grobendamm, 1768 GA, A, Fw?
(132) in Gründen, 1726 LV, A
(133) im Heidt Ohrde, 1726 LV, A
(134) Holtz Koppeln, 1765 RA, Kw
(135) auf der Horst, 1818 GA, A
(136) auf der Hustieß, 1726 LV, A
(137) Hütter Camp, 1726 LV, A
(138) auf den Kaht Camp, 1726 LV, A
(139) im Köhlschen Fohrde, 1726 LV, Wi
(140) Kristien Camp, 1726 LV, A
(141) der Krüger-Camp, 1795 RA, A
(142) Krumstück, 1726 LV, A
(143) auf den Langen Camp, 1726 LV, A
(144) die Langen Stücke, 1726 LV, A
(145) aufn Löschen Ohrden, 1726 LV, A
(146) Lütgen Binnenkamp, 1726 LV, A
(147) die Lüt-Horst-Wiese, 1795 RA, Wi
(148) beym Mohr, 1706 KV Picher; in dem Mohr, 1726 LV, Su
(149) beym Mühlenwege, 1726 LV, Fw
(150) in der Neu Wiese, 1726 LV, Wi
(151) auf den olden Heidt Camp, 1726 LV, A
(152) auf den Panfohrts Camp/Pandtfohrts Camp, 1726 LV, A
(153) vor der Rampasche/Rampaasche, 1726 LV, A
(154) achtern runden Busch, 1726 LV, Su?
(155) Schultzen Koppel, 1765 RA, A
(156) die Strengwiese, 1805 GA, Wi
(157) auf der Strohkircher Heide, 1726 LV, A, Ödl
(158) in der Vorgöhren, 1726 LV, A
(159) auf den Waterdamm, 1793 GA, A, Fw?
(160) auf den Wendt Stücken, 1726 LV, A
(161) beym Wietten Sanbarge, 1726 LV; auf den Sandberg, 1788 GA, A Ödl
(162) Zehntacker, 1726 LV; der Zehnt Acker, 1765 RA, A.

66

Strohkirchen

stro^u^ka^a^k

Strokerke 1407, Strokerke 1472 SchlR Neustadt, Strokerckenn 1570 LB Schwerin

I Jüngere Bronzezeit: Kleiner Bronzering aus einem Grabfund.

II Domanium.

III 8 Hufen und 8 Katen (1568 AB Neustadt). Individualbede, die Hufe zu 16 ß (1472 SchlR Neustandt). Einzelpacht je Hufe 6 ß (1407 SchlR Neustadt).

IV Rundling. Ortslage zentral zur Flur (Gewässerlage).

V Gewannartige Streifenflur. Keine Ackerschläge (1568 AB Neustandt, 1755 FR).

VI 1568 AB Neustadt: Palm Vicke, Titke Iseberner, Heinrich Kosse, Teus Kliuitt, Achim Grouvekenn, Achim Scherpke, Achim Jabelheitt, Jacob Jabelheitt, Peter Krantz. Kätner: (Achim Jabelheitt), Thias Graucke, Heinrich Schulthe der Moller, Achim Graweke, Heinrich Iseberner, Achim Vicke, Harmenn Grawecke, Achim Kliuitt.

1654 AB Neustadt: Palm Schulz, Christoph Schulz, Hanß Koß, Hinrich Koß, Tieß Saffan, Hanß Grake, Chim Schoep w., Christoph Brandt, Hanß Schoep w., Hanß Vicke. Kossaten: Aßmus Grawert, Marx Haveman, Christian Schulz, Jochim Haese, Hanß Schulz, Hanß Beuche, Hinrich Bancke w., Cheel Koße, Hanß Kleifuß w.

1706 KV Picher: Hinrich Fick, David Laudan, Jürgen Koß, Christian Lübke, Hanß Meybohm, Claß Koß, David Brandt, Hanß Schop, Hanß Ide. Kossaten: Jochim Berman, Hinrich Schult, Claß Gätke, Hanß Koß, Hanß Brandt, Valentin Fick, Jochim Kirchhoff, Hanß Schult, Hartwig Bahrs.

VII

1	Bäk *băk*	Trisniza, 1167 MUB; an der Beck, 1755 FR.	Gw/Gw
2	Pliesch *plīš*	in der Pliece, 1755 FR; Pliece, 1869 FlK.	A, Su, Ödl/F

3	Rieselwischen *rīzlvišn*		Su/Wi
4	Buschenkamp *būšnkam^{p}*	Buschenkamp, 1869 FlK.	A, Ödl/F
(5)	Fortt Mohr	Fortt Mohr, 1788 WK.	Su, Ft?/A
6	Kiewittsmaur *`kīvits' mauə*	das Kivits Mohr, 1755 FR; Kiewitz Moor, 1869 FlK.	Su/Su, Ödl
7	Immenhof *im^{m}hǫf*	Bienenhof, 1869 FlK.	A, Ödl/F
8	Grot Maur *gro^{u}t' mauə*	das Große Mohr, 1755 FR.	Su/Kw, A
9	Kamp *kam^{p}*		A/A, Kw
10	Hasenbarg *hāznba^{a}x*	Hasenberg, 1869 FlK.	A/F
11	Strang *straŋ*	im Strange, 1755 FR.	Su/A, Wei
12	Bullenkamp *bul^{l}kam^{p}*	im Bullen Mohr, 1755 FR.	Su, Wi/A, Ot
13	Heilkolk *hailkǫlk*	am Müeßer Kolck, 1755 FR.	Su, A/Wi
14	Muscher Stücken *`mūšə' stykn*		A, Wi/A
15	up'e Musch *upə' mūš*	auf den Müeßer Camp, 1755 FR.	A, Wi/Ot
16	Doul *do^{u}l*	Dohl, 1869 FlK.	Su, Wi/Wi
17	Blank Noors *blaŋk' nō^{ə}s*		A/Ot
18	Aaskuhl *āskūl*		Ödl/Ot
19	Swienwei(d) *svīnvai^{ə}*		Ödl/Ot

20	Drögen Dannenkamp *drögn'dan*^{n}*kam*^{p}	Drögen Dannenkamp, 1869 FlK.	Kw/F
21	Haut *haut*		A, Ödl/Ot
22	Brink *briŋk*		Ot/Ot
23	Zielitzer Hof *\`sīlitsə'hǫf*	am Zitlitzer Busch, 1755 FR.	A, Su/Ot, Wi
24	Zielitzer Weg *\`sīlitsə'vex́*		Fw/Fw
25	Koeterbarg *kǫ̈täba*^{a}*x*		A/A
26	Duurnhost *dū*^{ə}*nhǫst*		Ödl, A/A
27	Buschkoppel *buškopl*		Ödl, A/A
28	Driftwisch *driftviš*	die Triftwiese, 1835 GA.	Su, Ödl/Wi
29	Sandbarg *zantba*^{a}*x*	auf den Sand Bergen, 1755 FR.	A/Kw
30	Blenz *blens*	auf den Blenzer Camp, 1755 FR.	A/A, Kw
31	Pierhagen *pī*^{ə}*hågn*	im Pferde Hagen, 1755 FR; Pferde- hagen, 1869 FlK.	A, Ödl/F
32	Bullenwisch *bul*^{l}*viš*	die Bollen Wiese, 1755 FR.	Wi/Wi
33	Sielkamp *zīlkam*^{p}	Siel Camp, 1755 FR.	A/A
34	Hei(d)koppel *haikopl*	in der Heide, 1755 FR.	Ödl, Su/F
35	Kauhwei(d) *kauvaiə*		Su, Ödl/Wei, A
36	Slienzerkamp *slīnsə\`kam*^{p}		A/Kw

37	Barkenuhrt *baᵃkn'üᵊt*	im Barcken Orth, 1755 FR.	Wi/A
38	Krüzbeerenbarg *krütsbēᵊn'baᵃx*		A/A
39	Immenhost *imᵐhǫst*		Su, A/Gh
40	Dowen Holt *'dövn'holt*	im Doven Holtz, 1755 FR; Dobenholz-Cavel, 1785 GA; im Dobenholdt, 1804 GA; Doven Holz, 1869 FlK.	Wi, Su/Wei, Wi
41	Deilholt *dailholt*	Deil Holz, 1869 FlK.	Su/A, Wei, Wi
42	Maur *mauə*	der Schultzen-Mohr, 1755 FR.	Su/A
43	Schultenkoppel *šultnkopl*	der Schultzen-Kamp, 1755 FR; Schultenkoppel, 1869 FlK.	A/A
44	Sparlingsen'n *'spaᵃliŋs'enⁿ*	Sperlingsende, 1869 FlK.	Su, A/A
45	Dammstücken *damstykn*	Dammstücken, 1869 FlK.	A/A
46	Swienkaben *svīnkåbm*	auf den Schwein-Caven-Camp, 1755 FR.	A/A, Wei
47	Ellerholt *əläholt*	im Eller Holtz, 1755 FR.	Su, Wi/A, Wei
48	Luntenbusch *luntnbuš*		Ödl, A/A, Wei
49	Koelken *kœlkn*	in der Kählung, 1755 FR; in der Kaehling, 1788 WK.	Su, Wi/A, Wei
50	Zägenuhrt *tsägn'üᵊt*	im Ziegen Orth, 1755 FR.	Su/Wei, Wi

VIII

(51) im Bauer Orth, 1755 FR, Wi
(52) zwischen den Bäumen, 1755 FR, A
(53) auf Beckers Cämpen, 1755 FR, A

(54) beym Blancken Mohr, 1755 FR, Su
(55) im Blentzer Kolck, 1755 FR, Su
(56) auf den Breiten Stücken, 1755 FR, A
(57) auf den Campen, 1755 FR, A
(58) im Dampel, 1755 FR, Wi
(59) beym Dicken Bäumen, 1755 FR, A
(60) beym Forth, 1755 FR; vorm Vohr, 1804 GA, Ft, A
(61) im Groten Orth, 1755 FR, Wi, A
(62) in der Heugling, 1755 FR, Su
(63) die Heyd Horst, 1755 FR, Ödl
(64) die Hirten Wiese, 1755 FR, Wi
(65) im Jedfrien, 1755 FR, Wi
(66) in der Koppel, 1785 GA; in der Kopfel, 1804 GA, A
(67) die Langen Stücken, 1755 FR, A
(68) die Lange Heyde, 1755 FR, Ödl
(69) im Levien, 1755 FR, A
(70) im Löößgen Öhren, 1755 FR, A
(71) auf Meiboms Kämpen, 1755 FR, A
(72) im Mueßer Orth, 1755 FR, Su
(73) auf den Reeter Enden, 1755 FR, A
(74) die Rehwisch, 1780 GA; in der Rehwiese, 1782 GA, Wi
(75) in der Rohrsow, 1755 FR, A
(76) auf den Sand Kämpen, 1755 FR, A
(77) im Sangs Mohr, 1755 FR, Su
(78) auf den Schwein-Caven-Stücken, 1755 FR, A
(79) am Schwein-Kamp, 1755 FR, A
(80) im Soitgen Mohr, 1755 FR, Su
(81) die Specklake, 1576 AB Neustadt, GW
(82) auf Ties Blanck, 1755 FR, A
(83) beym Tonnen Forth, 1755 FR, Ft
(84) in der Tonnen Wiese, 1804 GA, Wi
(85) auf Vicken Cämpen, 1755 FR, A
(86) bey den Worten, 1755 FR, A
(87) auf Zanders Cämpen, 1755 FR, A.

67

Hof und Dorf Bresegard

braisgōən

Brysegur/Brisegur 1431 SchlR Dömitz, Bresegur 1456 SchlR Schwerin

I Jüngere Steinzeit: 2 geschliffene Feuersteinbeile. Spätrömische Eisenzeit: Gefäßscherben.

II Domanium.

III 16 Hufen – darunter 2 Freihufen – und 8 Katen (1560 AB Schwerin). Individualbede, die Hufe zu 16 ß (1431 SchlR Dömitz). Einzelpacht je Hufe 16 ß (1456 SchlR Schwerin, 1560 AB Schwerin).

VI Sackplatzdorf. Ortslage etwas exzentrisch zur Flur.

V Blockgewannflur. Keine Ackerschläge (1560 AB Schwerin, 1707 LV). Noch im Jahre 1707 war das damals vorübergehend „an sehligen Hundten Erben versetzte" Bresegard seiner Struktur nach ein reines Bauerndorf. Die erste Nachricht von einem Hof in diesem Ort (1763 GA) enthält keine Hinweise auf den Zeitpunkt der Entstehung oder den Anlaß zur Errichtung dieser Gutswirtschaft. Seiner geringen Ertragsfähigkeit wegen konnte der seit 1825 „Plagerhof" genannte Domanialhof erst verhältnismäßig spät (1886) vererbpachtet werden (Begangnummern 1–16).

VI 1570 LB Schwerin: Alte und junge Buskew, Ties Valandt, Hans Valandt, Hans Fentzan, Chim und Tieß Jokan, Peter Kliuit und Simon Growke, Claus Jouche, Chim Reineke, Hanß Frieman und Hermen Toddin, Hanß und Chim Eluer, Chim Eluer, Chim Fentzan, Ties Bolitz, Hans Strufe, Peter und Hinrich Moller, Hanß Eluer. Kätner: Hermen Buske, Balzer Fentzan, Hinrich Buseke, Chim Frieman, Hinrich Toddin, ein Schmid, Chim Bolitz, Hermen Eluer.

1655 AB Schwerin: Jochim Buseke, Jochim Bahreke, Hans Vehlandt w., Peter Vehlandt w., Hans Brandt, Chim Jokan w., Diderich Jokan w., Hans Reineke w., Simon Grake w., Claus Fentzahn, Hans Fentzahn w., Marten Beuch w., Chim Reineke w., Stöphen Elfert, Peter Frieman, Claus Elfers, Chim Brandt, Hans Hintze, Jochim Lauwrentze, Peter Bölitze, Hans Strufe w., Andreas Klähne. Kätner: Jochim Buseke, Jochim Möller, Chim Fentzahn w., Hinrich Buseke w., David Rukite w., Hans Heuwer w., Hans Möller, David Möller, Hans Buseke, Chim Elfert w.

1706 KV Picher: Hanß Busch, Jochim Bahrke, der Holtzvogt Friedrich Deters, Hanß Brandt, Jochim Möller, Jürgen Möller, Hanß Kahl, Clauß Elver, Hanß Techant, Samuel Elver, Hanß Gätke, Schwen Weißenberg, Peter Hintz, Claß Kahl, Stoffer Laudan, Stoffer Oldag, Hanß Fentzan, David Elver. Kossaten: Hanß Busch, Jochim Möller, Aßmus Buckentin, Tiel Schult, Marx Malchau, Hinrich Laudan, Jochim Nagel, Hanß Friman, Hanß Grabbert, Marx Friedrich.

VII

1	Bökbarg *bökba^{a}x*	Buchberg, 1904 FlK.	Ödl, Gh/F
2	Saggermaur *`sakə'mauə*	im Sagger Mohr/Sagen Mohr, 1707 LV; hinterm Zagel Mohr, 1731 GA; das Saager Moor, 1904 FlK.	Su, A/A, Wi, Wei
(3)	Gohren Berg	auf den Gohren, 1707 LV; aufn Gohren, 1731 GA; Gohren Berg, 1788 WK; hinter Gauren, 1825 GA.	A, Ödl/F
4	Leimbarg *laimba^{a}x*	auf den Lehmberg, 1707 LV.	A/A, Ödl
(5)	hinterm Teilholz	achter den Dehl-Holtze, 1707 LV; vorm Theil-Holtz, 1731 GA; hinterm Teilholz, 1904 FlK.	Su, A/A
6	Plagerhof *`plågə'hǫf*	Plager Hof, 1825 GA.	Ot/Ot
7	Drögen Sump *`drögn'zump*	Trocken Sumpf, 1904 FlK.	Su/A, Pf
8	Massinerkamp *ma`sīnə'kam^{p}*	auf der Guhlsch, 1707 LV; die Guhls Koppel, 1825 GA; Guhls Koppel, 1904 FlK.	A/A
9	Drift *drift*	Drift, 1707 LV.	Fw/Fw
10	Massinerwisch *ma`sīnə'viš*	in dem Maßien, 1707 LV.	Wi, Su/Wi
(11)	Fahrens Koppel	in der Fahr Lanck, 1707 LV; Fahrens Koppel, 1904 FlK.	Su, Wi/A, Wei
12	Fettkoppel *fetkopl*	in Fett Land, 1767 GA.	A, Su/A

(13)	Kahlen Brandes Koppel	vor den Branden, 1707 LV; auf der Branden Koppel, 1825 GA; Kahlen Brandes Koppel, 1904 FlK.	Su, A/A
14	Jammer *jamə*		A, Ödl/A, Ot
15	Schei(d)bom *šai^{ə}bōm*	bey den Scheyde Baum, 1707 LV; beim Scheidenbaum, 1904 FlK.	A, Ödl/A
16	Gobelsch Maur *\`gōblš' mauə*		Su/A
17	Hee(d)koppel *hē^{t}kopl*		Ödl, Su/Wi, A
18	Reitwisch *raitviš*		Su, Wi/Wi
19	Draußelbarg *drauslba^{a}x*	auf den Droßell-Berg, 1707 LV.	A, Ödl/A
20	Bullenwisch *bul^{l}viš*		Su, Wi/Wi
21	Gobel *gōbl*	auf der Gobell, 1707 LV; auf der Gobbel, 1731 GA; auf der Gobel, 1825 GA.	A, Ödl/A, Wei, Wi
22	Kleestücken *klēstykn*		A, Su/Wi
23	Kauhstörper Schei(d) *\`kaustǫ̈^{ə}pə' šaiə*	an der Kuhstorfer-Scheide, 1836 GA.	Su, Wi/Wi
24	Elverts Koelken *\`elvəts' kœ̄lkn*		Su/Wi
25	Voßbarg *fǫsba^{a}x*		Ödl/A
26	Düwelswisch *dǖvlsviš*	in der Teufels Wieße, 1707 LV.	Wi/Wi
27	Preisterwisch *praistəviš*		Wi/Wi
28	Nielkenkuhl *nīlknkūl*	in der Mielcken Kuhl, 1707 LV.	Wi, Su/Wi, Su

(29)	auf der Pahr	auf der Pahr, 1842/43 FlK.	Ödl, Su/A, Wei
30	Niels *nīls*	auf der Mihls, 1707 LV; die Nils Wiese, 1833 GA.	A, Ödl/A, Wi, Wei
31	Kauhbarg *kauba^{a}x*		Ödl/A
32	Lütten Röpen *\`lytn'rö̆pm*		Ödl, A/A
33	Röpen *rö̆pm*	Röhpens Camp, 1707 LV.	A, Ödl/A, Wi, Ödl
34	Wee(d) *vē̆^{i}*		Ödl, Su/A, Wi
35	Nie Wisch *nī̆'viš*	Neu Wische, 1707 LV.	Wi/A, Wei
36	Hä(g)wischen *hä̆višn*	Hagens Wische, 1707 LV.	Wi/Wi
37	Nielser Hoew *\`nīlzə'hœ̄f*		Ödl/A
38	Grot Wisch *gro^{u}t'viš*	Grote Wische, 1707 LV.	Wi/Wei, Wi
39	Swienwee(d) *svīnvē̆^{i}*		Su, Ödl/Wi, Wei
40	Vergäudung *fe'goiduŋ*	in der Ausgleichungs Koppel, 1836 GA.	Ödl, Su/A, Wi, Gh
41	Söhren *zö̆^{ə}n*	in dem Söhren, 1707 LV.	Wi/Wi
42	Barst *ba^{a}st*		Wi, Su/Wi
43	Schaulwisch *šaulviš*		Wi, Su/Wi
44	Gustmaur *gustmauə*		Su, Wi/Wi
45	Schaulkamp *šaulkam^{p}*		Wi/A

46	Moelenwisch *mœ̄lˡviš*		Wi/Wi
47	Moelenstücken *mœlˡstykn*	die Mühlen Stücken, 1707 LV; Mühlen Stücken, 1731 GA; auf den Mühlen Stücken, 1767 GA; Mühlenstücken, 1836 GA.	A/A
48	Kamp *kamᵖ*		A/A
49	Schultenkamp *šultnkamᵖ*	aufn Schultzen Kamp, 1731 GA.	A/A
50	Schultenwisch *šultnviš*		Wi/Wi
51	Lütt Koelken *lyt' kœ̄lkn*	in der Kleinen Kählung, 1836 GA.	Su/A
52	Borm *bǫˀm*	vor dem/achtern Borm, 1707 LV.	Su, A/Su, A
53	Kiesbarg *kīsbaᵃx*		A/A
54	Kliesterbarg *klīstəbaᵃx*		A/A
55	Sm$_{e}$erkuhl *smẽ ₔkūl*		Pf/Pf
56	Siesteruhrt *`sīstə' ūᵊt*	im Ziester Ohrt, 1731 GA.	Su/A
57	Gauwisch *gausviš*		Su/Wi
58	Hofwischen *hǫfvišn*	Hofwischen, 1707 LV; die Hofwiese, 1797 GA.	Wi/Wei, A, Wi
59	Moelendiek *mœ̄lˡdīk*		Pf/Pf
60	Krumm Bäk *krum' bǟk*		Gw/Gw
61	Moelenbäk *mœ̄lˡbǟk*	in der Mühlen Beck, 1707 LV; bey der Mühlenbeck, 1795 GA.	Gw/Gw

62	Hoew *hœ̄f*		A, Ödl/A
63	Möllerkamp *mölǝkam*^{p}	auf den Möller Cämpen, 1707 LV; auf dem Müllerkamp, 1779 GA.	A/A
64	Krivitzerbarg *ˋkrīvitsǝ'ba*^{a}*x*	Krivitzer Barg, 1707 LV; auf den Crivitzer Berge, 1731 GA.	A, Ödl/F
65	Kieluhrt *kīlū*^{ǝ}*t*		Ödl, A/A
66	Zaß *sas*	vor der Sasche, 1707 LV; im Saaß, 1767 GA.	A, Kw/Kw, A
67	Sandkamp *zantkam*^{p}	auf den Sandt Camp, 1707 LV.	A/A
68	Diehns Wisch *dīnsviš*		Su, Wi/Wi
69	Nien Hof *ˋnī*^{d}*n'hǫf*		A, Su/A, Wi
70	Vaust *faust*	vorm Faußck, 1731 GA; vor den Faus, 1767 GA; im Faust-Schlage, 1836 GA.	A/A, Ödl, Kw
71	Dodenweg *do*^{u}*dnvex́*		Fw/Fw
72	Hüttbarg *hytba*^{a}*x*	auf den Hüttenbarg, 1707 LV.	A/A, Kw
73	Kiewittsbarg *kīvitsba*^{a}*x*		A/A

VIII

(74) in der Argen Wieße, 1707 LV, Wi
(75) vor dem Bancken, 1707 LV, Wi
(76) auf den Behrbaums Stücken, 1707 LV, A
(77) auf den Belscher Ohrt, 1707 LV, A
(78) auf den Bentz, 1707 LV, A
(79) auf dem Bentzer Barg, 1707 LV, A
(80) vorn Bisin, 1767 GA, A
(81) auf den Bollen Camp, 1707 LV, A
(82) der Born Camp, 1707 LV, A
(83) auf den Born Stücken, 1707 LV, A

(84) auf der Bowitz, 1731 GA, A
(85) vorn Branck Mohr, 1707 LV, Su
(86) in der Brandten Horst, 1707 LV, A
(87) hinter Buseker Becke, 1731 GA, Gw
(88) Buxs-Bahrts Camp, 1707 LV, A
(89) auf den Casten Berg, 1707 LV, A
(90) die Caveln, 1707 LV, Wi
(91) in Dicken Camps Wieße, 1707 LV, Wi
(92) im Doblang, 1767 GA, Wi
(93) aufm Dofen Lande, 1731 GA, A
(94) vorn Dorf, 1707 LV, A
(95) Fischs Kuhl, 1707 LV, Wi
(96) vor den Fock, 1767 GA, A
(97) auf den Gäbell-Länden/Gäbelländen, 1707 LV; auf den Giebel Ende, 1767 GA, A
(98) in der Gemielsch, 1707 LV; in der Gniels, 1731 GA, A
(99) in der Grot Beck, 1825 GA, Gw
(100) in der Guhlcks, 1707 LV, Wi
(101) die Guhlsche Wiese, 1836 GA, Wi
(102) im Guls-Moor, 1767 GA; im Guhls-Mohr, 1786 GA, Su
(103) auf den Gustiden-Lande, 1707 LV, A
(104) bey der Häge, 1707 LV, A
(105) auf der Hingsten Koppel, 1825 GA, Wei
(106) Hinterste Wieße, 1707 LV, Wi
(107) im Hogen Felde, 1707 LV; aufm hohen Felde, 1731 GA, A
(108) im Hohen Lande, 1707 LV, A
(109) auf den Hoppen Hof, 1707 LV; aufn Hopfen Hofe, 1731 GA, A
(110) in Kählen, 1707 LV, Wi
(111) auf den Kaht-Acker, 1707 LV, A
(112) in der Kehck Wiese/Keck Wiese, 1707 LV, Wi
(113) in der Koppel, 1836 GA, A
(114) vor der Kueslien, 1707 LV, A
(115) vor den Kusell Ende, 1707 LV, A
(116) in Laudahns Kählen, 1707 LV, Wi
(117) Lüders Camp, 1707 LV, A
(118) auf der Lütgen Gelersch, 1707 LV, A
(119) auf den Mohr Camp, 1707 LV, A
(120) im Moor, 1793 GA, Su
(121) hinter den Öhrden, 1707 LV; hinter den Hören, 1767 GA, A
(122) auf den Olden Hoppen Hof, 1707 LV, A
(123) auf den Pahrpan/Pahrpann, 1707 LV; auf den Parpann, 1767 GA, A
(124) in der Pfand Wieße, 1707 LV, Wi
(125) in der Pießen Ohrt, 1707 LV, Wi
(126) auf der Plauer Beck/Ploger Behck, 1707 LV, Gw

(127) auf den Prehrstrup, 1707 LV, A
(128) auf der Prestro, 1707 LV, A
(129) auf den Puggel, 1767 GA, A
(130) der Rencken Camp, 1707 LV, A
(131) auf den Rendten-Camp, 1707 LV, A
(132) bey denen Röhp-Kuhlen, 1707 LV, A, Pf?
(133) in der Röpens Wieße, 1707 LV, Wi
(134) vor den Rukick, 1767 GA, Su?
(135) auf der Sagelaf, 1707 LV, A
(136) auf der Schmustin, 1707 LV, A
(137) auf der Siedelitz/Siedlitz/Sieh Liest, 1707 LV; in der Sietlitz, 1731 GA; auf der Zietlitz/Zieles, 1825 GA, A
(138) Stahl Camp, 1707 LV, A
(139) auf der Stahnt, 1707 LV, A
(140) auf den Stoffers Käling, 1767 GA, Wi
(141) Sueden Wiesen, 1707 LV; Suden Wiese, 1836 GA, Wi
(142) die Twer-Stücke, 1707 LV, A
(143) im Ventzier, 1707 LV, Wi
(144) auf den Vorn Kamp, 1767 GA, A
(145) auf den Wasterau/Wastroh, 1707 LV; auf den Faßstroh, 1767 GA, A
(146) bey der Wieren, 1825 GA, A
(147) im Winckell, 1707 LV, A
(148) bei der Windmühle, 1836 GA, A
(149) auf den Wittgelehr/Witgler, 1707 LV; auf der weißen Galere, 1731 GA A
(150) auf den Witzihn/Wietsien, 1707 LV; aufm Witzien, 1731 GA, A
(151) der Zencken Camp, 1707 LV, A
(152) Zöpens Camp, 1707 LV, A.

68

Picher

piχ́ə

Pychere 1291, Pycher 1319, Pychere 1335, Pycher 1369 MUB

I Jüngere Bronzezeit: Mehrere Urnenhügel („Eckelkoppel"). Vorgeschichtliche Eisenzeit: Eisenverhüttungsplatz („up'e Lann").

II Kommuniondorf, 1558 durch Säkularisation zum Domanium.

III 35 Hufen – darunter 1 Freihufe sowie 2 Pfarrhufen – und 5 Katen (1560 AB Schwerin). Individualbede, die Hufe zu 16 ß (1570 LB Schwerin). Einzelpacht je Hufe 16 ß (1560 und 1655 AB Schwerin).

IV Großes Angerdorf. Ortslage exzentrisch zur Flur.

Kirchdorf.

V Langstreifenflur. Keine Ackerschläge (1707 LV, 1752 und 1803 VA).

VI 1570 LB Schwerin: Tomas und Hans die Schulz, Chim Ganse, Chim Haban, Hinrich Haban, Peter Lange, Heine Doddin, Tieß Boliz, Hans Pagelß, Jacob Sander, Tieß Guthan, Paschen Jalitz, alte Hanß Tiede, Claus Isebern, Merten Isebern, junge Hans Tiede, Claus Brun, Hanß Gineke, Hanß Soedtke, Christoff Lutke, Kersten Schwiger, Chim Schope, Chim Lutke, Peter Jerow, Hermen Lutke, Chim Jerow, Claus Pegell, Jurgen Stuske, Michel Freiman, Tomaß Busch, Peter Becker, Heine Brun. Kätner: Jacob Eluer, Chim Sander, Peter Haban, Peter Tiede, Jacob Friele.

1655 AB Schwerin: Jochim Kläfeke, Hans Jalatz, Hinrich Fehlandt, Claus Frederich, Hans Habandt w., Peter Siehne, Hans Dihne w., Jochim Haban, Claus Blanke w., Hans Fentzahn, Peter Guthan w., Hinrich Jalatz, Peter Tiede w., Jochim Isebarn, Jochim Brumme, Hans Isebarn w., Chim Brumme w., Hinrich Jyneke sen., Chim Hotche w., Chim Möller w., Hinrich Jyneke jun., Hans Kaße, Zacharias Klüße w., Zacharias Borß w., Asmus Isebarn w., Tönnies Lütke w., Chim Jehrow w., Hans Pegel w., Hans Sülke w., Peter Fryeman, Hinrich Dihne, Jochim Fehlandt, Chim Brandt w.. Kätner: Jochim Ruhkyte, Marten Isebarn, Friedrich Lütke, Hans Tiede w., Claus Dihne, Jochim Barnin, Jürgen Brandt, Jochim Paulsen, Christian Lütke, Hinrich Brandt, Hans Fentzahn. Büdner: Jochim Adeler, Herman Kerckhoff, Jochim Brandt.

1706 KV Picher: Hanß Schult, Hanß Schult, Hanß Jalis, Hinrich Fehland, Claußs Fredrich, Hanß Fentzan, Christian Klafke, Jochim Habant, Lorentz Drenckhan, Paul Fentzan, Hanß Jalis, Hinrich Holst, Jochim Timmerman, Jochim Isebarn, Christian Brum, Conrad Duncker, Hein Schröder, Ties Brum, Johan Isebarn, Christian Jencke, Jochim Holst, Christian Jencke, Hinrich Jencke, Jochim Wulff, Lorentz Brum, Peter Dien, Hanß Lütke, Johan Schröder, Hanß Fehland, Hinrich Strufe, Christian Dien. Kossaten: Christian Brum, Jacob Bernien, Conrad Duncker, Jacob Reimer, Jochim Kirchhoff, Hinrich Frieman, Gerd König, Hein Schröder, Ties Brum, Johan Isebarn, Lorentz Brum, Hinrich Bringman, Christian Klafke, Simon Isebarn, Jochim Isebarn, Aßmus Jalis, Hinrich Albrecht.

VII

1 Kiewittshöst — Wi Ödl/Gh,
kīvitshöst — Wi

2	Langenstücker-wischen *ˋlaŋⁿstykəˊvišn*	in der Sprickel Horst, 1707 LV; Sprickl Wiese, 1788 WK; Sprickel-wiese, 1803 FR; Sprickel Wiese, 1816 GA.	Wi/Wi
3	Floet *flœt*	im Flähte, 1707 LV; im Fläth Caveln, 1752 VR.	Wi, Su/Wi
(4)	Lange Caveln	im Lang Cavel, 1772 GA; Lange Caveln, 1788 WK.	Wi/Wi
(5)	Bauer Koppeln	Bauer Koppeln, 1788 WK.	A, Ödl/A
6	Banken *baŋᵏn*	im Bancken, 1707 LV; im Bancken, 1803 FR.	Wi, A/Wi, A
7	Gulitz *gūlits*	Gulutze, 1407 Landesteilungsurkunde; auf der Gulitz, 1706 KV; Gulitz, 1714 GA; auf der Gulitz, 1752 VR; die Gulitz, 1803 FR.	A, Wi/Wi
8	Ellerholt *eläholt*		Su/Wi
9	Schultenkamp *šultnkamᵖ*	der Schultzen Camp, 1752 VR.	A, Su/A, Wi, Gh
10	Brunken *bruŋᵏn*	Brownyn/Bronnitze, 1407 Landes-teilungsurkunde; im Brognck, 1707 LV; im Bronnincks Caveln, 1752 VR; Brunck Wiesen, 1788 WK; im Brumck, 1803 FR.	Wi/Wi
11	Försterkamp *fø̄ᵊstəkamᵖ*	Förster Camp, 1752 VR.	A, Su/A, Wei, Ot
12	Koeteracker *kœ̄təˋakə*		A/A
13	Bohnenmaur *boᵘnⁿmauə*		Su/A
14	Pauken Kamp *pauknkamᵖ*	Pauchen Kamp, 1752 VR.	A/A
15	Kolk *kolk*	Wulfs Kolck Wiesen, 1752 VR.	Wi/A, Wi
16	Zaß *tsas*	im Saße, 1707 LV; achtern Saß, 1772 GA; der Sasch, 1803 FR.	Wi/A

17	Kösterkamp *köstəkam*^{p}		A/A
18	Voßbarg *fǫsba*^{a}*x*	auf den Voß Barg, 1707 LV; auf den Voß Berge/Foß Berg, 1732 GA; hintern Vosberge, 1752 VR; auf dem Voßberg, 1803 FR.	A/A
19	Waderkuhl *vå*^{r}*əkūl*		Pf?/A
20	Höwling *hœ̄vliŋ*	im Heulings Caveln, 1752 VR; die Hobeling, 1788 WK; Höflingswiese, 1802 GA; im Höbbeling, 1803 FR.	Wi/A
21	Schaulkamp *šaulkam*^{p}		A, Su/A, Wi, Wei
22	Stovding *sto*^{u}*fdiŋ*	auf dem Staudien, 1706 KV; auf dem Stauding, 1707 LV; auf dem Stoh Dieck, 1732 GA; auf dem Staudick, 1752 VR; auf dem Staudieck, 1772 GA; Staudinck, 1803 FR.	A/A, Ot
23	Immenhof *im*^{m}*hǫf*	beym Immenhof, 1707 LV.	A/Ot
24	Kessies *ke`sis*	in der Cusist, 1707 LV; im Kaßies, 1772 GA.	A/A, Ot
25	Karkenland *ka*^{a}*knlant*	der Kirchen Acker, 1803 FR.	A/A
26	Neugen *noign*	auf dem Nögenicht, 1706 KV; auf der Nögenicht, 1707 LV; Neugenicht, 1752 VR; im Neugenicht, 1803 FR.	Wi/A
27	Sülwerbarg *zylvəba*^{a}*x*	der Silberberg, 1803 FR.	A/A
28	Preisteracker *praistə`akə*	an der Prediger Koppel, 1797 GA; Pfarr Acker, 1803 FR.	A/A
29	Deepen Maur *`depm'mauə*	Mohr, 1788 WK.	Su/A, Wei
30	Torfmaur *tǫˀfmauə*	das Torf Mohr, 1752 VR; Torfmoor, 1803 FR.	Su/Wi

31	Rämelbarg *råmlba*^{a}*x*		A, Ödl/A, Kw
32	Fickenbäk *fiknbäk*		Gw/Gw
33	Lannsgrund *lansgrunt*	Lansken, 1788 WK; Lanschgrund, 1803 FR.	A, Su/A
34	Ohlen Hof *\`ōl*^{l}*' hǫf*		A/A
35	up'e Lann *upə' lan*^{n}	achter der Lanne, 1407 Landesteilungsurkunde; auf der Lande, 1706 KV; auf den Landen, 1707 LV; Lande, 1714 GA; die Lande, 1752 VR; die Lande, 1803 FR.	A/A
36	Kavelhof *kåvlhǫf*		Su, A/A
37	Dörpstä(d) *dǭ*^{ǫ}*pstä*^{ə}	auf der Dorfstäte, 1706 KV; auf der Dorf Städt, 1707 LV; auf die Dörpsted, 1732 GA; die Dorf Stelle, 1752 VR; auf die Dorfstädte, 1803 FR.	A/A
38	Mönkenbarg *möŋ*^{k}*nba*^{a}*x*		A/Ot, A
39	Rüterkoppel *rütəkopl*		A, Su/A
40	Kroup *kro*^{u}*p*	auf dem Graub, 1707 LV; im Graub, 1752 VR; im Graup, 1772 GA.	A/A
41	Rauf *rauf*	auf dem Rauf, 1707 LV; auf dem Rauf, 1752 VR; auf dem Rauf, 1772 GA; auf dem Rauf, 1803 FR.	A/A
42	Prizier *pri' tsīə*	im Pritzier, 1706 KV; in der Pretzier, 1714 GA; auf dem Prezier, 1732 GA; im Pricier, 1752 VR; im Pritzier, 1803 FR.	A/A
43	Dumzerbarg *\`dumsə' ba*^{a}*x*	beym Domser Barge, 1706 KV; aufm Duntzer Barg, 1707 LV.	A/A
44	Höll *höl*		A/A

45	Hagen *hågn*	auf den Hagen Camp, 1707 LV; der Hagen Camp, 1752 VR; der Hagen, 1792 GA; Hagen Kamp, 1803 FR.	A/A
46	Sanneböm *sanə`bǭ*^{ə}*m*		A, Su/A, Ödl
(47)	Brüg Holz	Brüg Holz, 1788 WK.	Su/A, Wei
48	Sannenbarg *san*^{n}*ba*^{a}*x*	im Sannen Barg, 1707 LV; Sandbergs-wiese, 1803 FR.	Wi/Wi, Wei
49	Kirchstieg *ki*^{r}*x́stīx́*		Stg/Stg
50	Seebleck *sē'bläk*	auf dem See Bläck, 1707 LV; auf der See-Blänck, 1752 VR; Seeblenk/ Seebleck, 1803 FR; bei der Seeblink, 1866 FlK.	A/Kw
51	Breeden *brēdn*	auf die Breide/Brehde, 1732 GA; auf dem Breden, 1752 VR; auf den Breden/ Breiten, 1803 FR; im Breiten, 1866 FlK.	A/Kw, A
52	up' Kiewitt *upm'kīvit*		Wi, Su, Ödl/A, Kw
(53)	Plauer Bach	Plauer Bach, 1803 FR.	Gw/Gw
54	Plauenwischen *plau*^{ə}*nvišn*	im Plog Wiesen, 1707 LV; Plaucher Wiesen, 1752 VR; Plauer Wiesen, 1772 GA; Plauer Wiese, 1803 FR.	Wi/Wi, Wei, A
55	Langen Stücken *laŋ*^{n}*'stykn*	die Langen Stücken, 1752 VR; vorderste/hinterste Langenstücken, 1803 FR.	A/A, Kw, Wei
56	Bülkenbarg *byłknba*^{a}*x*	auf den Bülcken Berg, 1732 GA; Böhlkenberg, 1803 FR; Bülkenberg, 1937 FK.	Ödl, A/F
57	Lütten Hee(d) *`lytn'hē*^{i}	Kleine Heide, 1937 FK.	Ödl/F
58	Langen Hee(d) *`laŋ*^{n}*'hē*^{i}	Langeheide, 1714 GA; auf die Lang Heide, 1732 GA; auf der Langen Heyde, 1752 VR; Langheide, 1803 FR; Lange Heide, 1937 FK.	Ödl, A/F

59	Grot Hee(d) *\`groᵘt'hē̄ⁱ*	Große Heide, 1937 FK.	Ödl/F
60	Buernhee(d) *būᵊnhēⁱ*	Heidekoppeln, 1866 FlK; Bauernheide, 1937 FK.	A, Ödl/F
(61)	Jasnitzer Kopf	Jasnitzer Kopf, 1866 FlK.	Ödl/F
62	Gaulk *gauɫk*	die Gohleke, 1655 AB Schwerin; in der Golcke, 1707 LV; in der Gohlcke, 1752 VR; im Gohlck, 1772 GA; die Gohlck, 1803 FR.	A, Wi, Su/ A, Wi
63	Langen Kampen *\`laŋⁿ'kamᵖm*	im Langen Camp, 1707 LV; im Langen Camp, 1732 GA; der lange Camp, 1752 VR; im Langen Kamp, 1803 FR.	Wi, A/Wi
64	Friekolk *frīkoɫk*	im Frey Kolck, 1803 FR.	Su, Wi/Wi
65	Brunhöst *brūnhöst*	bey der Brun Horst, 1707 LV.	Wi/Wi
66	Koelers Uhrt *\`kœ̄ləs'ūᵊt*	im Kählers Ohrt, 1707 LV; Kählerß Ort, 1732 GA; beym Cählers Orth, 1752 VR; Kählers-Ort, 1803 FR.	Wi, A, Su/ A, Wi
67	Nien Grabens *nīn'grå̄bms*		Su, Wi/Wi
68	Brandhöst *branthöst*	die Branden Horst, 1752 VR; hinter die Brandhorst, 1803 FR.	Su, Wi/Wi
69	Siden Bokhöst *\`zīdn'bōkhöst*	an der Buch Horst, 1752 VR; bey Boock-Horst, 1772 GA; die Buchhorst, 1803 FR.	Su, Wi/Wi
70	Hogen Bokhöst *\`hoᵘgn'bōkhöst*	bey der Hogen Horst, 1707 LV; die Hohe Horst, 1752 VR; die Hohe Horst, 1803 FR.	Su, Wi/Wi
71	Bullenwisch *buɫˡviš*	Bollenwiese, 1803 FR.	Wi/Wi
72	Kloeterkolk *klœ̄dəkoɫk*	Klüter Mohr, 1706 KV; Klüters Mohr, 1727 GSt; im Klüters Mohr, 1752 VR; das Klütersmoor, 1803 FR.	Su/Wi

73	Lütten Landfiern *`lytn'lantfi^{ə}n*		Wi/Wi
74	Gaugelwisch *gauglviš*	Gaugelsche Wiese, 1788 WK.	Wi/Wi
75	Groten Landfiern *`gro^{u}tn'lantfi^{ə}n*	Landwere, 1407 Landesteilungsurkunde; in der Landewehr, 1707 LV; in die Land Wer, 1732 GA; im Land-Feern, 1772 GA; in der Landwehr, 1803 FR.	Wi/Wi
(76)	Fruns	Fruns, 1788 WK.	Ödl/F
77	Gohrker Dannen *`gō^{ə}kə'dan^{n}*	hinter den Gurcken Lande, 1707 LV; Gohrker Tannen, 1866 FlK.	A, Ödl/F
78	Kohwee(d) *kōvē^{i}*		Ödl/Wei
79	Lütten Sand *`lytn'zant*	im kleinen Sand, 1937 FK.	Ödl/F
80	Groten Sand *`gro^{u}tn'zant*	im großen Sand, 1937 FK.	Ödl/F
81	Swarten Barg *sva^{a}tn'ba^{a}x*	hinter dem schwartzen Berge, 1706 KV; hintern Schwarten Berge, 1752 VR; Schwarzenberg, 1803 FR; Schwarze Berg, 1866 FlK.	A, Ödl/F
82	Klaßbarg *klasba^{a}x*	Klaß, 1714 GA; im Claß, 1752 VR; im Klaß/Klatz, 1803 FR.	A/A, Kw
83	Swienbarg *svīnba^{a}x*	auf den Schweins Magen, 1752 VR; im Schwiens Magen, 1803 FR.	A/Ödl, Kw
84	Lausch *lauš*	bey der Loosche, 1752 VR; im Lausch/ das Lausche Soll, 1803 FR.	Pf, A/Pf
85	Dicken Büschen *`dikn'byšn*	Dickenbüschen, 1803 FR.	Gh, A/F
86	Eckelkoppel *ekłkopl*	Eichkoppel, 1937 FK.	Gh/F
87	Pisack *pīzak*		A/A
88	Dubbelaasch *dubllåš*	auf dem Doblau, 1707 LV; aufn Doplahs, 1714 GA; im Doblau, 1752 VR; im Dobblau, 1803 FR.	A/A

VIII

(89) in der alten Lehmkuhlen, 1803 FR, Ödl
(90) Banß Camp, 1732 GA, Wi
(91) auf dem Baren Kamp, 1755 GSt Neu Krenzlin, Ödl
(92) Blantzeke, 1407 Landesteilungsurkunde; auf dem Blantz Camp, 1707 LV; in Blanß Cabell, 1732 GA; auf dem Blantz Camp, 1752 VR; Blans Kamp, 1803 FR; bei Blanzkamp, 1817 GA, A, Wi
(93) Bollen Kamp, 1803 FR, A
(94) im Broggen, 1706 KV, A
(95) im Brügen Möören, 1803 FR, Su
(96) im Brügen Wiesen, 1707 LV; in die Brügen Wiesch, 1732 GA; die Brüggen Caveln, 1752 VR; Brügewischen, 1803 FR; die Brückwiese, 1817 GA, Wi
(97) Brummen Kolck, 1803 FR, Wi
(98) Bühlers Kamp, 1803 FR, A
(99) Bültmoor, 1803 FR, Su
(100) Bültwisch, 1707 LV; Bült-Wiese, 1772 GA, Wi
(101) auf dem Camp, 1732 GA, A
(102) Clas Weg, 1707 LV, Fw
(103) auf dem Crentzeliner Pialcken, 1707 LV; aufm Pijahlken, 1803 FR, A
(104) Currwiesen/Cuhrwiesen, 1803 FR, Wi
(105) Dam Wiese, 1707 LV; bey dem Dam, 1714 GA, Wi
(106) vor dem Dorf, 1803 FR, A
(107) die Dröge, 1803 FR, Wei
(108) der Ficken Ort, 1755 GSt Neu Krenzlin, Su
(109) im Gohl Stroh, 1707 LV, A
(110) die große Hohe Horst, 1752 VR, Wi
(111) auf dem Großen Camp, 1752 VR, A
(112) auf dem Großen Kley, 1706 KV; auf dem Großen Kley, 1707 LV; auf dem großen Kley, 1732 GA; der Große Cley, 1752 VR; auf dem Großen Kley, 1772 GA, A
(113) im Hartigs Colck, 1779 GSt, Su
(114) im Heegen, 1803 FR, Gh, A
(115) Hof-Wiese, 1768 GA; in der Hofwiese, 1786 GA, Wi
(116) bey Hogen Pfahl, 1707 LV, A
(117) auf dem Hohen Felde, 1706 KV; im Hogen Felde/Hohen Felde, 1732 GA auf dem Hohen Felde, 1752 VR; Hohen Felde, 1803 FR, A
(118) im Jabahk, 1707 LV; der Jaberg, 1803 FR, Wi
(119) Jacobes cruce, 1407 Landesteilungsurkunde; Jacobs Krüetz, 1698 GSt; im Jacobs Krüße, 1707 LV; Jacobst Crütz, 1752 VR; Jabst-Crütz, 1753 GSt; die Jabscrütz, 1803 FR, Wi
(120) auf die Jalck, 1732 GA, A
(121) die Kählers Horst, 1752 VR, Wi
(122) Klarfken-Dieck, 1753 GSt, Su?

(123) aufn Klehhägen, 1714 GA, A
(124) auf dem Kley, 1732 GA; auf dem Kley, 1803 FR, A
(125) in der Klinck Horst, 1707 LV; die Klinck Horst, 1752 VR; die Klinckhorst, 1803 FR, Wi
(126) auf Knappersberg, 1803 FR, A
(127) Kochen Camp, 1752 VR, A
(128) hintern Kohl Höfen, 1707 LV; im Kohlhof, 1726 GA, A
(129) Koppel, 1768 GA; in der Koppel, 1788 GA; in der Koppel, 1798 GA, A
(130) hinter dem Kramser Furth, 1706 KV; hinter dem Cramtzer Fohrt, 1707 LV; am Cramßer Fort, 1732 GA, Ft, A
(131) im Kresties, 1790 GA, A
(132) im Kroop, 1772 GA, Wi
(133) im Krug Wiesen, 1707 LV, Wi
(134) Krummen Camp, 1707 LV; auf dem Krumm Kamp, 1803 FR, A
(135) das Landische Holtz, 1752 VR, Su, A
(136) im Langen, 1760 GA, A
(137) Lanken, 1407 Landesteilungsurkunde; im Lancken, 1803 FR, Wi
(138) auf dem Lehmberg, 1825 GA, A
(139) Lehmkuhlen, 1792 GSt, Ödl
(140) im Lüdt Wischen, 1707 LV, Wi
(141) auf dem Lütgen Kley, 1707 LV, A
(142) im Meesenlande, 1706 KV; auf dem Meß Lande, 1707 LV; die Meesen Lande, 1752 VR; auf dem Meesen Lande, 1772 GA; im Meiselande, 1803 FR, A
(143) beym Mohr Camp, 1707 LV, A
(144) Möllers Föhren, 1752 VR, Wi, Ft?
(145) auf der Müllers Horst, 1707 LV, Wi
(146) Nieder Enden, 1707 LV, A
(147) Ostroh, 1803 FR, A
(148) im Pagel Born, 1706 KV; auf dem Pagel Born, 1707 LV; Pagelbörn, 1714 GA; im Pagels Born, 1752 VR; im Pagel-Börn, 1760 GA; Pagels Born, 1803 FR, A
(149) Pegels Dieck, 1707 LV; Pagels Dieck, 1752 VR; in der Dick, 1803 FR, Wi, Su
(150) im Pielken Hof, 1798 GA, A
(151) auf dem Plandt Berg, 1732 GA, A
(152) Plauer Kamp, 1803 FR, A
(153) Plockauer Camp, 1732 GA, Wi
(154) auf dem Plügers Camp, 1707 LV, A
(155) am Post Mohr, 1752 VR; am Post-Mohr, 1753 GSt, Su
(156) Quack Lande/Quacken Lande, 1707 LV; hinden den Quacker Lande, 1732 GA; die Quacken Lande, 1752 VR; Quacker Lande, 1803 FR, A
(157) auf dem Reper Camp, 1707 LV; Reper Camp, 1752 VR; aufm Reper Kamp, 1803 FR, A
(158) auf der Repüste, 1707 LV; Repiest, 1714 GA; in die Repieß, 1732 GA; auf der Repiste, 1752 VR; vor der Repüst, 1772 GA, A, Wi

(159) im Rodelande, 1706 KV; im Rohland, 1803 FR, Su
(160) die Rund Horst, 1752 VR, Wi
(161) Schlachten Ohrt, 1707 LV; im Schlachten-Ort, 1772 GA, Wi, A
(162) aufm Schmahlen Halß, 1707 LV; der Schmahle Halß, 1752 VR; auf dem Schmalen Hals, 1803 FR, Wi
(163) in die Schniettel Heßern, 1732 GA, A
(164) im Schreven Ohrt, 1698 GSt, Su
(165) auf den sieben Stücken, 1732 GA, A
(166) in der Silber Kuhl, 1736 GSt, Pf?
(167) bei den Steegen, 1812 GA, Wi
(168) Strohkircher Pialcken, 1706 KV; auf der Pialcken, 1707 LV; auf dem Strohkircher Pialken, 1752 VR; auf der Pigahlcke, 1782 GA; Piejahlken, 1797 GA; auf dem Pialck, 1822 GA, A
(169) Tegelkuhl, 1803 FR, Pf?
(170) auf dem todten Camp, 1706 KV, A
(171) auf dem Trien Camp, 1707 LV; auf dem Trien Camp, 1752 VR; Trienkamp, 1803 FR, A
(172) im Ut Jans Rieh, 1707 LV, Wi
(173) Varenhorst, 1407 Landesteilungsurkunde, Ödl?
(174) im Warlower Hegen, 1803 FR, Gh, A
(175) in die Wehde Grundt, 1732 GA, A
(176) Ziegel-Mohr, 1752 VR; beym Ziegel Mohr, 1772 GA, Su
(177) auf der Ziegel-Scheune, 1772 GA, A
(178) im Ziegen Ohrt, 1698 GSt; im Zägen Ohrt, 1707 LV; im Zegen Orth, 1752 VR; beim Ziegen Ort, 1803 FR, A.

69

Warlow

va^{a}lō

mit Wüstung Nien Warlow

Warlow 1291 MUB, Warlow 1407 SchlR Neustadt Nyen Warlow 1407 SchlR Neustadt, Newen Warlow 1568 AB Neustadt

I Jüngere Steinzeit: Schaftbeil aus Felsgestein („Krieg Camp"), Feuersteinspeerspitze („Teigelkoppel") sowie neolithische Scherben („Mussin"). Jüngere Bronzezeit: Siedlungsplatz („Breet Barg"), Urnenfeld („Picker Maur"/„Räubenstücken"). Ältere Eisenzeit: Siedlung „(Breet Barg"), Keramik („Teigelkoppel"). Eisenverhüttungsplatz („Dübelbusch"). Slawische Zeit: Mittelslawische Keramik („Zielis"), spätslawische Scherbenfunde („Heitsenhof").

II Kommuniondorf, vor 1407 zum Domanium.

III Ursprünglich 12 Hufen (1407 SchlR Neustadt), nachmals 16 Hufen – darunter 1 Freihufe – und 6 Katen (1568 AB Neustadt). Individualbede, die Hufe zu 16 ß (1472 SchlR Neustadt), die Hufen der Wüstung Nien Warlow je 6 ß (1569 LB Neustadt). Einzelpacht je Hufe 20 ß, für eine Hufe der Wüstung Nien Warlow betrug die Pacht 8 ß (1407 SchlR Neustadt).

IV Kleines Angerdorf. Ortslage exzentrisch zur Flur.

V Langstreifenflur. Im 16. Jahrhundert Schlagwirtschaft (1568 AB Neustadt,) später keine Ackerschläge (1768 VR).

Zur nördlich von Warlow gelegenen Wüstung Nien Warlow gehörten einst wahrscheinlich 9 Hufen (1407 SchlR Neustadt, 1568 AB Neustadt). Eine Abgabe von 9 Scheffel Hafer, welche 11 Warlower Bauern – deren 7 je 1 Scheffel, 4 andere je $^1/_2$ Scheffel – außer dem ordentlichen Meßkorn dem Pastor zu entrichten hatten (1706 KV Pichter), gründete sich zweifellos auf die 9 Hufen der Wüstung.

VI 1568 AB Neustadt: Jochim Kosse, Achim Kosse, Clawes Brawßen, Marcus Saffan, Dinnies Könicke, Clawes Kroschenn, Hans Possengell, Achim Possengell, Hans Possengell, Frentz Loudann, Heinrich Laudann, Frantz Toddin, Peter Kosse, Clawes Dude, Achim Szander, Hans Boelitz, Clawes Possengell, Heinrich Loudann, Theus Loudann, Jacob Lowdann. Kossaten: Christoffer Kosse, Hans Loudann, Clawes Kosse, Clawes Loudann, Heinrich Loudann, Heinrich Kosse.

1654 AB Neustadt: Bartolt Schoep, Hanß Laudan, Hanß Elver, Hanß Schulz, Cheel Laudan, Claußs Saffan, Jochim Saffan, Peter Krosche, Hanß Roggeman, Chim Greell, Hanß Schoep, Hanß Dien, Jochim Dien, Jochim Koß, Clauß Coße, Christian Lübke, Clauß Klütz, Hinrich Laudan, Aßmus Roeck w., Chim Börger. Kossat: Dauidt Schulz. Büdner: Jochim Schulz w., Peter Laudan w., Chim Börger, Cheel Schulz w.

1706 KV Picher: Hanß Schop, Stoffer Laudan, Hanß Elver, Jochim Laudan, Hinrich Laudan, Jochim Safan, Hanß Safan, Peter Krosch, Jochim Rogman, Peter Sengel, Bartelt Schop, Hanß Dien, Jochim Betke, Jürgen Gefert, Jochim Lübke, Hanß Laudan, Stoffer Schult, Jochim Schult, Hanß Grell. Kossaten: Jochim Schult, Jochim Rogman, Hanß Rogman, Jochim Schult.

VII

1	Dubbelaasch *dublläš*	auf den Doblauß, 1768 VR.	A/A, Kw

2	Dubbelaascher Weg *`dubllåšə'veẋ*		Fw/Fw
3	Uhlenkamp *ūl^{l}kam^{p}*		A, Gh/A
4	Bormbusch *bǫ^{ʔ}mbuš*		Gh/A
5	Heitsenhof *haitsnhǫf*		A/A, Kw
6	Räubenstücken *roibmstykn*	auf den Rüben Stücken, 1768 VR.	A/A, Kw,Ot
7	Dübelbusch *düblbuš*	auf den Dübelbusch, 1768 VR; der Dublasche Busch, 1788 WK	A, Gh/A, Kw
8	Picker Maur *`pikə'mauə*		Su/A
9	achter de Katens *axtədə'kåtns*		A, Gh/A
10	Swarten Barg *sva^{a}tn'ba^{a}x*		A/Kw, Ödl
11	Langen Stücken *laŋ^{n}'stykn*		A/Kw, A
12	Breet Hee(d) *`brēt'hē^{i}*	auf der Lütt Bred-Heyde, 1768 VR.	A/Kw
13	Stückenkoppel *styknkopl*		A/A,Kw
14	Bullenkamp *bul^{l}kam^{p}*	auf dem Bullenkamp, 1778 GA.	A//A, Kw
15	Backeltrog *bakltrox*		A/A
16	Hee(d)kamp *hē^{i}kam^{p}*	auf den Heyd Kamp, 1768 VR.	A/A, Kw
17	Nie Wisch *nī'viš*	auf den Niewischen Camp, 1768 VR.	A/A, Kw
(18)	der Wehr Camp	der Wehr Camp, 1788 WK.	A/A

19	Borm *bǫˀm*	auf den Imbusch, 1768 VR; der Immen Busch, 1788 WK.	Gh/A, Kw
20	Pijast *pī'jåst*	auf den Pijasken, 1768 VR.	A/Kw
21	Nieland *nīlant*		Su/Wi, A
22	Kölken *kölkn*		Su/Wi,A
23	Nien Warlow *nīn'vaᵃlō*	Newen Warlow, 1568 AB Neustadt; Newen Warlow, 1654 AB Neustadt; Kl(ein) Warlow, 1788 WK.	A, Ödl/A
24	Vörrelst Ort *`förlst'ūᵊt*		Su/Wi
25	Kleebarg *klēbaᵃx*	auf den Kleyberg, 1768 VR; Cleeberg, 1798 GSt.	A/F
26	Kleewisch *klēviš*		Su/A, Wei
27	Vörrelst Koppel *`förlst'kopl*	große Warlow, 1788 WK.	Su, Gh/A
28	Kleehost *klēhost*		Su, Ödl/A
(29)	Krieg Camp	auf den Krieg Kamp, 1768 VR; Krieg Camp, 1788 WK.	A/A
30	Rugustin *rūgustīn*		Ödl/A
31	Hinnelst Ort *`hinəlst'ūᵊt*	die Warlower Öhrt, 1568 AB Neustadt; Warlower Orth, 1654 AB Neustadt; im Warlower Orth/Hintersten Orth, 1743 GSt.	Su, Gh/Wi, F
32	Ortsche Kolk *`ōᵊtš'kolk*		Su/F
33	Hinnelst Koppel *`hinəlst'kopl*		Ödl/A
34	Rissenland *risnlant*	auf den Riscken Land, 1768 VR; auf Rieken Lande, 1788 WK.	A/A

35	Maugnitz *maugnits*	auf die Mognitz, 1768 VR.	Wi, Ödl/Wi, A
36	de Wee(d) *də'vē^i^*		Ödl/Wi, A, Ödl
37	de Hee(d) *də'hē^i^*	auf Heitmanns Heyde, 1768 VR; die Heitmanns Heiden, 1788 WK; Heidmannsheide, 1831 FlK.	Ödl/Wi, A, Ödl
(38)	im Kaehten Landen	im Kaehten Landen, 1831 FlK.	A, Ödl/A, Ödl
39	2. Rietweg *tveitn'rītvex́*	auf den Kleinen Riedwegen, 1768 VR; Kleine Ridewege, 1788 WK.	Su, Wi/Wi, Su
40	1. Rietweg *`ē^ə^stn'rītvex́*	auf den grothen Riedwegen, 1768 VR; Gr(oße) Ridewege, 1788 WK.	Wi/Wi
(41)	Kurtze Caveln	auf den Korten Kabeln, 1768 VR; die Kurtze Caveln, 1788 WK; Kurtze Cavel, 1816 GA.	Wi/Wi
42	Zägenkavel *tsägnkåvl*	auf den Zegen Kabeln, 1768 VR; die Zegen Caveln, 1788 WK.	Wi/Wi
(43)	die Stremmeenden	die Stremmeenden, 1788 WK.	Wi/Wi
44	Streminsche Barg *strə`mīnšə'ba^a^x*	auf den Stermins Kamp, 1768 VR; Stremins Camp, 1788 WK.	A/A, Ödl
45	Streminsche Wischen *stre`mīnšə'višn*	auf Stermin, 1768 VR; im Stremmin, 1782 GA; Stiemminsche Wiesen, 1831 FlK.	Wi/Wi
46	Langen Kavel *laŋ^n^'kåvl*	auf den Langen Kabeln, 1768 VR; die Langen Caveln, 1788 WK.	Wi/Wi
47	Friehölter *frīhöltə*	auf Frieholt, 1768 VR; Freyholts Cabel, 1781 GA; im Frie Holtz, 1788 WK; Fryholz Cavel, 1798 GA; Frieholdt, 1831 FlK.	Wi/Wi
48	Drögelstäden *drȫglstǟ^ə^n*		Ödl/A
49	Börmschicht *bǫ̈^ə^mšiх́t*		Gh/A

50	Klumpschicht *klumpšiẋt*		Su/A, Wi
51	Satkleisen *zåtklaizn*		Su/A, Wi
(52)	Stein Bäk	bey der Stein Bäk, 1768 VR.	Gw/Gw
53	Steinkavel *stainkåvl*	bey der Stein Möhr, 1768 VR.	Su, A/A
54	Veertig Rauden *\`fi^{ə}tiẋ'raudn*		Gh/A
55	vör de Friehölter *fö^{ə}də'frīhöltə*		Wi/A
56	vör Zielistraun *fǫ̈^{ə}\`tsīlis'traun*	große Siedel Strohms Camp, 1788 WK.	A/A
57	Zielistraun *\`tsīlis'traun*	auf den Siedel Strohm, 1768 VR; im Siedel Strohm, 1788 WK; Siederstroum, 1816 GA; Siedelstrohm, 1831 FlK.	Wi/Wi
(58)	Kleine Kamp	Kl(eine) Kamp, 1788 WK.	A/A
59	Aantenkolk *ån^{t}nkolk*		Su/A, Wi
60	Rögnitzkoppel *\`röknits'kopl*	auf den Rögnitz Stücken, 1768 VR.	A/A
61	Rögnitz *röknits*		Gw/Gw
62	Kleisen *klaizn*	hinter der Klerst, 1654 AB Neustadt; auf der Klihrs, 1768 VR.	A/A
63	Wassenland *vasnlant*		A/A
64	Häuhnerkavel *hoinəkåvl*		A/A
65	Försterkoppel *fǫ̈^{ə}stəkopl*		A/A
66	Weisen *vaizn*	auf den Weser Orth, 1768 VR.	A/A

67	Schultenkamp *šultnkam^p*	Schulzen Kamp, 1768 VR; auf den Schulzenacker, 1777 GA.	A/A
68	Brouden *bro^u dn*		Wi, Gh/A
69	Engelschen Gor(de)n *'engəlšn'gō^ə n*		Wi, Gh/A
70	Schaulkamp *šaulkam^p*		A/A
71	Schaulwisch *šaulviš*		Su, Gh/Wi
72	Schultenwisch *šultnviš*	die Schulzen Wiese, 1768 VR.	Wi/Wi
73	Dorschen Kamp *'dō^ə šn'kam^p*	Daersten Kamp, 1654 AB Neustadt.	A/A
(74)	Laßowsche Kamp	Laßowsche Kamp, 1788 WK.	A/A
75	Immenhof *im^m hǫf*		Gh/Ödl, Wi
76	Rieselung *rīzəluŋ*		Su, Gh/Wi
77	Drawalsch Holt *dra'valš'hǫlt*		Su, Gh/Gh
78	Kalwerwisch *kalvəviš*	die Kälberwiese, 1787 GA.	Wi/Wi
79	Ro(d)e Brügg *ro^u ə'bryx́*		Brücke
80	Breet Barg *brētba^a x*	auf den Breden Barg, 1768 VR.	A/A, Ödl
81	Hushoew *hūshœ̄f*	die Hof-Wiesen, 1768 VR; die Hofwiese, 1784 GA.	Wi/A, Wei
82	Mussin *mu'sīn*		Su, Gh/A

(83)	die Rönniz	die Rönniz, 1788 WK.	Gw/Gw
84	Zielis *tsīlis*	auf der Siedlitz/Sielitz, 1768 VR; im Zielitz, 1792 GA.	A, Wi/A, Wi
85	Strang *straŋ*	den Stranck, 1654 AB Neustadt; in den Strang/Strang Stücken, 1768 VR.	A/A
86	Teigelkoppel *taiglkopl*		A/A, Ot
87	Kouzaß *ko^{u}tsas*	auf den Kausachs, 1778 GA.	A/A
88	Kolkbarg *kolkba^{a}x*	auf den Kolck Stücken, 1768 VR.	A/A
89	Zuhl *tsǖl*	auf der Zuel/Zühl, 1768 VR; die Suhl Wiesen, 1831 FlK.	Su, Wi/Wi
90	Swienwee(d) *svīnvē^{t}*		Su, Gh/A, Gh
91	Pannerwisch *panəviš*		Su, Gh/Wi
92	Eschenkamp *ešnkamp*		Gh/A
93	Linieskoppel *lə'nīskopl*		Gh, A/A
94	Pagels Ort *pågls'ō^{ə}t*	Pagels Ort, 1831 FlK.	A/A, Kw
95	Linieswischen *lə'nīsvišn*	die Leinniste, 1586 AB Grabow; Lenniest, 1654 AB Neustadt; Lenißen Kabeln/Lenisch Kabeln, 1768 VR; die Leniß, 1788 WK.	Su, Wi/Wi

VIII

(96) in der Bleniescken Hörn, 1768 VR, A
(97) auf den Blenisken, 1768 VR, A
(98) die Bullen Wiesen, 1768 VR, Wi
(99) Dawlosche becke, 1654 AB Neustadt, Gw
(100) Dicken Busch, 1798 GSt, Su
(101) in der Doblauß Hörn, 1768 VR, A

(102) bey der Fill Kuhl, 1768 VR, A
(103) auf den Glienschen Stücken, 1768 VR, A
(104) an der Glinzenbeck, 1798 GA, Gw
(105) die Glinzenbecksche Wiese, 1787 GA, Wi
(106) auf den Grebens Kamp, 1786 VR, A
(107) auf der Groth Bred-Heyde, 1768 VR, A
(108) auf den grothen Weser Orth, 1768 VR, A
(109) bey den Hiß-Garten, 1768 VR, A
(110) das Hohefeldt, 1654 AB Neustadt, Gh
(111) hinter der Hohen Stete, 1654 AB Neustadt, Gh
(112) Imbusch Mohr, 1768 VR, Su
(113) im Isenholzschlag, 1792 GA, A
(114) auf den Käls Kamp, 1768 VR, A
(115) Kasten Muhr, 1798 GSt, Su
(116) Kaßen-Camp, 1743 GSt, A
(117) auf den Kiel Stücken, 1768 VR, A
(118) auf den Kleinen Voßberg, 1768 VR, A
(119) Knechten Landt, 1654 AB Neustadt, Gh
(120) die Landwehr, 1798 GSt, Ödl
(121) die Lang Horst, 1768 VR, Wi
(122) bey die Lühr-Wiesen, 1744 GSt, Wi
(123) auf den Lütten Brojen Kamp, 1768 VR, A
(124) auf den lütten Kleyberg, 1768 VR, A
(125) der Pathen Pfenning, 1768 VR, Wi
(126) Pieschen, 1654 AB Neustadt, Gh
(127) auf den Projen Kamp, 1768 VR, A
(128) auf den Purgies Kamp/Purgiers Kamp, 1768 VR, A
(129) upn Rahn-Kamp, 1768 VR, A
(130) in dem Rönitz Stücke, 1768 VR, A
(131) auf den Sandberg, 1768 VR, A
(132) am Schlagbaum, 1787 GA, Wi
(133) die Siets Wiese, 1780 GA, Wi
(134) auf den Stoben Berg, 1768 VR, A
(135) bey den Stragerholtz, 1768 VR, Su
(136) Strag Stücken, 1768 VR, A
(137) auf den Todten Kamp, 1768 VR, A
(138) auf den Voßberg, 1768 VR, A
(139) das Warlawer-Mohr, 1743 GSt, Su
(140) auf Zuel Barg/Zuelcken Barg, 1768 VR, A.

70

Kummer

kumə

Kummer 1406, Kummer 1454 Verpfändungsurkunden, Kummer 1520 AB Grabow

I Jüngere Steinzeit: Siedlung („an'n Picherschen Weg"), Feuersteingeräte. Ältere Bronzezeit: Bronzenes Miniaturschwert und Schmuckplatte. Jüngere Bronzezeit: Urnenfelder („Sählsberg" und „Finkenbarg"). Ältere Eisenzeit: Urnenfeld („Hinnenkamp"), Siedlung („Barenkolk"). Slawische Zeit: Skelettgräber („Dunsbarg"), Siedlungen („Schaulkampf" und „Mulsowkamp").

II Ritterschaftlich, um 1450 zum Domanium.

III 19 Hufen – darunter 1 Freihufe (1554 LB Grabow) – und 4 Katen (1538 LB Grabow). Individualbede, die Hufe zu 16 ß (1554 LB Grabow). Einzelpacht je Hufe 24 ß (1520 AB Grabow).

IV Sackplatzdorf. Ortslage exzentrisch zur Flur.

Bis Ende des 16. Jahrhunderts befand sich in Kummer eine Filialkirche von Picher.

V Langstreifenflur. Keine Ackerschläge (1711 LV).

VI 1586 AB Grabow: Clauß Bruening, Chim Graweke, Claus Saske gewesener Müller, Claus Isebarn, Michael Weisick, Claus Paletze, Chim Honicke, Frantz Haneke, Thomas Kosse, Asmus Haneke, Claus Palitz, Hans Borchardt, Claus Honicke, Clawes Grawicke, Clawes Gineke, Asmus Selle, Mewes Honicke, Peter Vicke, Clawes Henning, Hans Rock, Hans Klutze. Kossaten: Chim Graweke, Clauß Tideman, Chim Lutke, Clauß Klutze, Pawel Stolte, Hans Isebarn, Chim Saßke, Hanß Selle, Hanß Karße.

1654 AB Grabow: Jochim Gracke, Casper Tiedeman, Jochim Isebarn, Clauß Bosiege, Jochim Palatz der Elter, Carsten Hombke w., Carsten Haneke, Idell Sasche, Tewes Stolte w., Jochim Palatz der Jünger, Clauß Borchert w., Clauß Hombke w., Clauß Gracke, Jochim Holtz, Cheel Bosiege, Chim Gracke w., Marten Kröchel, Frentz Möller, Jochim Rocke, Hanß Klüße. Kätner: Clauß Sasche, Jochim Bosiege w., Hanß Gracke w., Jochim Schulte w., Hans Isebarn, Jürgen Isebarn, Claus Brüning w., Pasche Sasche w., Aßmus Sell w., Claus Klüße w.

1706 KV Picher: Clauß Holst, Clauß Saffan, Jochim Krosch, Detloff Duncker, Hinrich Koß, Johan Dabelstein, Jochim Klüß, Christian Jalis, Hinrich Jalis, Hanß Sasch, Hanß Palis, Hanß Gracke, Hinrich Tiedeman, Jochim Isebarn, Christian Gracke, Casper Tiedeman, Jochim Siege, Jochim Rölcke, Jochim Klafke, David Tiedeman, Peter Frieman, Jochim Timme, der Ziegler. Kossaten: Hinrich Tiedeman, Jochim Klafke, Jochim Siege, Jochim Rölcke, Jochim Isebarn, Peter Frieman, David Tiedeman, Jürgen Timmerman , Jochim Timme.

VII

1	Flassenhorst *flasnhǫᵊst*	in der Flaschen Horst, 1711 LV; in die Flaschen-Horst, 1763 GA; auf der Fläschen Horst, 1775 GA; Flaschenhorst, 1813 GA; Flaschenhorst, 1904 FlK.	Wi, Su/Wi, Gh
2	Sankt Helenen *ˈzankt hǝˈlēnⁿ*	Sanct Helenen, 1904 FlK.	Wi/Wi
3	Brüggenwieden *brygnvīdn*	Brückenwieden, 1904 FlK.	Su/Wi, Wei
4	Möllers Holt *mölǝsˈholt*	Möllers Holz, 1788 RA; Müller Holtz, 1788 WK; in dem Möllersholz, 1847 GA; Möllers Holt, 1904 FlK.	Gh, Su/Wi, Kw
(5)	Jeßen	Jeßen, 1788 WK.	Gh, Wi/Gh
(6)	Bauer Horst	Bauer Horst, 1788 WK.	Gh, Su/Wi
7	Rögnitzwischen *röknitsvišn*	die Rögniz, 1788 WK; Roegnitzer Wiese, 1809 GA; Rögnitz Wiesen, 1904 FlK.	Wi/Wi, A
8	Mattus *maˈtūs*	in der Mattueße, 1711 LV; auf der Marthues, 1788 WK; Mathus, 1904 FlK.	Wi, Su/A, Wi
9	Bahl(d)ammsrieh *ˈbålamsˈrī*	Bohlen Lämm, 1788 WK.	Su/Wi, A
10	Bahldamm *båldam*	vorn Bahl Dam, 1711 LV; am Bahldamm, 1742 GA; Baal-Damm, 1788 RA; im Bahldamm, 1904 FlK.	Fw, Su/A, Kw
11	Bahlbrüggen *bålbrygn*	Bahl Brügge, 1711 LV; in Balbrück, 1777 GA; die Bohl Brüken, 1788 WK;	Su, Wi/Wi, Kw

		Bahlbrücken, 1803 GA; Bahl Brücken, 1904 FlK.	
12	Omelfort *ōməlfǫ*$^{?}$*t*		Ft/A, Kw
13	Moelenwischen *mœ̄l*^{l}*višn*	Mühlen Wiese, 1711 LV; Mühlen Wiese, 1741 GA; Mühlen Wiesen, 1788 WK; Mühlenwiesen, 1904 FlK.	Wi/Wi, A, Kw
14	Kahlzerbarg *ˋkåltsə'ba*^{a}*x*		A/A
(15)	Korten Lannen	im Kortenlande, 1850 GA; Korten Lannen, 1904 FlK.	A, Su/A, Wi
(16)	Hofwiesen	Hofwiesen, 1904 FlK.	Wi/A, Wi
(17)	Palasch Moor	in der Palaßen-Mohr, 1788 RA; Palaßen Mohr, 1788 WK; Palasch Moor, 1812 GA.	Su/A, Wi, Kw
(18)	Kossen Moor	Kossen Moor, 1904 FlK.	Su/A
19	Lütt Wisch *ˋlyt'viš*	die Lütge Wiese, 1711 LV; Lütt Wisch, 1904 FlK.	Wi/A, Wi
20	Tiesweh *tīsvē*^{i}	in Ties Vehen Ohrt, 1711 LV; Thies Veh, 1741 GA.	A/A
21	Schließken *šlīskn*	auf der Schließgen, 1711 LV; in der Schließke, 1847 GA; im Schlietzen, 1904 FlK.	A/A
22	Schultenkamp *šultnkam*^{p}		A/A
23	Bourviesten *bo*^{u}*əfīstn*	auf den Bohr Fiesten, 1711 LV.	A/A
24	Schaulkamp *šaulkam*^{p}		A/A
25	Kamp *kam*^{p}		A/A, Wi
26	Fillbusch *filbuš*	Fillbusch, 1754 GA.	A/A

27	Dunsbarg *dunsba*^{a}*x*	auf den Dunß Camp/Duntzen Camp, 1711 LV; aufm Dums Kamp, 1754 GA.	A/A, Ot
(28)	Sählsberg	auf dem Sahlschen Berge, 1711 LV; vorm Sehlschen Berg, 1742 GA; vor Sählen Berg, 1777 GA; Sählsberg, 1904 FlK.	A/A, Ot
29	Diekhoew *dīkhœ̄f*	im Dieckhof, 1808 GA.	Su/Wi
30	Huskoppel *hūskopl̥*		Wi/A, Wei
31	Jägerhof *jāgəhǫf*	Jägerhof, 1904 FlK.	Ot/Ot
32	Jannerahlsche Weg *ˋjanərāls̆'vex́*		Fw/Fw
33	Beilies *bai'līs*	achter Behlies, 1711 LV; achtern Belitz, 1730 GA; hinten Beiliß, 1777 GA; Belißen Busch, 1788 WK; Belilz 1904 FlK.	Su, A/A
34	Moelenstücken *mœ̄l*^{l}*stykn*	Mühlen Stücken, 1711 LV; tennst den Mahlenstucken, 1742 GA; Mühlenstücken, 1850 GA; Mühlenstücken, 1904 FlK.	A/A
35	Hinnenkamp *hin*^{n}*kam*^{p}	Hinter Camp, 1711 LV; Hinnenkamp, 1904 FlK.	A/A, Wi
(36)	Dammfin Moor	Damvien Stücken, 1711 LV; Dammfin Moor, 1904 FlK.	A, Su/A
(37)	Ziehlannen	im Sieß Lande, 1711 LV; in Zielange Wiesen, 1766 GA; Ziehlannen, 1904 FlK.	Wi/A
38	Schultenhoew *s̆ultnhœ̄f*	hintern Schulten Hofen, 1711 LV; aufn Schulten Häven, 1730 GA; die Schultzen Höfe, 1742 GA; Schultzen Hofen, 1754 GA; auf Schultzen Höfen, 1766 GA; Schulten Häfen, 1904 FlK.	A/A
39	Duhlschen *dūls̆n*	auf den Duhlschen, 1711 LV; aufn Duhlsen, 1754 GA; Duhlszen, 1904 FlK.	A/A
(40)	Kahlsche Holtz	hintern Kahlschen Holtz, 1711 LV; Kahlsche Holtz, 1788 WK.	Su, Gh/A

41	Holtkamp *holtkamp*	Holtkamp, 1904 FlK.	A, Su/A
42	an de Böken *anə'bȫkn*		A/A
43	an'n Picherschen Weg *an^n`pixäšn'veẋ*		A, Gh/A
44	Kummersch Holt *`kuməš'holt*	das Cummersche Holtz, 1755 Grenzakten; Kummerholz, 1904 FlK.	Gh/F
45	Lapauschen *la'paušn*	auf den Lapauschen, 1788 RA; Lapauschen, 1904 FlK.	Gh, Su/F
(46)	Rodeland	auf dem Roland, 1788 RA; im Rodeland, 1904 FlK.	Gh, Su/F
(47)	im Seewin	in der Sewien, 1742 GA; Seewien, 1754 GA; aufm Sevien, 1761 GA; auf Sehfiehn, 1766 GA; auf der Sevin, 1770 GA; auf die Säfihn, 1777 GA; im Seewin, 1788 WK.	A, Gh/F
48	Langen Saglappen *`laŋ^nzā'glapm*	auf den Langen Sagelappen, 1760 GA; auf den langen Sage Loppen, 1788 RA; Langsaglappen, 1904 FlK.	A, Gh/F, A
49	Borenkamp *bōənkamp*	Bahren Camp, 1711 LV; Baarenkamp, 1904 FlK.	A/A, Kw
(50)	Baren Kolk	der Baren Kolck, 1755 Grenzakten; Baren Kolk, 1788 WK.	Su/A
51	Fickenbäk *fiknbǟk*	vor der Ficken Beck, 1711 LV; Ficken Beck, 1742 GA; vor Ficken Beeck, 1754 GA; vor Vicken Beck, 1766 GA; Fiken Bach, 1788 WK; Fiecken Beeck, 1788 RA.	Gw/Gw
52	Karkenkamp *ka^aknkamp*	Kakenkamp, 1904 FlK.	A/A
53	Sotkoppel *zo^utkopl*		A/A
54	Ossenbarg *osnba^ax*		A/A

55	Eikkoppel *aikkopl*		Gh/Gh
56	Krusen Dannen *`krūzn'dan*^{n}		A, Su/F
(57)	in'n Lann	auf der Lande, 1711 LV; auf der Lann, 1760 GA; bei den Landen, 1779 Grenzakten; in'n Lann, 1904 FlK.	A/A
58	Deepen Büschen *`dēpm'byšn*	bey den Depen Busch, 1711 LV; bei den Deipen Busch, 1766 GA; Depenbüschen, 1904 FlK.	A, Su/A, Kw, Pf
59	Rötkuhl *rötkūl*	bey der Röht Kuhl, 1711 LV; bey der Röthkuhl, 1742 GA.	Pf/Pf
60	Bökbarg *bökba*^{a}*x*	Boekberg, 1904 FlK.	A/Gh
61	Langen Stücken *`laŋ*^{n}*'stykn*	auf den Langen Stücken, 1711 LV; aufm langen Stück, 1754 GA; auf den Langenstücken, 1813 GA; Langenstücken, 1904 FlK.	A/A
62	Leimbusch *laimbuš*	achtern Leimbusch, 1711 LV; beim Leimbusch, 1742 GA; beym Lehm Busch, 1754 GA; an den Lehm Busch, 1763 GA.	A, Su/Kw
63	Finkenhütten *fiŋ*^{k}*nhytn*	bey der Fincken Hütte, 1711 LV; vor Fincken Hütten, 1730 GA; an der Fincken Hütte, 1748 Grenzakten; Finkenhüllen, 1904 FlK.	A/F, A
64	Finkenbarg *fiŋ*^{k}*nba*^{a}*x*	Finkenberg, 1904 FlK; Finkenberg, 1937 FK.	A/F
65	Hogenfelder Dannen *`hōgnfelə'dan*^{n}	die hohen Feldtannen, 1904 FlK; Hohenfelder Tannen, 1937 FK.	A, Kw/F
66	Räwelbarg *rävlba*^{a}*x*	bey den Refel Berg, 1711 LV; hinter den Räfelberg, 1748 Grenzakten; Rebelberg, 1788 RA; Räbel Berg, 1788 WK; Revelberg, 1904 FlK.	A, Kw/F
67	in Borm *in*^{n}*'bǫ*ˀ*m*		Su?/Kw

68	Scheperwee(d) *šēpəvē*^{i}		Ödl/Kw
69	Swienwee(d) *svīnvē*^{i}		Ödl/Kw, A
70	Wee(d)koppel *vē*^{i}*kopl*		Su/A, Kw
71	Maurwischen *mauəvišn*	auf dem Mohr, 1711 LV.	Su, Wi/Wi
72	Peußwart *poi'sva*^{a}*t*	in der Peußwart, 1711 LV.	A, Su/A, Wei
73	Königswischen *kōnixsvišn*		Su, Wi/Wi
74	Grabowsch Lanken *ˋgrābo*^{u}*š'laŋ*^{k}*n*	in Grabauschen Langck, 1711 LV; in der Grabauschen Lanck, 1742 GA; Grabowerlanken, 1904 FlK; Grabower Lanken, 1937 FK.	A, Su/F
75	Bäken *bākn*	die Stepenitz, 1748 Grenzakten.	Su/Wi, F
76	Stäpnitz *stāpnits*	in Stäfenitzen, 1711 LV; die Stevenitzschen Stücken, 1748 Grenzakten; in der Stewenitz, 1761 GA; die Stewnitz, 1788 WK; die Stebnitz, 1904 FlK; Stebnitz, 1937 FK.	Wi, A/F
77	Langen Holt *laŋ*^{n}*'holt*	im Langen Holtz, 1711 LV; achtern Langen Holtz, 1766 GA; hinter den langen Holten, 1775 GA; die langen Holten, 1788 WK; Langenholz, 1904 FlK.	Wi, Su/Wi
78	Strichwisch *strixviš*		Wi, Su/Wi
79	Schultenwisch *šultnviš*		Wi, Su/Wi
80	Häwammenwisch *hāvam*^{m}*viš*		Wi, Su/Wi
81	Schaulwisch *šaulviš*		Wi, Su/Wi

82	Mulsow *mulzo*^{u}	in die Mulßow, 1730 GA; in der Mulsow, 1788 RA; die Mulsow, 1788 WK.	Su/Wi, A
83	Hogen Wischen *ˋho*^{u}*gn'višn*		Wi/A
84	Torfkoppel *tǫ*^{ǫ}*fkopl*		Su/A
85	Mulsowkamp *mulzo*^{u}*ˋkam*^{p}	auf Mulsauer Kamp, 1763 GA; Mulsoer Camp, 1788 WK; Mulsowkamp, 1809 GA; Mulsower Kamp, 1904 FlK; Mulsowsche Kamp, 1937 FK.	A/A, Wei
86	Ellerholtwisch *eläholtviš*		Su/Wi, Wei
87	Langen Kamp *laŋ*^{n}*'kam*^{p}	Langen Camp, 1711 LV; langen Camp, 1742 GA; Langen Kamp, 1761 GA; im Langenkamp, 1809 GA.	A, Su/A, Wei
88	Immenhofwisch *im*^{m}*hǫfˋviš*		Su/Wi
89	Branden *bran*^{d}*n*	achtern Brande, 1711 LV; Brande, 1788 RA; Brand Mohr, 1788 WK; im Branden, 1904 FlK.	Su/A, Wi
90	Immenhofkoppel *im*^{m}*hǫfˋkopl*		Su/A, Wei
91	Bißkölken *bis'kölkn*	vor Boskulen, 1760 GA; in der Bos-Käling, 1788 RA.	Su, Wi/A, Wei
92	Immenhofstücken *im*^{m}*hǫfˋstykn*		A/A
93	Middelstücken *midlˋstykn*		A/A
94	Chausseestücken *šo'sēstykn*		A/A
95	Driftkamp *driftkam*^{p}	Drift Kamp, 1904 FlK.	A, Ödl/A
96	Sandkuhlsche Kamp *ˋzantkūlšə'kam*^{p}	Sandkuhls Camp, 1711 LV; auf dem Sandkolsch Kamp, 1760 GA; vor Santkühlischen Kamp, 1777 GA; Sandkuhlsche Kamp, 1904 FlK.	A/A, Kw

97	Kummeral *kumə'rål*	die Kummerade, 1788 RA; Kummeran, 1809 GA; Kummeran, 1904 FlK.	A, Ödl/A, Wei
98	Daglöhnerwee(d) *daxlȫnəvē*^{i}		Ödl/A, Wi, Kw
99	Kusbarg *kūsba*^{a}*x*	in der Kuß Barck, 1711 LV; Kuhsberg, 1904 FlK.	Wi/A, Wi
100	Bullenkamp *bul*^{l}*kam*^{p}	auf den Bullen Camp, 1711 LV; Bullenkamp, 1904 FlK.	A/A, Wei, Kw
101	Pouwisch *po*^{u}*viš*	in der Pudwische, 1711 LV; Pur Wiese, 1788 WK.	Wi, Su/Wi
102	Pouwischenholt *`po*^{u}*višn'holt*	Purwischen Holz, 1788 RA; das Purbizer Holtz, 1788 WK; Purwischen Holt, 1904 FlK.	Su, Gh/Wi
(103)	Heukenhorster Kolk	Heukenhorster Kolk, 1904 FlK.	Su/A, Wi
104	Hogstegen *ho*^{u}*x`stǟgn*	beym Hohen Stege, 1711 LV; in den Hohen Stegen, 1804 GA; Hochstegen, 1904 FlK.	Wi/A, Wi
105	Heukenhorst *hoiknhǫst, -hǫ*^{ə}*st*	die Höcken Horst, 1711 LV; Höken Horst, 1788 WK; Heukenhorst, 1904 FlK.	Wi/A, Wei
(106)	in de Campei	in der Kumpehr, 1711 LV; in de Campei, 1904 FlK.	Wi/A, Wei
107	Middagstä(d) *midaxstǟ*^{ə}	Mittagsstelle, 1904 FlK.	Ödl/A

VIII

(108) alten Möllen Fort, 1770 GA, Ft
(109) auf dem alten Mühlen Kamp, 1813 GA, A
(110) vorn Bahlen, 1711 LV, Su
(111) hinter der Bleiche, 1845 GA, Wi
(112) aufm Borwischen, 1754 GA, Wi
(113) vorm Broer, 1741 GA; vor dem Brauer, 1760 GA, A
(114) an Buhr Lande, 1711 LV, A
(115) auf Busch Kählen, 1775 GA, A

(116) die Dick Kähling, 1711 LV; Dieck-Käling, 1788 RA, Wi, Su
(117) auf den Dieck Camp, 1711 LV; Dieck Kamp, 1770 GA, A
(118) Duhlschen Busch, 1711 LV; vor Dulschen Busch, 1741 GA, Gh
(119) auf der Dußcke, 1754 GA, A
(120) auf den Feilitzen Stücken, 1804 GA, A
(121) Fiecken-Käling, 1788 RA, Gh
(122) auf den Freier Fahren, 1711 LV; Breyerfuhr, 1754 GA, A
(123) Frie-Holz, 1788 RA, Gh
(124) bey den Glaß Lande, 1711 LV, Wi, A
(125) im Hegen Holt, 1711 LV; Heege Holtz, 1770 GA; vor dem Hegeholz, 1813 GA, Gh, A
(126) Hogen Enden, 1754 GA, A
(127) vor der Hoggen Hofe, 1741 GA, A
(128) in der Honcken-Horst, 1762 GA, Wi
(129) Hopfenhof, 1808 GA, A
(130) auf den Jannerals/Jannerahls, 1711 LV; aufn Janneraschen, 1730 GA; auf dem Jannrasen, 1813 GA; auf dem Janneraaßen, 1819 GA, A
(131) im Jeßen Brower, 1711 LV, Wi
(132) auf den Kahlens, 1711 LV; auf der Kahlies, 1761 GA, A
(133) Käling, 1788 RA, Gh
(134) aufn Karn/Korn, 1770 GA, A
(135) im Kat Lande, 1711 LV, Wi
(136) in Kaveln, 1711 LV, Wi
(137) achtern Klußen Busch, 1711 LV; beym Klußer Busch, 1813 GA, Gh, A
(138) Koeterkamp, 1809 GA, A
(139) auf der Kohblanck, 1711 LV; in der Koblanck, 1754 GA, A
(140) im Kohl Hofe, 1741 GA, A
(141) im Krebs Dieck, 1711 LV, Wi
(142) achtern Kroß Mohr, 1730 GA; hinten Krosch Mauer, 1766 GA; im Kroschen Mohr, 1775 GA, Su, A
(143) die Krum Wiese, 1711 LV, Wi
(144) Kummer-Beeck, 1788 RA, Gh, Gw?
(145) auf der Langck, 1711 LV, A
(146) im langen Ort, 1730 GA, Wi
(147) auf der Lase, 1754 GA, A
(148) in der Liepooß, 1742 GA, A
(149) Linden-Käling, 1788 RA, Gh
(150) aufn Lütten Camp, 1711 LV, A
(151) aufm Mahlen Fohrt, 1761 GA; hinter den Mühlen Fort, 1763 GA, A, Ft
(152) auf den Mahl Karrn, 1711 LV, A
(153) auf den Mahl Staffen, 1711 LV; aufn Mölln Stoven, 1730 GA; auf die Möllen Stafen, 1777 GA, A
(154) auf der Malstade, 1741 GA, A
(155) den Mühlenhoff, 1754 GA, A

(156) achtern ohlen Dieck, 1711 LV; hinter den alten Deich, 1788 RA, A
(157) Ohlen Mühlen Wiese, 1711 LV; in der alten Mühl Wiese, 1792 GA, Wi
(158) im Ohrt, 1711 LV, Wi
(159) in der Palas, 1788 RA, Gh
(160) in der Plier Fort, 1760 GA, A
(161) Povern, 1788 RA, Gh
(162) auf den Puddischen, 1711 LV; hinter Putisch, 1741 GA; auf Puddischen, 1754 GA; auf die Putdischen, 1760 GA; auf dem Puddies, 1763 GA; auf der Purris, 1775 GA, A
(163) in der Rackau, 1711 LV; bey der Rackau, 1754 GA; vor der Rackow, 1760 GA, A
(164) auf dem Rackower Kamp, 1760 GA, A
(165) in der Rehr Wiese, 1711 LV, Wi
(166) in Reppoßen, 1754 GA, A
(167) die Rethwiese, 1795 GA, Wi
(168) auf den Sagerinschen Hegen, 1711 LV, A
(169) am Sandfort, 1711 LV, A, Ft?
(170) auf dem Sandforts Camp, 1711 LV, A
(171) auf der Saywende, 1804 GA, A
(172) auf der Schmielis, 1711 LV, A
(173) auf den Schultzen Bergen, 1711 LV, A
(174) vor dem Sefcken Berg, 1760 GA, A
(175) auf die Segefien, 1763 GA, A
(176) die Segen Stede, 1711 LV, Wi
(177) Siegen-Strange, 1788 RA, Gh
(178) im Siem Langck, 1711 LV; vor die Zimlancken, 1763 GA, Wi
(179) auf der Sietlitzen, 1711 LV; in der Siedlitz, 1741 GA; auf die Zielitzen, 1777 GA, A
(180) achtern Sietlitzer Holt, 1711 LV; agter Zielitzer Holtz, 1741 GA; Silitzer Holtze, 1742 GA; Zittlitzer Holtz, 1760 GA; Zitlitzer Holz, 1788 RA, Gh, Su
(181) aufm Stäven, 1761 GA, A
(182) Talase, 1711 LV; in der Talase, 1742 GA, A
(183) in Trering, 1711 LV, Wi
(184) Trienenk Kamp, 1760 GA, A
(185) auf den Vor Kamp, 1711 LV, A
(186) Zegenstädter Forth, 1788 RA, Ft
(187) im Zielitzer Hof, 1809 GA, A.

71

Göhlen

goiln

Goelen 1450 Horn-Schenkungsbrief, Golen 1454 Verpfändungsurkunde, Ghüolen 1520 AB Grabow

I Jüngere Steinzeit: Feuer- und Felsgesteinbeile. Ältere Bronzezeit: Schwert und Handberge. Jüngere Bronzezeit: Urnenfelder („Gusnitzer Barg" und „Schröders Kamp"), Depotfund, darunter Hängegefäß, Nierenring, 2 kalottenförmige Bronzeschalen und kleine Schmuckplatten („Gusnitzer Barg").

II Ritterschaftlich (?), um 1450 zum Domanium.

III 19 Hufen – darunter 1 Freihufe – und 1 Katen (1538 LB Grabow). Individualbede, die Hufe zu 16 ß (1538 LB Grabow). Einzelpacht je Hufe 28 ß (1520 AB Grabow).

IV Sackplatzdorf. Ortslage etwas exzentrisch zur Flur.

Die Begangsnummern 93–113 gehörten früher zum Hornwald und wurden nach 1827 zur Feldmark Göhlen gelegt.

V Langstreifenflur. Keine Ackerschläge (1711 LV).

VI 1586 AB Grabow: Hanns Jan(t)ke, Hanns Stolte, Chim Müller der Müller, Clawes Saske der Lowkenn Müller, Hanns Rogke, Eitel Simon, Chim Borcherdt, Chim Weisig, Michael Weisig, Hans Bannor, Palm Düde, Clawes Meinecke, Lutke Chim Weisig, Aßmus Sander, Claws Paletze, Hans Rukith, Marten Zierke, Pawel Rukith, Chim Krowp, Simon Teetze, Frantz Sanske, Frantz Rogk. Kossaten: Hanns Block, Claws Dude, Chim Jantke, Heinrich Weisig.

1654 AB Grabow: Hanß Jantje, Hanß Belitz, Hanß Klüße, Lorenz Bredefeldt, Hanß Böddicher, Franz Belitz w., Jochim Sauman, Hanß Bannühr, Jochim Rock, Marten Düde, Marten Meineke, Hanß Weisige w., Hanß Schroeder, Jochim Boddicher der Lauck Müller, Johan Bredefeldt, Hinrich von Sienen, Peter von Sienen, Hinrich Sircke, Paull Ruckitt, Jacob Rock w., Chim Tetz w. Kätner: Peter Meineke w., Hanß Düde w., Jochim Jockan, Claiß Jantie w.

1711 LV: Hanß Jandt, Hanß Teeß, Johann Klüß, Hanß Bredfelt, Hanß Klüß, Stoffer Schnider, Jochim Benöhr, Claus Rock, Hanß Jockan,

Christian Schröder, Johann Bredfelt, Hinrich von Siehn, Hanß von Siehn, Jochim Warncke, Peter Ruhkiet, Jochim Rock, Jürgen Jockan, Böhlers wüste, Rocken wüste, Jürgen Pahlm, Andreas Böttcher der Lock Müller. Kossaten: Jochim von Siehn, Hinrich Pahlm, Peter Bredfelt, Jürgen Düede.

VII

1	Bäk *bäk*	über der Beck, 1762 GA.	Gw/Gw
(2)	im Zappelwiesen	Sappel Wiese, 1711 LV; im Zappelwiesen, 1852 FlK.	Wi, Gh/Wi, A
3	Wee(d) *vē^i^*		Su/A, Wei, Wi
(4)	im Putzenholz	im Putzenholz, 1852 FlK.	Su/A
5	Bahldamm *båldam*	im Bahldam, 1711 LV; Bahldamschen Wiesen, 1785 GA.	Wi/Wi, A, Kw
6	Deilken *dailkn*	die Deilgenwiesen, 1852 FlK.	Wi/Wi, A
7	Zappelkamp *tsaplkam^p^*	auf dem Zappelkamp, 1852 FlK.	Wi, A/A, W
8	Kampknick *kam^p^knik*	Camp Knick, 1711 LV; Camp-Knick, 1820 GA.	Wi/Wi
9	Torfmaur *tǫ^ə^fmauə*		Su/Wi
10	Strauer *strauə*	im Strauer, 1742 GA; Stroer-Wiese, 1820 GA; Strauer, 1852 FlK.	Wi, Su/A, Wi, Kw
11	Strichwisch *strix̌viš*		W,/Wi
12	Schultenwisch *šultnviš*	Schulzen-Wiese, 1784 GA.	Wi/Wi
(13)	Baekwiese	Bäck Wiesen, 1711 LV; Baekwiese, 1852 FlK.	Wi, Su/Wi
14	Bäkenkoppel *bäknkopl*	Bäck Stücken, 1711 LV; Baekstücken, 1852 FlK.	A/A

(15)	Cummerer Kamp	auf den Kummer Camp, 1711 LV; auf den Cummerer Kamp, 1852 FlK.	A/A
(16)	im blanken Holz	im blanken Holz, 1852 FlK.	Su/Wi
17	Zarrenzin *ˈtsa^{a}nˈtsīn*	in Sahrensien, 1711 LV; die Zarrenzin-Wiese, 1818 GA; im Sarnzien, 1820 GA.	Wi/Wi, A
18	Schultenkamp *šultnkam^{p}*	Schulzen-Kamp, 1784 GA.	A/A
(19)	Grabower Busch	im Grabower Busch, 1783 GA; im Grabower Busch, 1852 FlK.	Su/A, Ödl
20	Immenhof *im^{m}hǫf*		Ödl/Ödl, Kw
(21)	Düden Kamp	auf den Düden Camp, 1711 LV; Düden Kamp, 1852 FlK.	A/Kw
22	Stäpnitz *stäpnits*	im Stäfnitz, 1711 LV; die Stebnitz, 1852 FlK.	A, Wi/A, Kw
23	Hinnerhoew *hinəˈhœ̄f*	hintern Höfen, 1711 LV; hintern Hofen, 1742 GA.	A/A, Wei
24	Bornkamp *bǫ^{ə}nkam^{p}*	Born Camp, 1711 LV; im Bornkämpen, 1784 GA.	A/A
25	Dörpstück *dǭ^{ə}pstyk*	Dorfstücken, 1711 LV; Dorf Stück, 1742 GA; aufm Dorf Stück, 1795 GA.	A/A
26	Hushoew *hūshœ̄f*	Hofwiesen, 1776 GA.	Wi/Wei, A
27	Hofwischen *hǫfvišn*	die Hofwiesen, 1711 LV; Hofwiesen, 1776 GA.	Wi/Wi, A
28	Hofland *hǫflant*		Wi/A, Wei
29	Kraps *kraps*	im Kraps, 1711 LV.	Wi/A
(30)	Muerken Busch	im Muerken Busch, 1852 FlK.	Su, Gh/A
31	Mei(r)schen *maiəšn*	im Mehrß/in der Mehres, 1711 LV; Mehrzen, 1776 GA; in Meischen, 1777 GA; die Mehrtzen Wiesen, 1788 WK.	Wi, Gh/A

32	Duhrken *dū^{ə}kn*	in Duhren, 1711 LV; Duren Busch, 1776 GA; in Duhren, 1777 GA; Duren Wiese, 1788 WK; im Durgen Busch, 1852 FlK.	Wi, Su/A
33	Lütten Stücken *ˋlytn'stykn*		Gh, Wi/A
34	Groten Dämm *ˋgro^{u}tn'dem^{m}*		Gh/A
35	Kesser *kesə*	Keßer Wiese, 1711 LV.	Wi/A
36	Lasen *lāzn*	auf den Laase, 1711 LV; Laase, 1783 GA; auf Laasen, 1784 GA; in den Laase, 1818 GA; auf dem Laasen, 1852 FlK.	A/A
37	Schaulkamp *šaulkam^{p}*		A/A
38	Preirlasen *praiəˋlāzn*	auf den Preyr Laase, 1711 LV; im Prerlaß, 1724 GA; in die Preelosen, 1764 GA; aufn Prehrlaasen/Freer Laasen, 1784 GA; Prehrlaasen, 1785 GA; in der Prierlaase, 1808 GA.	A/A
39	Schröders Kamp *ˋšrödəs'kam^{p}*	in der Kählung, 1852 FlK.	A/A
40	Gusnitzer Barg *ˋgusnitsə'ba^{a}x*	Gusnitzer Berg, 1852 FlK.	A/A, Kw
41	Smalen *småll*	auf den schmalen Stücken, 1711 LV.	A/A
42	Gusnitz *gusnits*	auf der Gußnitz, 1711 LV; auf dem Gusnitzen, 1852 FlK.	A/A
43	Damscher Barg *ˋdamšə'ba^{a}x*	Damsler Berg, 1788 WK; Dammbecker Berg, 1852 FlK.	A/A, Ödl
44	Damschen *damšn*	auf den Dammß Stücken, 1711 LV; auf den Dammcken Stücken, 1852 FlK.	A/A
45	Satans *zåtans*	auf den Sadamschen Stücken, 1711 LV.	A/Kw, A
46	Postbarg *postba^{a}x*		A/A

47	Zierock *sirǫk*	auf den Sierrocken, 1711 LV; aufm Zirock, 1762 GA; im Zierken, 1852 FlK.	A/A
48	Krasnitz *krāsnits*	auf der Kraßenitz, 1711 LV; Crasnitz, 1742 GA; in der Crasnitz, 1795 GA; auf dem Krasnitzen, 1852 FlK.	A/A
49	Witzin *vi'tsin*	auf den Witzinen, 1711 LV; im Wiltzienen, 1852 FlK.	A/A, Kw
50	Zielitz *tsilits*	auf der großen Sietlitz, 1711 LV; im großen Zielitzen, 1852 FlK.	A/A, Wi
(51)	Lefelcken Bäck	Lefelcken Bäck, 1711 LV.	Gw/Gw
52	Glinz *glints*	auf der Glintz, 1711 LV; im Glinzen, 1784 GA.	A, Wi/A, Wi
53	Läwigen Barg *'lävign'ba*^{a}*x*	auf den Lefelcken Camp, 1711 LV; Levelken Berg, 1852 FlK.	A/A, Kw
54	Bedenz *bə'dens*	auf den großen Podentzen, 1711 LV.	A, Su/A, Wei
55	Möllers Kamp *möləskam*^{p}	auf den Mühlen Camp, 1711 LV.	A, Wi/A, Wi
56	Muttenbarg *mutnba*^{a}*x*	Mutten Berg, 1852 FlK.	A, Gh/F, A
(57)	Saglaft	auf den Sageloff, 1711 LV; Saglaff, 1852 FlK; Saglaft, 1937 FK.	A, Gh/F
(58)	beim Stüdeberge	auf den Stüde Camp, 1711 LV; beim Stüdeberge, 1852 FlK.	Gh, A/F
(59)	Bauer Tannen	Bauern Tannen, 1852 FlK; Bauer Tannen, 1937 FK.	Gh, Ödl/F
(60)	Kunsteiern	auf den Küstehren, 1711 LV; im Kunsteiern, 1852 FlK; im Kunsteiern, 1937 FK.	A, Gh/F
61	Voßbarg *fǫsba*^{a}*x*	im Voßbergen, 1852 FlK; Voßberg, 1937 FK.	Gh, Ödl/F
62	Louk *lo*^{u}*k*	Lowkenn, 1586 AB Grabow; auf den Loecken Cämpen, 1711 LV; Lauck, 1764 GA.	A, Wi/A, Kw, Wei

(63)	in der Heide	in der Heyde, 1711 LV; in der Haide, 1852 FlK; in der Heide, 1937 FK.	Ödl/F
(64)	Großen Pumpbäk'schen Tannen	Großen Pumpbaekschen Tannen, 1852 FlK; die Großen Pumpbäk'schen Tannen, 1937 FK.	Ödl, Kw/F
(65)	Retmoorschen Tannen	die Rethmoorschen Tannen, 1852 FlK; die Retmoorschen Tannen, 1937 FK.	Kw/F
(66)	bei der Pumpbäk	in der Pumpbeak, 1852 FlK; bei der Pumpbäk, 1937 FK.	Kw/F
67	Pumpbäk *pum*^{p}*băk*	bey der Pump Beck, 1711 LV; die Pump Beck, 1813 Situationsplan; die Pumpbaek, 1852 FlK.	Gw/Gw
68	Rehhagen *rēhågn*	Reehagen, 1788 WK; im Rehhagen, 1852 FlK.	Wi, Gh/F, Kw
69	Möllerwisch *möləviš*	die grothe Mühlen Wieße, 1711 LV.	Wi/Wi, A
70	Liggensteen *liŋ*^{n}*stēn*	im Lingen Stehen/Lingen Stein, 1711 LV; Liggen Stein Wiese, 1745 GA; Liggenstein, 1776 GA; im Liegenstein, 1777 GA.	Wi/Wi, A
71	Moelenkamp *mœ̄l*^{l}*kam*^{p}	Mahlen Holtz, 1788 WK.	Gh/A
72	Fannicken *fanikn*	in der Pfannig, 1711 LV; Fannerck Wiese, 1742 GA; Fannecken Wiesen, 1788 WK; in der Fanneckenwiese, 1852 FlK.	Wi/A
73	Hee(d)koppel *hē*^{t}*kopl̥*	auf den Heydstücken, 1711 LV; Heyd Stück, 1745 GA.	Su, A/A, Ödl
74	Rötkuhlsche Dannen *`rȫtkūl̥šə'dan*^{n}	die Roethkuhlschen Tannen, 1852 FlK.	Kw/Kw
75	Swienwee(d) *svīnvē*^{t}	Röth Kuhle, 1788 WK.	Ödl, Su/Kw
76	Müßielenkamp *my'sīl*^{l}*kam*^{p}	auf den Mußiehlschen Camp, 1711 LV; Mutziedel-Kamp/Mutzietel Kamp, 1784 GA; Zielkamp, 1937 FK.	A, Gh/Kw

77	Ruchelkoppel *rūxlkopl*		Su, Wi/A, Kw
78	Witten Maur *ˋvitnˊmauə*	das Witte Mohr, 1788 WK; im weissen Moor, 1852 FlK.	Su/A, Kw
79	Koeterwisch *kœ̄təviš*	die Käter Wiese, 1764 GA.	Wi/A, Wi
80	Bullenwisch *bullviš*		Wi/Wi
81	Ruchel *rūxl*	die Ruggel/Rugell Wiesen, 1711 LV; Göhlensche Ruchel, 1757 Horn-Akten Grabow; im Rucheln, 1776 GA; im Rugel, 1777 GA; Ruchel, 1788 WK; im Ruchel, 1825 FlK.	Wi/Wi, A, Kw
82	Rögnitz *röknits*		Gw/Gw
83	Torfmaur *tǫˀfmauə*		Su/Wi, We
84	Rucheldannen *rūxldan*^{n}		Su, Ödl/Kw
85	Ruchelkamp *rūxlkam*^{p}	Ruchelkamp, 1782 GA; Ruchel Camp, 1788 WK.	A/Kw, A
86	Snippenkörken *snipmkö*^{ə}*kn*		Su/Kw, Wi
87	Jeiers *jaiäs*	in Jersen, 1711 LV; in Geiersken, 1776 GA; im Geiersken, 1852 FlK.	Wi/A, Kw
88	Söhrkenkamp *zȫ*^{ə}*knkam*^{p}		Wi/A, Kw
89	Lank *laŋk*	im Lanck, 1788 WK.	Wi/A, Kw
90	Möllers Maur *mölәsˋmauә*	Möllers Wiese, um 1700 Horn-Skizze.	Wi/Wi
(91)	Rögnitz Wiesen	die Rögnitz Wiesen, 1711 LV; die Rögnitz Wiesen, 1852 FlK.	Wi/Wi
92	Söhrken *zȫ*^{ə}*kn*	in Söhring, 1711 LV; in den Söhren, 1818 GA; die Söhren Wiesen, 1852 FlK.	Wi/Wi, A

(93)	Daugs Kamp	Daucks-Kamp, 1757 GP; Dohx-Kamp, 1762 GP; Ducks Camp, 1767 GSK; Daucks-Kamp, 1776 GSt; Daugs Kamp, 1786 Horn-FlK.	Su, Gh, Ödl/A
(94)	Jabshörst	Jabshorst, 1762 GP; Jahps-Hörste, 1776 GSt; Jabshörst, 1786 Horn-FlK.	Su, Ödl, Gh/Wei
(95)	Lange Striggel	die Lange Striggel, 1609 GP; die lange Striggel, um 1700 Horn-Skizze; die Lange Striggel, 1702 KP.	Su, Gh/A, Wi, Wei
(96)	Fuhlen Kolck	Fuhlen Kolck, 1786 Horn-FlK.	Su/Wi
97	Stepsen *stepsn*	Stips, 1776 GSK.	Su/Wi, Wei
(98)	Gose Kolck	Gose Kolck, 1786 Horn-FlK.	Su/Wi, Wei
99	Krullengraben *krulˡgråbm*	der neuwe Graben, 1688 GSG; der newe Graben, um 1700 Horn-Skizze; der Krullen- oder Neue Graben, 1760 GP; der Krullen-Graben, 1786 Horn-FlK.	Gw/Gw
(100)	Steps Hörst	Steps Horst, 1767 Ratsprotokollbuch Grabow; Steps Hörst, 1786 Horn-FlK.	Su, Ödl/A, Wei
101	de Horns *də'hǫˀns*		Su, Ödl/Wi, A, Wei
(102)	Lange Heide	die Lange Heyde, 1617 KP; die lange Heide, um 1700 Horn-Skizze; die Lange Heyde, 1746 KP; die Lange Heide, 1786 Horn-FlK.	Gh, Ödl/A
(103)	Brandhorst	Brandhorst, 1786 Horn-FlK.	Ödl/A
(104)	in Branden	die langheydensche Branden, 1758 GSK; im Branden, 1776 GSt; im Brand, 1786 Horn-FlK; in Branden, 1852 FlK.	Su/Wi
(105)	Stern und Halbmond	Stern und halbe Mond, 1775 GP; Stern und Halbmond, 1786 Horn-FlK.	Ödl, Gh/A
(106)	Möllers Förden	Möllers Föhren, 1688 GSK; Möllers Förd, 1691 KP; Möllers Forth, 1775 GP; Möllers Förden, 1786 Horn-FlK.	Ft/A, Wi

(107)	Dener Wisch	Diener Wiese, 1757 GP; Diener Wiese, 1775 GP; Dener Wisch, 1786 Horn-FlK.	Wi/Wei
(108)	Langhorst	die Lange Horst, 1762 GP; Langhorst, 1786 Horn-FlK.	Gh/A, Wei
(109)	Rocks Förden	Rocks föhrde, um 1700 Horn-Skizze; der Rockensfohrt, 1727 Horn-FlK; Rockenförde, 1746 KP; Roocken Föhren, 1762 GP; Rocks Förden, 1786 Horn-FlK.	Ft, Su/A
110	Garnerswisch *`ga^{a}nəs'viš*	Gärtners Wiese, 1746 KP.	Wi/Wi, A
(111)	Zegen Uhr	Zegen Uhr, 1786 Horn-FlK.	Su/Wi, A
(112)	Schröders Hörst	Schröders Hörst, 1768 Horn-FlK.	Gh, Su/A, Wi
113	Sahner Uhr(t) *`zånə'ū^{ə}t*	Sajen orth, 1689 GSK.	Gh/Wei, A
114	Schweriner Dannen *švə`rīnə'dan^{n}*	Schweriner Tannen, 1788 WK; Schweriner Tannen, 1852 FlK.	Kw, Ödl/Kw
115	Dahlken *dålkn*	Dahlck, 1711 LV; in den Dählen, 1818 GA; Dahlck, 1820 GA; im Dahlk, 1852 FlK.	Wi/Wi, A, Kw
(116)	Blaenkbrücke	bei der Blaenkbrücke, 1852 FlK.	Brücke

VIII

(117) auf den Bafen Camp, 1711 LV, A
(118) in Dohlen, 1711 LV, Wi
(119) in der Drog Staur, 1711 LV; im Drustrau, 1742 GA, Wi, A
(120) Gänse-Brinck/Gose-Brinck, 1783 GA; Gooßbrinck, 1784 GA, Wi
(121) im Glintz-Häfen, 1784 GA, A
(122) beim Grabower Kamp, 1764 GA, A
(123) am Grädt Barg, 1711 LV, A
(124) auf den Grafiehn, 1711 LV; aufn Grevien, 1785 GA, A
(125) Holtz Wieße, 1711 LV, Wi
(126) in Jeßer, 1711 LV, Wi
(127) auf den Kahls Wiesen/Kahles Wiesen, 1711 LV, Wi
(128) aufn Kaucken Camp, 1711 LV; aufm Koken-Kamp, 1762 GA, A
(129) auf den Klehrsen Camp, 1711 LV, A

(130) Korten Enden, 1711 LV, A
(131) lange Stücken, 1711 LV, A
(132) in der Lentz, 1711 LV; im Lenz/Lentz, 1784 GA, A
(133) Lögelck Beeck, 1711 LV, Gw
(134) lütge Mühlen Wieße, 1711 LV, Wi
(135) lütgen Podentzen, 1711 LV, A
(136) Lütg Wieße, 1711 LV, Wi
(137) auf dem lüthen Kamp, 1784 GA, A
(138) lüttge Sietlitz, 1711 LV, A
(139) aufn Mohrdehlen, 1711 LV, Wi
(140) im Mutsiedel, 1711 LV, Su
(141) im Ohrt, 1711 LV, A
(142) aufm Pravin, 1762 GA, A
(143) die Rütter Coppel, 1711 LV, Wi
(144) auf den Schellschen Camp, 1711 LV, A
(145) auf den Sehlschen Camp, 1711 LV, A
(146) in der Stamp, 1711 LV, Wi
(147) Stubben Wiese, 1711 LV, Wi
(148) auf den Vehspern, 1711 LV, A.

72

Hornwald

hǫ̈ᵊnvalt

mit Hornkaten

de Horn 1450 Horn-Schenkungsbrief, der Horn 1517 Eldenaer Revers

Die sich einst unterhalb Grabows zwischen Rögnitz und Elde in ansehnlicher Breite erstreckende Sumpf- und Waldzone des *Horn* bildete in frühgeschichtlicher Zeit wahrscheinlich die Nordostgrenze des Landes Wehningen. Als Herzog Heinrich IV von Mecklenburg im Jahre 1450 die Stadt Grabow „ume zunderger gnade und denstes willen" mit diesem Gebiet belehnte, war davon die Flur des in unmittelbarer Nähe von einem slawischen Burgwall errichteten fürstlichen Hofes Güritz bereits abgetrennt.

Alte Gerechtsame der beiderseits des ehemaligen Grenzwaldes liegenden Ortschaften, insonderheit die Hütefreiheit und der Plaggenhieb dieser Dörfer im Horn beeinträchtigten den Wert des städtischen Besitzes erheblich. Deswegen bemühte sich die Stadt später (1822–1827) in Verhandlungen mit der Landesherrschaft um die Ablösung aller fremden Ansprüche und Rechte an dem Grundstück und trat dafür von dessen Grundfläche, die seinerzeit noch 998 315 Quadratruten oder 2164 ha betrug, 906 ha an das Domanium ab. Da Grabow seinen Kämmereidörfern Alt- und Neu Karstädt gleichzeitig größere Teile des Horn zur Kultivierung überließ, reduzierten sich die Forst- und Wiesenländereien des nachmaligen Hornwaldes auf etwa 600 ha.

Hornkaten entstand zu Beginn des 19. Jahrhunderts als Büdnersiedlung in Anlehnung an einen schon 1778 erwähnten Fischerkaten auf Flurteilen von Göhlen, Techentin und später auch des Horn (Begangnummern 1–29). Anfänglich dem Schulzen zu Göhlen unterstehend, wurde die Ortschaft im Jahre 1841 selbständig und bestand 1939 aus 21 Büdnerstellen sowie 22 Häuslereien.

VII

1	Olen Wischen *ˋōlˡ'višn*	in ol Wisch, 1856 FlK.	Wi/Wi
(2)	Börger Kamp	Börger Kamp, 1786 Horn-FlK.	Ödl/Wei
3	Blänksbrügg *bleŋksbrÿx*	die Goelensche Brügke, 1609 GP; die Göhlsche Brücke, um 1700 Horn-Skizze; Göhlensch Brücke, 1786 Horn-FlK.	Brücke
4	Herrenwisch *hä̈ᵊnviš*	die Herren Wiese, 1856 FlK.	Wi/Wi
(5)	Büschen-Graben	Büschen Graben, 1776 GSt; Büschen-Graben, 1786 Horn-FlK; Büschen-Graben, 1856 FlK.	Gw/Gw
(6)	Neue Graben	der Neue Graben, 1757 GP; der Neue Graben, 1786 Horn-FlK.	Gw/Gw
7	Wee(d)koppel *vē̈ᵗkopl*		Wi, Su/Wei
(8)	Nie Brüg	Nie Brüg, 1786 Horn-FlK.	Brücke
(9)	beim Sandfuhrt	beim Sandfuhrt, 1856 FlK.	Ft, Su/Wei
10	Pauwern *pauvən*	der Pover, 1689 GSK; der Pofer, 1776 Grabower Ratsprotokolle; in dem Pauvern, 1856 FlK.	Ödl, Su/A, Wei

11	Rögnitz *röknits*	de Roggenicz, 1450 Horn-Schenkungsbrief; die Rogniz, 1611 KP; die alte Roggenitz, 1691 KP; die alte Rögnitz, 1727 Horn-FlK; die Rögnitz, 1757 GP; die Röggnitz, 1786 Horn-FlK.	Gw/Gw
12	Krullengraben *krul^{l}gråbm*	Krullen-Graben, 1856 FlK.	Gw/Gw
13	Liepen *līpm*		Gh/A, Ot
14	Bargkoppel *ba^{a}xkopl*		Gh, Ödl/A, Kw
(15)	Hebenbrücke	die kleine Brücke, um 1700 Horn-Skizze; die Heben Brüg, 1786 Horn-FlK; die Hebenbrücke, 1819 GSK.	Brücke
16	Landkoppel *lantkopl*	biem Langheidischen Damm, 1786 Horn-FlK.	Su, Ödl/A, Wei
17	Ol Wee(d) *`ōl'vē^{t}*	Mahmwels Wisch, 1786 Horn-FlK.	Wi, Su/Wei
18	Nie Wee(d) *`nī'vē^{t}*		Su/A, Wei
(19)	Langheidsch Kolck	Langheidsch Kolck, 1786 Horn-FlK.	Su/A
20	Kiewittsbarg *kīvitsba^{a}x*		Ödl/A
21	Lütt Barg *lyt'ba^{a}x*		Ödl, Su/A
22	Kahlbarg *kålba^{a}x*		Ödl, Su/A
(23)	Düding Grothhost	Düding Grothhost, 1786 Horn-FlK.	Ödl/A
24	Torfmaur *tǫ^{ə}fmauə*		Su/A, Wei
25	Bäunerwischen *boinəvišn*	Flatenhörst, 1786 Horn-FlK.	Ödl, Su/Wi
(26)	im Flatenkolk	im Flatenkolk, 1786 Horn-FlK.	Su/Wi

27	Langen Hei(d) *ˋlaŋ^{n}ˈhai*	die lange Heyde, 1758 GSK; die Lange Heide, 1786 Horn-FlK.	Gh, Ödl/A, Ot
28	Vörkoppel *fö^{ə}kop^{l}*		Gh, Ödl/A
(29)	Hüttehorst-Fordt	Hüttehorst-Fordt, 1786 Horn-FlK.	Ft, Su/Wei
30	Bree(d) Säg *ˋbrē^{i}ˈzǟx́*	Bred Sege, 1786 Horn-FlK.	Su/F, Su
31	Bree(d) Horst *ˋbrē^{i}ˈhǫ^{o}st, -hǫst*	die Breit Horst, 1746 KP; Breede Horst, 1758 GSK; Bredhorst, 1786 Horn-FlK.	Gh/F
(32)	Pulvers Birkmoor	das Bercken Mohr, 1746 KP; Pulvers Birkmoor, 1926 FK.	Su/F
(33)	Hogehorst	Hogehorst, 1786 Horn-FlK.	Gh, Su/F
34	Stemms *stems*	de Stemms, 1786 Horn-FlK.	Su/Wi
35	Lütt Haböckshorst *lytˈhåböksˋhǫ^{o}st, -hǫst*	Lütt Haböck Horst, 1786 Horn-FlK; Lütt Haböckshorst, 1926 FK.	Gh/F
36	Pulvers Horst *pulväsˋhǫ^{o}st, -hǫst*	auf der Pulverschen Horst, 1746 KP; Pulvers Horst, 1758 GSK; Pulvers Horst, 1786 Horn-FlK; Pulvers-Horst, 1926 FK.	Gh/F
(37)	Grot Haböck Horst	Grot Haböck Horst, 1786 Horn-FlK.	Gh/F
(38)	Pulvers Ford	Pulvers Ford, 1786 Horn-FlK.	Ft, Su/F, Su
(39)	Fidelbagenhorst	Fiedelbagens Horst, 1758 GSK; Fidelbagenhorst, 1786 Horn-FlK.	Ödl/F
(40)	Esckholt	Eschholt, 1776 GK; Esckholt, 1786 Horn-FlK.	Gh, Su/F, Su
(41)	die Blohmheid	die Blumen Heyde, 1702 KP; auf der Blumen Heyde, 1746 KP; die Blohmheid, 1786 Horn-FlK.	Ödl, Su/F
(42)	Blohmheidsch Kolck	Blomheidscher Kolk, 1775 Grabower Ratsprotokolle; Blohmheidsch Kolck, 1786 Horn-FlK.	Su/F, Su

(43)	Kalckhorst	die Kalckhorst, 1746 KP; Kalck Horst, 1758 GSK; die Kalck-Horst, 1776 GSK; Kalckhorst, 1786 Horn-FlK.	Gh, Su/F
(44)	Block Schnese	Block Schnese, 1786 Horn-FlK.	Schneise/F
(45)	Ruge Summhorst	die Ruge Horst, 1746 KP; Rauhe Horst, 1758 GSK; rugen Horst, 1780 GSG; die Ruge Summhorst, 1786 Horn-FlK.	Gh/F
(46)	Krumme Schnese	Krumme Schnese, 1786 Horn-FlK.	Schneise/F
(47)	am Lang Uhr	am Lang Uhr, 1786 Horn-FlK.	Su/F, Su
(48)	Lang Uhr	der Lange Ohrt, 1692 GSG; in dem Langen Orth, 1746 KP; Lang Uhr, 1788 WK.	Ödl/F
(49)	Backofen	Backofen, 1786 Horn-FlK.	Gh, Ödl/F
(50)	Güritzer Middags Sted	Mittagsstelle, 1780 Grabower Ratsprotokolle; Güritzer Middags Sted, 1786 Horn-FlK.	Ödl/F
51	Separationsdamm *ˋzēpərā'tšōnsdam*	Separations-Damm, 1926 FK.	Weg
52	Grot Hülshorst *gro^{u}t'hylshǫ^{o}st, -hǫst*	die Große Hülse Horst, 1746 KP; Große Hülshorst, 1758 GSK; Große Hülshorst, 1786 Horn-FlK.	Gh/F
53	Lütt Hülshorst *lyt'hylshǫ^{o}st, -hǫst*	Kleine Hülse Horst, 1746 KP; Kleine Hülshorst, 1758 GSK; Lütt Hülshorst, 1786 Horn-FlK; Lütt Hülshorst, 1926 FK.	Gh/F
(54)	Zarnsförde	Zarnsche Förde, 1771 Grabower Ratsprotokolle; Zarnser Ford, 1786 Horn-FlK; Zarnsförde, 1926 FK.	Ft, Su/F, Su
(55)	Zarns-Dickt	Zarns Dickt, 1786 Horn-FlK; Zarns-Dickt, 1926 FK.	Gh/F
(56)	Zarns	auf der Zarrens, 1746 KP; die Zarns, 1758 GSK; die Zarns-Horst, 1769 Grabower Ratsprotokolle; die Zarns, 1786 Horn-FlK.	Ödl/F
(57)	Grot Pulve Kuhl	Grot Pulve Kuhl, 1786 Horn-FlK.	Su/F, Su

58	Pulvers Dickt *ˋpulväs'dik*	tendest den Pulver, 1668 GSK; auf der Pulverschen Dickt, 1746 KP; Pulvers Dickt, 1786 Horn-FlK; Pulvers-Dickt, 1926 FK.	Gh, Ödl/F
59	Pulvers Middel-holtbrok *ˋpulväs'midlholtbrōk*	Pulvers Middel Holt, 1746 KP; Pulvers Middel Holdt, 1786 Horn-FlK; Pulvers Mittelholz-Bruch, 1926 FK.	Su/F, Su
(60)	Lütt Pulvers Kuhl	Lütt Pulvers Kuhl, 1786 Horn-FlK.	Su/F, Su
(61)	Schmalhorst	die schmalle Horst, 1617 KP; Schmahl Horst, 1758 GSK; Schmalhorst, 1786 Horn-FlK; Schmalhorst, 1926 FK.	Gh, Ödl/F
(62)	Muchinsche Ford	der Mochinsche Fuhrt, 1746 KP; Muchinsche Ford, 1786 Horn-FlK.	Ft, Su/Wi
(63)	Schmalhorst-Bruch	Schmalhorst-Bruch, 1926 FK.	Su/F, Su
64	Muchin *mu'xīn*	die Mochin, 1746 KP; die Muchin, 1757 GP; der Mochin, 1774 Grabower Ratsprotokolle; Muchien, 1786 Horn-FlK; Muchienhorst, 1926 FK.	Gh, Ödl/F
65	Sommershorst *zomäshǫ°st, -hǫst*	die Sommers Horst, 1746 KP; Sommers Horst, 1786 Horn-FlK; Sommers-Horst, 1926 FK.	Gh/F
66	Pulvers Middelbrok *ˋpulväs'midlbrōk*	Paschen Middelholt, 1746 KP; Pulvers Mittelbruch, 1926 FK.	Su/F, Su
67	Swienkabenhorst *svīnkåbmˋhǫ°st, -hǫst*	Schweinekobenhorst, 1926 FK.	Ödl/F
68	Ossenbucht *osnbuxt*	Ochsenbucht, 1926 FK.	Ödl/F
(69)	Middags Städ	Middags Städ, 1786 Horn-FlK.	Ödl/F
70	Rieten *rītn*	die Liepsche Riete, 1688 GSG; Liepsche Riehte, um 1700 Horn-Skizze; die Liepsche Riet, 1746 KP; die Lieps-Ried, 1786 Horn-FlK.	Su/Wi
(71)	Bockweitens Ford	Bockweitens Ford, 1786 Horn-FlK.	Ft, Su/Wi

72	de Liep *də'līp*	Liepsche Wiesen, 1691 GSG; Liepschen Wischen, 1760 GP; in der Liep, 1768 FR Karstädt; Liepschen Wischen, 1786 Horn-FlK.	Wi, Su/Wi
(73)	Todschlag	Todschlag, 1786 Horn-FlK.	Ödl/A
74	Liepsch Mour *līpš'moᵘə*	Liebzer Mohr, 1760 GP; Lieps-Mohr, 1786 Horn-FlK; Lieps-Moor, 1926 FK.	Su/F
75	Liepsche Barg *ˋlīpšə'baᵃx*	up de Liep, 1786 Horn-FlK.	Ödl/F
76	Pilken *pilkn*	in der Pilcke, 1691 GSG.	Su/Wi
77	Holtgraben *holtgråbm*		Gw?/Gw
78	Breidsch Kolk *ˋbraitš'kolk*	Breidschen Kolk, 1926 FK.	Su/F, Su
(79)	Melkhorst	auf die Melcker Horst, 1746 KP; Melcker Horst, 1758 GSK; Melcker-Hörst, 1786 Horn-FlK; Melkhorst, 1926 FK.	Ödl/F
(80)	Schweue Horst	die Schwöh Horst, 1769 GSK; Schweue-horst, 1786 Horn-FlK; Schweue Horst, 1788 WK; Schweue Horst, 1926 FK.	Ödl, Gh/F
81	Bickbeerenhorst *bikbēᵊnˋhǫᵊst, -hǫst*	auf der Bickbeeren Horst, 1746 KP; Bickbeern Horst, 1758 GSK; Bickbern Horst, 1786 Horn-FlK; Bickbeern Horst, 1788 WK; Bickbeeren-Horst, 1926 FK.	Ödl, Gh/F
(82)	Rähncke Busch	Rähncke Busch, 1786 Horn-FlK.	Su/F
(83)	Rähnckehorst	Rähnckehorst, 1786 Horn-FlK.	Ödl/F
84	Poitenhorst *poitnhǫᵊst, -hǫst*	Patjen, 1758 GSK; up de Paiten, 1786 Horn-FlK; Poiten-Horst, 1926 FK.	Ödl, Gh/F
(85)	Fritzhorst	Fritzels Horst, 1771 GSK; Fritz Horst, 1786 Horn-FlK; Fritzhorst, 1926 FK.	Ödl/F
86	Poiten Middelholt *poitn'midlholt*	Paiten Middel Hold, 1786 Horn-FlK; Poiten-Mittelholz, 1926 FK.	Su/F, Su

87	Lütt Hei(d) *lyt'hai*	auf der Lütgen Heyde, 1746 KP; die lütte Heyde, 1758 GSK; die Lütt-Heide, 1786 Horn-FlK; up dei lütt Haid, 1926 FK.	Ödl/F
88	Lütt Heidkolk *lyt'haikolk*	Lütt Heidschen Kolck, 1758 GSG; Lüttheidsch Kolck, 1786 Horn-FlK; Lütt Haidkolk, 1926 FK.	Su/F, Su
(89)	Cahrstaedter Middags Sted	Cahrstaedter Middags Sted, 1786 Horn-FlK.	Ödl/F
(90)	Brosinghorst	Brosinghorst, 1926 FK.	Ödl/F
91	Lütt Heidbrok *lyt'haibrōk*	Lütt Haidbrauk, 1926 FK.	Su/F, Su
(92)	Fresenbrügger Middags Sted	Fresenbrügger Middags Sted, 1786 Horn-FlK.	Ödl/F
(93)	Grot Schnaken-horst	Schnaackshorst, 1780 GSG; Schnäckhorst, 1786 Horn-FlK; Grot Schnakenhorst, 1926 FK.	Ödl, Gh/F
(94)	Lütt Schnakenhorst	Lütt Schnakenhorst, 1926 FK.	Ödl/F

VIII

(95) die alte Horst, 1771 Grabower Ratsprotokolle, Gh
(96) Brocken Kolck, 1694 GSG, Su
(97) Buchweitzen Orth, 1746 KP, Ödl
(98) Bürgerwischen, 1689 GSK, Wi
(99) Fienschen Fort, 1691 KP, Ft
(100) beym Glaßhütten Forth, 1617 KP, Ft
(101) Haasenhorst, 1763 GSG, Ödl
(102) Hanen Möre, 1611 KP; Hanen Mohr, 1617 KP, Su
(103) Haselhorst, 1757 GP; Hasel Horst, 1775 GP, Gh
(104) hinteres Postmohr, 1770 Grabower Ratsprotokolle, Su
(105) Höllen Flicker Wisch, 1689 GSK, Wi
(106) das krumme Mohr, 1617 KP, Su
(107) der Lehm Fahrt, 1746 KP, Ft, Su
(108) die Lietzer Heide, 1760 GP, Ödl
(109) die Lütke Kleyhorst, 1609 GP, Gh
(110) Niefindes Horst, 1611 KP, Gh
(111) Parthen-Mittel Horst, 1769 Grabower Ratsprotokolle; Parten Mittel Horst, 1769 GSK, Ödl, Gh
(112) im Quäen Ohrt, 1685 GSt, Wi Su

(113) die Specks Horst, 1768 FR Karstädt, Wi
(114) der Stanck Fahrt, 1746 KP; Stancke Fort, 1771 Grabower Ratsprotokolle, Ft, Su
(115) der Voß-Berg, 1746 KP, Ödl
(116) die Zarnitzer Kölcke, 1746 KP; Zarner Kölke, 1771 Grabower Ratsprotokolle; Zarnsche Kölcke, 1780 GSG, Su.

73

Alt Karstädt

ol kōᵊstät

mit Neu Karstädt

Karstede 1259, Karstede 1293 MUB, Karsthede 1538 LB Grabow Muddelmay 1769 Ratsprotokolle Grabow, Muddelmasch 1795, Neu-Cahrstaedt 1827 GSK

I Jüngere Bronzezeit: Siedlung („Dulsch") und Urnenfeld. Ältere Eisenzeit: Urnenfeld („Struk"). Eisenverhüttung („Isen"). Vor-, mittel- sowie spätslawisches Siedlungsgelände zwischen „Kirchweg" und „Postweg" am nördlichen Ortsrand von Alt Karstädt, früher vermutlich „Zietlitz" genannt.

II 1259 Stadtdorf, von 1671 bis 1827 vorübergehend Kommuniondorf.

III 15 Hufen – dazu 2 Freihufen – und 2 Katen (1538 LB Grabow). Individualbede, die Hufe zu 16 ß (1538 LB Grabow). Einzelpacht je Hufe 11 ß 6 Pfg (1756 KP).

IV Sackplatzdorf. Ortslage exzentrisch zur ursprünglichen Flur.
Nach dem 30jährigen Krieg übertrug die Stadt einen wüsten Freischulzenhof dieses Dorfs einem Fremden aus Holstein, der die Wirtschaftsgebäude der Stelle käuflich erwarb. Unerklärlicherweise bescheinigte der Bürgermeister dem neuen Schulzen – mit einigen widersprüchlichen Klauseln zwar – den „erb- und eigenthümblichen" Kauf des Hofes samt allem Zubehör. Auf Grund dieser Urkunde erstand die Prinzessin Anna Sophie v. Mecklenburg ungeachtet aller städtischen Proteste den ihr angebotenen Schulzenhof (1671), der erst bei der Separation des Horn (1827) von Grabow wieder eingetauscht werden konnte.

Filialkirche von Grabow, ehedem von Groß Laasch in Alt Karstädt.

Zur Behebung der Wohnungsnot in den Kämmereidörfern ließ die Stadt im Sommer 1769 am Flurrand von Karstädt eine Anzahl Katen errichten.

Da die herzogliche Kammer wegen angeblicher Beeinträchtigung des landesherrlichen Jagdrechts im angrenzenden Horn Einspruch gegen die entstandene Büdnerkolonie erhob, kam es mit dem Domanium zu einem langjährigen Prozeß, der jedoch seiner Dauer wegen die indessen stabilisierten Verhältnisse nicht mehr gefährden konnte. Der anfangs noch den alten FlN „Muddelmay"/„Muddelmasch" tragende Ort wurde 1827 in „Neu Karstädt" umbenannt und bestand 1939 aus 39 Büdnerstellen sowie 36 kleineren Anwesen (Begangnummern 28–47).

V Langstreifenflur. Keine Ackerschläge (1727 und 1768 VA).
Die Gemarkungen von Alt- und Neu Karstädt wurden nach 1827 durch die Zuweisung von 820 ha Horn-Ländereien (Begangnummern 1–39 und 74–93) bedeutend vergrößert.

VI 1558 Türkensteuer Grabow: Owstin, Hans Techmer, Jurgen Kalatze, Pawell Maleke, Heine Krochaell, Bertelt Voss, junge Achim Tyde, Hinrich Gerckens, Achim Bethke, Clawes Niebur, junge Hans Schulte, junge Achim Jalasse, Clawes Schulte, Achim Jalasse, Thies Kophke, Chim Wittekoph, Clawes Jestrem, olde Chim Tyde, Hans Hintze, Achim Dithmer, Achim de rechte Schulte.

1656 KV Groß Laasch: Hans Siehle, Erdtmann Nyebuhr, Hans Schultze, Hans Behtke, David Benke, Jochim Behtke, Ewald Schultze, Marten Tiede, Jacob Wegener, Jochim Behtken Erben, Hans Tiedemann, Jochim Jarmer, Johann Dunker, Hans Kalatzen Erben, Jacob Maleke w., David Grawken Witwe, Claus Steinkopf, Jochim Schultze, Hans Kröcher, Jochim Jalatz.

1703 BK Groß Laasch: Hans Tiedemanß Wittwe, Claß Bencke, Christian Mellmann, Hans Siel, Hans Peter, Claußß Niebaur, Christoffer Wegner, Hans Jarmer, Jochim Jalaß, Hans Bäte, Peter Francke, David Schult, Jochim Jarmer, Pagel Fründ, Jochim Wegner, Peter Fründ. Kätner: Hans Tiede, Jürgen Tiedeman, Jürgen Jarmer, Jochim Siel, Emanuel Jalaß.

VII

1	Brausin *'brauzīn*	auf der Wrohßien, 1746 KP; up de Brosin, 1786 Horn-FlK; die Brosin, 1788 WK.	Ödl, Gh/A, Kw
(2)	Brosinsch Kolck	Brosinscher Kolck, 1771 Ratsprotokolle Grabow; Brosings Kolk, 1780 GSG; Brosinsch Kolck, 1786 Horn-FlK.	Su/Wei, Wi
(3)	im Winckel	im Winckel, 1786 Horn-FlK.	Su, Gh/Wei

4	Klies *klĭs, de/də 'klĭstn*	die Klitz, 1694 GSG; die Kliest, 1786 Horn-FlK; die Kliest, 1788 WK.	Su/Wei
(5)	Rundhorst	Rundhorst, 1786 Horn-FlK.	Ödl/Wei
(6)	Lütt Heidsch Horst	auf der Lütgen Heydschen Horst, 1746 KP; die kleine Heidehorst, 1769 Ratsprotokolle Grabow; Lütt Heidsch Horst, 1786 Horn-FlK.	Gh/A
(7)	Milehöwel	Milehöwel, 1786 Horn-FlK.	Ödl/A
(8)	Spöcke Horst	Spöcker Horst, 1746 KP; Spöcke Horst, 1786 Horn-FlK.	Ödl/A
9	Oll Kuhl *ol'kūl*		Su/Wei, A
10	Poren *pouᵊn*	Pahren Mittel Holtz, 1773 GSK.	Su/A, Wei
(11)	Lütt Heidsch Fordt	Barnewschen fuhrt, 1687 GSG; Lütt Heidscher Fordt, 1786 Horn-FlK; Lütt Heidsch Fordt, 1793 GSK.	Ft, Su/A
(12)	Tiscken Kolck	Tiscken Kolck, 1786 Horn-FlK.	Su/Su
13	Witten Barg *vitn'baᵃx*	der weiße Berg, 1768 FR; Witten Barg, 1786 Horn-FlK.	Ödl/Ödl
14	Schultenkamp *šultnkamᵖ*	Schultzen Camp, 1760 GSG; Schultzen Kamp, 1772 VA.	A/A
15	Säg *zǟx́*	bey die Sage Kuhle, 1711 GSG.	Su/A, Wei
16	Immelskolk *imlskǫlk*	Im'mhorst Kolck, 1786 Horn-FlK; Immenhorst Kolck, 1788 WK.	Su/A, Wei
17	Stoppels Koppel *stoplskopl*		Ödl, Su/A
18	Franken Koppel *fraŋᵏnkopl*		Ödl, Su/A
(19)	Klieslang	die Klitzlang, 1694 GSG; Klieslang, 1786 Horn-FlK.	Gh, Ödl/A
20	Brinkkavel *briŋᵏ`kåvl*		Ödl, Su/A

21	Kloeterkuhl *klœtəkūl*		Su/Pf
22	Äsel *äzl*	auf der Lütke Baßels, 1700 GSG; Lütt Baßel, 1786 Horn-FlK; Lütt Baßel, 1788 WK.	Su, Ödl/Ot, A
23	Hei(d)stücken *haistykn*		Ödl, Su/A
(24)	Beweritzken Horst	Beweritzken Horst, 1786 Horn-FlK; Beweritzken Horst, 1788 WK.	Ödl/A, Wei
(25)	Rabenhörst	die Raben Horst, 1746 KP; Rabenshörst, 1786 Horn-FlK; Rabens Hörst, 1788 WK.	Ödl/A, Wei
26	Kellingsuhrt *keliŋs'ūət*	die Kalitz, 1692 GSG; die Kalitz, 1694 GSG; die Caließ, 1746 KP.	Su/Wei, A
27	Swienkuhlen *svīnkūl*	Schwien Kuhlen, 1786 Horn-FlK.	Pf, Su/A, Pf
28	Bokhost *bōkhost*	auf der Buchhorst, 1746 KP.	Ödl, Gh/A
(29)	Heiden Schulten Land	Heiden Schulten Land, 1786 Horn-FlK.	A/A
30	Pißbarg *pisbaᵃx*	Pißbarg, 1786 Horn-FlK.	Ödl/A
31	Lütt Wisch *lyt'viš*	Lütge Wiesen, 1727 FR; die Lütte Wisch, 1768 FR; Lütt Wisch, 1786 Horn-FlK.	Wi/Wei
32	Fritzenkoppel *fritsnkopl*		Ödl/A
33	Hei(d)koppel *haikopl*		Ödl/A
34	Gür(it)zer Dannen *ˋgüətsə'danⁿ*	die Güritzer Tannen, 1786 Horn-FlK.	Ödl, Kw/A, Kw
35	Kamp *kamᵖ*	Wegners Kamp, 1786 Horn-FlK.	A/A
(36)	Landwehr	die Landtwehr, 1694 GSG; die Landwehr, 1786 Horn-FlK.	Wall/Ödl, A

(37)	Nünnen Kuhl	Nünnen Kuhl, 1786 Horn-FlK.	Pf/A
38	Vörhorn *fǭᵊhǫˀn*	der Vorhorn, 1692 GSG; der Vor-Horn, 1786 Horn-FlK.	Ödl, Su/A, Wei
39	Fahlkamp *fålkamᵖ*	der Vogel Kamp, 1768 FR; Vogelkamp, 1786 Horn-FlK.	Ödl, A/A
40	Smugel *smūᵍl*	auf dem Schmuchel Orth, 1682 GSG; in dem Schmugel, 1763 GSG; die Schmuchel, 1768 FR; auf den Schmuckeln, 1795 GSK; auf den Schmucheln, 1801 GSK.	A, Ödl/A
(41)	Schwartze Berg	der schwartze Berg, 1768 FR.	A/Kw, A
42	an'n Stadtweg *anⁿ'statvex́*	auf den Heidtstücken, 1691 GSG.	A, Ödl/A
43	Kort Wei(d) *ˋkǫˀt'vai*		Ödl/A
44	Lang Wei(d) *ˋlaŋ'vai*		Ödl/A
45	Hofstücken *hǫfstykn*		A/A
(46)	Muddelmasch	im Muddelmay, 1769 Ratsprotokolle Grabow; in der Muddelmay, 1774 GSK; Muddelmay, 1780 GSG; Muddelmasch, 1795 GSK.	Ödl/Ot, A, Wei
47	Benies *bə'nīs*	Banniser Wiesen, 1727 FR; Benniser Wiesen, 1768 GSK; in den Bonnies, 1788 GSK.	Wi, Su/Wi
48	Kirchenwisch *kiʳx́nviš*	die Kirchen Wiese, 1768 FR.	Wi/Wi
49	Vördorn *fǭᵊdǫˀn*	bey der Dahren, 1687 GSG; auf der Dorren, 1688 GSG; auf der Dohren/bey der Dorren, 1691 GSG; auf den Dahren, 1700 GSG; Vordahr, 1727 FR; Vähr Dorn, 1772 VA; vor den Dorn, 1794 GSK.	A/A
50	Tunnerbusch *tunəbuš*		Su?/A, Ödl

51	Hin'ndorn *hinⁿdǫˀn*	aufm Hindarn, 1725 GSK; am Hindorn/ Hinn-Dorn, 1772 VA; auf den Hinten-Dorn, 1775 GSK; im Hindorn, 1776 GSG.	A, Ödl/A
52	Gaudas *gaudas*	im Goraß, 1691 GSG; in denen Goroßen, 1737 GSG; im Goraßen, 1768 FR; am Gohraßen, 1772 VA.	A, Ödl/Kw, A
53	Bargstücken *baᵃxstykn*	auf dem Berge, 1689 GSG; Bergstück, 1691 GSG; auf dem Berge, 1727 FR; auf dem Berge, 1768 GSK; auf den Berge, 1776 GSK.	A/A, Kw
54	Stü(d)e *stǖə*	im Stüde, 1688 GSG; im Stüde, 1695 GSG; im Stüde, 1727 FR; in den Stüden, 1766 Ratsprotokolle Grabow; im Stüde, 1768 FR.	A, Ödl/A Kw
55	Middelfeld *midlfelt*	im Mittelfeldt, 1689 GSG; im Mittelfelde, 1691 GSG; Middel-Feldt, 1727 FR; auf dem Mittelfelde, 1768 GSK.	A/A
56	Ahnwendsch Weg *`ānvenš'vex́*		Fw/Fw
57	Du(l)sch *dūš*	in der Dulsche, 1691 GSG; Duhlschen-Stücken, 1727 FR.	A/A
58	Kirchweg *kiʳx́vex́*	am Kirchwege, 1729 GSG.	Str/Str
59	Bornstrich *bǫˀnstrix́*	in den Bornstücken, 1711 GSG; bey den Born, 1727 FR; Born-Stücken, 1772 VA.	A/A
60	Isen *īzn*	furm Ise, 1691 GSG; vor den Ise, 1727 FR; vorn Ise, 1772 VA.	A/A
61	Vörfeld *fǫ̈ˀfelt*		A, Gh/A
62	Bornkuhl *bǫˀnkūl*	die Born Kuhl, 1772 VA.	Pf/A
63	vör't Stroh *föᵊt'strouᵘ*	Stroh Stück, 1691 GSG; Strohte Wische, 1696 GSG; Stroh Wiese, 1698 GSG; Stroh-Stücken/Stroh-Wiesen,	A, Wi, Su/A

		1727 FR; vor dem Stroh, 1729 GSG; im Stroh, 1762 GP.	
64	Hogen Hoew *ˋho*^{u}*gn'hœ̄f*		A/A
65	Struk *strūk*	im Strauch, 1691 GSG; die Straucherstuecken, 1692 GSG; Stroocken Wischen, 1768 GSK.	Su, Wi, A/A, Wi
66	Bau(e)s *baus*		Ödl/A, Kw
67	Mielwisch *mīlviš*	auf der Milewisch, 1688 GSG; auf den Mieler Wiesen, 1691 GSG; Miehlwiß-Stücken, 1727 FR; auf der Mihlwiß, 1768 FR; Mihl-Wischen-Acker, 1772 VA.	A/A
(68)	Mielwischer Forth	bey den Samels Fort, 1759 GSK; Mielwischer Fohrd, 1760 GP; Samels Fort, 1767 GSG; Samschen Fort, 1768 FR; Samwitzschen Fort, 1775 GP; Mielwischer Ford, 1786 Horn-FlK; Mielwischer Forth, 1819 GSK.	Ft/Fw, A
(69)	Groth Wisch	Große Wiese, 1727 FR; die große Wiese, 1768 FR; Groth Wisch, 1786 Horn-FlK.	Wi/Wi, Wei
(70)	Nie Wisch	auf der Nyenwisch, 1672 GSK; Neue Wiese, 1727 FR; die neue Wiese, 1768 FR; Nie Wisch, 1786 HornFlK.	Wi/Wei, Wi
71	Postweg *postvex́*		Str/Fw
72	Hofwischen *hǫfvišn*	Hof Wiese, 1672 GSK; Hoff-Wiesen, 1727 FR; Hofwischen, 1768 FR.	Wi/Wei, A
73	Meil *mail*	Meihl-Wiese, 1727 FR.	Wi/A, Ot
74	Kronsuhrt *krōnsü*^{ə}*t*	Krohns-Ohrt, 1727 FR.	Wi/A
(75)	Korten Kaben	Korten Kaben, 1786 Horn-FlK.	Su/Wei
(76)	Dreviest	im Drewiest, 1776 GSK; Dreviest, 1786 Horn-FlK.	Su/Wi, Wei

77	Berner Damm *`bănə'dam*		Su, Ödl/Fw
78	Beneiw *bə'naif*	die Bannewe, 1768 FR; Benew, 1786 Horn-FlK.	Ödl, Su/Wei, A
(79)	Breiers Kuhl	Breiers Kuhl, 1786 Horn-FlK.	Pf/A
80	Breiden *braidn*	in dem Breier, 1698 GSG; im Breyer, 1746 KP; der Breyer, 1758 GSK; der Breyer, 1768 FR; im Breiten, 1893 FlK.	Su, Wi/Wei, A
(81)	Breiershorst	Breiershorst, 1786 Horn-FlK.	Ödl/A
(82)	Breiersbusch	Breiersbusch, 1786 Horn-FlK.	Su/Wei, Gh
(83)	im Sack	im Sack, 1786 Horn-FlK.	Wi/Wi, Ödl
84	Hogenkampschen Wischen *`ho^{u}gnkam^{p}šn'višn*	auf den Camp, 1727 FR; auf dem Hohen Camp, 1746 KP; hogen Campschen Cavel, 1771 GSG; der hohe Kampf, 1775 GSK; Hogen Kampschen Wischen, 1786 Horn-FlK.	Wi/Wi, Wei
85	Hömk *hœ̄mk, hœ̄nk, hönk*	die Hähnck, 1746 KP; die Häncke Horst, 1768 FR.	Ödl, Wi/A, Wei
86	de Rahn *də'rån*	der Rahn, 1685 GSG; die Rahne, 1691 GSG; der Rahnen, 1768 FR; im Rahn, 1786 Horn-FlK.	Su, Wi/Wi
(87)	Scheper Wisch	Schäfer Wiese, 1696 GSG; bey der Schäfer Wiese, 1759 GSK; Scheper Wisch, 1786 Horn-FlK.	Wi/Wi
(88)	Scheper Brüg	Scheper Brüg, 1787 FlK-Anlage.	Brücke/Fw
89	Goden *go^{u}dn*	Gohren Wischen, 1760 GP; in den Göhren, 1775 GSK; Gohren Wischen, 1786 Horn-FlK.	Wi/Wi, Wei, Ödl
(90)	Gohren Hold	Gohren Hold, 1786 Horn-FlK.	Su/Wei, A
(91)	Sahmwiets Wischen	auf der Sanneviet, 1691 GSG; Sahmwiets Wischen, 1786 Horn-FlK.	Wi/A, Wei
92	Graken Kamp *gråknkam^{p}*		Wi/A, Wei

(93)	Gohren Damm	Gohren Damm, 1698 GSG; Gohrnsche Damm, 1760 GP; Gohren Damm, 1786 Horn-FlK.	Str/Fw

VIII

(94) alten Höfe, 1763 GSG; im Ollen Höfen, 1768 FR; hintern ollen Höfen, 1783 GSK, A
(95) Bauers-Camp, 1727 FR, A
(96) auf dem Bollenberge, 1768 GSK; Bullenbarg, 1770 GSG; auf dem Bollen-Berg, 1776 GSK, A
(97) Bollenberger Grund, 1775 GSG, A
(98) in dem Bollen Berger Ohrt, 1776 GSK, A
(99) Bollen Wiese, 1772 VA, Wi
(100) Boser Kamp, 1768 FR; Boser Kamp, 1772 VA, A
(101) Bresen-Wiesen, 1768 FR; auf der Brehsschen Kabel, 1770 GSG, Wi
(102) Brinck Stück, 1688 GSG; Brinckstücken, 1704 GSG; die Brinck Stücken, 1768 FR, A
(103) Buchweitzen Kamp, 1727 FR; der Buchweitzen Kamp, 1783 GSK, A
(104) Calazen Kolck, 1692 GSG, Su
(105) auf den Camp, 1727 FR, A
(106) auf der Daeck, 1689 GSG, A
(107) im Dahren Holtz, 1689 GSG; im Dorren Holtz, 1691 GSG, Wi, A
(108) auf der Doemcke, 1691 GSG, A
(109) auf der Glienschen, 1691 GSG; Glienscken Stücken, 1727 FR, A
(110) beym Grinemohr, 1700 GSG, Su
(111) bey dem Heer Wege, 1700 GSG, Str
(112) Hinter Wiesen, 1768 FR; Hinterwiesen, 1775 GSK, Wi
(113) Hirten Wisch, 1772 VA, Wi
(114) am Högeling, 1772 VA, A
(115) bey den Hölz Bäumen, 1688 GSG; die Höld Bäumen, 1698 GSG; bey den Höltje-Böhmen, 1727 FR, A
(116) Immenhof, 1772 VA, Wi
(117) Isker Mohr, 1762 GP, Su
(118) der Klußhof, 1656 KV Groß Laasch, A, Wi
(119) die Krügers Wiese, 1714 GSG; in den Krügers Wiesen, 1768 FR, Wi
(120) die Kurtzen Hägen, 1768 FR; die Kurtze Heegen, 1772 VA, A
(121) lange Dämme, 1770 GSG, A
(122) Lehmkuhl-Stück, 1768 FR, A
(123) Macken-Wiese, 1727 FR, Wi
(124) in der Maeitgen Wisch, 1768 FR; in die Matjen Wisch, 1783 GSK, Wi
(125) der Maitjen-Orth, 1772 VA; in den Meyen-Ohrt, 1775 GSK, Wi
(126) die Mehl Horst, 1768 FR, Ödl
(127) Nachtkoppel, 1768 FR; Pferde Koppel, 1772 VA, Su

(128) auf der Sählsche, 1691 GSG; Seihlscken-Stücken, 1727 FR, A
(129) Schultzen Wisch, 1772 VA, Wi
(130) die Suhren Wiese, 1691 GSG, Wi
(131) Ville Kuhle, 1687 GSG; in der Aaskuhle, 1759 GSG; in der Aaskuhl, 1770 GSG, Ödl
(132) bey der Zideliz, 1688 GSG; auf der Zietlitz, 1689; Sitlitz, 1703 GSG; auf den Siedelist, 1727 FR; auf der Zitlitz/Selitz, 1768 FR; auf der Zietlitz, 1808 GSK, A
(133) beym Ziegel Wege, 1691 GSG, Fw.

74

Techentin

tex́ń'tīn

Thechentin 1424 CDB, Teggenthin 1505/06 AB Grabow

I Mittlere Steinzeit: Einzelfund („Duwock"). Mittlere und jüngere Steinzeit: Feuersteinschlagplatz („Bumskeller"). Jüngere Steinzeit: Feuersteinschlagplatz („Pouwer") und Feuersteingerät („Hinnelst Koppel"). Jüngste Bronzezeit: Siedlung („Schapdrift"). Eisenzeit: Eisenverhüttungsplatz.

II Domanium.

III 17 Hufen – darunter 2 Freihufen – und 3 Katen (1505/06 AB Grabow). Pauschalbede von 9 Mark 15 ß (1538 LB Grabow). Einzelpacht je Hufe 16 ß (1505/06 AB Grabow).

IV Sackplatzdorf. Ortslage zentral zur Flur.

V Langstreifenflur. Ackerschläge werden erstmals 1829 erwähnt.

VI 1586 AB Grabow: Frantz Paletz, Chim Köneke, Chim Kluth, Chim Oldag, Peter Koneke, Claws Koneke, Carsten Kusel, Chim Kusel, Albrecht Kluth, Peter Koucher, Chim Marquart, Hans Brous, Harmen Koucher, Hans Steffen, Claus Klibe, Albrecht Klamber. Kossaten: Chim Ditmer, Chim Paletz, Clauß Broutze.

1654 AB Grabow: Hinrich Schult, Jochim Voß, Chim Klut w., Chim Krambeer w., Hans Henningk, Mewes Koningk w., Frentz Harloff w., Hans Kusell w., Jacob Kusel w., Stoffer Konincke w., Albert Klutt w., Jochim Lembcke, Jochim Marquardt, Hinrich Marquardt, Jochim Kliebe,

Davidt Schult. Kossaten: Chim Kusell w., Hanß Becker, Hanß Schultz, Clauß Krambeer. Kätner: Hanß Schepeler.

1703 BK Groß Laasch: Hans Hinrich Schulte, Hans Fohs, Christian Warnke, Peter Brumm, Hans Henning, Jochim Henning, Christian Schulte, Jacob Cofert, Hinrich Warncke, Stoffer Schult, Jochim Homcke, Jochim Marquardt, Hans Cliven Witwe, Jürgen Schulte. Kossaten: Hinrich Cusel, Stoffer Hafemann, Clauß Coß, Johann Cusel.

VII

1	Swienwee(d) *svīnvē^i^*		Su, Ödl/Ödl
(2)	Mielwieser Kolk	Miel Wieser Kolck, 1788 WK; Mielwieser Kolk, 1871 FlK.	Su/Wi
(3)	up de Gohren	up de Gohren, 1786 Horn-FlK.	Su, Wi/Ödl, A
4	Wee(d) *vē^i^*		Su/A, Wi, Kw
(5)	Gören'sche Kolk	der Gohrensche Kolck, 1760 GP; Gohren Kolck, 1786 Horn-FlK; Gohrnsche Kolck, 1788 WK; Göhrensche Kolk, 1829 RA; Gören'sche Kolk, 1871 FlK.	Su/A, Wi
6	Middagstä(d) *midaxstǟ^ə^*		Ödl, Su/A
(7)	Sahnwitt	auf dem Sahnwit, 1823 GA; Sahnwitt, 1871 FlK.	Su, Ödl/A, Wi
8	Duwock *dūvok*	Duwulk, 1871 FlK.	Ödl, Wi/A, Wi
9	Hagenriet *hågnrīt*		Su/A, Kw, Wei
10	Landkoppel *lantkopl*		Ödl, Su/A, Wi
11	Sahnwischen *zånvišn*	die Sahnwitzer Wiesen, 1788 WK; die Sahnwitzer Wiesen, 1792 RA; Zahn-	Wi/Wi, A

		wittwiese, 1810 GA; Sahn Wiesen, 1871 FlK.	
12	Hog Koppel *ˋho^{u}x' kopl*		Ödl/A, Kw, Ödl
13	Kuhlkoppel *kūlkopl*	bei die Wot Kuhl, 1788 WK.	Ödl/A
14	Kahlstä(d) *kālstä^{ə}*		Ödl, Su/A, Wi
15	Barkwisch *ba^{a}kviš*	Barkwisch, 1871 FlK.	Su/A, Wi
16	Pouwer *po^{u}və*	de Pover, 1689 GSK; in den Povern, 1818 GA; am Pauvern, 1829 RA.	Su, Ödl/Wi, Ödl
17	Dannenkoppel *dan^{n}kopl*	Höglings Horst, 18. Jh. FlK Ludwigslust.	Ödl/A, Kw, Wi
18	Bumskeller *bumskelə*		Ödl/A, Ödl
19	Liepser Barg *ˋlīpsə'ba^{a}x*	auf der Cummer Lieps, 1788 WK; an der Liep, 1820 RA; Rögnitz Berg, 1871 FlK.	Ödl/A, Ödl
20	Mour *mo^{u}ə*	Rögnitz Moor, 1871 FlK.	Su/A, Wi, Ödl
21	Tweihecken *tvaihekn*		Ödl/A, Ödl
22	Grot Röggens *ˋgro^{u}t'rǫgns*	die Rögnitz, 1734 RA; in der Rognitz, 1744 GA; in der neuen Rögnitz, 1755 GA; in der Grot-Rögnitz, 1829 RA; große Rögnitz Wiese, 1871 FlK.	Wi/Wi
23	Insel *inzl*	die Insel, 1871 FlK.	Wi/Wi
24	Lütt Röggens *lyt'rǫgns*	lüt Rögnitz, 1751 GA; kleine Rögnitz Wiese, 1871 FlK.	Wi/Wi, Ödl
25	Häktkuhl *häktkūl*		Su, Ödl/Wi, Ödl
26	Hinnelst Koppel *ˋhinlst'kopl*	in der Hinelst Koppel, 1810 GA.	Ödl, Su/A, Kw

(27)	bey die Wolfskuhl	bey die Wolfskuhl, 18. Jh. FlK Ludwigslust.	Ödl/A, Kw
(28)	Mittelholtz Kolck	Mittelholtz Kolck, 18. Jh. FlK Ludwigslust.	Su/A, Wei
29	Vörrelst Koppel *`fǫrlst'kopl*	auf die Maehl Goos, 18. Jh. FlK Ludwigslust.	Su, Wi/A, Wi, Kw
(30)	Schornßer Wiese	die Schorns Wiese, 1768 GA; Schorn Wiese, 1787 GA; Scharnser Wiesen, 1788 WK; die Schornßer Wiese, 1792 RA.	Wi/A, Wei
31	Middelholt *midlholt*	im Mittel Holtz, 1767 GA; im Mittelholze, 1781 GA; Mittelholz Wiese, 1788 WK; die Mittelholz-Wiesen, 1792 RA; Mittelholz, 1828 RA.	Wi, Su/A
32	Koelerstä(d) *kœ̄ləstä°*	Köhler Stelle, 1871 FlK.	Ödl/A
33	Schornster Kolk *`šǭnstə'kǫlk*	Scharnser Kolck, 18. Jh. FlK Ludwigslust; Scharnser Kolck, 1788 WK.	Su/Wei
34	Fiekenlan'n *fīknlanⁿ*		Ödl, Su/A, Wi
35	Isegraben *īzəgrābm*		Gw?/Gw
36	Torfstich *tǭfstiχ*		Su/Wi, A
37	Isegrund *īzəgrunt*		Su/A, Wi
38	Koppelkolk *koplkǫlk*	Koppel Kolck, 18. Jh. FlK Ludwigslust; der Coppel Kolck, 1788 WK; auf dem Koppelkolk, 1823 GA.	Su/Wi, A
(39)	Kamp Kolk	de Kamp Kolk, 18. Jh. FlK Ludwigslust; der Kamps Kolck, 1788 WK; der Kampsche Kolck, 1828 RA.	Su/Wi
(40)	Kamp Horst	Kamp Horst, 18. Jh. FlK Ludwigslust.	Ödl/Wei, Wi
41	Striewel *strīvl*	die Striebel Wiesen, 18. Jh. FlK Ludwigslust; die Striebel Wiesen,	Wi/Wi

		1788 WK; auf den Striebeln/Strievelwiesen, 1818 GA; Striebelwiesen/auf dem Striebel, 1823 GA.	
42	Grot Wisch *groᵘt 'viš*	die Kamp Wiese, 18. Jh. FlK Ludwigslust.	Wi/Wi
43	Bäunerweg *boinəvex́*		–/Fw
44	Nien Wischen *nīn 'višn*		Wi/Wi
45	Rugboortwischen *rūx̀bōᵊtvišn*		Wi/Wi
46	Torfwischen *tǭᵒfvišn*	durch den Jödenn, 1586 AB Grabow.	Su/Wi
47	Jägerwisch *jăgəviš*		Wi/Wi
(48)	Dove Holtz	das Dove Holtz, 18. Jh. FlK Ludwigslust; im Douenholze, 1818 GA; im Doven Holze, 1825 RA.	Su/Wi
49	Bäkwisch *băkviš*	die Beck Wiese, 1734 RA; die Baeck Wiesen, 18. Jh. FlK Ludwigslust; die Beeck Wiesen, 1788 WK; Beck-Wiesen, 1792 RA; auf den Beckwischen, 1818GA.	Wi/Wi
50	de Masch *də'maš*		Su, Wi/A
51	Sniederkamp *snīdəkamᵖ*	Schneider Kamp, 1871 FlK.	A/A
52	Damk *dåmk*	im Dahmcken, 18. Jh. FlK Ludwigslust; Daamk, 1871 FlK.	A/A, Ödl
53	Buerallee *būəa`lē*		Fw/Str
54	vör't Holt *föᵊt'holt*	vorn Holtz, 1751 GA; vorn Holtz, 1767 GA; vors Holtz, 18. Jh. FlK Ludwigslust.	A/A
55	Klotz *klots*	Dahmcken Berg, 18. Jh. FlK Ludwigslust; Klotz, 1871 FlK.	A/A, Kw

56	Strippen *stripm*	Stripp, 1871 FlK.	A/A
57	Dannenstücken *dan^{n}stykn*	Dannen Stücke, 1871 FlK.	Kw/A, Ödl
58	Schultenkamp *šultnkam^p*	am Schulzenkamp, 1829 RA.	A/A
59	Bucksboort *buksbō^{ə}t*		Wi/A, Ödl
60	Hoppendamm *hopmdam*	Hoppendamms Holt, 1871 FlK.	Su/Wi
61	Lang Weg *laŋ'veẋ*	Dreviester Damm, 1871 FlK.	–/Fw
(62)	Drevister Wiesen	Drewißer Wiesen, 1788 WK; auf den Dreiwiesen, 1823 GA; Drevister Wiesen, 1828 RA.	Wi/Wi
63	Middeldrummsche Weg *ˋmidldrumšə'veẋˑ*		–/Fw
64	Mielwischen *mīlvišn*	auf der Miel Wieße, 1767 GA; die Mihl-Wiese, 1784 GA; Mielen Wiese, 1787 GA; Miel Wiese, 1788 WK; Mielwisch, 1823 GA; Miehlwiesen, 1828 RA.	Wi/Wi, A
(65)	Hof Wiesen	Hof Wiesen, 18. Jh. FlK Ludwigslust; Hof Wiesen, 1788 WK.	Wi/Wi, Wei, A
66	Achterkoppel *axtəkopl*	die Lancken, 1788 WK; im Rad, 1871 FlK.	A/A
67	Swiendrift *svīndrift*		Fw/Fw
68	an'e Drift *anə'drift*		Ödl, Su/A
69	Hog Baus *ho^{u}x'baus*		Ödl/A
70	Struker Dämm *ˋstrūkə'dem^m*		Su/A
71	Gläuhnigen Barg *ˋgloinign'ba^{a}x*	am Glödenberg, 1792 RA; Glödenberg, 1807 RA.	Ödl/A

72	Strangenstücken *straŋⁿstykn*	im Strang, 1807 RA; im Strangen, 1871 FlK.	Su/A
73	Mies *mīs*		Ödl/A, Wei
74	Kloeterwriet *klœ̄tǝvrīt*		Gh/Gh
75	Koppeldämm *kopldemᵐ*		Ödl, Su/A
76	Nasäs *nāzäs*	Nahsäels, 1871 FlK.	Ödl, A/A, Ödl
77	Swiensüm *ˋsvīns'ym*	Schulten Kamp, 1788 WK.	A/A
78	achter de Hoew *ˋaxtǝdǝ'hœ̄f*	hintern Höfen, 1810 GA; hinter den Höfen 1818 GA.	A/A
79	Husland *hūslant*	achtern Grafe, 1746 GA; die Graven, 1788 WK; achter den Graben, 1825 RA.	A/A
80	Aaskuhl *āskūl*		Ödl/Ot
81	Aaskuhlsche Dannen *ˋāskūlšǝ'danⁿ*	die Kuhlen Bäumen, 1788 WK; Aaskuhl'sche Tannen, 1871 FlK.	Gh/F
82	Grunerbarg *ˋgrūnǝ'baᵃx*		A/F
(83)	Mohr Stücken	Mohr Stücken, 1788 WK.	A, Su/F, A
84	Riekhost *rīkhǫst*	im Riekaße, 1746 GA.	A/A
85	Smä(d)koppel *smäᵊkopl*		A/A
86	Schapdrift *šåpdrift*		Fw/A
87	Lehmkuhl *lēⁱmkūl*	aufm Lehmkuhlen, 1744 GA; aufn Leimkuhlen, 1768 GA; auf die Lehmkuhlen, 1781 GA; Lehmkuhls Stücken, 1788 WK; in Lehmkuhlen, 1810 GA.	A/A

(88)	Berg Stücken	Berg Stücken, 1788 WK.	A/A
(89)	im Kranscken	im Kranscken, 1788 WK.	A/A
90	Pereböm *\`pərə'bŏm*	Peter Bäume, 1788 WK.	A, Gh/A
91	Stü(d)ekoppel *stǖ*^{ə}*kopl*		A/A
92	Schee(d)stücken *šē*^{i}*stykn*		A/A
93	Chrosten *xrostn*		A, Gh/A
94	Stü(d)estücken *stǖ*^{ə}*stykn*	im Stüde, 1689 GSG; im Stüde, 1788 WK; im Stüde, 1828 RA.	A, Gh/Kw
95	Kielstü(d)e *kīlstǖ*^{ə}	im Kielstüden, 1828 RA; Kiel Stüde, 1871 FlK.	A, Gh/Kw
96	Stü(d)ekavel *stǖ*^{ə}*\`kåvl*	Baur Stüde, 1788 WK.	A, Gh/Kw
97	de Jäms *de'jǟms*	Jahmser Stücken, 1788 WK.	A, Gh/A, Ot
(98)	im Kopf	im Kopf, 1871 FlK.	A, Gh/F
99	Forendannen *fō*^{ə}*ndan*^{n}	Fahrnser Stücken, 1788 WK; Fahrnßer Stücken, 1792 RA; Fahren Tannen, 1871 FlK.	A, Gh/F
100	Mourdannen *mo*^{uə}*dan*^{n}	Moor Tannen, 1871 FlK.	Ödl, Kw/F
101	Hirschkopp *hi*^{r}*škop*	Hirschkopf, 1937 FK.	Ödl, Kw/F
(102)	beym Tiefen Mohr	beym Tiefen Mohr WK.	Su, Ödl/F
103	Dolsche Dannen *\`dōlšə'dan*^{n}	Dohl'sche Tannen, 1871 FlK.	A, Gh/F
104	Dolen *dōl*^{l}	im Dohlen, 1746 GA; auf der Daulck, 1751 GA; im Dohlen, 18. Jh. FlK Ludwigslust; im Dohlen, 1788 WK; in den Dohlen, 1818 GA; Doolen, 1871 FlK.	A, Wi/A, Kw, Ot

VIII

(105) im Bollenstall, 1828 RA, Wi
(106) Bollenwiese, 1828 RA, Wi
(107) Borndamm, 1819 GA, A
(108) in der Brieß, 1746 GA, A
(109) Calíß, 1734 RA, Wi
(110) in der Fangs, 1746 GA; die Fangs, 1792 RA, Wi
(111) die Friese, 1762 GP, Ödl
(112) Gliens Berg, 1762 GP, A
(113) beim Jähmschenmoor, 1828 RA, Su
(114) im Koppelstall, 1829 RA, Wi
(115) aufn Leim Berg, 1767 GA, A
(116) Mitteldrumm, 1823 GA; der Mitteldrumm, 1826 GA, Wi
(117) in der Nacht Koppel, 1792 RA; die Pferde Koppel, 1828 RA, Wei
(118) auf der Ruhkiep, 1751 GA, A
(119) die Sagwisch, 1826 GA, Wi
(120) auf dem Schallöber, 1823 GA, Wi
(121) Schanieß/Schaniß, 1734 RA, Wi
(122) Schulwiese, 1828 RA, Wi
(123) die Schulzenwiese, 1828 RA, Wi.

75

Ludwigslust

'lūdvižs'lust

Clenow 1333, Klenow 1344, Clenowe 1399 MUB, Kleynow 1453 SchlR Neustadt

I Jüngere Steinzeit: Zapfenkeil. Ältere Bronzezeit: Bronzene Randaxt. Jüngere Bronzezeit: Urnenfeld („Hietzbarg“) und Depotfund.

II Ritterschaftlich, 1616 zum Domanium.

III Vermutlich 22 Hufen, darunter 2 Pfarrhufen (1541/42 KV Groß Laasch). Gesamtbede von 11 Mark lüb. (1453 SchlR Neustadt), später nur noch 10 Mark lüb. (1538 LB Grabow). Einzelpacht je Hufe 28 ß (1616 LA Klenow), die Pacht für die beiden vom Ritterhof bewirtschafteten Pfarrhufen betrug je 24 ß oder auch 6 Scheffel Roggen (1534, 1541/42, 1561 KV Groß Laasch).

IV Zeilendorf (sekundäre Dorfform). Ortslage exzentrisch zur Flur.

Klenow, seit alters ein ritterschaftliches Bauerndorf und Jahrhunderte lang im Besitz der v. Klenow mußte 1616 wegen Verschuldung an das Domanium verkauft werden. Zu dieser Zeit bestand das Dorf außer 2 Ritterhöfen aus 10 Vollhufnerstellen und 17 Kossatengehöften. Nachdem bereits im 16. Jahrhundert eine größere Anzahl Hufen gelegt worden war, wurden während des 30jährigen Krieges die Ländereien von 20 weiteren bäuerlichen Wirtschaften zum fürstlichen Pachthof gezogen, so daß bei Kriegsende nur 5 Kossaten- und 2 Katenstellen vorhanden waren. Einige Jahrzehnte später (1703) waren dann wieder 7 Halbhufner und 7 Kätner im Ort ansässig. Infolge der fürstlichen Bautätigkeit in Klenow wurden 1733 der Meierhof und nach der Erhebung von Ludwigslust zur Residenz (1756) allmählich auch die Bauerngehöfte auf ein Ackergelände nördlich der „Schloßkoppel“ versetzt. Der seit 1760 von einem fürstlichen Beamten verwaltete Gutshof Klenow wurde 1784 aufgelöst, während die Bauerschaft des Dorfs im Jahre 1848 in den Flecken Ludwigslust eingemeindet wurde.

Der nachmalige Herzog Christian Ludwig begann im Jahre 1731 mit dem Bau eines Jagdschlosses in Klenow und gab dem ihm zum gelegentlichen Aufenthalt dienenden Anwesen später (1754) den Namen „Ludewigslust“. Diesen Landsitz machte Herzog Friedrich nach dem Regierungsantritt (1756) zu seinem ständigen Wohnsitz; er ersetzte das Jagdhaus durch ein Residenzschloß (1772/76), ließ eine neue Kirche errichten, zahlreiche Wohnhäuser für den Hofstaat, Bedienstete sowie Handwerker bauen und betrieb ganz allgemein die Entwicklung des Ortes zu einem größeren Gemeinwesen. Unter Friedrich Franz I., der den Ausbau der Residenz tatkräftig fortsetzte, erhielt Ludwigslust den Status eines Fleckens (1793). Mit der Rückkehr des Hofes in die alte Landeshauptstadt (1837) endete zwar die Glanzzeit von Ludwigslust, die Schöpfung der beiden Herzöge jedoch entwickelte sich weiter. Am 16. VI. 1876 erhielt Ludwigslust Stadtrecht und ist seit 1920 Kreisstadt.
Bis 1770 Filialkirche von Groß Laasch, danach selbständige Pfarre.

V Langstreifenflur. Keine Ackerschläge (1711 LV).

VI 1654 AB Grabow: Hinrich Tiede, Hanß Lemcke w., Jochim Lütje, Clauß Scholtz, Bartel Kröchel. Kätner: Timm Woler, Jochim Schulze.

1703 BK Groß Laasch: Jochim Dannen, Clauß Tiede, Frantz Brann, Jacob Saffahn, Jochim Cramber, Jochim Schult, Jochim Becker. Kätner David Schult, Hans Rumpf, Jochim Hecht, Hartig Hagen, Lorentz Lobß, Peter Plahn, Hans Otto.

VII

1	twüschen de Weg *`tvyšndə'vắx́*	auf den Breeden Berg, 18. Jh. FlK.	A/A, Ödl
2	Goe(d) *gœ̄ᵊ*	Jödenn, 1586 AB Grabow; vorm Jöde, 1616 LA Klenow; im Jäde, 1711 LV; im Gäde, 1788 WK; Gähde, 1834 Lgb.	A/A, Ot
3	Bäkwischen *bắkvišn*	die Bek Wiesen, 18. Jh. FlK; Bäckwiese, 1817 FR.	Wi, Su/A, Ot
(4)	gr. Höhmkenkamp	Grot Hömken Kamp, 18. Jh. FlK; großer Höhmkenkamp, 1817 FR; gr. Höhmkenkamp, 1845 FR.	Su, Wi/Gh, Wi
5	Försterwisch *fǫ̈ᵊstəviš*		Su, Wi/Wi
(6)	Lütt Homken Kamp	Lütt Homken Kamp, 18. Jh. FlK; Lütt Homken Kamp, 1788 WK.	Ödl, Gh/Gh
7	Rantzows Koppel *`rantsōs'kopl*	die Rantzows Koppel, 1817 FR; Rantzaus Koppel, 1845 FR.	Su, Wi/Wi
8	Grot Host *groᵘt'hǫst*	die große Horst, 18. Jh. FlK; Große Horst, 1845 FR; die große Horst, 1868 FlK.	Ödl, Gh/Gh
(9)	Schilf Hobbel	Schilf Hobbel, 18. Jh. FlK; Schilf Hobbel, 1788 WK.	Gh, Su/Gh
(10)	Mühlen Kamp	der Mullen Kamp, 1616 LA Klenow; der Mühlen Kamp, 18. Jh. FlK.	Gh/Gh
11	Kirchdendiek *kiʳx́ndīk*		Pf/Pf?
12	Krutschendiek *krūtšndīk*		Pf/Pf?
(13)	Schloßkoppel	die Hafer Coppel, 1711 LV; Haber Koppel, 18. Jh. FlK; Haber Koppel, 1788 WK; Schloßkoppel, 1834 Lgb.	A/Ot
14	Poggendiek *pogndīk*		Pf/Pf
(15)	Biester Holtz	das Biester Holtz, 18. Jh. FlK.	Gh/Gh

(16)	Rade Wiese	in Radewiesen, 1711 LV; Rade Wiese, 18. Jh. FlK.	Wi/Wi
17	Judendiek *jūdndīk*		Pf/Pf?
18	Oll Voßbarg *ol'fǫsba^{a}x*		Gh/Gh
19	Moelenwisch *mœ̄l^{l}viš*	Mühlencampwiese, 1711 LV; Mühlen Kamp Wiese, 18. Jh. FlK; Mühlen Camp Wiese, 1788 WK; Mühlenkampwiese, 1817 FR; Mühlenwiese, 1868 FlK.	Wi/Gh
20	Voßbarg *fǫsba^{a}x*	Fossberg, 18. Jh. FlK; Voßberg, 1817 FR; Voßberg, 1845 FR.	Gh/Gh
(21)	Pagels Kamp	Pagels Kamp, 18. Jh. FlK.	A?/Gh
(22)	Witzahn	in Witzahm/Wietz sahn, 1711 LV; der Witzahn, 18. Jh. FlK.	Su, Wi/Wi
23	Bullenwisch *bul^{l}viš*	Wiettzahns Wiese, 1711 LV; die Witzahnschen Wiesen, 18. Jh. FlK.	Wi/Wi
(24)	Kalisser Horst	Kalisser Horst, 18. Jh. FlK.	Gh, Su/Gh
(25)	Gatken Kolk	Gatken Kolk, 18. Jh. FlK.	Su/Gh
(26)	Groß Gatken Wiese	grohten Gatk Wiese, 1711 LV; Groß Gatken Wiese, 18. Jh. FlK.	Wi/Gh
27	Drusenhorst *`drūzn'hǫ̥^{o}st* *-hǫst*	Briesen Kamp, 18. Jh. FlK; der Driesen Kamp, 1817 FR.	A/Ot, A, Wei
(28)	Kahl Wiese	Kahl Wiese, 18. Jh. FlK.	Wi/Gh
(29)	Hohe Horst	Hohe Horst, 18. Jh. FlK.	Su, Ödl/Gh
(30)	Kahl Horst	Kahl Horst, 18. Jh. FlK.	Su, Ödl/Gh
(31)	Torf Mohr	Torf Mohr, 18. Jh. FlK.	Su/Gh
32	Rugboort *rūxbō^{ə}t*	im Raubart, 1868 FlK.	Su, Ödl, Wi/Gh
(33)	Lieper Kolk	Graacken Kolk, 18. Jh. FlK; Graaken Kolck, 1788 WK; Liepen Kolk, 1817 FR; Lieper Kolk, 1868 FlK.	Su/Gh

(34)	Hinterste Lang Horst	Hinterste Lang Horst, 18. Jh. FlK; Hinterste-Langehorst, 1817 FR; Hinterste Langehorst, 1845 FR.	Su, Gh/Gh
(35)	Adebars Horst	Adebars Horst, 18. Jh. FlK.	Su, Gh/Gh
36	Walzensteg *valtsnsteх́*		Stg/Stg
(37)	im Lemcken Kolck	im Lemcken Kolck, 18. Jh. FlK.	Su/Gh
(38)	Vorderste Lang Horst	Vorderste Lang Horst, 18. Jh. FlK; Vorderste-Langehorst, 1817 FR.	Su, Gh/Gh
(39)	Witziensche Kolk	Witziensche Kolk, 18. Jh. FlK.	Su/Gh
40	Stämmenkolk *stem^{m}kołk*	im Maaden Kolk, 18. Jh. FlK.	Su/Gh
41	Moelenbrok *mœ̄l^{l}brōk*	Mühlen Bruch, 18. Jh. FlK; Mühlen Bruch, 1788 WK; Mühlenbruch, 1868 FlK.	Su/Gh, Wi
(42)	bey der Knöp(s) Beke	bey der Knöps Beke/Knöp Beke, 1711 LV.	Wi, Gw/Wi
43	Bäkwischen *bǟkvišn*	Beck Wiese, 1711 LV; die Beck Wiese, 18. Jh. FlK; die Beeckwiese, 1788 WK; Bäckwiese 1817 FR.	Wi/Wi
(44)	Hohe Fistel Horst	Hohe Fistel Horst, 18. Jh. FlK; Hohe Fistel Horst, 1788 WK.	Gh/Wi
(45)	Grosse Fistel Horst	Grosse Fistel Horst, 18. Jh. FlK; Große Fistel Horst, 1788 WK.	Gh, Wi/Wi, A
46	Lübberts Kamp *ˋlybəts′kam^{p}*	die grosse Fistel Wiese, 18. Jh. FlK; die große Fistel Wiese, 1788 WK; Lübbeßen Kamp, 1868 FlK.	Wi/Wi, A
(47)	Langen Wiesen	Langwiese, 1711 LV; die Langen Wiesen, 18. Jh. FlK.	Wi/Wi
(48)	in der Nachtkoppel	Nacht-Koppel, 1817 FR; in der Nachtkoppel, 1868 FlK.	Wi, Gh/Wi
(49)	Becker Wiese	Becker Wiese, 1711 LV; die Becker Wiese, 18. Jh. FlK.	Wi/Wi

(50)	Caprins Horst	die Kaprienschen Hörste, 18. Jh. FlK; die Caprins Horst, 1817 FR; Caprinshorst, 1845 FR; Caprins Horst, 1868 FlK.	Gh, Wi/Wei, Ödl
(51)	Kaprienshobbel	Kaprienshobbel, 18. Jh. FlK.	Gh/Gh
(52)	Sterlin Kolck	Sterlin Kolck, 18. Jh. FlK.	Su, Gh/Gh
(53)	Nettel Kolk	Nettel Kolk, 18. Jh. FlK.	Su, Gh/Gh
54	Lütt Host *ˋlyt'hǫst*	die grosse Horst, 18. Jh. FlK; die Lütthorst, 1817 FR.	Gh/Gh
55	Run'ndeil *run^{n}'dail*	am Rundentheil, 1817 FR.	Gh/Gh
56	Gielchensteen *gīlχ́nstēn*	Gulcken Stemm, 1788 WK; Gielchen Steinen, 1868 FlK.	Gh/Gh
57	Krüzbusch *krūtsbuš*	Kreuzbruch, 1868 FlK.	Su/Gh
58	Welzinshost *velˋtsīns'hǫst*	die Wilzien, 18. Jh. FlK; die Wilsien, 1788 WK; Weltzins Horst, 1868 FlK.	Gh, Su/Gh
(59)	Latt Horst	Latt Horst, 18. Jh. FlK; Latt Horst, 1788 WK.	Gh, Su/Gh
60	Krumm Graben *krum'gråbm*		Gw?/Gw
61	Grot Lieps *gro^{u}t'līps*	die grosse Lieps, 18. Jh. FlK; die große Lieps, 1788 WK; Große Lieps, 1817 FR; Große Liep, 1845 FR; Große Lieps, 1868 FlK.	Wi, Su/Gh, Wi
62	Kummersch Busch *ˋkuməš'buš*	Kummersche Bruch, 1868 FlK.	Su/Su, Gh
(63)	Kloster Horst	Kloster Horst, 18. Jh. FlK; Klosterhorst, 1817 FR.	SuGh/Wi,
64	Lieper Wisch *ˋlīpə'viš*	Techentiener Wiese, 1788 WK; die Lieperwiesen, 1817 FR; Lieper Wiesen, 1834 Lgb; Lieper Wiese, 1868 FlK.	Wi/Wi
65	Lütt Lieps *lyt'līps*	Lütt Lieps, 1788 WK; Lütt Lieps, 1817 FR; Lütt Liep, 1845 FR; Kleine Lieps, 1868 FlK.	Wi, Su/Gh

66	Hawerwisch *hā̊vəviš*	die Haver Wiese/Haber Wiese, 1711 LV; Haber Wiese, 1788 WK; Haferwiese, 1817 FR; Hafer-Wiese, 1834 Lgb; Haferwiese, 1868 FlK.	Wi/Wi, Gh
67	Hawkhost *hāfkhǫst*	Habitt Horst, 1788 WK; Habigshorst, 1817 FR; Habichtshorst, 1868 FlK.	Gh/Gh
68	Papenhost *pāpmhǫst*	Groth Papenhorst/Klein Papenhorst, 1817 FR.	Gh/Gh
(69)	Mohnken Wiese	Mohnken Wiese, 1788 WK; in der großen/kleinen Mohnkenwiese, 1817 FR.	Wi/Wi
(70)	Sims Horst	Sims Horst, 1788 WK.	Su, Gh/Ödl
(71)	Deichhorst Wiese	Deichhorst Wiese, 1788 WK.	Wi/Wi
72	Guhlk *gūlk*	die Guhlk, 1817 FR; an der Guhlcke, 1845 FR; Guhlk, 1868 FlK.	Gh, Ödl/Gh
(73)	in dicken Kolk	in dicken Kolk, 1868 FlK.	Su/Gh, Su
74	Behnken Wisch *bēŋ^{k}nviš*	die nie Wiese, 1711 LV; die neue Wiese, 18. Jh. FlK; die neue Wiese, 1788 WK; die Neue Wiese, 1817 FR; an der Neuwiese, 1845 FR; Kapellen Wiese, 1868 FlK.	Wi/Wi
(75)	Glashüttenhorst	Glaßhütten Horst, 1788 WK; Glashüttenhorst, 1868 FlK.	Gh/Gh
76	Barkenhost *ba^{a}knhǫst*	die Hoge Horst, 18. Jh. FlK; Birkenhorst, 1817 FR.	Gh/Wei
(77)	Hintere Breeslach	hinterste Breslag, 18. Jh. FlK; hinterste Breeslach, 1817 FR; Hinterste Breslach, 1845 FR; hintere Breeslach, 1868 FlK.	Wi, Ödl/Wei
(78)	Vordere Breeslach	vorderste Breslag, 18. Jh. FlK; die vorderste Breeslag, 1788 WK; vorderste Breeslach, 1817 FR; Vorderste Breslach, 1845 FR; vordere Breeslach, 1868 FlK.	Wi, Gh/A, Wei
79	Lütten Branden *ˋlytnˊbran^{d}n*	Brandtwiesen, 1711 LV; die Brand Wiesen, 1788 WK; die Brandwiese, 1817 FR; Kleine Brand-Wiese, 1834 Lgb; Kleine Brandwiesen, 1868 FlK.	Wi/Wi, Gh

80	Herzogsdamm *hātsoxsdam*		Weg/Weg
(81)	Glasshütten Kolck	Glashütten Kolck, 1788 WK.	Su/Gh, Su
82	Rögnitzwischen *röknitsvišn*	die Rohr Wiesen, 1711 LV; die Rohr Wiese, 1788 WK; Wiesen an der Rögnitz, 1834 Lgb.	Wi/Wi
83	Brandsche Kolk *\`brantšə' kǫlk*	der Depe Kolck, 18. Jh. FlK; der Depe Kolk, 1817 FR; Branden Kolk, 1868 FlK.	Su/Su, Gh
(84)	Lütt Immen Kamp	Lütt Immen Kamp, 1790 Grenz-Skizze,	Gh, Su/Gh, Su
(85)	Imm Kamp	Imm Kamp, 18. Jh. FlK; Grot Immen Kamp, 1790 Grenz-Skizze; Groth Immenhorst, 1817 FR.	Gh, Su/Gh
86	Branden *bran^d^n*	im Brande, 1788 WK; in Branden, 1868 FlK.	Wi/Wi
87	Tieden Branden *tīdn\`bran^d^n*	Iden Branden, 1790 Grenz-Skizze; Thieden Brandwiese, 1817 FR; Tieden-Brand-Wiese, 1834 Lgb; Tieden Branden, 1868 FlK.	Su, Wi/Wi, Gh
(88)	Streit Horst	die Streit Horst, 18. Jh. FlK; Streit Horst, 1788 WK.	Gh/Gh
89	Budenwischen *būdnvišn*	die Baud Wiesen, 18. Jh. FlK; Buden Wiesen, 1790 Grenz-Skizze; Budenwiese, 1817 FR; Buden Wiesen, 1834 Lgb.	Wi/Wi
90	Nettel *nedl*		Gh/A
91	Schultenwisch *šultnviš*	grothen Gocken Wiese, 1711 LV; Koken Wiese, 18. Jh. FlK; Koken Wiese, 1788 WK; Schulzenwiese, 1817 FR; Schulzenwiese, 1868 FlK.	Wi/Wi
92	Hawerkamp *hāvəkam^p*	am Haberkampff, 1654 AB Grabow; der Haber-Camp, 18. Jh. FlK; Haber Camp, 1788 WK; Hafer Kamp, 1817 FR; Haferkamp, 1868 FlK.	A/A

(93)	Branden Camp	Branden Camp, 18. Jh. FlK; Branden Camp 1788 WK.	A/A
94	Papenmour *pāpmmo^u^ə*	das Papenmohr, 1711 LV; Papen Mohr 18. Jh. FlK; Papenmohrschen Wiesen, 1788 WK; Papenmoorsche Wiese, 1817 FR; Papenmoor, 1834 Lgb; Papenmoor, 1868 FlK.	Su, Wi/Wi
(95)	Breden Kolk	der Papenmohrsche Kolck, 18. Jh. FlK; Breden Kolck, 1788 WK; Breden Kolk, 1868 FlK.	Su/Gh
96	Kammergraben *kaməgråbm*	Klumpgraben, 1711 LV.	Gw/Gw
(97)	Graak Kolk	Breeslags Kolck, 1788 WK; Graak Kolk, 1868 FlK.	Su/Ödl
98	Trienhei(d) *trīnhai*	in der Trinheidt, 1711 LV; die Trienheide, 18. Jh. FlK; die Trienheide, 1788 WK; Trienheide, 1817 FR; Trienheide, 1868 FlK.	Gh, Ödl/Wei, A
99	Gehrlan'n *gēᵊlanⁿ*	auf Gehren Lande, 1711 LV; Gehren Land, 18. Jh. FlK; das Gehren Land, 1788 WK; Gehrenland, 1817 FR; in Gehrlanden, 1868 FlK.	A, Gh/A
(100)	Gr. Flaschen Horst	Fahrenhorst/Fahrhorst, 1711 LV; die große Fahren Horst, 18. Jh. FlK; die große Fahren Horst, 1788 WK; Große Flaschenhorst, 1817 FR; Gr. Flaschen Horst, 1868 FlK.	Gh, Su/A
(101)	Fahren Camp	Fahren Camp, 18. Jh. FlK; Fahren Camp, 1788 WK.	Gh, Su/A, Wi
102	Kavelwisch *kåvlviš*	Cavellwiesen, 1711 LV; die Cavel Wiese, 18. Jh. FlK; Kavelwiese, 1817 FR; Cavelwiesen, 1834 Lgb; Kavelwiesen, 1868 FlK.	Wi/Wi
(103)	Trienheide-Wiesen	Trienheidts Wiesen, 1711 LV; die Trienheidschen Wiesen, 1788 WK; Trienwiese, 1817 FR; Trienheide-Wiesen, 1834 Lgb.	Wi/Wi

104	Hun'nhost *hun*^{n}*hǫst*	Hunhorst, 1711 LV; Hunde Horst, 1788 WK; Hundehorst, 1817 FR; Hundehorst, 1868 FlK.	Wi/Wi
(105)	Dammlang Horst	Dammlang Horst, 18. Jh. FlK; Damlangs Horst, 1788 WK.	Gh/A
(106)	Kraun Graun	Kröhm grade/Krahm grade, 1711 LV; die Kraun Graun, 18. Jh. FlK; die Kraun Graun, 1788 WK.	Gh, Wi/Wi, Wei
107	Bullenbarg *bul*^{l}*ba*^{a}*x*		Gh, Su/Wi
(108)	Beckers Kolck	Becker Kolck, 18. Jh. FlK; Becker Kolck, 1788 WK; Beckers Kolck, 1817 FR; Beckers Kolck, 1845 FR.	Su/A, Wi
(109)	Becker Camps Rieh	Becker Camps Rieh, 18. Jh. FlK.	Su/Wi, A
(110)	Becker Camp	Becker Camp, 18. Jh. FlK; Becker Camp, 1788 WK; Beckers Kamp, 1817 FR; am Beckerkamp, 1834 Lgb; Beckerskamp, 1845 FR.	Su, Gh/A, Wi
(111)	Dammlang Wiese	Dammlang Wiese, 18. Jh. FlK.	Wi/Wi, A
(112)	Lütt Dammlang	Lütt Dammlang, 18. Jh. FlK.	Gh/A, Wei
113	Brüggwisch *brygviš*	große Brüg Wiese/Brügen Wiese, 1711 LV; die große Brug Wiese, 18. Jh. FlK; die große Brügwiese, 1788 WK; Brügwiese, 1817 FR; in den Brüggwiesen, 1834 Lgb.	Wi/Wi, A
114	Brüggwischerdamm *ˋbrygvišə'dam*		Weg/Weg
115	Dammlang *dam'laŋ*	die Damm Lang, 18. Jh. FlK; die Damlang, 1788 WK; die Damlang, 1845 FR.	Wi/A
(116)	Kleine Brüg Wiese	lütge Brüg Wiese/kleine Brügen Wiese, 1711 LV; die Kleine Brug Wiese, 18. Jh. FlK; die Kleine Brügwiese, 1788 WK.	Wi/A, Wi
(117)	Zarnbrug Wiese	Sarncken Brüg Wiese, 1711 LV; Zarnbrug Wiese, 18. Jh. FlK; Zarnbrug Wiese, 1788 WK.	Wi/Wi

118	Kohlhoew *kōlhœ̄f*	die Cohlhöfe, 1711 LV.	A/Ot
119	Hietzbarg *hītsba^{a}x*	auf den großen Hietzbarg/Hitzbarg, 1711 LV; auf den Hirschberg, 18. Jh. FlK; der Hitzberg, 1817 FR.	A/Ot
(120)	Schulzen Kamp	der Schulzen Kamp, 1788 WK; der Schulzen Kamp, 1817 FR.	A/Ot
121	Swiensümlop *ˋsvīns'ymlōp*		Ödl/Ot
122	Scheperie *šēpə'rī*	an der Schäferey, 1711 LV; auf der Schäferey, 1834 Lgb.	A/Ot
123	Kattenkuhl *katnkūl*	die Katzenkuhl, 1817 FR; Kattenkuhl, 1845 FR.	Ödl, A/A
124	Windmoelenbarg *vintmœ̄l^{l}ba^{a}x*	Mühlenberg, 1845 FR.	A/Ot
125	Groetkuhl *grœ̄tkūl*	die Gräthkuhl, 1817 FR; bei der Gräthkuhl, 1845 FR.	A, Ödl/Ot
126	Franzosengrund *fran'tsōzngrunt*	die Franzosengrund, 1817 FR; am Franzosengrunde, 1834 Lgb.	A, Gh/Ot
127	Grabowsch Barg *ˋgrābōš'ba^{a}x*	Grabauer Barg, 1711 LV; der Grabauer Berg, 1788 WK; auf den Grabower Kamp, 1817 FR; Grabauer Berg, 1868 FlK.	A/A
128	Papenkamp *pāpmkam^{p}*	der Papen Camp, 1788 WK; Papenkamp, 1817 FR; Papenkamp, 1845 FR.	A/A, Kw
129	Lehmkuhl *lēmkūl*	Küsters Kamp, 1868 FlK.	A/A, Kw
130	Langen Stücken *ˋlaŋ^{n}'stykn*	auf den langen Stücken, 1711 LV; die Langenstück, 1817 FR; Langen Stücken, 1845 FR; Langen Kamp, 1868 FlK.	A/A
131	Eikkoppel *aikkopl*	Eichen Koppel, 1817 FR.	Gh/Gh
132	Run'n Kamp *ˋrun^{n}'kam^{p}*	Runde Kamp, 1845 FR; runder Kamp, 1868 FlK.	A/A, Ot

133	Stü(d)e *stü*^{ə}	im Stüde, 1711 LV; vor die Stüüd, 18. Jh. FlK; im Stüde, 1834 Lgb.	Gh/A
134	Dree Eiken *drē'aikn*	bei den drei Eichen, 1868 FlK.	A/A, Gh
135	Schultenkamp *šultnkam*^{p}	Schulzen Koppel, 1834 Lgb; Schulzenkamp, 1868 FlK.	A/A
(136)	Grosse Kamp	auf den großen Camp, 1711 LV; der grosse Kamp, 18. Jh. FlK; der große Camp, 1788 WK.	A/A
(137)	beym Zaegen Berg	beym Zaegen Berg, 18. Jh. FlK; beym Ziegenberg, 1788 WK.	Ödl, A/Ot
138	Ellerbusch *eläbuš*	bey den Ellerbusch, 1711 LV; Ellerbusch, 1868 FlK.	Su, Ödl/A
139	Stü(d)eschen Barg *'stüəšn'ba*^{a}*x*	Stoerschen Barg, 1868 FlK.	A, Ödl/A, Kw
140	Kritzbusch *kritsbuš*	vor den Kritz Busch, 18. Jh. FlK; vor den Kritzbusch, 1788 WK; im Kritzbusch, 1834 Lgb; Ritzbusch, 1868 FlK.	A, Gh/A, Gh
141	Koeterholt *kœ̄təholt*	Kaethen Holtz, 18. Jh. FlK.	Gh, A/A
142	Hei(d)gor(de)n *haigö*^{ə}*n*	in den Heidgärten, 1817 FR.	Ödl, A/A
143	Elendshester *ēlents'hestə*	beim Elenden Hester, 18. Jh. FlK; beym Elenden Hester, 1788 WK; beim Elendshestern, 1817 FR; Elendshester, 1868 FlK.	Ödl, A/A
(144)	beim Branden Böhm	beim Branden Böhm, 18. Jh. FlK.	Ödl/Wi, Ot
145	Timphost *timphǫst*	die Timphorst, 1817 FR; Timphorst, 1845 FR.	Wi/Wi
146	Zägenwei(d) *tsāgnvai*		Ödl, A/A, Wi, Gh
147	Timpenwisch *tim*^{p}*mviš*	die Timp Wiese, 18. Jh. FlK; Timpwiese, 1817 FR; Timp-Wiese, 1834 Lgb.	Wi/Wi
148	Plänerwisch *plānəviš*	die Plänerwiese, 1817 FR; Ploener Wiese, 1834 Lgb.	Wi/Wi

(149)	die grosse Horst	die grosse Horst, 18. Jh. FlK.	Gh/A, Wi
(150)	Stubsins Wiesen	Stubenwiese, 1711 LV; Stubben Wiese, 18. Jh. FlK; Stubbenwiese, 1817 FR; Stubben-Wiese, 1834 Lgb; Stubsins Wiesen, 1868 FlK.	Wi/Wi
151	Bö(de)nerkoppel *bȫnəkopl̥*	die neu Kleinauer Horst, 18. Jh. FlK; die neu Kleinauer Horst, 1788 WK.	Gh/A
152	Morgenbarg *mǫˀgnba*^{a}*x*	beym neuen Kleinauer Kampff, 1654 AB Grabow; Nien Klenow, 1711 LV; Neu Kleinauer Camp, 1788 WK; der neu Kleinower Kamp, 1817 FR; Neuer Kleinower Kamp, 1845 FR.	A/Gh, A
(153)	Neu Kleinauer Wiesen	Neu Kleinauer Wiesen, 1788 WK.	Wi/Wi
(154)	Hirten Wiese	Hirtenwiese, 1711 LV; Hirten Wiese, 1790 Grenz-Skizze.	Wi/Wi
(155)	Struckhohn Wiesen	Struckhonsche Wiesen, 18. Jh. FlK; Struckhohn Wiese, 1790 Grenz-Skizze; Struckhohn Wiesen, 1834 Lgb.	Wi/Wi
156	Langen Kamp *`laŋ*^{n}*'kam*^{p}	langen Camp, 1711 LV; der lange Kamp, 1788 WK; der Lange Kamp, 1845 FR.	A/A
157	Preesterwisch *prēstəviš*	Papenwiese, 1817 FR.	Wi/Wi, Wei
158	Struckhon *strukhōn*	im Strauckhann/Struckhann, 1711 LV; im Struckhohn, 1788 WK; im Struckhohn, 1817 FR.	A/A
159	Krullengraben *krul*^{l}*gråbm*	Crullen Graben, 1766 FR Niendorf; Crullen-Graben, 1834 Lgb.	Gw/Gw
160	Sandfort *zantfǫˀt*	Santfort, 1333 MUB; Sandfort, 1344 MUB; am Sandfort, 1654 AB Grabow; Sandtforth, 1711 LV; der Sandforth, 1788 WK; am Sandfurth, 1834 Lgb.	Ft/A, Wi
161	Wäselhee(d) *`vǟzl'hē*	die Wesell Heide, 1592 LA Klenow; die Wehsel Heide, 1788 WK.	Gh, Su/A, Gh

VIII

(162) der alte Heydt Weg, 1711 LV, Fw
(163) die alte Magd Wiese/ohl Magd Wiese, 1711 LV, Wi
(164) Altentheils Wiesen, 1834 Lgb, Wi
(165) die Barck Wiese, 1711 LV, Wi
(166) die Bor Coppel, 1711 LV, A
(167) Brückenwerder, 1817 FR, Su
(168) Buchhorst, 1817 FR, Gh
(169) auf Cohten Cuhl Stücken, 1711 LV, A
(170) das Cuhl Mohr, 1711 LV, Su
(171) Cußer Mohr/Mohr Cuß/Kusel Mohr, 1711 LV, Su
(172) Dieck Coppel, 1711 LV; der Diekenkamp, 1845 FR, A
(173) Dwerkaveln, 1845 FR, A
(174) die große Coppel, 1711 LV, A
(175) im Hagen, 1711 LV, A
(176) Hagencampwiese, 1711 LV, Wi
(177) hinter den Höfen, 1711 LV, A
(178) die Hofwiese, 1711 LV, Wi
(179) in der Hohen Beeck, 1711 LV, Wi
(180) in der Jänitz, 1711 LV, Wi
(181) Kampwiese, 1711 LV, Wi
(182) die Kellermoorsche Horst, 1817 FR, Su, Gh
(183) Kroll Wiese, 1711 LV, Wi
(184) an der Lütgen Camp Heide, 1711 LV, A
(185) im lütgen Klenow, 1711 LV, Wi
(186) lütgen Wiesen, 1711 LV, Wi
(187) die Mullenrieh, 1616 LA Klenow, Su
(188) die Mücken Wiese, 1711 LV, Wi
(189) die Pießell Wiesen, 1711 LV, Wi
(190) die Plänerhorst, 1817 FR, Ödl
(191) vor den Plantbarg, 1711 LV, A
(192) bey den Prager Barg, 1711 LV, A
(193) der Priester Weg, 1711 LV, Fw
(194) die Schäfer Coppel, 1711 LV; der Schäfer Kamp, 1817 FR, A
(195) Schweinhorst, 1845 FR, Ödl
(196) die Secken Coppel, 1711 LV, Wei
(197) Sietlitzer Coppel, 1711 LV, A
(198) in der Stücken Coppel, 1711 LV, Wi
(199) umb dem Walle, 1616 LA Klenow, Insel
(200) in den Walt Wiesen, 1711 LV, Wi
(201) die Wiedenhorst, 1711 LV, Wi
(202) die Wiesch Coppel, 1711 LV; in der Koppelwiese, 1817 FR, Wi
(203) Wittstenhorst, 1817 FR, Gh.

76

Niendorf

nīndǫ̈ːp

mit Weselsdorf

vāzəlsdǫ̈ːp

Newdorff 1576 AB Neustadt

I Jüngere Steinzeit: Steinbeil („Holl Bäk").

II Ritterschaftlich, 1616 durch Ankauf zum Domanium.

III 6 Hufen (1616 LA Klenow). Einzelpacht je Hufe 1 Gulden (1616 LA Klenow).

IV Sackplatzdorf. Ortslage exzentrisch zur Flur.

Niendorf wird das erste Mal in der Amtsbeschreibung Neustadt von 1576 erwähnt. Da die älteren Visitationsprotokolle der umliegenden Kirchspiele (1534, 1541/42 Groß Laasch und 1553 Neustadt) die Ortschaft nicht aufführen, dürfte das Dorf durch Umsetzung von 6 Vollhufnergehöften auf den nördlichen Teil der Gemarkung Klenow um die Mitte des 16. Jahrhunderts entstanden sein.

Die Gründung der Ortschaft Weselsdorf erfolgte im Jahre 1832 durch die Anlage von 12 Büdnerstellen auf der Feldmark Niendorf (Begangnummern 1–18).

V Blockgewannflur. Keine Ackerschläge (1711 LV, 1766 VA).

VI 1654 AB Grabow: Clauß Lütje, Chim Bezengel w., Hinrich Homcke w., Jochim Saffan, Clauß Gevert, Peter Homcke w.
1703 BK Groß Laasch: David Lütte, Hinrich Homcken, Jochim Safahns Witwe, Jochim Gevertt und 2 wüste Hufen.

VII

1	Wäselhee(d) *ˋvāzl'hēi*	die Wesell Heide, 1592 LA Klenow; die Wesel Heide, 1766 FR; die Wehsel Heide, 1788 WK.	Su, Ödl/A, Gh
2	Drüdd' Slag *dryt' slax*		Ödl/A
3	Hee(d)stücken *hēstykn*		Ödl/A

4	Nien Wee(d) *nīn'vē*		Ödl, Su/A, Ödl
5	Oll Wee(d) *ol'vē*		Ödl, Su/A, Ödl
6	Koppheister *kop'haistə*		Gh/A, Ödl
7	Siden Niendörper *ˋzīdn'nīndǫ̈ᵒ̈:pə*		Su, Gh/A
8	Hogen Niendörper *ˋhōgn'nīndǫ̈ᵒ̈:pə*		Ödl/A
9	Korten En'n *ˋkǫ:tn'enⁿ*	die Kurtzen Enden, 1766 FR.	A/A
10	Breiden Stücken *ˋbraidn'stykn*	auf der Breite, 1761 GA; auf die Breide, 1766 FR.	A/A
11	in'n Maur *inⁿ'mauə*	Crohns Mohr, 1601 BöK.	Su/A
12	Kraunsbarg *kraunsbaᵃx*	der Crons-Berg, 1766 FR; der Krons Berg, 1790 Grenz-Skizze.	A/A
13	Middagstäden *midaxstǟᵈn*		Ödl/A
14	Schultenkamp *šultnkamᵖ*		Ödl/A
15	Bö(de)nerwischen *bönəvišn*	Crohns Wische, 1601 BöK; die Chrons Wiese, 1766 FR; die Cronsbergswiese, 1768 RA; Krons Bergs Wiese, 1790 Grenz-Skizze.	Wi/Wi
16	Ierste Slag *ˋiəstə'slax*		Ödl/A
17	Sandfort *zantfǫ:t*	Santfort, 1333 MUB; Sandforth, 1592 LA Klenow; am Sandfort, 1654 AB Grabow; die Sandfortswiese, 1768 RA; der Sandforth, 1788 WK.	Ft/A, Ot
(18)	im Horsten	im Horsten, 1788 WK.	Ödl/Ot
19	Bäukhost *boikhǫst*	die Buchhorst, 1601 BöK.	Gh/A, Ot

20	Holl Bäk *hoƚ'bāk*	an die Haal-Beck, 1766 FR; Haalbeck, 1768 RA.	Gw, Wi/Gw, F
(21)	Halbeck Wiesen	die Hall-Becks-Wiese, 1766 FR; Haalbeck Wiese, 1788 WK; Halbeck Wiesen 18. Jh. FlK Ludwigslust.	Wi/Wi
22	Bickbornskamp *bikbǫ̊nskamᵖ*	der Bick-Barns-Kamp, 1766 FR; Bickbahrns Kamp, 1769 FR.	A/F
23	Laascher Kolk *`lå̄šə'kǫlk*	Lapßer Kolck, 1766 FR; Laps Kolck, 1790 Grenz-Skizze; der Latzer Kolk, 1937 FK.	Su/F, Su
(24)	Dam Kosten	die Dam Koste/Dam Köste, 1766 FR; Damm Kauschen, 1790 Grenz-Skizze; Dam Kosten, 18. Jh. FlK Ludwigslust.	Gh, Su/F
(25)	Flaten Hörst	die Flaten Horste, 1766 FR; Flaten Hörst, 18. Jh. FlK Ludwigslust.	Gh, Su/F
26	Schaulwisch *šauƚviš*	die Schulmeister Wiese, 1766 FR.	Su, Wi/Wi
27	Schultenwisch *šlutnviš*	Schultzen Wisch, 1766 FR.	Su, Wi/Wi
28	Swienhagen *svīnhågn*	im Schwein-Hagen, 1766 FR.	Su, Gh/F
29	Lütt Koppel *lyt'kopƚ*		A, Ödl/A
30	Kakeldutt *kākldut*		A, Ödl/A
31	Rieselung *rīzəluŋ*		Wi, Su/Wi
32	Bliesenhorst *blīznhǫst*	die Bliesenhorst, 1766 FR.	Gh/A, Ödl
33	Grot Wisch *groᵘt'viš*		Wi/Wi
34	Bahnwischen *bānvišn*		Wi/Wi
35	Rögnitz *röknits*	die Röckenits, 1576 AB Neustadt.	Gw/Gw

36	Buerkoppel *bū^{ə}kopl*		A/A
37	Gäwerts Hof *`gävəts'hǫf*	der Gevers-Kamp, 1766 FR.	A/A
38	Klieseneck *klīzṅek*		Ot/Ot
39	Hofwisch *hǫfviš*	Hofwiesen, 1711 LV; die Hof-Wiese, 1766 FR.	Wi/Wi
40	Schultenkamp *šultnkam^{p}*		A/A
41	Flohbarg *flo^{u}ba^{a}x*		A/A
42	Grot Koppel *gro^{u}t'kopl*		A, Ödl/A
43	Groten Stücken *`gro^{u}tn'stykn*		Ödl/A
44	Bodderkiel *bodəkīl*		Ödl, Su/A
45	Langen Stücken *`laŋ^{n}'stykn*		Ödl, Su/A
46	Hofstücken *hǫfstykn*		Ödl, Su/A
47	Hee(d)stücken *hē^{i}stykn*		Ödl, Su/A
48	Klumpstücken *klum^{p}stykn*	Klumpwiesen, 1711 LV; die Klump Wiese, 1766 FR.	Wi, Su/A
49	Wöbbeliner Koppel *vöbə`līnə'kopl*	die Wilde Horst, 1601 BöK; auf der Will Horst, 1711 LV; die Wilde Horst, 1766 FR; die Will Horst, 1788WK.	Ödl/A, Ödl

VIII

(50) auf dem Altentheils Damm, 1761 GA, A
(51) der Bahldam, 1592 LA Klenow, Fw?
(52) auf den Bahlfohrtscamp, 1711 LV; der Bahl-Forths-Kamp, 1766 FR, A

(53) aufm Bahl Orth, 1761 GA, A
(54) die Bahren Ende, 1711 LV; die Bahr Heids Enden, 1769 FR, A
(55) die Bahren-Heids-Wiese, 1766 FR, Wi
(56) der Bands-Kamp, 1766 FR; Bans Kamp, 1769 FR, A
(57) in den Bodewischen, 1766 FR, Su, Gh
(58) in die Bodewischen-Rien, 1766 FR, Su
(59) auf Bornns Camp, 1711 LV, A
(60) auf der Borns Heide, 1711 LV; Baren Heide, 1761 GA; die Bahren Heyde, 1766 FR, A, Ödl
(61) die Brand-Wiese, 1766 FR, Wi
(62) Brinckwiesen, 1711 LV, Wi
(63) im Brücken-Kolck, 1766 FR, Su
(64) vorm Dicken Kamp, 1761 GA; der Dicke Kamp, 1766 FR; vor dem Dicken Camp, 1779 GA, A
(65) die Dick-Kamps-Wiese, 1766 FR, Wi
(66) der faule Fohrtt, 1592 LA Klenow, Ft
(67) bei den Fierbeumen, 1592 LA Klenow, Gh
(68) Fuchskule, 1592 LA Klenow, Ödl
(69) bey der Geld Kuhle, 1761 GA, Pf?
(70) Heubrügs Camp, 1711 LV; der Höwers-Kamp, 1766 FR; Höwegs Kamp, 1769 FR, A
(71) Heubrügs Stücken, 1711 LV; die Höwers-Stücken, 1766 FR; Höwegs Stücken, 1769 FR, A
(72) die Hinter Böhneßchen, 1766 FR; die Hinter Büneschen, 1769 FR, Wi
(73) der Hirten Kamp, 1766 FR, A
(74) Hirthen-Wiese, 1769 FR, Wi
(75) im Hopen Wöst, 1761 GA, A
(76) in der Kälung, 1766 FR, Su
(77) an der Kleinower Scheide, 1766 FR, Wi
(78) der Klumpberg, 1592 LA Klenow, Ödl
(79) aufm Kluß Kamp, 1755 GA; der Klüs-Kamp, 1766 FR; der Klüs Kamp, 769 FR, A
(80) Klüßmers Kamp, 1711 LV, A
(81) die Krumme Wiese, 1766 FR, Wi
(82) das Krum Stück, 1766 FR, A
(83) im Kurtzen Schweinehagen, 1766 FR, Gh
(84) lange Wiesen, 1711 LV; die Lange Wiese, 1766 FR, Wi
(85) der Lang Kamp, 1766 FR, Wei
(86) die Nachtkoppel, 1766 FR, Wei
(87) auf den nien Stücken, 1711 LV; die Neuen Stücken/Nien Stücken, 1766 FR, A
(88) nie Wiesen, 1711 LV; die Neue Wiese, 1766 FR, Wi
(89) im Niewischer Kolck, 1766 FR, Su
(90) der Pagen Kolck, 1592 LA Klenow, Su

(91) Pahlmwiese, 1711 LV; die Palm-Wiese, 1766 FR; Palm Wiese, 1802 GA, Wi
(92) die Palm-Horst, 1766 FR, Öd;
(93) das Post Mohr, 1592 LA Klenow, Su
(94) auf den Riehenstücken, 1711 LV; aufn Riehen Stücken, 1755 GA; die Rie-Stücken/Riedt-Stücken, 1766 FR; auf den Riethstücken, 1779 GA, A
(95) der Riewegs Kamp, 1766 FR; Rieweg, 1769 FR, A
(96) der Rögnitzer Kamp, 1766 FR; Rögnitz Kamp, 1769 FR, A
(97) auf Safahnens Camp, 1711 LV, A
(98) die Schöne-Buchs-Horst, 1766 FR, Ödl
(99) auf Sengels Camp, 1711 LV; der Zingels-Kamp, 1766 FR, A
(100) die Stäm-Wiese, 1766 FR, Wi
(101) Stehenbrinck, 1711 LV; die Stein-Brincks Wiese, 1766 FR, Wi
(102) Stehenwiesen, 1711 LV; in der Stein Wiese, 1761 GA, Wi
(103) der Struckhohn, 1766 FR, Wei
(104) die Wesel-Heidschen-Rien, 1766 FR, Su
(105) Wölpliener Barg, 1711 LV, A, Ödl
(106) in der Wort, 1755 GA, A
(107) in die Wüste Wiese, 1766 FR, Wi
(108) Zittians Kamp, 1592 LA Klenow, A.

77

Lüblow

lyblō

mit Neu Lüblow und Wüstung Sandfort

ˈnī lyblō

Lubelov 1251 MUB, Lubbelow 1407, Lubbelouw 1464 SchlR Neustadt
Santfort 1333, Sandfort 1344 MUB

I Jüngere Steinzeit: Zapfenkeil („Heedkoppel" Neu Lüblow) und Steingeräte.

II Klosterdorf, 1251 Ritterschaft, vor 1407 zum Domanium.

III 10 Hufen – darunter 1 Pfarrhufe – und 6 Katen (1568 AB Neustadt). Individualbede, die Hufe zu 16 ß (1464 SchlR Neustadt, 1569 LB Neustadt). Einzelpacht je Hufe 8 ß (1568 AB Neustadt).

Die 7 Hufen umfassende Wüstung Sandfort nutzten die Kätner, sie zahlten je Hufe 6 ß Bede (1570 LB Neustadt) und 8 ß Pacht (1568 AB Neustadt).

IV Rundling. Ortslage exzentrisch zur Flur.

Im Jahre 1828 entstand auf dem südlichen Teil der Feldmark Lüblow durch die Ansiedlung von 14 Büdnern die Ortschaft Neu Lüblow (Begangnummern 1–33).
Filialkirche von Neustadt-Glewe.

V Blockgewannflur. Keine Ackerschläge (1568 AB Neustadt, 1755 VA).

VI 1568 AB Neustadt: Jochim Schultz, Achim Hanow, Heinrich Hardloff, Clawes Buttefur, Hans Tzernicke, Achim Busche, Achim Freße, Peter Wentt, Palm Hardloff, Hans Louwe, Baltzer Schultze, Pawell Hardloff, Arndt Hardloff, Hans Busche, Aßmus Tzernicke, Hans Louwe, Clawes Hardloff, Heinrich Schwerinkenn. Kätner: Clawes Hardloff, Drewes Tide, Hans Brawß, Jurgenn Lowtze, Clawes Betke, Jacob Graweke, Hans Schulthe.

1654 AB Neustadt: Jochim Schultz, Ernst Harloff, Hein Isebarn w., Chim Boetefüer w., Hinrich Zarncke, Jochim Zarcnke, Hinrich Frese, Hinrich Pantman, Jochim Freese, Hinrich Lew w., Hinrich Schultz w., Clauß Freße, Jochim Harloff, Paschen Busche w., Jürgen Freßke w., Hanß Lowe w., Hanß Harloff, Chim Harloff w. Kossaten: Jürgen Isebarn, Jochim Balcke w., Aßmus Brüning w., Peter Büsche, Stoffer Henning, Chim Gronewaldt. Büdner: Jochim Witstock w.

1703 BK Neustadt: Claus Freese, Jacob Brüning, Peter Büsch, Peter Schult, Jochim Frese, Stoffer Henke, Hans Harlof, Peter Ihde, Hans Schröder, Stoffer Schoop, Jochim Gert, Jochim Frese, Claus Pantman, Hinrich Meyer, Hinrich Büsch, Küster Ahrend Seehase.

VII

1	Wee(d) *vē̆*^{t}	die wilde Horst, 1576 AB Neustadt; die Will Horst, 1788 WK.	Ödl/A, Wi, Ödl
2	Langen Sahns *\`laŋ*^{n}*'zå̆ns*	die Sahnschen Wiesen, 1786 FR; die Sahnschen Wiesen, 1788 WK.	Wi/Wi, Wei
3	Niendörper Wischen *\`nīndǫ̈̄*^{o}*.pə'višn*		Wi/Wi
4	Schweriners Dick *švə\`rīnəs'dik*	die Schwerinsche Dick, 1786 FR; die Schwerinsche Dickt, 1788 WK.	Wi, Su/Wi
5	Kauhfaut *kaufaut*		Wi, Su/Wi, Gh
(6)	die Landwehr	in der Landwehrs Wiese, 1786 FR; die Landwehr, 1788 WK.	Wi, Su/F

7	Gogelwisch *goᵘglviš*	in Gaugel Wiese, 1786 FR; die Gogel-Wiesen, 1856 FR.	Wi, Su/F, Wi
8	Utbrand *ūtbrant*	uth dem Brande, 1576 AB Neustadt; Utbrands-Birken, 1856 FR; Utbrans Birken, 1861 FlK.	Ödl/F
9	Utbrands Kork *ˋūtbrantsˊkǫᵒk*	Utbrans Kolk, 1861 FlK.	Su/F
10	Hoppsägwisch *hopzǟxviš*	Hoopzehg Wiesen, 1786 FR; die Hopsaegs Wiese, 1856 FR; Hoopsägs Wiese, 1861 FlK.	Wi/F
11	Gogeluhrt *goᵘglˋūᵊt*	Gogelschen Ort, 1849 RA; Gaugelsen Ort, 1861 FlK.	Su, Ödl/F
12	Gogelmaur *goᵘglˊmauə*	Gaugelsen Moor, 1861 FlK.	Su/F
13	Hoppsägholt *hopzǟxˋholt*	in der Hoopzehg, 1786 FR; Hoopseegs Holz, 1861 FlK.	Su, Wi/F
14	Bö(de)nerkoppel *bȫnəkopl*	die Große Sanitz, 1576 AB Neustadt; die Große Sahns, 1788 WK.	Ödl/A
15	Hee(d)koppel *hēⁱkopl*	die alte Sahns, 1788 WK.	Ödl/A, Kw
(16)	Scheupen Orth	Scheupen Orth, 1788 WK.	Ödl, Su/A, Wi
17	Oll Hoew *olˊhœ̄f*		Ödl/A
18	Hee(d)kavels *hēⁱkåvls*		Ödl/A, Ödl
19	Bullenwisch *bulˊviš*	Bollenwiese, 1861 FlK.	Wi/Wi, Ödl
20	Kemerin *kemeˊrin*	Kemrei Eschen, 1576 AB Neustadt.	Ödl, Su/A, Kw
21	Bäk *bǟk*		Gw/Gw

22	Schabernack *šåvənak*		Wi/A, Ot
23	Sahnzer Hoew *ˋzånsə'hœ̄f*	die Lü(tte) Sanitz, 1576 AB Neustadt; die Lütt Sahns, 1788 WK.	Wi, Gh/A, Ot
24	Wee(d)koppel *vēⁱkopl̥*		Wi, Su/Wei
25	Kamp *kamᵖ*		Ödl/A
26	Speckkämpen *spekkemᵖm*	aufm Speck Cämpen, 1788 WK.	Ödl, Wi/A
27	Schultenkamp *šultnkamᵖ*		Ödl, A/Ot
28	Rögnitz *rǭknits*		Gw/Gw
(29)	Raimße Kolck	Raimße Kolck, 1788 WK.	Su/A, Wi
30	Bö(de)nerwischen *bȫnəvišn*		Wi, Su/Wi
31	Labiest *la'bīst*	die Große Labischt, 1576 AB Neustadt; Labischen Camp, 1755 VA; die Labies, 1788 WK; im Labist, 1856 FR.	Wi, Su/Wi, A
(32)	im Uhlen Stubben	der aulen Stubben, 1576 AB Neustadt; im Uhlen Stubben, 1788 WK.	Wi, Su/Wi
33	Kaninkenbarg *kə'nīŋᵏnbaᵃx*	am Schlagbohm, 1755 VA; bei den Schlagbaum, 1788 WK.	A̦, Wi/A
34	Raurwisch *rauəviš*	Rohr Wiese, 1788 WK; im Rohrbusch, 1856 FR.	Wi, Su/Wi
(35)	Wetzien	uff der Witzin, 1567 KV Lüblow; auf Wetzin, 1755 VA; die Wetzien, 1788 WK.	A/A
36	Wetziner Maur *veˋtsīnə̣'mauə*	Witziner Moor, 1856 FR; Witziner Moor, 1861 FlK.	Su/A, Wi
37	Bresin *bre'zīn*	Bresin, 1755 VA; die Bresnischen Wiesen, 1785 Amtsprotokoll Neustadt.	A, Wi/A, Wi, Wei
38	Bresiner Maur *breˋzīnə'mauə*		Su/Ödl

(39) Krig Camp	auf den Krig Camp, 1755 VA; der Krig Camp, 1788 WK.	A/A
(40) die Buhl Wiese	die Bubelheide, 1576 AB Neustadt; die Buhl Wiese, 1788 WK.	Wi, Su/A, Wi
(41) die Dam Wiese	die Dam Wiese, 1788 WK.	Wi/A
(42) für die Dam Wiese	für die Dam Wiese, 1788 WK.	A/A
(43) die Heier Kolck	die Heier Kolck, 1788 WK.	Su/A, Wi
(44) Baschen Camp	Braschen Camp, 1755 VA; Baschen Camp, 1788 WK.	A/A
45 Hofwischen *hǫfvišn*	in der Gehmens, 1786 FR; die Gaemensker Wiesen, 1788 WK.	Wi/Wi
(46) die Wuhsten Wiese	die Wuhsten Wiese, 1788 WK.	Wi, Su/A
47 Pierkoppel *pīəkopl*	in der Nacht-Koppel, 1786 FR; Füllen Koppel, 1861 FlK.	Su, Ödl/A
(48) für den Kleinoer Foert	für den Kleinower Fohrt, 1755 VA; vor den Kleinower Forth, 1775 GA; für den Kleinoer Foert, 1788 WK.	A, Ödl/A
49 Wastrow *vastro*^{u}	die Wastroh, 1788 WK; die Wasterow, 1861 FlK.	Ödl, Gh/F
(50) vor der Wasterow	für die Wöstroh, 1788 WK; vor der Wasterow, 1861 FlK.	A, Ödl/F, A
51 Pumpelhee(d) *pumplhē*^{t}	Pumpel Host, 1788 WK; Pumpelheide, 1856 FR; Pumpelheide, 1861 FlK.	Gh/F
52 Grot Host *gro*^{u}*t'hǫst*	Groth Horst, 1861 FlK.	Gh/F
53 Banzelhee(d) *bansl`hē*^{t}	Banzel Heide, 1788 WK; auf der Banzelheide, 1856 FR; Banzelheide, 1861 FlK.	Gh/F
54 Lütt Host *lyt'hǫst*	Lüth Horst, 1861 FlK.	Gh/F
55 Fresenkamp *frē*^{i}*znkam*^{p}	Freesen Camp, 1788 WK; Freesenkamp, 1856 FR; Freesenkamp, 1861 FlK.	Gh/F

56	Branden *bran^{d}n*	der Brandt, 1568 AB Neustadt; der Brant, 1576 AB Neustadt; im Branden, 1856 FR; im Branden, 1861 FlK.	Gh/F
(57)	für den Brande	vor dem Brande, 1755 VA; vor dem Brande, 1775 GA; für den Brande, 1788 WK.	A/A
58	Brandensch Kork *ˋbran^{d}nš'kǫ^{ǫ}k*	Brandschen Kolk, 1856 FR; Brandschen Kolk, 1861 FlK.	Su/F
59	Backabenbarg *bakåbmˋba^{a}x*		Gh/F
60	Balitz *bålits*	die Bahlitz, 1788 WK; im Balitz, 1856 FR; Balitz, 1861 FlK.	Gh/F
61	Balitzer Kork *bålitsəˋkǫ^{ǫ}k*	im Balitzkolk, 1856 FR; Balitzkolk, 1861 FlK.	Su/F, Wi
62	Mauker Dannen *ˋmaukə'dan^{n}*	Maucker-Birken, 1856 FR; Mauker Birken, 1861 FlK.	Gh/F
63	Mauker Wischen *ˋmaukə'višn*	die Müker, 1576 AB Neustadt; in der Mauker, 1786 FR; Maukerschen Wiesen 1788 WK; Mauker Wiesen, 1861 FlK.	Su, Wi/F, Wi
64	Schnakenwinkel *šnåknviŋkl*	Schnakenwinkel, 1861 FlK.	Su, Wi/F, Wi
65	Lembken Uhrt *lemknū^{ə}t*	Lembckens Ort, 1785 Amtsprotokoll Neustadt; Lemckensort, 1856 FR.	Su/F, Wi
(66)	hinterm Strange	hinterm Strange, 1755 VA; hinterm Strange, 1788 WK; hinterm Strange, 1861 FlK.	Ödl/F
67	Honnighost *hǫnix́hǫst*	Höglingshorst, 1861 FlK.	Ödl/F
68	Lapuhl *la'pūl*	in der Lapuhl, 1786 FR; die Lapuhl, 1788 WK; im Lapuhl, 1856 FR; Lapuhl 1861 FlK.	Su, Wi/F
69	Mauker Fort *ˋmaukə'fǫ^{ǫ}t*	am Mookerschen Forth, 1785 Amtsprotokoll Neustadt; im Maukerfuhrt, 1856 FR; im Maukerfohrt, 1861 FlK.	Ft, Su/F
70	Postmaur *postmauə*	Schäferwiesenkolk, 1856 FR.	Su/F

71	Scheperwisch *šēpəviš*	die Schäferwiese, 1856 FR; Schäferwiese, 1861 FlK.	Wi/F, Wi
72	Gläskenuhrt *glăskənū^{ə}t*	im Gläskenort, 1856 FR; Gläskenorth, 1861 FlK.	Su/F, Wi
73	Hosterfort *hostə`fǫ^{ǫ}t*	im Horstenfuhrt, 1856 FR; Horsterfuhrt, 1861 FlK.	Ft, Su/F
74	Strohwisch *stro^{u}viš*	für der Stroh, 1755 VA; im Stroh, 1785 Amtsprotokoll Neustadt; in der Stroh, 1786 FR; die Stroh, 1788 WK.	Su, Wi/F, Wi
75	Aaskuhl *āskūl*		Ödl, A/A
76	Schultenkamp *šultnkam^{p}*	Schulzen-Acker, 1755 VA; auf den Schultzen Kamp, 1772 GA; Schulzenkämpe, 1785 Amtsprotokoll Neustadt.	A/A
77	Äsel *ǟzl*	Bauerkoppel, 1785 Amtsprotokoll Neustadt; die Bauer Koppel, 1788 WK.	A/Ot, A
(78)	im Braendten	im Braendten, 1788 WK.	A, Wi/A, Wei
79	Hushoew *hūshœ̄f*	in der Hofwiese, 1772 GA; Hof-Wiesen, 1785 Amtsprotokoll Neustadt.	Wi/A, Wei
80	Glinsch *glinš*		Pf/Pf
81	Quast *kvast*		Wi/A, Ot
82	Büschenfort *byšnfǫ^{ǫ}t*	für den Buschen Fohrt, 1755 VA; im Foert, 1788 WK; Büschen Fort, 1861 FlK.	Su, Ft/Wi, Wei
83	Kieß *kis*		Ot/Ot
84	Brink *briŋk*		Wei/Ot
85	Schaulacker *šaulakə*		A/A
86	Preisteracker *praistəakə*	auf dem Berge, 1755 VA; auf den Berg, 1788 WK.	A/A

87	Moelenbarg *mœ̄l*^{l}*ba*^{a}*x*	am Zitlitzer Berge, 1755 VA; am Zietlitzer Berge, 1775 GA; auf dem Zietlitzberge, 1856 FR.	A/A, Ot
88	Kohlhoew *kōłhœ̄f*		A/A
89	Beerbömlinen *\`bē*^{ə}*bōm'līn*^{n}		A/A
90	Schaulwisch *šaułviš*	in der Köster Wiese, 1786 FR.	Wi/Wi
91	Korten Kamp *kǫ*^{ʔ}*tn'kam*^{p}	Korten Kamp, 1785 Amtsprotokoll Neustadt; Korten Camp, 1788 WK.	A, Wi/Wi, A
92	Immenhof *im*^{m}*hǫf*		Ödl/A
93	Strohhoew *stro*^{u}*hœ̄f*		Ödl/A
94	Bahlweg *bǻłvex́*	Balen wegck, 1576 AB Neustadt; vor dem Bohlwege, 1785 Amtsprotokoll Neustadt; in Bahl-Weeg, 1786 FR; Bahl Weg, 1788 WK.	A, Fw/A, F
95	Diek *dīk*	vor der Dickte, 1785 Amtsprotokoll Neustadt; für die Dickte, 1788 WK; in der Dickt, 1856 FR.	Su, Ödl/A
96	Hee(d)barg *hē*^{t}*ba*^{a}*x*		Ödl/A
(97)	Daskenfort	Daaskenforth, 1785 Amtsprotokoll Neustadt; Daskenfort, 1788 WK.	Ft/A
98	Strang *straŋ*^{k}	im Strange, 1785 Amtsprotokoll Neustadt; im Strange, 1788 WK.	Ödl, Su/A
(99)	aufm Born	aufm Borm, 1755 VA; auf dem Born, 1775 GA; aufm Born, 1788 WK.	A/A
(100)	aufn Schorsflott	aufn Schorsflott, 1788 WK.	A/A
101	Rabenhost *rǻbmhǫst*		Ödl/A
102	Nie Hee(d) *nī'hē*^{t}	vor der Heide, 1785 Amtsprotokoll Neustadt.	Ödl/A

103 Run'n Kuhl *run^{n}'kūl*		Pf/Pf
104 Jensra(d) *jens'rā*	das Jentzelradt/der Gentzenradt, 1568 AB Neustadt; Jens den Rat, 1576 AB Neustadt; Gehnsckenrad/Gehnsckrad, 1786 FR; das Gaenscher Radt, 1788 WK; am Jensrade, 1856 FR.	Su/A, Ödl, Kw
105 Oll Hee(d) *ol'hē^{t}*		Ödl/A, Ödl, Kw
106 Schatzkamer *šatskå̄mə*		Ödl/A, Kw
(107) hintern Gaenschen Rade	hinterm Gänschen Rade, 1755 VA; hintern Gänschenrade, 1775 GA; hintern Gaenschen Rade, 1788 WK.	Ödl/A, Kw
108 Barkenschnees *ba^{a}knšnēs*		Ödl/A
109 Pietsker Busch *`pītskə'buš*		Su, Gh/A, Ödl
110 Bullenkamp *bul^{l}kam^{p}*	aufn Bollen Camp, 1788 WK.	A/A
(111) die Busch Stücken	die Busch Stücken, 1788 WK.	A/A
112 Tauslag *tauslax*		Gh/A
113 Lütt Langen *lyt'laŋ^{n}*	die Lange, 1568 AB Neustadt; der Lange, 1576 AB Neustadt; die Lange, 1788 WK.	Gh/A
114 Hee(d)koppel *hē^{t}kopl*		Gh/A
115 Brinkkoppel *briŋkkopl*		Ödl/A
116 Bargkoppel *ba^{a}xkopl*		Gh, A/A
117 Halaß Kamp *hālaskamp*	Harloffs Camp, 1755 VA.	A/A

118	Kamp *kam*^{p}		A/A
(119)	für den Stadt Fuert	vor dem Stadtfohrt, 1755 VA; für den Stadt Fuert, 1788 WK.	A, Ft/A
(120)	hindern Büschen Furt	hindern Büschen Furt, 1788 WK.	A/A
121	Oll Koppel *ol'kopl*	hinterm Buhren Holtz, 1755 VA; das Buhrenholz, 1785 Amtsprotokoll Neustadt; das Buhren Holtz, 1788 WK.	Gh, Wi/A, Wei
(122)	Re(t)h Wiese	die Rethwiese, 1785 Amtsprotokoll Neustadt; die Reh Wiese, 1788 WK.	Wi/Wi
(123)	Düüp	die Düüp, 1785 Amtsprotokoll Neustadt.	Su/A, Wi
124	Ehmkenhost *ē*^{i}*mknhǫst*	Ehmkenhorst, 1785 Amtsprotokoll Neustadt, die Emken Horst, 1788 WK.	Ödl/A
125	Sandfort *zantfǫ*^{ə}*t*	tome Santvorde, 1407 SchlR Neustadt; Szantfurd, 1568 AB Neustadt; Sandfurt, 1576 AB Neustadt; Sandfurt, 1755 VA; auf den Sand Furt, 1788 WK.	A, Su/Wi, Wei
126	Plüggenbusch *plyknbuš*	die Plüggenwiese, 1785 Amtsprotokoll Neustadt; Pluggen Wiesen, 1788 WK.	Wi/A, Gh

VIII

(127) auf den Enten Polck, 1576 AB Neustadt, Su?
(128) die Fohlten Wiesen, 1786 FR, Wi
(129) Giehncken Wiese, 1786 FR, Wi
(130) die Golocke/der Gulecke, 1568 AB Neustadt; die Julicke, 1576 AB Neustadt, Su, Gh
(131) Haugbur Busch, 1576 AB Neustadt, Gh
(132) die Hirten Wiese, 1786 FR, Wi
(133) die Kamp Wiese, 1786 FR, Wi
(134) im Knechtenlande, 1856 FR, A
(135) Lütt Wiese, 1786 FR, Wi
(136) in der Prell/die Prell Wiesen, 1786 FR, Wi
(137) Schweinkule, 1576 AB Neustadt, Pf
(138) Strappen Strauch, 1576 AB Neustadt, Gh?
(139) Wittenbalze, 1333 MUB; Wittenbaltz, 1344 MUB; der witte Balß, 1576 AB Neustadt, Ödl?
(140) die Worth, 1775 GA, A.

78

Wöbbelin

vöbə'līn

Wopelin 1333, Woppelin 1344 MUB, Wopelyn 1407, Woppelin 1464 SchlR Neustadt

I Jüngere Steinzeit: Steingeräte

II Domanium.

III 19 Hufen (1553 MK Neustadt, 1568 AB Neustadt). Individualbede, die Hufe zu 16 ß (1569 LB Neustadt). Einzelpacht je Hufe 8 ß (1407 SchlR Neustadt, 1568 AB Neustadt).

IV Rundling. Ortslage etwas exzentrisch zur Flur.

Wegen der Nutzung von 12 durch den 30jährigen Krieg wüst gewordenen Bauernhöfen des Ortes richtete das Amt um 1653 einen Domanialhof in Wöbbelin ein. Noch 1703 wurden 11 der insgesamt 19 Hufen des Dorfes von diesem Hof bewirtschaftet. In den folgenden Jahrzehnten muß jedoch die Neuansetzung von mehreren Hauswirten gelungen sein, denn um die Mitte des 18. Jahrhunderts (1757) bestand der Hof nicht mehr; die noch vorhandenen 5 wüsten Stellen waren an die Dorfschaft verpachtet und wurden von dieser bestellt. Bis zum Jahre 1798 erhöhte sich die Zahl der besetzten Bauernhöfe wieder auf 18, ein Gehöft aber blieb für immer wüst. Seit 1879 Filialkirche von Neustadt-Glewe.

V Kleingewannflur. Keine Ackerschläge (1568 AB Neustadt, 1757 RA).

VI 1568 AB Neustadt: Symonn Isebeinn, Hans Freßeke, Heinrich Rotgardt, Hans Hardloff, Frantz Wussicke, Heinrich Euerdt, Hans Freßeke, Clawes Jockann, Heinrich Buttefur, Hans Schulthe, Achim Korthe, Peter Euerdt, Heinrich Korthe, Clawes Kruße, Hans Francke, Symonn Korthe, Achim Kruße, Achim Busche, Clawes Hardloff.

1654 AB Neustadt: Hanß Laudan, Jochim Laudan, Jochim Evert, Hinrich Evert, Hanß Kruse w., Hinrich Laudan w., Chim Schultz w., Clauß Ahrenß w., Paschen Evers w., Paschen Kruse w., Jochim Isebein, Chim Evert w., Chim Zarncke w., Daniel Tasche w., Jochim Gerth, Chim Laudan w., Jacob Korte w., Jochim Kruse, Chim Bandtke w.

1703 BK Neustadt: Hinrich Franke, Hinrich Harloff, Jochim Höcker, Hinrich Kruse, Jochim Laudahn, Hinrich Laudahn, Hinrich Evert, Johan Mundt. Kätner: Everts vidua, Hans Jochim Staff.

VII

1	Plüggenbusch *plyknbuš*	Plückerbusch, 1864 FlK.	Wi, Gh/A
2	Ollendeelskoppel *ol'dēls`kopl*	Ollendeilskoppel, 1864 FlK.	Ödl/A
3	Bäunerkoppel *boinəkopl*	Bäunerkoppel, 1864 FlK.	Ödl/A
4	Grot Koppel *grouť'kopl*	Grot Koppel, 1864 FlK.	A, Ödl/A, Kw
5	Lüt Koppel *lūt'kopl*	Lütt Koppel, 1864 FlK.	Ödl/A
6	Tassenkamp *tasnkamp*	Taschenkamp, 1794 RA.	A/A
7	Hogen Hoew *hougn'hœ̄f*	Hogen Hoev, 1864 FlK.	Ödl, A/A
8	Floezhoew *flœ̄tshœ̄f*		Ödl/A
9	Swart Kuhl *svaat'kūl*	Swart Kuhl, 1864 FlK.	Pf/Pf
10	Vörrelst Koppel *`fǫrlst'kopl*	Vör Koppel, 1864 FlK.	Ödl/A
11	Eversuhrt *āvə'zūət*	Eversurt, 1864 FlK.	Ödl/A
12	Tauchnitz *tauxnits*	die Taugnitzer Wiesen, 1788 WK.	Wi/A, Wei
13	Bresin *bre'zīn*	Bresien, 1794 RA; Bresin, 1864 FlK.	Ödl, A/A
14	Tauchnitzer Kamp *`tauxnitsə'kamp*	Tauknitzer Kamp, 1794 RA; Tauknitz Kamp, 1864 FlK.	A, Su/A, Wei
15	Block *blok*	Block, 1864 FlK.	Ödl/A
16	Tauchnitzer Kiel *`tauxnitsə'kīl*	Balitzer Kolck, 1788 WK; Taugeniss Kiel, 1864 FlK.	Ödl, Su/A, Wei

17	Swienwee(d) *svīnvē*^{i}	Swienweed, 1864 FlK.	Ödl/A, Wei
18	Huskoppel *hūskopl*	Hofwiesen, 1794 RA; Ollen Hof, 1864 FlK.	Wi/A, Wei
19	Schaulwisch *šaulviš*	Schaulwisch, 1864 FlK.	Wi/Wi
20	Pierkoppel *pīəkopl*	Pierkoppel, 1864 FlK.	Ödl, Su/A, Wi
21	Tauchnitzer Hee(d)hoew *ˋtauxnitsə'hē*^{i}*hœ̄f*	Taugnitzer Heide, 1788 WK; Taugenisser Hoev, 1864 FlK.	Ödl/A
22	Wischhof *višhof*	Wischhof, 1864 FlK.	Ödl/Wei
23	Wörtelhoew *vötlhœ̄f*	Wörtelhoev, 1864 FlK.	A, Ödl/A
(24)	Krug Acker	Krug Acker, 1864 FlK.	Ödl, A/Ot
25	Mußiel *mu'sīl*	im Musziel, 1788 WK; Musziel, 1794 RA; auf dem Musziel, 1815 GA; Mußill, 1864 FlK.	Wi, Su/A, Wei
26	Hogen Feld *ˋho*^{u}*gn'felt*	Hohenfelde, 1794 RA; Hogenfeld, 1864 FlK.	A/A, Kw
27	Gadower Damm *ˋgādo*^{u}*ə'dam*	Gadower Damm, 1937 FK.	Su/F, Wi
28	Dwasbarg *dvasba*^{a}*x*		Ödl/F
29	Gausmaur *gausmau*^{ə}	Goosmoor, 1937 FK.	Su/F
30	Hirschkopp *hi*^{r}*škop*	Hirschkopf, 193 7 FK	Ödl/F
31	Tuckhuder Dannen *ˋtukhūdə'dan*^{n}	Tuckehut, 1333 MUB; Tuckhude, 1344 MUB; auf den Tuck Huth, 1788 WK; Tuckhude, 1794 RA; Tuckhuder Tannen, 1937 FK.	Gh, A/F

32	Bäuker Meum *`boikə'moi^{ə}m*	im Beuker Mohr, 1788 WK; Große Böcker Möhm, 1937 FK.	Su/F
(33)	Kleine Böcker Möhm	Kleine Böcker Möhm, 1937 FK.	Su/F
(34)	Dachskopf	Dachskopf, 1937 FK.	Ödl/F
35	Langen Kamp *laŋ^{n}'kam^{p}*	Langenstücken, 1794 RA; Langen Kamp, 1864 FlK.	A/A
36	Karkstücken *ka^{a}kstykn*	Kark Stücken, 1864 FlK.	A/A
(37)	Hunger Kamp	Hunger Kamp, 1788 WK; Hungerkamp, 1794 RA.	A/A
38	Detens *de^{i}tns*	Detens, 1864 FlK.	A/A, Ödl
39	Swienkuhlenbarg *svinkūl^{l}ba^{a}x*	Schweinkuhlenberg, 1794 RA.	Ödl, A/A, Kw
(40)	auf die Feldscheide	auf die Feldscheide, 1788 WK; Feldtscheide, 1794 RA.	A/F
41	Langen Uhrt *laŋ^{n}'ū^{ə}t*		Ödl/F
42	Hollännerkoppel *holenəkopl*	Sunder Horst, 1788 WK; Hollänne Koppel, 1864 FlK.	Ödl/A, Kw
(43)	Ort Wisch	hinter der Orthwiese, 1794 RA; Ort Wisch, 1864 FlK.	Wi, A/A, Kw
44	Lüt Koppel *lüt'kopl*	Kußen Koppel, 1864 FlK.	A, Ödl/A
(45)	Tavieger Orth	Tavieger Orth, 1788 WK.	Ödl, Wi/Wei, A
46	Lüt Koppel *lüt'kopl*	Stroer Kamp, 1794 RA; Lütt Koppel, 1864 FlK.	A/A
47	Schultenkamp *šultnkam^{p}*	Schulzen Kamp, 1794 RA; Schultenkamp, 1864 FlK.	A/A
48	Brinkhof *briŋkhǫf*	Brinkhof, 1864 FlK.	A/A, Ot

49	Hofwischen *hǫfvišn*	die Stroer Wiesen, 1788 WK; Hof Wiesen, 1864 FlK.	Wi/Wi, A
(50)	Staner Kamp	Staner Kamp, 1788 WK; Stanerkamp, 1794 RA.	A/A
51	Run'n Wisch *run^{n}'viš*	Rundt Wiese, 1788 WK; Runn Wisch, 1864 FlK.	Wi/Wi
52	Bullenkamp *bul^{l}kam^{p}*	Groser Bullen camp, 1788 WK; Bullenkamp, 1794 RA; Bullenkamp, 1864 FlK.	Ödl, Su/A, Kw
53	Lüt Wisch *lūt'viš*	Lang Wisch, 1864 FlK.	Wi, Su/Wi
54	Brill *bril*	Brill, 1864 FlK.	Kw/A
55	Raurwisch *rauəviš*	die Rohr Wiesen, 1788 WK.	Wi/Wi
(56)	Krug Wiese	Krug Wiese, 1864 FlK.	Wi, Su/Wi
57	Grot Wisch *gro^{u}t'viš*		Wi, Su/Wi
58	Labiest *la'bīst*	die Lahbies, 1788 WK; Grot Labiest, 1864 FlK.	Wi, Su/Wi
(59)	Stane Host	Stane Host, 1864 FlK.	Ödl/A, Ödl
60	Grot (Weed)koppel *gro^{u}t'vē^{i}kop^{l}*	Grot Weedkoppels, 1864 FlK.	Wi, Su/Wei, A
(61)	Staner Wiesen	die Staner Wiesen, 1788 WK.	Wi/Wei, Wi
62	Bullenwisch *bul^{l}viš*	Bollenwiese, 1864 FlK.	Wi/Wi
63	Schultenwisch *šultnviš*		Wi/Wi
64	Preisterwee(d) *praistəvē^{i}*	Vicken Kämpen, 1864 FlK.	Wi, Su/Wi, A
65	Galies *ga'līs*	Galis, 1864 FlK.	Wi, Gh/A, Ödl
(66)	Ficken Kamp Horst	Ficken Kamp Horst, 1788 WK.	Gh/A

(67)	Sohr	die Sohr, 1788 WK.	Wi/A, Wi
68	Schapbrügg *šåpbryx*		Brücke
69	Ziest *tsīst*	Zieserkamp, 1794 RA; Ziehster Kamp, 1864 FlK.	A/A
70	Bahldamm *båldam*	Bahldamm, 1794 RA.	A/A
71	Krullengraben *krul^l^gråbm*		Gw/Gw
72	Wee(d)koppel *vē^i^kopl*	die Nachtkoppel, 1794 RA; Oll Pierkoppel, 1864 FlK.	Ödl/A, Wei
73	Ziester Wischen *ˋtsīstə'višn*	die Ziester Wiesen, 1788 WK.	Wi/Wi
(74)	Breicken Horst	Breicken Horst, 1788 WK.	Gh/A, Wei
75	Sührken *zūəkn*	die Syringer Wiesen, 1788 WK; Sührken, 1864 FlK.	Wi/Wi
76	Buckwisch *bukviš*	Buckwisch, 1864 FlK.	Wi/Wi
77	Judenkirchhof *jūdnki^r^xhǫf*		Su, Ödl/Wi, A
78	Prellen *prel^l^*	Prellen, 1864 FlK.	Wi/Wi
(79)	Rosnitzer Wiesen	Rosnitzer Wiesen, 1788 WK.	Wi/Wi
80	Dickwischen *dikvišn*	die Zare Wehsel Heide, 1788 WK; Dickwischen, 1864 FlK.	Su, Wi/Wi
81	Börm *bǫ̈^ə^m*		Pf/Pf
82	Hee(dkoppel) *hē^i^kopl*	in die Will Horst, 1788 WK.	Ödl/A, Ödl
83	Wäselhee(d) *ˋvāzl'hē^i^*	die Weßelheide, 1568 AB Neustadt; Weselheide, 1576 AB Neustadt; Weselheide, 1654 AB Neustadt; die Weselheide, 1794 RA; Wäselheed, 1864 FlK.	Gh, Ödl/Ödl, A

84	Brandholt *brantholt*	Brandholt, 1864 FlK.	Gh/A, Gh
85	Baukholt *baukholt*	Bokholt, 1864 FlK.	Gh/A, Kw, Ödl

VIII

(86) Böecker Kamp, 1794 RA, A
(87) Denser Heyde, 1794 RA, A, Ödl
(88) Dorfstücken, 1794 RA, A
(89) in den Floth Wiesen, 1839 GA, Wi
(90) Gredentzer Kamp, 1794 RA, A
(91) Kahtenkamp, 1794 RA, A
(92) Rehbiesch/Rethpietsch, 1794 RA, A
(93) Sandforths Kamp, 1794 RA, A
(94) Schöne Buchen, 1576 AB Neustadt, Gh
(95) Sieben Bäume, 1576 AB Neustadt, Gh
(96) Schweinkuhlen, 1794 RA, Pf, A
(97) Stroerheide Kamp, 1794 RA, A
(98) Weselkule, 1576 AB Neustadt, Pf
(99) Wickenkamp, 1794 RA, A
(100) in der Worth, 1782 GA, A
(101) Zarren Kreutz/Sarren Kreutz, 1794 RA, A.

79

Groß Laasch

grout'låš

Laceke 1291, Lazeke 1335, Latzeke 1354 MUB, Latzke 1520 AB Grabow

I Mittlere und jüngere Steinzeit: Fundplatz und Siedlung (nördlich der „Grot Fohrwischen"). Jüngere Steinzeit: Siedlung („Koeterholt"), Steinbeil („Mäurhoew"). Jüngere Bronzezeit: Urnenfeld („Blocksbarg").

II Domanium.

III 24 Hufen – darunter 1 Freihufe sowie 2 Pfarrhufen – und 8 Katen (1520 AB Grabow, 1541/42 KV Laasch), Ende des 16. Jahrhunderts insgesamt

30 Hufen (1586 AB Grabow). Bis 1535 Pauschalbede danach Individualbede, die Hufe zu 12 ß (1538 LB Grabow). Einzelpacht je Hufe zwischen 2, 3 und 4 Mark lüb. schwankend (1505/06 AB Grabow).

Für „3 buten tunsch hoven“ auf der Feldmark von Groß Laasch wurde eine Pauschalpacht von 5 Mark lüb. entrichtet (1520 AB Grabow), die Bede betrug 8 ß je Hufe (1538 LB Grabow). Diese von Kätnern bewirtschafteten Ländereien waren frei von Hand- und Spanndiensten („man se denen dar nicht aff“, 1520 AB Grabow), die seit 1535 zu beobachtende zahlenmäßige Abnahme jener Hufen (LB Grabow 1535 = 5, 1538 = 4, 1540 = $3^1/_2$, 1552 = $2^1/_2$ Hufen) dürfte auf die allmähliche Umwandlung derselben in reguläre, dienstpflichtige „dorphoven“ zurückzuführen sein. Solcherart erklären sich auch die unterschiedlichen Hufenzahlen für Groß Laasch in den Amtsbüchern von 1520 und 1586 (cf. oben!).

IV Großes Angerdorf. Ortslage zentral zur Flur.

Kirchdorf, Pfarrkirche St. Georg (vermutlich).

V Langstreifenflur. Keine Ackerschläge (1711/12 LV, 1783 RA).

VI 1586 AB Grabow: Chim Schultze, Chim Techow, Clawes Buß, Claws Kramber, Claws Stolte, Heinrich Schultze, Harmen Stolte, Thomas Schultze, Jörries Francke, Marcus Schultze, Heinrich Fowte, Chim Kramber Otten Son, Philip Tide, Bartold Arndt, Hans Kune, Claws Schultze, Chim Stolte, Chim Kramber Claus Son, Clawes Schultze der junger, Chim Kramber unner der Eichenn, Chim Kramber Jacobs Son. Kossaten: Simon Stolte, Claws Kramber, Jacob Kramber, Hanns Müller, Pasche Müller, Bartold Kramber, Chim Kramber.

1654 AB Grabow: Jochim Lembcke, Chim Arend w., Marten Bueß w., Hinrich Haveman, Hans Schultz, Aßmus Büsche, Hans Tetz, Harmen Stolte w., Chim Fauteig w., Hinrich Schult w., Chim Krambeer w., Jochim Harloff, Chim Schultz w., Chim Krambeer w., Hanß Krambeer w., Chim Krambeer w., Claus Tiede, Jochim Schultz, Hinrich Tiede, Hans Arend w., Berendt Lente, Jochim Krambeer w. Kossaten: Hans Mollman, Hans Lembcke, Hans Tiede, Hinrich Zarncke, Hanß Schultz, Jacob Krambeer w. Kätner: Hans Krambeer w., Jochim Köhncke.

1711 LV (Praestandenliste): Hanß Wiedow, Jürgen Meyer, Hinrich Haveman, Hanß Schultz, Hinrich Busch, Jochim Haveman, Jochim Lendt, Jochim Harlof, Claußß Tieden Hinrich, Daviedt Köhncke, Jochim Lendt Behrendts Sohn, Hanß Mellman, Jochim Mellman, Hinrich Zarncke, Jochim Haveman senior, Hinrich Tieden Hinrich, Hanß Lendt, Peter Lembke, Jochim Diehn, Hanß Roock. Kossaten: Hinrich Kramber,

Hanß Harlof, Hinrich Zarncke, Hanß Lendt, Jochim Lendt, Peter Lendt, Peter Gade, Hinrich Haveman. Büdner: Jochim Schult, Jochim Broth, Daviedt Lendt, Daviedt Kemp, Jürgen Lendt, der Leinweber Westphal.

VII

1	Bokholt *bo^{u}kholt*	Bockholt, 1854 FlK.	Gh, Ödl/A, Wi
2	Middagstä(d) *midaxstä^{ə}*		Ödl/Kw, Ödl
3	Immenhof *im^{m}hǫf*		Ödl/A
4	Hee(d)barg *hē^{i}ba^{a}x*		Ödl/Kw, Ödl
5	Stubbenhost *stubmhǫst*	die Stubbenhorst, 1788 WK; Stubbenhorst, 1854 FlK.	Ödl/A
6	Hee(d)koppel *hē^{i}kopl*		Ödl/A, Ödl, Kw
7	Ilenkolk *īl^{l}kolk*	im Ihlenpohl, 1788 WK; Ihlenpol, 1854 FlK.	Su/Wi
(8)	Rehhagenheide	Rehhagenheide, 1854 FlK.	Ödl/A
9	Fahlenwischen *fål^{l}višn*	Fohlenwiesen, 1854 FlK.	Su/Wi
10	Lütt Wulfshost *lyt'vulfshǫst*	Kahlen Horst, 18. Jh. FlK Ludwigslust; Kahlenhorst, 1788 WK; Kleine Wulfshorst, 1854 FlK.	Gh/A
(11)	Rebahns Heide	Rebahns Heide, 18. Jh. FlK Ludwigslust.	Ödl/A, Wei, Kw
12	Wäselhee(d) *`väzl'hē^{i}*	die Wehsel Heyde, 1788 WK; Weselheide, 1854 FlK.	Ödl/A, Wei, Kw
13	Grot Brandhost *gro^{u}t'branthǫst*	in der Brandt Horst, 1654 AB Grabow; die Brand Horst, 18. Jh. FlK Ludwigslust, die Brandhorst, 1788 WK; Grosse Brandhorst, 1854 FlK.	Gh/A
14	Grot Wulfshost *gro^{u}t'vulfshǫst*	Wulfs Horst, 18. Jh. FlK Ludwigslust; Wulfshorst, 1788 WK; Grosse Wulfshorst, 1854 FlK.	Gh/A, Wi

15	Buernwee(d) *būənvē*^{i}		Gh, Ödl/A, Wei
16	Ohrns Nest *ōəns'nest*	Arnesnest, 1333 MUB; Arendesnest, 1344 MUB; Arenß Nest, 1654 AB Grabow; Ahrens-Nest, 1788 WK; Ohrns Nest, 1854 FlK.	Gh/A, Kw, Ödl
17	Pestgrund *pestgrunt*	die Pest Grund, 18. Jh. FlK Ludwigslust; die Pest-Grund, 1788 WK; Pestgrund, 1937 FK.	Ödl/F
18	Bäunerwee(d) *boinəvē*^{i}		Ödl, Gh/A, Wei
19	Lütt Brandhost *lyt'branthǫst*	Kleine Brandhorst, 1854 FlK.	Gh/A
20	Middelholt *midlholt*	Mittelholz, 1854 FlK.	Ödl, Su/A
(21)	Papenmohr	Papen Mohr, 18. Jh. FlK Ludwigslust; Papenmohr, 1788 WK.	Su/Ödl, Wei
22	Toomskolk *to*^{u}*ms'kǫlk*	Tohs Kolck, 18. Jh. FlK Ludwigslust; Tohs Kolck, 1788 WK; Grosser Thomskolk, 1854 FlK.	Su/Wei
(23)	im Mittel-Busch	Middelbusch, 1654 AB Grabow; im Mittelbusch, 1788 WK; im Mittel-Busch, 1806 GA.	Gh/A, Wei
24	Daglöhnerwee(d) *daxlōnəvē*^{i}		Ödl, Gh/A, Wei
25	Koeterholt *kœ̄təholt*	Kähter Holtz, 1654 AB Grabow; Kaether Holtz, 18. Jh. FlK Ludwigslust; Käter Holtz, 1788 WK; Käterholz, 1854 FlK.	Gh/A, Wei
26	Zägenmour *tsägnmo*^{u}*ə*	Ziegen Mohr, 18. Jh. FlK Ludwigslust; das Ziegen Mohr, 1788 WK; Ziegenmoor, 1854 FlK.	Su/A, Wei
27	Branddannen *brantdan*^{n}	Brandtannen, 1861 FK.	Kw/F
(28)	Ziegenmoorberge	Ziegenmoorberge, 1937 FK.	Kw/F

(29)	Kleine Streittannen	Kleine Streittannen, 1861 FK; Kleine Streittannen, 1937 FK.	Kw/F
30	Hogen Holt *hoᵘgn'holt*	Hohen Holz, 1854 FlK.	Kw/Wi, Wei
31	Bäk *bäk*	rode Bäcke, 1711 LV.	Gw/Gw
32	Rudel *rūdl*		Ödl/A, Kw
33	Teermour *tēᵊmoᵘə*	das Thermohr, 1788 WK; Ther Moor, 1854 FlK.	Su/Wi, Wei
(34)	Große Streittannen	Große Streittannen, 1861 FK; Große Streittannen, 1937 FK.	Kw/F
35	Hasenmour *hå̄znmoᵘə*	Hasenmohr, 1788 WK; Hasen Moor, 1861 FK.	Su/F
36	Brandmour *brantmoᵘə*	das Brande Mohr, 1788 WK; Brand Moor, 1854 FlK.	Su/A, Wei
(37)	im Brande	im Brande, 1788 WK.	Ödl, Su/A
38	Alleestücken *a'lēstykn*		Ödl/A
39	Run'n Mour *runⁿ'moᵘə*		Su/A
40	Bundbarg *buntbaᵃx*		Ödl/A
41	Hee(d)stücken *hēⁱstykn*		Ödl/A
42	Vierstücken *fīəstykn*		Ödl, Kw/A
43	Hogen Stücken *hoᵘgnstykn*		Ödl/A
44	Koppelstücken *koplstykn*		Ödl, Kw/A
45	in'n Vier *inⁿ'fīə*	im Vier, 1854 FlK.	Kw/A, Kw, Ot

46	Hildkamp *hiltkam*^{p}	Gilt Camp, 1788 WK.	A/Kw, Ot
(47)	Jäger Grund	Jäger Grund, 1861 FK; Jäger-Grund, 1937 FK.	Kw/F
(48)	Haege Tannen	die Großen Tannen, 1788 WK; Haege Tannen, 1861 FK; Haege Tannen, 1937 FK.	Kw/F
49	Annaundannen *a'naundan*^{n}	auf den Hannon/Hannonn, 1711 LV; auf den Hannohn, 1783 RA; Anaun Tannen, 1861 FK; Anaun Tannen, 1937 FK.	A/F
50	Kloeterbarg *klœ̄dəba*^{a}*x*		A/A
51	Anner Feld *`anə'felt*	die Harnaun, 1788 WK; Anderes Feld, 1854 FlK.	A/A, Kw
(52)	Dwer-Caveln	in der Dwehrkafel, 1656 KV; in der Dwehr Cafel, 1706 KV; die Dwer-Caveln, 1788 WK.	A/A, F
(53)	Schröders Dickt	Schröders Dickt, 1937 FK.	Ödl, Kw/F
54	Krohndannen *kro*^{u}*ndan*^{n}	Krohn Tannen, 1861 FK.	Kw/F
55	Springschnees *spriŋšnē*^{i}*s*	Spring Schneise, 1937 FK.	Schneise
56	Rohrschnees *rōəšnē*^{i}*s*	Rohr Schneise, 1937 FK.	Schneise
57	Mourdannen *mo*^{u}*ədan*^{n}	Moor Tannen, 1861 FK; Moor Tannen, 1937 FK.	Kw/F
(58)	Heinrichs Berge	Heinrichs Berge, 1937 FK.	Kw/F
(59)	Speckmanns Tüsch	Speckmanns Tüsch, 1937 FK.	Kw/F
60	Techentiner Dannen *teχn`tinə'dan*^{n}	Techentiner Dannen, 1656 KV; die Techentiner Tannen, 1788 WK.	Kw/F
61	Pißbarg *pisba*^{a}*x*		Kw/F

62	Lendfeld *lentfelt*	auf dem Lindtfelde, 1656 KV; auf den Lindtfelde, 1711 LV; auf dem Lindfeld, 1783 RA; das Lind-Feld, 1788 WK; Lendh Feld, 1854 FlK; Lend Feld, 1937 FK.	A/F
(63)	Liepser Stücken	die guten Liebsen, 1783 RA; die Liepser Stücken, 1788 WK.	A/A, Kw
(64)	Liepß	auf der Lieptze, 1656 KV; auf der Liepß, 1711 LV; auf der Lieps, 1733 GA; auf der Liep/Liepß, 1754 GA; die legen Liebsen, 1783 RA; Liepß, 1792 GA.	A/F
65	Flaßbarg *flasba^{a}x*	Flachs Berge, 1861 FK; Flachsberge, 1937 FK.	Kw, Ödl/F
66	Liepser Drift *\`lipsə'drift*	Liepser Trift, 1854 FlK; die Liepser Trift, 1937 FK.	Fw/Fw
(67)	Steingrund	Steingrund, 1937 FK.	Kw/F
(68)	Grosse Tannen	Grosse Tannen, 1937 FK.	Kw/F
69	Dörpstä(d) *dǭ̆$^{ǫ̆}$pstä̆^{ə}*	auf der Dorfstedte, 1656 KV; auf die Dorfstede, 1711 LV; auf der Dorfstedte, 1754 GA; die Dorf-Stücken, 1788 WK; auf der Dorfstelle, 1816 GA.	A/A
70	Ollen Hoew *ol^{l}'hœ̄f*	Kohlhöfe, 1854 FlK.	A/A
71	Grabower Stägen *\`grābōə'stä̆gn*	bey der Stege, 1799 GA; in der Stäge, 1813 GA.	Fw/Fw
72	achter de Hoew *\`axtədə'hœ̄f*	hintern Höfen, 1807 GA; hinter den Höfen, 1816 GA; hinter den Höfen, 1854 FlK.	A/A
73	Niestädter Stägen *\`nīstädə'stä̆gn*		Fw/Fw
74	Kösterkamp *köstəkam^{p}*		A/A
75	Zuckerhoew *tsukəhœ̄f*	Zuckerhofen/Zuckergarten, 1820 GA; Zuckerhöfe, 1854 FlK.	Ödl/A
76	Nien Hoew *nī^{d}n'hœ̄f*	auf den Neuenhof, 1807 GA.	A, Ödl/A

77	Schultenkamp *šultnkam*^{p}	Schulzenkamp, 1854 FlK.	A/A
78	Klockendamm *klokndam*	im Zuckeldamm, 1815 GA.	Ödl/A
79	Mäurhoew *moiəhœ̄f*		Su, Ödl/A
80	Ellerbusch *eläbuš*	am Ellern Busche, 1656 KV; beym Ellerbusch, 1750 GA; beym Eller-Busch, 1788 WK; Erlenbusch, 1854 FlK.	A, Su/A
81	Preisterkamp *praistəkam*^{p}	auf den Dwehrlande, 1656 KV; auf den quer Lande, 1711 LV; aufm Twerlande, 1754 GA; die Quer-Länder, 1788 WK.	A/A
82	Breet Stücken *brēt' stykn*	auf den breiten Stücken, 1656 KV; auf den breden Stücken, 1711 LV; aufn breiten Stücken, 1754 GA; die Breiten Stücken, 1783 RA.	A/A
83	Schapwee(d) *šåpvē*^{t}		A/A
84	Blocksbarg *bloksba*^{a}*x*	Blocksberg, 1854 FlK.	A, Ödl/A, Kw
(85)	in der Nabers-Heide	in der Nabers-Heide, 1788 WK.	A/F
86	Halw Stücken *halfstykn*	halben Stücken, 1656 KV; halbe Stücken, 1711 LV; Halbstück, 1733 GA; die Halben-Stücken, 1788 WK; auf den halben Stücken, 1807 GA.	A/A, Kw
(87)	uebern Nedder Weg	Nerder Weg, 1711 LV; Neddern Weg, 1783 RA; uebern Nedder Weg, 1788 WK.	Fw, A/F
88	Hawerbarg *håvəba*^{a}*x*	Haferberg, 1854 FlK.	A, Ödl/A, Ödl
89	Katenland *kātnlant*	auf den Cahtenlande, 1711 LV; im Katen Land, 1783 RA; Katen-Camp, 1788 WK.	A/A, Kw
90	Bargfeld *ba*^{a}*xfelt*	im Berchfelde, 1656 KV; auf den Bergfelde, 1711 LV; aufm Bargfelde, 1754 GA; das Berg-Feld, 1788 WK; Bargfeld, 1816 GA; Bergfeld, 1854 FlK.	A/A, Kw

91	Postweg *postveẋ*		Str/Str
92	Sollstücken *zolstykn*	auf den Sollstücken, 1711 LV; auf den Sohlstücken, 1733 GA; aufm Soll, 1771 GA; die Soll-Stücken, 1788 WK.	A/A
(93)	Doden-Manns-Stücken	die Doden-Manns-Stücken, 1788 WK.	A/A, Kw
94	Doden Mann *'doᵘdn' man*	beim todten Man, 1654 AB Grabow; auf den doden Mann, 1711 LV; im todten Man, 1771 GA; aufm Doden-Mann, 1788 WK; Toter Mann, 1937 FK.	Gh/A, F
95	Palmmour *palmmoᵘə*	bey den Pahlen Mohr, 1711 LV; Palmmoor, 1861 FK; Palmmoor, 1937 FK.	Su, A/F
96	Sandbargfeld *zantbaᵃxfelt*	Sandbergfeld, 1783 RA; das Sandberg-Feld, 1788 WK; Sandbergfeld, 1854 FlK.	A/A, Kw
97	Hilgen Kamp *hilgn' kamᵖ*	aufm Heiligen Kampf, 1654 AB Grabow; auf den hillgen Camp, 1711 LV; Heiligen-Camp, 1788 WK; Hilgenkamp, 1854 FlK; Hilgen Kamp, 1937 FK.	Gh, A/F
(98)	Günthers Lust	Günthers Lust, 1861 FK.	Ödl, Gh/F
(99)	Vallen Mooren	in den Vallen Mooren, 1861 FK.	Su, Ödl/F
(100)	Tannen Koppel	die Tannen Koppel, 1788 WK; Tannen Koppel, 1861 FK.	Kw/F
101	Kätelbarg *kätlbaᵃx*	Ketelberg, 1861 FK; Ketelberg, 1937 FK.	Kw/F
(102)	Välen Mööre	Välen Möhre, 1788 WK; Välen Mööre, 1861 FK; Välen Mööre, 1937 FK.	Su/F, Su
103	Nabershee(d) *nāvəs' hēⁱ*	die Nabers Heide, 1788 WK; Nachbars Heide, 1937 FK.	Ödl, Gh/F
104	Grot Fohrwischen *'groᵘt' foᵘəvišn*	große Vehrings Wiesen, 1711 LV.	Wi/Wi
105	Lütt Fohrwischen *'lyt' foᵘəvišn*	lüt Vehrings Wiesen, 1711 LV; die Kleine Föhren Wiese, 1807 GA; Lüttföhrenwisch, 1824 GA.	Wi/Wi

106	Witt Öwer *vit' övə*		Wi/Wi
107	Höltbömen *höltbömm*	auf den Höllböhmen, 1771 GA; Hölt-baum Wiese, 1816 GA.	Wi/Wi
108	Sommers Werder *'zoməs' vä͑ədä*	der Sommers Werder, 1711 LV.	Wi/Wi
109	Bünger *byŋgə*	auf den Bünger, 1711 LV; die Bünger Wiese, 1820 GA.	Wi/Wi
110	Kohwisch *kouviš*	Kuhwischen, 1711 LV.	Wi/Wi
111	Herrenwisch *hä͑ənviš*	Herrenwiesen, 1711 LV.	Wi/Wi
112	Preisterwisch *praistəviš*		Wi/Wi
113	Hasselwisch *haslviš*	Haßelwiesen, 1711 LV; aufm Haßel Wiesen, 1742 GA.	Wi/Wi
114	Schultenwisch *šultnviš*		Wi/Wi
115	Menzenmour *mentsnmouə*	Menskenwiesen Mohr, 1788 WK; Men-schen Moor, 1861 FK; Menschen Moor, 1937 FK.	Su/F, Su
116	Kösterwisch *köstəviš*		Wi/Wi
117	Menzenwisch *mentsnviš*	Mensenwischen, 1711 LV; Mensken Wiesen, 1788 WK.	Wi/Wi
118	Katenwischen *kätnviš*	Katenwiesen, 1711 LV; auf die Kathen Wiese, 1784 GA.	Wi/Wi
119	Moel *mœ̄l*	Moellwiese, 1711 LV; Möln Wiesen, 1788 WK; Mühlen Wiesen, 1854 FlK.	Wi/Wi
120	Werder *vä͑ədä*	Wirder, 1788 WK.	Wi/Wi
121	Lang Mour *laŋ' mouə*	Langes Moor, 1861 FK; Lange Moor, 1937 FK.	Su/F, Su

122	Oll Ell *'ol'el*	in alter Stert, 1711 LV.	Wi/Wi
123	Run'n Mour *runⁿ'mouə*	Rundes Moor, 1861 FK; Runde Moor, 1937 FK.	Su/F
(124)	Libben Wiesen	Lübbenwiesen, 1711 LV; die Lübben Wiese, 1750 GA; Libben Wiesen, 1788 WK.	Wi/Wi
125	Büßkenwischen *byskənvišn*		Wi/Wi
(126)	Birkenwiesen	die Brinckwiesen, 1711 LV; Brink Wiesen, 1788 WK; Brink Wiese, 1806 GA; Birkenwiesen, 1854 FlK.	Wi/Wi
127	Barkenbüschen *baᵃknbyšn*	in Barken Büschen, 1788 WK; Barken Büschen, 1861 FK.	Ödl/F

VIII

(128) auf dem Behkfelde, 1656 KV, A
(129) Großfeldwiese, 1799 GA, Wi
(130) aufm Härden Stück, 1754 GA, A
(131) Kathen Hof, 1806 GA, A
(132) St. Jürgens Kamp, 1656 KV, A
(133) die Schinckenwiese, 1711 LV, Wi
(134) Schweinfohrt, 1711 LV; im Schweinfohrt, 1754 GA, Wi, Ft?
(135) auf den Teßen Camp, 1711 LV, A
(136) Timpenwische, 1656 KV, Wi
(137) der Trappenberg, 1711 LV; aufm Trappenberg, 1742 GA, A.

80

Klein Laasch

lyt'lāš

Schadelazich 1306, Schadelatzke 1333 MUB, Schaddelatzeke 1427 SchlR Neustadt Lutken Laetzke 1553 KV Neustadt

I Mittlere Steinzeit: Fundplatz („Dwerland"). Ältere Bronzezeit: Bronzeschwert (Baggerfund aus der Elde). Jüngere Eisenzeit: Siedlung mit Eisenverhüttung („im Büschen").

II Domanium.

III 9 Katenstellen (1559 Hufenverzeichnis Neustadt); da 5 Scheffel Meßkorn entrichtet wurden (1568 AB Neustadt), ist zu vermuten, daß die Dorffeldmark ursprünglich 5 Hufen umfaßte. Individualbede von 4 ß je Katen (1569 LB Neustadt). An Pacht zahlten in älterer Zeit drei Gehöfte je 8 ß, drei andere je 4 ß (1427 SchlR Neustadt), später betrug die Pacht allgemein 4 ß für einen Katen, nur der Schulze gab 1 Gulden (1568 AB Neustadt).

IV Sackgassendorf. Ortslage exzentrisch zur Flur (Gewässerlage).

V Hufenlose Streifenflur.

VI 1568 AB Neustadt: Aßmus Schroder, Hans Schultze, Jacob Schwerinicke, Hans Munth, Merten Schulthe, Achim Francke, Hans Schultze, Michel Buck, Peter Kroger.

1654 AB Neustadt: Hinrich Schröder, Hanß Schultz, Peter Frese, Jochim Stolt, Christoph Bötefüer, Hinrich Francke, Simon Bötefüer w., Ties Dien, Görries Lembke w.

1703 BK Neustadt: Lübbert Schröder, Jochim Klützendorff, Hinrich Freytag jun., Jochim Franken, Jochim Teeß, Stoffer Böteführ, Jochim Böteführ, Jochim Broiel, Jochim Frese.

VII

(1)	Breite Stücken	Breite Stücken, 1788 WK.	A/F
(2)	Hinterwissen Camp	Hinterwissen Camp, 1788 WK.	A/F
(3)	Imm Hofs	Imm Hofs, 1788 WK.	Ödl/F
4	Zwölkenbarg *svölknbaᵃx*	Zwälken-Barg, 1937 FK.	Ödl/F
5	Hinnelst Wisch *ˋhinlst'viš*	Hinter Wiesen, 1788 WK.	Wi/Wi
6	Vöddelst Wisch *ˋfǫdlst'viš*		Wi/Wi
7	Achterholt *axtəholt*	Achter Holtz, 1788 WK; im Achterholz, 1839 FlK.	Gh/F
8	Pierkoppel *piəkopl*	Nachtkoppel, 1788 WK.	Wi, Su/Wi

9	Gooskoppel *go^{u}skopl*		Wi/Wi
10	Scholbarg *šo^{u}łba^{a}x*		A/A
11	Achterst Hof *axtəst'hǫf*		A/A
12	Stü(d)e *stüə*	Stühl, 1937 FK.	Gh/F
13	Freisenbarg *fraĭznba^{a}x*	Fresenberg, 1937 FK.	Gh/F
14	Keesbüdel *kē^{i}sbüdl*	Käsebeutel, 1937 FK.	Kw, A/F
(15)	Grabowschen Stücken	die Grabowschen Stücken, 1788 WK.	A/F
(16)	Achterholtschen Stücken	die Achterholtschen Stücken, 1788 WK.	A/A, F
17	Plantbarg *plantba^{a}x*	Pflanzberge, 1937 FK.	Ödl, Gh/F
(18)	Langer Camp	Langer Camp, 1788 WK.	A/F
(19)	Hunde Camp	der Hunde Camp, 1788 WK.	A/F
(20)	Breite Bach	Radeuort, 1333 MUB; Radevort, 1344 MUB; die Breite Bach, 1788 WK.	Gw/Gw
21	Kielgrün'n *kilgryn^{n}*		A/A
(22)	Krummen Stücken	die Krummen Stücken, 1788 WK.	A/Kw
(23)	Deip-Kuhl-Stücken	Deip-Kuhl-Stücken, 1788 WK.	A/A, Kw
24	Dwerland *dvē^{ə}lant*	die Quer-Länder, 1788 WK.	A/A
(25)	im Wulfs Büschen	im Wulfs Büschen, 1788 WK.	A, Gh/A, F
(26)	Sieben-Bäum-Stücken	die Sieben-Bäum-Stücken, 1788 WK.	A/A, F

(27)	im Büschen	im Büschen, 1788 WK.	A/A
(28)	beym Fuhrweg	beym Fuhrweg, 1788 WK.	Str, A/Str, F
(29)	Krohns-Mohr-Stücken	Krohns-Mohr-Stücken, 1788 WK.	A/A
30	Krohnsmour *kro^{u}nsmo^{u}ə*	Krohns Mohr 1656 KV Gr. Laasch; Krohns Moor, 1937 FK.	Su/A, Gh
31	Schapwei(d) *šåpvai*		Ödl/A, Ödl
(32)	Streit Tannen	die Hasenmohrschen Tannen, 1788 WK; Streit Tannen, 1839 FlK.	Kw/F
33	Ohrns Nest *ˋōəns'nest*	Arnesnest, 1333 MUB; Arendesnest, 1344 MUB.	Gh/Wei
34	Rug Mour *rūx'mo^{u}ə*	Ruge Moor, 1937 FK.	Su/F
35	Koppel *kopl*	Dreyer Horst, 1788 WK.	Ödl/A, Ödl
36	Barkenmour *ba^{a}knmo^{u}ə*		Su/A
(37)	Boitführs Camp	Boitführs Camp, 1788 WK.	A/A, F
38	Bora(d) *bōrā*	im Bonnrade, 1788 WK; Bohnrade, 1839 FlK.	A, Ödl/Kw, A
39	Langen Hof *laŋ^{n}'hǫf*		Ödl/A
40	Rohrwier(d)el *rōəviədl*		Wi/Wi
41	Schultenwisch *šultnviš*	Schulzewiese, 1797 GA.	Wi/Wi
42	Jagddamm *jaxtdam*		Wi/Damm, Wi
43	Scholwisch *šo^{u}lviš*		Wi/Wi

44 Wier(d)el Wi/Wi
viədl

VIII

(45) in Breuels Ort, 1774 GA; die Breuels Wiese, 1808 GA, Wi

81

Blievenstorf

blībmsdǭᵊp

mit Wüstung Dehmas

Blisemerstorpe 1300 MUB, Blysemstorpe 1407 SchlR Neustadt, Bliesemsdorff 1568 AB Neustadt

Demetze 1458 SchlR Neustadt, Demitze 1568 AB Neustadt

I Jüngere Bronzezeit: Siedlung („Bäukkoppel"), Urnenfeld („Dehms"). Ältere Eisenzeit/frühe Kaiserzeit: Siedlung (südlich „kahle Sonnenberg"), Urnenfeld („Krumm Stück").

II Kommuniondorf, 1749 durch Ankauf zum Domanium (LA Brenz).

III 24 Hufen – darunter 2 Freihufen – und 15 Katen (1568 AB Neustadt). Individualbede, die Hufe zu 16 ß (1427 SchlR Neustadt). Einzelpacht je Hufe zwischen 2 Fl 8 ß und 4 Fl schwankend (1568 AB Neustadt).

Die 14 Hufen der Wüstung Dehms gaben zur Bede je 6 ß (1569 LB Neustadt) und an Pacht je 4 Scheffel Roggen (1568 AB Neustadt).

IV Großes Angerdorf. Ortslage exzentrisch zur Flur. Filialkirche von Brenz.

V Langstreifenflur. Schlagwirtschaft (1568 AB Neustadt, 1720 LV, 1748 RA).

VI 1568 AB Neustadt: Hans Schultz, Jurgen Schultz, Achim Ulrich, Thias Top, Achim Busse, Peter Top, Hans Barteldt, Jurgenn Bernndt, Achim Mulßow, Bartelt Schulthe, Achim Francke, Hotke Tidemann, Heine Kramber, Jacob Thidemann, Achim Dalenbergk, Achim Moller, Kastenn Bock, Heinrich Bartelt, Jacob Bock, Achim Schroder. Kätner: Vitt Ebell, Achim Top, Titke Kerstens, Achim Schulthe, Clawes Linicke,

Frantz Top, Martenn Haße, Kerstenn Bartelt, Hans Jarnatz, Clawes Wegener. Spiekerleute: Peter Jarnatz, Jacob Linicke, Hans Bartelt, Szanne Mols, Peter Szom, Clawes Wantzenbergck.

1654 AB Neustadt: Caspar Hintze, Christian Kaurup, Tieß Ulrich w., Dauid Topff w., Jochim Podein, Jochim Topff, Jochim Neyke, Jochim Liencke, Hanß Moller, Chim Topff, Jochim Bartolt, Dreweß Berendt w., Hanß Bartolt, Jochim Mulsow, Hanß Mulsow, Marten Rathman w., Jürgen Bueß w., Peter Poddein, Paul Tiedeman, Claußl Eggert w., Chim Möller, Jacob Schmidt, Dauid Kludt w., Jürgen Warncke. Kossaten: Peter Podein, Jochim Carsten, Stoffer Schultz, Dauid Ortman, Teweß Isebein w., Tieß Topff w. Büdner: Chim Neick w., Dauid Neyke w., Hanß Poddein w., Jaspar Wantzenbergk w., Hanß Schmidt w., Hanß Liencke w., Dreweß Schmidt w.

1717 Prästandenliste: Caspar Hintze, Stoffer Kaurupp, Gabriel Behrmann, Jochim Möller, Jochim Topf, Hinrich Bartheldts Witwe, Jochim Brammert, Jochim Bartheldt, Jochim Mullsow, Hinrich Bartheldt, Davidt Neicke, Jochim Krull, Jochim Neicke, Hinrich Wickborn, Christian Tiedemann, Hinrich Steinhueß, Johann Bollau, Christian Hintze, Hanß Poddeien, Peter Freese, Christian Eggert, Jochim Poddeien beim Kirchhoff, Jochim Poddeien im Ohrt, Johann Neicke, Johann Iven Witwe, Jochim Carsten, Siemon Steffens Witwe, Jochim Ohrtmann. Kossaten: Siemon Möller, Jochim Bartheldts Witwe, Christian Poddeien, Jochim Ohrtmann, Siemon Eggert, Pauel Tiedemann, Friedrich Ißbein, Caspar Steinbuck.

VII

1	Ellwischen *elvišn*	Elde Wiesen, 1752 VR.	Wi/Wi
2	Ganterhals *gantəhals*		Wi/Wi
3	Langen Uhrt *laŋ*$^{n'}$*ū*^{ə}*t*	die Langen Öhrter, 1720 LV.	Wi/Wi
4	Kirchenwisch *ki*^{r}*x́nviš*	die Hallmans Wiese, 1752 VR.	Wi/Wi
5	Bullenwisch *bul*^{l}*viš*	die Bollen Wiese, 1752 VR.	Wi/Wi
6	Haubenwischen *haubmvišn*	die Hufenwischen, 1720 LV.	Wi/Wi

(7)	Koppel-Kiel	Koppel-Kiel, 1925/26 FK.	Kw, Ödl/F
8	Lieps *līps*	die Grosse Lipze, 1576 AB Neustadt; Lieps, 1752 VR.	Ödl/A, Kw, F
9	Liepser Kuhl *`līpsə'kūl*		Pf/Pf
(10)	Schneise-Tannen	die Liepser Tannen, 1779 RA; Schneise-Tannen, 1925/26 FK.	Ödl/F
11	Taugift *taugift*		Ödl/A, Ödl
12	Bengelsdörper Dannen *`benglsdø̄^{ə}pə'dan^{n}*		Ödl/F
13	Aantenkuhl *āntnkūl*		Pf/Pf
14	Swarten Barg *svat-n'ba^{a}x*	Schwarze Berg, 1862 FlK Wabel.	Ödl/F
15	Bäk *bǟk*	an der Beck, 1576 AB Neustadt; die Wabelsche Bäcke, 1654 AB Neustadt; die Wabelsche Backe, 1752 VR.	Gw/Gw
16	Oll Dämm *`ol'dem*	der Damm, 1720 LV.	Wi/A
17	Kirchstieg *ki^{r}x́stīx́*	Kirch Steig, 1752 VR.	Stg/Stg
18	Höweg *hȫvex́*	Heu Weg, 1752 VR.	Fw/Fw
19	Nie Koppel *`nī'kopl*		Ödl/A
20	Bäkstücken *bǟkstykn*		Ödl/A
21	Lang En'n Diek *laŋ`en^{n}'dīk*		Ödl, Wi/A
(22)	de Kaht	uff den Käter Lande, 1654 AB Neustadt; auf den Käter Lande, 1720 LV; beym Käterlande, 1779 RA; de Kaht, 1925/26 FK.	A/F

(23)	Konsorten-Köpfe	Konsorten-Köpfe, 1925/26 FK.	Ödl/F
24	Bäunerdannen *boinədanⁿ*	Büdner-Tannen, 1925/26 FK.	Ödl/F
(25)	Mühlen-Tannen	bey der alten Mühle, 1779 RA; Mühlen-Tannen, 1925/26 FK.	Kw/F
26	Sandbarg *zantbaᵃx*	die Sandberge, 1752 VR; an dem Sandberg, 1779 RA.	Kw/Kw
27	Kühler *külə*	auf den Wesekuhlen, 1720 LV; an den Wäsekuhlen, 1779 RA.	A, Kw/Kw, Ödl, A
28	Torfmaur *tǫᵊfmauə*	das Große Mohr, 1752 VR.	Su/Ödl, Pf
29	Nien Dämm *nīn'dem*		Ödl/A
30	Weßkuhlenbarg *veskūlˡbaᵃx*		Kw, A/A
31	Kollan'n *kǫ'lanⁿ*		A, Su/A
32	Kollan'ngraben *kǫ'lanⁿ`gråbm*		Gw?/Gw
33	Hee(d)barg *hēbaᵃx*		Ödl, Kw/A
34	Bäunerkoppel *boinəkopl*		Ödl, Su/Wei
35	Bäunerwischen *boinəvišn*		Su?/Wi
36	Swienmaurgraben *svīnmauə`gråbm*		Gw/Gw
37	Swienmaur *svīnmauᵊ*		Su/Su, Pf
38	Maurdämm *mauədem*		Su/A
39	Iden Kuhl *īdnkūl*		Pf/Pf

40	Topsche Kuhl *topšəkūl*		Pf/Pf
41	Judenkirchhof *jūdnki*^{r}*x́hǫf*		A/A
42	Riet *rīt*	auf dem Riehtfelde, 1752 VR.	A/A
43	Wiedsoelen *vīdzœ̄l*^{l}	auf den Wiedsählen, 1720 LV.	A/A
44	Holl'n Weg *hol*^{l}*'veχ́*		Fw/Fw, A
45	Soelen *zœ̄l*^{l}	in den Sählen, 1720 LV.	A/A
46	Klinkenbarg *kliŋ*^{k}*nba*^{a}*x*	Klinken Berg, 1788 WK.	A/A
47	Düscher Wenen *\`dūšə'vēn*^{n}	auf der Dütschauer Wendung, 1720 LV.	A/A
48	Strietfeld *strītfelt*	im Streitfelde, 1720 LV.	A/A
49	Düwelsweg *dūvlsveχ́*		Fw/Fw
50	Hagen *hågn*		A/A
51	Sünnenbarg *zün*^{n}*ba*^{a}*x*	auf den Söhrnberg, 1720 LV.	A/A
52	A-Koppel *ākopl*		A/A
53	Schaulacker *šaul\`akə*		A/A
54	Krümmel *kryml*	auf den Krümpel, 1720 LV; auf dem Krümpell, 1752 VR; auf den Krümpel, 1782 RA.	A, Wi/A
55	Kirchenacker *ki*^{r}*x́n\`akə*	das Heilige Land, 1707 KV; Kirchen Landt, 1720 LV; Kirchen Acker, 1752 VR.	A/A

56	Kamp *kam*^{p}	auf die Camp Wiesen, 1752 VR.	Wi/A
57	Schultenacker *šultn`akə*	auf den Schultzen Camp, 1720 LV; Schultzen Camp, 1752 VR; Schultzenkamp, 1779 RA.	A/A
58	Braukfeld *braukfelt*	auf dem Brauckfelde, 1720 LV.	A/A
59	Brei(d) Riet *brai'rīt*	die breite Rieth, 1820 RA.	Su, A/A
60	Braukweg *braukvex́*	am Mittelsten Weg, 1720 LV.	Fw/Fw, A
61	Neddelst Wenen *nedlst`vēn*^{n}	auf der Neddelsten Wendung, 1720 LV.	A/A
62	Wohldhost *vo*^{u}*lthǫst*	Walthorst, 1576 AB Neustadt; Wohlhorst, 1654 AB Neustadt; vor dem Wolt Horst, 1752 VR; die Wohlthorst, 1820 RA.	Gh/A
63	Bäk- und Stämm-wischen *bäk un'stemvišn*	die Baeckwischen, 1720 LV; die Beeck- und Stämm Wiesen, 1752 VR.	Wi/Wi
64	Höstinghost *höstiŋhǫst*		Gh/A
65	Hahnenkamp *hān*^{n}*kam*^{p}	Hanen Kampe, 1720 LV; der Hahnen Camp, 1752 VR; die Hahnenhorst, 1820 RA.	A/A
66	Lüt Koppel *lüt'kopl*		Ödl, A/A
67	Kraunsmaur *kraunsmauə*	das Crohns Mohr, 1752 VR.	Su/A, Wei
68	Voßbarg *fǫsba*^{a}*x*	Fuchs-Berg, 1763 GP.	Ödl/A, Ödl
69	Kolk *kǫlk*		Su, Ödl/A, Pf
70	Gehren *gē*^{ə}*n*	auf Gehren, 1756 KA Muchow; Geern-Acker, 1769 GP.	Gh, A/F

71	Dehms *dēms*	Deemitz, 1569 LB Neustadt; Demitze/ Teempze 1576 AB Neustadt; uff den Demitzer Felde, 1654 AB Neustadt; Dehmser Feld, 1720 LV; Dehmser Feld, 1779 RA.	A, Gh/A
72	Buerwinkel *būəviŋkl*	Paurwinckel, 1654 AB Neustadt; Buhr-winckell, 1752 VR; Burwinckel, 1779 RA; Burrwinkel, 1925/26 FK.	Gh/F, A
73	Bäukkoppel *boikkopl*	die Boeck Horst, 1654 AB Neustadt; Buchenkoppel, 1779 RA; die Buch-koppel, 1820 RA; Buchkoppel, 1925/26 FK.	Gh/F
74	Ellerholt *eläholt*	Eller Holtz Bruch, 1752 VR; die großen Ellern, 1925/26 FK.	Su/F
(75)	Seehorst	die See Horst, 1654 AB Neustadt; bey den Seehörsten, 1752 VR; Seehorst, 1925/26 FK.	Gh/F
(76)	Kolk	de Kolk, 1925/26 FK.	Su/F, Wi
(77)	Wiedbraaks Tannen	Witbruck, 1576 AB Neustadt; Wiedbraaks Tannen, 1925/26 FK.	Su/F
78	Suer Maur *zūə'mauə*	Sohr Mohr/das Sohren Mohr, 1752 VR; Sohrmoor, 1925/26 FK.	Su/F, Su
(79)	das alte Ellerholz	das Ellernholtz, 1779 RA; das alte Ellerholz, 1925/26 FK.	Gh, Su/F
(80)	der kahle Sonnen-berg	der kahle Sonnenberg, 1925/26 FK.	Ödl, Kw/F
(81)	Barkmoor	Barkmoor, 1925/26 FK.	Su/F
82	Hog Sünnenbarg *ˋho*^{u}*x'zün*^{n}*ba*^{a}*x*	aufn Sonnenberg, 1720 LV; unterm Sonnenberg, 1752 VR; der hohe Sonnen-berg, 1925/26 FK.	Ödl, Kw/F
83	Ful Kamp *ˋfūl'kam*^{p}	auf den Pfuhlen Campf, 1720 LV.	A/A
84	Wendfeld *ventfelt*	Wendtfelt, 1568 AB Neustadt; das Wendtfelt, 1576 AB Neustadt; auf dem Wendtfellde/Wentfellde, 1654 AB Neu-stadt; im Wendfelde, 1707 KV; das Wendfeld, 1720 LV; das Wendtfeld, 1820 RA.	A/A

85	Brandwischen *brantvišn*	im Brande, 1576 AB Neustadt; im Brande, 1654 AB Neustadt; Brand Bruch, 1752 VR; im Brande, 1925/26 FK.	Su/Wi
86	Nachtkoppel *naxtkopl*	Nachtkoppel, 1779 RA; Nachtkoppel, 1820 RA.	Su, Ödl/Wei
87	Paulrönn' *paulrön*		Gw/Gw
88	Diek *dīk*	im Dieck, 1720 LV; oben dem Deich, 1752 VR.	A/A
89	Krumm Stück *krum'styk*	Krummenstück, 1720 LV; auf dem Krum Stück, 1752 VR.	A/A
90	Kort En'n Diek *\`kǫ^{ə}ten^{n}'dīk*		Ödl, Wi/A
91	Branddannen *brantdan^{n}*	Brand-Tannen, 1925/26 FK.	Ödl/F
92	Wee(d)koppel *vē^{i}kopl*		Ödl/A, Wei
93	Klötenuhrt *klōtnū^{ə}t*		Ödl/A
94	Schapbrügg *šåpbryx*		Brücke
95	Drögen See *\`drōgn'zē^{i}*	der Dröge See, 1576 AB Neustadt; beym trockenen See, 1752 VR.	Su/F, Wi, Su

VIII

(96) Ahnwends Stücke, 1720 LV, A
(97) die Ahnwendung, 1720 LV, A
(98) oben dem Alten Kolck, 1752 VR, Su
(99) Bädelstrang, 1752 VR, Su
(100) das Bannradt, 1576 AB Neustadt, Gh
(101) bey der Barcklahk, 1752 VR, Gw?
(102) die Bauerwinkelhorst, 1820 RA, Ödl
(103) der Binnen Hof, 1752 VR, A
(104) am Brand Busch, 1720 LV, Gh
(105) Buhrwinckels Rieht, 1752 VR; die Bauerwinkels Rieth, 1820 RA, Su
(106) im Butter Ohrt, 1720 LV, Wi

(107) der Catrien Im Hof, 1752 VR, Ödl
(108) das Dehmßer Mohr, 1752 VR, Su
(109) die Demitzer Horst, 1654 AB Neustadt; Dehmser Horst, 1769 GP; Dehms-Horst, 1820 RA, Ödl
(110) aufm Diecklande, 1707 KV; Diecklande, 1720 LV, A
(111) auf den Doren Land, 1720 LV, A
(112) auf die 3 Schwaden Wiesen, 1752 VR, Wi
(113) in die Düfels Brocks Hören, 1720 LV, A
(114) im Dustern Furt, 1576 AB Neustadt; im Duster Fohrt, 1752 VR, Ft, Gh
(115) die Dwerkavel, 1803 GA, Wi
(116) unten dem Eichberg, 1702 LV; beym Eichberg, 1752 VR, Gh, Wi
(117) die Fohrt Stücken, 1782 RA, A
(118) Freyheit, 1720 LV; an der Freyheit, 1752 VR, Ödl
(119) die Füllen Brücke, 1752 VR, A Brücke?
(120) auf der Großen Wische, 1720 LV; auf der Großen Wiese, 1752 VR, Wi
(121) Grund, 1720 LV, A
(122) auf der Halben Huefe, 1720 LV, A
(123) auf den Halben Stücken, 1720 LV, A
(124) der Hechtsfurt, 1576 AB Neustadt, Ft, Gh
(125) Heide Stücken, 1752 VR, A
(126) Heid-Gräßel, 1763 GP, Ödl
(127) Hewstaken Horst, 1654 AB Neustadt; Heu Stacken Horst, 1752 VR; die Heustacken-Horst, 1820 RA, Ödl
(128) Hirtenwiese, 1779 RA, Wi
(129) die Hohe Horst, 1752 VR, Ödl
(130) in die Holtz Cavell, 1752 VR, Wi
(131) auf der Huefe, 1720 LV, A
(132) die Jahrte, 1720 LV, A
(133) Junckerwischen, 1720 LV, Wi
(134) die Kleine Lieps, 1752 VR, Ödl
(135) der Kleine Söhrings Strang, 1752 VR, Su
(136) die Kleine Wabel, 1752 VR, Ödl
(137) uff den Krehmenstücken, 1654 AB Neustadt, A
(138) beym Krog Soll, 1752 VR, Pf
(139) die Kurtze Kaveln, 1720 LV; die Korten Caveln, 1752 VR, Wi
(140) auf die Kurtzen Wischen, 1720 LV, Wi
(141) die Lange Kaveln, 1720 LV; die Langen Caveln, 1752 VR, Wi
(142) das lange Mohr, 1752 VR, Su
(143) auf Langen Stücken, 1720 LV; Langen-Stücken, 1782 RA, A
(144) Leimkuhle, 1720 LV, Ödl
(145) auf den Lütcken Kamp, 1720 LV; auf dem Lüt Campen/Lüt Cämpen/ Lütt Cämpen, 1752 VR; auf den Lütten Kamp, 1782 RA, A
(146) der Mittelgraben, 1576 AB Neustadt; Mittel Graben, 1752 VR; Mittelgraben, 1820 RA, Gw?

(147) im Mittel Holtz, 1720 LV; unter das Mittelholtz, 1752 VR; die Mittel-Holtz-Stücken, 1782 RA, Gh, A
(148) das Mhor, 1568 AB Neustadt; unter dem Mohr, 1752 VR, Su, Gh
(149) Mühlen Hof, 1720 LV, A
(150) Nedderholtz, 1568 AB Neustadt; das Niderholts, 1576 AB Neustadt, Gh
(151) an der Nienkarcker Hörn, 1752 VR, Wi
(152) im Ohrt, 1720 LV, A
(153) in der Reewisch, 1720 LV, Wi
(154) Riedelwisch, 1720 LV, Wi
(155) Rohten Halß, 1752 VR, Ödl
(156) Rohten Halß Mohr, 1752 VR, Su
(157) die schmahle Horst, 1752 VR, Ödl
(158) auf dem Schrevenberge, 1752 VR, A
(159) im Schrumpf, 1720 LV, Wi
(160) Schultzenwiese, 1779 RA, Wi
(161) Schwartkops Werder, 1720 LV; auf den Werder, 1752 VR, Wi
(162) die Sorings Strenge, 1654 AB Neustadt; der Große Söhrings Strang, 1752 VR, Su
(163) Schweinhagensche Stück, 1654 AB Neustadt, A
(164) auf den Schwein Halben Stücken, 1720 LV, A
(165) Sechs-Schwadenwischen, 1720 LV, Wi
(166) die Sörunge, 1576 AB Neustadt; auf den Söhren, 1720 LV; die Söhrings Wiesen, 1752 VR, Su, Wi
(167) die Stille Kuhle, 1752 VR, Pf
(168) der Streit Ohrt, 1752 LV, Wi
(169) auf die Thoren Wiesen, 1752 VR, Wi
(170) Tiedemans Ohrt, 1720 LV, Wi
(171) vor Tiefen Ford, 1720 LV, Ft, A
(172) auf das Todte Landt, 1576 AB Neustadt; Todten Lande, 1654 AB Neustadt; auf den Doden Lande, 1720 LV; auf dem Todten Lande, 1752 VR, A
(173) auf den Vier Ruhten, 1720 LV, A
(174) auf Wiedkuhlen, 1720 LV, A, Pf?
(175) beym Wiethop, 1752 VR, Wi
(176) am Wrengen, 1720 LV, A
(177) auf den Wriht Söllen, 1752 VR, Pf.

82

Wabel

vābl

Wable 1333, Wabel 1344 MUB, die Woabel/Wabell 1576 AB Neustadt

I Mittlere Steinzeit: Siedlung („Pferde Koppel").

II Domanial, 1506 ritterschaftlich, 1624 Rückkauf durch das Domanium.

III 2 Hufen (1559 Hufenverzeichnis Neustadt). Individualbede, die Hufe zu 16 ß (1569 LB Neustadt). Einzelpacht je Hufe 5 Mark lüb. (um 1550 Reg).

IV Weiler. Ortslage zentral zur Flur.

Während des 15. Jahrhunderts bestand die Ortschaft Wabel aus der noch 1480 erwähnten landesfürstlichen Burg und einer Schänke. Etwas später (1506) war nur noch der Krug vorhanden, mit dem die mecklenburgischen Herzöge den Junker Kersten Ditten unter der Bedingung belehnten, daß er die Landwehr nebst Schlagbaum in baulichem Stande erhalte und jemand zum Öffnen und Schließen der Schläge bestelle. Vorübergehend (etwa 1540–1570) gab es dann an dieser Straßenschranke zwei Schankwirtschaften, die mit je einer Hufe Land ausgestattet waren. Nachdem das Domanium den Ort zurückgekauft hatte (1624), errichtete das Amt dort eine Pulvermühle. Einige Jahrzehnte darauf (1654) war der Platz eine Schäferei, die in der Folge zu einem fürstlichen Meierhof ausgebaut wurde (1703), danach (1721–1799) bildete Wabel längere Zeit einen Pachthof und wurde schließlich im Jahre 1800 in einen Forsthof umgewandelt.

V Blockflur. 3 Ackerschläge (1654 AB Neustadt).

VI 1568 AB Neustadt: Bartholomeus Wegener, Palm Brandt.

1654 AB Neustadt: Schäfer Christian Berendt.

VII

1	Klötenuhrt *klötnū*ᵊ*t*	Klöthenohrt, 1862 FlK.	Wi, Ödl/F
(2)	Hinterdiks Camp	Hinterdiks Camp, 1862 FlK.	Wi/F

(3)	Kleine Teich	der Woabylische Teich, 1576 AB Neustadt; der Ober-Teich, 1740 Pachtkontrakt; Kleine Teich, 1862 FlK.	Pf/F
(4)	Blindmoor	in den blinden Mohr, 1740 Pachtkontrakt; Blindmoor, 1925/26 FK.	Su/F
(5)	Liepser Kamp	Liebser Camp, 1740 Pachtkontrakt; Liepser Kamp, 1925/26 FK.	A/F
6	Braunk *brauk*		Su/A, Wi
(7)	Dorfstellencoppel	auf der Dorf-Stäte, 1740 Pachtkontrakt; die Dorfstesche Koppel, 1792 OI; Dorfstellencoppel, 1862 FlK.	A, Su/A
(8)	Fettbruch	Fettbruch, 1862 FlK.	Su/Wi, Wei
(9)	Pferde Koppel	Pferde-Koppel, 1800 RA; Pferde Koppel, 1862 FlK.	Su, Wei/A
(10)	Klever Koppel	die Kleber Koppel, 1792 OI; Klever Koppel, 1862 FlK.	Su, Wei/Gh
(11)	Kleine Brückencoppel	in der Kleinen Koppel, 1740 Pachtkontrakt; Kleine Brückencoppel, 1862 FlK.	A/A
(12)	Kälber Koppel	der Unter-Teich, 1740 Pachtkontrakt; die Dickkoppel, 1792 OI; Kälber Koppel, 1862 FlK.	Su, Pf/Wei
13	Drögen See *ˋdrö̆gn'zē̆*^{i}	der Dröge See, 1576 AB Neustadt; Drögen See, 1800 RA; Dröge See, 1862 FlK.	Su, Pf/Wi
(14)	Seetannen	Seetannen, 1925/26 FK.	A/F
(15)	Eiskeller-Köpfe	Eiskeller-Köpfe, 1925/26 FK.	Ödl, A/F

VIII

(16) Buchhorst, 1576 AB Neustadt, Gh
(17) Dickhof, 1792 OI, A
(18) das Duster Ellern Holts, 1576 AB Neustadt, Gh
(19) die große Koppel, 1740 Pachtkontrakt; in der großen Koppel, 1792 OI, A
(20) in der Großen Wiese, 1740 Pachtkontrakt; Große Wiese, 1792 OI, Wi

(21) im großen Teich, 1800 RA, A
(22) in die Hinter Koppel, 1792 OI, A
(23) am Hunde Damm, 1800 RA, Fw?
(24) in die Katten Koppel, 1792 OI, A
(25) in der Kleinen Wiese, 1740 Pachtkontrakt; die Kleine Wiese, 1792 OI, Wi
(26) die Koppel, 1740 Pachtkontrakt, A
(27) in der Neddersten Koppel, 1740 Pachtkontrakt, A.

83

Muchow

muxō

Muchowe 1377 MUB, Muchow 1407 SchlR Neustadt, Muchow, Muchowe, Muchghowe 1424 CDB

I Jüngere Steinzeit: Siedlung (am „Schneidermoor“). Jüngste Bronzezeit: Siedlung („Moelenbarg“) und Urnenfeld. Ältere Eisenzeit: Urnenfeld („Oewerlandsche Barg“). Jüngere Eisenzeit: Siedlung („Oewerlandsche Barg“). Spätslawische Zeit: Siedlung („Miler“) und Burgwall.

II Kommuniondorf, 1613 durch Ankauf der letzten ritterschaftlichen Anteile zum Domanium.

III 24 Hufen – darunter 2 Frei- und 2 Pfarrhufen – sowie 11 Kossaten-, 10 Katen- und 6 Büdnerstellen (1568 AB Neustadt). Individualbede, die Hufe zu 16 ß (1569 LB Neustadt). Nicht nur in der Höhe der Erlegnisse sondern auch in der Art der Zahlung sehr unterschiedliche Pacht von 16 ß bis 2 Fl 20 ß in Geld oder aber noch zum Teil als Naturalleistung von 6 ß 10 Scheffel Korn bis zu 12 ß 1 Drömt Roggen je Hufe (1568 AB Neustadt).

IV Großes Angerdorf. Ortslage exzentrisch zur Flur.

Kirchdorf.

V Langstreifenflur. Schlagwirtschaft (1568 AB Neustadt, 1791 RA).

VI 1568 AB Neustadt: Michell Schultz, Hans Schultz, Hans Lubke, Achim Lubke, Aßmus Bock, Harmenn Pist, Hans Bock, Achim Lubke, Clawes Rhambow, Achim Kastorp, Achim Szußemille, Achim Arnndt, Hans Rhoele, Hans Rhambow, Achim Bock, Achim Landow, Jurgen Korthaß, Bartholomeus Wegener, Clawes Moller, Petter Kolbow, Hans Kock,

Mertenn Tidemann, Hans Arndt, Hans Kaurup, Brandanius Korthaß, Brandanus Hagelsteinn, Thias Hecht, Achim Ißebeinn. Kossaten: Achim Arndt, Hans Grote, Hans Rhoele, Hans Rhambow, Jacob Wilde, Hans Gulicke, Bartholomeus Wegener, Clawes Moller, Peter Kolbow, Hans Kock, Martenn Tidemann. Kätner: Petter Wilde, Achim Nyemann, Achim Wegener, Drewes Hechtt, Achim Lubke, Hinrich Lubke, Peter Korthaß, Achim Lubke, Peter Bernndt, Achim Landow. Büdner: Drewes Rhambow, Michell Rhambow, Korthe Clawes, Aßmus Steffann, Achim Schultze, Kerstenn Pist.

1654 AB Neustadt: Paschen Bremer, Hanß Raue, Michell Lübke, Marten Rambow, Hanß Lübke w., Cheel Ahrenß w., Hanß Hintze, Siemon Hecht, Jürgen Hecht, Jürgen Eggert, Jochim Jalaß, Hinrich Westpfahlen, Christian Buck, Marx Tießß, Claußß Kaurup, Hanß Roell w., Hanß Rambow w., Jochim Wolter, Hanß Roell, Cheel Gülcke, Bartolt Schultz w., Hanß Moller w., Marten Kalaß w., Dinießß Colbow w., Chim Buck w., Chim Kock w., Tießß Hecht w., Hanß Tiedeman w., Carsten Ahrent w., Hanß Kaurup w. Kossaten: Chim Grote, Hanß Kaurup, Jacob Wegener, Peter Kludt, Bartolmeus Wilde, Cheel Rambow, Johan Otte w., Peter Wobber, Frenß Nieman. Büdner: Chim Tielke w., Laeß Lübke w., Tomaß Wittingh w., Peter Hecht w., Hanß Ahrenß.

1703 BK Muchow: Jochim Lübke, Christian Rabe, Hanß Arends, Hanß Rambow, Jürgen Arends, Christian Rabe der Dragouner, Hanß Hintze, Palm Plückhaan, Jochim Hinrich Rabe, Hanß Wolter, Jochim Eggert, Jochim Mörder, Jochim Buck, Hanß Gülcke, Carsten Lübke, Hanß Feilcke, Jochim Rambow, Jochim Ulrich, Hanß Eggert, Jürgen Wegener, Hanß Klut, Erdman Wilde, Bartold Hildebrand, Johan Freyman, Hanß Ulrich, Claußß Kaurub, Christian Rambow, Hanß Schmidt, Jochim Kauchert, Elias Ortman, Johan Wolert, Claußß Raimar Schmidt, Hanß Tießß, David Giese (4 Gehöfte noch wüst).

VII

1	Kirchenwisch *kiʳx́nviš*	Kirchenort, 1756 PfA; Kirchen Wiese, 1873 FlK.	Wi/Wi
2	Ellwischen *eɫvišn*	Bawer Wischen, 1568 AB Neustadt; Bawerwischen, 1576 Ab Neustadt; Eldenwiesen, 1791 RA; Eldenwiesen, 1811 GA.	Wi/Wi
3	Preisterwisch *praistəviš*	Priester-Wiese, 1788 PfA; Pfarr Wiese, 1873 FlK.	Wi/Wi
4	Schultenwisch *šultnviš*	Schulzen Wiese, 1873 FlK.	Wi/Wi

5	im Buerhölten *im bûəhöltn*	im Buhrhölten, 1873 FlK.	Su/Wei, Gh
(6)	Düwels Ell'	Düwels Ell', 1925/26 FK.	Ödl/F
(7)	Lange Kienkamp	Lange Kienkamp, 1873 FlK.	Ödl/F
(8)	Wierbrachs Kolk	Wiede-Brock, 1740 GP; Wierbrachs Kolk, 1873 FlK.	Su/Su, F
(9)	Wierbrachs Tannen	Wierbrachs Tannen, 1873 FlK.	Ödl/F
(10)	Klein Rohrmoor	Klein Rohrmoor, 1873 FlK.	Su/Su, F
(11)	Gross Rohrmoor	Rohr Mohr, 1788 WK; Gross Rohrmoor, 1873 FlK.	Su/Su, F
12	Tauslag *tauslax*	Tannen Zuschlag, 1873 FlK.	Ödl, Kw/F
(13)	die grosse Heide	auf der Großen Hèide, 1791 RA; die grosse Heide, 1873 FlK.	Ödl/F
(14)	Schneidermoor-schen Tannen	Schneidermoorschen Tannen, 1873 FlK.	Ödl, Kw/F
15	Oll Muchow *ol' muxō*	auf den alten Muchow, 1654 AB Neustadt	A/A
16	Bullenwisch *bulˡviš*	Bollen Wiese, 1791 RA; Bollenwiese, 1873 FlK.	Wi/Wi
17	Swienwee(d) *svīnvēᵗ*	Schweineweide, 1873 FlK.	Ödl, Su/Ödl
(18)	Schneidermoor	Schneidermoor, 1873 FlK.	Su/Ödl, Su
19	Schultenkamp *šultnkamᵖ*	Schulzen-Kamp, 1791 RA; Schulzen Acker, 1873 FlK.	A/A
20	Hauben *haubm*		A/A
(21)	die grossen oder hohen Tannen	die grossen oder hohen Tannen, 1873 FlK.	Kw/F
(22)	See Horstbruch	die Seehörste, 1791 RA; See Horstbruch, 1873 FlK.	Su, Ödl/F, Wi

(23)	im Söhrings Berg	Söringsberg, 1704 PfA; der Söhrns Berg, 1773 GA; im Söhrings Berg, 1873 FlK.	Ödl, A/F
(24)	Dorn Länder	Dorn Länder, 1873 FlK.	A/A
25	Kirchenacker *ki*^{r}*x́n*\`*akə*	Kirchen Acker, 1873 FlK.	A/A
(26)	Damm Horst	Damm Horst, 1873 FlK.	Gh/F
(27)	Sprickel Horst	Spräkel Horst, 1654 AB Neustadt; Sprickel Horst, 1873 FlK.	Gh/F
(28)	auf dem Moor	das gross Mochower Mor, 1576 AB Neustadt; Muchower Mohr, 1654 AB Neustadt; Muchauer Mohr, 1788 WK; das Mohr, 1791 RA; auf dem Moor, 1873 FlK.	Su, Gh/F
29	Gehren *gē*^{ə}*n*	uff den Gehren, 1654 AB Neustadt; auf Gehren, 1756 PfA; auf dem Gehrenlande, 1791 RA.	Gh, A/F
30	Voßbarg *fǫsba*^{a}*x*		Ödl/A
31	Swart Koppel \`*sva*^{a}*t*'*kopl* *svat-*		Ödl/A
32	Wee(d)koppel *vēkopl*		Ödl/A
33	Grot Koppel *gro*^{u}*t*'*kopl*		Ödl, A/A
(34)	Pferdekoppel	Pferdekoppel, 1873 FlK.	Ödl/Wei
35	Ohrns Riet \`*ōəns*'*rīt*	Ahrens Riete, 1654 AB Neustadt; die Ahrensrieth, 1791 RA; Ahrensrieth, 1873 FlK.	Su, Gh/Wei
36	Kamp *kam*^{p}		A/A
37	Feilken Kamp *failknkam*^{p}	Feilkenkamp, 1873 FlK.	A/A

38	Hagenstücken *hågnstykn*	auf den Hagenschen Stücken, 1654 AB Neustadt; die kurzen Hagen Stücken, 1791 RA; Hagenstücken, 1873 FlK.	A/A
39	Langen Hagen-stücken *`laη^{n}'hågnstykn*	die langen Hagen Stücken, 1791 RA; Lange Hagenstücken, 1873 FlK.	A/A
(40)	Ueberländer	Ueberländer, 1873 FlK.	A/A
41	Oewerlandsche Barg *`œvə`lantšə'ba^{a}x*	Ueberlandsberg, 1873 FlK.	A/A
42	Nadderfeld *nadəfelt*	Neddefeld, 1704 PfA; auf den Nedderfelde, 1756 PfA; das Niederfeld, 1791 RA; Niederfeldt, 1873 FlK.	A/A
(43)	Kahlber Koppel	Kahlber Koppel, 1788 WK.	Wei/Ot
44	Moelenbarg *mœl^{l}ba^{a}x*	Radensche Berg, 1873 FlK.	A/A
45	Battrams Haut *`batrams'haut*	Langen Segen, 1788 WK; Ahrens Knick, 1873 FlK.	Su/A
46	Ra(d) *rā^{ə}*	auf den Rade, 1654 AB Neustadt; auf dem Rade 1690 KV; im Rade, 1791 RA; auf dem Rade 1792 GA.	Gh, Su/A
47	Flautwischen *flautvišn*	Flot-Wiesen, 1781 GA; Floth Wiesen, 1873 FlK.	Wi/Wi
(48)	Scheidehost	Schede Wiese, 1788 PfA; Scheidehost, 1873 FlK.	Wi, Su/A
49	Flaut *flaut*	die Flodt, 1568 AB Neustadt; die Flut, 1576 AB Neustadt; die Floth, 1654 AB Neustadt; die Flot, 1791 RA; die Floth, 1873 FlK.	Gh, Su/A
50	Lütt Rumsägen *`lyt'rumzägn*	Klein Ruhmse(ge)n, 1873 FlK.	Su/A
51	Middelst Rumsägen *`midls'rumzägn*	Mittelst Ruhmsegen, 1873 FlK.	Su, Wi/A, Wi
52	Grot Rumsägen *`gro^{u}t'rumzägn*	Riehm Segen, 1788 WK; Grosse Ruhmsegen, 1873 FlK.	Su, Wi/A, Wi

53	Rietwischen *rītvišn*	die Riedt, 1654 AB Neustadt; Riethwiesen, 1791 RA; Rietwiese, 1811 GA; Rieth Wiesen, 1873 FlK.	Gh, Su/A, Wei
54	Langen Rumsägen *ˋlaŋⁿˊrumzǟgn*	Lange Ruhmsegen, 1873 FlK.	Su, Wi/A, Wei
(55)	Hinterste Horst	Hinterste Horst, 1873 FlK.	Ödl/Ödl
56	Bäk *bǟk*		Gw/Gw
(57)	im Hinterholz	im Hinnen Holtz, 1654 AB Neustadt; im Hinnen Holtz, 1788 WK; im Hinterholz, 1791 RA; im Hinterholz, 1873 FlK.	Gh, Su/A, Wei
(58)	Nachtkoppel	in der Nachtkoppel, 1791 RA; Nachtkoppel, 1873 FlK.	Su/A
(59)	Burgwallsmoor	Burgwallsmoor, 1873 FlK.	Su/A
60	Borgwall *bǫᵊxvaɫ*	der Burgwall, 1576 AB Neustadt; Burgwall, 1873 FlK.	Ödl/Ödl
61	Kösteracker *köstəˋakə*	Küster Ländereien, 1873 FlK.	Ödl/A
62	Hofwisch *hǫfviš*		Wi/Wi
63	Preisterwisch *praistəviš*	Pfarr Wiese, 1873 FlK.	Wi/Wi
64	Mile(r) *mīlə*	Mielestelle, 1791 RA.	A/A
65	Gor(de)nland *gōᵊnlant*		Ödl/A
66	Breiden Dämm *ˋbraidenˊdem*		Gh/A
67	Wägners Büsche *ˋvǟx́nəsˊbyšə*		Gh/Gh
68	Kork *kǫᵊk*	in der Kölcke, 1791 RA.	Su/Wei
69	Smallen Dämm *ˋsmaɫˡˊdem*		Gh/A

70	Brandhost *branthǫst*	Brandthorst, 1704 PfA.	Gh/A
71	Äselbarg *äzłbaᵃx*	beym Eßelberge, 1654 AB Neustadt	A/A
72	Rühmten *rūmtn*	auf der Rühmde, 1654 AB Neustadt; Ruhm Wiesen, 1873 FlK.	Gh, Wi/Wi, A
(73)	im Muhskolken	im Muhskolken, 1873 FlK.	
74	Lang Mour *ˋlaŋ'moᵘə*	das Lange Moor, 1873 FlK.	Su/Su

VIII

(75) Ahrens Ort, 1690 KV, A
(76) Arenß Riedtsche Horst, 1654 AB Neustadt, Gh
(77) Baren Winckel, 1576 AB Neustadt, Gh
(78) vor den Brawtohr, 1654 AB Neustadt, Wi
(79) auf den Burwinckel, 1756 PfA; im Buhrwinkel, 1793 RA, A, Wei
(80) Deempzer Kirchoff, 1576 AB Neustadt, Gh
(81) die Demitzer Horst, 1654 AB Neustadt; Dehmser Horst, 1847 PfA, Gh
(82) die Dorfcoppel, 1791 RA, A
(83) Dornbusch, 1704 PfA, A
(84) Ellern Holts, 1576 AB Neustadt, Gh
(85) vor dem Esch Holtz, 1654 AB Neustadt, Gh
(86) Gemeine Wisch, 1576 AB Neustadt, Gh
(87) auf den Heydgräsen, 1770 GA, Ödl
(88) in Hodüschen Rehm, 1791 RA, Wei
(89) Hopfenhof, 1687 PfA, A
(90) die Horst, 1576 AB Neustadt, Gh
(91) Katen Acker, 1654 AB Neustadt, A
(92) die Katenwiese, 1786 GA, Wi
(93) im Kolbowschen Holtze, 1654 AB Neustadt, Wi, Gh
(94) Lakenwiese, 1792 GA, Wi
(95) die Landwehre, 1748 GP, A
(96) im Landwehrschlag, 1791 RA, A
(97) die Langen Stücken, 1791 RA, A
(98) Leimkule, 1576 AB Neustadt, Gh
(99) das Lötke Mor, 1576 AB Neustadt, Su
(100) im Niederholz, 1792 GA, Wi
(101) Prediger-Weg, 1791 RA, Stg
(102) den Radschen Hof, 1786 GA, A
(103) die Rugenwiesen, 1791 RA, Wi
(104) uffn Ruwen Rade, 1654 AB Neustadt, A.

84

Kolbow

kolbō

Colbowe 1365 MUB, Hof Kolpaw 1505 Amtsinventar Neustadt

I Jüngere Steinzeit: Siedlung („Schweins-Kuhl"). Jüngere Bronzezeit: Siedlung („Schweins-Kuhl"). Ältere Eisenzeit: Siedlung („Schweins-Kuhl") sowie Depotfund („Hassel Kolk") und Urnenfeld („Äselbarg"). Jüngere Eisenzeit: Siedlung („Schweins-Kuhl"). Frühslawische Zeit: Siedlung („Schweins-Kuhl").

II 1339 Kommuniondorf, vor 1459 Domanialhof.

III Pacht je Hufe 1 Wispel Roggen (1339, 1369 und 1382 MUB).

IV Hof. Ortslage exzentrisch zur Flur.

Noch Ende des 14. Jahrhunderts bildete Kolbow zweifellos ein reines Bauerndorf, in dem kirchliche Institutionen wenigstens vier Hufen besaßen. Welche Umstände vor 1459 zur Legung der bäuerlichen Wirtschaften und zur Entstehung des fürstlichen Meierhofs führten, ist nicht mehr festzustellen. In den Jahren nach 1599 war der Hof kurze Zeit an einen Grabower Bürger verpachtet. Mindestens seit 1666 war Kolbow dann ohne Unterbrechung ein Pachthof, der im Jahre 1921 aufgelöst und versiedelt wurde.

Die durchschnittliche Aussaatmenge des Hofes betrug im 16. Jahrhundert 675 Scheffel verschiedenerlei Korns (1568 AB Neustadt), später wurden jährlich etwa 600 Scheffel ausgesät (1740 Hofinventar).

V Gutsflur. Schlagwirtschaft (1568 AB Neustadt, 1739 Pachtkontrakt Hof Kolbow).

VI 1703 BK Muchow: der Vogt Albrecht Mahnke, der Schäfer Hinrich Buhl.

VII

1	Lang Mour *ˋlaŋ'mouə*	Lange Moor, 1884 FlK.	Su/Su
(2)	Schweins Tannen	Schweins Tannen, 1884 FlK.	Ödl, Kw/F
(3)	Hechts Forth	Hechts-Forth, 1751 FR; Hechts Forth, 1884 FlK.	Ft?/F

(4)	Mühlen Wiese	Mühlen Wiese, 1788 PfA Muchow; Mühlen Wiese, 1884 FlK.	Wi/Wei
(5)	Mühlen Moor	Mühlen Kolck, 1751 FR; Mühlen Mohr, 1788 WK; Mühlen Moor, 1884 FlK.	Su/Su, Wei
(6)	im Suden Kolk	der Suden Kolck, 1751 FR; Sudenkolck, 1752 GP; im Suden Kolk, 1884 FlK.	Su/Wei
(7)	Reh Wiese	Reh Wiese, 1884 FlK.	Su/Wei
(8)	Grosse Stemm Wiese	die Große Stemwische, 1654 AB Neustadt; die Große Stemm-Wiese, 1739 Pachtkontrakt; die Stemwiese, 1751 FR; Grosse Stemm Wiese, 1884 FlK.	Wi/A, Wi
(9)	Kleine Stemm Wiese	Klein Stemwische, 1654 AB Neustadt; die Lütge Stemm-Wiese, 1739 Pachtkontrakt; Kleine Stemm Wiese, 1884 FlK.	Wi/Wi, Wei
10	Äselbarg *ā̆zlba*^{a}*x*		A/A, Gh
(11)	Lange Wiese	Lange Wiese, 1884 FlK.	Wi/Wi
(12)	Schweins-Kuhl	Schweins-Kuhl, 1884 FlK.	Pf/Pf, Ödl
(13)	Breite Wiese	die Brede Wische, 1654 AB Neustadt; die Breite Wiese, 1739 Pachtkontrakt; die Brehde Wiese, 1751 FR; Breite Wiese, 1884 FlK.	Wi/Wi
(14)	Bülten Wiese	Bülten Wiese, 1884 FlK.	Su/Wi
(15)	im Hassel Kolk	in Haßel Kolck, 1751 FR; Hassel-Kolck, 1788 PfA Muchow; im Hassel Kolk, 1884 FlK.	Su/Wi, Wei
(16)	Hasselhege	Hasselhege, 1925/26 FK.	Su, Gh/A
17	Kolbowsch Barg *ˋkolbō̆š'ba*^{a}*x*		A/A

VIII

(18) der Ackerwohrden Sandberg, 1751 FR, A
(19) Alten Tannen Kamp, 1751 FR, Kw
(20) die Colbauer Heide, 1751 FR, Ödl

(21) der Große Kolck, 1751 FR, Su
(22) die Große Wiese, 1751 FR, Wi
(23) auf dem Heuer-Lande, 1739 Pachtkontrakt; der Hauer Schlag, 1751 FR, A
(24) die Hinterste Koppel, 1751 FR, A
(25) die Kalber Koppel, 1751 FR, Wei
(26) die Kleine Koppel, 1740 Hofinventar, A
(27) in der Koppel, 1739 Pachtkontrakt, A
(28) der Küchen Gartten, 1751 FR, A
(29) die Kütige Horst, 1751 FR, Gh
(30) bey der Landwehr, 1751 FR, A
(31) im langen Orte, 1654 AB Neustadt, Wi
(32) bey den Markscheden, 1752 GP, Ödl
(33) die Mittel Koppel, 1751 FR, A
(34) der Mittel-Schlag, 1751 FR, A
(35) auf der Rühme, 1739 Pachtkontrakt; an der Rühmde, 1751 FR, Gh
(36) in dem Rühm Schlage, 1739 Pachtkontrakte; der Rühmde Schlag, 1751 FR, A
(37) der Sand-Bargs-Schlag, 1751 FR, A
(38) in dem Sandt-Berge, 1739 Pachtkontrakt; der Sandbarg, 1751 FR, Gh
(39) der Schäfer Acker, 1751 FR, A
(40) der Schäfer Kamp, 1751 FR, A
(41) die Schmale Wische, 1654 AB Neustadt; die schmale Wiese, 1739 Pachtkontrakt, Wi
(42) Tannen Kamp, 1751 FR, Kw
(43) der Teichs Gartten, 1751 FR, A
(44) die Wöhrde Koppel, 1751 FR, A.

85

Prislich

prislič

Prirtzwelke 1424 CDB, Pritzlick 1520 AB Grabow, Prisualck 1541/ 42 KV Neese

I Mittlere bis jüngere Steinzeit: Silexgeräte („Kamonsbarg“ und Mündungsgebiet des „Holtgraben“). Jüngere Steinzeit: Siedlung, unter den zugehörigen Fundstücken ein neolithischer Zonenbecher („Feldhoew“). Ältere Bronzezeit: Halsberge, Armberge und Ringe. Jüngere Bronzezeit: Bronzenes Messer. Ältere Eisenzeit: Urnenfeld (nördlich von „Langen Kavels“). Jüngere Eisenzeit: Siedlung („Kamonsbarg“). Frühslawische Zeit: Siedlung („Müggenborg“).

II Domanium.

III 10 Hufen – darunter 1 Freihufe – und 4 Katen (1520 AB Grabow). Individualbede, die Hufe zu 8 ß (1539 LB Grabow). Einzelpacht je Hufe 1 Drömt Roggen, 4 Scheffel Hafer (1520 AB Grabow).

IV Sackgassendorf. Ortslage exzentrisch zur Flur.

V Langstreifenflur. Schlagwirtschaft (1711 LV).

VI 1586 AB Grabow: Pasche Tileke, Drewes Koper, Dinnies Schroder, Chim Louke, Jasper Zom, Zans Klauicke, Claus Ketelhan, Chim Plughouet, Brandanius Raue, Hans Thomas. Kätner: Chim Douel, Chim Klutze, Georg Brandt, Tewes Waggun, Chim Plughouet, Kerstenn Mollemann.

1654 AB Grabow: Jochim Tielcke, Palm Koper w., Jürgen Koper, Peter Laucke, Paul Sohm, Clauß Ketelhone, Gorjes Laucke, Marquart Wilde, Hanß Stolte, Hanß Laucke. Kossaten: Jasper Ketelhone w., Chim Ploghovet w., Chim Dovell w., Chim Stolte w., Clauß Brandt w., Hanß Klüße w.

1711 LV: Hanß Tielcke, Daviedt Brüning, Johann Duncker, Casper Grimmer, Jochim Lauck, Jochim Wilde, Hanß Lauck, Daniel Wilde, Jochim Stoldt, Hanß Brüning, Peter Meyer, Ertmann Köper, Hanß Jochim Harlof, Jochim Rafe.

VII

1	Kolbowsch Feld *ˋkołbōš'fełt*	auf den Colbauschen Felde, 1734 GA; auf den Colbowschen Felde, 1785 GA.	A/A
2	Binnenkoppel *binⁿkopł*		A/A
3	Kösterkamp *köstəkamᵖ*	Köster Acker, 1734 GA.	A, Wi/A, Wi
4	Lakgraben *låkgråbm*	die Lacke, 1711 LV.	Gw/Gw
5	Hofwischen *hǫfvišn*	Hofwiesen, 1711 LV; hinter den Höfen, 1785 GA.	Wi/Wi, A
6	Müggenborg *mygnbǫᵊx*	Muggenborg, 1576 StK; im Müggenburg, 1806 GA; Müggenborg, 1893 FlK.	Ödl/Ödl

7	Zatt(er)hof *\`sad*^{ə}*'hof*	hinter den Sahrhoefen, 1711 LV; im Zarroff, 1816 GA.	A, Su/Wi, A
8	Soelken *zœlkn*	auf den Sählcken, 1711 LV; Sölken, 1893 FlK.	A/A, Kw
9	Feldhoew *felthœ̄f*		A, Ödl/A
10	Bohland *bo*^{u}*lant*	Bohelande, 1711 LV; im Bohland, 1801 GA; im Bolland, 1816 GA; Boland, 1893 FlK.	A/A
11	Bäunerwisch *boinəviš*	Büdnerwiesen, 1811 Klassifikations-register; Bäunerwisch, 1893 FlK.	Wi/Wi
12	Wischer Dämm *\`višə'dem*	die Wischhoefen, 1811 Klassifikations-register.	Ödl, Wi/A
13	Holtfestdannen *holtfest\`dan*^{n}		Ödl/Kw
14	Ollendeelswisch *ol*^{l}*dēlsviš*		Wi/Wi
15	Butenkoppel *būtnkopl*	Buten Koppel, 1893 FlK.	A, Ödl/A, Kw, Wi
16	Voßbarg *fǫsba*^{a}*x*	an den Voßberge, 1711 LV; Voss Barg, 1893 FlK.	A, Su/A, Wi
17	Bullenwisch *bul*^{l}*viš*	Bullen Wiesen, 1711 LV; Bollen Wiese, 1811 Klassifikationsregister; Bullen Wisch, 1893 FlK.	Wi, Su/Wi, Ödl
18	Kolk *kǫlk*	Kolk, 1893 FlK.	Su/A, Wi, Kw
19	Grot Dannenkamp *\`gro*^{u}*t'dan*^{n}*kam*^{p}	Tannenkabeln, 1841 GA.	Ödl, Kw/Kw
20	Lütt Dannenkamp *\`lyt'dan*^{n}*kam*^{p}		Ödl, Kw/Kw
21	Emisbarg *ēmisba*^{a}*x*	Emisbarg, 1893 FlK.	Ödl, Kw/A, Kw
22	Grot Mour *\`gro*^{u}*t'mo*^{u}*ə*	am Mohr, 1734 GA; das Grosse Mohr, 1788 WK; Groot Maur, 1893 FlK.	Su/Kw, Su

23	Hinnelst Koppel *ˋhinlst'kopl*	Hinnels Koppel, 1893 FlK.	Ödl, Wi/A, Wi
24	Vörrelst Koppel *ˋfǫrlst'kopl*	Vöddels Koppel, 1893 FlK.	Kw, Wi/A, Kw, Wi
(25)	Visdomsche Wiesen	aufn Vieß-Dohm, 1711 LV; Visdomsche Wiesen, 1788 WK.	Wi/A, Wei
26	Nien Kamp *ˋnīn'kamᵖ*		Ödl/A
27	Flaßbarg *flasbaᵃx*	Flachsberg, 1811 Klassifikations-register.	Ödl/Kw
28	Korten Kavels *kǫᵊtn'kåvls*	auf den korten Kaveln, 1711 LV.	A/A
29	Stroidämm *stroidem*	Strödamm, 1893 FlK.	Su, Ödl/A
30	Oll Dämm *ˋolˡ'dem*		Ödl, Su/A
31	Finz *fins*	in der Finß, 1711 LV; im Finß, 1734 GA; Finns, 1893 FlK.	A/A, Kw
32	Langen Kavels *ˋlaŋⁿ'kåvls*	lange Kaveln, 1711 LV.	A/A
33	Kamonsbarg *kə'mōnsbaᵃx*		Ödl/Kw, A
34	Bäunerkamp *boinəkamᵖ*	Bäuner Kamp, 1893 FlK.	Ödl/A
35	Brinkkoppel *briŋkkopl*		Ödl, Su/A
36	Hei(d)koppel *haikopl*	bey der Heyde, 1711 LV; die Grosse Heyde, 1788 WK; Heidkoppel, 1893 FlK.	Ödl, Kw/A, Kw
37	Branddannen *brantdanⁿ*		Kw/F
38	Bundsahl *buntzål*		Su/F

39	Kollen Hof *`kol^{l}'hǫf*	hinter den kollen Hof, 1711 LV.	A, Ödl/Ot
40	Immenhof *im^{m}hǫf*	Immenhof, 1774 FR Grabow.	Ödl/Ot
41	Holtgraben *holtgråbm*	vor der Grabbenitz, 1711 LV; in der Grabnitz/Grabniß, 1734 GA; Gräfnitz, 1811 Klassifikationsregister.	Gw/Gw
42	Holtkoppel *holtkopl̥*	hinter dem Holtze, 1734 GA; Holt Koppel, 1893 FlK.	Ödl, A/A
43	Holtdannen *holtdan^{n}*	Dannen Holtz, 1711 LV.	Kw/Kw
44	Bullenwisch *bul^{l}viš*	Priester Wiese, 1736 GP.	Wi/Wi
45	Dämm *dem*		Wi/A
46	Lütt Wischen *`lyt'višn*	in Lütgen Wiesen, 1711 LV.	Wi/Wi
47	Wei(d) *vai*	Weidekoppel, 1839 GA.	Wi/Wi, Wei
48	Diekwischen *dīkvišn*	im Dike, 1576 StK; die Dieck Wischen, 1711 LV; Teich Wiese, 1801 GA; Diekwischen, 1893 FlK.	Wi/Wi

VIII

(49) auf der breiten Dorfstädte, 1734 GA, A
(50) vor dem Dorf, 1734 GA, A
(51) auf der Dorfstäten Stücken, 1734 GA, A
(52) auf der Dorpstädte, 1711 LV; auf der Dorf-Städte, 1734 GA, A, Wi
(53) Ecker-Kamp, 1736 GP; Eckerkamp, 1811 Klassifikationsregister, Gh?
(54) die Fliederhorst, 16. Jh. Grabower Flurskizze, Ödl
(55) auf den Gehren, 1711 LV, A
(56) in den grohte Wiesen, 1711 LV; in der großen Wiese, 1734 GA; auf der großen Wiese, 1806 GA, Wi
(57) Hirten Wiese, 1711 LV, Wi
(58) im Hopfen Hoefen, 1711 LV; im Hopfenhöfen, 1811 Klassifikationsregister, A
(59) bei der Kleinen Brücke, 1801 GA, A

(60) im kleinen Busch, 1811 Klassifikationsregister, A
(61) beym lange Waßer, 1711 LV; beym Langen Waßer, 1734 GA, A, Pf?
(62) an der Masch, 1734 GA, A
(63) im Mittelfelde, 1711 LV, A
(64) Müggenborger Horst, 1811 Klassifikationsregister, Ödl
(65) Nachtkoppel, 1811 Klassifikationsregister, Su
(66) auf den neuen Wischen, 1711 LV, Wi
(67) in der Pannekost, 1711 LV; in der Pannen Kost/Panner Kost, 1734 GA, A
(68) die schmallen Wiesen, 1711 LV, Wi
(69) auf den Schulzen Kamp, 1811 GA, A
(70) tenst den Stücken, 1785 GA; Tens Stück, 1806 GA; Tensstück, 1818 GA, A
(71) auf der Trien Wiese, 1711 LV, Wi
(72) an Wiesenbrinck, 1711 LV, A
(73) 10 Stücken Wiese, 1841 GA, Wi
(74) zwischen den Wegen, 1785 GA; zwischen den Wegen, 1818 GA, A.

86

Neese

nā̈s

mit Marienhof

mə'rīᵊn'hǫf

to der Nezen 1424 CDB, Neße 1504 Lehnbrief, Nese 1541/42 KV
Neese

I Zeitstellung unsicher: Urnenfeld. Frühdeutsche Zeit: Turmhügel („Borgwall").

II Ritterschaftlich.

III 18 Hufen – darunter 1 Kirchen-, 1 Pfarr- und 6 Hofhufen – sowie 8 Katen (1570 LB Grabow, 1541/42 KV Neese). Individualbede, die Hufe zu 16 ß (1535/36 LB-Restanten Grabow). Pacht für $^1/_2$ Kirchenhufe 9 Scheffel Roggen (1541/42 KV Neese), später wurden für die ganze Kirchenhufe 2 Drömt Roggen entrichtet (1656 KV Neese).

IV Sackplatzdorf. Ortslage exzentrisch zur Flur.
Kirchdorf.

In der Zeit von 1570 bis 1646 wurden 3 der urpsrünglich 10 Bauernhufen (1538 LB Grabow) des Dorfes Neese gelegt, so daß die Ortschaft nach dem 30jährigen Krieg außer dem 9 Hufen umfassenden Gutshof aus 7

ritterschaftlichen Vollbauern- und 8 Katenstellen (1648 LA Neese) sowie den beiden eigenständigen Hufen der Kirche und Pfarre bestand. Einige Jahrzehnte danach (1703) waren mit den ehedem zum Anteil Hühnerland gehörigen Gutsuntertanen noch 6 Bauern, 5 große Kossaten und 5 Kätner in Neese ansässig. Nachdem 1717/18 je ein Bauernhof und Kossatengehöft zum Hofland gezogen worden waren, trat vorübergehend ein Stillstand im Bauernlegen ein. Zwischen 1766 und 1786 aber wurde die Zahl der bäuerlichen Wirtschaften nochmals um 3 vermindert; spätere Versuche einer Reduzierung der noch vorhandenen Bauernstellen scheiterten am Widerstand der herzoglichen Kammer. Anfang des vorigen Jahrhunderts wurden die Höfe der 6 belassenen Hauswirte auf den „Butenslag“ versetzt.
Der noch 1765 nachweisbare Kirchenbauer wurde vor 1793 von dem Pastor zu Neese gelegt; die Hufe wurde der Pfarre in Erbpacht übergeben und von dem jeweiligen Geistlichen als Pächter genutzt.
Als Jürgen v. d. Jahn die halbe Feldmark Hühnerland von Achim v. Zikker erwarb (1522), geschah dies offenbar nur pfandweise, denn was sonst berechtigte die Zickers, noch 1609 diesen Flurteil zu muten? Im Jahre 1558 legte Hans v. d. Jahn dort von 2 Hufen einen „Ackerhof“ an, während 4 andere Hufen dieser Gemarkung vorerst weiterhin in Bauernhand verblieben. Gegen Ende des 30jährigen Krieges gehörten zum „Hoff Lüthen Hunerlandt“ nur noch 2 „wüste Paur Erben“ (1646 LA Neese), die danach zu Kossatenstellen umgewandelt und nach Neese versetzt wurden. Nachdem „der halbe Hunerland“ wenig später in den Eigenbesitz der v. d. Jahn übergegangen war, wurde die Feldmark der des Hauptgutes Neese einverleibt. In der ersten Hälfte des 18. Jahrhunderts wurde der 1558 entstandene Nebenhof zum Witwensitz („Ohl Fruen Hof“, 1765 DVR) der Neeser Gutsherrschaft eingerichtet, der um 1780 den Namen „Marienhof“ erhielt (Begangnummern 44–49).

V Guts-Bauern-Flur. Schlagwirtschaft (1646 LA Neese), später war das Gutsland verkoppelt, der Bauernacker lag in 3 Schlägen (1765 DVR).

VI 1656 KV Neese: Chim Rafe w., Thomas Muchow (H) w., Jürgen Rabe w., Tias Giese w., Peter Mueß, Hans Grundeßhagen, Tonnies Tiehleke (H) w., Chim Schultze w., Hinrich Stapelfeldt, Kirchenbauer Tonnies Rabe. Kätner: Clauß Brüßow, Hans Raben, Peter Spannier w., Hans Paul jun., Hans Paul sen. (H) w., Claus Klüße w., Hinrich Harlof (H) w., Hans Trüper, Chim Schüneman w., Chim Jeße.

(Die Stellen der mit einem „(H)“ gekennzeichneten Namen gehörten zu Hühnerland.)

1703 KL: Jochim Rabe, Hanß Schultze, Peter Kistenbrecher, Hinrich Paroth, Hinrich Blunck, Frantz Paroth, Jacob Rabe, Paul Steinbock,

Hinrich Schwormstedten Wittibe, Tieß Blunck, Stoffer Möller, Cort Meyer, Hanß Sieman, Engell Jeße, Hanß Schultze, Peter Schmädge. Pensionarius Adam Riebe, Schäfer Philip Becker.

VII

1	Smä(d)wisch *smā̆ᵊviš*	Schmiede Wiese, 1938 FlK.	Su, Wi/Wi
2	Mörderbrauk *mǭ̄ᵒdə\`brauk*	Grisenholtz, 1567 LA Neese; Grisen Holtz, 1570 StK; Moor Holz, 1938 FlK.	Su/Su, Gh
3	Smal Wisch *smål'viš*	Schmale Wiese, 1938 FlK.	Wi/Wi
4	Bree(d) Wisch *\`brēⁱə'viš*	Breite Wiese, 1938 FlK.	Wi/Wi
5	Dammwisch *damviš*	Damm Wiese, 1938 FlK.	Wi/Wi
6	Preisterwisch *praistəviš*	Pfarr Wiese, 1765 DVR; Pastor Wiese, 1938 FlK.	Wi/Wi
7	Middelgraben *midlgråbm*	Mittel Graben, 1656 KV; Mittelgraben, 1706 KV.	Gw/Gw
8	Grot Host *\`groᵘt'hǫst*	Muggenhorst, 1567 LA Neese; Große Horst, 1938 FlK.	Wi/Wi
9	Lütt Host *\`lyt'hǫst*	die Klowenhorst, 1567 LA Neese; de Klauwen Berg, 1570 StK; Kleine Horst, 1938 FlK.	Ödl/Wi
10	Buerwisch *būəviš*	Bauern Wiese, 1938 FlK.	Wi/Wi
11	Torfmaur *tǫᵊfmauə*	Baur-Kavel, 1795 LA Neese.	Su/Wi, Su
12	Kreugers Holt *\`kroigəs'holt*	Hasell Horst, 1570 StK; Krögers Holtze, 1753 GP; die Kröger Horst, 1765 DVR; Krüger Horst, 1938 FlK.	Wi, Su/Wi, Su
13	Gaushost *gaus\`hǫst*	Goeßelhorst, 16. Jh. GK Grabow	Gh/Wi
(14)	Masch	vor der Masch, 1727 GP; über der Masch, 1750 GP; in der Masch, 1765 DVR; in der Masch, 1938 FlK.	Su, Wi/Wi

15	Preisterland *praistəlant*	das Sehlecken Stücke, 1656 KV; Sählen, 1753 GP; Saelen Coppel, 1765 DVR; Soll Koppel, 1938 FlK.	A, Su/A
(16)	Eich-Holtz Koppell	das Hein Holtz, 1570 StK; im Eich Holtze, 1656 KV; die Eich-Holtz Koppell, 1765 DVR.	Gh/A
17	Schapwäsch *śåpveš*		Pf/Pf
18	Binnenkoppel *binⁿkopl̥*		A/A
(19)	hinter den Höfen	die Hin Haefsche Coppell, 1765 DVR; hinter den Höfen, 1938 FlK.	A/A
20	Diekwisch *dīkviš*		Su, Wi/Wi
21	Groetwisch *grœ̄tviš*		Wi, Su/Wi
(22)	Borgwall	Borgwall, 1765 DVR.	Ödl/Wi
23	Hoevken *hœ̄fkən*		A/A
(24)	Kleine Bleich Wiese	Kleine Bleich Wiese, 1765 DVR.	Wi/Wi
25	Ossenkoppel *osnkopl̥*		Wi/Wei
26	Bullenwisch *bulˡviš*		Wi/Wi
27	Spökenhof *spȫkn`hǫf*	achter der Speckunge, 1561 KV; bey Specken Höfe, 1765 DVR.	A/A, Wi, Ödl
28	Sollock *zollok*		Pf/Pf
29	Butenslag *būtnslax*	im Kolbowischen Felde, 1656 KV; aufm Beuer Felde, 1765 DVR.	A/A
30	Kirchenland *kiʳẋn`lant*	an den Heiligen Stücken, 1656 KV.	A/A

(31)	Kurzen Stücken	die kurtzen Stücken, 1656 KV; aufn Korthen Stücken, 1765 DVR; Kurzen Stücken, 1938 FlK.	A/A
32	Butenkoppel *būtnkopl*		A/A
(33)	Middel Koppell	Mittel Feld, 1656 KV; Middel Koppell, 1765 DVR.	A/A
(34)	Trift Koppel	Drift Coppell, 1765 DVR; Trift Koppel, 1938 FlK.	A/A
35	Moidenkoppel *moidnkopl*	die Meuen Coppell, 1765 DVR; Moje Koppel, 1938 FlK.	A/A
36	Moidendiek *moidndīk*	der Meuen Teich, 1765 DVR.	Pf/Pf
37	Rugen Diek *\`rūgn'dīk*		Pf/Pf
38	Zolldiek *tsoldīk*		Pf/Pf
39	Marmelkuhl *ma*^{a}*məlkūl*	Ziegel Kuhle, 1656 KV.	Pf/Pf
40	Buerbarken *būə\`ba*^{a}*kn*		Gh/Gh
(41)	Barcken Camp	der Barcken Camp, 1765 DVR.	A/A
(42)	Viehestedte	Viehestedte, 1656 KV; up de Vehstedt, 1795 LA Neese.	Pf, Ödl/Pf, A
43	Sump *zum*^{p}		Su/Gh
(44)	Winterfelds Kamp	der Windterfelds Camp, 1765 DVR; Winterfelds Kamp, 1938 FlK.	A/A, Gh
45	Ellernkopp *elänkop*		Gh/Gh
46	Fruenswisch *frūgnsviš*		Su, Wi/Wi
47	Kapellenkoppel *ka'pel*^{l}*kopl*		A, Gh/A, Wi

48	Backabenslag *bak'åbmslax*	der Ohle Fruen Hof Acker, 1765 DVR; Alte Frauenhof Kamp, 1938 FlK.	A/A
49	Bäukbarg *boikba*[a]*x*	Hunerlandische Holtz, 1656 KV.	Gh/Gh

VIII

(50) die Anwendunge, 1656 KV, A
(51) vorn Brinke, 1656 KV, A, Ödl
(52) Busch Wiese, 1656 KV, Wi
(53) bey Claas Kohlhoff, 1795 LA Neese, A
(54) an dem Großen Holtz, 1765 DVR, Gh
(55) die Halbe Hufe, 1656 KV, A
(56) Hof Koppell, 1765 DVR, A
(57) in der Katengrund, 1795 LA Neese, A
(58) der Klein Rohr Teich, 1765 DVR, Pf
(59) achter dem korten Busche, 1561 KV; bey dem Kurtzen Busche, 1656 KV, Gh, Wi
(60) die Krahmer Horst, 1765 DVR, Ödl
(61) die Krohns Horst, 1765 DVR, Ödl
(62) auf die Lange Breede Stücken, 1795 LA Neese, A
(63) auf die Langen Stücken, 1795 LA Neese, A
(64) die Lüthen Schläge, 1765 DVR, A
(65) im Poggensieke, 1561 KV; vorn Poggen Sieke, 1656 KV; im Poggen Sieck 1795 LA Neese, Wi
(66) Priester Baur Wiese, 1765 DVR, Wi
(67) das Schlehen Stücke, 1656 KV, A
(68) an der Weteringe, 1656 KV, Pf.

87

Kremmin

kre'mīn

Cremmyn 1354, Cremyn 1373, Kremmyn 1380 MUB, Cremmyn 1424 CDB

I Ältere Bronzezeit: Urnenfeld („Blöck"). Ältere Eisenzeit: Siedlung („Voßkamp"). Jüngere Eisenzeit: Siedlung („Voßkamp"), Eisenverhüttungsplatz („Moiden").

II Kommuniondorf, 1820 zum Domanium.

III 14 Hufen – darunter 1 Freihufe (1520 AB Grabow) – und 8 Katen (1540 LB Grabow). Pauschalbede von 10 Mark lüb. (1520 AB Grabow), nach 1535 Individualbede, die Hufe zu 16 ß (1535/36 LB-Restanten Grabow). Die Naturalpacht für eine Hufe schwankte zwischen 16 und 24 Scheffel Roggen, die entsprechende Geldpacht betrug 1, $1^1/_2$ und 2 Gulden (1520 AB Grabow, 1656 KV Grabow).

IV Sackplatzdorf. Ortslage exzentrisch zur Flur.

Bis 1638 befand sich in Kremmin eine Filialkirche von Beckentin. Während kirchliche Gemeinschaften in der zweiten Hälfte des 14. Jahrhunderts den alten Besitz der Pynnow, Eickhorst und Dargeslav in Kremmin aufkauften, verlieh Herzog Heinrich im Jahre 1380 den Lützows 3 Hufen daselbst. Um 1520 gehörten von den 14 Hufen des Dorfes deren 7 dem Landesherrn, 4 verschiedenen geistlichen Stiftungen und 3 der Ritterschaft, die darüber hinaus noch die 8 Katenstellen des Ortes besaß. Die drei ritterschaftlichen Hufen verteilten sich auf 3 Höfe, von denen 2 mit je $^1/_2$ Hufe und der dritte mit 2 Hufen ausgestattet waren. Carsten Ulrich Sperling legte um 1621 den Doppelhufner und richtete auf dem Gehöft eine Eigenwirtschaft ein. Nach dem 30jährigen Krieg und noch 1716 saßen zwar wieder Bauern auf jener Stelle, doch als das Domanium im Jahre 1761 diesen ritterschaftlichen Anteil erwarb, war darauf abermals ein kleiner Meierhof entstanden, der aber wenig später vom Amt aufgelöst wurde.

Das Lehngut Neese besaß als Pertinenz seit alters 4 Katen zu Kremmin, die sämtlich im 30jährigen Krieg wüst wurden. Die v. d. Jahn ließen die Hausstellen eingehen und nahmen die Katenländereien in eigene Bewirtschaftung. Zur Ablösung dieses letzten fremden Besitzanteils an der Feldmark Kremmin trat das Amt im Jahre 1785 mit der Neeser Gutsherrschaft in Verhandlungen ein, die nach mehr als drei Jahrzehnten (1820) zu einem Erfolg führten.

V Regelmäßige Gewannflur. Schlagwirtschaft (1724 LV).

VI 1586 AB Grabow: Thomas Krueger, Simon Ketelhan, Marten Powell, Kratzman, Michael Guthan, Hans Ketelhon, Chim Griese (unvollständige Liste, da fast alle ritterschaftlichen und sämtliche geistlichen Untertanen fehlen).

1654 AB Grabow: Drewes Brünning, Jochim Kroeger, Chim Kroeger w., Jochim Sohm, Simon Richert, Chim Gothan w., Bartholomewes Wilcke w., Chim Ketelhone w., Jacob Niebuhr, Jürgen Suckauw, Hinrich Blome. Kätner: Chim Thomas w., Chim Pancke w., Chim Brüning w., Abel Wilck w., Jasper Krambeer w., Jürgen Ketlhone w., Marten Eggert w.

1716 Prästandenliste: Daviedt Brüning, Jochim Trampter, Hinrich Karckhof, Hanß Rahtsack der Kirchen Baur, Jacob Niebuhr, Davied Brüning Drevs Sohn, Johan Harmst, Hanß Schütt, Simon Reichert und 1 wüste Stelle.

VII

1	Meyn *maiən*	der Meien Graben, 1818 VR.	Gw/Gw
(2)	an die Meuen	an die Meu, 1753 GP; an die Meuen, 1770 DVK.	Su/Wi, Wei
(3)	Ockelland	auf dem Öckel Lande, 1761 Kaufkontrakt; Ockel Land, 1770 DVK; Ockelland, 1783 FR.	A/A
4	Hinnelst Koppel *ˋhinlst′kopl*	Große Mohr, 1770 DVK; im Großenmoor, 1818 VR.	Su, A/A
5	Vörrelst Koppel *ˋförlst′kopl*	auf den kurzen Kaveln, 1761 Kaufkontrakt; Korte Caveln, 1770 DVK; Kort Kabeln, 1783 FR.	A/A
(6)	Mittel Slägen	Mittel Slägen, 1770 DVK.	A/A
(7)	achtern Möhren	zwischen Mohren 1746 GA; zwischen den Möhren, 1761 Kaufkontrakt; achtern Möhren, 1770 DVK.	Su, A/A
(8)	Trenn Mohr	Trenn Mohr, 1770 DVK; Trenn Mohr, 1783 FR.	Su/A, Su
9	Moiden *moidn*		A, Su/A
(10)	Bend-Stücken	manck den Bendtstücken, 1561 KV Beckentin; Bendtstücken, 1603 KV Beckentin; Bendstücken, 1770 DVK; Bend-Stücken, 1783 FR.	A/A
(11)	groß Heide Stücken	groß Heide Stücken, 1770 DVK.	A, Ödl/A
12	Voßbarg *fǫsbaᵃx*	Fuchsbergen, 1761 Kaufkontrakt; Foß Bergen, 1770 DVK; Voßbergen, 1783 FR.	A, Ödl/A
(13)	Graben-Stücken	zwischen den Graben, 1761 Kaufkontrakt; zwischen die Graben, 1770 DVK; Graben-Stücken, 1783 FR.	A/A

(14)	Dwas Enden	Dwas Enden, 1753 GP; Dwas-Enden, 1761 Kaufkontrakt; Dwas Enden, 1783 FR.	A/A
15	Langstücken *`laŋ'stykn*		A/A
16	Masch *maš*	Masch, 1770 DVK; auf der Masch, 1789 OA; auf der Masch, 1816 GA.	A, Wi/A, Wei
17	Sumpweg *zum*^{p}*vex́*		Fw/Fw
18	Wätering *vătəriŋ*	bey der Wässerung, 1761 Kaufkontrakt; Wäteringen, 1770 DVK; aufn Weteringen, 1783 FR.	Pf/Pf, A
19	Mourweg *mo*^{u}*əvex́*		Fw/Fw
20	Försteracker *fǭ*$^{\bar{ǫ}}$*stə`akə*	aufm Lang Cavel, 1746 GA; im langen Cavel, 1747 GA; aufn Lang Kafeln, 1753 GA; Lange Caveln, 1770 DVK; auf der Langkavel, 1811 GA.	A/A
21	Scheperkamp *šēpəkam*^{p}	der Schäfer Kamp, 1818 VR.	A/A
22	Larchenstücken *la*^{a}*xnstykn*		A/A
23	Blöck *blök*	auf dem Block, 1761 Kaufkontrakt.	A/A
24	Bäunerwischen *boinəvišn*	die Große Wiese, 1753 GP; Große Wisch, 1770 DVK; in der großen Wiese, 1816 GA.	Wi/Wi
(25)	beim Klueßdhamme	by deme Klußdämme, 1561 KV Beckentin; beim Klueßdhamme, 1603 KV Beckentin.	Wi, Fw/A, Fw
26	Gillkamp *gilkam*^{p}	der Gill Kamp, 1818 VR.	A/A
27	Kirchstieg *ki*^{r}*x́stīx́*		Stg/Stg
28	Söhrenbarg *zŏənba*^{a}*x*	auf den Hohen Berg, 1770 DVK; Söhrenberg, 1783 FR.	A/A

(29)	Gosestücken	auf den Goose-Stücken, 1761 Kaufkontrakt; Gosestücken, 1770 DVK; auf den Goosstücken, 1816 GA.	A/A
30	Försterwisch *fǫ̈ᵊstəviš*		Wi/Wi
31	Eckerswisch *ekəsviš*	die Egger-Wiese, 1761 Kaufkontrakt.	Wi/Wi
32	Middelgraben *midlgråbm*		Gw/Gw
33	Hofwischen *hǫfvišn*	Hofwiesen, 1787 OA; Hofwiese, 1821 GA.	Wi/Wi
34	Scholacker *šoᵘl̥ˋakə*		A, Wi/A, Wi
35	Schultenwisch *šultnviš*	Schulzen Wiese, 1788 GA.	Wi/Wi
36	Schultenkamp *šultnkamᵖ*	Schulzen Acker, 1788 GA; Schulzen Kamp, 1818 GA.	A/A
37	Dannenkoppel *danⁿkopl̥*	der Neeser Camp, 1762 RA; Neesche Camp, 1770 DVK; der Neesesche Kamp, 1783 FR; Neeser Kamp, 1818 VR.	A/A, Ödl
38	Otterkuhl *odə ˋkūl*	in der Otter Kuhl, 1787 OA.	Wi/Wi
39	Voßkamp *fǫskamᵖ*		A/A
40	Rohrbarg *rōəbaᵃx*		Wi/Wi
41	Nachtkoppel *naxtkopl̥*	in der Nachtkoppel, 1812 GA.	Wi, Su/Wi
42	Grammhost *gramhǫst*	die Gramm Horst, 1750 GP; Grammhorst, 1770 DVK; auf der Gramm/Grammen-Horst, 1787 OA; die Grammhorst, 1818 VR.	Wi, Su/Wi
43	Hägholt *hăx́holt*	auf der Holtzwiese, 1746 GA; die Holz Wiese, 1761 Kaufkontrakt; Hege Holtz, 1770 DVK; im Hegeholz, 1818 VR.	Wi/Wi

44	Gooswisch *gousviš*		Wi/Wi
(45)	Dorfstädte	aufm Dorfstedten, 1746 GA; auf der Dorfstedte, 1753 GA; Dörpstäden, 1770 DVK; die Dorfstädte, 1783 VR.	A/A
46	Papstrüken *påp\`strükn*	Papstrücken, 1770 DVK.	A/A
(47)	Fünf Stücken	Fünf Stücken, 1770 DVK.	A/A

VIII

(48) Berbaumstelle, 1821 GA, A
(49) im Binnenhof, 1747 GA, A
(50) im Brinckhoff, 1746 GA; in den Brinckhöfen, 1816 GA, A
(51) Bültenwiese, 1812 GA, Wi
(52) im Dyckholte, 1561 KV Beckentin, Wi, Su
(53) Ellerbusch, 1750 GP, Su
(54) im Forthoff, 1746 GA; Forthof, 1806 GA, Wi
(55) in Haar Struven, 1746 GA, A
(56) Heidenholts Wiesen, 1787 OA, Wi
(57) die Hilligen Wischen, 1684 Eingabe Ulrich v. d. Jahn, Wi
(58) die Hölten Wiese, 1761 Kaufkontrakt, Wi
(59) hinter der Horst, 1811 GA, Wi
(60) aufm Kiel, 1746 GA, A
(61) in der Koppel, 1825 GA, A
(62) an die Landwehre, 1750 GP; hinter die Land Wehre, 1783 OA, A
(63) Lang Wisch, 1787 OA; auf der Langenwiese, 1825 GA, Wi
(64) in der Neddel-Horst, 1818 GA, Wi
(65) auf der neuen Wiese, 1746 GA; die neue Wiese, 1761 Kaufkontrakt, Wi
(66) Papen Stücke, 1761 Kaufkontrakt; Paap-Stücken, 1783 FR, A
(67) Radeland, 1761 Kaufkontrakt, A
(68) die Schmädgens-Wisch, 1787 OA, Wi
(69) by dem Snhüuer sale, 1561 KV Beckentin; Schnüer Salhe, 1603 KV Bekkentin, Pf, A
(70) auf der spitzen Riet, 1761 Kaufkontrakt, A
(71) im Sump, 1747 GA; auf dem Sump, 1753 GA; Sumpf-Stücke, 1761 Kaufkontrakt; Sumpf-Stücken, 1783 FR; auf dem Sumpf, 1816 GA, A, Su
(72) Winckel Wiese, 1747 GA; im Winckel, 1753 GA; Winckel Enden, 1783 FR, Wi, A
(73) Wischblecken, 1746 GA; auf der Wisbläk, 1811 GA; auf den Wischplecken, 1816 GA, A.

88

Hühnerland

haunəlant

Hunrelant 1275 CDB, Hunreland 1373 MUB, im Honre Lande 1515 LA Hühnerland

I Jüngere Steinzeit: Steingeräte. Frühdeutsche Zeit: Burganlage.

II Ritterschaftlich.

III 6 Hufen – in den LB-Registern (1538 ff.) als steuerpflichtige „Houe Howenn" unter Neese aufgeführt – gehörten vor dem Jahre 1510 zu Hühnerland. Individualbede, die Hufe zu 16 ß (1538 LB Grabow).

IV Hof. Ortslage exzentrisch zur ehemaligen Gesamtflur.

Der Ort, ein alter Rittersitz an der Grenze mit der Prignitz, besaß von Anbeginn eine flächenmäßig nur kleine Gemarkung. Nach dem Aussterben der v. Eykhorst (1501), die entweder selbst Inhaber dieses Lehns gewesen waren oder zumindest gewichtige Ansprüche daran besessen haben müssen, führten die Auseinandersetzungen über die nicht unbedeutende Hinterlassenschaft des genannten Geschlechts zur Aufteilung von Hühnerland (1510). Dabei fiel mehr als die Hälfte der Feldmark mit sämtlichen Bauern an die v. Zicker auf Brenz, die ihr Erbe jedoch bald danach (1522) an Georg v. d. Jahn auf Neese versetzten; Achim v. Winterfeld als Gläubiger erhielt bei der Teilung die Restflur mit dem Adelshof und dessen Pertinenzien. Dieses auswärtige Zubehör Hühnerlands bestand um die Mitte des 16. Jahrhunderts aus Hufenbesitz in Warnow, Slate, Brunow, Ziegendorf, Pampin und Drefahl sowie solchem auf der Wüstung Alt Bauerkuhl (1548, 1575 LA Hühnerland). Nach vorangegangener Verpfändung (1680–1697) verkauften die Winterfeld das Gut an J. H. v. Ditten auf Werle (1698). Im Jahre 1766 wurde das bisherige Hauptlehngut Hühnerland nach Werle „incorporiert" und verlor seine Eigenständigkeit.

V Gutsflur. Schlagwirtschaft, 5 Ackerschläge (1765 VR).

VI Bauernnamen, soweit feststellbar cf. Nr. 86 Neese, VI.

VII

(1)	Koppel	die Koppel, 1765 DVK.	A/A

2	Meyn *maiən*	Moine, 1570 LA Balow.	Gw/Gw
(3)	Brand Wiese	die Brand Wiese, 1765 DVK.	Wi/A
(4)	Gerichts Platz	der Gerichts Platz, 1765 DVK.	A/A
(5)	Sump Wisch	die Sump Wisch, 1765 DVK.	Wi, Su/Gh
6	Wohld *vō͞ult*	im Woold, 1765 VR.	Gh/A, Gh

VIII

(7) im Dieck, 1765 VR, Su
(8) upn Vehstäden, 1765 VR, Gh.

89

Werle

vā͞rl, vā͞dl

Werle 1356 MUB, Werle 1538 LB Grabow

I Jüngere Steinzeit: Funde. Frühdeutsche Zeit: Turmhügel, Burganlage.

II Ritterschaftlich.

III 14 Bauernhufen und 10 Katen (1538 LB Grabow), ferner 1/2 Pfarrhufe (1535/36 LB-Restanten Grabow); über die Anzahl der in der ersten Hälfte des 16. Jahrhunderts von den damals 3 Rittersitzen bewirtschafteten Hofhufen fehlen genaue Angaben. Individualbede, die Hufe zu 16 ß (1538 LB Grabow). Naturalpacht je Hufe 16 Scheffel Roggen und 4 Scheffel Gerste (1580 LA Werle).

IV Sackplatzdorf. Ortslage zentral zur Flur.

Kirchdorf.

Durch Realteilung unter den v. Ditten entstanden bereits vor 1505 neben dem alten Rittersitz des Geschlechts 2 weitere Adelshöfe in Werle. Als um 1561 dort ein vierter Junkerhof errichtet wurde, trug zur Erhaltung des durch die Zersplitterung bedrohten Familienbesitzes zweifellos der Umstand bei, daß die Ditten von ihren Hintersassen bis ins 18. Jahrhundert die zwar altertümliche, jedoch relativ wertbeständige Naturalpacht forderten. Nach Einrichtung ihrer Eigenwirtschaften saßen die Lehnsvettern als Grundherren noch über 12 Bauern und 8 Kätner zu Werle, 12 Bauern zu Wanzlitz, 9 Bauern und 4 Kätner zu Zierzow sowie je 2 Bauern und Kätner zu Reckenzin und Warnow. Zwischen 1665 und 1766 erwarben die Nachkommen des ehedem am wenigsten begüterten Zweiges der Familie nach und nach sämtliche Anteile von Werle und vereinigten das von ihren Vorfahren auseinandergerissene Lehn wieder in einer Hand.

Der sich bis zum Jahre 1569 aus der Errichtung von mehreren Ritterhöfen in Werle ergebende Verlust an bäuerlichen Wirtschaften betrug zumindest 4 Hufen und 2 Katen, so daß danach den Ditten an ihrem Wohnort noch 20 Untertanen verblieben (1570 LB Grabow). In den folgenden Jahrzehnten enthielten sich die Gutsherren offenbar weiterer Eingriffe in das dörfliche Gefüge, denn ausweislich der Kirchenvisitation von 1656 bestand damals der Ort ohne die 4 Adelssitze noch aus 20 Gehöften. Von diesen waren infolge der Auswirkungen des 30jährigen Krieges nur 12 mit Hauswirten besetzt, während 8 Stellen wüst lagen und bald darauf von den Junkern zu ihren Eigenwirtschaften gezogen wurden. Zu Beginn des 18. Jahrhunderts waren in Werle 3 Hufner, 7 große und 2 kleine Kossaten ansässig (1703 KL); nach dem Brand von 1719, der fast das ganze Dorf einäscherte, wurde eine der Kossatenstellen nicht wieder aufgebaut und das Land zum Gutsacker genommen. Für geraume Zeit blieben die nunmehr 11 Gehöfte nicht nur zahlenmäßig sondern auch in der Größe (1765 = 62605 Quadratruten Bauernland) unverändert erhalten, dann aber wurden innerhalb weniger Jahrzehnte 7 Stellen gelegt (1766–1792), die nachgelassenen 4 Bauern wurden zu Viertelhufnern herabgedrückt und später (1846) nach Wanzlitz umgesiedelt.

V Guts-Bauern-Flur. Schlagwirtschaft, 3 Ackerschläge (1665 LA Werle), in der zweiten Hälfte des 18. Jahrhunderts lag das Hofland in 11 Binnen- und 4 Außenschlägen, das Bauernland nach wie vor in 3 Schlägen (1765 DV).

VI 1656 KV Werle: Hans Peinen, Jochim Raben, Jochim Gotthanen, Hans Frahme, Thomas Schelle w., Dietrich Techmer w., Asmus Knohp, Jochim Schultze, Carsten Timmerman, Tias Timmerman, Christopher Bulß, Claus Wieneke w., Tias Schieleke, Jacob Klauwschinke w., Chim Kahle w., Marten Fentzmar w., Erdtman Klauwschinken, Dreves Bochinen w., Claus Guthanen w., Chim Hagelstein w. Einlieger: Adam Gothan.

1703 KL: Claus Gutthan, Levin Witte, Johan Bulß. Kossaten: Hanß Ohrtman, Clauß Pantz, Hanß Jost, Hanß Klauschinck, David Witte, Jochim Gutthans Wittwe, David Bulß, Jürgen Möller, Christian Lübcke.

VII

1	Wohld *vō^{u}lt*	im Woold, 1765 DVK.	Gh/F
2	Swarten Barg *sva^{a}tn'ba^{a}x* *svat-*	Woold Schlag, 1765 DVK; große Wohl-Koppel, 1766 VR.	A/A
3	Taterbusch *tātəbuš*	der Taterbusch, 1765 DVK.	Gh, Su/F
4	Kuhlwisch *kūlviš*	in der Kuhlwiesen, 1706 LA Werle; die Kuhl Wisch, 1765 DVK.	Wi/Wi
(5)	Diecks Horst	die Diecks Horst, 1765 DVK.	Gh/F
6	Diek *dīk*	vorm Teiche, 1674 LA Werle; in dem Werlschen Teich, 1689 LA Balow; im Dieck, 1765 DVK.	Gh, Su/F
(7)	im Dümpel	im Dümpel, 1765 DVK.	Gh, Su/F
8	Stökampswisch *stö̆kam^{p}sviš*	die Steu Wiesen, 1765 DVK.	Wi/Wi
9	Stökamp *stö̆kam^{p}*	der Steu Kamp, 1765 DVK.	A/F
(10)	Steu Berg	der Steu Berg, 1765 DVK.	Gh/F
(11)	Rade Kamp	der Rade Kamp, 1765 DVK	A/A, F
12	Vier *fīə*	vor dem Vier, 1674 LA Werle; im Vier, 1765 DVK.	Gh, Su/F
(13)	im Läpel Hörn	im Läpel Hörn, 1765 DVK.	Su, Wi/F
(14)	Diecks Schlag	Diecks Schlag, 1765 DVK; die Diecks Koppel, 1766 VR.	A/A
(15)	Viersche Schlag	Viersche Schlag, 1765 DVK; die Viers Koppel, 1766 VR.	A/A
(16)	im Spitzen Ort	Kraus Eich Schlag, 1765 DVK; im Spitzen Ort, 1766 VR.	A/A
(17)	Mühlen Schlag	Mühlen Schlag, 1765 DVK.	A/A
(18)	Bahlen Schlag	Bahlen Schlag, 1765 DVK.	A/A

19	Wätering *vätəriŋ*	tendest der Weterunghe, 1656 KV; bey der Weteringe, 1665 LA Werle; die Weteringe, 1674 LA Werle.	Pf/Pf
(20)	Kemp Koppel	in die Kämpe, 1706 LA Werle; Weterings Schlag, 1765 DVK; die Kemp Koppel, 1766 VR.	A/A
21	Butenslag *bütnslax*		A/A
(22)	Baueracker	Baueracker, 1765 DVK.	A/A
(23)	in der Kiewitz Coppel	in der Kiewitz Coppel, 1765 DVK.	A/A
24	Galgenbarg *galgnbaᵃx*	bey dem Gerichte, 1614 LA Werle; beym Gerichte, 1665 LA Werle; der Gerichtsberg, 1765 DVK.	Ödl, A/Ödl
(25)	Stücken Diecks Coppel	die Stücken Diecks Coppel, 1765 DVK.	A/A
(26)	Stücken Dieck	der Stücken Dieck, 1765 DVK.	Pf/Pf
(27)	Kleine Koppel	Kleine Koppel, 1765 DVK.	A/A
28	Hee(d)strang *hēⁱstraŋ*	am Heidenstrangk, 1674 LA Werle; der Heiden Stranck, 1765 DVK.	Su, Gh/F
(29)	Berken Koppel	die Berken Koppel, 1765 DVK.	A/A
30	Barkenweg *baᵃknvex́*		Fw/Fw
31	Nädenfeld *nädnfelt*	auf den Niederfeldern, 1674 LA Werle; im Nedderfelde, 1766 VR.	A/A
(32)	Krüger Acker	Krieges Stücke, 1665 LA Werle; Krüger Acker, 1765 DVK.	A/A
33	Bökhost *bökhǫst*	hinter der Buchhorst, 1674 LA Werle; die Buchhorst, 1765 DVK.	Gh, Su/F
34	Darn(it)z *daᵃns*	die Darnitz, 1570 LA Balow; die Darntz, 1689 LA Balow.	Gw/wG
35	Hee(d)wisch *hēⁱviš*	in der Heidtwiesen, 1614 LA Werle; die Heidwische, 1665 LA Werle; die Heidwiesen, 1765 DVK.	Wi/Wi

36	Hinnenwisch *hin^{n}viš*	die Hinten Wische, 1674 LA Werle; die lange Hinnenwisch, 1765 DVK.	Wi/Wi
37	Langen Diek *ˋlaŋ^{n}ˊdīk*	der Lange Dieck, 1765 DVK.	Pf/Pf
(38)	Wall Dieck	der Wall Dieck, 1765 DVK.	Pf/Pf
39	Rohrdiek *rō^{ə}dīk*	der Rohr Dieck, 1765 DVK.	Pf/Pf
40	Bullenuhrt *bul^{l}ū^{ə}t*	in dem Bullen Ohrte, 1656 KV; im Bullen Ort, 1765 DVK.	Wi, Su/Wi
(41)	in die Ellern	in die Ellern, 1765 DVK; in Ellern, 1766 VR.	Su, Gh/F
42	Vöddelst Ellern-koppel *ˋfø̜dlstˊelänkopl*	die vorderste Eller Koppel, 1765 DVK.	Wi/Wi
43	Middelst Ellern-koppel *ˋmidlstˊelänkopl*	die mittelste Eller Koppel, 1765 DVK.	Wi/Wi
44	Hinnelst Ellern-koppel *ˋhinlstˊelänkopl*	die hinterste Eller Koppel, 1765 DVK.	Wi/Wi
(45)	in die Capelle	in die Capelle, 1765 DVK; die so genante Capelle, 1766 VR.	Su, Gh/F, A
46	Kapellwisch *kaˊpel^{l}viš*	die große Kappelwische, 1665 LA Werle; die große Kapellen Wische, 1674 LA Werle; Capell Wiese, 1765 DVK.	Wi/Wi
47	Rohrwisch *rō^{ə}viš*		Wi, Su/Wi
48	Ilensoll *īl^{l}zǫl*	das Ihlen Soll, 1765 DVK.	Gh, Su/F
(49)	auf den Brandt-stücken	die Brandtstücken, 1674 LA Werle; auf den Brandtstücken, 1765 DVK.	A/F
50	Klorhost *klo^{u}əhost*	an der Klarhorst, 1689 LA Balow; in die Klaar Horst, 1765 DVK; die Clare Horst, 1766 VR.	Gh, Su/F

51 Klorhostwisch Su/Wi
'klouəhǫst'viš

VIII

(52) breit Stücke, 1614 LA Werle; Breith Stücke, 1656 KV; Breit Stücke, 1665 LA Werle, A
(53) im Ditten Felde, 1614 LA Werle, A
(54) an die Drift, 1674 LA Werle, Fw, Wi
(55) in der Ebelsueringe, 1614 LA Werle, Wi
(56) die Fluet, 1689 LA Balow, Su, Gw?
(57) am Grabouschen Stiege, 1665 LA Werle, Stg, A
(58) auf dem grossen Kampfe, 1614 LA Werle; nach dem Großen Kampe, 1674 LA Werle, A
(59) aufm großen Lande, 1665 LA Werle, A
(60) Halbstück, 1665 LA Werle, A
(61) der hillgen Acker, 1561 KV; zwischen den heyligen Stücken, 1665 LA Werle; Kirchen Acker, 1674 LA Werle, A
(62) Hofstücken, 1674 LA Werle, A
(63) die Holländer Koppel, 1766 VR, A
(64) die Kavelwische, 1665 LA Werle, Wi
(65) die Kiehlstücken, 1674 LA Werle, A
(66) die kleine Kappelwische, 1665 LA Werle; die kleine Kapellen Wische, 1674 LA Werle, Wi
(67) den Kleinen Bullenort, 1665 LA Werle, Wi
(68) Klewer Hof, 1766 VR, A
(69) hinter den Kohlhöfen, 1656 KV, A
(70) im Mittelfelde, 1656 KV, A
(71) die neuwe Wische, 1674 LA Werle, Wi
(72) das Ober Feld, 1614 LA Werle; das Oberfeldt, 1674 LA Werle, A
(73) am Reckenzienschen Forthe, 1656 KV, Ft, Wi
(74) an die Röht Kuhle, 1674 LA Werle, Pf
(75) die Schellen Wiese, 1674 LA Werle, Wi
(76) Schmahles Stück, 1656 KV; schmahle Stücken, 1674 LA Werle, A
(77) vorn vierischen Graben, 1665 LA Werle, Gw
(78) auf den Vierschen Wege, 1674 LA Werle, Fw
(79) Witten Koppel, 1766 VR, A
(80) bey der Wolfe Kulen, 1614 LA Werle, Pf?

90

Balow

bālō

mit Wüstung Vergelatz

Balowe 1370, Balowe 1389 MUB, Balowe 1464 LA Balow
Vergelatz 1464, Vergelatze 1481, Fergelatze 1570 LA Balow

I Jüngere Steinzeit: Steinbeil („Soelen"). Jüngere Bronzezeit: Urnenfeld („Kösteracker"). Frühdeutsche Zeit: Turmhügel (Gutspark).

II Ritterschaft, von 1632 bis 1766 vorübergehend Kommuniondorf.

III 8 Bauernhufen und 12 Katen (1535/36 LB-Restanten Grabow) sowie 4 Hofhufen. Pauschalbede von 11 Mark lüb. (1535/36 LB-Restanten Grabow). Einzelpacht je Hufe 1 Drömt Roggen, 6 Scheffel Gerste (1382 MUB), nachmals je Halbhufe 2 Fl. und 4 Scheffel Hafer (1654 AB Neustadt); für eine Hufe im „Wenddorpe tu Balowe" wurden an Pacht 14 Scheffel Roggen entrichtet (1389 MUB).

IV Sackplatzdorf, zwei Dorfkerne (Balow und Vergelatz?). Ortslage etwas exzentrisch zur Flur.

Filialkirche von Dambeck.

Die Dargeslav, ein Geschlecht das seit alters in Balow begütert und dort sehr wahrscheinlich schon Ende des 13. Jahrhunderts auf einem Ritterhof seßhaft war, veräußerten ihren Besitz im Jahre 1464 an Lüder v. Lützow. Wenig später ging das Lehn, zu dem als Pertinenzien die Wüstungen Horst und Vergelatz gehörten, an die Rohr auf Neuhausen über (1481). Da weder die Lützow noch die Rohr sich in Balow ansässig machten, wurden die 4 bedefreien Hufen des Rittersitzes von den Grundherren mit Bauern besetzt. Als die Rohr Anfang des 17. Jahrhunderts in Vermögensverfall gerieten, kaufte das Domanium von den insgesamt 30 Halbhufenstellen des Dorfes deren 11 an (1632) und löste 4 weitere, damals verpfändete Gehöfte später ein. Die andere Hälfte des Ortes hatte kurz zuvor (1629) Jochim v. Winterfeld auf Hünerland erworben. Nach dem 30jährigen Krieg wurde aus 9 wüsten ritterschaftlichen Bauernstellen ein Meierhof gebildet, so daß sich die Gesamtzahl der bäuerlichen Anwesen auf 21 verringerte (1706 KV Dambeck), während sich andererseits die der Kossaten geringfügig (4) erhöhte. Im Jahre 1698 kam durch den Verkauf von Hühnerland auch der adlige Anteil in Balow, bestehend aus dem Hof sowie 6 Bauern und 4 Kossaten an die Ditten auf Werle, die sich zunächst ihren neuen Untertanen gegenüber ziemlich loyal verhielten. Als aber das Domanium und die Werler Gutsherrschaft im Permutationsvertrag von 1766 zur Hebung der zwischen beiden in mehreren Dörfern bestehenden Kommunion schritten und diesem Arrangement zufolge ganz Balow an die Ditten fiel, wurde bis zum Jahre 1792 die halbe Bauernschaft des Ortes von den Junkern gelegt. Die übrigen bäuerlichen Wirtschaften, 10 Halbhufner und 3 Kossaten, wurden bei der mit landesherrlicher Genehmigung durchgeführten „Hauptveränderung des Dorfes" zum Rittergut auf 6 Kossatenstellen reduziert (1817), die nach Umsetzung auf das diesen Gehöften zugewiesene Land erhalten blieben.

V Guts-Bauern-Flur. Bis 1766 keine Schlagwirtschaft nachweisbar. Die Wüstung Vergelatz, welche dem „Dorfe Balow, dieweil es sonsten eine geringe veldtmarcke gehabt, zugeschlagen worden" (1570 LA Balow), lag vermutlich östlich des Ortes zwischen den beiden Wasserläufen der Löcknitz. Vergelatz grenzte somit an zwei andere Wüstungen: Horst im Norden sowie Rosenwinkel im Osten.

VI 1654 AB Neustadt: Oloff Klaen, Hanß Schroeder, Marx Boekman, Henning Lüder, Hanß Schultz, Chim Giese w., Marten Lembcke w., Cheel Schultz w., Chim Lawke w., Claußs Isebein w., Erdtman Hinrich w., Tewes Schultz w., Simon Klaen w., Baltzer Madauß w., Jochim Juege w., Marx Boythin, Jochim Nieman, Hanß Lüdeman w., Tomas Zachel w., Hanß Muchow w., Jochim Schultz w., Berendt Lawke w., Stoffer Mörder, Simon Klaen, Mewes Lüdeman, Hanß Gantzel w., Adam Schultz w., Jochim Zachel w., Jacob Lüdeman, Bartolt Brill. Kossat: Hanß Zacheel.

1706 KV Dambeck: Jochim Christian Klöhn, Hans Schröder, Stoffer Büchman, Jochim Lüder, Oloff Mörder, wüste Stelle, Adam Jüch, Stoffer Vonsinen, Hinrich Wachals, Oloff Prille, Jochim Schultz, Steffen Schütte, Marx Baguhn, Jürgen Schultz, Marx Büchman, Jochim Baguhn, Johan Reuse, Jochim Hintze, Claus Grünewold, Hans Miest, Hans Prille. Kossaten: Oloff Baguhn, Bartelt Prille, Chel Gülcke, Jochim Mörder, Peter Topp.

VII

1	Klorhostwisch *\`klo^{u}əhǫst'viš*	die Klarhorst-Wiesen, 1949 FlK.	Wi, Su/Wi
2	Klorhost *klo^{u}əhǫst*	Klarhorst, 1671 LA Balow; in der Klarhorst, 1766 DVK; die Klarhorst, 1949 FlK.	Su, Gh/F
3	Starkenkoppel *sta^{a}knkopl*		Su, Wi/Wei

(4)	Knacken Kamp	Knaeken Kamp, 1671 LA Balow; Knacken Kamp, 1766 DVK.	Wi, Su/Wei
5	Piepensack *pīpmzak*	im Piepen Sack, 1766 DVK; im Pfeifensack, 1949 FlK.	Wi/Wi
(6)	Holtz Flaschen	Holtz Flaschen, 1766 DVK.	Su, Wi/Wi
(7)	Flachs-Wiesen	Flas Wiesen, 1766 DVK; Flachs-Wiesen, 1949 FlK.	Wi/Wi
8	Sägwisch, Aantenfang *zǟx́viš, åntnfaŋ*		Wi/Wi
9	Flaßen *flāsn*		Su, Wi/Wi
10	Hägholt *hǟx́holt*	im Haege Holtz, 1766 DVK; im Hege-Holz, 1949 FlK.	Su, Gh/F
11	Möörensollwisch *mȫənzol̥\`viš*	Möhrensoll-Wiese, 1949 FlK.	Su/Wi
12	Bäwersdörp *bǟvəsdǫ̈̄ᵊp*		Wi, Su/Wi
13	Hinnelst Koppel *\`hinlst′kopl̥*		Gh, Su/A
14	Buermaschen *būəmašn*		Wi, Su/Wi
15	Kosteruhr *kostərūᵊ*	Cosserorth, 1671 LA Balow; im Kosser Orth, 1766 DVK; im Koster-Orth, 1811 LA Balow.	Su/Gh, Wei
16	Schultenwisch *šultnviš*		Wi/Wi
(17)	Kossen Enden	im Coste End/Cosserend, 1671 LA Balow; Coßer Enden, 1683 LA Balow; Kossen Enden, 1766 DVK.	A/A
18	Lütt Koppel *\`lyt′kopl̥*		A/A
(19)	Kossen Land	Kossen Land, 1766 DVK.	A/A
20	Grot Koppel *\`grouᵘt′kopl̥*		A/A

(21)	Schulzen Kämpe	Schultzenkamp, 1671 LA Balow; die Schulzen Kämpe, 1766 DVK.	A/A
22	Liepenwisch *līpmviš*		Wi/Wi
23	Soelenwisch *zœ̄lˡviš*	Söllen Wiese, 1949 FlK.	Wi/Wi
(24)	Saelsche Kamp	Saelsche Kamp, 1766 DVK.	A/A
25	Soelen *zœ̄lˡ*	im Söll, 1671 LA Balow; im Saelen, 1766 DVK; in den Söllen, 1949 FlK.	Gh, Wi/F
26	Moelenslag *mœ̄lˡslax*		A/A
27	Staken Paul *stāknpaul*		Pf/Pf
28	Grot Wisch *\`grouṭ'viš*	die Große Wiese, 1949 FlK.	Wi/Wi
(29)	Dröge Rieh	in der drögen Riet, 1671 LA Balow; die Dröge Rieh, 1766 DVK; Drögen Riethe, 1785 LA Balow.	Su/A
30	Schultendiek *šultndīk*		Pf/Pf
31	Schröders Hof *\`šrōdəs'hǫf*		Ot/A
32	Kösteracker *köstə\`akə*		A/A
(33)	Kämpe	die Kämpe, 1766 DVK.	A/A
(34)	Langen Stücken	langen Stücken, 1766 DVK; die Langen Stücken, 1949 FlK.	A/A
35	Hasselbusch *haslbuš*		A/A
36	Vöddelst Koppel *\`fǭdlst'kopl*		A/A
37	Schei(d)stieg *šaiəstī x́*		Fw/Fw

(38)	im Vier	im Vier, 1766 DVK.	Gh/A
39	Borenwisch *bōənviš*	die Baren Wiesen, 1766 DVK; Bärenwiese, 1949 FlK.	Wi/Wi
(40)	Sandstücken	Sand Stücken, 1766 DVK; de Sandstücken, 1949 FlK.	A/A
41	Schapwasch *šåpvaš*		Pf/Pf
42	Bullenwisch *bul*^{l}*viš*		Wi/Wi
(43)	Mohr Stücken	Mohr Stücken, 1766 DVK.	A, Su/A
44	De(i)weiten *də'vaitn*	die Dewei Stücken, 1766 DVK.	A/A
45	Middelst Koppel *\`midlst'kopl*		A, Su/A
(46)	Knickriets Horst	Knickriets Horst, 1766 DVK.	Gh/A
(47)	Knickrieth	Knickrieth, 1766 DVK.	Wi/A, Pf
48	Lembs Wisch *lemsviš*	Lembs Wiese, 1766 DVK.	Wi/Wi
(49)	Katen Wiesen	Katen Wiesen, 1766 DVK.	Wi/Wi
(50)	Schultensoll	Schultensoll, 1766 DVK.	Su/F
51	Nie Wisch *nī'viš*	neue Wiese, 1766 DVK.	Wi/Wi
52	Reihersoll *raiəzol*	im Reyersohl, 1671 LA Balow; im Reier Söllen, 1766 DVK; Reiher Soll, 1949 FlK.	Su/F
(53)	Heide Wiesen	die Heide Wiesen, 1766 DVK.	Wi/Wi
54	Warlsch Riet *\`vā*^{r}*lš'rīt*		Wi/Wi
55	Fortwischen *fǫ*^{ǫ}*tvišn*	den Forth, 1667 LA Balow.	Ft, Wi/Wi
56	Hexenkuhl *heksnkūl*	Hexen-Kuhle, 1949 FlK.	Pf/Pf, A

57	Judenkirchhof *jūdn`kiʳχhǫf*	Juden-Friedhof, 1949 FlK.	A/A
58	Flagensoll *flågnzol*	Flagen Soll, 1949 FlK.	Pf/Pf
(59)	im Flagen	im Flagen, 1766 DVK.	Gh, Wi/A
(60)	Hilgen Soll	im Hilgensohl, 1671 LA Balow; Hilgen Soll, 1766 DVK.	Pf/Pf
(61)	Hilgenhorst	Hilgenhorst, 1766 DVK.	Gh/A
62	Ierdbeerenwisch *iᵊtbiənviš*	die Erdbeer Wiesen, 1766 DVK.	Wi/Wi
(63)	Kirchen Wiese	Kirchen Wiese, 1766 DVK.	Wi/Wi

VIII

(64) auf den breiten Stücken, 1656 KV, A
(65) des Dorfes Freyheit, 1656 KV, Ödl
(66) an den Fohrten, 1667 LA Balow, Ft
(67) auf der Horst-Flagen, 1811 LA Balow, Ödl
(68) Nachtkoppel, 1811 LA Balow, Wei
(69) auf die Pfingsthegede, 1671 LA Balow, Wei
(70) im Teigensohl, 1671 LA Balow, Su.

91

Hof und Dorf Zierzow

tsiətsō

Cyrsowe 1312, Zyrsowe 1354, Tzirsowe 1365 MUB, Czertzow 1538 LB Grabow

I Jüngere Steinzeit: Streitaxt. Ältere Bronzezeit: Bronzeschmuck. Jüngere Eisenzeit: Urnenfriedhof.

II Kommuniondorf, 1766 durch Permutationsvertrag zum Domanium.

III 15 Hufen und 5 Katen (1538 LB Grabow). Individualbede, die Hufe zu 16 ß (1520 AB Grabow). Einzelpacht je Hufe 1 Fl. (1505, 1520, 1586 und 1654 AB Grabow); ursprüngliche Naturalpacht vermutlich 1 Wispel Roggen je Hufe (1389 MUB).

IV Straßendorf. Ortslage zentral zur Flur.

Filialkirche von Muchow.

Geistliche Einrichtungen erwarben im 14. Jahrhundert nicht unbeträchtlichen Grundbesitz in Zierzow, dessen sie sich aber in der Folge offenbar freiwillig wieder begaben. Nur ein Katen, „deme Gadeshuße“ des Dorfes gehörig, blieb auf die Dauer als kirchliches Eigentum erhalten. Mindestens seit 1505 besaß der Landesherr 6 Hufen des Ortes, während die übrigen 9 Hufen und 4 Katen als Pertinenz von Werle den Ditten gehörten. Nach 1654 wurde von 7 ritterschaftlichen Bauern- und 2 Kossatenstellen ein Meierhof angelegt, wobei wenig wahrscheinlich ist, daß diese bäuerlichen Wirtschaften sämtlich wüst waren. Als die Ditten ihren Streubesitz in mehreren Ortschaften der Umgegend gegen den herzoglichen Anteil in Balow tauschten (1766), kam auch die jahrhundertealte Begüterung dieses Geschlechts in Zierzow an das Domanium. Der bis dahin adlige Hof wurde vom Amt als Pachthof weitergeführt und schließlich im Jahre 1919 aufgesiedelt.

V Regelmäßige Gewannflur. Schlagwirtschaft, 3 Ackerschläge (1724 LV).

VI 1586 AB Grabow: Tewes Neubaur, Chim Morder, Hans Lutke, Simon Schwager, Clauß Neubaur, Hans Tileke (nur die fürstlichen Untertanen).

1654 AB Grabow: Hanß Wiese, Jacob Busch, Jurgen Jorck, Evert Kroger w., Peter Klüver, Clauß Niebuhr w., Erdtman Suckaw, Hinrich Wiese, Hanß Biell, Stoffer Olvers, Ludewich Rose, Ties Lepell, Hanß Bolcke w., Hanß Hagelstein, Vicke Sophey, N. Hagelstein, N. Hagelstein, Chim Evert, Tonnies Eggerstete, Jochim Ties, Stoffer Niebuhr w., Ties Suhr, Hanß Vollmer.

1703 BK Muchow: Johan Hinrich Wiese, Johan Möller, Johan Tieß, Jochim Busch, Michel Duncker, Scharnkops Wittwe, Jürgen Haße, Hanß Pain, Aßmus Suhrck, Hanß Hinrich Vischol, Hanß Schultz, Hanß Ernst Gerdeß, Jochim Klüver, Detlof Klüver.

VII

1 Schapwasch — Pf/Pf
šåpvaš

2 Hofland — A/A
hǫflant

3 Wischbarg — Wi, A/Wi
višba^{a}*x*

4	Bö(de)nerwisch *boinəviš*		Wi/Wi
5	Daglöhnerwisch *daxlōnəviš*		Wi/Wi
6	Kösterwisch *köstəviš*		Wi/Wi
7	Häwammenwisch *hävam*^{m}*viš*		Wi/Wi
8	Schultenwisch *šultnviš*		Wi/Wi
9	Nie Land *nīlant*		A/A
10	Dannenstücken *dan*^{n}*stykn*		Gh/A
11	Dämm *dem*		Wi/A
12	Hofwischen *hǫfvišn*	Hofwiese, 1831 GA.	Wi/Wi
13	Kösterkoppel *köstəkopl*		A/A
14	Schultenpaul *šultnpaul*		Pf/Pf
15	Ortwischenstücken *ǫ*^{ǫ}*tvišn'stykn*		Ödl, Wi/A
16	Middelst Koppel *\`midlst'kopl*		Gh, Ödl/A
17	Koppelstücken *koplstykn*		Gh, Ödl/A
18	Ortwischen *ǫ*^{ǫ}*tvišn*		Wi, Su/Wi
19	Kohlhoew *ko*^{u}*lhœ̄f*	Kohlhof, 1741 OA.	A/A
20	Nien Dämm *\`nī*^{d}*n'dem*		Gh, Su/A

21	Koppelwischen *koplvišn*		Su/Wi
22	Vöddelst Koppel *'fǫdlst' kopl*		A/A
23	Schultenkamp *šultnkamp*		A/A
24	Grot Koppel *'grout' kopl*		A/A
25	Äselbarg *äzlbaax*		A/A
26	Ilensoll *ilᶦzol*	im Ihlensaalen, 1783 GA.	Pf/Pf, Gh
27	Lütt Koppel *'lyt' kopl*		A/A
28	Mulaap *mūlāp*		Pf?/Gh
29	Hinnelst Koppel *'hinlst' kopl*		Ödl, A/A, Wi
30	Krämer *krämə*		Ödl/A, Gh
31	Rietwisch *rītviš*	an der Rite, 1586 AB Grabow	Wi, Su/Wi

VIII

(32) die Floht, 1753 GA, Gw
(33) in der Freyheit, 1695 LA Werle, Ödl
(34) die Landwehre, 1748 GP; an den Landbeeren, 1783 GA, A
(35) in Nedderfelde, 1783 GA, A.

92

Repzin

rep'tsīn

Robeczin 1442 CDB, Robezin 1468 Kaufbrief, Rebbetzinn 1573 LA Möllenbeck

I Bislang keine vor- und frühgeschichtlichen Funde.

II Ritterschaft.

III Hufeneinteilung, Bedehöhe und Pachterlegnisse wegen frühen Untergangs des Bauerndorfes Repzin nicht bekannt.

IV Adliges Gut. Ortslage (sekundär) exzentrisch zur Flur.

Vor 1442 verkaufte der Ritter Hans Bosel die Wüstungen Möllenbeck, Menzendorf und Repzin an Joachim Gans zu Putlitz, von dem diese Lehngüter an einen seiner jüngeren Söhne namens Wedego, nachmals Bischof von Havelberg kamen. Einige Jahrzehnte später (1468) veräußerte der Kleriker die wenig einträgliche Begüterung, deren Dörfer zwischen 1343 und 1438 gleich zahlreichen anderen dieses Landstrichs in den brandenburgisch-mecklenburgischen Fehden zerstört worden waren, an Vicke Koppelow auf Siggelkow. Die Feldmark Repzin scheint daraufhin längere Zeit von dem wieder aufgebauten Lehnsitz Möllenbeck aus bewirtschaftet worden zu sein, ehe auf der Wüstung in der ersten Hälfte des 16. Jahrhunderts ein selbständiger Ritterhof errichtet wurde, zu dem als Pertinenz 11 Hufner sowie 2 Kossaten in Meierstorf und Poltnitz gehörten. Als 1676 über diese Repziner Besitzung der Konkurs hereinbrach, erwarb der auf Möllenbeck ansässige Zweig der Kopplow das in sehr schlechtem Zustand befindliche Gut. Nachdem bei einer Erbteilung der Adelshof seiner Pertinenzien verlustig gegangen war (1741), diente das seit alters eigenständige Lehn eine Zeit lang den Junkern noch als Alterssitz (1750–1795) und sank danach de facto zu einem reinen Vorwerk des Hauptgutes Möllenbeck herab. Im Jahre 1927 erfolgte die Aufsiedlung von Repzin.

V Gutsflur. Schlagwirtschaft, 3 Ackerschläge (1678 LA Repzin).

VI Keine Bauernlisten, da Repzin nach dem Wüstwerden nur gutswirtschaftlich genutzt wurde.

VII

1	Dörpstä(d) *dȫᵒpstāᵊ*	Dorfstelle, 1678 LA Repzin; die Dorf Städte, 1765 DVR.	Gh, Su, A/A

2	Ellerkämp *eläkäm^{p}*		Gh, Su/A
3	Oll Kirchhof *\`oł′ki^{r}x́hǫf*		Gh/A
4	Kräugerskamp *\`kroigəs′kam^{p}*		Gh, A/A
5	Bräudenkuhl *broidnkūl*		Pf/Pf
6	Poppenwisch *popmviš*		Su, Gh/A
7	Sandkamp *zantkam^{p}*	Sandtkamp, 1678 LA Repzin.	A/A
8	Vagelsang *fåglzaŋk*		A, Gh, Su/Gh
9	Bueracker *būə\`akə*		A/A
10	Schieren Stücken *\`šīən′stykn*		A/A
11	Preisterwisch *praistəviš*		Wi/Wi
12	Stämmen *stem^{m}*	die Stemm Wisch, 1765 DVR.	Wi/Wi

VIII

(13) in Bercken, 1765 DVR, Gh
(14) an den Bringk, 1637 LA Repzin; die Brinck Wisch, 1765 DVR, Wi
(15) im Brummel, 1765 DVR, Gh
(16) die Dörpsteten Horst, 1660 LA Repzin, Gh
(17) Dwas Horst, 1715 LA Möllenbeck; die Dwas Horst, 1765 DVR, Gh
(18) die Halß Wisch, 1765 DVR, Wi
(19) die Hülßhorst, 1637 LA Repzin, Gh
(20) der Jäger Kamp, 1765 DVR, A
(21) die Jägers Wisch, 1765 DVR, Wi
(22) die lange Horst, 1637 LA Repzin; die Lange Horst, 1765 DVR, Gh
(23) an den langen Kampf, 1637 LA Repzin; der Lange Kamp, 1678 LA Repzin; der Lange Kamp, 1765 DVR, A

(24) in Malt Holz, 1765 DVR, Gh
(25) Moltkamp, 1678 LA Repzin; der Malt Kamp, 1765 DVR, A
(26) der Quer Kamp, 1678 LA Repzin, A
(27) das Ribbeziner Soll, 1637 LA Repzin, Pf
(28) im Sprinck, 1765 DVR, Su.

93

Möllenbeck

möl^{l}bek

mit Menzendorf und Carlshof

mentsndǫ̈^{ǫ}p, ˋkå^{a}ɫs'hǫf

Molenbecke 1442 CDB, Molenbeke 1468 Lehnbrief
Mensendorpe 1343 MUB, Menczendorpe 1442 CDB, Mentzendorpe 1468 Lehnbrief

I Jüngere Steinzeit: Lanzenspitze. Bronzezeit: Gruppe von 12 Hügelgräbern („Voßbarg"/„Rehbarg"). Jüngere Bronzezeit: Urnenfeld. Frühdeutsche Zeit: Turmhügel („Kellerbarg").

II Ritterschaft.

III 19 Bauernhufen (1538 LB Grabow), nach Aussage der Hauswirte (1756 LA Möllenbeck) ursprünglich 23 Bauernhufen. Individualbede, die Hufe zu 16 ß (1538 LB Grabow). Einzelpacht je Hufe 3 Fl (1585 LA Möllenbeck).

IV Straßendorf. Ortslage exzentrisch zur Flur.

Pfarrkirche, 1812 mit derjenigen von Herzfeld vereinigt.

Nachdem Vicke Koppelow im Jahre 1468 dem Havelberger Bischof die in einem Komplex gelegenen wüsten Lehngüter Möllenbeck, Menzendorf und Repzin abgekauft hatte, verlegte er in der Folge seinen Wohnsitz von Siggelkow nach Möllenbeck. Aller Widrigkeiten ungeachtet ließ der frühere herzogliche Vogt die verwilderte Feldmark wieder in Kultur bringen und errichtete an dem verlassenen Ort ein größeres Bauerndorf mit einem Herrenhof. Um die Wende zum 16. Jahrhundert entstand durch Erbteilung ein weiterer Adelssitz im Dorf, der später (1679) wieder aufgehoben wurde. Die Bauerschaft Möllenbecks bestand den Bedelisten (1538 bis 1570) zufolge aus 19 Vollstellen; da aber 1585 zum halben Gutsanteil außer 1 wüsten, 10 besetzte Hufen sowie 5 Kossaten gehörten, verheimlichten die Junker vor dem Fiskus offensichtlich einige Hufen. Nach dem 30jährigen Krieg lagen von den damals 20 Bauernhöfen deren 7 und von den 10 Kossatengehöften die Hälfte wüst. Von diesen umgerechnet 22 Hufen wurden die 8 in den Kriegswirren ledig gewordenen nach und nach zum Hofland genommen, während die 14 besetzten Hufen, darin sich nachmals (1701) 10 Vollbauern, 6 Halbhufner und 5 Kossaten teilten, von den Hintersassen der Kopplow noch 1756 ungeschmälert genutzt wurden. Wenig später allerdings begann der Gutsherr, die 21 Bauernwirtschaften des Dorfes zu reduzieren, so daß deren Zahl über 14 (1765) und 10 (1774) auf schließlich 8 Stellen (1779) herabsank. Im Jahre 1806 wurden von diesen 8 Gehöften nochmals die Hälfte gelegt und gleichzeitig die übrigen 4 aus Möllenbeck entfernt.

Menzendorf, ehedem ein Bauerndorf und Lehn der Mallin (1343) kam – wie bereits erwähnt – als Wüstung an die Koppelow, die dort im 16. Jahrhundert eine Schäferei einrichteten und bis nach 1791 unterhielten. Als 1806 die vier letzten Möllenbecker Hauswirte nach Menzendorf umgesiedelt wurden, faßte man die Ländereien dieser Höfe in einer eigenen Flur zusammen, deren geringer Umfang jedoch keineswegs dem der Gemarkung des untergegangenen Dorfes entsprach (Begangnummern 78 bis 89).

Zwischen 1808 und 1813 legte Carl Friedrich v. Koppelow auf der Feldmark Möllenbeck den „neuen Hof“ mit Katen für den Holländer, Müller und Ziegler an. Die in der Martiniliste von 1815 erstmals „Carlshof“ genannte Siedlung entwickelte sich nachgehends zu einem reinen Vorwerk des Hauptgutes.

V Guts-Bauern-Flur. Schlagwirtschaft (1701 LA Möllenbeck), 6 Ackerschläge (1720 LA Möllenbeck), später war das Gutsland in 11 Koppeln gelegt, während die Ländereien der Schäferei Menzendorf in 7 Schlägen bewirtschaftet wurden (1765 DVR).

VI 1585 LA Möllenbeck: Torban Moddewitzen, Pawell Krull, Simon Schultze, Clawes Schelle, Achim Bochim, Frenz Sophie, Dinnies Jancke, Achim Otto, Achim Harde, Daniel Pist, Mathias Lemmcke, Hans Grebbin w. Kossaten: Achim Grebbin, Achim Lemmcke, Hans Drewes, Dinnies Sophie, Achim Schultze (die PN der zur anderen Gutshälfte gehörenden Bauerschaft sind nicht bekannt).

1656 KV Möllenbeck: Engel Riebe, Palm Maddauß, Ernst Platte, Chim Brühningk w., Thomas Harde, Peter Schelle w., Dietrich Wolter, Chim Schelle, Hans Schulte w., Chim Muchow w., Corth Arendt, Jacob Brohk, Hans Tanke w., Chim Piest w., Adam Otto w., Hans Foß, Dreves Krull,

Dinnieß Kolbow, Simon Platte, Marten Piest. Kossaten: Peter Mueß, Hans Schultze, Hinrich Beckman minor, Chim Bueß w., Palm Poreibe w., Chim Riebe w., Jacob Kliefath, Chiel Schwartze, Paul Goeß w., Thomas Arendt w., Simon Kruse w.

1720 LA Möllenbeck: Adam Ahrendt, Lorentz Madaus, Jochim Kolbow, Johann Madaus, Daniell Lüdert, Adam Platt, Hanß Ahrendt, Jakob Madaus, Adam Schultz, Olhof Härder. Kossaten: Stoffer Madaus, Claußß Guhl, Hanß Schröder, Adam Strufe, Adam Muchau, Daniell Strufe. Kleine Kossaten: Hanß Bäckman, Hanß Muchau, Hinrich von Siehen, Daniell Kieffe.

VII

1	Waderfohren *vārə'fōən*	Water Fahren, 1765 DVR; Waterfahren, 1822/23 FlK.	Gh/F
2	Häghost *hāxhǫst*	Hege Horst, 1765 DVR.	Gh/F
3	Soll *zǫl*	im Repziener Soll, 1765 DVR.	Su/F, A
(4)	Ziegel Kuhlen	die Ziegel Kuhlen, 1765 DVR.	Gh/F
5	Fichtenkoppel *fyxtnkopl*	die Birck Koppel, 1716 LA; die Bircken Koppel 1765 DVR; die Fichten-Koppel, 1791 LA; Fichtenkoppel, 1822/23 FlK.	Gh/F
6	Liepen *lipm*	Liepen, 1822/23 FlK.	Gh/F
(7)	in Muchowschen Stiege	in Muchowschen Stiege, 1765 DVR.	Stg, Gh/F
8	Hunn'knip *hunⁿknip*		Ödl/F, A
9	Kösterland *köstəlant*		A/A
10	Preisterland *praistəlant*	die Bergkstücken, 1656 KV; Barg Stücken, 1720 LA; auf die Langen Barckstücke, 1765 DVR.	A/A
(11)	auf die Kurtze Barckstücke	auf die Kurtze Barckstücke, 1765 DVR.	A/F

12	Dannenkoppel *danⁿkopl*		Ödl/F
(13)	achtern großen Heiden	achtern großen Heiden, 1765 DVR.	A/F
14	Grot Mour *ˋgroᵘtˊmoᵘə*	das große Mohr, 1720 LA; das große Mohr, 1765 DVR.	Su/F
15	Tüt *tǖt*		Ödl/F
16	Ellerkuhl *eläkūl*		Pf/Pf
(17)	in der großen Heiden	Großen Heiden, 1720 LA; in großen Heiden, 1765 DVR.	Ödl, A/A
(18)	die Butter Wiese Heide	die Butter Wiese Heide, 1765 DVR.	Ödl, Wi/A
19	Kiebitzmour *kīvitsˋmoᵘə*	Kiebitzmoor, 1822/23 FlK.	Su/A
20	Witten Hus *ˋvitnˊhūs*		Gehöft/A
21	Lindenbarg *linᵈnbaᵃx*		A/A, Gh
(22)	auf die Bäck Stücken	die Bäck Stücken, 1720 LA; auf die Bäck Stücken, 1765 DVR.	A/A
23	Katenwisch *kåtnviš*		Wi/Wi
24	Schapwasch *šåpvaš*	Schafwäsche, 1822/23 FlK.	Pf/Pf
(25)	der Welt Graben	der Welt Graben, 1765 DVR.	Su, Gw/A
(26)	aufn Jörs Kamp	Jürgens Camp, 1720 LA; aufn Jörs Kamp, 1765 DVR.	A/A
27	Bullenwisch *bulˡviš*		Gh/Wi
28	Grot Wisch *ˋgroᵘtˊviš*	im Passower Orth, 1765 DVR; Passower Ort, 1822/23 FlK.	Gh/W

29	Lang Kuhl *laŋ'kūl*		Pf?/Pf
30	Pierkoppel *pīəkopl*		Gh/Wi
31	Blöck *blök*		Gh/Wi
32	Runn' Kuhl *'runⁿ'kūl*		Pf?/Pf
33	Wiedenkuhl *vīdnkūl*		Pf?/Pf
(34)	im Middel Hölten	auf den Miettel Hölten, 1720 LA; im Middel Hölten, 1765 DVR.	A/A
35	Kreidendannen *kraidndanⁿ*		A/Kw
(36)	Flager Holtz	in den Flagen, 1687 LA; im Flager Holtz, 1720 LA.	Gh/A
37	Ellerkuhl *eläkūl*		Pf/Pf
38	Åpkenblock *åpkənblok*		A/A
39	Eikbomblock *aikbōmblok*		A/A
(40)	im Flage	in der Flaggen, 1715 LA; im Flage, 1720 LA.	A/A
41	Grot Wiedenkuhl *'groᵘt'vīdnkūl*		Pf/Pf
42	Tegeliekuhlen *tēgə'līkūl*		A/Pf
43	Eikkoppel *aikkopl*	die Caninchen Koppel, 1765 DVR.	A/Gh
44	Sandkuhlenslag *zantkūl'slax*		A/A
(45)	Zegen Wiese	in der Ziegenwische, 1656 KV; in der Ziegenwische, 1669 LA; auf den Zägen	A, Wi/Wi

		Wießen/Ziegenwischen, 1720 LA; in der Zegen Wiese, 1765 DVR.	
46	Otterfang *ǫdəfaŋ*		Wi/Wi
47	Schibenwisch *šī*^{b}*mviš*		Wi/Wi
48	Brummelkamp *brumḷkam*^{p}	Brummel-Camp, 1757 LA.	A/A
(49)	Bleichstelle	die Bleichstelle, 1765 DVR.	Wi/Wi
50	Fichtenstieg *fyx́tnstīx́*		Stg/Stg
51	Gooswisch *go*^{u}*sviš*		Wi/Wi
(52)	auf der Friede Burg	auf der Friede Burg, 1765 DVR.	Ödl/A, Wi
(53)	Koll Horst	die Koll Horst, 1765 DVR.	Ödl/Wi
54	Kellerbarg *kelə̀ba*^{a}*x*		A/A
(55)	alte Hoff Koppel	alte Hoff Koppel, 1765 DVR.	A/Ot
56	Flaßdiek *flasdīk*		Pf/Pf
57	Hinnenbarg *hin*^{n}*ba*^{a}*x*		Gh/Gh
(58)	Hülse Horst	die Hülse Horst, 1765 DVR.	Gh/A
(59)	auf den Caveln	auf den Caveln, 1765 DVR.	Wi/Wi, A
60	Katendiek *kåtndīk*		Pf/Pf
61	Heller *helə*		Pf/Pf
(62)	Teich Wiese	die Teich Wiese, 1765 DVR.	Wi/Wi
(63)	Hirten Wiese	die Hirten Wiese, 1765 DVR.	Wi/A
(64)	auf den Kamp	auf den Kamp, 1765 DVR.	A/A

65	Moelenslag *mœ̄lˡslax*	in den großen Heiden, 1765 DVR.	A, Ödl/A
(66)	Brand Soll	Brand Soll, 1765 DVR.	Pf/Pf
67	Brandkuhl *brantkūl*	die Brand Kuhl, 1765 DVR.	Su/Gh
68	Kreidenwinkel *kraĭdnviŋkl*		Gh/Gh
69	Brandkuhlwisch *brantkūlviš*	die Brand Wiese, 1765 DVR.	Wi/A, Wi
70	Groetkuhl *grœ̄tkūl*		A/Ödl
(71)	in der Nacht Koppel	in der Nacht Koppel, 1765 DVR.	Su/A, Wi
(72)	Stiefel Wiese	die Stiefel Wiese, 1765 DVR.	Wi/Wi, We
73	Jordan *jǫᵊdan*		Gw/Gw
(74)	Hüls Horst	die Hüls Horst, 1765 DVR.	Gh/A
(75)	große Wiese	die große Wiese, 1765 DVR.	Wi/Wi, A
76	Borgwall *bǫᵊxval*	der Burchwall, 1765 DVR.	Ödl/Gh
77	Vierkant *fīəkant*	die Rohr Horst, 1765 DVR; Vierkant, 1927 FK.	Gh/Gh
(78)	Lütte Rohr Horst	die Lütte Rohr Horst, 1765 DVR.	Gh/Wi
79	Hinnelst Wisch *ˋhinlstˊviš*	die Stiefel Wiese, 1765 DVR.	Wi/Wi
80	Dörpstäden *dǫ̈ᵊpstădn*	auf die Dorfstädte, 1765 DVR.	A, Su/A, Wi
81	Vöddelst Wisch *ˋfǫ̈dlstˊviš*	die Tannen Wiese, 1765 DVR.	Wi/Wi
82	Stämmen *stemᵐ*		Gh, Su/A, Wi
83	Scheperienholt *šēpəˊrīənˋholt*	die Schäferey Ellern, 1765 DVR.	Gh/A

84	Dannenhof *dan^{n}hǫf*		Gh/A, Wei
85	Durnbusch *dū^{ə}nbuš*		Gh/A, Wei
86	Mourkoppel *mo^{u}əkopl̥*	das Haber Mohr, 1765 DVR.	Su/A, F
87	Barg *ba^{a}x*		A/A
88	Börmkuhl *bǫ̈^{ö}mkūl*	Mentzendorfer Sahl, 1669 LA.	Pf/Pf
89	Stiegmour *stĭx́mo^{u}ə*		Su/Kw
(90)	Vogel Heerd	der Vogel Heerd, 1765 DVR.	Gh/F
91	Teeraben *tē^{ə}\`åbm*	Teeraben, 1927 FK.	Gh/F
92	Fangens *faŋ^{n}s*	im Fangnis, 1765 DVR; Fängnis, 1927 FK.	Gh/F
93	Ölbarg *ȫlba^{a}x*	Ölbarg, 1927 FK.	Gh/F
94	Wappen *vapm*	das Koppelower Wapen, 1765 DVR; Wappen, 1927 FK.	Gh/F
95	Koeterkamp *kœ̄təkam^{p}*	Koeter Camp, 1722 LA; der Käter Kamp, 1765 DVR; Köterkamp, 1927 FK.	A/F
96	Jägerwisch *jăgəviš*	Jägerwisch, 1927 FK.	Wi/Wi
97	Rehbarg *rēba^{a}x*	Rehbarg, 1927 FK.	Gh/F
98	Seedannen *zēdan^{n}*	See-Tannen, 1927 FK.	Gh/F
99	Hawermour *hāvəmo^{u}ə*	das Haber Mohr, 1765 DVR; Hafermoor, 1927 FK.	Su/F

100	Voßbarg *fǫsba*^{a}*x*	auf den Voß Berg, 1765 DVR; Voßbarg, 1927 FK.	Gh/F
101	Swienkaben *svīnkåbm*	Swienkaben, 1927 FK.	Gh/F
102	Schapwaschhost *šåpvaš`hǫst*	die Schafwasch Horst, 1765 DVR; Schapwasch Horst, 1927 FK.	Gh/F
103	Löcknitz *löknits*	Löcknitz, 1927 FK.	Gw/Gw
104	Bäkstücken *bǟkstykn*	in Beckstücken, 1765 DVR; Bäkstücken, 1927 FK.	Gh/F
105	Düwelshost *dǖvlshǫst*	Düwels Horst, 1927 FK.	Gh/F
106	Stahlbarg *stålba*^{a}*x*	Stahlbarg, 1927 FK.	Gh/F
107	Vietgester Dannen *`fītgestə'dan*^{n}	Vietgester Tannen, 1927 FK.	Gh/F
108	Möllenbecker Holt *`möl*^{l}*bekə'holt*	Mollenbaecker Holtz, 1720 LA.	Gh/F

VIII

(109) in den Bauer-Schlägen, 1720 LA; das Bauerfeldt, 1791 LA, A
(110) Beckstücker Weg, 1791 LA, Fw
(111) bey den Buchweitzenberge, 1656 KV, A
(112) im Flagischen Wege, 1669 LA, Fw
(113) in der Freyheit, 1669 LA, Ödl
(114) vor der Grentzwische, 1669 LA, Wi
(115) der hillgen Camp, 1574 KV; Hilgen Camp, 1720 LA, A
(116) den Kiel-Ohrt, 1720 LA, A
(117) die Kohldäm, 1720 LA, A
(118) Kreutzstücken, 1656 KV; Creuzstück, 1669 LA; Krütz Stücken, 1720 LA, A
(119) Kurtze Back Stücken, 1720 LA, A
(120) Langen Bäck Stücken, 1720 LA, A
(121) Lüttgen Heidt Stücken, 1720 LA, A
(122) Mentzendorfer Kamp, 1701 LA, A
(123) auf den Miettel Holtzer Stücken, 1720 LA, A
(124) den Muddel-Kamp/die Muttel Cämp, 1720 LA, A
(125) Mühlen Weg, 1720 LA, Fw

(126) Sandt Camp, 1720 LA, A
(127) Schmahl Stücken, 1720 LA, A
(128) Seecken Koppel, 1791 LA, A
(129) die Wilcken Wiese, 1791 LA, Wi.

94

Horst

hǫᵊst, hǫst

Horst 1438 Gutsurkunde, Horst 1464, Horst 1481 Lehnbriefe

I Jüngere Bronzezeit: Urnenfeld („Harsland").

II Ritterschaft, um 1535 zum Domanium.

III Ursprüngliche Hufeneinteilung, Bedehöhe und Pachterlegnisse wegen frühen Wüstwerdens der Ortschaft nicht mehr feststellbar. Seit 1536 (LA Neese) Pauschalpacht von 50 Mark lüb. für die gesamte Feldmark, die aufgeteilt in 32 Parzellen (1654 AB Neustadt), an die Bauerschaften Herzfeld (23) und Stresendorf (9) ausgetan war.

IV Gutshof. Ortslage (sekundär) exzentrisch zur Flur.

Während noch 1438 dem Knappen Johann von Hytzke zumindest „de halue Horst" gehörte, befand sich die Wüstung 1464 bereits im alleinigen Besitz des Lüder Dargeslav, der damals seine „gudere alße Balow, Horst und Vergelatz" dem Marschall Lüder Lützow zu Grabow verkaufte. Anderthalb Jahrzehnte danach (1481) kam das Lehn Balow samt den genannten „twe wusten dorpsteden mit eren veltmarcken" an die Rohr auf Neuhausen, von denen der Landesherr um 1535 die Gemarkung Horst erwarb. Einer möglicherweise schon unter den früheren Grundherren geübten Gepflogenheit folgend überließ der Herzog die Ländereien der Wüstung gegen Pacht und Dienste den Bauern der Klosterdörfer Herzfeld und Stresendorf zur Nutzung (1536). Wirtschaftliche Überlegungen führten um die Mitte des 18. Jahrhunderts zur Aufhebung des Pachtverhältnisses durch das Domanium und, nachdem es gelungen war, alte Weidegerechtsame des benachbarten Möllenbeck durch Abtretung von ungefähr 18 ha Land abzulösen, zur Einrichtung eines Meierhofes auf der Gemarkung Horst (1756). Im Jahre 1869 erstanden die seit 1830 auf Möllenbeck sitzenden v. Treuenfels den inzwischen vererbpachteten Hof und gliederten diesen unter Bewahrung seiner domanialen Eigenschaft als Vorwerk ihren Lehngütern an.

V Gutsflur. Schlagwirtschaft, 3 Ackerschläge (1786 OA Horst).

VI Keine Bauernlisten.

VII

1	Preesterwisch *prēstəviš*	auf der Bäcke, 1756 OA; die Beeckwiese, 1827 FR.	Wi/Wi
2	Gehrken Uhrt *\`gē^{ə}kn'ū^{ə}t*	Gehrken-Kolk, 1827 FR.	Ödl, Su/F
3	Sülwerbuck *zylvəbuk*	Grot-Silber-Bock, 1827 FR.	Ödl, A/F
4	Hog Holt *\`hōx'holt*	das Hohe Holz, 1827 FR.	Su/A, Wi, F
(5)	im Seegen	im Seegen, 19. Jh. F.K.	Gh/F
6	Toslag *tōslax*	Horster-Zuschlag, 1827 FR.	Ödl, Gh/F
7	Bornwisch *bǫ^{ǫ}nviš*	Bornwiese, 1827 FR.	Wi/Wi
8	Bäkendannen *bǟkndan^{n}*	Bäkn' Tannen, 19. Jh. FlK.	Gh/F
9	Harsland *ha^{a}slant*	Herse-Land, 1827 FR; Hars Länder, 19. Jh. FlK.	A/A
10	Schausterwisch *šaustəviš*	Schauster-Wisch, 19. Jh. FlK.	Wi/Wi
11	Ilenkuhl *īl^{l}kūl*	im Ihlenpohl, 1827 FR; Ilenkuhl, 19. Jh. FlK.	Wi, Pf/Pf
12	Rie(d) *rī*	Mittel-Rieth, 1827 FR.	Gw/Gw
13	Knakendamm *knǻkndam*	beym Knacken-Damm, 1827 FR; am Knaken Damm, 19. Jh. FlK.	Gh/F
14	Eikholt *aikholt*	im Eichholz, 1827 FR; im Eichholz, 19. Jh. FlK.	Gh/A
15	Hasenbusch *hǻznbuš*	Hasenbusch, 19. Jh. FlK.	Gh/F, A

16	Abenbarg *åbm`ba*^{a}*x*	Avenberg, 1827 FR; Aven Berg, 19. Jh. FlK.	Ödl, Gh/A
17	Grot Koppel *`gro*^{u}*t'kopl*	große Koppel, 1827 FR; Grot Koppel, 19. Jh. FlK.	A, Wi/A, Wei
18	Brummelkamp *brumlkam*^{p}	Brummelkamp, 19. Jh. FlK.	A, Gh/Wei
19	Horster Hoeben *`hǫ*^{ə}*stə'hǣbm*	Försterhäfen, 1827 FR; Horster Häfen, 19. Jh. FlK.	Wi, A/A
20	Scheperwisch *šēpəviš*		Wi/Wi
21	Korten En'n *`kǫ*^{ə}*tn'en*^{n}	die Kurtzen Enden, 1757 OA; Kort'n Enn, 19. Jh. FlK.	A/A
22	Ossenkoppel *osnkopl*	Ossenkoppel, 19. Jh. FlK.	Su/Wei, A
23	Schapdiek *šåpdīk*	Schapdiek, 19. Jh. FlK.	Su/Wei, A
24	Schaulstücken *šaulstykn*	Schaulstücken, 19. Jh. FlK.	Ödl/A
25	Horster Dick *`hǫ*^{ə}*stə'dik*	im Horster Dick, 1827 FR.	Gh/F
26	Sollock *zollok*		Pf/Pf
27	Dreitimp *draitim*^{p}		Ödl/A, Kw
28	Hofdannen *hǫfdan*^{n}	Hoftannen, 19. Jh. FlK.	Gh/Kw
29	Pumpäselkuhl *pumpäzl`kūl*	Pumpäselkuhl, 19. Jh. FlK.	Pf/Pf
30	Schapwasch *šåpvaš*	Wieden Kuhl, 19. Jh. FlK.	Pf/Pf
31	Langen Stücken *`laŋ*^{n}*'stykn*	Langenstücken, 1827 FR; Langen Stücken, 19. Jh. FlK.	A/A

32	Middelst Dannen-kopp *ˋmidls'danⁿkǫp*	Mittelst Dannkopp, 19. Jh. FlK.	Gh/Kw
33	Mourhei(d) *moᵘəhaiə*	Moorheide, 1827 FR; Mohrheide, 19. Jh. FlK.	Ödl/A
34	Krawalleck *kra'valˋek*	Krawalleck, 19. Jh. FlK.	Wi/Wi
35	Hei(d)stück *haistyk*	Heide-Stück, 19. Jh. FlK.	Ödl/A
36	Lang Hei(d) *laŋ'haiə*	Langheide, 1827 FR; Langheide, 19. Jh. FlK.	Ödl/A, Kw
37	Krüzkamp *krūskamᵖ*	Kreutzkamp, 1827 FR.	A/Kw, A
38	Soelwisch *zœ̄lviš*	im Säälen, 1827 FR; Soehlwisch, 19. Jh. FlK.	Wi/Wi

VIII

(39) in den Creutz-Wiesen, 1756 OA, Wi
(40) die Drey Blads Wiese, 1757 OA, Wi
(41) Eichkamp, 1827 FR, A
(42) Försterstücken, 1827 FR, A
(43) die Horster Wiese, 1827 FR, Wi
(44) die Klever Wiese, 1827 FR, Wi
(45) Knacken-Kamp, 1827 FR, A
(46) Köppen-Kamp, 1827 FR, A
(47) die Kurtze Wiese, 1757 OA, Wi
(48) in den Liepnitzer Wiesen, 1756 OA; Liepen Wiesen, 1796 OA; die Liepen, 1827 FR, Wi
(49) Lütt-Silber-Bock, 1827 FR, A
(50) Schaafwaschhorst, 1827 FR, Gh.

95

Dorf und Hof Dambeck

dambek

mit Wüstung Rosenwinkel

roᵘzn'viŋkl

Dambeke 1366, Dambeke 1373 MUB, Dambeke 1438 LA Dambeck Rosenwinckel 1520 AB Grabow, Roßenwinckell 1535/36 LB-Restanten Grabow

I Ältere Eisenzeit: Urnenfeld („Galgenbarg"). Slawische Zeit: Burgwall.

II Ritterschaft, 1632–1768 Kommuniondorf (während dieses Zeitraums vorübergehend durch herzogliche Schenkung nochmals ritterschaftlich), 1768 durch Ankauf zum Domanium.

III 18 Bauernhufen und 8 Katen (1535/36 LB-Restanten Grabow) sowie 1 Pfarrhufe (1574 KV Dambeck). Pauschalbede von 20 Mark lüb. (1535/36 und noch 1570 LB Grabow). Einzelpacht je Hufe zwischen 2 Fl 16 ß und 2 Fl 20 ß schwankend (1654 AB Neustadt).

Für die Wüstung Rosenwinkel („wert alleine umb der weide wylln bruket") wurden 8 Hufen versteuert (1535/36 LB-Restanten Grabow), außerdem befanden sich auf der Feldmark noch 8 geringere „Köterhoven" (1520 AB Grabow). Individualbede je Hufe 4 ß (1535/36 LB-Restanten Grabow). Einzelpacht, die Hufe zu 8 ß, eine „Köterhove" zahlte 2 ß (1520 AB Grabow).

IV Übergroßes Angerdorf. Ortslage exzentrisch zur ursprünglichen Flur.

Kirchdorf.

Als älteste Lehnsinhaber von Dambeck sind noch 1373 die Roskule nachweisbar, von denen der Besitz, nachdem er offenbar längere Zeit verpfändet gewesen war, an Köne Restorf kam (1438), der aber bereits 1448 das Gut an die Rohr zu Neuhausen erblich verkaufte. Damals gehörten als Pertinenzien zu diesem Rittersitz außer dem ganzen Dorf Dambeck die Hälfte der Wüstungen Rosenwinkel und Bauerkuhl sowie insgesamt 27 Hufen, davon in Klüß 12, Pampin 4, Brunow 4, Drefahl 4 und 3 auf der wüsten Feldmark Wendisch Grabow. Durch Erbteilung unter den Rohr entstand zwischen 1520 und 1534 (AB/PV Grabow) ein zweiter Adelshof im Ort, der 1632 mit sämtlichem Zubehör – darunter der halbe Anteil des 1481 erworbenen Lehns Balow – vom Landesherrn angekauft wurde. Infolge herzoglicher Schenkung an den Geh. Rat v. Koppelow ging dieser Teil Dambecks dem Domanium vorübergehend (1696–1713) wieder verloren. Die andere Hälfte des Dambecker Lehns mit dem alten Rittersitz der Roskule hatten die Winterfeld schon 1626 von den in wirtschaftliche Bedrängnis geratenen Rohr erstanden. Aber auch die Winterfeld mußten späterhin den Besitz nach vorangegangener Verpfändung (1728–1765) an die seit 1732 als Pfandnehmer auf Dambeck sitzenden Ditten veräußern (1766). Als die herzogliche Kammer diesen adligen Anteil im Jahre 1768 durch Kauf an sich brachte, schied das Dorf aus dem ritterschaftlichen Verband aus und wurde Bestandteil des Domaniums. Der Junkerhof verfiel der Auflösung, seine Ländereien wurden denen des domanialen Pachthofes Dambeck zugeschlagen, dessen Wirtschaftsfläche daraufhin fast die halbe Gemarkung einnahm (1900: 778 ha).

Als die Rohr in den Jahren nach 1520 einen zweiten Herrensitz in Dambeck errichteten, ging damit sehr wahrscheinlich der Verlust von Bauernland einher. Die danach verbliebenen 20 bäuerlichen Hufen verteilten sich der Bedeliste von 1535/36 zufolge auf 26 Hausstellen. Im Jahre 1654 bestand die Ortschaft neben den beiden Gutswirtschaften aus 12 Vollhufner- und 13 Kossatengehöften mit insgesamt $18^1/_2$ Hufen sowie 9 Büdnerstellen mit geringem Fluranteil, doch lagen damals noch 11 dieser 34 Anwesen vom 30jährigen Krieg her wüst und nur $12^1/_2$ Hufen waren unterm Pflug. Zu Beginn des 18. Jahrhunderts (1707) umfaßte das Dorf 8 Vollbauern, 13 Halb- und 1 Viertelhufner sowie 6 Büdner, 4 Hufen waren noch immer nicht besetzt und wurden von den beiden Meierhöfen bewirtschaftet. Am Ende der Dambecker Kommunionsperiode (1767) setzte sich die Bauerschaft des Dorfes aus 24 Hauswirten und 3 Kossaten zusammen, daneben waren 4 zum Teil von Handwerkern bewohnte Katen vorhanden. Während der nächsten Jahrzehnte erhöhte sich die Zahl der Bauernhöfe um 2 auf 26, die nach Abschluß der inneren Kolonisation des 19. Jahrhunderts gemeinsam mit 11 Büdner- und 22 Häuslerstellen (1899) das Bauerndorf Dambeck bildeten.

V Langstreifenflur; separiertes „Herren Feld“ (1656, 1707 KV, 1767 DVR). Schlagwirtschaft, 3 Ackerschläge (1707 KV, 1752 Hofakten), nach Zusammenlegung der beiden Hofwirtschaften 12 Binnen- und 5 Außenschläge (1768 OA).

Die Wüstung Rosenwinkel lag auf dem nördlichen Teil der Feldmark Dambeck, die Grenze zwischen den beiden Fluren bildete vermutlich die „Oll Bäk“.

VI 1654 AB Neustadt: Simon Grönwoldt, Chim Buße w., Jacob Treggow, Marten Kopaß, Hanß Gohtan, Hanß Möller, Jürgen Schröder, Chim Brendke w., Erdman Muggerkuhl w., Görgeß Buchien w., Peter Schröder

Tomaß Porep w., Kossaten: Chim Ißbein, Jacob Daese, Bartoldt Ziese, Hanß Plückhaen, Tonnieß Gildemeister, Peter Schelle w., Clauß Lente, Jochim Kröger, Corth Boße w., Jacob Gildemeister, Olof Schultz, Jochim Möller, Jacob Dohrman. Büdner: Jochim Lente, Hanß Munggerkuhl, Casper Piest, Hanß Wittekop, Dinnieß Hillebrandt, Frenß Lüdeman w., Tomas Gohtan w., Olof Kock w., Hanß Suhr w.

1707 KV: Vollhufner: Jochim Grünwalt, Jürgen Grünwalt, Stoffer Rogge, Hans Rogge, Jochim Rogge, Daniel Krüger, Michel Schultz, Hans Schröder. Halbhufner: Bartelt Prill, Jürgen Porep, Daniel Aveman, Daniel Plückhahn, Marten Smid, Hans Lente, Simon Plückhahn, Oloff Krüger, Jochim Sleht, Christian Gildemeister, Jochim Brüning, Jochim Winterfeld, Erdman Schultz. Viertelhufner: Jacob Grünewalt. Büdner: Hans Holst, Jochim Piest, Jochim Wittkop, Jürgen Hillbrand, Ulrich Kopas, Hinrich Neuman.

VII

1	Eikkoppel *aikkopl*	Eichenkamp, 1819 FR.	Gh, Ödl/A
2	Barkkoppel *ba*^{a}*kkopl*		Gh/A
3	Piepensack *pīpmzak*	im Piepen Sack, 1767 DVR; im Pipensack, 1819 FR.	Wi/A, Wei
4	Dannenkoppel *dan*^{n}*kopl*		Gh, Ödl/Wei
5	Deenstgor(de)n *dē*^{i}*ns*^{t}*go*^{ə}*n*		Ödl, Wi/A
6	Bree(d) Hee(d)stücken *brē'hēstykn*		Ödl, A/A
7	Kohbömen *ko*^{u}*bōm*^{m}	Kau Böhm, 1767 DVR.	Gh/A
8	Middelwisch *midlviš*	die Mittel-Wiese, 1741 Hofakten; Middel Wiese, 1767 DVR.	Wi/A, Wei
9	Rosenwinkel *ro*^{u}*zn'viŋkl*	Rosenwinckell, 1574 KV; Rosenwinkel, 1656 KV; Rosewinckel, 1712 LV; im Rosenwinckelschlag, 1791 GA; der Rohsenwinckel, 1819 FR.	Wei/A, Wi, Wei
10	Mandel *mandl*	die Manteln/an die Mantel, 1741 Hofakten; auf die Mandeln, 1767 DVR.	A/A, Wi

11	Bö(de)nerwischen *bö*^{ı}*nəvišn*	die Bödenerwiesen, 1768 GSt.	Wi/Wi
(12)	Roth Soll	bey de Roht Sahl, 1712 LV; die Röth Sölle, 1767 DVR; Roth Soll, 1788 WK.	Pf/Pf
13	Langen Host *ˋlaŋ*^{n}*ˊhǫst*	bey der langen Horst, 1667 LA Balow; die Lange Horst, 1767 DVR; langen Horst, 1787 GSt; auf der Langenhorst, 1819 FR.	Ödl/A
(14)	Cramber Soll	Crambeer Soll, 1767 DVR; Cramber Soll, 1788 WK; Krambehr-Soll, 1819 FR.	Pf/Pf
15	Kleinkamp *klai*$^{(ə)}$*nkam*^{p}	Klien Kampf, 1712 LV; Klien Kamp, 1767 DVR.	A/A
16	Preesterwisch *prēstəviš*	die Schaaf Damms Wiese, 1767 DVR; die Predigerwiese, 1768 GSt; Pfarr-Wiese, 1819 FR.	Wi/A, Wi
17	Schapdamm *šåpdam*	an Schaaf Damm, 1767 DVR; vor dem Schaafdamm, 1768 GSt; aufn Schaafdamm, 1819 FR.	A/A
18	Moelenbarg *mœ̄l*^{l}*ba*^{a}*x*		A, Ödl/A
19	Vörwisch *fǭ*$^{ǫ̈}$*viš*	in der Vorwiese, 1707 KV; in der Vorwische, 1712 LV; die Vor-Wiese, 1741 Hofakten; in der Vorder-Wiese, 1768 PfA.	Wi/A
20	Bäkstücken *bä̆kstykn*	auf den Bach Stücken, 1656 KV; auf den Beeckstücken/Bäckstücken, 1707 KV; auf den Beckstücken, 1712 LV; auf die Bäck Stücken, 1767 DVR.	A/A
21	Kohlhoew *kōlhœ̄f*	Kohldam, 1707 KV; Kohlhöfen, 1712 LV.	A/A
22	Stäg *stä̆x́*	für der Stege, 1629 LA; vor die Stege, 1656 KV; an der Steg, 1712 LV; in der Stegen, 1678 PfA; im Stägdämmen, 1819 FR.	Stg, A/Stg
23	Rehkoppel *rēkopl*	Reeh-Coppel, 1741 Hofakten; die Reh Koppel, 1767 DVR; in die Rehkoppel, 1819 FR.	A/A

24	Bargslag *ba^{a}xslax*	auf den Berg/im Schlag auf den Berg, 1741 Hofakten; im Bergschlag, 1791 GA.	A/A
25	Masch *maš*	an der Masch, 1707 KV; Masch Wische, 1712 LV; die Masch, 1767 DVR; die Masch/Masch-Wiese, 1819 FR.	A, Wi, Ödl/A
26	Oll Bäk *ol'bäk*	Mühlenbach, 1629 LA; die Beck, 1767 DVR.	Gw/Gw
27	Liepnitz *līpnits*	Liepnitz, 1712 LV; die Liebnitzen, 1767 DVR.	Wi/Wi
28	Löcknitz *löknits*	Leckeņitz, 1654 AB Neustadt; die Lökenitze, 1657 LA.	Gw/Gw
29	Hostbarg *hǫstba^{a}x*		Gh/A
(30)	Carsteden	Karstäden Horst, 1654 AB Neustadt; Carstatische Horst, 1741 Hofakten; Caarstedten Horst, 1767 DVR; Carsteden, 1788 WK.	Gh/A, Wei
(31)	Bauer Wiese	Bauer Wische, 1712 LV; die Bauer Wiese, 1767 DVR; die Bauer Wiese, 1819 FR.	Wi/A, Wei
32	Krie(g)busch *krībuš*	am Krieg Busch, 1767 DVR; der Krig Busch, 1788 WK.	Gh, Ödl/A
33	Söring *zȫriŋ*	in der Soring, 1654 AB Neustadt; Söring/Söringk, 1712 LV; die Söring, 1741 Hofakten; die Söring, 1767 DVR; die Söhring, 1819 FR.	Wi/Wi, We
34	Schultenwisch *šultnviš*		Wi, Su/Wi
35	Borgwall *bǫˀxval*	auf den Burgwall, 1629 LA; der Borchwall/Borchwaldt, 1657 LA; der Borg Wall, 1767 DVR; der Burgwall, 1819 FR.	Gh, A/Ödl
36	Toslag *to^{u}slax*		Wi, Gh/Gh, Wi
37	Kösterwisch *köstəviš*	die Schulwiese, 1819 FR.	Wi/Wi

38	Torfweg *tǫᵊfvex́*		Fw/Fw
(39)	Hambow Wiese	Hampowisch, 1654 AB Neustadt; in der Hampower Wische, 1712 LV; die Hambow Wiese, 1767 DVR; die Hambow Wiese, 1788 WK.	Wi/Wi
40	Krie(g)ßoll *krīsoł*	Krieg Soll, 1767 DVR; das Krieg Soll, 1819 FR.	Pf/Pf
41	Grot Soll *\`groᵘt'zoł*	über den Sählen, 1656 KV; auf den Sählen, 1712 LV; auf den Langen Sählen, 1720 Hofakten; in Sählen, 1767 DVR.	Pf/Pf
42	Lütt Soll *\`lyt'zoł*	Belege siehe Begangsnummer 41!	Pf/Pf
43	Glashüttenbarg *glashytn\`baᵃx*	der Hütter Berg, 1767 DVR; der Hütter Berg, 1788 WK.	Wei/A
(44)	Hütter Bruch	der Hütter Busch, 1767 DVR; Hütterbusch, 1768 GSt; Hütter Bruch, 1788 WK.	Gh, Su/A
45	Hawkhost *hå̊fkhǫst*	Haaf Koster Bruch, 1767 DVR; das Haff Koster Bruch, 1788 WK.	Su, Gh/Gh
46	Steenwisch *stēnviš*		Su, Wi/Wi
(47)	Brandwiese	die Brand Wiese, 1767 DVR; Brandwiese, 1788 WK.	Wi/Wi
48	Barkmaur *baᵃk\`mauə*	aus dem Berckenmohr, 1629 LA; im Barck Mohr, 1654 AB Neustadt; Berckmor, 1712 LV; die Barck Mohrs Wiese, 1767 DVR.	Su, Wi/Wi
49	Smä(d)wisch *smǟᵊviš*	die Schmede-Wiese, 1741 Hofakten; die Schmeds Wiese, 1767 DVR; Schmets Wiese, 1788 WK.	Wi/Wi
50	Nahmahdskavel *nāmåts\`kåvl*	in der Karff, 1712 LV.	Wi/Wi
51	Ossenkoppel *osnkopl*		Su, Wi/Wei

52	Felgenbusch *felgnbuš*	in den Felligen, 1712 LV; Felgen, 1767 DVR.	Su, Wi/Gh, Wei
53	Felgenslag *felgnslax*		A/A
54	Nachtkoppel *naxtkopl*	Nachtkoppel, 1752 Hofakten; Nachtkoppel, 1819 FR.	Su, Gh/Wei
(55)	Lange Stücken	auf den Langen Stücken, 1656 KV; Lange Stücken, 1712 LV; auf den Langen Stükken, 1740 Hofakten; Lange Stücken, 1788 WK.	Ödl, A/Wei
56	Krämerbarg *krämǝbaᵃx*	der Cremer Berg, 1767 DVR.	A/A
57	Bodderwinkel *bodǝviŋkl*	Bott Winckel, 1712 LV; aufn Botter Winckel, 1767 DVR.	A/A
58	Galgenbarg *galgnbaᵃx*		A/A
59	Oll Dambecker *ol'dambekǝ*		A/A

VIII

(60) an der achter Holtzunger Heide, 1629 LA; Achter Holtz, 1712 LV; im Achter Holtz, 1767 DVR, Wei, A
(61) das Adder Soll, 1767 DVR, Pf
(62) die Anwenden, 1741 Hofakten, A
(63) auf den Asch Häven, 1712 LV; auf den Aschhöfen, 1720 Hofakten; Asch-Höfen, 1741 Hofakten, A
(64) über den Bahldam, 1707 KV, A
(65) Bären Soll, 1767 DVR, Wi
(66) Barwinckel, 1712 LV; Borwinckels Wiesen, 1767 DVR, Wi
(67) in der Bauerkoppel, 1776 PfA, Wi
(68) Bauer-Nacht-Koppel, 1768 PfA, Wei
(69) vor dem Baum, 1741 Hofakten, A
(70) auf dem Bauracker, 1720 Hofakten; im Bauerfelde, 1768 GSt; Baueracker, 1819 FR, A
(71) Befer Stau, 1712 LV; die Beverstadsche Wiese, 1741 Hofakten, Wi
(72) übern Berg, 1767 DVR, A
(73) in Bewer Escken, 1767 DVR, A
(74) die Bewer Strug, 1767 DVR, Wi
(75) die Bohnen-Camps-Wiese, 1741 Hofakten; die Bohnen-Campswiesen, 1768 GSt, Wi

(76) Bohnenkampsforth, 1768 GSt, Ft
(77) auf Brandes Camp, 1741 Hofakten, A
(78) aufn Brans Kamp, 1767 DVR, A
(79) im Brestücken Schlag, 1791 GA, A
(80) an dem Brinck, 1741 Hofakten; auf dem Brinck, 1768 GSt, Ödl
(81) in dem Buhr-Winckel, 1707 KV; Burwinckel, 1712 LV; Burwinckel Wiesen, 1819 FR, Wi
(82) die Bußen Stücken, 1741 Hofakten, A
(83) Coßer Wische, 1712 LV; die Coßer-Wiese, 1819 FR, Wi
(84) Diebwische, 1712 LV, Wi
(85) Dorfstadt, 1712 LV; auf den Dorf-Städten, 1741 Hofakten; ub den Dorf Städten, 1767 DVR, A
(86) bei dem Eisern Berg, 1654 AB Neustadt; auf den Isenberge, 1707 KV; am Eysenberg, 1767 DVR, A
(87) der Ever Kamp, 1767 DVR, A
(88) im Fadenholz, 1819 FR, Su
(89) an den faulen Bach, 1656 KV; Fuhl Beck, 1712 LV; Fuhlbecks Wiese, 1767 DVR; Fuhlbecks-Wiesen, 1819 FR, Gw, Wi
(90) Flachß Winckel, 1712 LV; beym Flachßwinckel, 1720 Hofakten, A
(91) die Flase Horst, 1741 Hofakten; die Flaßer Horst, 1767 DVR; auf die Flaschhorst, 1819 FR, Gh
(92) die Forth Wische, 1656, KV; Fortwische, 1712 LV; die Furth Wiesen, 1767 DVR; die Forth-Wiese, 1819 FR, Wi
(93) Franß Kampf, 1712 LV, A
(94) die Freyheit, 1656 KV; in der Freyheit, 1707 KV, Ödl
(95) Fuhl Becks Horst, 1767 DVR; auf der Fuhlbecks-Horst, 1819 FR, Wei
(96) upn 5 Ort, 1767 DVR; das Fünf Ortstück, 1791 GA, A
(97) die große Flaas, 1741 Hofakten; Grott Flaß Wiese, 1767 DVR; Flasch Wiesen, 1819 FR, Wi
(98) in der große Fuhlbeck, 1712 LV, Wi
(99) auf der großen Rumen Wische, 1654 A Neustadt, Wi
(100) Haaf Koster Berg, 1767 DVR, Ödl
(101) die Hambow Horst, 1767 DVR, Gh
(102) auf den Hegeböken, 1720 Hofakten; auf den Habüchen, 1741 Hofakten; Hebbeucken Camp, 1767 DVR, A, Gh
(103) Hern Felde, 1656 KV; nach dem Herren-Felde, 1707 KV; auf dem Herren Felde, 1767 DVR, A
(104) in der Herrn Wische, 1654 AB Neustadt, Wi
(105) Heydt Ende, 1712 LV, A
(106) Hinden Wischen, 1654 AB Neustadt, Hinter-Wiese, 1707 KV; die Hinde-Wiese, 1741 Hofakten; die Hinn Wiese, 1767 DVR; in der Hin-/Hinn-Wiese, 1819 FR, Wi
(107) die Hintzen Wiese, 1800 GA; Hintzen-Wiesen, 1819 FR, Wi
(108) Hirten Wiese, 1767 DVR, Wi

(109) hinter den Höfen, 1656 KV, A
(110) die Hof-Wiese, 1741 Hofakten, Wi
(111) Holle Riehte, 1712 LV; die Holeriet-Stücken, 1741 Hofakten; Hahlrethstück, 1791 GA; in der Hahlrieth, 1819 FR, Wi, A
(112) Honer Kampf, 1712 LV, A
(113) Hopfen Garten, 1629 LA, A
(114) die Hülß Horst, 1767 DVR; die Hülshorst, 1819 FR, Ödl
(115) am Hütings Furth, 1767 DVR; Hütingsforth, 1787 GSt, Ft
(116) der Jaspar Orth, 1741 Hofakten; Jaspar Ortgen, 1767 DVR; Jaspers Örtgen, 1819 FR, Wi
(117) die Iserbergs-Wiese, 1741 Hofakten, Wi
(118) im Kafel, 1656 KV, Wi
(119) an der Kahlestädte, 1707 KV, A
(120) auf dem Kämpf-Ohrt, 1707 KV, A
(121) Kiel Orth, 1767 DVR, A
(122) in der Klaen Wische, 1654 AB Neustadt; die Claans-Wiese, 1741 Hofakten; Kläns Wisch, 1767 DVR; die Klahns-Wiese, 1819 FR, Wi
(123) in der kleinen Fuhlbeck, 1712 LV, Wi
(124) vor dem Klewien Camp, 1791 GA, A
(125) Kluhß Ende, 1712 LV; auf den Kluß Enden, 1741 Hofakten; auf die Kluß, 1767 DVR, A
(126) in der Knack Wische, 1712 LV; Knacken Wiese, 1767 DVR; die Knakken-Wiese, 1819 FR, Wi
(127) in der Koppel, 1654 AB Neustadt; die Koppel, 1707 KV; die Coppel-Wiese, 1741 Hofakten; Koppel-Wiesen, 1819 FR, Wi
(128) Kreutz Stücken, 1656 KV; Krütz-Stücken, 1741 Hofakten; die Kreutz Stücken, 1767 DVR, A
(129) Kriech-Enden, 1741 Hofakten; Krieg Enden, 1767 DVR, A
(130) in der Krieg Wische, 1654 AB Neustadt; die Krieg Wiese, 1767 DVR, Wi
(131) bey dem Kuh-Saale, 1707 KV; Kuh Soll, 1767 DVR, Pf
(132) die Laecknitz, 1741 Hofakten; die Läcknitz, 1767 DVR; die Löcknitzen, 1783 GA; Löcknitzen, 1819 FR, Wi
(133) über den Langen pöle, 1574 KV; über den Langen Pfuhle, 1656 KV; oben Langen Pohl, 1712 LV; am Langen Pohl, 1767 DVR, Pf
(134) Langenstückschen Anwenden, 1741 Hofakten, A
(135) in den langstückischen Wischen, 1629 LA; die Langenstücksche Wiese, 1741 Hofakten, Wi
(136) die Lange Riet, 1767 DVR; vor der langen Rieth, 1768 GSt, Gw
(137) Lehm Kuhlen, 1767 DVR; Lehmkuhlenbusch, 1819 FR, Gh
(138) Lein Landt, 1656 KV; Lien Land, 1767 DVR; Lien Brinck, 1798 GSt, A
(139) Mittel-Busch, 1712 LV; Mittel Busch, 1767 DVR, Wi
(140) Mittelwiesenstücken, 1819 FR, A
(141) Mohr Stücken, 1741 Hofakten; die Mohr Stücken, 1767 DVR, A

(142) auf dem Neuwen Lande, 1656 KV; auf Neuenlande, 1712 LV; die Nie Länder, 1767 DVR, A
(143) die Neuwe Wische, 1656 KV; Nei Wische, 1712 LV; die Nie Wiese, 1767 DVR, Wi
(144) Pastoren Kamp, 1656 KV; der Priester Kamp, 1707 KV; Priesterkamp, 1768 GSt, A
(145) Pfarrwohrte, 1768 PfA; Pfarrworthe, 1776 PfA, A
(146) Plahten Sahl, 1712 LV; Platten Soll, 1767 DVR; Platten-Wiesen/Soll-Wiesen, 1819 FR, Wi
(147) die Rieten, 1767 DVR, Wi
(148) aus der Runden Wisch, 1667 LA Balow; die runde Wiese, 1741 Hofakten; in der Runden Wiese, 1819 FR, Wi
(149) das Sählsche Stieg-Stück, 1741 Hofakten, A
(150) die Sandt Stücken, 1741 Hofakten, A
(151) bey der Schafbrücken, 1712 LV, Wi
(152) Schmal Flaß Wiese, 1767 DVR Wi
(153) Schmall-Wieße, 1712 LV; die Schmall-Wiese, 1741 Hofakten, Wi
(154) upm Schniggen Kamp, 1767 DVR, A
(155) Schulacker, 1819 FR, A
(156) Schultzenkamp, 1768 GSt, A
(157) auf den 6 Roden/sechß Ruthen, 1656 KV; auf 6 Ruhten, 1712 LV; auf die 6 Ruthen, 1767 DVR; das 6 Ruthen Stück, 1791 GA, A
(158) die Sieben Enden, 1741 Hofakten; die Sieben Enden, 1767 DVR; die Sieben Ende, 1819 FR, A
(159) up Sour Kämpen, 1767 DVR, A
(160) auf den Sprinck-Stücken, 1741 Hofakten; auf die Sprinck Stücken, 1767 DVR, A
(161) Stem-Wiese, 1707 KV; Stemm Wiese, 1767 DVR; Stemm-Wiesen, 1819 FR, Wi
(162) Stollenteichwinckel, 1779 GA; Stollen Burwinckel, 1819 FR, Wi
(163) die tiefe Wiese, 1779 GA, Wi
(164) an der Trift, 1768 GSt; an der Trift, 1819 FR, Fw
(165) in der Varglasche Wische, 1654 AB Neustadt, Wi
(166) auf den Vier Enden, 1741 Hofakten, A
(167) in der Vorbör Winckel, 1656 KV, Wi
(168) in der Vorkoppel, 1784 GA; in die Vorkoppel, 1819 FR, A
(169) Weyth Winckel, 1712 LV; upn Weide Winckel, 1767 DVR, A
(170) im Wiehenschwanz, 1779 GA, A
(171) auf den Wische Stücken, 1656 KV; auf die Wischstücken, 1767 DVR; A
(172) Wischflagen, 1712 LV, Wi
(173) auf den 10 Ruhten Berg, 1712 LV, A.

96

Klüß

klys

Clutze 1438, Klutze 1448 LA Dambeck

I Jüngere Steinzeit: Urnenfeld. Ältere Eisenzeit: Urnenfeld („Grot Plan").

II Ritterschaft, 1632 Kommuniondorf, 1768 durch Ankauf zum Domanium.

III 12 Hufen (1448 LA Dambeck). Pauschalbede von umgerechnet 10 Mark lüb. (1584 LB Grabow). Einzelpacht je Hufe 1 Fl 2 ß 2 Pfg sowie 4 Scheffel Pachthafer (1654 AB Neustadt).

IV Kleines Angerdorf. Ortslage exzentrisch zur Flur.

Filialkirche von Neuhausen, seit 1859 von Brunow.

Das Bauerndorf Klüß, seit alters ein Pertinens von Dambeck zerfiel, nachdem 1632 der Landesherr die eine Lehnshälfte des Hauptgutes erworben hatte, in einen ritterschaftlichen und einen domanialen Teil. Vor 1666 faßten die Winterfeld auf Dambeck die im 30jährigen Krieg wüst gewordenen Bauernländereien ihres Klüßer Anteils zu einem kleinen, noch 1734 nachweisbaren Meierhof zusammen. Im Jahre 1768 bestand der Hof als solcher nicht mehr, das frühere Verwalterhaus wurde von einer ledigen Angehörigen des erwähnten Adelsgeschlechtes bewohnt.

V Regelmäßige Gewannflur. Schlagwirtschaft, 3 Ackerschläge (1747 OA). Der ehedem zu Dambeck gehörende Geländestreifen an der Karwe (Begangnummern 1–9) wurde um 1725 der Bauerschaft Klüß zur Nutzung überlassen und im Jahre 1854 endgültig an diese Dorfschaft abgetreten.

VI 1654 AB Neustadt: Jacob Schacht, Dinnieß Möller w., Tieß Porep w., Chim Schultz w., Erdtman Fischer w., Claußb Rave w., Cheel Gilbrecht w., Chim Lock der Elter w., Jürgen Porep, Tieß Porep, Paull Westphal, Hanß Meinerß, Hanß Schnieter, Tonnieß Lembke w., Hanß Volckstäte. Kossaten: Tewes Schultz w., Tönnies Ditmer, Jürgen Suhr, Cheel Klaen, Jochim Locke, Erdtman Porep w., Jochim Schultze, Hanß Torbahn. Büdner: Bollewien Einkop, Tomas Trippelfueß w., Hinrich Korting w.. 1703 KL: Jürgen Prieß, Peter Vollstede, Jürgen Porep senior, Pauel Westphalen, Jürgen Porep junior, Hinrich Korter, Andreas Kruse, Hanß Schröder, Hanß Harder, Hanß Ernst Neuman, Christian Mecklenburg, Hanß Lock senior, Hanß Gansels, Mattias Bohtling, Hartwig Cordes, Hanß Lock junior. Kossaten: Jochim Porep, Thomas Krüger, Johan Lauck.

VII

(1)	Lütt Hege Holz	das Lütt Heeg-Holtz, 1768 FR; Lütt Hege Holz, 1788 WK.	Gh, Wi/Wi
2	Hauhnerbusch *haunəbuš*		Gh, Su/Wi
3	Brakmaur *brākmauə*		Su/Wi
4	Karw *ka*^{a}*f*	die Karw-Bach, 1768 FR.	Gw/Gw
5	Host *hǫst*	die Brack-Mohrs Horst, 1768 FR; Barck Mohr Horst, 1788 WK.	Gh/A
6	Kauhwei(d) *kauvaiə*		Su, Wi/Wei
7	Krie(g)wischen *krīvišn*	Krieg Wische, 1656 KV Dambeck; Krisch Wische, 1712 LV Dambeck; die Krieg Wiese, 1722 OA Klüß; Krieg-Wiesen, 1768 FR; in der Kriegwiese, 1788 GA.	Wi/Wi, Wei
8	Bullenkoppel *buł*^{l}*kopl*	Bollen Wiese, 1768 FR.	Wi/Wei
9	Weiden *vaidn*	im Rieten, 1768 FR.	Su, Wi/Wei
(10)	Raß Busch	an Rosch Busch, 1767 VA; Roß Busch, 1768 FR; der Raß Busch, 1788 WK.	Su/Wei
11	Sandecken *zant`ekn*		A/A
12	Grot Plan *`gro*^{u}*t'plån*		A/A
13	Windmoelenbarg *vintmœ̄ł*^{l}*ba*^{a}*x*	der Wind-Mühlen Berg, 1768 FR.	A/A
14	Wörden *vǭ*$^{\bar{ǫ}}$*dn*	auf den Wörden, 1712 LV; auf den Wohrten, 1768 FR.	A/A
15	Slagbom *slaxbōm*		Ot/Ot

16	Kösterkoppel *köstəkopl*	der Priester-Kamp, 1768 FR.	A/A
17	Kösterplan *köstəplån*		A/A
18	Kranstücken *krånstykn*	Kranß Stücken, 1712 LV; aufn Crahn-/Crahen-Stücken, 1758 GA; Krahn Stücken, 1768 FR; Crahnstücken, 1788 GA.	A/A
19	Upstall *upstaɫ*	im Lütten Upstandt, 1747 OA; in den Lütten Upstall, 1750 OA; im Upstall, 1768 FR.	Wi/Wi, Wei
20	Kösterwisch *köstəviš*		Wi/Wi
21	Nadderhof *nadəhǫf*		Wi/Wi
22	Lütt Koppels *lyt' kopls*		A/A
23	Korten En'n *`k̨ˀtn'enⁿ*		A/A
24	Bree(d) Heiden *brə' haidn*	auf breeden Heiden, 1712 LV; auf die breite Heide, 1758 GA; auf die Brede Heiden, 1767 VA; Brehd Heiden, 1768 FR.	A, Ödl/A
25	Langen En'n *`laŋⁿ' enⁿ*		A/A
26	Soelen *zœ̄lˡ*		A/A
27	Piepensack *pīpmzak*		Wi/A, Wei
28	Klüsser Wischen *`klysə' višn*	in die Klüster Wischen, 1767 VA.	Wi/Wi

VIII

(29) auf den Bercken, 1712 LV; auf die Bercken/Berken, 1767 VA, A
(30) aufm Breiten Berge/Breitenberg, 1758 GA; aufn breiten Berge, 1788 GA, A
(31) Bülsch Karw, 1768 FR, Wi
(32) die Coppel, 1722 OA; in der Koppel, 1768 FR, Wi

(33) auf der Coßer Röhten, 1712 LV; die Coßer Rodcken, 1768 FR, A
(34) Dren Roden, 1712 LV; aufn drey Rohden, 1758 GA; Drey Ruten, 1768 FR, A
(35) Drey-Ruthen Wiese, 1740 OA, Wi
(36) der grüne Weg, 1767 VA, Fw
(37) aufen Halben Bercken, 1758 GA; aufn Halben Barcken, 1788 GA, A
(38) am Heh Becken, 1767 VA; am Heh Backen, 1768 FR, A
(39) Hinn-Karw, 1768 FR, Wi
(40) die Hirten Wiese, 1767 VA, Wi
(41) Hof Stücken, 1712 LV; Hofe-Acker, 1722 OA; Haaf Stücken/Haf Stücken 1768 FR, A
(42) die Horst, 1767 VA, Ödl
(43) in den Hufen Röhten, 1712 LV; auf die Rögken, 1767 VA, A
(44) auf den Ißchlägen, 1712 LV; aufn Ihs Laagen, 1758 GA; auf die Ihsschlage, 1767 VA; aufn Islagen, 1788 GA, A
(45) tenst den Jehser Berg, 1768 FR, A
(46) die Jeser-Bergs Wiesen, 1768 FR, Wi
(47) aufn Kamp Stücken, 1758 GA; auf den Kamp, 1767 VA; aufn Campstücken, 1788 GA, A
(48) Kirchen Acker, 1768 FR, A
(49) aufn Koß Stücken, 1758 GA; auf die Koß Stücken, 1767 VÅ, A
(50) Krütz Stücken, 1712 LV; auf die Creutz Stücken, 1767 VA; aufn Creuzstücken, 1788 GA, A
(51) in den Langen Röhten, 1712 LV; aufn Reucken, 1758 GA; auf die Lange Rögken, 1767 VA; Langen Rödcken, 1768 FR; aufn Reucken, 1788 GA, A
(52) die lange Stücken, 1768 FR, A
(53) den Lang Stückschen Busch, 1768 FR, Gh
(54) Lütt Kabelcke, 1747 OA, Wi
(55) die Nacht-Koppel, 1768 FR, Wei
(56) die Pferde-Koppel, 1768 FR, Wei
(57) auf den Rabenß Camp, 1712 LV, A
(58) Rastücken, 1712 LV; aufn Roß Stücken, 1758 GA; auf die Roß Stücken, 1768 FR; aufn Rosstücken, 1788 GA, A
(59) am Schmiede-Acker, 1768 FR, A
(60) Schultzen Kamp, 1768 FR, A
(61) im Vierbusch, 1780 GA, A
(62) Vier Stücken, 1712 LV; auf die Vier Stücken, 1767 VA; aufn Vierstücken, 1788 GA, A
(63) die Vier-Stückschen Wiesen, 1768 FR, Wi
(64) auf den Vogelsangk, 1712 LV; Vagel Sanck, 1758 GA; Vagelsangs-Stücken, 1768 FR; Vogelsank, 1788 GA, A
(65) Vörr-Karw, 1768 FR, Wi
(66) die Wisch Stücken, 1767 VA, A
(67) im Ziehms Keller, 1768 FR, Ödl?

97

Brunow

brūnō

Brunow 1377 MUB, Brunowe 1438 Lehnbrief

I Slawische Zeit: Burgwall und vermutlich dazu gehörende Siedlung.

II Kommuniondorf, 1768 durch Permutationsvertrag zum Domanium.

III 15 Hufen, darunter $1/2$ Pfarr- und $1^1/_2$ Freihufen sowie 3 Katen (1520, 1586 AB Grabow, 1534 KV Brunow). Pauschalbede von 14 Mark lüb. (1538 LB Grabow), „dat genanth drecht gelich den houen und katen, szo blifft dat by dem genanth" (1535/36 LB-Restanten Grabow). Stark variierende Pacht von $1^1/_2$–5 Mark lüb. (1520 AB Grabow, 1534 KV Brunow).

IV Großes Angerdorf. Ortslage zentral zur Flur.

Kirchdorf.

V Regelmäßige Gewannflur. Schlagwirtschaft, 3 Ackerschläge (1712 LV).

VI 1586 AB Grabow: Daniel Schultze, Ewald Schröder, Chim Milas, Chim Schröder, Jacob Borchard, Hans Lente, Michael Klan, Chim Pist der olde, Chim Pist der junger, Peter Lente. Kätner: Jacob Lente, Chim Jengell, Hans Schmidt (die Namen der Bauern auf den 5 ritterschaftlichen Hufen sind nicht bekannt und fehlen in der Liste).

1654 AB Neustadt: Jürgen Schmidt, Lorentz Lutter, Paul Kafel, Johan Hobe, Jacob Wytte, Jochim Jüeche, Jochim Schultz, Palm Gercke, Michel Schmidt, Frenß Piest, Frenß Schröeder, Frenß Borchert, Jochim Brendke, Tobias Quirling, Frenß Lente, Jochim Borchert, Hinrich Rembstede. Kossaten: Zacharias Klockow, Hanß Piest, Michel Schultz, Hinrich Claußß, Jochim Rathsack, Jürgen Schmidt. Büdner: Daniel Piest w., Jürgen Schmidt w..

1703 KL und 1711 LV: Jürgen Schmidt, Jochim Schmidt, Jacob Witte, Hinrich Jüech, Jochim Gerck, Jürgen Schmidt, Tieß Schröder, Jochim Quirling, Jochim Lentte, Jürgen Schultz, Hinrich Klaß, Jacob Ratsack, Hanß Schmidt, Priesterbaur Franß Klockau, Hinrich Borchert, Jürgen Bruhn, Adolf Borchert, Michel Schulte, Stoffer Nieman, Friedrich Schmitt, Christian Bruhn, Andreas Rahtsack, Hanß Nieman.

VII

1	Feld Klüß *ˋfelt′klys*	up dem felde tho Klütze, 1561 KV; auf dem Feldt Clüß, 1712 LV; auf dem Feld Klüß, 1781 RA.	A/A, Wi, Kw
2	Kolkbäk *kołkbä̆k*	Möhlen Bäck, 1712 LV.	Gw/Gw
3	Langen Host *ˋlaŋn′host*		Gh/A, Wi
4	Bullenwisch *buł^{l}viš*	die Bollen Wiese, 1781 RA.	Wi/Wi
5	Preisterwisch *praistəviš*	die Pfarr Wiesen, 1781 RA.	Wi/Wi
6	Torfkuhl *tǫ^{ə}fkūl*		Su/Pf
7	Schultenkamp *šultnkam^{p}*		A, Gh/A
8	Häghost *hä̆x́host*	bey der Häg Horst, 1712 LV.	Gh/Wei, A, Gh
9	Bohnenkamp *bo^{u}n^{n}kam^{p}*	in Bohnern, 1767 GA; Bohnen-Kamp, 1768 GSt; auf dem Bohnen Kamp, 1781 RA.	Wi/Wi, Wei
(10)	Hals	der Hals, 1768 GSt.	Gh, Su/A, Kw
11	Borgwall *bǫ^{ə}xvał*	auf den Borg Wall, 1712 LV; der Borgwall, 1768 GSt.	A, Ödl/Ödl, A
12	Daglöhnerwisch *daxlȫnəviš*		Wi/Wi
13	Hasenwisch *hå̆znviš*	die Hasen Stämm Wiese, 1781 RA.	Wi/Wi, Wei, Gh
14	Rie(d)bäk *rĭbä̆k*		Gw/Gw
(15)	Glashütten Heide	die Glaßhütten Heyde, 1689 Anlage AB Grabow; auf der Glashütter Heide, 1781 RA; Glashütten Heide, 1788 WK.	Ödl/A, Wi

16	Kösterwisch *köstəviš*		Wi/Wi
17	Ellerkamp *eläkam*^{p}	in Eller Camp, 1712 LV; Eller Kamps Wiesen, 1781 RA.	Wi/A, Wei
18	Borgkämpen *bǫ*^{ə}*xkem*^{p}*m*	auf den grothen Borg Camp, 1712 LV; die Langen Borg-Kämpen, 1781 RA.	A/A
19	Kohlhof *kōlhǫf*	die Kohldäm, 1712 LV.	A/A, Wi
20	Kösteracker *köstə`akə*	auf den Koster Lande, 1712 LV.	A/A, Wi
21	de Masch *də'maš*	die Masch, 1765 LA Balow.	Wi/Ot
22	de Röt *də'rȫt*		Pf/Pf
23	Spring *spriŋ*	auf den Sprinck Stücken, 1712 LV; auf Spring Stück, 1739 GA.	A, Gh/A, Gh
24	Brakstücken *bråkstykn*	auf den korthen Brack Stücken, 1712 LV; die Kurzen Braach-Stücken, 1781 RA.	A/A
25	Sollock *zollok*		Pf?/Wi

VIII

(26) auf der Asche Kafel, 1656 KV; auf den Aschs Cavellen, 1712 LV; Aschkafel, 1799 GA, A
(27) auf der Böhmen Horst/Bohm Horst, 1712 LV; in den Böhmhörsten, 1808 GA, A
(28) die Bohnößen, 1781 RA, A
(29) die Borgwalls-Wiesen, 1781 RA, Wi
(30) die Büdner-Wiesen, 1781 RA, Wi
(31) auf den Camp, 1712 LV, A
(32) auf den Cavellen, 1712 LV, A
(33) Cavellwiesen, 1712 LV; die Cabel Wiese, 1781 RA, Wi
(34) auf den Coßern, 1712 LV; auf den Kostern, 1781 RA; im Koster, 1807 GA, Wi
(35) auf den 3 Ruthen, 1712 LV; die drey Ruthen-Stücken, 1781 RA, A
(36) die Felgen-Stücken, 1781 RA, A
(37) Fohrt Stücken, 1712 LV; auf den Pfortstücken, 1739 GA; beyn Forth Stücken, 1807 GA, A

(38) Fohrt Wiesen, 1712 LV; Fuhrtwiese, 1799 GA; Fortwiese, 1814 GA, Wi
(39) die Förster Wiesen, 1781 RA, Wi
(40) auf den 5 Ruthen, 1712 LV; Fünf Ruthen-Stücken, 1781 RA; auf den 5 Ruthen, 1807 GA, A
(41) im großen Felde, 1656 KV, A
(42) die großen Wiesen, 1781 RA, Wi
(43) auf den grothen Roden Stücken, 1712 LV; die roden Stücken, 1781 RA; beym rothen Stücken, 1818 GA, A
(44) auf den Grothen Stücken, 1712 LV; die großen Stücken, 1781 RA; ein Großstück, 1799 GA, A
(45) auf den Haaßen Enden, 1712 LV, A
(46) auf den Hagen Stücken, 1712 LV; Hagenstücken, 1739 GA; Hagenstück, 1808 GA, A
(47) auf den Heidtstücken, 1712 LV; die Heide-Stücken, 1781 RA, A
(48) die Hirthen Wiese, 1781 RA, Wi
(49) im Holtz Klest, 1712 LV, Wi
(50) Holtzwiese, 1744 GA; Holzwiese, 1814 GA, Wi
(51) Hörsten Wiesen, 1712 LV; die Horster Wiese, 1781 RA, Wi
(52) die Kamp Wiese, 1781 RA, Wi
(53) die Kirchen Wiesen, 1781 RA, Wi
(54) die Köhn Wiesen, 1781 RA, Wi
(55) auf den Kohter Acker, 1712 LV, A
(56) auf den korthen Cluß Camp/korthen Cluuß Camp, 1712 LV; die Kurzen Klußß-Kämpen, 1781 RA, A
(57) auf den korthen Dwer Cavellen, 1712 LV; die Kurzen Dweer-Kabeln 1781 RA; die kurze Tweer Kafel, 1799 GA, A
(58) auf den Koster Fahren, 1712 LV, A
(59) in Kronß Sahl, 1712 LV, Wi
(60) die Kurzen 3 Ruthen, 1781 RA, A
(61) auf den langen Clußß Camp/langen Cluuß Camp, 1712 LV; die Langen Kluß-Kämpen, 1781 RA, A
(62) auf den langen Brack Stücken, 1712 LV; die Langen Braach-Stücken, 1781 RA, A
(63) die Langen 3 Ruthen, 1781 RA, A
(64) auf den langen Dwer Cavellen, 1712 LV; die Langen Dweer-Kabeln, 1781 RA; in der Dwerkabel, 1814 GA, A
(65) im langen Felde, 1656 KV, A
(66) auf den langen Stücken, 1712 LV; die Langen Stücke, 1781 RA, A
(67) auf den lütgen Borg Cämpen, 1712 LV; die Kurzen Borg-Kämpen, 1781 RA; im Kleinen Borg Kamp, 1808 GA, A
(68) an der Marckscheide, 1712 LV; die Marck Scheiden, 1781 RA, A, Wi
(69) in den Mühlen Backs Stiege, 1712 LV; am Möllenbeckschen Stiege, 1739 GA; Möllenbecks Stiege, 1781 RA; Möllenbecks Stiegen Wiese, 1807 GA, Stg, Wi

(70) im Möllenbecks Wiesen, 1807 GA, Wi
(71) von dem mollenkampe, 1520 AB Grabow, A
(72) die Neuwe Wische, 1656 KV; in der Nie Wiesen, 1712 LV; die Nien Wiesen, 1781 RA, Wi
(73) Nien Up Stall Cavellen, 1712 LV; Nien Upstall Wiesen, 1781 RA, Wi
(74) in die Pferde Koppel, 1781 RA, Wei
(75) die Platschower Wiesen, 1781 RA, Wi
(76) beym Raben Kamp, 1807 GA, A
(77) auf dem Rietberge, 1768 GSt, Ödl
(78) ahm felde Rosenwinckel, 1561 KV, Wi
(79) hinter dem Rüben Kampe, 1656 KV; auf den Rüben Camps Stücken, 1712 LV; aufm Röfe Camp, 1739 GA; im Rüb-Kamp, 1784 GA; Rübenkamp, 1814 GA, A
(80) Rübsahls Stück, 1767 GA, A
(81) in der Ruhm Rith, 1712 LV, Wi
(82) im runden Felde, 1656 KV, A
(83) auf den Sandtstücken, 1712 LV; die Sand-Stücken, 1781 RA, A
(84) in Schmäde Wienckel, 1712 LV; Schmeerwinkel, 1744 GA; im Schmed Winkel, 1781 RA; Schmerwinkelstück, 1791 GA; in den Schmerwinckel, 1814 GA, A
(85) schmahlen rothen Stücken, 1656 KV; auf den lütgen Roden Stücken, 1712 LV, A
(86) auf den schmahlen Stücken, 1712 LV; die Schmalen-Stücken, 1781 RA, A
(87) im Schmal Winckel, 1808 GA, A
(88) die Schulzen Wiese, 1781 RA, Wi
(89) Sieben Stücken, 1781 RA; in den Siebenstücken, 1814 GA, A
(90) Nach der Söringe, 1561 KV; auf der Söhren, 1712 LV; die Söringen, 1781 RA, A
(91) in den Stemmen, 1712 LV; die großen Stemm-Wiesen, 1781 RA, Wi
(92) auf den Strith Lande/Strieth Lande, 1712 LV, A
(93) die Trinde Wische, 1656 KV; auf den Trien Wiesen, 1712 LV; die Trien Wiesen, 1781 RA, Wi
(94) der Upstall, 1656 KV; auf den Up Stall Stücken, 1712 LV; Aufstalls Stück, 1744 GA; die Upsall-Stücken, 1781 RA; Aufstals Stück, 1814 GA, A
(95) auf den Vier Ruthen, 1712 LV, Wi
(96) de vordt, 1561 KV, Ft
(97) by den vortagen stücken, 1561 KV; auf den vertagen Stücken, 1712 LV; Vertagen Stück, 1739 GA; die Fertagen-Stücken, 1781 RA; das Vortagenstück, 1799 GA; Vertagen, 1814 GA, A
(98) in Voß Wiesen, 1712 LV; in der Voßwiese, 1739 GA; die Voß-Wiesen, 1781 RA, Wi
(99) Winckel, 1739 GA, A
(100) im Wollwische, 1784 GA; in der Wollwiese, 1814 GA, Wi.

98

Platschow

plătšō

Platzekowe 1341, Platzkowe 1370 MUB

I Jüngere Steinzeit: Feuersteinbeil.

II Ritterschaft, 1341 Kommuniondorf, 1766 durch Permutationsvertrag zum Domanium.

III 7 Hufen und 2 Katen (1538 LB Grabow). Individualbede, die Hufe zu 16 ß (1538 LB Grabow). Einzelpacht für eine Hufe zwischen 1 Fl 8 ß und 1 Fl 20 ß schwankend (1654 AB Neustadt).

IV Sackplatzdorf. Ortslage exzentrisch zur Flur.

V Gewannartige Streifenflur. Keine Schlagwirtschaft nachweisbar.

VI 1654 AB Neustadt: Drewes Schultz, Jürgen Schultz, Clauß Tüßke, Chim Knake w., Michell Klaen, Jacob Kopaß w., Marten Munckerkuhl w., Jacob Schröeder w., Jochim Knake. Büdner: Clauß Töede.

1703 KL: Hanß Klän, Jochim Schuld, Johan Bergman, Barthold Tüscher, Christian Jabes, Johan Schröder, Hinrich Westphalen. Kossat: Johan Meincke.

VII

1	Markscheed *ma^{a}kšē^{i}*		Gh, A/A
2	Host *host*	die Horst, 1654 AB Neustadt.	Gh/A
3	Eekstücken *ē^{i}kstykn*		A, Gh/A
4	Ossenwei(d) *osnvai*		Su, A/Wei
5	Kloß Kämpen *'klōs'kem^{p}m*	in den Clas Cämpen, 1820 GA.	Wi, Su/Wi
6	Dannenstücken *dan^{n}stykn*	Plahn, 1788 WK.	Wi, Su, A/A

7	Schmielitz *šmīlits*	in der Schmielitz, 1808 GA; im Schmielk, 1819 GA.	A/A
8	Kösterie *köstə'rī*		Ödl/A
9	Moelenbarg *mœ̄l*^{l}*ba*^{a}*x*		A/A
10	Schultenkamp *šultnkam*^{p}	Schulzen Kamp, 1772 RA.	A/A
11	Dansbusch *dansbuš*	im Tans-Busch, 1719 GA.	Ödl, A/A

VIII

(12) der alte Schulzen Kamp, 1772 RA, A
(13) auf den breden Stücken, 1712 LV, A
(14) im Dämmbusch, 1808 GA, A
(15) auf den Dorfenden, 1819 GA, A
(16) Dreyfeische, 1712 LV; auf die Dreifleischen, 1780 RA, A
(17) die Freyheit, 1772 RA, Ödl
(18) in den Hinnwiesen, 1819 GA, Wi
(19) Hofwiese, 1863 GA, Wi
(20) Kirchweg, 1819 GA, Fw
(21) die Langen Ende, 1780 RA, A
(22) auf den langen Stücken, 1712 LV; auf die Langen Stücken, 1780 RA, A
(23) aufn Langs, 1712 LV; im Langen, 1812 GA, A
(24) Mahlen Felde, 1712 LV, A
(25) in der Pfingsthege, 1750 RA, A?
(26) auf den Sadeßt, 1712 LV, A
(27) die Sandbreiten, 1780 RA, A
(28) auf den schmahlen Stücken, 1712 LV; im Schmaal, 1812 GA, A
(29) Spring Stücke, 1712 LV, A
(30) Stämm Wiese, 1808 GA; Stämmwiesen, 1820 GA, Wi
(31) Stämmkohlhof, 1820 GA, A
(32) im Stam Stücken, 1712 LV, A
(33) auf den Vier Roggen, 1712 LV, A
(34) hintern Voßberge, 1819 GA, A.

99

Pampin

pamp'īn

Pampin 1438, Pampin 1448 LA Dambeck

I Jüngere Steinzeit: Felsgesteinaxt. Ältere Bronzezeit: Hügelgräbergruppe („Hogen Feld"). Jüngere Bronzezeit: Hügelgräber; Tüllenbeil („Mattek").

II Kommuniondorf, nachdem 1784 der letzte ritterschaftliche Hufenanteil verkauft worden war, zu Beginn des 19. Jahrhunderts zum Domanium.

III 7 Hufen (1575 LA Hühnerland, 1584 AB Grabow, 1629 LA Dambeck). Pauschalbede von 3 Drömt Hafer (1538 und noch 1584 LB Grabow), „darvan de Innhemers de perde so ße faren effte riden mit foderen hirvan vor ouerth 4 Mark." Einzelpacht für eine Hufe zwischen 2 Fl 16 ß und 2 Fl 20 ß schwankend (1654 AB Neustadt).

IV Sackplatzdorf. Ortslage exzentrisch zur Flur.

V Hufenlose Streifenflur. Keine Schlagwirtschaft nachweisbar.

VI 1654 AB Neustadt: Hanß Zabell, Johan Bruen, Tieß Tege, Peter Hacker, Jacob Hacker, Jochim Schröeder, Dinnieß Schultz.

1703 KL: Jochim Haeckers Witwe, Christian Burmeister, Jochim Madauß, Jochim Schultze, Jochim Laucke, Jacob Haacker.

VII

1	Moelenfeld *mœ̄l'felt*	im Mühlen Felde, 1714 LV; das Mühlen-Feldt, 1765 DVR; Mühlen Felde, 1788 FR.	A/A, Wi
2	Bö(de)nerwischen *bȫnəvišn*	die Büdner Wiesen, 1764 FR.	Wi/Wi
3	Kösteracker *köstə'akə*		A, Gh/A
4	Wischstücken *viššstykn*	im Wischstücken, 1701 LV; Wisch Stücken, 1714 LV; Wisch-Stücken, 1765 DVR; auf den Wis-Stücken, 1808 GA.	Wi, A/A

5	Schmielitz *šmīlits*	in der Schmielitz, 1808 GA.	A, Ödl/A
6	Rötkuhl *rötkūl*	Rohtsohlsche Cafeln, 1701 LV.	Pf, A/Pf
7	Langkuhl *laŋ'kūl*		Pf/Pf
8	Kämpstücken *kem^{p}stykn*		A, Gh/A
9	Sandkavel *zantkåvl*	Sandberg-Stücken, 1765 DVR; Sandberg, 1788 FR.	A/A
10	Hagenstücken *hågnstykn*	im Hagens Stücken, 1701 LV; auf den Hagen Stücken, 1714 LV; auf die Hagen-Stücken, 1765 DVR; Hagen Stücken, 1788 FR.	A/A
11	Mattek, Matteik *mat'eik, mat'aik*	Matteken Wiese, 1714 LV; die Matheken, 1764 FR.	Wi/A
12	Bargstücken *ba^{a}xstykn*	Barchstücke, 1701 LV; auf den Barg Stücken, 1714 LV; auf die Berg Stücken, 1765 DVR; Berg Stücken, 1788 FR.	A/A
13	Bäkstücken *båkstykn*	Beckstücken, 1701 LV; auf den Beck Stücken, 1714 LV; auf die Beck Stücken, 1765 DVR; Beeck Stücken, 1788 FR.	A/A
14	Grot Holt *ˋgro^{u}t'holt*	das Große Holtz, 1764 FR; das große Holtz, 1765 DVR.	Gh/A, Wi
15	Schultenkamp *šultnkam^{p}*	Schultzen Camp, 1764 FR.	A/A
16	Düsterfortsche Weg *ˋdūstəfǫ^{o}tšə'vex́*		Fw/Fw
17	Hogen Feld *ˋho^{u}gn'felt*		A, Gh/A
(18)	Hohen Ellern	die Hohen Ellern, 1764 FR; Hohen Ellern, 1788 WK.	Su, Gh/A, Wi
(19)	Hans Berg	der Hans Berg, 1764 FR; Hanß-Berg, 1765 DVR; Hans Berg, 1788 WK.	A, Ödl/F

20	Söring *zöriŋ*		A, Su, Wi/A
21	Hilgen Land *hilgn'lant*	auf den Heiligen Lande, 1714 LV; Hilgen Land, 1764 FR; Hilgen Land, 1788 FR.	A/A
22	Riet *rīt*	die Beckstücker Rieth, 1764 FR.	Su, Wi/A, Wei
23	Kaßfohren *kas'fōᵊn*	Coß Fohrden, 1701 LV; auf den Coß-föhrden, 1714 LV; Cars-Fahr-Stücken, 1765 DVR; Cars Fahr, 1788 FR; auf dem Kosfort, 1808 GA; Cars Fahr, 1818 GA.	A, Su, Wi/A
24	Nachtkoppel *naxtkopl*	die Nacht Koppel, 1764 FR.	Ödl, Su/A, Wi

VIII

(25) an der Barcker-Heide, 1765 DVR, Ödl
(26) Behrbohm Stücke, 1701 LV; auf die Behrböhm-Stücken, 1765 DVR; Beerbaum-Stücken, 1808 GA, A
(27) Bollen Wiese, 1764 FR, Wi
(28) Bret Cafeln, 1701 LV; auf den Breeden Caveln, 1714 LV; Breit Kaveln, 1788 FR, A
(29) auf den Cafeln, 1701 LV; auf den Caveln, 1714 LV, A
(30) Cavel Wiese, 1714 LV; die Kavel Wiese, 1764 FR, Wi
(31) auf den Gill-Landt, 1765 DVR, A
(32) die großen Holtz Wiesen, 1764 FR, Wi
(33) auf den Groten Holtz Caveln, 1714 LV; auf die Grothols-Caveln, 1765 DVR, A
(34) die Hagen Wiese, 1764 FR, Wi
(35) Hinter Wiese, 1765 DVR, Wi
(36) die Hirten Wiese, 1764 FR, Wi
(37) auf den Hof Stücken, 1714 LV, A
(38) der Kleine Klotz, 1765 DVR, A
(39) auf die Kleinen Cavelcken, 1765 DVR, A
(40) auf den Landen, 1701 LV, A
(41) Lang Ende, 1701 LV; auf den Langen Enden, 1714 LV; Lange Enden, 1788 FR; auf dem Langen Ende, 1808 GA, A
(42) auf den langen Schmahlen, 1714 LV; auf die langen Schmalen-Stücken, 1765 DVR; Lange Schmalen, 1788 FR, A
(43) Lanwehren, 1764 FR; Landwehren, 1788 FR; Landwehrungs-Stück, 1808 GA, A

(44) auf den Mietenbarg, Stücken 1714 LV, A
(45) Mittelholtz-Mohr, 1765 DVR, Su
(46) in der Mittel Holtz Wiese, 1714; die Mittel Holtz Wiese, 1764 FR, Wi
(47) auf den Mohr Stücken, 1714 LV; Mohr Stücken, 1788 FR, A
(48) Müen Wiese, 1714 LV; Mum Wiese/Mumm Wiese, 1764 FR, Wi
(49) die Papen Horst, 1764 FR, Gh
(50) inn Schmahlen, 1701 LV; auf den schmahlen Stücken, 1714 LV; Schmalen, 1764 FR; im Schmalen, 1808 GA, A
(51) die Schultzen Wiese, 1764 FR; Schulzen Wiese, 1819 FR, Wi
(52) Stein Breden, 1764 FR; auf die Steinbreider Stücken, 1765 DVR, A
(53) im Tans Busch, 1764 FR, A
(54) Vier Stücken, 1764 FR, A
(55) auf den Wall Stücken, 1714 LV; auf die Wall-Stücken, 1765 DVR; Wall Stücken, 1788 FR, A
(56) Wick Cafeln, 1701 LV; auf den Wirck Caveln, 1714 LV; Witt Caveln, 1764 FR; Witt Cavel Stücken, 1818 GA, A.

100

Bauerkuhl

būəkūl

Oldenbawerkuhl 1520 AB, Olden Bouwerkule 1534 PV Grabow

I Bislang keine vor- und frühgeschichtlichen Funde.

II Kommuniondorf, 1548 durch Ankauf des ritterschaftlichen Anteils zum Domanium.

III 15 Hufen (1535 PV Grabow, 1548 LA Hühnerland). Einzelpacht je Hufe 16 ß (1505/06 AB Grabow).

IV Hof. Ortslage zentral zur Flur.

Sowohl Alt- als auch Neu Bauerkuhl lagen bereits im 15. Jahrhundert wüst, die Hufen der beiden Gemarkungen waren gegen Pacht an Bauern der umliegenden Dörfer ausgetan. Während das grundherrschaftlich stark zersplitterte Neu Bauerkuhl niemals wieder aufgebaut wurde und die zugehörige Feldmark später in den Fluren von Ziegendorf und Brunow aufging, ließ der Landesfürst auf der Gemarkung von Alt Bauerkuhl um 1536 einen Meierhof mit einer Schäferei errichten. Die $4^1/_2$ ritterschaftlichen Hufen der Wüstung erwarb der Herzog im Jahre 1548 von den Winterfeld auf Hühnerland und brachte damit den Ort in den Alleinbesitz der Landesherrschaft. Ende des 16. Jahrhunderts betrug die Aussaatmenge des Hofes 10 Drömt Roggen, 6 Drömt Gersten, 4 Drömt Hafer und 1 Drömt Erbsen (1586 AB Grabow). Im Jahre 1732 wurde der Meierhof in einen Pachthof umgewandelt und blieb als solcher bis ins 20. Jahrhundert bestehen.

V Gutsflur. Schlagwirtschaft, 3 Ackerschläge (1717 LV), 1732 jedoch lag das Hofland bereits in 9 Schlägen (1732 Verpachtungsakten).

In der nördlichen Ortsflur sind größere Feldmarkteile der Wüstung Wendisch Grabow enthalten.

VI Keine Bauernlisten.

VII

1	Kosserland *kosəlant*	Coßer Land, 1765 LA Balow; Koßer-Land, 1777 Verpachtungsakten; Kosser-Land, 1874 FlK.	A/A
2	Goosbusch *go^{u}sbuš*	der Gänse Busch, 1756 Verpachtungsakten; Gänsebusch, 1831 FR; im Gänse-Busch, 1874 FlK.	Si, Wi/Wi
3	Scheperwisch *šēpəviš*	die Schäferwiese, 1831 FR; Schäfer-Wiese, 1874 FlK.	Wi/Wi
(4)	Kleine Schäfer-Koppel	Lüt Schäferkamp, 1831 FR; Kleine Schäfer-Koppel, 1874 FlK.	A/A
5	Sempslag *zempslax*		A/A
6	Scheperkoppel *šēpəkopl*	aufn Schäfer Camp, 1717 LV; der Scheper Kamp, 1777 Verpachtungsakten; Grot Schäferkamp, 1831 FR; Große Schäfer-Koppel, 1874 FlK.	A, Wi/A
(7)	Horst	für dem Horste, 1654 AB Neustadt; in der Horst, 1756 Verpachtungsakten; die Horst, 1831 FR; die Horst, 1874 FlK.	Gh/A, Wi
8	Rie(d)bäk *rībäk*		Gw/Gw
9	Buschkoppel *buškopl*	Busch Koppel, 1777 Verpachtungsakten; die Buschkoppel, 1831 FR.	Wi/A, Wei

10	Stubbenkoppel *stubmkopl*	auf den Stuben Camp, 1717 LV; Stubben Camp, 1732 Verpachtungsakten; die Stubbenkoppel, 1831 FR; Stubben-Koppel, 1874 FlK.	A/A, Wei
11	Ellerkamp *eläkamp*		Ödl/A
12	Rosengor(de)n *rouzngōən*		Ödl/A
13	Frachtweg *fraxtvex́*		Str/A, Str
(14)	Immenberg	Immenberg, 1831 FR; Immen-Berg, 1874 FlK.	A/A
15	Schewen Barg *'šēvn'baax*	auf den Schefen Barg, 1717 LV; Scheewen Berg, 1732 Verpachtungsakten; der Scheveberg, 1831 FR; der schiefe Berg, 1874 FlK.	A/A
16	Notstall *noutstal*	im Nohtstall, 1654 AB Neustadt; Noth Stall, 1732 Verpachtungsakten; Nothstall, 1831 FR; im Notstall, 1874 FlK.	Gh/A
17	Wiedenkuhl *vidnkūl*		Pf/Pf
(18)	Stroh-Kamp	Stroh Camp, 1717 LV; Stroh-Camp, 1732 Verpachtungsakten; Stroh-Kamp, 1874 FlK.	A/A
(19)	Fuhl Kamp	auf den fuhlen Camp, 1717 LV; der Faule Camp, 1732 Verpachtungsakten; Faulkamp, 1831 FR; der Fuhl Kamp, 1874 FlK.	A/A
20	Sandkamp *zantkamp*	auf den Sandt Camp, 1717 LV; Sandkamp, 1831 FR; Sand-Kamp, 1874 FlK.	A/A

VIII

(21) Baal-Damm, 1777 Verpachtungsakten, Wi
(22) auf der Fahlt, 1654 AB Neustadt, Wei
(23) im Grabowschen Orte, 1654 Neustadt; in Graboer Ohrt, 1712 LV Wendisch Grabow, Gh

(24) die große Wiese, 1777 Verpachtungsakten, Wi
(25) die Heydt-Stücken, 1732 Verpachtungsakten, A
(26) die Hofwische, 1654 AB Neustadt; die Hofwiese, 1717 LV; Hofwiese,1831 FR, Wi
(27) Hopfen Garten, 1732 Verpachtungsakten, A
(28) auf der Kleinen Coppel, 1732 Verpachtungsakten, A
(29) im Kohl-Hof, 1732 Verpachtungsakten, A
(30) die Lange Rie, 1752 Verpachtungsakten, Wei
(31) die lange Wische, 1654 AB Neustadt; die lange Wiese, 1717 LV; an der Langen Wiesen, 1732 Verpachtungsakten, Wi
(32) in der Neben Koppel, 1777 Verpachtungsakten, A
(33) die Platzkower Wische, 1654 AB Neustadt, Wi
(34) auf den Sprinck Camp, 1717 LV; der Sprinck Camp, 1732 Verpachtungsakten; öberste Sprinckschlag, 1831 FR, A
(35) der Tannenkamp, 1831 FR, Ödl
(36) unterste Sprinckschlag, 1831 FR, A.

101

Drefahl

dre'fāl

mit Neu Drefahl und Wüstung Wendisch Grabow

Dreual 1424 CDB, Dreual 1438 AL Dambeck, Draffael, 1534 PV Grabow
Grabaw 1520 AB, Grabouw 1535 PV Grabow

I Jüngere Steinzeit: Streitaxt aus Felsgestein.

II Ritterschaft, 1632 Kommuniondorf, 1786 durch Ankauf zum Domanium. Im Unterschied zu Drefahl befand sich Wendisch Grabow schon 1520 in Kommunionbesitz, die letzten ritterschaftlichen Anteile an der Wüstung erwarb das Domanium in der zweiten Hälfte des 18. Jahrhunderts.

III 13 Hufen (1551 LB Marnitz). Individualbede, die Hufe zu 16 ß (1551 LB Marnitz). Einzelpacht je Hufe 2 Fl 20 ß (1654 AB Neustadt).

Wendisch Grabow: 12 Hufen (1535/36 LB-Restanten Grabow). Individualbede, die Hufe zu 3 ß (1540 LB Grabow). Einzelpacht je Hufe 16 ß (1520 AB Grabow).

IV Großes Angerdorf. Ortslage exzentrisch zur ursprünglichen Flur.

Filialkirche von Brunow.

Das Bauerndorf Wendisch Grabow wurde zwischen 1382 und 1448 wüst. An der östlichen Flurgrenze von Drefahl entstand im Jahre 1824 durch die Anlage eines Forstgehöftes und Errichtung von 4 Büdnerstellen die Ortschaft Neu Drefahl (Begangnummern 10–18).

V Langstreifenflur. Schlagwirtschaft, 3 Ackerschläge (1763, 1791 GA), später 7 Schläge (1794 GA).

Der nordwestliche Sektor der Gemarkung Drefahl besteht ausschließlich aus Ländereien der wüsten Feldmark Wendisch Grabow (Begangnummern 48–55), geringere Flächen dieser Wüstung wurden den Fluren von Bauernkuhl und Ziegendorf einverleibt.

VI 1570 LB Marnitz: Achim Torbann, Lofrens Copatz, Heine Konike, Hermann Neigebur, Marten Swartze, Heine Schulze, Heine Gatte, Marten Torbann, Achim Klinke, Jasper Klinke, Lofrens Klinke, Achim Daße, junge Achim Klinke.

1654 AB Neustadt: Hinrich Kaeckstein, Hanß Lauwke, Hanß Schröder w., Paschen Lauwke, Jochim Geicke, Jochim Lauwke, Clauß Giese w., Hanß Lauwke, Chim Tohrbahn w., Marten Kröger, Voeß Feilcke w., Hanß Niebuhr w., Jochim Burmeister, Jürgen Geicke w.

1703 KL: Hanß Caeckstein, Stoffer Tiede, Hinrich Quirling, Jochim Tiedeman, Petter Laucke, Laucken Wittwe, Thomas Pagel (unvollständige Liste).

VII

1	Kirchenacker *kiʳx́n`akə*	Kirchen Land, 1715 LV.	A/A
(2)	Dummerow	in der Dümmerow, 1656 KV; Dummer Camp, 1715 LV; Dummerow, 1767 DVK; an die Damerow, 1773 VR; auf dem Dummerow, 1787 RA.	A/A
(3)	Langen Niefken	lang Niefck, 1708 LV; aufn Langen Niefken, 1715 LV; Langen Niefcken, 1767 DVK; Langen Niefken, 1783 RA.	A/A
(4)	Grund-Stücken	Grundt Stück, 1708 LV; aufn Grund Stücken, 1715 LV; Grund-Stücken, 1767 DVK; Grund-Stücken, 1787 RA.	A/A
(5)	Möllen Niefcken	aufm Mollen Niefken, 1715 LV; Möllen Niefcken, 1767 DVK; Möllen Niefcken, 1773 VR.	A/F

(6)	Hans Berg	der Hans Berg, 1767 DVK; Hansberg, 1783 Bonitierungsregister; Hans Berg, 1788 WK.	A/F
(7)	Rühme	Rühme, 1788 WK.	Ödl, Gh/F
(8)	Brie Stücken	Brietzer Grundt, 1656 KV; Briest Stücken, 1715 LV; Brie Stücken, 1767 DVK; Brie-Stücken, 1787 RA.	A, Gh/F
9	Barkenstücken *baᵃknstykn*	die Großen Stücken, 1767 DVK.	A, Gh/F
10	Swarten Barg *svaᵃtn'baᵃx* *svat-*		A, Ödl/A
11	Plöns *plȫns*		A, Ödl/A
12	Hofstücken *hǫfstykn*		Ödl/A
13	Torfstücken *tǫᵒfstykn*		Su?/A
14	Krumm Stücken *krum'stykn*		Ödl/A
15	Kleiw *klaif*	im Cleven, 1773 VR; im Klewe, 1787 RA; am Kleben, 1788 RA.	Gh, Su/A
16	Eikkoppel *aikkopl*		Gh, Ödl/A
17	Koppelstücken *koplstykn*		Ödl/A
18	Hogen Punicken/ Hogen Puning *\`hoᵘgn'pūnikn* *\`hoᵘgn'pūniŋᵏ*		Ödl/Kw
19	Punicken/Puning *pūnikn/pūninᵏ*	auf der Pueneck, 1708 LV; Punicken, 1712 LV; aufn Pun Ecken, 1715 LV; im Puhn Eichen, 1787 RA.	A/F
20	Steinersbarg *\`stainəs'baᵃx*		A/F

21	Tauerschen Barg *tauəšn`ba^{a}x*	aufn Togerschen Berge/Togeschen Berge, 1715 LV; Taueschen Berg, 1767 DVK; Tauschenberg, 1783 Bonitierungs-register.	A/F
22	Lauks *lauks*		Su/F
23	Swarten Barg *sva^{a}tn'ba^{a}x* *svat-*	der Schwarze Berg, 1767 DVK; Schwarzberg, 1783 Bonitierungsregister; achtern Schwartzen Berg, 1787 RA.	A, Gh/F
24	Hasselbarg *haslba^{a}x*	der Hasel Berg, 1767 DVK; beym Haßelberg, 1787 RA.	Gh, Ödl/F
25	Krögerbarg *krögəba^{a}x*	Krüger Berg, 1767 DVK; Krüger Berg, 1788 RA.	Ödl, A/F
26	Dullenwisch *dul^{l}viš*		Wi/Wi, F
27	Run'n Holtwisch *`run^{n}'holtviš*		Wi/Wi, F
28	Scheperwisch *šēpəviš*		Wi/Wi, F
29	Lütt Priemerbarg *lyt'prīməba^{a}x*		Gh, Ödl/F
30	Grot Priemerbarg *gro^{u}t'prīməba^{a}x*	der Primer Berg, 1767 DVK; beym Priemer Berg, 1788 RA.	Gh/F
(31)	Streitort	Streit Orth, 1767 DVK; Streitort, 1788 RA.	Gh, A/Kw
32	Kavelriet *kåvlrīt*	Cavel Rieth, 1767 DVK.	Wi/A
33	Krumm Stücken *krum'stykn*	aufn Krum Stücken/Krumm Stücken, 1715 LV; Krum Stücken, 1767 DVK; auf den Krumstücken, 1787 RA.	A/A, F
34	Hägholt *hǟx́holt*	das Haege Holz, 1767 DVK; im Hege Holtz, 1787 RA.	Gh, A/F
35	Dubenbarg *dūbmba^{a}x*	Tauben Berg, 1767 DVK; Tauben-Berg, 1786 RA.	Ödl, Gh/F
(36)	Laßieben	Laßieben, 1767 DVK; auf den Laßieven, 1786 RA; Laßieben, 1787 RA.	A/F

37	Krögerbomsch Weg *\`krȫgə\`bōmš'vex́*		Fw/Fw
38	Scheperbarg *šēpəbaᵃx*		Ödl/F
39	Franzosenhaut *fran'tsōzn\`haut*		A/A
40	Dwasstücken *dvasstykn*		Ödl, A/A
41	Borgstücken *bǫᵒxstykn*	aufn Barg Stücken, 1715 LV; Borg Stücken, 1767 DVK; Borgstücken, 1783 Bonitierungsregister; Borg-Stücken, 1787 RA; das Bergstück, 1808 GA.	A/A
42	Raßstücken *råsstykn*	auf den Raß Stücken, 1708 LV; aufn Rast Stücken, 1715 LV; Raß Stücken, 1767 DVK; Raasstücken, 1783 Bonitierungsregister.	A/A
43	Zielitz *sīlits*	auf der Sietlitz, 1708 LV; Sietlitz, 1715 LV; im Zilitz, 1767 DVK; Zielitz, 1783 Bonitierungsregister; im Zietlietz, 1787 RA.	A/A
44	Gnirrbarg *gniᵊbaᵃx*		Gh/A, Ödl
(45)	Sählcken	Soll Stücken, 1715 LV; Soll Stücken, 1767 DVK; auf die Sählcken, 1733 VR.	A/A
(46)	Eich-Stücken	Eich Stücken, 1708 LV; aufn Eck Stücken, 1715 LV; Eich-Stücken, 1767 DVK; Eich-Stücken, 1787 RA; das Eichstück, 1808 GA.	A/A
47	Miesen *mīzn*	aufn Miesen Stücken, 1715 LV; Misen Stücken, 1767 DVK; auf den Miesen, 1788 RA.	A/A
48	Dannenkamp *danⁿkamᵖ*	Tannen-Camp, 1783 Bonitierungsregister.	Kw/A
(49)	Lehm-Stücken	Lehm Stück, 1708 LV; aufn Lehm Stücken, 1715 LV; die Lehm-Stücken, 1767 DVK; Lehmstücken, 1783 Bonitierungsregister.	A/A

50 Fortwischen *fǫ^{ɐ}tvišn*		Wi/Wi
51 Fortstücken *fǫ^{ɐ}tstykn*	beym Hintersten Forth, 1794 GA.	A/A
52 Grabower Barg *\`grābo^{u}ə'ba^{a}x*	auf den Graboer Barg, 1712 LV Wüstung Grabow; Graboerberg, 1783 Bonitierungsregister.	A/A
53 Small Stücken *smal'stykn*	auf den schmahlen Stücken, 1712 LV Wüstung Grabow; Schmahlestücken, 1783 Bonitierungsregister.	A/A
54 Abenbarg *åbmba^{a}x*	Abenberg, 1783 Bonitierungsregister.	A/A
55 Bäukstücker Barg *\`boikstykə'ba^{a}x*	Böckstücken, 1783 Bonitierungsregister.	A/A

VIII

(56) auf den Ahnwenden, 1712 LV Wüstung Grabow, A
(57) alt Acker, 1712 LV Wüstung Grabow, A
(58) auf den Bäk Stücken, 1712 LV Wüstung Grabow, A
(59) Bergstücken, 1689 AB Grabow; Barg Stücken, 1712 LV Wüstung Grabow,
(60) A auf den breden Stücke, 1708 LV; Brete Stücker Schlag, 1712 LV; aufn Breeden Stücken, 1715 LV; die Breiten Stücken, 1773 VR; das Breitestück, 1808 GA, A
(61) auf den Camp, 1712 LV Wüstung Grabow, A
(62) vorn Cavel Holtz, 1715 LV, A, Gh?
(63) Cavell Stücken, 1712 LV Wüstung Grabow, A
(64) auf den Clock Thur/Klock Thur, 1712 LV Wüstung Grabow, A
(65) bey der Dam, 1712 LV Wüstung Grabow, A
(66) Dam Stücken, 1712 LV Wüstung Grabow; Dammstücken, 1783 Bonitierungsregister, A
(67) bey der Fuhl Beck, 1787 RA, Gw
(68) Gauerckenberg, 1786 RA; Gauercken Berg, 1788 RA, Ödl
(69) in Graboer Höfen, 1712 LV Wüstung Grabow; Grabowerhöben, 1783 Bonitierungsregister; auf den Grabower Höfen, 1808 GA, A, Wi
(70) an Hasen Camp, 1763 RA; Haasen-Camp, 1783 Bonitierungsregister, A der Wüstung Grabow
(71) Hof-Wiesen, 1788 RA, Wi
(72) aufn Langen Stücken, 1715 LV; Langstücken, 1783 Bonitierungsregister, A der Wüstung Grabow
(73) bey der Masch, 1788 RA, Wi

(74) in der Nachtkoppel, 1783 Bonitierungsregister; Nacht-Koppel, 1786 RA, Wei der Wüstung Grabow
(75) auf der Niefck, 1708 LV; auf den Niefken, 1715 LV; Niefken, 1783 Bonitierungsregister, A
(76) auf den Ruschen/Rüßchen, 1712 LV Wüstung Grabow, A, Wi
(77) auf den Sandstücken, 1712 LV Wüstung Grabow, A
(78) aufn Schar Plasten, 1715 LV; Schaarplatzen, 1783 Bonitierungsregister, A der Wüstung Grabow
(79) Schulzen-Camp, 1767 LA Balow; Schulzen Kamp, 1788 RA, A
(80) Schwiens Ohr, 1708 LV; Schwien Ahren Schlag, 1715 LV; Schwein Ahren, 1783 Bonitierungsregister; im Schwien Orden, 1787 RA, A
(81) Sintzen-Soll, 1783 Bonitierungsregister, Pf
(82) auf den Tannen Berg, 1788 RA, Kw
(83) Taubenholtz, 1783 Bonitierungsregister, Gh
(84) Zielitzer Busch, 1773 VR, Gh
(85) Zietlietzer Stücken, 1787 RA, A.

102

Meierstorf

maiəsdǫ̈ᵊp

Meerstorp 1343 MUB, Myrstorpe 1551 LB Marnitz

I Jüngere Bronzezeit: Hügelgräbergruppe nordwestlich des Ortes.

II Ritterschaft.

III 11 Hufen (1551 LB Marnitz). Individualbede, die Hufe zu 16 ß (1551 LB Marnitz). Einzelpacht je Hufe 1 Fl 16 ß (1585 LA Repzin).

IV Rundling. Ortslage zentral zur Flur.

Über die Güter der Mallin, dazu auch Meierstorf gehörte, verglichen sich im Jahre 1343 nach dem Aussterben jenes Geschlechts die Gebrüder Hahn mit den Plessen. Da diese beiden Adelsfamilien weder damals noch später in der Vogtei Marnitz ansässig waren und die Hahn nachweislich alsbald größere Teile des ihnen zugefallenen Erbes wieder veräußerten (1366), dürfte auch Meierstorf noch während des 14. Jahrhunderts in andere Hände gelangt sein. Ob jedoch bereits zu jener Zeit die Kopplow, die noch 1392 die Nachbardörfer Wulfsahl und Ziegendorf in Pfandbesitz hatten, in Meierstorf Fuß fassen konnten, erscheint zweifelhaft. Unstreitig gehörten den Kopplow zu Möllenbeck hingegen im Jahre 1526 seit längerem eine größere

Anzahl Hufen des Dorfes, die übrigen Hufen dortselbst erwarben um 1560 deren Vettern auf Mentin. Anfang des 18. Jahrhunderts waren fast alle Lehngüter der Familie vorübergehend in der Hand der Möllenbecker Linie vereinigt, danach fiel ganz Meierstorf durch Erbteilung an den Herrensitz Mentin (1741). Im Jahre 1790 mußten die Kopplow das Lehn verkaufen, das dann in der Folge mehrmals den Besitzer wechselte.
Um die Mitte des 16. Jahrhunderts (1551) teilten sich 7 Voll- und 8 Halbbauern in die 11 Hufen des Dorfes. Nach dem 30jährigen Krieg konnten zwei der 15 Gehöfte nicht wieder besetzt werden, daraufhin wurden die Ländereien dieser beiden Höfe an Hauswirte in Meierstorf verpachtet. Bis zum Jahre 1741 verminderte sich die Zahl der nunmehr 13 bäuerlichen Anwesen nicht, doch wenige Jahrzehnte danach (1772) führte die Dorfschaft darüber Klage, daß 5 Bauern „schon das Ihrige und das Land verlassen müßen, zum theil aber sind sie von dem Herrn Cammerjunker v. Kopplow verjaget worden." Als Meierstorf 1790 zum Verkauf kam, bestand die Bauerschaft des Ortes aus 7 Hauswirten; in der Zwischenzeit war eine weitere Bauernstelle gelegt und die beiden ledigen, lange verpachtet gewesenen Halbhufen waren vom Junker gekündigt und eingezogen worden. Die endgültige Umwandlung des früheren Bauerndorfs zum Rittergut erfolgte 1795 durch den Pensionär Franck auf Leppin, der ein Jahr zuvor Meierstorf erworben hatte. Vier belassene Bauern wurden auf alten Gehöften neben dem Gutshof angesiedelt.

V Langstreifenflur. Keine Ackerschläge (1764 DVR).

VI 1570 LB Marnitz: Carsten Gostike, Hans Beuerstorf, Heine Hanicke, Achim Maltzann, Tewis Geike, Hinrich Moltman, Hans Moltman, Achim Sluter, Gerke Ribe, Achim Sabel, Baltzer Haße, Achim Lente, Marten Ghiße, Claus Moller, Pawel Schultze.

1703 BK: Pagel Ide, Jochim Buße, Jochim Müller, Jochim Dorman, Vicke Schlüter, Claus Külße, Jost Möller, Pagel Güelke, Jacob Möller, Hinrich Möller, Jochim Wollgast, Jochim Möller, Jochim Moltman.

VII

(1)	Caveln	auf die Caveln, 1764 DVR.	A/A
(2)	Krieben	auf die Krieben, 1764 DVR.	A, Wi/A
(3)	langen Stücken	auf die langen Stücken, 1764 DVR.	A/A, Kw
(4)	Dannen Stücken	auf die Dannen Stücken, 1764 DVR.	A, Kw/Kw
(5)	Zegendorper Grund	de Zegendorper Grund, 1764 DVR.	Ödl, A/A, Kw

(6)	Dwas Stück	up de Dwas Stück, 1764 DVR.	A/A
(7)	Schlehpkows Kamp	Schlehpkows Kamp, 1764 DVR.	A/A
8	Kräwtkuhl *krăftkūl*		Pf/Pf
(9)	Lehm Stücken	auf die Lehm Stücken, 1764 DVR.	A/A
(10)	Fule Kamp	der Fule Kamp, 1764 DVR.	A/A
11	Rosenkuhl Slag *ro*^{u}*znkūlslax*		A/A
12	Rosenkuhl *ro*^{u}*znkūl*		Pf/Pf
(13)	breden Stücken	auf breden Stücken, 1764 DVR.	A/A
14	Reitkuhl *raitkūl*		Pf/Pf
(15)	upn Lauschen	upn Lauschen, 1764 DVR.	A/A
(16)	Cavellanden	upn Cavellanden, 1764 DVR.	A/A
(17)	Lauschkenbarg	upn Lauschkenberg, 1764 DVR; Lauschkenbarg, 1796 LA Meierstorf.	A/A
18	Windmoelen Slag *vintmœ̄l*^{l}*slax*		A/A
19	Windmoelenbarg *vintmœ̄l*^{l}*ba*^{a}*x*		A/A
20	Holtslag *holtslax*		Gh, A/A
(21)	Scheperwiese	die Scheperwiese, 1764 DVR.	Wi/Wei
22	Bullenkoppel *bul*^{l}*kopl*		Gh, Su/Wei
(23)	Nachtkoppel	in der Nacht Koppel, 1764 DVR; Nachtkoppel, 1796 LA Meierstorf.	Gh, Su/A
24	Grot Koppel *ˋgro*^{u}*tˈkopl*	Schultzen-Berg, 1748 GSt; der Schulten Berg, 1764 DVR.	Gh, A/A, Gh
25	Hoststücken *hoststykn*	up de Host Stücken, 1764 DVR.	A/A

26	Hin'nstücken *hin^{n}stykn*	up de Hinnen Stücken, 1764 DVR.	A/A
(27)	Mers Kamp	der Mers Kamp, 1764 DVR.	A/A
(28)	Köhlen Born	up de Köhlen Born, 1764 DVR.	Su, Gh/A, Lw
29	Koelen *kœ̄l^{l}*	up de Kählen, 1764 DVR.	Su/A, Gh
30	Bökbarg *bŏ̈kba^{a}x*	Hütter Berg, 1764 DVR; am Hütten-Berge, 1784 LA Meierstorf.	Gh, Ödl/A, Lw
(31)	Lans Landen	upn Lans Landen/Lanschken, 1764 DVR.	Su/A, Kw, Lw
(32)	Bäckstücken	up de Bäckstücken, 1764 DVR.	A/A, Gh
33	Speckbarg *spekba^{a}x*		A/A
34	Mittelbäk *midlbăk*		Gw/Gw, Wi
(35)	Borg Stücken	up de Borg Stücken/Berg Stücken, 1764 DVR.	A/A
(36)	Gehren	die Gehren, 1764 DVR.	A/A
(37)	Dörp-Städe	in die Dörp-Städe, 1764 DVR.	A/A
(38)	Godemsche Grund	auf die Godemsche Grund, 1764 DVR.	A, Gh/A, Kw
39	Blocksbarg Slag *bloksba^{a}xslax*		A/A
(40)	Laschowen	upn Laschowen, 1764 DVR.	A/A
41	Blocksbarg *bloksba^{a}x*		A/Kw
(42)	Scheidel Stücken	up de Scheidel Stücken, 1764 DVR.	A/A, Kw
(43)	Sedel Stücken	auf die Sedel Stücken, 1764 DVR.	A/Kw, A
44	Kirchenacker *ki^{r}x́n'akə*	Kirchen Acker, 1764 DVR.	A/Kw

(45)	Mohr Stücken	up de Mohr Stücken, 1764 DVR.	A, Su/Kw
46	Waldwisch *valtviš*		Su/Wi

VIII

(47) Bauer-Feld, 1784 LA Meierstorf, A
(48) Goese-Koppel, 1784 LA Meierstorf, A
(49) auf dem Kamp, 1784 LA Meierstorf, A
(50) Pferdekoppel, 1796 LA Meierstorf, Wei.

103

Ziegendorf

tsǟgndǭᵊp

mit Löcknitz und Wüstung Neu Bauerkuhl

lǫ̈knits nī'būəkūl

Tzeghendorpe 1392 MUB, Zegendorpe 1520 AB Grabow
Nyenbouwerkulen 1438 LA Dambeck, Nyen Bouwkulen 1535/36 LB-Restanten Grabow

I Jüngere Bronzezeit: Urnenfeld; 1 Plattenfibel und 1 Handring als Einzelfunde.

II Ritterschaft, 1392 Klosterdorf, 1558 durch Säkularisation zum Domanium.
Während die Ritterschaft noch 1534 auf der Wüstung Neu Bauerkuhl 12 Hufen gegenüber je 2 des Landesherrn und der Kirche besaß, empfing der Herzog bereits ein halbes Jahrhundert danach mit 7 Fl die Pacht von 13 Hufen und 4 Katen (1586 AB Grabow) und nur der Parchimer St. Georgen-Kaland hatte damals noch einen Anteil von 3 Hufen an dieser Feldmark (1585 PV St. Georg Parchim).

III 14 Hufen und 4 Katen (1569 LB Eldena). Pauschalbede von umgerechnet 12 Mark lüb. (1569 LB Eldena). Einzelpacht von 1 Fl und 3 Scheffel Hafer (1654 AB Neustadt).

Neu Bauerkuhl: 16 Hufen und 4 Katen (1535/36 LB-Restanten Grabow). Individualbede, die Hufe zu 3 ß (1540 LB Grabow). Einzelpacht je Hufe 12 ß (1555 PV St. Georg Parchim).

IV Kleines Angerdorf. Ortslage etwas exzentrisch zur ursprünglichen Flur. Filialkirche von Marnitz, seit 1925 selbständige Pfarre.

Die Ortschaft Neu Bauerkuhl lag schon 1438 wüst.

Im Jahre 1822 ließ das Amt im südwestlichen Zipfel der Ziegendorfer Feldmark 8 Büdnerstellen errichten; die Siedlung erhielt wenig später (1826) den Namen *Löcknitz* (Begangnummern 54–62).

V Langstreifenflur. Schlagwirtschaft, 4 Ackerschläge (1712 LV).
Die Ländereien der Wüstung Neu Bauerkuhl nehmen den südlichen Teil der Gemarkung Ziegendorf ein (Begangnummern 37–56) und greifen mit kleineren Flächen auf die angrenzende Feldmark Brunow über.

VI 1584 LB Eldena: Brananius Ratsack, Palm Gercke, Drewes Feileke, Peter Gerke, Abell Borcherth, Marten Ratsack, Asmus Tilse, Tewes Feileke, Fanus Gise, Chim Borcherth, Vicke Brendeke, Chim Tilse, Ties Schulte, Ties Puribbe, Hans Feileke. Kätner: Brananius Ratsack, Palm Schluter, Jacob Kratze, ein Schmith.

1654 AB Neustadt: Jochim Brendke, Isack Borchert, Jochim Brendtke minor, Cheel Klaen, Hanß Tilse, Jochim Rathsack, Paul Gerck w., Samuell Feylcke w., Jochim Gerck, Casten Rathsack, Jacob Brendke, Hanß Lillie w., Valentien Meyer, Marten Klemrow w., Kossaten: Vicke Koppelow, Jochim Schulz, Jochim Madauß.

1712 LV: Jochim Brenningk, Jochim Borchert, Jochim Brennig junior, Hinrich Rahtsack, Johann Lübck, Johann Borcherdt, Jacob Schlüter, Gehrt Strohm, Jacob Koppelow, Peter Rößcke, Jochim Gercke, Christian Rahtsack, Hinrich Tehstorff, Daviedt Madauß, Jochim Beeckmann, Jochim Schultz. Kossaten: Jacob Schlüter, Michel Beeckmann. Büdner: Johann Daniel Fleißener.

VII

1	Grot Koppel *'gro*^{u}*t'kopl*	Grotkoppel, 1923 FlK.	A, Ödl/A, Kw
2	Maurkoppel *mau*^{ə}*kopl*	Trien Mohr, 1712 LV; Mauerkoppel, 1923 FlK.	Su, Ödl/A, Wei
3	Kawuck *ka'vuk*		A, Ödl/A
4	Buerdannen *bü̃ədan*^{n}	Buerdannen, 1923 FlK.	A, Gh/Kw
5	Räubenbarg *roibmba*^{a}*x*	Räuen Berg, 1780 RA; Räubenbarg, 1923 FlK.	Gh, A/Kw

6	Päperbarg *päpəbaᵃx*	Päperberg, 1712 LV Wüstung Grabow; der Peperberg, 1774 RA.	A/A
7	Jägernitz *jägənits*	der Jaeckenitzer Busch, 1780 RA; in der Jäckeritz, 1782 GA; Jäckernitz, 1782 GA; am Jecknizer Busch, 1792 RA; im Jäcker, 1797 GA; Jägernitz, 1923 FlK.	Gh, Su/A
8	Smä(d)paul *smäᵊpaul*		Pf/Pf
9	Kamerun *kamə'rūn*		A/Ot
10	Bomstücken *boᵘmstykn*	Bohmstücken, 1712 LV; Boomstücken, 1923 FlK.	A/A
11	Vöddelst Koppel *'fǫ̈dlst' kopl*		A, Ödl/A, Wei
12	Zielitz *sīlits*	langen Sietlitz, 1712 LV; Langen Zieliz, 1774 RA; Lanzielitz, 1780 RA; auf den Langen Zieliz, 1792 RA.	A/A
13	Smalln Damm *'smalⁿ' dam*	Smalln Damm, 1923 FlK.	Ödl, A/A
14	Grotsteiner Brügg *'groᵘtstainə' bryx́*	Grotsteinerbrügg, 1923 FlK.	Brücke
15	Naklaßbarg *nåklasbaᵃx*	Naclaß Berg, 1712 LV; Naclasberg, 1774 RA; Nacklasberg, 1792 RA.	A/A
16	Löcknitz *löknits*		Gw/Gw
17	Dannenkamp *danⁿkamᵖ*		Ödl, A/Kw
18	Olln Damm *'olⁿ' dam*	Olln Damm, 1923 FlK.	A/A
19	Borgeskamp *'bǫᵊgəs' kamᵖ*	Borches Kamp, 1820 Brouillonregister; Borkerts Kamp, 1923 FlK.	A/Kw
20	Trunhei(d) *trūnhai*	in Trun Büschen, 1712 LV.	A, Ödl/Kw

21	Bodderbarg *bodəbaᵃx*	Botterbarg, 1923 FlK.	Ödl/A, Wi
22	Städenhost *stădnhost*	Stedenhorst, 1844 OA; Stadenkoppel, 1923 FlK.	Ödl, Su/A, Wi
23	Utgliekung *ūtglīkuŋ*	Utgliekung, 1923 FlK.	Su, Ödl/Wi, A
24	Beisenbülten *baiznbyltn*	im Beesenbulten, 1844 OA; Beisenbülten, 1923 FlK.	Su/A, Wi
25	Torfwischen *tǫᵒfvišn*	Dorfwisch, 1923 FlK.	Su/Wi
26	Bullenwisch *bulˡviš*	Bullenwisch, 1923 FlK.	Su/Wi
27	Tilsenbarg *tilznbaᵃx*	Tilsenbarg, 1923 FlK.	Ödl, Su/A, Wi
28	Grot Wischen *`groᵘt'višn*	groth Wiesen, 1712 LV; Grotwisch, 1923 FlK.	Wi/Wi
29	Hushoew *hūshœ̄f*	hinter den Höfen, 1712 LV.	Wi, Su/A, Wei
30	Drift *drift*		Fw/Fw
31	Dorpspaul *dǫᵒpspaul*		Pf/Pf
32	Sommerawen *zǫmə'rāvn*	auf den Sommeroffs, 1712 LV; auf der Sommerrafe, 1744 GA; im Sommraben, 1813 GA; Sommeraben, 1923 FlK.	A/A
(33)	Breden Wischen	breden Wischen, 1712 LV; Breidwischen, 1923 FlK.	Wi/A
34	Kraunskamp *kraunskamᵖ*	Cranß Camp, 1712 LV; Crohns Camp, 1744 GA; Kronscamp, 1774 RA; auf Krons Kamp, 1792 RA.	A, Wi/A
35	Gälers Uhrt *gālə'zūᵊt*	auf den Gehls Ort, 1782 GA.	A, Wi/A
(36)	Guhrlas	daß Gurlaß, 1689 AB Grabow; die Guhrlas, 1788 WK.	Ödl/A

37	Voßkuhl *fǫskūl*	Vooß Cuhl, 1712 LV Wüstung Bauerkuhl; Voß Kuhlen Stücke, 1744 GA; Voskuhle, 1780 RA; in der Fuchsgrube, 1813 GA; Voßkuhl, 1923 FlK.	A/A
38	Brandsahl *brantzål*	beym Brandsoll, 1689 AB Grabow; im Brandsaal, 1844 OA; Brandsahl, 1923 FlK.	Pf, Ödl/A
39	Stüdenkamp *stǖdnkam*^{p}	Stüderkamp, 1923 FlK.	Ödl/A
40	Rugenbarg *\`rūgn'ba*^{a}*x*	Rugen Barg Stücken, 1712 LV Wüstung Bauerkuhl; Rugenbarg, 1923 FlK.	A/A, Kw
41	Krievnitzer Dannen *\`krīfnitsə'dan*^{n}	auf den Kriefniß, 1712 LV Wüstung Bauerkuhl; auf Crivnitzen, 1754 GA; Krimniz, 1774 RA; auf den Kriemniz, 1792 RA; Grievnitzer Dannen, 1923 FlK.	A/Kw
42	Swienkuhl *svīnkūl*		Pf/Pf, A
43	Laschurken *la'šurkn*	auf den Laschurck, 1712 LV Wüstung Bauerkuhl; Laschurn, 1780 RA.	A/A
44	Hoststücken *hoststykn*	Host Stücken, 1712 LV Wüstung Bauerkuhl; die Horst Stücken, 1780 RA; Hoststücken, 1923 FlK.	A/A
45	Leimstücken *laimstykn*	Lehm Stücken, 1712 LV Wüstung, Bauerkuhl; die Lehmstücken, 1780 RA.	A/A
46	Brunowsch Kuhl *\`brūno*^{u}*š'kūl*	Brunowsch Kuhl, 1923 FlK.	Pf/Pf
47	Hoewstücken *hœ̄fstykn*	in Höfen Stücken, 1712 LV Wüstung Bauerkuhl.	A/A
48	Streidahl *straidål*	auf den Streh Dahl, 1712 LV Wüstung Bauerkuhl; Stridahl, 1744 GA; Streudalen, 1780 RA; im Strehdahlen, 1810 GA; Streidahl, 1923 FlK.	A/A
49	Sniederkamp *snīdəkam*^{p}		Ödl/A
50	Hägholt *hăx́holt*	Hege Holz, 1788 WK.	Ödl, Gh/A

51	Dasen *dåzn*	auf der Dahse/Dahßen, 1712 LV Wüstung Bauerkuhl; der Dasen, 1780 RA; Dasen, 1923 FlK.	A/A
52	Hoe(w)wisch *hœ̄viš*	in den Höfwiesen, 1712 LV Wüstung Bauerkuhl.	A, Wi/A
(53)	Daasen Heide	Dasen Heide, 1780 RA; Daasen Heide, 1788 WK.	Ödl/A
(54)	Grelle Horst	die Grellen Hörst, 1780 RA; Grelle Horst, 1788 WK.	Ödl/A
(55)	Glashütten Heide	Glaßhüttsche Heyde, 1689 AB Grabow; in Glaß Hütten, 1712 LV Wüstung Bauerkuhl; Glashütten Heide, 1780 RA; Glashütten Heide, 1788 WK.	Ödl/A, Wei
(56)	Deep Sahler Stücken	Debsaler Stücken, 1780 RA; Deep Sahler Stücken, 1788 WK.	A/A, Wei
57	Barger Uhrt *ˋbaᵃgə'ūᵊt*	im Barger Ohrt, 1712 LV; in Bergger Öhr, 1780 RA; im Berger Öhr, 1792 RA; Barger Ort, 1923 FlK.	Wi/A, Wi
(58)	Lange Heide	Lange Heyde, 1689 AB Grabow; Lange Heide, 1788 WK.	Ödl/A
59	Dullwisch *dulviš*	die Dul Wische, 1712 LV.	Wi/Wi
60	Kirchenwisch *kiʳχ́nviš*		Wi/Wi
(61)	Cavel Holz	Cavel Holz, 1788 WK; im Kavel, 1792 RA.	Ödl, Gh/Wei
(62)	Bauer Heide	Bauer Heyde, 1788 WK; Bauer Heide, 1923 FlK.	Ödl/A
63	Brandsoeler Bäk *ˋbrantzœ̄lə'băk*		Gw/Gw
64	Buriet *bə'rīt*	Buarriet, 1844 OA; Buriet, 1923 FlK.	Ödl/A
65	Dums *dums*	Dums, 1923 FlK.	Su/Wi

66	Wischenkoppel *višnkopl*	Söhrings Wiesen, 1712 LV; in der Söhring, 1744 GA; aufm Söhring, 1746 GA; Soehring, 1766 RA; Suhring, 1780 RA; im Zoehring, 1813 GA; Wischenkoppel, 1923 FlK.	Wi/Wi
67	Schultenkamp *šultnkam^p*	Schultzen Camp, 1712 LV; Schultenkamp, 1923 FlK.	A/A
68	Zuckerhaut *tsukəhaut*	Zuckerhaut, 1923 FlK.	Ödl, Wi/A
69	Kiewittsbarg *kivitsba^{a}x*	Kiebitzbarg, 1923 FlK.	Ödl, Wi/A
70	Breiden Damm *ˋbraidnˊdam*	Breidendamm, 1923 FlK.	Wi/Wi
71	up'n Koster *upmˊkostə*	im Koster, 1754 GA; die Coster Wiesen, 1780 RA; Kosterwisch, 1923 FlK.	Wi/Wi

VIII

(72) Baur Wischen, 1712 LV; Bauerwiesen, 1780 RA, Wi
(73) die Blöcken, 1780 RA, A
(74) Bohnen Kamp, 1774 RA, A
(75) die Borgwischen, 1712 LV, Wi
(76) auf den breden Heidt Berg Stücken, 1712 LV, A
(77) auf den breden Stücken, 1712 LV, A
(78) auf den breden Stücken, 1712 LV Wüstung Bauerkuhl, A
(79) an Brinck, 1712 LV, Ödl
(80) Brümmel Stücken, 1780 RA, A
(81) Büdner-Wiesen, 1792 RA, Wi
(82) in der Buhrbeeck, 1794 RA, Gw, Wi
(83) auf den Cavell, 1712 LV Wüstung Bauerkuhl; auf den Cavel, 1754 GA, A
(84) auf den Caveln, 1712 LV; Caveln, 1744 GA; Cavelcken, 1780 RA, A
(85) cort Sietlitz, 1712 LV; Kurtzen Zielitz, 1780 RA; auf den Kurzen Zieliz, 1792 RA, A
(86) die Cossaten Wiesen, 1712 LV, Wi
(87) auf den deipen Wiesen, 1712 LV, Wi
(88) die Dicken Busch Stücken, 1780 RA, A der Wüstung Grabow
(89) auf den Dorfstücken, 1712 LV; aufm Dorfstücken, 1746 GA, A
(90) am Dorn Busch, 1792 RA, Gh, A
(91) das Dulwischen Holz, 1794 RA; Dullwischenholz, 1820 Brouillon-Register, Gh
(92) auf der Fahring, 1712 LV, A

(93) vor den Fehlken Dohr/Fehlken Dohr Stücken, 1712 LV; Felcken Tohr, 1780 RA; Feilcken Thor, 1792 RA, A
(94) auf den Gräfken, 1712 LV; auf der Gräfck, 1754 GA, A
(95) achtern grohten Holtz, 1712 LV, Gh, A
(96) Haselberg, 1774 RA, A der Wüstung Grabow
(97) in Hasen Tringen, 1712 LV, Wi
(98) auf den Heidt Berg Stücken, 1712 LV; am Heid Berg, 1774 RA; Heid-Berg, 1792 RA; Heitberg, 1844 OA, A
(99) die Heydt Wiesen, 1712 LV, Wi
(100) Hirten-Wiese, 1792 RA, Wi
(101) in Höfen, 1712 LV Wüstung Bauerkuhl, A
(102) die Holtz Wiesen, 1712 LV; Holtz Wiese, 1744 GA, Wi
(103) bey der Hoste, 1712 LV Wüstung Bauerkuhl, Wi
(104) Hunden Camp, 1712 LV, A
(105) Kavel Wiesen, 1712 LV; die Cavel Wiesen, 1780 RA, Wi
(106) an Knacken Damm, 1780 RA, Fw?
(107) Kraß Wische, 1689 AB Grabow, Wi
(108) Kukukskamp, 1844 OA, Ödl
(109) in der Langen Horst, 1844 OA, Ödl
(110) achter Langen Rieht, 1712 LV, Su, A
(111) in der Nachtkoppel, 1780 RA; in der Nacht-Koppel, 1794 RA, Wei
(112) die Paapen Rieth, 1794 RA, Gh
(113) auf den Papisten, 1712 LV, Wi
(114) Quer Ende, 1712 LV, A
(115) Räubusch, 1780 RA, A
(116) die Rohr Wiesen, 1712 LV, Wi
(117) die ruge Wiesen, 1712 LV, Wi
(118) runde Mohr, 1774 RA; am runden Mohr, 1792 RA; im Rumohr, 1813 GA, Su
(119) am runden Busch, 1792 RA, A
(120) rund Mohrstück, 1744 GA; auf den runden Mohr-Stücken, 1792 RA, A
(121) Rütings-Graben, 1766 RA; am Rütings Graben, 1792 RA, Gw
(122) Rütings Stücken, 1772 RA, A
(123) auf den Sandt Stücken, 1712 LV, A
(124) auf den schmahlen Heidt Berg Stücken, 1712 LV, A
(125) auf der schmahlen Kriefnis, 1712 LV, A
(126) schmahlen Rugen Berg Stücken, 1712 LV, A
(127) auf den schmahlen Stücken, 1712 LV, A
(128) auf schmahlhafsch Stück, 1746 GA, A
(129) schmal Streidahl, 1754 GA, A
(130) Schulzen-Wiese, 1792 RA, Wi
(131) auf den Soll Stücken, 1712 LV; Soll Stücken, 1774 RA; aufn Soll-Stücken, 1792 RA, A
(132) in Sommers Wiesen, 1712 LV, Wi

(133) Spröckel-Horst, 1777 GA; die Sprückel Horst, 1782 GA, Wi
(134) Stem Lande, 1712 LV, A
(135) auf den Stem Stücken, 1712 LV, A
(136) auf den Tatter Stücken, 1712 LV Wüstung Bauerkuhl, A
(137) Trien Mohr Stücken, 1712 LV, A
(138) auf der Vietambel, 1712 LV, A
(139) die Wiesch Stücken, 1780 RA, A
(140) Wull Winckel, 1712 LV, Wi.

104

Stresendorf

strēzndǫ̈ᵊp

Strezendorpe 1389 MUB, Stresendorpf 1569 LB Eldena

I Bislang keine vor- und frühgeschichtlichen Funde.

II Ritterschaft, 1389 Klosterdorf, 1558 durch Säkularisation zum Domanium.

III 10 Hufen und 1 Katen (1569 LB Eldena). Individualbede, die Hufe zu 16 ß (1569 LB Eldena). Einzelpacht je Hufe 1 Fl 18 ß sowie $3^1/_2$ Scheffel Pachthafer (1654 AB Neustadt).

IV Rundling. Ortslage zentral zur gewinkelten Flur.

Noch 1603 Filialkirche von Herzfeld, vermutlich im 30jährigen Krieg zerstört und nicht wieder aufgebaut (1654 AB Neustadt).

V Kleingewannflur. Schlagwirtschaft, 3 Ackerschläge (1756 RA).

Der südöstliche Zipfel der Dorfgemarkung (Begangnummern 1–5 und 17) gehörte ehedem zu Horst und kam um 1783 zunächst pachtweise an Stresendorf.

VI 1569 LB Eldena: Bartelth Schultze, Peter Gotke, Michell Guleke, Lorentz Dase, Tonnies Tilse, Achim Guleke, Peter Jengell, Pawell Pluckehan, Hans Feileke, Achim Muller. Kätner: Peter Gotke.

1654 AB Neustadt: Jochim Ulrich, Jochim Göetke, Tieß Brendke, Jochim Feylke, Jochim Tilse, Simon Jengell w., Mewes Rathsack, Bernanius Rathsack, Simon Feilke, Frenß Möller. Büdner: Johan Knake.
1703 BK: Christian Möller, Jochim Jätke, Jürgen Elfers, Jochim Pfeilcke,

Jochim Tilse, Jacob Jätte, Jürgen Olm, Jacob Raf, Hinrich Quirling, der Waßer Müller.

VII

1	Grot Wisch *ˋgroᵘt'viš*	die große Wiese, 1783 RA.	Wi, Su/Wi
2	Grotwischer Slag *ˋgroᵘtvišə'slax*	Grotwischen Slag, 1937 FlK.	A, Ödl/A
3	Blasbalg *blåsbalx́*	Blasebalg, 1756 RA; im Blasebalg, 1819 GA; Blocksbarg, 1937 FlK.	Wi, A/Wi, A
4	Grön Hei(d) *grȫ'nhai*	die grüne Heide, 1803 Handskizze; Greunhe, 1937 FlK.	Ödl/A
5	Irrgor(de)n *iᵊgōᵊn*	Irrgorn, 1937 FlK.	Ödl/A
(6)	Trohn Heide	die Trohn Heide, 1788 WK.	Ödl/A
7	Mahlhei(d) *målhai*	Mühlen Heyde, 1756 RA; Mahlhe, 1937 FlK.	Ödl, A/A
8	Östering *ǭstəriŋ*		Ödl, A/A
9	Moelenstieg *mœ̄lˡstīx́*		Stg/Stg
10	Klaswisch *klåsviš*	Claußwische, 1654 AB Neustadt.	Wi/Wi
11	Dammwisch *damviš*	Dampwisch, 1937 FlK.	Wi/Wi
12	Diekwisch *dīkviš*	Diekwisch, 1937 FlK.	Wi/Wi
13	Heler *hēlə*	in Hehle, 1937 FlK.	Pf/Pf
14	Mauster *maustə*	in Mauste, 1937 FlK.	A/A
15	Wee(d)koppel *vēⁱkopl*	Söring Wiese, 1788 WK; Wähkoppel, 1937 FlK.	Wi/Wei

16	Soelengraben *zœ̄l^{l}gråbm*		Gw/Gw
17	Sülwerbuck *zylvəbuk*	die Silberböcke, 1783 RA; Sülwerbuck, 1937 FlK.	Ödl/A
18	Dree Flagen *drē̆'flågn*	Dreiflagen, 1937 FlK.	Wi/Wi, A
19	Stämmenhof *stem^{m}hǫf*		Wi/Wi
20	Schultenwisch *šultnviš*		Wi/Wi
21	Rietwisch *rītviš*		Wi/Wi
22	Host *hǫst*	Host, 1937 FlK.	Ödl/A
23	Stäg *stā̆x́*		Stg/Str
24	Schultenkamp *šultnkam^{p}*	Schultzen Acker, 1756 RA; Schultzenkamp, 1794 GA.	A/Ot
25	Ilenwisch *īl^{l}viš*		Wi/Wi
26	Hunn'wisch *hun^{n}viš*		Wi/A
27	Kirchweg *ki^{r}x́vex́*	Kirchweg, 1756 RA.	Fw/Fw
28	Lütt Stückschen (Wischen) *ˋlyt'stykšn*	Lütstücksch'n, 1937 FlK.	Wi/Wi
29	Vörwastrowschen (Wischen) *fə'vastro^{u}šn*	Verwasterowsche, 1937 FlK.	Wi/Wi
30	Kampwisch *kam^{p}viš*		Wi/Wi
31	Bomstückschen (Wischen) *bo^{u}mstykšn*	Bohmstück'schen, 1937 FlK.	Wi/Wi

32	Bomstücken *bo^{u}mstykn*	hintersten Bohm Stücken, 1756 RA.	A/A
33	Moelenkämpen *mœ̄l^{l}kem^{p}m*		A/A
34	up'n Lenschow- schen *upm'lenšo^{u}šn*	Lenstrow/Lenstrong, 1756 RA; Lend- schowschen Bohmstück'n, 1937 FlK.	A/A
(35)	Verwasterowschen Bohmstück'n	Wowastrow/Wowastrong, 1756 RA; Verwasterowschen Bohmstück'n, 1937 FlK.	A/A
36	Stücken *stykn*	die lütten Stücken, 1756 RA.	A/A

VIII

(37) auf Brügen Hof, 1795 GA, A
(38) Büdener Wiesen, 1819 GA, Wi
(39) auf Cafel, 1795 GA, A
(40) Fohrt Stücken, 1756 RA, A
(41) Hinterste Achter Stücken, 1756 RA, A
(42) Kiwitz Stücken, 1756 RA, A
(43) auf den Lehmkuhlen, 1756 RA, A
(44) Sählcken, 1756 RA, A
(45) Schmiede Caweln, 1756 RA, A
(46) Söhring Stücken, 1756 RA, A
(47) Vorderste Achter Stücken, 1756 RA, A
(48) Vordersten Bohm Stücken, 1756 RA, A.

105

Herzfeld

ha^{ə}tsfelt

mit Neu Herzfeld

Hertesvelde 1306, Hertesuelde 1356 MUB

I Jüngere Steinzeit: Feuersteinbeil. Ältere Bronzezeit: Doppelkonisches 4-Henkelgefäß, bronzenes Absatzbeil.

II Ritterschaft, 1312 Kommuniondorf, 1356 Klosterdorf, 1558 durch Säkularisation zum Domanium.

III 18$^{1}/_{2}$ Hufen – darunter 1 Frei- sowie 2 Pfarrhufen – und 6 Katen (1569 LB Eldena, 1574 KV). Individualbede, die Hufe zu 12 ß (1569 LB Eldena). Einzelpacht je Hufe zwischen 2 Fl und 2 Fl 3 ß schwankend dazu 7 ß 4 Pfg „Marnitzer stehende Pacht" von jeder Hufe (1654 AB Neustadt).

Eine Addition der vom Kloster Eldena in der Zeit von 1312–1356 von den Bosel, Dargeslav, Nienkerken, Eikhorst, Pressentin und Markgrafen von Brandenburg urkundlich nachweisbar in Herzfeld erworbenen Liegenschaften ergibt die Zahl von 32 Hufen und 13 Kossatenstellen sowie 4 Stücke Land (MUB).

IV Großes Angerdorf. Ortslage zentral zur Flur.

Kirchdorf.

Im Jahre 1833 entstand durch Errichtung von 12 Büdnerkaten auf dem nordöstlichen Teil der Dorfgemarkung die Ortschaft Neu Herzfeld.

V Langstreifenflur. Schlagwirtschaft, 3 Ackerschläge (1734 GA).

VI 1569 LB Eldena: Kerstenn Muller, Achim Ludeman, Achim Heitman, Drewes Suckow, Achim Feileke, Peter Schultze, Dinnies Heitman, Achim Lilie, Peter Muller, Achim Euerth, Achim Eluer, Paschen Schultze, Claus Kludt, Achim Schultze, Hans Niefindt, Drewes Ratßagk, Peter Hase, Hans Jengell, Achim Muchow, Achim Schultze, Jurgen Muller. Kätner: Paschen Schultze, Claus Kludt, Hans Schultze, Jacob Sleuter, Kersten Jengell, Hans Jengell.

1654 AB Neustadt: Christian Möller, Hanß Evert, Clauß Muchow, Michel Köpke, Hanß Lüdeman w., Hanß Röel w., Chim Heydtman w., Jacob Schultz w., Clauß Harlof, Paul Heydtman w., Chim Evert w., Chim

Schelle, Simon Schultz, Jacob Schelle, Marten Schröder, Michel Lillie, Jochim Lüdeman, Peter Evert w., Jochim Schultz, Chim Schultz w., Casper Lüdeman w. Kossaten: Jacob Meyborch, Hanß Rathsack w., Samuel Lembke, Jochim Hintze w.

1703 BK: Johan Möller, Christian Efert, Hans Mucho, Stoffer Crüger, Jochim Crüger, Jochim Schell, Jochim Schuldt, Johan Efert, Hanß Schröder, Lanckhoff, Christian Lüdemann, Jochim Gerdt, Christian Schuldt. Büdner: Fleißner, Jacob Meyborg.

VII

1	Sührken *zū̆^{ə}kn*	Söring Wiese, 1788 WK.	Wi/Wei, A
2	Nie Hof *nī'hof*		A, Kw/A
3	Ellerbusch *eläbuš*	beym Ellerbusch, 1784 GA.	Wi, Gh/A
4	Bäunerweg *boinəvex́*		Fw
5	Swienwee(d) *svīnvē^{t}*	Schweineweide, 1837 FlK.	Ödl, Kw/Kw A
6	Katenbarg *kåtnba^{a}x*		Kw, A/A, Kw
7	Nachtkoppel *naxtkopł*	Nachtkoppel, 1822 RA.	Ödl/A
8	Brinkkuhl *brinkkūl*	der Ihlpohl, 1837 FlK.	Pf/Pf
9	Schultenkamp *šultnkam^{p}*	Schulzen-Acker, 1756 RA; Schulzen-acker, 1837 FlK.	A/A
10	Kösterkoppel *köstəkopł*	Küster Wiese, 1773 RA.	Wi/A
11	Grot Sot *`gro^{u}t'zo^{u}t*		Pf/Pf
12	Preisterkoppel *praistəkopł*		A/A

(13)	Hahnenkamp	Hahnenkamp, 1837 FlK.	A, Gh/A
14	Butenslag *būtnslax*		A, Gh/A
15	Swienkuhl *svīnkūl*		Pf/Pf
16	Preisterbarg *praistəba^{a}x*	Papenberg, 1819 RA; Priesterberg, 1837 FlK.	A, Gh/A, Kw
17	Lüt Sot *\`lüt'zo^{u}t*		Pf/Pf
18	Borgpaul *bǫ^{ʔ}xpaul*	der Burggraben, 1837 FlK.	Pf/Pf
19	Smä(d)paul *smǟ^{ə}paul*		Pf/Pf
20	Achterümstieg *axtə'rymstīx́*		Stg/Stg
21	Doden Grund *do^{u}dngrunt*		A, Su/A
22	Hillrögen *hilrȫgn*	Heiligen Rades Mohr, 1788 WK; Hilligen Radesmoor, 1818 RA.	Su/Wei, A
23	Kavelholt *kǻvlholt*	Holtz Bruch, 1788 WK; Kavelholz, 1818 RA.	Su, Gh/Wei, A
24	Bullenwisch *bul^{l}viš*	Bollenwiese, 1773 RA; Bollenwiese, 1837 FlK.	Wi/Wi
25	Schosterbarg *šo^{u}stəba^{a}x*		Ödl/A
26	Langen Stücken *\`laŋ^{n}'stykn*		Ödl/A
27	Korten Stücken *\`kǫ^{ʔ}tn'stykn*		Ödl/A
28	Scheperwisch *šēpəviš*		Wi/Wi
29	Preisterwisch *praistəviš*	Pfarr Wiese, 1773 RA; Pfarrwiese, 1837 FlK.	Wi/Wi

30	Buerwischen *būəvišn*		Wi/Wi
31	Löcknitz *löknits*	Loiknitz/Mühlenbeke, 1735 RA.	Gw/Gw
32	Leimkuhl *laimkūl*		Ödl/A, Ödl
33	Grot Koppels *ˋgro*^{u}*t' kopls*		Ödl, Wi/A, Wei
34	Bäunerwischen *boinəvišn*		Wi, Su/Wi
35	Schultenwisch *šultnviš*		Wi/Wi
36	Lütt Koppels *ˋlyt' kopls*		A/A
(37)	Wädering	Wäterung Stücken, 1819 RA; Wädering, 1837 FlK.	A, Gh/A
38	Rötkuhl *rötkūl*	Röthpohl, 1819 RA; Rothkälcken, 1820 RA; die Röthkuhl, 1837 FlK.	Pf/Pf
(39)	Heyde Berg	Heyde Berg, 1788 WK.	Kw/F
40	Timpen Hoppenhof *ˋtim*^{p}*m' hopmhof*	Timpenhoppenhof, 1820 RA.	A/F

VIII

(41) Brüchritswische, 1654 AB Neustadt, Wi
(42) Brügen Stücken, 1821 RA, A
(43) Brügrith, 1819 RA, Su
(44) auf dem Buhrwinckel, 1773 RA, Wi
(45) uff den Dorpsteden, 1574 KV, A
(46) an der Drift, 1773 RA, Fw
(47) das dröge Flach, 1654 AB Neustadt, Wi
(48) die 5 Ruthen Stücke, 1757 RA, A
(49) an den großen Brinck, 1757 RA, Ödl
(50) die große Wiese, 1783 GA, Wi
(51) aufm Hunenberge, 1574 KV, A
(52) ufm Kainberge, 1574 KV, A
(53) Kleines Koßerland, 1818 RA, A

(54) ufm Kosserlande, 1574 KV; Coßaten Acker, 1654 AB Neustadt, A
(55) die Landreuter Cabeln, 1756 RA, Wi
(56) Langriets Kafelwisch, 1654 AB Neustadt, Wi
(57) im Pohlmannschen Busch, 1819 RA, Wei
(58) der Polhof, 1574 KV, A
(59) die Sandgrund, 1819 RA, A
(60) Stembkafelwische, 1654 AB Neustadt; Stämm-Cavel, 1704 GA, Wi
(61) der Upstall, 1757 RA, A
(62) in die Wietbüschen, 1654 AB Neustadt, Wi
(63) Wilde Wiese, 1748 GA; in der Wildenwiese, 1788 GA, Wi.

106

Granzin

gran'tsīn

Grantzin 1345 MUB, Grantzin 1569 LB Neustadt

I Bislang keine vor- und frühgeschichtlichen Funde.

II Ritterschaft, 1565 Kommuniondorf, 1653 zum Domanium.

III 27½ Hufen (1568 AB Neustadt), jedoch erhob das Amt von 33 Hufen die Bede (1569 LB Neustadt). Individualbede, die Hufe zu 6 ß (1569 LB Neustadt). Einzelpacht je Hufe 10 ß (1568 AB Neustadt).

IV Hof. Ortslage (sekundär) exzentrisch zur Flur.

Während Granzin noch 1436 als Dorf erwähnt wird, lag es 1473 nachweislich bereits wüst. Die Hufen der Wüstung waren in der Folgezeit an Bauern aus den umliegenden Ortschaften, insbesondere Muchow und Stolpe verpachtet. Zwischen 1670 und 1690 kündigte das Amt alle für Granzin bestehenden Pachtverhältnisse und errichtete dort einen Meierhof, der 1733 in einen Pachthof umgewandelt wurde. Im Jahre 1935 wurde die 390 ha große Domäne Granzin aufgesiedelt.

V Streifenflur. 4 Ackerschläge (1740 Hofakten Granzin).

VI Keine Bauernlisten.

VII

1	Vierbarg *fīəbaᵃx*	der Fierberg, 1712 LV; Vierberg, 1771 GSt; Vierberg, 1812 VR.	Ödl, A/F

(2)	Heidberg	Heidberg, 1882 FlK.	Ödl/F
(3)	auf dem Viehr	auf den Fier-Stücken, 1712 LV; Vierkoppel, 1771 GSt; auf dem Vier, 1812 VR; auf dem Viehr, 1824 FlK.	A/F
(4)	Langen Soll	das Langsoll, 1812 VR; Langen Soll, 1882 FlK.	Pf/Pf, F
5	Swarten Barg *sva^{a}tn'ba^{a}x* *svat-*	Schwarzberger-Tannen, 1812 VR; Schwarzer Berg, 1882 FlK.	Ödl, Gh/F
(6)	im Schwarzenberg	im Schwarzenberg, 1812 VR; im Schwarzenberg, 1824 FlK.	Ödl/F
(7)	hinterm Schwarzen Berg	hinterm Schwarzberg, 1824 FlK; hinterm Schwarzen Berg, 1882 FlK.	Ödl, A/F
(8)	auf dem Sprink	auf dem Sprink, 1824 FlK; auf dem Sprink, 1882 FlK.	Su?/F
(9)	Dwehrkaveln	Dwerkabeln, 1771 GSt; Dwehrkaveln, 1824 FlK.	A/A, F
(10)	im Sprink	im Sprink, 1812 VR; im Sprink, 1882 FlK.	Su/Gh
(11)	vor der Ahrensrieth	vor der Ahrensrieth, 1812 VR; vor der Ahrensrieth, 1824 FlK.	Gh/A
12	Wilkensoll *vilknzol*	beim Wilkensoll, 1812 VR; Wilken Soll, 1882 FlK.	Pf/Pf
13	Drögen See *`drȫgn'zē*		Pf?/A
(14)	Fünfruthen	im Fünfruthen, 1812 VR; Fünfruthen, 1824 FlK.	A/A
15	Insel *inzl*	Insel, 1882 FlK.	Su/A
16	Swienkuhl *svīnkūl*	Schweine Kuhle, 1882 FlK.	Pf/Pf
(17)	Koppelacker	Koppelacker, 1824 FlK.	A/A
18	Püsserkaten *pysəkåtn*		Gehöft?/A

(19)	Hirten Wiese	Hirtenwiese, 1812 VR; Hirten Wiese, 1882 FlK.	Wi/Wei, A
20	Ohrnsriet *`ō*^{ə}*ns'rīt*	die Arendsriett, 1576 AB Neustadt; die Ahrensriethe, 1797 Hofakten; Ahrensrieth, 1882 FlK.	Gh, Su/Wei
(21)	auf dem Schäfer-kamp	im Schäferkamp, 1812 VR; auf dem Schäferkamp, 1882 FlK.	A, Ödl/A
(22)	Middelsten Heid-gräsen	auf der Großen Heidgräsing, 1712 LV; Mittel-Heitgräsen, 1812 VR; Middelsten Heidgräsen, 1882 FlK.	Ödl, A/A
23	Voßbarg *fǫsba*^{a}*x*	beym Voß Berge, 1755 Hofakten; Voßberg, 1771 GSt; Voßberg, 1882 FlK.	Ödl/A
24	Fischkuhl *fiškūl*		Pf/Pf
(25)	Kleinen Heidgräsen	auf der Kleinen Heidgräsing, 1712 LV; Kleinen Heitgräsen, 1812 VR; Kleinen Heidgräsen, 1882 FlK.	Ödl, A/A
26	Eekblockkuhl *ēkblokkūl*		Pf/Pf
27	de Dick *də'dik*	der Dicke Busch, 1576 AB Neustadt; die Dickt, 1797 Hofakten; bei der Dickt, 1812 VR; die Dickt, 1882 FlK.	Gh/F
(28)	Flachsbring	im Flachsbrink, 1812 VR; Flachsbring, 1882 FlK.	Wi/Wei, Wi
(29)	Battrams Hut	Battrams Huth, 1824 FlK; Battrams Hut, 1882 FlK.	Gh, A/A
30	Bäkwisch *bǟkviš*	die Bekwiese, 1812 VR; Bäk Wiese, 1882 FlK.	Wi/Wi
31	Katenwisch *kå̄tnviš*	Katen Wiese, 1882 FlK.	Wi/A, Wei
32	Kirschenkuhl *ki*^{r}*šnkūl*		Pf/Pf
33	Schapwasch *šå̄pvaš*		Pf/Pf

34	Bültsoll *byltzol*	beim Bültsoll, 1812 VR; Bültsoll, 1882 FlK.	Pf/Pf
(35)	im Haaben	in den Hoefen, 1712 LV; im Haaben, 1824 FlK; im Haaben, 1882 FlK.	A/A
36	Kahngraben *kāngråbm*		A/Graben
(37)	Soll-Koppel	Soll-Koppel, 1824 FlK.	Wi/A
38	Bäk *bāk*		Gw/Gw
(39)	im Raade	auf dem Rade, 1755 Hofakten; im Raade, 1812 VR; im Raade, 1882 FlK.	Su, Wi/Wei
(40)	in der Düp	in der Düp, 1812 VR; in der Düp, 1882 FlK	Su/Wi, Wei

VIII

(41) der alte Mühlenwall, 1812 VR, Ödl
(42) die Bleiche, 1812 VR, Wi
(43) Bollen Wiese, 1771 GSt, Wi
(44) in der Blütwisch, 1812 VR, Wi
(45) in der Busch-Koppell, 1755 Hofakten, A
(46) Cavel-Holtz-Bruch, 1755 Hofakten, Gh
(47) das Dicke Soll, 1755 Hofakten, Pf
(48) vor dem Forth, 1771 GSt, Wi, Ft
(49) Frachtweg, 1771 GSt, Str
(50) auf den Halb Kaveln, 1712 LV, A
(51) die Hof-Koppel, 1755 Hofakten, A
(52) in den Höfschen Wischen, 1712 LV, Wi
(53) die Knüppel Wiese, 1755 GSt, Wi
(54) in der Lütcke Koppel, 1712 LV, Wi
(55) Nachtkoppel, 1794 GSt, Wei
(56) Rothen Born, 1771 GSt, Pf?
(57) das Rundesoll, 1812 VR, Pf
(58) auf den Sieben Ruhten, 1712 LV, A
(59) die Weyde Koppel, 1712 LV, Wei
(60) auf der Wuhrd, 1712 LV, A.

107

Barkow

baᵃkō

Berkow 1407, Berkouw 1459 SchlR Neustadt

I Ältere Eisenzeit: Urnenfeld („Swienwee[d]").

II Kommuniondorf, als Wüstung 1565 durch Ankauf zum Domanium.

III 14 Hufen (1568 AB Neustadt), versteuert wurden jedoch 15 Hufen (1569 LB Neustadt). Individualbede, die wüste Hufe zu 6 ß (1569 LB Neustadt). Einzelpacht je Wüstungshufe 12 ß, die im Jahre 1568 auf 26 ß erhöht wurde (1568 AB Neustadt).

IV Kolonie. Ortslage (sekundär) etwas exzentrisch zur Flur.

Zwar wird Barkow erst in der zweiten Hälfte des 15. Jahrhunderts urkundlich als Wüstung bezeichnet (1473 LA Barkow), doch lassen die Angaben der älteren Neustädter Schloßregister darauf schließen, daß die Ortschaft zwischen 1414 und 1427 von ihren Bewohnern verlassen wurde. Die Hufen der Gemarkung waren danach jahrhundertelang den Bauern des Nachbardorfes Karrenzin pachtweise überlassen. Im Jahre 1763 zog das Amt die wüste Feldmark ein und legte dort eine aus 12 Stellen bestehende Büdnerkolonie an.

V Junge schematische Streifen. Schlagwirtschaft, 3 Ackerschläge (1766 VR).

VI Keine Bauernlisten.

VII

1	Schultenkamp *šultnkamᵖ*	Schultzen-Acker, 1765 RA.	Gh/A
2	Grot Vier *ˋgroᵘtʹiiə*	auf die Vier-Stücken, 1766 VR.	Gh, A/A
3	Scholwischen *šoᵘlvišn*		Wi/Wi, Wei
4	Hinnelst Koppel *ˋhinlstʹkopl*		Wi/Wei, A
5	Bullenwisch *bulˡviš*	die Bollen Wiese, 1816 VR.	Wi/Wei

6	Bäk *bäk*		Gw/Gw
7	Lütt Vier *`lyt'fīə*		Gh/A, Wei
8	Brutwagen *brūtvågn*		Ödl, Su/A
9	Grot Stücken *`gro^{u}t' stykn*		Ödl/A
10	Hinnelst Maur *`hinlst'mauə*		Su/A
11	Vörrelst Maur *`fǫrlst'mauə*		Su/A
12	Hee(d)stücken *he^{i}' stykn*		Ödl/A
13	Bormstücken *bǫ^{ə}mstykn*		Ödl, Su/A
14	Vierbarg *fī^{ə}'ba^{a}x*		Ödl, Gh/A
15	Rietdämm *rītdem*		Su/A
16	Swienwee(d) *svīnvē^{i}*		Su, A/A
17	Scholgor(de)n *šo^{u}lgō^{ə}n*		A/A
18	Börmkuhl *bǫ^{ə}mkūl*		Su/Pf
19	Wee(d)koppels *vē^{i}kopls*		A, Wi/Wei
20	Scholbarg *šo^{u}lba^{a}x*		A/A
21	Wischdämm *višndem*		Wi/A
22	Brüggen *brykn*	Brüggen-Stücken, 1765 RA; auf die Brüggen, 1766 VR.	A/A

23	an'n Stolper Stieg *anⁿ`stǫlpə'stīx́*		A/A, Fw
24	Stolper Barg *`stǫlpə'baᵃx*		A/A
25	Gor(de)ns *gōᵊns*	auf die Häfen, 1766 VR.	A/A
26	Vörrelst Koppel *`fǫ̈rlst'kopl*		A/A
25	an'n Godemser Weg *anⁿ`gōdemsə'vex́*		Fw, A/Fw, A
28	Kätelkuhl *kätlkūl*	die Ketel-Kuhl, 1766 VR.	Pf/Pf
29	Höll *hǫ̈l*	auf die Caveln, 1766 VR.	Wei/A
(30)	der Tannen Kamp	der Tannen Kamp, 1766 VR; Tannen Camp, 1788 WK.	Kw/F

VIII

(31) auf die Breite Linden-Stücken, 1766 VR, A
(32) auf die Breite Soll-Stücken, 1766 VR, A
(33) vorn Dorf, 1766 VR, A
(34) auf die Hinterste Soll-Stücken, 1766 VR, A
(35) Hirten Acker, 1816 VR, A
(36) Hirten Wiese, 1816 VR, Wi
(37) Kleekoppeln, 1816 VR, A
(38) auf die Lindenstücken, 1766 VR, A
(39) Nachtkoppel, 1816 VR, Wei
(40) auf die Schmale Linden-Stücken, 1766 VR, A
(41) auf die Schmale Soll-Stücken, 1766 VR, A
(42) Schulzen Wiese, 1816 VR, Wi
(43) auf die Soll-Stücken, 1766 VR, A
(44) im Vier, 1766 VR, Gh
(45) der Vierer Zuschlag, 1763 RA, Wei
(46) in die Vier Wiesen, 1766 VR, Wi
(47) die Ziegel-Koppel, 1765 RA, A.

Kolibri 360 GmbH
Ferdinand-Jühlke-Straße 7
99095 Erfurt, Deutschland
produktsicherheit@kolibri360.de